〈위험물산업기사〉 필수 핵심강의!

한 번도 안본 수험생은 있어도, 한
여승훈 쌤의 감동적인 동영상 강의
여러분을 쉽고 빠른 자격증 취득의
친절하고 꼼꼼한 무료강의 꼭 확인해 보시길 바랍니다.

1 기초화학

원소주기율표와 기초화학
원소주기율표 암기법 및 반응식 만드는 방법 등 위험물 공부를 위해 꼭~ 필요한 기초화학
내용입니다. 화학이 이렇게 쉬웠던가 싶을 겁니다.^^

2 위험물의 종류

제6류 위험물과 제1류 위험물의 성질
제6류 위험물에 있는 수소를 빼고 그 자리에 금속을 넣으니 이럴 수가! 갑자기 제1류
위험물이 되네요. 꼭 확인해보세요.

제2류 위험물의 성질
철분과 금속분은 얼마만큼 크기의 체를 통과하는 것이 위험물에 포함되는지, 이들이 물과
반응하면 어떤 반응이 일어나는지 알려드립니다.

제3류 위험물의 성질
제3류 위험물이 물과 반응하면 왜 위험해지는지 그 이유를 반응식을 통해 속 시원~하게
풀어드립니다.

제4류 위험물의 성질
너무나 많은 종류의 제4류 위험물의 화학식과 구조식을 어떻게 외워야 할까요? 이 강의
하나면 고민할 필요 없습니다.

제5류 위험물의 성질
복잡한 TNT의 화학식과 구조식 말인가요?? 이 강의를 본 뒤 그려보시겠어요? 이유는
모르겠지만 내가 TNT의 구조식과 화학식을 아주 쉽~게 그리고 있을 겁니다.

3 위험물안전관리법령

현장에 있는 실물 사진으로 강의 구성!

옥내저장소의 위치 · 구조 및 설비의 기준

법령에 있는 옥내저장소 필수내용을 완전 압축시켰습니다. 처마높이는 얼마이며, 용기를 겹쳐 쌓는 높이는 또 얼마인지 모두 알려드립니다.

★무료강의GO★

옥외탱크저장소의 위치 · 구조 및 설비의 기준

태어나서 한 번도 본 적이 없는 방유제를 볼 수 있대요. 또 밸브 없는 통기관과 플렉시블 조인트도요. 강의 확인해보세요.

★무료강의GO★

지하탱크저장소의 위치 · 구조 및 설비의 기준

지하저장탱크 전용실에 설치한 탱크는 전용실의 벽과 간격을 얼마만큼 두어야 할까요? 전용실 안에 채우는 자갈분의 지름은 또 얼마 이하일까요? 이 강의에서 알려드립니다.

★무료강의GO★

옥외저장소의 위치 · 구조 및 설비의 기준

옥외저장소에 저장할 수 없는 위험물 종류도 있다고 하네요. 선반은 또 어떻게 생겼을까요? 이 강의에서 모~두 알려드립니다.

★무료강의GO★

주유취급소의 위치 · 구조 및 설비의 기준

주유취급소에서 주유하면서 많이 보던 설비들!! 아~~~ 얘네들이 이런 이유 때문에 거기에 설치되어 있었구나 하실 겁니다.

★무료강의GO★

성안당은
여러분의 합격을
응원합니다!

한번에 합격하기 합격플래너

위험물산업기사 [실기]

저자추천! 3회독 완벽플랜

Plan1 30일 완벽코스

구분	내용	1회독	2회독	3회독
실기 핵심이론	기초화학	DAY 1	DAY 17	DAY 25
	화재예방 및 소화방법			
	위험물의 성질 및 취급	DAY 2		
위험물 안전관리법	위험물안전관리법의 총칙	DAY 3	DAY 18	DAY 26
	제조소, 저장소의 위치·구조 및 설비의 기준			
	취급소의 위치·구조 및 설비의 기준			
	소화난이도등급 및 소화설비의 적응성	DAY 4		
	위험물의 저장·취급 및 운반에 관한 기준			
기출문제	2019년 제1회 위험물산업기사 실기	DAY 5	DAY 19	DAY 27
	2019년 제2회 위험물산업기사 실기			
	2019년 제4회 위험물산업기사 실기	DAY 6		
	2020년 제1회 위험물산업기사 실기			
	2020년 제1, 2회 통합 위험물산업기사 실기	DAY 7	DAY 20	
	2020년 제3회 위험물산업기사 실기			
	2020년 제4회 위험물산업기사 실기	DAY 8		DAY 28
	2020년 제5회 위험물산업기사 실기			
	2021년 제1회 위험물산업기사 실기	DAY 9	DAY 21	
	2021년 제2회 위험물산업기사 실기			
	2021년 제4회 위험물산업기사 실기	DAY 10		
	2022년 제1회 위험물산업기사 실기			
	2022년 제2회 위험물산업기사 실기	DAY 11	DAY 22	
	2022년 제4회 위험물산업기사 실기			
	2023년 제1회 위험물산업기사 실기			
	2023년 제2회 위험물산업기사 실기	DAY 12	DAY 23	
	2023년 제4회 위험물산업기사 실기			
고득점 Plus학습 (홈페이지에 탑재된 기출)	2013~2014년 위험물산업기사 실기	DAY 13	DAY 24	DAY 29
	2015~2016년 위험물산업기사 실기	DAY 14		
	2017~2018년 위험물산업기사 실기	DAY 15		
실기신유형문제	2020~2023년 새롭게 출제된 신유형 문제 분석	DAY 16		
	별책부록 l 핵심 써머리 주제별 필수이론 (시험 전 최종 마무리 및 시험장에서 활용 가능)	—	—	DAY 30

절취선

한번에 합격하기 합격플래너

위험물산업기사 [실기]

단기완성! 1회독 맞춤플랜

구분	내용	Plan2 20일 꼼꼼코스	Plan3 10일 집중코스	Plan4 7일 속성코스
실기 핵심이론	기초화학	☐ DAY 1		
	화재예방 및 소화방법	☐ DAY 2	☐ DAY 1	☐ DAY 1
	위험물의 성질 및 취급	☐ DAY 3		
위험물 안전관리법	위험물안전관리법의 총칙	☐ DAY 4	☐ DAY 2	
	제조소, 저장소의 위치·구조 및 설비의 기준	☐ DAY 5		☐ DAY 2
	취급소의 위치·구조 및 설비의 기준			
	소화난이도등급 및 소화설비의 적응성	☐ DAY 6	☐ DAY 3	
	위험물의 저장·취급 및 운반에 관한 기준			
기출문제	2019년 제1회 위험물산업기사 실기	☐ DAY 7	☐ DAY 4	☐ DAY 3
	2019년 제2회 위험물산업기사 실기			
	2019년 제4회 위험물산업기사 실기	☐ DAY 8		
	2020년 제1회 위험물산업기사 실기			
	2020년 제1, 2회 통합 위험물산업기사 실기	☐ DAY 9	☐ DAY 5	
	2020년 제3회 위험물산업기사 실기			
	2020년 제4회 위험물산업기사 실기	☐ DAY 10		
	2020년 제5회 위험물산업기사 실기			☐ DAY 4
	2021년 제1회 위험물산업기사 실기	☐ DAY 11	☐ DAY 6	
	2021년 제2회 위험물산업기사 실기			
	2021년 제4회 위험물산업기사 실기	☐ DAY 12		
	2022년 제1회 위험물산업기사 실기			
	2022년 제2회 위험물산업기사 실기	☐ DAY 13	☐ DAY 7	
	2022년 제4회 위험물산업기사 실기			☐ DAY 5
	2023년 제1회 위험물산업기사 실기	☐ DAY 14	☐ DAY 8	
	2023년 제2회 위험물산업기사 실기			
	2023년 제4회 위험물산업기사 실기	☐ DAY 15		
고득점 Plus학습 (홈페이지에 탑재된 기출)	2013~2014년 위험물산업기사 실기	☐ DAY 16		
	2015~2016년 위험물산업기사 실기	☐ DAY 17	—	—
	2017~2018년 위험물산업기사 실기	☐ DAY 18		
실기신유형문제	2020~2023년 새롭게 출제된 신유형 문제 분석	☐ DAY 19	☐ DAY 9	☐ DAY 6
별책부록 | 핵심 써머리 주제별 필수이론 (시험 전 최종 마무리 및 시험장에서 활용 가능)		☐ DAY 20	☐ DAY 10	☐ DAY 7

한번에 합격하기 합격플래너

위험물산업기사 [실기]

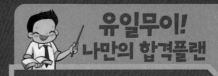

유일무이!
나만의 합격플랜

Plan5 나의 합격코스

		1 회독	2 회독	3 회독	MEMO
실기 핵심이론	기초화학	월 일	☐	☐	
	화재예방 및 소화방법	월 일	☐	☐	
	위험물의 성질 및 취급	월 일	☐	☐	
위험물 안전관리법	위험물안전관리법의 총칙	월 일	☐	☐	
	제조소, 저장소의 위치·구조 및 설비의 기준	월 일	☐	☐	
	취급소의 위치·구조 및 설비의 기준	월 일	☐	☐	
	소화난이도등급 및 소화설비의 적응성	월 일	☐	☐	
	위험물의 저장·취급 및 운반에 관한 기준	월 일	☐	☐	
기출문제	**2019년** 제1회 위험물산업기사 실기	월 일	☐	☐	
	2019년 제2회 위험물산업기사 실기	월 일	☐	☐	
	2019년 제4회 위험물산업기사 실기	월 일	☐	☐	
	2020년 제1회 위험물산업기사 실기	월 일	☐	☐	
	2020년 제1, 2회 통합 위험물산업기사 실기	월 일	☐	☐	
	2020년 제3회 위험물산업기사 실기	월 일	☐	☐	
	2020년 제4회 위험물산업기사 실기	월 일	☐	☐	
	2020년 제5회 위험물산업기사 실기	월 일	☐	☐	
	2021년 제1회 위험물산업기사 실기	월 일	☐	☐	
	2021년 제2회 위험물산업기사 실기	월 일	☐	☐	
	2021년 제4회 위험물산업기사 실기	월 일	☐	☐	
	2022년 제1회 위험물산업기사 실기	월 일	☐	☐	
	2022년 제2회 위험물산업기사 실기	월 일	☐	☐	
	2022년 제4회 위험물산업기사 실기	월 일	☐	☐	
	2023년 제1회 위험물산업기사 실기	월 일	☐	☐	
	2023년 제2회 위험물산업기사 실기	월 일	☐	☐	
	2023년 제4회 위험물산업기사 실기	월 일	☐	☐	
고득점 Plus학습 (홈페이지에 탑재된 기출)	2013~2014년 위험물산업기사 실기	월 일	☐	☐	
	2015~2016년 위험물산업기사 실기	월 일	☐	☐	
	2017~2018년 위험물산업기사 실기	월 일	☐	☐	
실기신유형문제	2020~2023년 새롭게 출제된 신유형 문제 분석	월 일	☐	☐	
별책부록 | 핵심 써머리 주제별 필수이론 (시험 전 최종 마무리 및 시험장에서 활용 가능)		월 일	☐	☐	

절취선

저자쌤의 합격 플래너 활용 Tip.

01. Choice

시험대비를 위해 여유 있는 시간을 확보해 제대로 공부하여 시험합격은 물론 고득점을 노리는 수험생들은 Plan 1. 30일 완벽코스를, 폭넓고 깊은 학습은 불가능해도 꼼꼼하게 공부해 한번에 시험합격을 원하시는 수험생들은 Plan 2. 20일 꼼꼼코스를, 시험준비를 늦게 시작하였으나 짧은 기간에 온전히 학습할 수 있는 많은 시간확보가 가능한 수험생들은 Plan 3. 10일 집중코스를, 부족한 시간이지만 열심히 공부하여 60점만 넘어 합격의 영광을 누리고 싶은 수험생들은 Plan 4. 7일 속성코스가 적합합니다!
단, 저자쌤은 위의 학습플랜 중 충분한 학습기간을 가지고 제대로 시험대비를 할 수 있는 Plan 1을 추천합니다!!!

02. Plus

Plan 1~4까지 중 나에게 맞는 학습플랜이 없을 시, Plan 5에 나에게 꼭~ 맞는 나만의 학습계획을 스스로 세워보거나, 또는 Plan 2 + Plan 3, Plan 2 + Plan 4, Plan 3 + Plan 4 등 제시된 코스를 활용하여 나의 시험준비기간에 잘~ 맞는 학습계획을 세워보세요!

03. Unique

유일무이! 나만의 합격 플랜에는 계획에 따라 3회독까지 학습체크를 할 수 있는 공란과, 처음 1회독 시 학습한 날짜를 기입할 수 있는 공간을 따로 두었습니다!

04. Pass

별책부록으로 수록되어 있는 핵심써머리는 플래너의 학습일과 상관없이 기출문제를 풀 때 옆에 두고 수시로 참고하거나, 모든 학습이 끝난 후 한번 더 반복하여 봐주시고, 시험당일 시험장에서 최종마무리용으로 활용하시길 바랍니다!

※ "합격플래너"를 활용해 계획적으로 시험대비를 하여 필기시험에 합격하신 수험생분께는 「문화상품권(2만원)」을 보내 드립니다(단, 선착순(10명)이며, 온라인서점에 플래너 활용사진을 포함한 도서리뷰 or 합격후기를 올려주신 후 인증사진 을 보내주신 분에 한합니다). (☎ 문의 : 031-950-6349)

표준 주기율표
(Periodic Table of The Elements)

표기법:

원자 번호
기호
원소명(국문)
원소명(영문)
표준 원자량

1	2		3	4	5	6	7	8	9	10	11	12	13	14	15	16	17	18
1 **H** 수소 hydrogen 1.008 [1.0078, 1.0082]																		2 **He** 헬륨 helium 4.0026
3 **Li** 리튬 lithium 6.94 [6.938, 6.997]	4 **Be** 베릴륨 beryllium 9.0122												5 **B** 붕소 boron 10.81 [10.806, 10.821]	6 **C** 탄소 carbon 12.011 [12.009, 12.012]	7 **N** 질소 nitrogen 14.007 [14.006, 14.008]	8 **O** 산소 oxygen 15.999 [15.999, 16.000]	9 **F** 플루오린 fluorine 18.998	10 **Ne** 네온 neon 20.180
11 **Na** 소듐 sodium 22.990	12 **Mg** 마그네슘 magnesium 24.305 [24.304, 24.307]												13 **Al** 알루미늄 aluminium 26.982	14 **Si** 규소 silicon 28.085 [28.084, 28.086]	15 **P** 인 phosphorus 30.974	16 **S** 황 sulfur 32.06 [32.059, 32.076]	17 **Cl** 염소 chlorine 35.45 [35.446, 35.457]	18 **Ar** 아르곤 argon 39.95 [39.792, 39.963]
19 **K** 포타슘 potassium 39.098	20 **Ca** 칼슘 calcium 40.078(4)		21 **Sc** 스칸듐 scandium 44.956	22 **Ti** 타이타늄 titanium 47.867	23 **V** 바나듐 vanadium 50.942	24 **Cr** 크로뮴 chromium 51.996	25 **Mn** 망가니즈 manganese 54.938	26 **Fe** 철 iron 55.845(2)	27 **Co** 코발트 cobalt 58.933	28 **Ni** 니켈 nickel 58.693	29 **Cu** 구리 copper 63.546(3)	30 **Zn** 아연 zinc 65.38(2)	31 **Ga** 갈륨 gallium 69.723	32 **Ge** 저마늄 germanium 72.630(8)	33 **As** 비소 arsenic 74.922	34 **Se** 셀레늄 selenium 78.971(8)	35 **Br** 브로민 bromine 79.904 [79.901, 79.907]	36 **Kr** 크립톤 krypton 83.798(2)
37 **Rb** 루비듐 rubidium 85.468	38 **Sr** 스트론튬 strontium 87.62		39 **Y** 이트륨 yttrium 88.906	40 **Zr** 지르코늄 zirconium 91.224(2)	41 **Nb** 나이오븀 niobium 92.906	42 **Mo** 몰리브데넘 molybdenum 95.95	43 **Tc** 테크네튬 technetium	44 **Ru** 루테늄 ruthenium 101.07(2)	45 **Rh** 로듐 rhodium 102.91	46 **Pd** 팔라듐 palladium 106.42	47 **Ag** 은 silver 107.87	48 **Cd** 카드뮴 cadmium 112.41	49 **In** 인듐 indium 114.82	50 **Sn** 주석 tin 118.71	51 **Sb** 안티모니 antimony 121.76	52 **Te** 텔루륨 tellurium 127.60(3)	53 **I** 아이오딘 iodine 126.90	54 **Xe** 제논 xenon 131.29
55 **Cs** 세슘 caesium 132.91	56 **Ba** 바륨 barium 137.33	57-71 란타넘족 lanthanoids	72 **Hf** 하프늄 hafnium 178.49(2)	73 **Ta** 탄탈럼 tantalum 180.95	74 **W** 텅스텐 tungsten 183.84	75 **Re** 레늄 rhenium 186.21	76 **Os** 오스뮴 osmium 190.23(3)	77 **Ir** 이리듐 iridium 192.22	78 **Pt** 백금 platinum 195.08	79 **Au** 금 gold 196.97	80 **Hg** 수은 mercury 200.59	81 **Tl** 탈륨 thallium 204.38 [204.38, 204.39]	82 **Pb** 납 lead 207.2	83 **Bi** 비스무트 bismuth 208.98	84 **Po** 폴로늄 polonium	85 **At** 아스타틴 astatine	86 **Rn** 라돈 radon
87 **Fr** 프랑슘 francium	88 **Ra** 라듐 radium	89-103 악티늄족 actinoids	104 **Rf** 러더포듐 rutherfordium	105 **Db** 두브늄 dubnium	106 **Sg** 시보귬 seaborgium	107 **Bh** 보륨 bohrium	108 **Hs** 하슘 hassium	109 **Mt** 마이트너륨 meitnerium	110 **Ds** 다름슈타튬 darmstadtium	111 **Rg** 뢴트게늄 roentgenium	112 **Cn** 코페르니슘 copernicium	113 **Nh** 니호늄 nihonium	114 **Fl** 플레로븀 flerovium	115 **Mc** 모스코븀 moscovium	116 **Lv** 리버모륨 livermorium	117 **Ts** 테네신 tennessine	118 **Og** 오가네손 oganesson

57 **La** 란타넘 lanthanum 138.91	58 **Ce** 세륨 cerium 140.12	59 **Pr** 프라세오디뮴 praseodymium 140.91	60 **Nd** 네오디뮴 neodymium 144.24	61 **Pm** 프로메튬 promethium	62 **Sm** 사마륨 samarium 150.36(2)	63 **Eu** 유로퓸 europium 151.96	64 **Gd** 가돌리늄 gadolinium 157.25(3)	65 **Tb** 터븀 terbium 158.93	66 **Dy** 디스프로슘 dysprosium 162.50	67 **Ho** 홀뮴 holmium 164.93	68 **Er** 어븀 erbium 167.26	69 **Tm** 툴륨 thulium 168.93	70 **Yb** 이터븀 ytterbium 173.05	71 **Lu** 루테튬 lutetium 174.97
89 **Ac** 악티늄 actinium	90 **Th** 토륨 thorium 232.04	91 **Pa** 프로트악티늄 protactinium 231.04	92 **U** 우라늄 uranium 238.03	93 **Np** 넵투늄 neptunium	94 **Pu** 플루토늄 plutonium	95 **Am** 아메리슘 americium	96 **Cm** 퀴륨 curium	97 **Bk** 버클륨 berkelium	98 **Cf** 캘리포늄 californium	99 **Es** 아인슈타이늄 einsteinium	100 **Fm** 페르뮴 fermium	101 **Md** 멘델레븀 mendelevium	102 **No** 노벨륨 nobelium	103 **Lr** 로렌슘 lawrencium

*표준 원자량은 2011년 IUPAC에서 결정한 새로운 형식을 따른 것으로 [ ] 안에 표시된 숫자는 2종류 이상의 안정한 동위원소가 존재하는 경우에 지각 시료에서 발견되는 자연 존재비의 분포를 고려한 표준 원자량의 범위를 나타낸 것임.

화학용어 변경사항 정리

표준화 지침에 따라 화학용어가 일부 변경되었습니다.
본 도서는 대부분 아래 표에서 일반적으로 많이 사용되고 있는 변경 전 용어로 표기되어 있으나,
시험에 변경 후 용어로 출제될 수도 있어 수험생들의 시험 대비를 위해 변경된 화학용어를 정리해
두었습니다. 학습하시는 데 참고하시기 바랍니다.

변경 전	변경 후	변경 전	변경 후
염소 이온	염화 이온	메탄	메테인
염화비닐	염화바이닐	에탄	에테인
아황산가스	이산화황	프로판	프로페인
시안	사이안	부탄	뷰테인
알데히드	알데하이드	헥산	헥세인
칼륨	포타슘	셀렌	셀레늄
나트륨	소듐	사불화에틸렌	폴리테트라플루오로에틸렌
크롬	크로뮴	실리카겔	실리카젤
브롬	브로민	메틸알코올	메탄올
불소, 플루오르	플루오린	에틸알코올	에탄올
디클로로메탄	다이클로로메테인	전분	녹말
1,1–다이클로로에탄	1,1–다이클로로에테인	이소부틸렌	아이소뷰틸렌
1,2–다이클로로에탄	1,2–다이클로로에테인	티오	싸이오
클로로포름	클로로폼	디	다이
스틸렌	스타이렌	트리	트라이
1,3–부타디엔	1,3–뷰타다이엔	술폰 / 술폭	설폰 / 설폭
아크릴로니트릴	아크릴로나이트릴	니트릴	나이트릴
트리클로로에틸렌	트라이클로로에틸렌	히드로	하이드로
N,N–디메틸포름아미드	N,N–다이메틸폼아마이드	히드라	하이드라
디에틸헥실프탈레이트	다이에틸헥실프탈레이트	푸란	퓨란
비닐아세테이트	바이닐아세테이트	요오드	아이오딘
히드라진	하이드라진	란탄	란타넘
망간	망가니즈	에스테르	에스터

한번에
합격하기

한번에
합격하는
위험물산업기사

실기   여승훈, 박수경 지음

BM (주)도서출판 성안당

안녕하십니까?

위험물안전관리법에서는 위험물을 취급할 수 있는 자의 자격을 위험물에 관한 국가기술자격을 취득한 자로 규정하고 있어 석유화학단지를 비롯한 대부분의 사업장에서 근무하기 위해서는 위험물을 취급할 수 있는 자격을 갖추어야 합니다.

현재 대한민국은 사회전반에 걸쳐 안전에 대한 요구가 증가하고 있어, 안전과 관련된 자격증의 수요 역시 점차 확산되고 있는 추세입니다. 특히 화학공장에서 발생하는 사고의 규모는 매우 크기 때문에 이에 대한 규제를 더 강화하고 있는 실정이며, 위험물자격 취득의 수요는 앞으로 더 늘어날 수밖에 없을 것입니다. 위험물산업기사는 위험물기능사와 달리 바로 법적으로 안전관리자로 선임할 수 있으므로 수요가 매우 큰 자격증이라 할 수 있습니다.

위험물산업기사를 준비하기 위해 책을 선택하는 기준은 크게 두 가지로 볼 수 있습니다.

첫 번째, **문제에 대한 해설이 이해하기 쉽게 되어 있는 책**을 선택해야 합니다. 기출문제는 같아도 그 문제에 대한 풀이는 책마다 다를 수밖에 없으며, 해설의 길이가 길고 짧음을 떠나 얼마나 이해하기 쉽고 전달력 있게 풀이하는지가 더 중요합니다.

두 번째, **최근 개정된 법령이 반영되어 있는 책**인지를 확인해야 합니다. 위험물안전관리법은 자주 개정되는 편은 아니지만, 개정 시점에는 꼭 개정된 부분에 대해 출제되는 경향이 있습니다. 그렇다고 해서 수험생 여러분들이 개정된 법까지 찾아가며 공부하는 것은 힘들기 때문에 믿고 공부할 수 있는 수험서를 선택해야 합니다.

해마다 도서의 내용을 수정, 보완하고 기출문제를 추가해 나가고 있습니다. 정성을 다하여 하고 있으나 수험생분들이 시험대비를 하는 데 부족한 부분이 있을까 염려됩니다. 혹시라도 내용의 오류나 학습하시는 데 불편한 부분이 있다면 언제든지 말씀해 주시면 개정판 작업 시 반영하여 좀더 나은 수험서로 거듭날 수 있도록 노력하겠습니다.

마지막으로 이 책을 출간하기까지 여러 가지로 도움을 주신 모든 분들께 감사의 말씀을 드립니다.

저자

위험물안전관리법에서는 다음과 같이 위험물을 취급하는 모든 사업장은 위험물의 취급에 관한 자격이 있는 자를 위험물안전관리자로 선임해야 하며, 위험물을 취급할 수 있는 자격이 있는 자만이 위험물을 취급할 수 있다 라고 규정하고 있기 때문에 석유화학단지에서는 필수 자격증을 넘어 필수 면허증의 개념으로 활용되고 있습니다.

> (위험물안전관리법 제15조) 제조소등의 관계인은 위험물의 안전관리에 관한 직무를 수행하게 하기 위하여 제조소등마다 대통령령이 정하는 위험물의 취급에 관한 자격이 있는 자(이하 "위험물취급자격자"라 한다)를 위험물안전관리자 (이하 "안전관리자"라 한다)로 선임하여야 한다.

① ···· 자격명

위험물산업기사(Industrial Engineer Hazardous material)

② ···· 개요

위험물은 발화성, 인화성, 가연성, 폭발성 때문에 사소한 부주의에도 커다란 재해를 가져올 수 있다. 또한 위험물의 용도가 다양해지고, 제조시설도 대규모화되면서 생활 공간과 가까이 설치되는 경우가 많아짐에 따라 위험물의 취급과 관리에 대한 안전성 을 높이고자 자격제도 제정

③ ···· 수행직무

위험물안전관리법에 규정된 위험물의 저장, 제조, 취급소에서 위험물을 안전하게 취급 하고 일반작업자를 지시·감독하며, 각 설비 및 시설에 대한 안전점검 실시, 재해발생 시 응급조치 실시 등 위험물에 대한 보안, 감독 업무 수행

④ ···· 진로 및 전망

• 위험물(제1류~제6류)의 제조, 저장, 취급 전문업체에 종사하거나 도료제조, 고무제 조, 금속제련, 유기합성물제조, 염료제조, 화장품제조, 인쇄잉크제조 업체 및 지정 수량 이상의 위험물 취급업체에 종사할 수 있다.
• 산업체에서 사용하는 발화성, 인화성 물품을 위험물이라 하는데 산업의 고도성장에 따라 위험물의 수요와 종류가 많아지고 있어 위험성 역시 대형화되어가고 있다. 이 에 따라 위험물을 안전하게 취급·관리하는 전문가의 수요는 꾸준할 것으로 전망된 다. 또한 위험물산업기사의 경우 위험물안전관리법으로 정한 위험물 제1류~제6류 에 속하는 모든 위험물을 관리할 수 있으므로 취업영역이 넓은 편이다.

⑤ ···· 관련부처 및 시행기관

- 관련부처 – 소방청
- 시행기관 – 한국산업인력공단(http://www.q-net.or.kr)

⑥ ···· 관련학과 및 훈련기관

- 관련학과 – 전문대학 및 대학의 화학공업, 화학공학 등 관련학과
- 훈련기관 – 일반 사설학원

⑦ ···· 연도별 검정현황

연 도	필 기			실 기		
	응시자	합격자	합격률	응시자	합격자	합격률
2022	25,227명	13,416명	53.2%	17,393명	8,412명	48.4%
2021	25,076명	13,886명	55.4%	18,232명	8,691명	47.7%
2020	21,597명	11,622명	53.8%	15,985명	8,544명	53.5%
2019	23,292명	11,567명	49.7%	14,473명	9,450명	65.3%
2018	20,662명	9,390명	45.4%	12,114명	6,635명	54.8%
2017	20,764명	9,818명	47.3%	11,200명	6,490명	57.9%
2016	19,475명	7,251명	37.2%	9,239명	6,564명	71%
2015	16,127명	7,760명	48.1%	9,206명	5,453명	59.2%

⑧ ···· 원서 접수

- 원서 접수방법 – 큐넷 사이트(www.q-net.or.kr)에 회원가입을 한 후 온라인으로 원하는 지역을 선택해 원서접수를 하실 수 있으며, 내방접수는 불가능합니다.
- 원서 접수시간 – 원서 접수기간의 첫날 10:00부터 마지막 날 18:00까지입니다. (혹시 접수마감이 마지막 날 밤 12:00까지인 줄 알고 있다가 접수를 못하는 경우도 발생할 수 있으니 꼭 해지기 전에 신청하세요.)

⑨ ···· 시험 수수료 및 준비물

- 실기시험 수수료 – 20,800원 (2023년 12월 기준으로서 추후 변동될 수 있습니다.)
- 시험 준비물 – 신분증, 수험표(또는 수험번호), 필기구(흑색사인펜 및 흑색볼펜), 수정테이프, 계산기(공학용 계산기 및 일반 계산기 : 공학용의 경우 기종의 제한이 있으니 미리 확인하시기 바랍니다.)

⑩ ⋯⋯ 시험 일정

회 별	필기 원서접수 (인터넷)	필기 시험	필기 합격 (예정자) 발표	실기 원서접수 (인터넷)	실기 시험	최종 합격자 발표
제1회	1월 말	2월 중	3월 중	3월 말	4월 말	6월 중
제2회	4월 중	5월 초	6월 초	6월 말	7월 말	9월 초
제3회	6월 중	7월 초	8월 초	9월 중	10월 중	12월 중

※ 자세한 시험 일정은 Q-net 홈페이지(www.q-net.co.kr)를 참고하시기 바랍니다.

⑪ ⋯⋯ 응시자격

(1) 학력

관련학과의 2년제 또는 3년제 전문대학 졸업자(최종학년 재학 중인 자 또는 졸업예정자 포함), 그리고 관련학과의 대학졸업자(최종학년 재학 중인 자 또는 졸업예정자 또는 전 이수과정의 1/2 이상 수료자 포함)의 전공이 화학, 화공, 기계, 환경, 안전, 소방, 재료 등의 공과계열의 학과인 경우 응시할 수 있으며, 자세한 사항은 큐넷 사이트(www.q-net.or.kr)에서 로그인 후 마이페이지 - 응시자격 - 응시자격 자가진단을 통해 학교와 학과를 입력 후 진단결과를 통해 응시 가능 여부를 확인할 수 있습니다.

(2) 경력

응시하려는 종목이 속하는 동일 및 유사 직무분야의 다른 종목의 산업기사 등급 이상의 자격을 취득한 사람이나 동일 및 유사 직무분야의 산업기사 수준 기술훈련과정 이수자 또는 그 이수예정자, 그리고 고용노동부령으로 정하는 기능경기대회 입상자는 응시 가능하며, 다음과 같은 직종에 종사한 경력이 2년(어떤 종목이든 상관없이 기능사를 취득 후 1년) 이상인 경우에 응시가 가능합니다.

1. 화학 및 화공
2. 경영 · 회계 · 사무 중 생산관리
3. 광업자원 중 채광
4. 기계
5. 재료
6. 섬유 · 의복
7. 안전관리
8. 환경 · 에너지

(3) 군경력(병사 기준)

훈련소 기간을 제외하고 병적증명서 상 다음과 같은 주특기 코드(주특기명)에 해당하는 경력이 2년(어떤 종목이든 상관없이 기능사를 취득 후 1년) 이상인 경우 응시가 가능합니다.

가. 육군 및 의경	
226 101 (장비수리 부속공구 보급)	231 101 (편성보급)
411 108 (의무보급)	111 101 (소총)
111 102 (기관총)	111 103 (K-11복합형 소총)
111 104 (고속유탄기관총)	111 105 (90mm 무반동총)

111	106	(106mm 무반동총)	111	107	(60mm 박격포)
111	108	(81mm 박격포)	111	109	(4.2″ 박격포)
111	110	(대전차유도탄)	112	103	(특전화기)
121	101	(K계열 전차조종)	121	102	(M계열 전차조종)
122	101	(K계열 전차부대정비)	122	102	(K계열 전차포탑정비)
122	103	(M계열 전차부대정비)	122	104	(M계열 전차포탑정비)
123	101	(장갑차 조종)	123	102	(장갑차부대정비)
123	103	(K-21 보병전투차량조종)	123	104	(K-21 보병전투차량부대정비)
131	101	(105mm 견인포병)	131	102	(155mm 견인포병)
131	103	(155mm 자주포병)	131	104	(K-55 자주포조종)
131	105	(견인포화포정비)	131	106	(K-55 자주포정비)
131	107	(K9 자주포조종)	131	108	(K9 자주포화포/장갑정비)
132	101	(다련장 운용/정비)	132	102	(K239 운영/정비)
133	109	(자동측지 운용/정비)	134	101	(현무발사대운용/정비)
134	102	(현무사격통제장비운용/정비)	141	101	(발칸운용)
141	102	(오리콘운용)	141	103	(비호운용)
141	105	(휴대용유도무기운용/정비)	141	106	(천마운용)
142	101	(발칸정비)	142	102	(오리콘정비)
142	103	(비호정비)	142	104	(천마정비)
143	101	(방공레이다 운용/정비)	163	114	(발전기 운용/정비)
163	115	(공병장비부대정비)	182	110	(헬기무장정비)
221	101	(대공포정비)	221	102	(로켓무기정비)
221	103	(유도무기정비)	222	101	(총기정비)
222	102	(화포정비)	222	103	(광학기재정비)
222	104	(감시장비정비)	222	105	(K계열전차정비)
222	106	(K계열전차사격기재정비)	222	107	(M계열전차정비)
222	108	(M계열전차사격기재정비)	222	109	(K55 계열자주포정비)
222	113	(K-9 자주포정비)	222	114	(장갑차정비)
222	115	(K-21 보병전투차량정비)	223	107	(전자전장비정비)
223	108	(보안장비정비)	224	102	(공병장비정비)
224	103	(발전기정비)	224	105	(병참장비정비)
224	107	(의무장비정비)	231	106	(물자근무지원)
241	106	(경장갑차운전)	155	101	(무인항공정찰기 운용)
181	101	(항공운항/관제)	182	101	(소형공격헬기정비)
182	102	(중형공격헬기정비)	182	103	(대형공격헬기정비)
182	104	(소형기동헬기정비)	182	105	(중형기동헬기정비)
182	106	(대형기동헬기정비)	182	107	(헬기기체정비)
182	108	(헬기기관정비)	156	101	(드론운용/정비)
224	101	(차량정비)	241	101	(소형차량운전)
241	102	(중형차량운전)	241	103	(대형차량운전)
241	104	(견인차량운전)	241	107	(차량부대정비)
241	108	(K-53 계열 차량운전)	241	109	(구난차량운전)
321	103	(모터사이클승무)	224	104	(용접/기계공작)

211 101 (화생방)	211 102 (연막)
211 103 (화생방제독)	211 104 (화생방정찰)
224 106 (화생방장비정비)	231 104 (유류관리)
411 106 (약제)	112 101 (특수장애물운용)
161 102 (장애물운용(M))	161 103 (장애물운용(T))
225 101 (탄약관리)	225 102 (탄약검사 및 정비)
225 103 (탄약처리지원)	112 104 (낙하산정비)
162 102 (소방장비)	411 107 (물리치료)
412 106 (전문물리치료)	322 101 (수사헌병)
411 105 (방사선촬영)	412 104 (전문방사선촬영)
135 101 (포병기상)	

나. 공군

46110 (항공기재보급)	46111 (항공유류보급)
46112 (급양)	18110 (대공포운용)
18111 (단거리유도무기운용)	18210 (중거리유도무기탐지운용)
18211 (중거리유도무기발사운용)	18212 (중거리유도무기추적운용)
18310 (장거리유도무기탐지운용)	18311 (장거리유도무기발사운용)
18312 (장거리유도무기추적운용)	42110 (방공유도무기정비)
81110 (헌병)	16110 (항공관제)
17110 (항공통제)	40110 (항공전자장비정비)
40810 (항공기부속정비)	41110 (항공기지상장비정비)
41310 (항공기기체정비)	41410 (항공기기관정비)
41610 (항공기무기정비)	41810 (항공기제작정비)
46210 (항공운수)	41710 (항공탄약정비)
46310 (일반차량운전)	46311 (특수차량운전)
46312 (방공포차량운전)	46313 (차량정비)
81210 (경장갑차운전)	55810 (화학)
55510 (항공설비)	55610 (항공소방)
55710 (항공기초과저지)	96110 (항공의무)
55910 (환경)	25110 (항공기상관측)

다. 해군 및 해병

11-28 (보급병)	29-1 (보급관리)
29 (해병군수)	11-62 (특전병)
23-11 (기계공작)	17-1 (보병)
17-5 (박격포병)	17-6 (대전차화기)
18-1 (야포)	18-2 (방공무기운용)
18-5 (자주포조종)	18-6 (자주포정비)
19-2 (장비공병)	21-1 (전차승무)
21-2 (전차정비)	21-3 (장갑차승무)
23-1 (총포정비)	23-10 (대전차무기정비)
23-2 (전차/장갑차정비)	23-3 (자주포정비)

23-9 (대공무기정비)	43-40 (기관병(가스터빈))
43-42 (기관병(내연병))	43-43 (기관병(보일러))
43 (기관병)	11-12 (조타병)
11-23 (항공조작병)	11-24 (항공병)
78 (해병항공)	22 (상장)
48 (운전병)	32-1 (차량운전)
32-2 (차량정비)	43-38 (기관병(보수))
17-3 (화생방)	23-7 (화학장비정비)
43-39 (기관병(화생방))	43-41 (기관병(화학))
23-4 (탄약관리)	23-5 (폭발물처리)
11-13 (병기병)	49 (의무병)
46-01 (환경관리)	

[실기시험 공부방법]

1. 필기시험은 전체적인 개념을 이해해야 풀 수 있는 문제들로 출제되지만, 실기는 화학식과 구조식은 물론 화학반응원리까지 알아야 합니다.
2. 실기는 문제와 답만 외워서는 절대 안됩니다. 시간이 좀 걸리더라도 기출문제와 본문내용까지 완벽하게 이해하면서 학습해야 합니다.
3. 위험물안전관리법의 암기사항, 그리고 화학반응식과 계산문제까지 학습해야 합니다.
4. 몰라서 틀리는 문제는 몇 개 없지만 긴장으로 인한 실수가 많은 시험이니 실수를 줄이는 게 중요합니다.
5. 시험문제를 다 풀고 난 후 꼭 문제 수와 배점을 확인해야 합니다. 그렇지 않으면 시험문제를 다 안 풀고 나올 수도 있습니다.

[실기 시험장에서의 수험자 유의사항]

시험장에 가면 감독위원께서 시험볼 때의 주의사항을 친절히 다 알려주시겠지만, 그래도 이것만은 미리 알고 가도록 합니다.

1. 수험번호 및 성명 기재
2. 흑색 필기구만 사용
3. 시험지에 낙서, 특이한 기록사항 있을 시 0점
4. 답안 정정 시 두 줄(=)로 그어 표시하거나 수정테이프 사용 가능(단, 수정액 사용 불가)
5. 계산연습이 필요한 경우 시험지의 아래쪽에 있는 연습란 사용
6. 계산결과 값은 소수 셋째자리에서 반올림하여 둘째자리까지 구하여야 함
7. 답에 단위가 없으면 오답으로 처리 (단, 요구사항에 단위가 있으면 생략)
8. 요구한 답란에 정답과 오답이 함께 기재되어 있을 경우 오답으로 처리
9. 소문제로 파생되거나, 가짓수를 요구하는 문제는 대부분 부분배점 적용
10. 시험종료 후 가슴에 달고 있는 번호표는 반납해야 함

[시험 접수부터 자격증 수령까지 안내]

☑ **원서접수 안내 및 유의사항입니다.**

- 원서접수 확인 및 수험표 출력기간은 접수당일부터 시험시행일까지 출력 가능(이외 기간은 조회불가)합니다. 또한 출력장애 등을 대비하여 사전에 출력 보관하시기 바랍니다.
- 원서접수는 온라인(인터넷, 모바일앱)에서만 가능합니다.
- 스마트폰, 태블릿 PC 사용자는 모바일앱 프로그램을 설치한 후 접수 및 취소/환불 서비스를 이용하시기 바랍니다.

STEP 01	STEP 02	STEP 03	STEP 04
필기시험 원서접수	필기시험 응시	필기시험 합격자 확인	실기시험 원서접수

- 필기시험은 온라인 접수만 가능
- Q-net(www.q-net.or.kr) 사이트 회원 가입
- 응시자격 자가진단 확인 후 원서 접수 진행
- 반명함 사진 등록 필요 (6개월 이내 촬영/ 3.5cm×4.5cm)

- 입실시간 미준수 시 시험 응시 불가 (시험시작 20분 전에 입실 완료)
- 수험표, 신분증, 계산기 지참 (공학용 계산기(일반 계산기도 가능)는 허용된 종류에 한하여 사용 가능하며 반드시 포맷 사용)

- 2020년 4회 시험부터 CBT 형식으로 시행되고 있으므로 시험 완료 즉시 합격 여부 확인 가능
- 인터넷 게시 공고, ARS를 통한 확인 (단, CBT 시험은 인터넷 게시 공고)

- Q-net(www.q-net.or.kr) 사이트에서 원서 접수
- 응시자격서류 제출 후 심사에 합격 처리된 사람에 한하여 원서 접수 가능 (응시자격서류 미제출 시 필기시험 합격예정 무효)

★ 실기 시험정보

1. **문항 수 및 문제당 배점**
   20문제(한 문제당 5점)로 출제되며, 출제방식에 따라 문항 수와 배점이 달라질 수 있습니다.
2. **시험시간**
   2시간이며, 시험시간의 2분의 1이 지나 퇴실할 수 있습니다.
3. **가답안 공개여부**
   시험문제 및 가답안은 공개되지 않습니다.

"성안당은 여러분의 합격을 기원합니다"

STEP 05	STEP 06	STEP 07	STEP 08
실기시험 응시	실기시험 합격자 확인	자격증 교부 신청	자격증 수령

- 수험표, 신분증, 필기구, 공학용 계산기, 종목별 수험자 준비물 지참 (공학용 계산기(일반 계산기도 가능)는 허용된 종류에 한하여 사용 가능하며 반드시 포맷 사용)

- 문자 메시지, SNS 메신저를 통해 합격 통보 (합격자만 통보)
- Q-net(www.q-net.or.kr) 사이트 및 ARS(1666-0100)를 통해서 확인 가능

- 상장형 자격증, 수첩형 자격증 형식 신청 가능
- Q-net(www.q-net.or.kr) 사이트를 통해 신청

- 상장형 자격증은 합격자 발표 당일부터 인터넷으로 발급 가능 (직접 출력하여 사용)
- 수첩형 자격증은 인터넷 신청 후 우편수령만 가능 (수수료 : 3,100원 / 배송비 : 3,010원)

★ 필기/실기 시험 시 허용되는 공학용 계산기 기종
1. 카시오(CASIO) FX-901~999
2. 카시오(CASIO) FX-501~599
3. 카시오(CASIO) FX-301~399
4. 카시오(CASIO) FX-80~120
5. 샤프(SHARP) EL-501-599
6. 샤프(SHARP) EL-5100, EL-5230, EL-5250, EL-5500
7. 캐논(CANON) F-715SG, F-788SG, F-792SGA
8. 유니원(UNIONE) UC-400M, UC-600E, UC-800X
9. 모닝글로리(MORNING GLORY) ECS-101

※ 1. 직접 초기화가 불가능한 계산기는 사용 불가
2. 사칙연산만 가능한 일반 계산기는 기종 상관없이 사용가능
3. 허용군 내 기종 번호 말미의 영어 표기(ES, MS, EX 등)는 무관

*자세한 사항은 Q-net 홈페이지(www.q-net.or.kr)를 참고하시기 바랍니다.

출제기준

- **자격종목** : 위험물산업기사
- **직무/중직무 분야** : 화학/위험물
- **수행직무** : 위험물을 저장·취급·제조하는 제조소등에서 위험물을 안전하게 저장·취급·제조하고 일반 작업자를 지시·감독하며, 각 설비에 대한 점검과 재해발생 시 응급조치 등의 안전관리 업무를 수행하는 직무
- **검정방법** : 필답형(시험시간 2시간)
- **적용기간** : 2020.1.1.~2024.12.31.

■ 실기 과목명 : 위험물 취급 실무

주요항목	세부항목	세세항목
1 위험물 성상	(1) 위험물의 성질을 이해하기	① 제1류 위험물의 성질을 파악할 수 있다. ② 제2류 위험물의 성질을 파악할 수 있다. ③ 제3류 위험물의 성질을 파악할 수 있다. ④ 제4류 위험물의 성질을 파악할 수 있다. ⑤ 제5류 위험물의 성질을 파악할 수 있다. ⑥ 제6류 위험물의 성질을 파악할 수 있다.
	(2) 위험물 취급하기 및 연소특성 파악하기	① 제3류 및 제5류 위험물의 취급방법 및 연소특성을 설명할 수 있다. ② 제1류 및 제6류 위험물의 취급방법 및 연소특성을 설명할 수 있다. ③ 제2류 및 제4류 위험물의 취급방법 및 연소특성을 설명할 수 있다.
2 위험물 소화 및 화재, 폭발 예방	(1) 위험물의 소화 및 화재, 폭발 예방하기	① 적응 소화제 및 소화설비를 알 수 있다. ② 화재 예방법 및 경보설비 사용법을 이해할 수 있다. ③ 폭발 방지 및 안전장치를 이해할 수 있다. ④ 위험물제조소 등의 소방시설 설치, 점검 및 사용을 할 수 있다.
3 위험물 시설 기준	(1) 위험물 시설 파악하기	① 위험물제조소 등의 위치·구조 및 설비에 대한 기준을 파악할 수 있다. ② 위험물제조소 등의 소화설비, 경보설비 및 피난설비에 대한 기준을 파악할 수 있다.
4 위험물 저장·취급 기준	(1) 위험물의 저장·취급에 관한 사항 파악하기	① 유별 저장기준에 관한 사항을 파악할 수 있다. ② 유별 취급기준에 관한 사항을 파악할 수 있다.

주요항목	세부항목	세세항목
5 관련 법규 적용	(1) 위험물 안전관리법규 적용하기	① 위험물제조소등과 관련된 안전관리법규를 검토하여 허가·완공 절차 및 안전기준을 파악할 수 있다. ② 위험물 안전관리법규의 벌칙규정을 파악하고 준수할 수 있다.
6 위험물 운송·운반 기준 파악	(1) 운송·운반 기준 파악하기	① 운송기준을 검토하여 운송 시 준수사항을 확인할 수 있다. ② 운반기준을 검토하여 적합한 운반용기를 선정할 수 있다. ③ 운반기준을 확인하여 적합한 적재방법을 선정할 수 있다. ④ 운반기준을 조사하여 적합한 운반방법을 선정할 수 있다.
	(2) 운송시설의 위치·구조·설비 기준 파악하기	① 이동탱크저장소의 위치기준을 검토하여 위험물을 안전하게 관리할 수 있다. ② 이동탱크저장소의 구조기준을 검토하여 위험물을 안전하게 운송할 수 있다. ③ 이동탱크저장소의 설비기준을 검토하여 위험물을 안전하게 운송할 수 있다. ④ 이동탱크저장소의 특례기준을 검토하여 위험물을 안전하게 운송할 수 있다.
	(3) 운반시설 파악하기	① 위험물 운반시설(차량 등)의 종류를 분류하여 안전하게 운반을 할 수 있다. ② 위험물 운반시설(차량 등)의 구조를 검토하여 안전하게 운반을 할 수 있다.
7 위험물 운송·운반 관리	(1) 운송·운반 안전조치하기	① 입·출하 차량동선, 주정차, 통제 관련 규정을 파악하고 적용하여 운송·운반 안전조치를 취할 수 있다. ② 입·출하 작업 사전에 수행해야 할 안전조치 사항을 파악하고 적용하여 운송·운반 안전조치를 취할 수 있다. ③ 입·출하 작업 중 수행해야 할 안전조치 사항을 파악하고 적용하여 운송·운반 안전조치를 취할 수 있다. ④ 사전 비상대응 매뉴얼을 파악하여 운송·운반 안전조치를 취할 수 있다.

Contents

제3편 실기 기출문제

※ 2013~2018까지의 기출문제는 성안당 홈페이지(www.cyber.co.kr)에 탑재되어 있습니다.
자세한 이용방법은 도서 앞쪽에 있는 쿠폰을 참고해 주시길 바랍니다.

부록 신유형 문제

제1편

위험물산업기사 실기 핵심이론

미리 알아 두면 좋은 위험물의 성질에 관한 용어

- 활성화(점화)에너지 – 물질을 활성화(점화)시키기 위해 필요한 에너지의 양
- 산화력 – 가연물을 태우는 힘
- 흡열반응 – 열을 흡수하는 반응
- 중합반응 – 물질의 배수로 반응
- 가수분해 – 물을 가하여 분해시키는 반응
- 무상 – 안개 형태
- 주수 – 물을 뿌리는 행위
- 용융 – 녹인 상태
- 소분 – 적은 양으로 분산하는 것
- 촉매 – 반응속도를 증가시키는 물질
- 침상결정 – 바늘 모양의 고체
- 주상결정 – 기둥 모양의 고체
- 냉암소 – 차갑고 어두운 장소
- 동소체 – 단체로서 모양과 성질은 다르나 최종 연소생성물이 동일한 물질
- 이성질체 – 동일한 분자식을 가지고 있지만 구조나 성질이 다른 물질
- 부동태 – 막이 형성되어 반응을 하지 않는 상태
- 소포성 – 포를 소멸시키는 성질
- 불연성 – 타지 않는 성질
- 조연성 – 연소를 돕는 성질
- 조해성 – 수분을 흡수하여 자신이 녹는 성질
- 흡습성 – 습기를 흡수하는 성질

제1장

기초화학

1-1 원소주기율표

01 주기율표의 구성

원소주기율표는 가로와 세로로 구성되어 있는데, 가로를 '주기'라고 하고 세로를 '족'이라
한다.

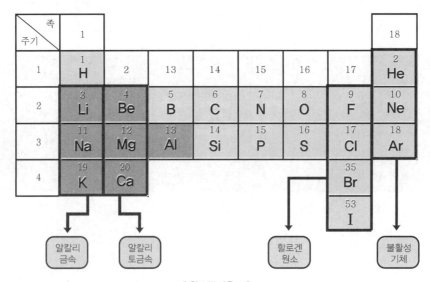

‖ 원소주기율표 ‖

(1) 주기
① 1주기 : H(수소), He(헬륨)
② 2주기 : Li(리튬), Be(베릴륨), B(붕소), C(탄소),
        N(질소), O(산소), F(불소), Ne(네온)
③ 3주기 : Na(나트륨), Mg(마그네슘), Al(알루미늄),
        Si(규소), P(인), S(황), Cl(염소), Ar(아르곤)
④ 4주기 : K(칼륨), Ca(칼슘), Br(브롬)
※ I(요오드)는 5주기에 속하는 원소이다.

(2) 족(원자가) – 비슷한 화학적 성질을 가진 원소들끼리의 묶음
① 1족 : H(수소), Li(리튬), Na(나트륨), K(칼륨)이 해당된다. 이 원소들을 '+1가 원소'
       라 하며 이 중에서 기체원소인 수소를 제외한 Li(리튬), Na(나트륨), K(칼륨)을
       알칼리금속족이라 부른다.
② 2족 : Be(베릴륨), Mg(마그네슘), Ca(칼슘)이 해당된다. 이 원소들을 '+2가 원소'
       라 하며 **알칼리토금속**족이라 부른다.

③ 17족 : F(불소), Cl(염소), Br(브롬), I(요오드)가 해당된다. 이 원소들을 '+7가 원소' 또는 '−1가 원소'라 하며 **할로겐원소**족이라 부른다.

④ 18족 : He(헬륨), Ne(네온), Ar(아르곤)이 해당된다. 이 원소들을 '0족 원소'라 하며 **불활성기체**족이라 부른다.

원자가	+1	+2	+3	+4	+5	+6	+7	0
	−7	−6	−5	−4	−3	−2	−1	0

족주기	1	2	13	14	15	16	17	18
1	1H							2He
2	3Li	4Be	5B	6C	7N	8O	9F	10Ne
3	11Na	12Mg	13Al	14Si	15P	16S	17Cl	18Ar
4	19K	20Ca					35Br	
							53I	

‖ 주기율표의 원자가 ‖

(3) 원자가의 결정

위의 [그림]에서 보듯이 원자가는 이론적으로 +원자가와 −원자가가 있는데 정확한 기준점은 없지만 주기율표의 왼쪽 부분에 있는 원소들은 +원자가를 사용하며 오른쪽 부분에 있는 원소들은 −원자가를 사용한다.

원자가를 결정하는 방법

① **+원자가** : Na(나트륨)은 +1가 원소이면서 동시에 −7가 원소이지만 주기율표의 왼쪽 부분에 있기 때문에 +1가 원소로 사용된다.

② **−원자가** : F(불소)는 +7가 원소이면서 동시에 −1가 원소이지만 주기율표의 오른쪽 부분에 있기 때문에 −1가 원소로 사용된다.

③ **예외의 경우** : P(인)은 주기율표의 오른쪽 부분에 있으므로 −3가 원소이며 O(산소)도 주기율표의 오른쪽 부분에 있으므로 −2가 원소로 사용되지만 만일 이 두 원소가 화합을 하는 경우라면 둘 중 하나는 +원자가로 작용해야 하고 다른 하나는 −원자가로 작용해야 하는데, 이때 O(산소)가 더 오른쪽에 있기 때문에 P(인)은 +5가 원소, O(산소)는 −2가 원소로 사용된다.

02 원소의 반응원리

원소의 반응원리는 자신의 원자가를 상대원소의 분자수 (원소의 오른쪽 아래 자리)로 주고 상대원소의 원자가를 자신의 분자수로 받아들이는 것이다.

원자가를 교환하는 원리

① 칼륨과 산소의 반응원리 : $K^{+1} \diagdown\!\!\!\!\diagup O^{-2} \rightarrow K_2O$

② 나트륨과 불소의 반응원리 : $Na^{+1} \diagdown\!\!\!\!\diagup F^{-1} \rightarrow NaF$

③ 과산화물 : 산화물에 산소가 과하게 존재하는 상태로서 K_2O(산화칼륨)에 산소를 추가하면 K_2O_2가 되며 이를 과산화칼륨이라 부른다.

Tip
화학에서는 숫자 1을 표시하지 않으므로 K_2O_1 또는 Na_1F_1이라고 표현하지 않습니다.

📖 화학식 읽는 방법

여러 개의 원소가 조합된 화학식을 읽을 때는 먼저 뒤쪽 원소 명칭의 끝 글자 대신 "~화"를 붙이고, 여기에 앞쪽 원소의 명칭을 붙여서 읽는다.
1) K_2O : 뒤쪽 원소 명칭(산소)의 끝 글자(소) 대신 "~화"를 붙이고(산화), 여기에 앞쪽 원소의 명칭(칼륨)을 붙여서 "산화칼륨"이라고 읽는다.
2) NaF : 뒤쪽 원소 명칭(불소)의 끝 글자(소) 대신 "~화"를 붙이고(불화), 여기에 앞쪽 원소의 명칭(나트륨)을 붙여서 "불화나트륨"이라고 읽는다.

03 원소의 구성

(1) 원자번호

원소들은 원소가 나열된 순서대로 고유의 원자번호를 갖고 있으며 1번 원소부터 20번 원소까지의 원자번호는 다음과 같다.

원자번호	원소기호	원자번호	원소기호
1	H(수소)	11	Na(나트륨)
2	He(헬륨)	12	Mg(마그네슘)
3	Li(리튬)	13	Al(알루미늄)
4	Be(베릴륨)	14	Si(규소)
5	B(붕소)	15	P(인)
6	C(탄소)	16	S(황)
7	N(질소)	17	Cl(염소)
8	O(산소)	18	Ar(아르곤)
9	F(불소)	19	K(칼륨)
10	Ne(네온)	20	Ca(칼슘)

톡톡 튀는 암기법 헤헤니배 비키니웃벗네 나만알지 푹쉬그라크크

(2) 몰수

원자(원소 1개) 또는 분자(원소 2개 이상)의 개수를 의미한다.

> 예 H(수소원자) 2몰의 표시는 2H로 하고, O_2(산소분자) 2몰의 표시는 $2O_2$로 한다. 또한 N_2(질소분자) 1몰의 표시는 N_2로 한다.

(3) 원자량(질량수)

원소 한 개의 질량을 의미한다.

① 원자번호가 짝수일 때 : **원자량 = 원자번호×2**

② 원자번호가 홀수일 때 : **원자량 = 원자번호×2+1**

③ 예외의 경우

　　㉠ H(수소) : 원자번호가 홀수인 1번이기 때문에 원자량은 $1×2+1=3$이 되어야 하지만 원자량은 1이다.

　　㉡ N(질소) : 원자번호가 홀수인 7번이기 때문에 원자량은 $7×2+1=15$가 되어야 하지만 원자량은 14이다.

(4) 분자량

2개 이상의 원소로 이루어진 물질을 분자라고 하며, 분자량이란 그 분자 1몰의 질량을 의미한다.

> 💡Tip
> 원자량이나 분자량의 단위는 가상의 단위로서 g 또는 kg으로 표시되지만 단순하게 원자량이나 분자량을 표시할 경우에는 생략하는 것이 일반적입니다.

04 원자단

2개의 원소들이 서로 결합된 상태로 존재하여 하나의 원소처럼 반응하는 것을 의미한다.

◀ 원소와 원자단의 반응원리

(1) 종류

① OH(수산기) : −1가 원자단이며 OH^- 로 표시한다.

② SO_4(황산기) : −2가 원자단이며 SO_4^{2-} 로 표시한다.

③ NH_4(암모늄기) : +1가 원자단이며 NH_4^+ 로 표시한다.

> 💡Tip
> 여기 3가지의 원자단만 암기하도록 하세요.

(2) 반응원리

원자단이 원자가 2 이상을 가진 원소와 화합하는 경우에는 원자단에 괄호를 묶어서 표시해야 한다.

> 예 +2가 원소인 Mg(마그네슘)이 OH(수산기)와 화합하면 'Mg + OH → $Mg(OH)_2$'와 같은 반응식이 만들어지는데, 여기서 OH(수산기)에 괄호를 하지 않으면 Mg(마그네슘)으로부터 숫자 2를 받을 때 OH_2가 되어 O(산소)는 1개가 되고 H(수소)만 2개가 된다. 원자단은 하나의 원소처럼 반응하는 성질이 있으므로 괄호로 묶어서 $(OH)_2$로 표현해야 O(산소)와 H(수소) 모두 2개가 된다.

1-2 질량과 부피

01 질량(분자량)

어떤 물질이 가지는 양의 크기로서, 일반적으로 분자량(1몰의 질량)과 동일한 개념으로 사용된다.

02 부피

공간을 차지하고 있는 크기로서, 기체의 종류에 관계없이 **모든 기체 1몰의 부피는 표준상태(0℃, 1기압)에서 22.4L**이다.

03 질량과 부피의 관계

(1) 2가지 물질의 질량(분자량) 관계

CO_2(이산화탄소)의 분자량은 44이고 O_2(산소)의 분자량은 32로서 두 물질 모두 동일한 1몰 상태이지만 분자량은 서로 다르다.

(2) 2가지 물질의 표준상태(0℃, 1기압)에서 부피의 관계

CO_2(이산화탄소) 1몰의 부피는 22.4L이고 O_2(산소) 1몰의 부피도 22.4L로서 두 물질 모두 동일한 1몰 상태에서 부피는 서로 같다.

> 📖 **아보가드로의 법칙**
>
> 표준상태(0℃, 1기압)에서 모든 기체 1몰의 부피는 22.4L이다.
>
>   분자량   부피
>
> CO_2 $12+16 \times 2 = 44$ ⎫
>   ⎬ ⇨ 22.4L
> O_2 $16 \times 2 = 32$ ⎭

1-3 이상기체상태방정식

01 이상기체

동일한 분자들로 구성되어 부피는 0이고 분자끼리의 상호작용이 없는 기체를 이상기체라고 한다. 하지만 실제기체라 하더라도 낮은 압력과 높은 온도에서는 이상기체의 성질을 가지므로 이상기체상태방정식에 적용할 수 있다.

02 이상기체상태방정식

(1) 몰수로 표현

$$PV = nRT$$

여기서, P : 압력(기압 또는 atm)
V : 부피(L)
n : 몰수(mol)
R : 이상기체상수
$\quad\quad$($=0.082$기압 $\cdot$ L/K $\cdot$ mol)
T : 절대온도(273 + 실제온도)(K)

> 💡 **Tip**
>
> 이상기체상태방정식에서는 압력의 단위가 기압으로 사용되기 때문에 문제에서 단위가 mmHg인 압력이 주어지면 1기압=760mmHg이므로 그 압력을 760으로 나누어 단위를 기압(또는 atm)으로 환산해야 합니다.
>
> 📌 예 압력 750mmHg를 기압으로 환산하면
>
> $\dfrac{750\text{mmHg}}{760\text{mmHg/기압}} = 0.99$기압이 됩니다.

(2) 분자량과 질량으로 표현

$$PV = \frac{w}{M}RT$$

여기서, P : 압력(기압 또는 atm)
V : 부피(L)
w : 질량(g)
M : 분자량(g/mol)
R : 이상기체상수($=0.082$기압 $\cdot$ L/K $\cdot$ mol)
T : 절대온도(273 + 실제온도)(K)

1-4 밀도와 비중

01 고체 또는 액체의 밀도와 비중

(1) 밀도 (단위 : g/mL)

고체 또는 액체의 밀도는 질량을 부피로 나눈 값으로서, 입자들이 정해진 공간에 얼마나 밀집되어 있는지를 나타낸다.

$$밀도 = \frac{질량}{부피} \ (g/mL \ 또는 \ kg/L)$$

(2) 비중 (단위 없음)

물질의 무게 또는 질량이 물보다 얼마나 더 무거운지 또는 가벼운지를 나타내는 기준이다. 여기서, 물은 표준물질로서 비중은 1이며 밀도 역시 1g/mL이다.

$$비중 = \frac{해당 \ 물질의 \ 밀도}{표준물질의 \ 밀도} = \frac{밀도(g/mL)}{1g/mL}$$

다시 말해 비중은 단위가 존재하지 않고 밀도는 단위가 존재한다는 것 외에 비중과 밀도는 동일한 의미라고 할 수 있다.

$$비중 = 밀도 = \frac{질량}{부피}$$

02 증기밀도와 증기비중

(1) 증기밀도 (단위 : g/L)

밀도는 질량을 부피로 나눈 값으로, 증기의 밀도는 이상기체상태방정식을 이용하여 공식을 만들 수 있다.

$$증기밀도 = \frac{PM}{RT} \ (g/L)$$

※ 표준상태(0℃, 1기압)에서 증기밀도를 구하면 다음과 같다.

$$증기밀도 = \frac{1 \times M}{0.082 \times (273 + 0)}$$

$$= \frac{분자량}{22.4} \, (g/L) \, (0℃, 1기압인 \ 경우에 \ 한함)$$

> **Tip**
> 증기밀도의 단위는 g/L, 고체·액체 밀도의 단위는 g/mL로 해야 합니다.

📖 증기밀도 공식의 유도과정

이상기체상태방정식은 다음과 같다.

$$PV = \frac{w}{M} RT$$

이 식은 V와 M의 자리를 바꿈으로써 다음과 같이 나타낼 수 있다.

$$PM = \frac{w}{V} RT$$

여기서, 다음과 같은 공식을 얻을 수 있다.

$$증기밀도 \left(\frac{질량(w)}{부피(V)} \right) = \frac{PM}{RT}$$

(2) 증기비중

물질에서 발생하는 증기가 공기보다 얼마나 더 무거운지 또는 가벼운지를 나타내는 기준으로, 물질의 분자량을 공기의 분자량(29)으로 나눈 값이다.

> **Tip**
> 증기비중은 단위가 없습니다.

$$증기비중 = \frac{분자량}{29}$$

1-5 물질의 반응식

01 반응식의 의미와 종류

(1) 반응식의 의미
반응식이란 물질이 반응을 일으키는 현상에 대해 그 반응과정을 알 수 있도록 표현하는 식을 말하며 여러 가지 종류의 반응식들이 존재한다. 반응식의 중간에는 화살표가 표시되어 있는데, 화살표를 기준으로 왼쪽에 있는 물질들을 '반응 전 물질', 오른쪽에 있는 물질들을 '반응 후 물질'로 구분한다. 따라서 반응식에서는 반응 전의 물질은 화살표 왼쪽에 표시하고 그 물질이 어떤 반응을 거쳐 또 다른 물질을 생성할 때 이 생성된 물질을 화살표 오른쪽에 표시하게 된다.

(2) 반응식의 종류
① 분해반응식 : 물질이 열이나 빛에 의해 분해되어 또 다른 물질을 만드는 반응식
  예 과산화나트륨의 분해반응식 : $2Na_2O_2 \rightarrow 2Na_2O + O_2$
② 연소반응식 : 물질이 산소와 반응하여 또 다른 물질을 만드는 반응식
  예 아세톤의 연소반응식 : $CH_3COCH_3 + 4O_2 \rightarrow 3CO_2 + 3H_2O$
③ 물과의 반응식 : 물질이 물과 반응하여 또 다른 물질을 만드는 반응식
  예 나트륨과 물의 반응식 : $2Na + 2H_2O \rightarrow 2NaOH + H_2$

02 반응식의 작성

(1) 분해반응식 작성
반응식에서는 화살표 왼쪽에 있는 반응 전 원소의 개수와 오른쪽에 있는 반응 후 원소의 개수가 같아야 하며, 이를 위해 반응 전과 반응 후 물질의 몰수를 조정하여 개수를 맞추어야 한다.
① 과산화나트륨 1mol의 분해반응식 작성방법
  ㉠ 1단계(생성물질의 확인) : 과산화나트륨은 나트륨과 결합된 산소가 과한 상태의 것이므로 분해시키면 산화나트륨(Na_2O)과 산소(O_2)가 발생한다.
  $Na_2O_2 \rightarrow Na_2O + O_2$
  ㉡ 2단계(O원소의 개수 확인) : 화살표 왼쪽 O의 개수는 2개인데 화살표 오른쪽 O의 개수의 합은 3개이므로 O_2 앞에 0.5를 곱해 주어 양쪽 O원소의 개수를 같게 한다.
  $Na_2O_2 \rightarrow Na_2O + 0.5O_2$
② 반응식의 이해
  과산화나트륨 1mol의 분해반응식($Na_2O_2 \rightarrow Na_2O + 0.5O_2$)에서 표시된 물질들의 몰수와 질량, 그리고 부피의 관계에 대해 다음과 같이 이해할 수 있다.

㉠ 반응몰수 : 1몰의 과산화나트륨(Na_2O_2)을 분해시키면 1몰의 산화나트륨(Na_2O)과 0.5몰의 산소(O_2)가 발생한다.

㉡ 반응질량 : 과산화나트륨(Na_2O_2) 78g을 분해시키면 산화나트륨(Na_2O) 62g과 산소(O_2) $0.5 \times 32g = 16g$이 발생한다.

> ※ 분자량 계산방법
> 1) 과산화나트륨(Na_2O_2) : $23(Na) \times 2 + 16(O) \times 2 = 78g$
> 2) 산화나트륨(Na_2O) : $23(Na) \times 2 + 16(O) \times 1 = 62g$
> 3) 산소(O_2) : $16(O) \times 2 = 32g$

㉢ 표준상태에서의 반응부피 : 표준상태(0℃, 1기압)에서 모든 기체 1몰의 부피는 22.4L이므로 1몰의 과산화나트륨(Na_2O_2)을 분해시키면 산소(O_2) $0.5 \times 22.4L = 11.2L$가 발생한다.

(2) 연소반응식 작성

① 아세톤의 연소반응식 작성방법

㉠ 1단계(생성물질의 확인) : 아세톤이 산소와 반응하면 CO_2와 H_2O가 발생한다.

$$CH_3COCH_3 + O_2 \longrightarrow CO_2 + H_2O$$

㉡ 2단계(C원소의 개수 확인) : 화살표 왼쪽 CH_3COCH_3에 포함된 C원소의 개수는 3개이므로 화살표 오른쪽 CO_2 앞에 3을 곱해 양쪽의 C원소의 개수를 같게 한다.

$$CH_3COCH_3 + O_2 \longrightarrow 3CO_2 + H_2O$$

㉢ 3단계(H원소의 개수 확인) : 화살표 왼쪽 CH_3COCH_3에 포함된 H원소의 개수는 6개이므로 화살표 오른쪽 H_2O 앞에 3을 곱해 양쪽의 H원소의 개수를 같게 한다.

$$CH_3COCH_3 + O_2 \longrightarrow 3CO_2 + 3H_2O$$

㉣ 4단계(O원소의 개수 확인) : 화살표 오른쪽의 $3CO_2$에 포함된 O원소의 개수는 6개이고 $3H_2O$에 포함된 O원소의 개수는 3개이므로 이들을 합하면 O원소는 9개가 된다. 화살표 왼쪽에도 O원소를 9개로 맞춰야 하는데 그러기 위해서는 화살표 왼쪽의 CH_3COCH_3에 포함된 O원소의 개수 1개에 추가로 O원소 8개가 더 필요하다. 이를 해결하기 위해 화살표 왼쪽의 O_2 앞에 4를 곱해 O원소를 8개로 만들어 반응식을 완성할 수 있다.

$$CH_3COCH_3 + 4O_2 \longrightarrow 3CO_2 + 3H_2O$$

② 반응식의 이해

아세톤의 연소반응식($CH_3COCH_3 + 4O_2 \longrightarrow 3CO_2 + 3H_2O$)에서 표시된 물질들의 몰수와 질량, 그리고 부피의 관계에 대해 다음과 같이 이해할 수 있다.

㉠ 반응몰수 : 1몰의 아세톤(CH_3COCH_3)을 연소시키기 위해 필요한 산소(O_2)는 4몰이며, 이 반응으로 3몰의 이산화탄소(CO_2)와 3몰의 수증기(H_2O)가 발생한다.

ⓛ 반응질량 : 아세톤(CH_3COCH_3) 58g을 연소시키기 위하여 필요한 산소(O_2)는 $4 \times 32g = 128g$이며, 이 반응으로 인해 이산화탄소(CO_2) $3 \times 44g = 132g$과 수증기 (H_2O) $3 \times 18g = 54g$이 발생한다.

※ 분자량 계산방법
1) 아세톤(CH_3COCH_3) : $12(C) \times 3 + 1(H) \times 6 + 16(O) \times 1 = 58g$
2) 산소(O_2) : $16(O) \times 2 = 32g$
3) 수증기(H_2O) : $1(H) \times 2 + 16(O) \times 1 = 18g$

ⓒ 표준상태에서의 반응부피 : 표준상태(0℃, 1기압)에서 모든 기체 1몰의 부피는 22.4L이므로 22.4L의 아세톤(CH_3COCH_3) 증기를 연소시키기 위해 필요한 산소 (O_2)는 $4 \times 22.4L = 89.6L$이며, 이 반응으로 이산화탄소(CO_2) $3 \times 22.4L = 67.2L$ 와 수증기(H_2O) $3 \times 22.4L = 67.2L$가 발생한다.

(3) 물과의 반응식 작성

① 1mol의 나트륨과 물과의 반응식 작성방법

ⓐ 1단계(생성물질의 확인) : 나트륨(대부분의 순수한 금속 포함)은 물과 반응시키 면 물이 포함하고 있는 수산기(OH)를 차지하고 수소(H_2)가스를 발생시킨다.

$$Na + H_2O \longrightarrow NaOH + H_2$$

ⓑ 2단계(H원소 개수 확인) : 화살표 왼쪽과 화살표 오른쪽의 나트륨(Na)과 산소(O) 의 개수는 각각 1개씩으로 동일한데 수소(H)의 개수는 화살표 왼쪽에는 2개, 화살표 오른쪽에는 총 3개이므로 화살표 오른쪽의 H_2 앞에 0.5를 곱해 주어 양 쪽 H원소의 개수를 같게 한다.

$$Na + H_2O \longrightarrow NaOH + 0.5H_2$$

② 반응식의 이해

1mol의 나트륨과 물과의 반응식($Na + H_2O \longrightarrow NaOH + 0.5H_2$)에서 표시된 물질들 의 몰수와 질량, 그리고 부피의 관계에 대해 다음과 같이 이해할 수 있다.

ⓐ 반응몰수 : 1몰의 나트륨(Na)을 1몰의 물(H_2O)과 반응시키면 1몰의 수산화나트륨 (NaOH)과 0.5몰의 수소(H_2)가 발생한다.

ⓑ 반응질량 : 나트륨(Na) 23g을 물(H_2O) 18g과 반응시키면 수산화나트륨(NaOH) 40g과 수소(H_2) $0.5 \times 2g = 1g$이 발생한다.

※ 분자량 계산방법
1) 나트륨(Na) : 23g
2) 물(H_2O) : $1(H) \times 2 + 16(O) \times 1 = 18g$
3) 수산화나트륨(NaOH) : $23(Na) \times 1 + 16(O) \times 1 + 1(H) \times 1 = 40g$
4) 수소(H_2) : $1(H) \times 2 = 2g$

ⓒ 표준상태에서의 반응부피 : 표준상태(0℃, 1기압)에서 모든 기체 1몰의 부피는 22.4L이므로 1몰의 나트륨(Na)을 물과 반응시키면 수소(H_2) $0.5 \times 22.4L = 11.2L$ 가 발생한다.

03 원소의 반응과 생성물

대부분의 반응식은 다음 [표]에 제시된 7가지 원소들의 반응원리를 이용해 만들 수 있다.

번 호	생성물	반응원리
1	$H + O \rightarrow H_2O$	하나의 물질에는 H가 포함되어 있고 다른 하나의 물질에는 O가 포함되어 있을 때 H는 +1가 원소이고 O는 −2가 원소이므로 서로의 원자가를 주고받으면 H_2O가 된다. 예 $CH_4 + 2O_2 \rightarrow CO_2 + 2H_2O$ 　　메탄　　산소　　이산화탄소　　물
2	$C + O \rightarrow CO_2$	하나의 물질에는 C가 포함되어 있고 다른 하나의 물질에는 O가 포함되어 있을 때 C는 +4가 원소이고 O는 −2가 원소이므로 서로의 원자가를 주고받으면 C_2O_4가 되지만, 숫자를 약분하면 CO_2가 된다. 예 $2C_6H_6 + 15O_2 \rightarrow 12CO_2 + 6H_2O$ 　　벤젠　　　산소　　　이산화탄소　　물
3	$C + S \rightarrow CS_2$	하나의 물질에는 C가 포함되어 있고 다른 하나의 물질에는 S가 포함되어 있을 때 C는 +4가 원소이고 S는 −2가 원소이므로 서로의 원자가를 주고받으면 C_2S_4가 되지만, 숫자를 약분하면 CS_2가 된다. 예 $C + 2S \rightarrow CS_2$ 　　탄소　　황　　이황화탄소
4	$S + O \rightarrow SO_2$	하나의 물질에는 S가 포함되어 있고 다른 하나의 물질에는 O가 포함되어 있을 때 S와 O는 모두 −2가 원소로 동일한 원자를 가지기 때문에 SO_2가 발생하는 것으로 암기한다. 예 $2P_2S_5 + 15O_2 \rightarrow 2P_2O_5 + 10SO_2$ 　　오황화인　　산소　　　오산화인　　이산화황
5	$H + S \rightarrow H_2S$	하나의 물질에는 H가 포함되어 있고 다른 하나의 물질에는 S가 포함되어 있을 때 H는 +1가 원소이고 S는 −2가 원소이므로 서로의 원자가를 주고받으면 H_2S가 된다. 예 $P_2S_5 + 8H_2O \rightarrow 5H_2S + 2H_3PO_4$ 　　오황화인　　물　　　황화수소　　인산
6	$P + H \rightarrow PH_3$	하나의 물질에는 P가 포함되어 있고 다른 하나의 물질에는 H가 포함되어 있을 때 P는 −3가 원소이고 H는 +1가 원소이므로 서로의 원자가를 주고받으면 PH_3가 된다. 예 $Ca_3P_2 + 6H_2O \rightarrow 3Ca(OH)_2 + 2PH_3$ 　　인화칼슘　　물　　　수산화칼슘　　포스핀
7	$P + O \rightarrow P_2O_5$	하나의 물질에는 P가 포함되어 있고 다른 하나의 물질에는 O가 포함되어 있을 때 P는 +5가 원소이고 O는 −2가 원소이므로 서로의 원자가를 주고받으면 P_2O_5가 된다. 예 $P_4 + 5O_2 \rightarrow 2P_2O_5$ 　　황린　　산소　　오산화인

1-6 지방족과 방향족

01 지방족(사슬족)

(1) 정의

구조식으로 표현했을 때 사슬형으로 연결되어 있는 물질을 의미한다.

(2) 종류

아세톤(CH_3COCH_3), 디에틸에테르($C_2H_5OC_2H_5$), 아세트알데히드(CH_3CHO) 등

‖ 아세톤의 구조식 ‖

02 방향족(벤젠족)

(1) 정의

구조식으로 표현했을 때 고리형으로 연결되어 있는 물질을 의미한다.

(2) 종류

벤젠(C_6H_6), 톨루엔($C_6H_5CH_3$), 크실렌[$C_6H_4(CH_3)_2$] 등

‖ 벤젠의 구조식 ‖

📖 유기물과 무기물의 정의

1) **유기물** : 탄소가 수소 또는 산소, 황, 인 등과 결합한 상태의 물질을 말한다.
   📗 $C_2H_5OC_2H_5$(디에틸에테르), CH_3CHO(아세트알데히드), C_6H_6(벤젠)

2) **무기물** : 탄소를 갖고 있지 않은 상태의 물질을 말한다.
   📗 K_2O(산화칼륨), Na_2O(산화나트륨), Na_2O_2(과산화나트륨)

1-7 알칸과 알킬

01 알칸

(1) 정의

포화탄화수소로서 일반식 C_nH_{2n+2}에 n의 개수를 달리하여 여러 가지 형태로 만들 수 있는데, 알칸은 그 자체가 하나의 물질로 존재할 수 있다.

💡 Tip
알칸에 속하는 물질들의 명칭은 "~탄" 또는 "~판", "~산", "~난"과 같이 모음 "ㅏ"에 "ㄴ" 받침이 붙는 형태로 끝납니다.

(2) 일반식 C_nH_{2n+2}에 적용하는 방법

① $n=1$ → C의 n에 1을 대입하면 C는 1개인데 1은 표현하지 않고 H의 $2n+2$의 n에 1을 대입하면 $2 \times 1+2=4$로 H는 4개가 되어 CH_4가 만들어지며 이는 메탄이라 불린다.

② $n=2$ → C의 n에 2를 대입하면 C는 2개이므로 C_2가 되고 H의 $2n+2$의 n에 2를 대입하면 $2 \times 2+2=6$, H는 6개가 되므로 C_2H_6가 만들어지며 이는 에탄이라 불린다.

이와 같은 방법으로 n에 숫자를 대입하면 다음과 같은 물질들을 만들 수 있다.

C_nH_{2n+2} (알칸)

$n=1$ CH_4 (메탄)	$n=2$ C_2H_6 (에탄)	$n=3$ C_3H_8 (프로판)	$n=4$ C_4H_{10} (부탄)	$n=5$ C_5H_{12} (펜탄)
$n=6$ C_6H_{14} (헥산)	$n=7$ C_7H_{16} (헵탄)	$n=8$ C_8H_{18} (옥탄)	$n=9$ C_9H_{20} (노난)	$n=10$ $C_{10}H_{22}$ (데칸)

02 알킬

(1) 정의

일반식 C_nH_{2n+1}에 n의 개수를 달리하여 여러 가지 형태로 만들 수 있는데, 알킬은 그 자체가 하나의 물질로 존재할 수 없고 다른 물질의 고리에 붙어 작용하는 원자단의 성질을 가진다.

> **Tip**
> 알킬에 속하는 물질들의 명칭은 "~틸" 또는 "~밀"과 같이 모음 "ㅣ"에 "ㄹ" 받침이 붙는 형태로 끝납니다.

(2) 일반식 C_nH_{2n+1}에 적용하는 방법

① $n=1$ → C의 n에 1을 대입하면 C는 1개인데 1은 표현하지 않고 H의 $2n+1$의 n에 1을 대입하면 $2 \times 1+1=3$으로 H는 3개가 되어 CH_3가 만들어지며 이는 메틸이라 불린다.

② $n=2$ → C의 n에 2를 대입하면 C는 2개이므로 C_2가 만들어지고 H의 $2n+1$의 n에 2를 대입하면 $2 \times 2+1=5$로 H는 5개가 되어 C_2H_5가 되며 이는 에틸이라 불린다.

이와 같은 방법으로 n에 숫자를 대입하면 다음과 같은 물질들을 만들 수 있다.

C_nH_{2n+1} (알킬)

$n=1$ CH_3 (메틸)	$n=2$ C_2H_5 (에틸)	$n=3$ C_3H_7 (프로필)	$n=4$ C_4H_9 (부틸)	$n=5$ C_5H_{11} (펜틸)

※ 알칸은 하나의 물질을 구성하는 성질이지만, 알킬은 독립적 역할이 불가능하다.

예제 1 나트륨과 산소의 반응으로 만들어지는 화합물을 쓰시오.

풀이 Na(나트륨)은 +1가 원소, O(산소)는 −2가 원소이므로 Na(나트륨)은 1을 O(산소)의 분자수 자리에 주고 O(산소)의 원자가 2를 자신의 분자수 자리로 받는다. 이때, +와 −인 부호는 서로 없어지면서 $Na^{+1} \diagdown O^{-2} \rightarrow Na_2O$(산화나트륨)이 된다.

족 주기	1			13	14	15	16	17	18
1	1 H	2							2 He
2	3 Li	4 Be		5 B	6 C	7 N	8 O	9 F	10 Ne
3	11 Na	12 Mg		13 Al	14 Si	15 P	16 S	17 Cl	18 Ar
4	19 K	20 Ca						35 Br	
								53 I	

$$Na^{+1} \; + \; O^{-2} \; \longrightarrow \; Na_2O$$

위 [그림]처럼 반응 후에 Na(나트륨)은 O(산소)로부터 2를 받아 Na_2가 되고 O(산소)는 Na(나트륨)으로부터 1을 받았기 때문에 O로 표시되어 Na_2O가 되었다. Na_2O의 명칭은 뒤에 있는 산소의 "소"를 떼고 "화"를 붙여 "산화"가 되고 앞에 있는 나트륨을 그대로 읽어 주어 "산화나트륨"이 된다.

정답 Na_2O(산화나트륨)

예제 2 알루미늄과 산소의 반응으로 만들어지는 화합물을 쓰시오.

풀이 Al(알루미늄)은 +3가 원소, O(산소)는 −2가 원소이므로 Al(알루미늄)은 3을 O(산소)의 분자수 자리에 주고 O(산소)의 원자가 2를 자신의 분자수 자리로 받으면 Al_2O_3(산화알루미늄)이 된다.

정답 Al_2O_3(산화알루미늄)

예제 3 인과 산소의 반응으로 만들어지는 화합물을 쓰시오.

풀이 P(인)은 −3가 원소이지만 반응하는 상대원소인 O(산소)가 −2가 원소로 주기율표상에서 더 오른쪽에 위치하고 있기 때문에 P(인)은 + 원자가가 되어야 한다. P(인)은 +5가 원소, O(산소)는 −2가 원소이므로 P(인)은 5를 O(산소)의 분자수 자리에 주고 O(산소)의 원자가 2를 자신의 분자수 자리로 받으면 P_2O_5(오산화인)이 된다.

정답 P_2O_5(오산화인)

예제 4 F(불소)의 원자번호와 원자량을 구하시오.

풀이 F의 원자번호는 9번으로 홀수이므로 원자량은 $9 \times 2 + 1 = 19$이다.

정답 원자번호 : 9, 원자량 : 19

예제 5 CO_2(이산화탄소)의 분자량을 구하시오.

> 🖉 **풀이** C의 원자번호는 6번으로 짝수이므로 원자량은 $6 \times 2 = 12$이다.
> O의 원자번호는 8번으로 짝수이므로 원자량은 $8 \times 2 = 16$이다.
> O_2의 분자량은 $16 \times 2 = 32$이다.
> 따라서, CO_2의 분자량은 $12 + 32 = 44$이다.

> 🖉 **정답** 44

예제 6 Al과 OH의 반응식을 쓰시오.

> 🖉 **풀이** Al(알루미늄)은 +3가 원소이고 OH(수산기)는 −1가 원자단이므로 Al(알루미늄)은
> OH(수산기)로부터 숫자 1을 받지만 표시하지 않으며, OH(수산기)는 Al(알루미늄)으로
> 부터 숫자 3을 받아 Al(OH)₃(수산화알루미늄)을 생성하게 된다.

> 🖉 **정답** Al + OH → Al(OH)₃

예제 7 C_6H_6(벤젠)에서 발생한 증기 2몰의 질량과 부피는 표준상태에서 각각 얼마인지 구하시오.

> 🖉 **풀이** C_6H_6(벤젠) 1몰의 분자량은 $12(C) \times 6 + 1(H) \times 6 = 78$이고, 표준상태에서 부피는 22.4L
> 이다.
> C_6H_6(벤젠) 2몰의 표시방법은 $2C_6H_6$이며,
> 질량은 $2 \times 78 = 156$, 부피는 $2 \times 22.4 = 44.8L$이다.

> 🖉 **정답** 질량 : 156, 부피 : 44.8L

예제 8 20℃, 1기압에서 이산화탄소 1몰이 기화되었을 경우 기화된 이산화탄소의 부피는 몇 L인지 구하시오.

> 🖉 **풀이** 이상기체상태방정식에 대입하면 다음과 같다.
> $PV = nRT$
> $1 \times V = 1 \times 0.082 \times (273 + 20)$
> $\therefore V = 24.026L \fallingdotseq 24.03L$
> ※ 계산문제에서 답에 소수점이 발생하는 경우에는 소수점 셋째 자리를 반올림하여
> 소수점 두 자리로 표시해야 한다.

> 🖉 **정답** 24.03L

예제 9 비중이 0.8인 휘발유 4,000mL의 질량은 몇 g인지 구하시오.

> 🖉 **풀이** 비중$= \dfrac{질량}{부피}$ 이므로, 질량$=$비중$\times$부피가 된다.
> $\therefore$ 질량$=0.8 \times 4,000 = 3,200g$

> 🖉 **정답** 3,200g

예제 10 다음 물질의 증기비중을 구하시오.

(1) 이황화탄소(CS_2) (2) 아세트산(CH_3COOH)

풀이 (1) 이황화탄소(CS_2)의 분자량$=12(C)+32(S)\times2=76$

이황화탄소(CS_2)의 증기비중$=\dfrac{76}{29}=2.620=2.62$

(2) 아세트산(CH_3COOH)의 분자량$=12(C)\times2+1(H)\times4+16(O)\times2=60$

아세트산(CH_3COOH)의 증기비중$=\dfrac{60}{29}=2.068=2.07$

정답 (1) 2.62 (2) 2.07

예제 11 30℃, 1기압에서 벤젠(C_6H_6)의 증기밀도는 몇 g/L인지 구하시오.

풀이 벤젠(C_6H_6)의 분자량은 $12(C)\times6+1(H)\times6=78$이다.

$\therefore$ 증기밀도$=\dfrac{PM}{RT}=\dfrac{1\times78}{0.082\times(273+30)}=3.14g/L$

정답 3.14g/L

예제 12 1몰의 $KClO_4$(과염소산칼륨)을 가열하여 분해시키는 반응식을 쓰시오.

풀이 1) 1단계(생성물질의 확인) : $KClO_4$(과염소산칼륨)은 가열하여 분해시키면 KCl(염화칼륨)과 O_2(산소)가 발생된다.
$KClO_4 \rightarrow KCl + O_2$
2) 2단계(원소의 개수 확인) : 화살표 왼쪽과 오른쪽에 있는 KCl의 개수는 동일하지만 화살표 왼쪽의 O의 개수는 4개인데 화살표 오른쪽에 있는 O의 개수는 2개이므로 화살표 오른쪽의 O_2에 2를 곱해 주면 반응식을 완성시킬 수 있다.
$KClO_4 \rightarrow KCl + 2O_2$

정답 $KClO_4 \rightarrow KCl + 2O_2$

예제 13 표준상태(0℃, 1기압)에서 29g의 아세톤을 연소시킬 때 발생하는 이산화탄소의 부피는 몇 L인지 구하시오.

풀이 1) 아세톤(CH_3COCH_3)의 분자량(1몰의 질량)$=12(C)\times3+1(H)\times6+16(O)\times1=58g$
이산화탄소 1몰의 부피$=22.4L$
2) 아세톤의 연소반응식에 문제의 조건을 대입한다.
$CH_3COCH_3 + 4O_2 \rightarrow 3CO_2 + 3H_2O$

58g   3×22.4L 〈반응식의 기준〉
29g x(L)   〈문제의 조건〉

3) 발생하는 이산화탄소의 부피는 다음과 같이 두 가지 방법으로 구할 수 있다.
〈개념 1〉 아세톤 58g을 연소시키면 이산화탄소 $3\times22.4L=67.2L$가 발생하는데 만약 아세톤을 반으로 줄여 29g만 연소시킨다면 이산화탄소도 67.2L의 반인 33.6L만 발생할 것이다.
〈개념 2〉 $CH_3COCH_3 + 4O_2 \rightarrow 3CO_2 + 3H_2O$

58g   3×22.4L
29g x(L)

$58\times x=29\times3\times22.4$ $\therefore$ $x=33.6L$

정답 33.6L

예제 14 프로판의 화학식을 쓰시오.

풀이 프로판은 탄소수가 3개인 알칸에 속하는 물질로서 알칸의 일반식 C_nH_{2n+2}의 n에 3을 대입하면 C는 3개, H는 $2 \times 3 + 2 = 8$개이므로 프로판의 화학식은 C_3H_8이다.

정답 C_3H_8

예제 15 탄소의 수가 4개인 알킬(C_nH_{2n+1})의 화학식을 쓰시오.

풀이 알킬의 일반식 C_nH_{2n+1}의 n에 4를 대입하면 C는 4개, H는 $2 \times 4 + 1 = 9$개이므로 화학식은 C_4H_9, 명칭은 부틸이다.

정답 C_4H_9

성공한 사람의 달력에는
"오늘(Today)"이라는 단어가
실패한 사람의 달력에는
"내일(Tomorrow)"이라는 단어가 적혀 있고,
성공한 사람의 시계에는
"지금(Now)"이라는 로고가
실패한 사람의 시계에는
"다음(Next)"이라는 로고가 찍혀 있다고 합니다.

☆

내일(Tomorrow)보다는 오늘(Today)을,
다음(Next)보다는 지금(Now)의 시간을 소중히 여기는
당신의 멋진 미래를 기대합니다. ^^

제2장

화재예방 및 소화방법

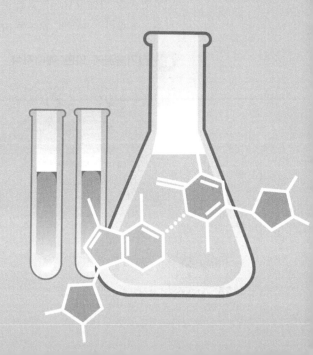

Section 01 연소이론

1-1 연소

01 연소의 정의

빛과 열을 수반하는 산화작용 중 열이 발생하는 반응을 연소라고 한다.

(1) 산화

① 산소를 얻는다.
② 수소를 잃는다.

(2) 환원

산화와 반대되는 현상을 말한다.

02 연소의 4요소

연소의 4요소는 점화원, 가연물, 산소공급원, 연쇄반응이다.

(1) 점화원

연소반응을 발생시킬 수 있는 최소의 에너지양으로서 전기불꽃, 산화열, 마찰, 충격, 과열, 정전기, 고온체 등으로 구분한다.

📖 **전기불꽃에 의한 에너지식**

$$E = \frac{1}{2}QV = \frac{1}{2}CV^2$$

여기서, E : 전기불꽃에너지
Q : 전기량
V : 방전전압
C : 전기용량

(2) 가연물(환원제)

불에 잘 타는 성질, 즉 탈 수 있는 성질의 물질을 의미한다.

가연물의 구비조건은 다음과 같다.

① 산소와의 친화력(산소를 잘 받아들이는 힘)이 커야 한다.

② 발열량이 커야 한다.

③ 표면적(공기와 접촉하는 면적의 합)이 커야 한다.

④ 열전도율이 적어야 한다.

> ※ 다른 물질에 열을 전달하는 정도가 적어야 자신이 열을 가지고 있을 수 있기 때문에 가연물이 될 수 있다.

⑤ 활성화에너지가 적어야 한다.

> ※ **활성화에너지** : 점화에너지라고도 하며, 물질을 활성화(점화)시키기 위해 필요한 에너지의 양

(3) 산소공급원

물질이 연소할 때 연소를 도와주는 역할을 하는 물질을 의미하며, 그 종류는 다음과 같다.

① 공기 중 산소

> ※ 공기 중 산소는 부피기준으로는 약 21%, 중량기준으로는 약 23.2%가 포함되어 있다.

② 제1류 위험물

③ 제6류 위험물

④ 제5류 위험물

⑤ 원소주기율표상 7족 원소인 할로겐원소로 이루어진 분자(F_2, Cl_2, Br_2, I_2)

(4) 연쇄반응

외부로부터 별도의 에너지를 공급하지 않아도 계속해서 반복적으로 진행하는 반응을 의미한다.

03 연소의 형태와 분류

(1) 기체의 연소

① **확산연소** : 공기 중에 가연성 가스를 확산시키면 연소가 가능하도록 산소와 혼합된 가스만을 연소시키는 현상이며 기체의 일반적인 연소형태이다.

> 예 아세틸렌(C_2H_2)가스와 산소(공기), LP가스와 산소(공기), 수소가스와 산소(공기) 등

② **예혼합연소** : 연소 전에 미리 공기와 혼합된 연소 가능한 가스를 만들어 연소시키는 형태이다.

(2) 액체의 연소

① **증발연소** : 액체의 가장 일반적인 연소형태로 액체의 직접적인 연소라기보다는 액체에서 발생하는 가연성 가스가 공기와 혼합된 상태에서 연소하는 형태를 의미한다.
　　⑩ 제4류 위험물 중 특수인화물, 제1석유류, 알코올류, 제2석유류 등

② **분해연소** : 비휘발성이고 점성이 큰 액체상태의 물질이 연소하는 형태로 열분해로 인해 생성된 가연성 가스와 공기가 혼합상태에서 연소하는 것을 의미한다.
　　⑩ 제4류 위험물 중 제3석유류, 제4석유류, 동식물유류 등

③ **액적연소** : 휘발성이 적고 점성이 큰 액체 입자를 무상으로 분무하여 액체의 표면적을 크게 함으로써 연소하는 방법이다.

(3) 고체의 연소

① **표면연소** : 가스의 발생 없이 연소물의 표면에서 산소와 접촉하여 연소하는 반응이다.
　　⑩ 코크스(탄소), 목탄(숯), 금속분 등

② **분해연소** : 고체 가연물에서 열분해반응이 일어날 때 발생된 가연성 증기가 공기와 혼합되면서 발생된 혼합기체가 연소하는 형태를 의미한다.
　　⑩ 목재, 종이, 석탄, 플라스틱, 합성수지 등

③ **자기연소(내부연소)** : 자체적으로 산소공급원을 가지고 있는 고체 가연물이 외부로부터 공기 또는 산소공급원의 유입 없이도 연소할 수 있는 형태로서 연소속도가 폭발적인 연소형태이다.
　　⑩ 제5류 위험물 등

④ **증발연소** : 고체 가연물이 액체형태로 상태변화를 일으키면서 가연성 증기를 증발시켜 이 가연성 증기가 공기와 혼합하여 연소하는 형태이다.
　　⑩ 황(S), 나프탈렌($C_{10}H_8$), 양초(파라핀) 등

04 연소 용어의 정리

(1) 인화점

① 외부점화원에 의해서 연소할 수 있는 최저온도를 의미한다.
② 가연성 가스가 연소범위의 하한에 도달했을 때의 온도를 의미한다.

(2) 착화점(발화점)

외부의 점화원에 관계없이 직접적인 점화원에 의한 발화가 아닌 스스로 열의 축적에 의하여 발화 또는 연소되는 최저온도를 의미한다.

05 자연발화

공기 중에 존재하는 물질이 상온에서 저절로 열을 발생시켜 발화 및 연소되는 현상을 말한다.

(1) 자연발화의 형태
① **분**해열에 의한 발열
② **산**화열에 의한 발열
③ **중**합열에 의한 발열
④ **미**생물에 의한 발열
⑤ **흡**착열에 의한 발열

> 톡톡 튀는 (암기법) **분산**된 **중**국과 **미**국을 **흡**수하자.

(2) 자연발화의 인자
① **열**의 축적
② **열**전도율
③ **공**기의 이동
④ **수**분
⑤ **발**열량
⑥ **퇴**적방법

> 톡톡 튀는 (암기법) **열**심히 또 **열**심히 **공**부 **수발** 들었더니만 결과는 **퇴**!!

(3) 자연발화의 방지법
① 습도를 낮춰야 한다.
② 저장온도를 낮춰야 한다.
③ 퇴적 및 수납 시 열이 쌓이지 않도록 해야 한다.
④ 통풍이 잘되도록 해야 한다.

(4) 자연발화가 되기 쉬운 조건
① 표면적이 넓어야 한다.
② 발열량이 커야 한다.
③ 열전도율이 적어야 한다.
　※ 열전도율이 크면 갖고 있는 열을 상대에게 주는 것이므로 자연발화는 발생하기 어렵다.
④ 주위 온도가 높아야 한다.

1-2 물질의 위험성

01 물질의 성질에 따른 위험성

물질의 성질에 따른 위험성은 다음과 같은 경우 증가한다.

① 융점 및 비점이 낮을수록

② 인화점 및 착화점이 낮을수록

③ 연소범위가 넓을수록

④ 연소하한농도가 낮을수록

02 연소범위(폭발범위)

공기 또는 산소 중에 포함된 가연성 증기의 농도범위로서 다음 [그림]의 $C_1 \sim C_2$ 구간에 해당한다. 이때 낮은 농도(C_1)를 연소하한, 높은 농도(C_2)를 연소상한이라고 한다.

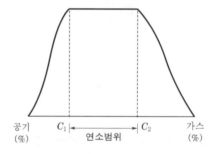

(1) 연소범위의 증가

온도 및 압력이 높아질수록 연소범위는 넓어지며 이때 연소하한은 변하지 않으나 연소상한이 커지면서 연소범위가 증가한다.

(2) 위험도

연소범위가 넓어지는 경우에도 위험성이 커지지만 연소하한이 낮아지는 경우에도 위험성은 커진다. 다시 말해 공기 중에 포함된 가연성 가스의 농도가 낮아도 불이 쉽게 붙을 수 있다는 의미이다. 따라서 연소범위가 넓은 경우와 연소하한이 낮은 경우 중 어느 쪽이 더 위험한지를 판단할 수 있어야 한다. 이때 필요한 공식이 바로 위험도이다.

$$위험도(Hazard) = \frac{연소상한(Upper) - 연소하한(Lower)}{연소하한(Lower)}$$

(3) 열량

열량이란 물질이 가지거나 내놓을 수 있는 열의 물리적인 양을 의미하며 현열과 잠열로 구분할 수 있다.

예를 들어, 물은 0℃보다 낮은 온도에서는 얼음(고체상태)으로, 0℃부터 100℃까지는 물(액체상태)로 존재하며 100℃ 이상의 온도에서는 수증기(기체상태)가 된다. 이때 온도변화가 있는 액체상태의 열을 현열이라 하며, 온도변화 없이 성질만 변하는 고체 및 기체 상태의 열을 잠열이라 한다.

1) 현열

$$Q_{현열} = c \times m \times \Delta t$$

여기서, Q : 현열의 열량(kcal)
c : 비열(물질 1kg의 온도를 1℃ 올리는 데 필요한 열량)(kcal/kg·℃)
m : 질량(kg)
Δt : 온도차(℃)

톡톡 튀는 암기법 $c \times m \times \Delta t$ ⇨ '시×멘×트'로 암기한다.

2) 잠열

$$Q_{잠열} = m \times \gamma$$

여기서, Q : 잠열의 열량(kcal)
m : 질량(kg)
γ : 잠열상수값
※ 융해잠열(얼음) : 80kcal/kg
증발잠열(수증기) : 539kcal/kg

예제 1 다음 물질의 연소형태를 쓰시오.

(1) 금속분
(2) 목재
(3) 피크린산
(4) 양초(파라핀)

풀이 고체의 연소형태의 종류와 물질은 다음과 같다.
① 표면연소 : 숯(목탄), 코크스(C), 금속분
② 분해연소 : 석탄, 목재, 플라스틱 등
③ 자기연소 : 피크린산, TNT 등의 제5류 위험물
④ 증발연소 : 황, 나프탈렌, 양초(파라핀)

정답 (1) 표면연소 (2) 분해연소 (3) 자기연소 (4) 증발연소

예제 2 휘발유의 연소범위는 $1.4 \sim 7.6\%$이다. 휘발유의 위험도를 구하시오.

풀이 휘발유의 연소범위 중 낮은 농도인 1.4%를 연소하한(L)이라 하고, 높은 농도인 7.6%를 연소상한(U)이라 한다.

$$위험도(H) = \frac{연소상한(U) - 연소하한(L)}{연소하한(L)}$$

$$= \frac{7.6 - 1.4}{1.4}$$

$$= 4.43$$

정답 4.43

예제 3 아세트알데히드(CH_3CHO)의 연소범위는 $4.1 \sim 57\%$이며, 이황화탄소(CS_2)의 연소범위는 $1 \sim 50\%$이다. 이 중 위험도가 더 높은 것은 어느 것인지 쓰시오.

풀이 아세트알데히드(CH_3CHO)의 연소범위는 이황화탄소(CS_2)의 연소범위보다 더 넓어 위험하고 이황화탄소(CS_2)는 연소하한이 아세트알데히드(CH_3CHO)보다 더 낮아 위험하기 때문에 두 경우를 위험도의 공식에 대입해 보도록 한다.

① 아세트알데히드(CH_3CHO)의 위험도 $= \dfrac{57 - 4.1}{4.1} = 12.90$

② 이황화탄소(CS_2)의 위험도 $= \dfrac{50 - 1}{1} = 49$

따라서, 이황화탄소(CS_2)의 위험도가 더 크다는 것을 알 수 있다.

정답 이황화탄소(CS_2)

예제 4 온도가 20°C이고 질량이 100kg인 물을 100°C까지 가열하여 모두 수증기상태가 되었다고 가정할 때 이 과정에서 소모된 열량은 몇 kcal인지 구하시오.

풀이 액체상태의 물이 수증기가 되었으므로 현열과 잠열의 합을 구한다.

① $Q_{현열} = c \times m \times \Delta t$

여기서, 물의 비열(c)=1kcal/kg · ℃

물의 질량(m)=100kg

물의 온도차(Δt)=$100 - 20 = 80℃$

$Q_{현열} = 1 \times 100 \times 80 = 8,000\text{kcal}$

② $Q_{잠열} = m \times \gamma$

여기서, 잠열상수(γ)=539kcal/kg

$Q_{잠열} = 100 \times 539 = 53,900\text{kcal}$

∴ $Q_{현열} + Q_{잠열} = 8,000 + 53,900 = 61,900\text{kcal}$

정답 61,900kcal

Section 02 소화이론

2-1 화재의 종류 및 소화기의 표시색상

화재의 종류는 A급·B급·C급·D급으로 구분한다.

화재의 등급 및 종류	화재의 구분	소화기의 표시색상
A급(일반화재)	목재, 종이 등의 화재	백색
B급(유류화재)	기름, 유류 등의 화재	황색
C급(전기화재)	전기 등의 화재	청색
D급(금속화재)	금속분말 등의 화재	무색

2-2 소화방법의 구분

소화방법은 크게 물리적 소화방법과 화학적 소화방법 2가지로 구분한다.

01 물리적 소화방법

물리적 소화방법에는 제거소화, 질식소화, 냉각소화, 희석소화, 유화소화가 있다.

(1) 제거소화 – 가연물 제거

가연물을 제거하여 연소를 중단시키는 소화방법을 의미하며, 그 방법으로는 다음과 같은 종류가 있다.

① 입으로 불어서 **촛불을 끄는 경우** : 양초가 연소할 때 액체상태의 촛농이 증발하면서 가연성 가스가 지속적으로 타게 된다. 이 촛불을 바람을 불어 소화하면 촛농으로부터 공급되는 가연성 가스를 제거하는 원리이므로 이 방법은 제거소화에 해당된다. 한편, 손가락으로 양초 심지를 꼭 쥐어서 소화했다면 이는 질식소화 원리에 해당한다.

② 산불화재 시 벌목으로 불을 끄는 경우 : 산불이 진행될 때 가연물은 산에 심어진 나무들이므로 나무를 잘라 벌목하게 되면 가연물을 제거하는 제거소화 원리에 해당한다.

③ 가스화재 시 밸브를 잠가 소화하는 경우 : 밸브를 잠금으로써 가스공급을 차단하게 되므로 제거소화에 해당한다.

④ 유전화재 시 폭발로 인해 가연성 가스를 날리는 경우 : 폭약의 폭발을 이용하여 순간적으로 화염을 날려버리는 원리이므로 제거소화에 해당한다.

(2) 질식소화 – 산소공급원 제거

공기 중의 산소 또는 산소공급원의 공급을 막아 연소를 중단시키는 소화방법이다. 공기 중에 가장 많이 함유된 물질은 질소로 78%를 차지하고 있으며, 그 다음으로 많은 양은 산소로서 약 21%를 차지하는데 이 산소를 15% 이하로 낮추면 연소의 지속이 어려워 질식소화를 할 수 있게 된다.

📖 질식소화기의 종류

1) 포소화기 : A급·B급 화재에 적응성이 있다.
2) 분말소화기 : B급·C급 또는 A급·B급·C급 화재에 적응성이 있다.
3) 이산화탄소(탄산가스)소화기 : B급·C급 화재에 적응성이 있다.
4) 할로겐화합물소화기 : B급·C급 화재에 적응성이 있다.
5) 마른모래, 팽창질석, 팽창진주암 : 모든 위험물의 화재에 적응성이 있다.

(3) 냉각소화

타고 있는 연소물로부터 열을 빼앗아 **발화점 이하로 온도를 낮추어 소화**하는 방법으로서 주로 주수소화가 이에 해당된다. 물은 증발 시 증발(기화)잠열이 발생하고 이 잠열이 연소면의 열을 흡수함으로써 연소면의 온도를 낮춰 소화한다.

02 화학적 소화방법

화학적 소화방법에는 억제소화(부촉매소화)가 있다.

– 억제소화(부촉매소화)

연쇄반응의 속도를 빠르게 하는 정촉매의 역할을 억제시키는 것으로 화학적 소화방법에 해당한다. 억제소화약제의 종류로는 할로겐화합물(증발성 액체)소화약제와 제3종 분말소화약제 등이 있다.

2-3 소화기의 구분

01 냉각소화기의 종류

(1) 물소화기

① 적응화재 : A급 화재

② 방출방식 : 축압식, 가스가압식, 수동펌프식

(2) 산·알칼리소화기

① 적응화재 : A급·C급 화재

② 방출방식 : **탄산수소나트륨**과 **황산**을 반응시키는 원리이며 이때 약제를 방사하는 압력원은 이산화탄소이다.

③ 화학반응식 : $2NaHCO_3 + H_2SO_4 \rightarrow Na_2SO_4 + 2CO_2 + 2H_2O$
　　　　　　　탄산수소나트륨　　황산　　황산나트륨　이산화탄소　　물

(3) 강화액소화기

① 적응화재 : A급 화재, 무상(안개형태)의 경우 A급·B급·C급 화재

② 방출방식 : 축압식의 경우 압력원으로 축압된 공기를 사용하며, 가스가압식과 반응식은 탄산가스의 압력에 의해 약제를 방출한다.

③ 특징
　㉠ 물의 소화능력을 강화시키기 위해 물에 **탄산칼륨**(K_2CO_3)이라고 하는 염류를 첨가시킨 수용액이다.
　㉡ 수용액의 비중은 1보다 크다.
　㉢ 약제는 **강알칼리성(pH=12)**이다.
　㉣ 잘 얼지 않으므로 겨울이나 온도가 낮은 지역에서 사용할 수 있다.

02 질식소화기의 종류

(1) 포소화기(포말소화기 또는 폼소화기)

연소물에 수분과 포 원액의 혼합물을 이용하여 공기와의 반응 또는 화학변화를 일으켜 거품을 방사하는 소화방법이다.

1) 포소화약제의 조건

① 유동성 : 이동성이라고 볼 수 있으며, 연소면에 잘 퍼지는 성질을 의미한다.

② 부착성 : 연소면과 포소화약제 간에 잡아당기는 성질이 강해 부착이 잘되어야 한다.

③ 응집성 : 포소화약제끼리의 잡아당기는 성질이 강해야 한다.

2) 포소화기의 종류

포소화기는 크게 기계포소화기와 화학포소화기 2가지로 구분할 수 있다.

① 기계포(공기포)소화기 : 소화액과 공기를 혼합하여 발포시키는 방법으로, 종류로는 수성막포, 단백질포, 내알코올포, 합성계면활성제포가 있다.

㉠ 수성막포 : 포소화약제 중 가장 효과가 좋으며, 유류화재 소화 시 분말소화약제를 사용할 경우 소화 후 재발화현상이 가끔씩 발생할 수 있는데 이러한 현상을 예방하기 위하여 병용하여 사용하면 가장 효과적인 포소화약제이기도 하다.

㉡ 단백질포 : 포소화약제를 대표하는 유류화재용으로 사용하는 약제이다.

㉢ 내알코올포 : 수용성 가연물이 가지고 있는 소포성에 견딜 수 있는 성질이 있으므로 **수용성 화재에 사용**되는 포소화약제이다.

㉣ 합성계면활성제포 : 가장 많이 사용되는 포소화약제이다.

② 화학포소화기 : **탄산수소나트륨**($NaHCO_3$)과 **황산알루미늄**[$Al_2(SO_4)_3$]이 반응하는 소화기이다.

㉠ 화학반응식

$$6NaHCO_3 + Al_2(SO_4)_3 \cdot 18H_2O \longrightarrow 3Na_2SO_4 + 2Al(OH)_3 + 6CO_2 + 18H_2O$$
탄산수소나트륨　　황산알루미늄　　물　　　황산나트륨　수산화알루미늄　이산화탄소　　물

㉡ 기포안정제 : 단백질분해물, 사포닌, 계면활성제(소화기의 외통에 포함)

(2) 이산화탄소소화기

용기에 이산화탄소(탄산가스)가 액화되어 충전되어 있으며, 방사 시 공기보다 1.52배 무거운 가스가 발생하게 된다.

① 줄-톰슨 효과 : 이산화탄소약제를 방출할 때 액체 이산화탄소가 가는 관을 통과하게 되는데 이때 압력과 온도의 급감으로 인해 **드라이아이스**가 관 내에 생성됨으로써 노즐이 막히는 현상이다.

② 이산화탄소소화기의 장ㆍ단점

㉠ 장점 : 자체적으로 이산화탄소를 포함하고 있으므로 별도의 추진가스가 필요 없다.

㉡ 단점 : 피부에 접촉 시 동상에 걸릴 수 있고 작동 시 소음이 심하다.

(3) 분말소화기

1) 분말소화약제의 분류

분말의 구분	주성분	화학식	적응화재	착 색
제1종 분말	탄산수소나트륨	$NaHCO_3$	B·C급	백색
제2종 분말	탄산수소칼륨	$KHCO_3$	B·C급	연보라(담회)색
제3종 분말	인산암모늄	$NH_4H_2PO_4$	A·B·C급	담홍색
제4종 분말	탄산수소칼륨과 요소의 반응생성물	$KHCO_3 + (NH_2)_2CO$	B·C급	회색

2) 분말소화약제의 반응식 및 소화원리

① 제1종 분말소화약제의 열분해반응식 – 질식, 냉각

  ㉠ 1차 열분해반응식(270℃) : $2NaHCO_3 \longrightarrow Na_2CO_3 + H_2O + CO_2$
      탄산수소나트륨　　　탄산나트륨　　물　　이산화탄소

  ㉡ 2차 열분해반응식(850℃) : $2NaHCO_3 \longrightarrow Na_2O + H_2O + 2CO_2$
      탄산수소나트륨　　산화나트륨　　물　　이산화탄소

  ㉢ 제1종 분말소화약제의 소화원리 : 식용유화재에 지방을 가수분해하는 비누화현상으로 거품을 생성하여 질식소화하는 원리이다.

   ※ 비누의 일반식 : $C_nH_{2n+1}COONa$

② 제2종 분말소화약제의 열분해반응식 – 질식, 냉각

  ㉠ 1차 열분해반응식(190℃) : $2KHCO_3 \longrightarrow K_2CO_3 + H_2O + CO_2$
      탄산수소칼륨　탄산칼륨　물　이산화탄소

  ㉡ 2차 열분해반응식(890℃) : $2KHCO_3 \longrightarrow K_2O + H_2O + 2CO_2$
      탄산수소칼륨　산화칼륨　물　이산화탄소

③ 제3종 분말소화약제의 열분해반응식 – 질식, 냉각, 억제

  ㉠ 1차 열분해반응식(190℃) : $NH_4H_2PO_4 \longrightarrow H_3PO_4 + NH_3$
      인산암모늄　오르토인산　암모니아

  ㉡ 2차 열분해반응식(215℃) : $2H_3PO_4 \longrightarrow H_4P_2O_7 + H_2O$
      오르토인산　피로인산　물

  ㉢ 3차 열분해반응식(300℃) : $H_4P_2O_7 \longrightarrow 2HPO_3 + H_2O$
      피로인산　메타인산　물

  ㉣ 완전열분해반응식 : $NH_4H_2PO_4 \longrightarrow NH_3 + H_2O + HPO_3$
      인산암모늄　암모니아　물　메타인산

> **Tip**
> 열분해반응식 문제에서 몇 차 열분해반응식이라는 조건이 없다면 다음과 같이 답하세요.
> 1. 제1·2종 분말소화약제 : 1차 열분해반응식
> 2. 제3종 분말소화약제 : 완전열분해반응식

(4) 기타 소화설비

① 건조사(마른모래)

  ㉠ 모래는 반드시 건조상태여야 한다.

  ㉡ 모래에는 가연물이 함유되지 않아야 한다.

② 팽창질석, 팽창진주암

  마른모래와 성질이 비슷한 불연성 고체 물질이다.

03 억제소화기의 종류

(1) 할로겐화합물소화기

할로겐분자(F_2, Cl_2, Br_2, I_2), 탄소와 수소로 구성된 증발성 액체 소화약제로서 기화가 잘되고 공기보다 무거운 가스를 발생시켜 질식효과, 냉각효과, 억제효과를 가진다.

① 할론명명법

할로겐화합물소화약제는 할론명명법에 의해 번호를 부여한다. 그 방법으로는 C – F – Cl – Br의 순서대로 개수를 표시하는데, 원소의 위치가 바뀌어 있더라도 C – F – Cl – Br의 순서대로만 표시하면 된다.

예 CF_3Br → Halon 1301
CCl_4 → Halon 1040 또는 Halon 104
CH_3Br → Halon 1001

> 🔆 Tip
> 할론번호에서 마지막의 '0'은 생략이 가능합니다.

※ 이 경우는 수소가 3개 포함되어 있지만 수소는 할론번호에는 영향을 미치지 않기 때문에 무시해도 좋다. 하지만 할론번호를 보고 화학식을 조합할 때는 수소가 매우 중요한 역할을 하게 된다.

② 화학식 조합방법

㉠ Halon 1301 → CF_3Br

탄소는 원소주기율표에서 4가 원소이므로 다른 원소를 붙일 수 있는 가지 4개를 갖게 되는데, 여기서는 F 3개, Br 1개가 탄소의 가지 4개를 완전히 채울 수 있으므로 수소 없이 화학식은 CF_3Br이 된다.

㉡ Halon 1001 → CH_3Br

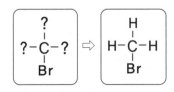

여기에는 탄소 1개와 Br 1개만 존재하기 때문에 탄소의 가지 4개 중 Br 1개만을 채울 수밖에 없으므로 나머지 3개의 탄소가지에는 수소를 채워야 한다. 따라서 화학식은 CH_3Br이 된다.

(2) 할로겐화합물소화약제의 종류

명 칭	분자식	할론번호
사염화탄소	CCl_4	1040
일브롬화일염화이플루오르화메탄	CF_2ClBr	1211
일브롬화삼플루오르화메탄	CF_3Br	1301
이브롬화사플루오르화에탄	$C_2F_4Br_2$	2402

- 사염화탄소(CCl_4, CTC)

① 무색투명한 불연성 액체이다.

② 알코올, 에테르에는 녹고 물에 녹지 않으며, 전기화재에 사용된다.

③ 연소 및 물과의 반응을 통해 독성인 포스겐($COCl_2$)가스를 발생하므로 현재 사용을 금지하고 있다.

④ 화학반응식

  ㉠ 연소반응식 : $2CCl_4 + O_2 \longrightarrow 2COCl_2 + 2Cl_2$
      사염화탄소   산소   포스겐   염소

  ㉡ 물과의 반응식 : $CCl_4 + H_2O \longrightarrow COCl_2 + 2HCl$
      사염화탄소   물   포스겐   염화수소

예제 1 다음 등급에 맞는 화재의 종류를 쓰시오.

(1) A급
(2) B급
(3) C급

풀이 화재의 종류 및 소화기의 표시색상은 다음과 같이 구분한다.

화재의 등급 및 종류	화재의 구분	소화기의 표시색상
A급(일반화재)	목재, 종이 등의 화재	백색
B급(유류화재)	기름, 유류 등의 화재	황색
C급(전기화재)	전기 등의 화재	청색
D급(금속화재)	금속분말 등의 화재	무색

정답 (1) 일반화재 (2) 유류화재 (3) 전기화재

예제 2 겨울철이나 한랭지에 적합한 소화기의 명칭과 이 소화기에 물과 함께 첨가하는 염류를 쓰시오.

(1) 소화기의 명칭
(2) 첨가 염류

풀이 강화액소화기는 물에 탄산칼륨(K_2CO_3)을 보강한 소화약제로 겨울철이나 한랭지에서도 잘 얼지 않는 성질을 가지고 있다.

Tip 탄산칼륨은 화학식을 묻는 형태로도 출제되므로 'K_2CO_3'라는 화학식도 함께 암기하세요.

정답 (1) 강화액소화기
(2) 탄산칼륨(K_2CO_3)

예제 3 이산화탄소소화기 사용 시 줄-톰슨 효과에 의해서 생성되는 물질은 무엇인지 쓰시오.

풀이 이산화탄소소화약제를 방출할 때 액체 이산화탄소가 가는 관을 통과하게 되는데 이때 압력과 온도의 급감으로 인해 드라이아이스가 관 내에 생성됨으로써 노즐이 막히는 현상을 줄-톰슨 효과라고 한다.

정답 드라이아이스

예제 4 화학포소화약제에 대해 다음 물음에 답하시오.

(1) 다음 화학포소화기의 반응식을 완성하시오.

$6NaHCO_3 + ($ $) \cdot 18H_2O \rightarrow 3($ $) + 2Al(OH)_3 + 6($ $) + 18H_2O$

(2) 6몰의 탄산수소나트륨이 황산알루미늄과 반응하여 발생하는 이산화탄소의 부피는 0℃, 1기압에서 몇 L인가?

풀이 (1) 반응식의 완성단계는 다음과 같다.

① 1단계 : 6몰의 탄산수소나트륨($NaHCO_3$)과 1몰의 황산알루미늄[$Al_2(SO_4)_3$]이 반응하는데 황산알루미늄에 18몰의 결정수(물)가 ' · ' 형태로 붙어 있다.

$6NaHCO_3 + Al_2(SO_4)_3 \cdot 18H_2O$

② 2단계 : 나트륨은 알루미늄보다 반응성이 좋으므로 나트륨과 결합하고 있던 황산기(SO_4)를 차지하여 황산나트륨(Na_2SO_4)을 만들고 알루미늄은 탄산수소나트륨에 포함된 수산기(OH)와 결합하게 된다.

$6NaHCO_3 + Al_2(SO_4)_3 \cdot 18H_2O \rightarrow Na_2SO_4 + Al(OH)_3$

③ 3단계 : 반응하지 않고 남아 있는 원소들은 탄소(C)와 수소(H) 및 산소(O)이다. 소화약제의 대부분은 이 3가지의 원소들이 반응하여 질식을 위한 이산화탄소(CO_2)와 냉각을 위한 수증기(H_2O)를 발생시킨다.

$6NaHCO_3 + Al_2(SO_4)_3 \cdot 18H_2O \rightarrow Na_2SO_4 + Al(OH)_3 + CO_2 + H_2O$

④ 4단계 : 화살표 왼쪽과 화살표 오른쪽에 있는 모든 원소의 개수를 같게 한다. 이때 결정수 상태인 물은 그대로 분리되어 18몰의 수증기를 만든다.

$6NaHCO_3 + Al_2(SO_4)_3 \cdot 18H_2O \rightarrow 3Na_2SO_4 + 2Al(OH)_3 + 6CO_2 + 18H_2O$
탄산수소나트륨　황산알루미늄　　물　　　황산나트륨　수산화알루미늄 이산화탄소　수증기

(2) 다음의 화학식에서 6몰의 탄산수소나트륨이 반응하면 6몰의 이산화탄소가 발생한다. 0℃, 1기압에서 모든 기체 1몰은 22.4L이므로 6몰은 6×22.4L=134.4L가 된다.

$6NaHCO_3 + Al_2(SO_4)_3 \cdot 18H_2O \rightarrow 3Na_2SO_4 + 2Al(OH)_3 + \mathbf{6}CO_2 + 18H_2O$

정답 (1) $Al_2(SO_4)_3$, Na_2SO_4, CO_2　(2) 134.4L

예제 5 식용유화재에 지방을 가수분해하는 비누화현상을 이용한 분말소화약제는 무엇인지 쓰시오.

풀이 제1종 분말소화약제의 소화원리 : 식용유화재에 지방을 가수분해하는 비누화현상으로 거품을 생성하여 질식소화하는 원리이다.

톡톡 튀는 암기법 제1종 분말소화약제($NaHCO_3$)와 같이 비누($C_nH_{2n+1}COONa$)도 나트륨(Na)을 포함하고 있어 연관성을 갖는다고 암기하자!

정답 탄산수소나트륨($NaHCO_3$)

예제 6 할론 1301의 화학식을 쓰시오.

풀이 할로겐화합물소화약제는 할론명명법에 의해 할론번호를 부여한다. C－F－Cl－Br의 순서대로 각 원소들의 개수를 순서대로만 표시하면 된다.

```
          C － F － Cl － Br
- 할론번호 :  1    3    0    1
- 화학식  :  C   F₃        Br
```

정답 CF_3Br

예제 7 제1종 분말소화약제의 주성분을 화학식으로 쓰시오.

풀이 제1종 분말소화약제의 주성분은 탄산수소나트륨이다.

정답 $NaHCO_3$

예제 8 제3종 분말소화약제의 1차 열분해반응식을 쓰시오.

풀이 제3종 분말소화약제의 열분해반응식
① 1차 열분해반응식(190℃) : $NH_4H_2PO_4 \rightarrow H_3PO_4 + NH_3$
                                   인산암모늄   오르토인산 암모니아
② 2차 열분해반응식(215℃) : $2H_3PO_4 \rightarrow H_4P_2O_7 + H_2O$
                                   오르토인산   피로인산   물
③ 3차 열분해반응식(300℃) : $H_4P_2O_7 \rightarrow 2HPO_3 + H_2O$
                                   피로인산   메타인산   물
④ 완전열분해반응식 : $NH_4H_2PO_4 \rightarrow NH_3 + H_2O + HPO_3$
                        인산암모늄   암모니아   물   메타인산

정답 $NH_4H_2PO_4 \rightarrow H_3PO_4 + NH_3$

Section 03 소방시설의 종류 및 설치기준

3-1 소화설비

다양한 소화약제를 사용하여 소화를 행하는 기계 및 기구 설비를 소화설비라 하며 그 종류로는 소화기구, 옥내소화전설비, 옥외소화전설비, 스프링클러설비, 물분무등소화설비 등이 있다. 여기서 물분무등소화설비의 종류로는 물분무소화설비, 포소화설비, 불활성 가스소화설비, 할로겐화합물소화설비, 분말소화설비가 있다.

01 소화기구

소화기구는 소형수동식 소화기, 대형수동식 소화기로 구분한다.

◀ 대형수동식 소화기

(1) 수동식 소화기 설치기준

수동식 소화기는 층마다 설치하되 소방대상물의 각 부분으로부터 소형 소화기는 보행 거리 20m 이하마다 1개 이상, 대형 소화기는 30m 이하마다 1개 이상 설치하며, 바닥 으로부터 1.5m 이하의 위치에 설치한다.

(2) 전기설비의 소화설비

전기설비가 설치된 제조소등에는 면적 100m^{2}마다 소형수동식 소화기를 1개 이상 설치한다.

(3) 소화기의 일반적인 사용방법

① 적응화재에만 사용해야 한다.

② 성능에 따라 불 가까이에 접근하여 사용해야 한다.

③ 소화작업은 바람을 등지고 바람이 부는 위쪽에서 아래쪽(풍상에서 풍하 방향)을 향해 소화작업을 해야 한다.

④ 소화는 양옆으로 비로 쓸듯이 골고루 이루어져야 한다.

(4) 소요단위 및 능력단위

1) 소요단위

소화설비의 설치대상이 되는 건축물 또는 그 밖에 공작물의 규모나 위험물양의 기준 을 1소요단위라고 정하며, 다음의 [표]와 같이 구분한다.

구 분	외벽이 내화구조	외벽이 비내화구조
위험물 제조소 및 취급소	연면적 $100m^2$	연면적 $50m^2$
위험물저장소	연면적 $150m^2$	연면적 $75m^2$
위험물	지정수량의 10배	

※ 제조소 또는 일반취급소의 옥외에 설치된 공작물은 외벽이 내화구조인 것으로 간주하고 공작물의 최대수평투영면적을 연면적으로 간주한다.

2) 능력단위

① 소화기의 능력단위 : 소화기의 소화능력을 표시하는 것을 능력단위라고 한다.

　예 능력단위 A-2, B-4, C의 소화기 : A급 화재에 대하여 2단위의 능력단위를 가지며, B급 화재에 대해서는 4단위, C급 화재에도 사용이 가능한 소화기이다.

② 기타 소화설비의 능력단위

소화설비	용 량	능력단위
소화전용 물통	8L	0.3
수조(소화전용 물통 3개 포함)	80L	1.5
수조(소화전용 물통 6개 포함)	190L	2.5
마른모래(삽 1개 포함)	50L	0.5
팽창질석 또는 팽창진주암(삽 1개 포함)	160L	1.0

02 옥내소화전설비

(1) 옥내소화전의 설치기준

① 필요한 물(수원)의 양 계산 : 수원의 양은 옥내소화전이 가장 많이 설치되어 있는 층의 소화전의 수에 $7.8m^3$를 곱한 양 이상으로 하면 되는데 소화전의 수가 5개 이상이면 **최대 5개**의 옥내소화전 수만 곱해 주면 된다.

② 방수량 : 260L/min **이상**으로 해야 한다.

③ 방수압력 : 350kPa **이상**으로 해야 한다.

④ 호스 접속구까지의 수평거리 : 제조소등 건축물의 층마다 그 층의 각 부분에서 하나의 호스 접속구까지의 수평거리가 25m **이하**가 되도록 설치해야 한다.

⑤ 개폐밸브 및 호스 접속구의 설치높이 : 바닥으로부터 1.5m 이하로 한다.

⑥ 비상전원 : **45분 이상** 작동해야 한다.

⑦ 옥내소화전함에는 "소화전"이라는 표시를 부착해야 한다.

⑧ 표시등은 적색으로 소화전함 상부에 부착하며 부착면으로부터 15° 범위 안에서 10m 떨어진 장소에서도 식별이 가능해야 한다.

(2) 옥내소화전설비의 가압송수장치

옥내소화전설비의 가압송수장치는 다음에 정한 것에 의하여 설치한다.

① 고가수조를 이용한 가압송수장치 : 낙차(수조의 하단으로부터 호스 접속구까지의 수직 거리)는 다음 식에 의하여 구한 수치 이상으로 한다.

$$H = h_1 + h_2 + 35\text{m}$$

여기서, H : 필요낙차(m)
h_1 : 소방용 호스의 마찰손실수두(m)
h_2 : 배관의 마찰손실수두(m)

② 압력수조를 이용한 가압송수장치 : 압력수조의 압력은 다음 식에 의하여 구한 수치 이상으로 한다.

$$P = p_1 + p_2 + p_3 + 0.35\text{MPa}$$

여기서, P : 필요한 압력(MPa)
p_1 : 소방용 호스의 마찰손실수두압(MPa)
p_2 : 배관의 마찰손실수두압(MPa)
p_3 : 낙차의 환산수두압(MPa)

③ 펌프를 이용한 가압송수장치 : 펌프의 전양정은 다음 식에 의하여 구한 수치 이상으로 한다.

$$H = h_1 + h_2 + h_3 + 35\text{m}$$

여기서, H : 펌프의 전양정(m)
h_1 : 소방용 호스의 마찰손실수두(m)
h_2 : 배관의 마찰손실수두(m)
h_3 : 낙차(m)

03 옥외소화전설비

– 옥외소화전의 설치기준

① 필요한 물(수원)의 양 계산 : 수원의 양은 옥외소화전의 수에 13.5m³를 곱한 양 이상으로 하면 되는데 소화전의 수가 4개 이상이면 **최대 4개**의 옥외소화전 수만 곱해 주면 된다.

 ◀ 옥외소화전설비

② 방수량 : 450L/min 이상으로 해야 한다.

③ 방수압력 : 350kPa **이상**으로 해야 한다.

④ 호스 접속구까지의 수평거리 : 방호대상물(제조소등의 건축물)의 각 부분에서 하나의 호스 접속구까지의 수평거리가 **40m 이하**가 되도록 설치해야 한다.

⑤ 개폐밸브 및 호스 접속구의 설치높이 : 바닥으로부터 1.5m 이하로 한다.

⑥ 해당 건축물의 1층 및 2층 부분만을 방사능력범위로 하며 그 외의 층은 다른 소화설비를 설치해야 한다.

⑦ 비상전원 : **45분 이상** 작동해야 한다.

⑧ 옥외소화전함과의 상호거리 : 옥외소화전은 옥외소화전함으로부터 떨어져 있는데 그 상호거리는 **5m 이내**이어야 한다.

04 스프링클러설비

(1) 스프링클러헤드의 종류

1) 개방형 스프링클러헤드

– 스프링클러헤드의 반사판으로부터 보유공간 : 하방으로 0.45m, 수평방향으로 0.3m의 공간을 보유해야 한다.

2) 폐쇄형 스프링클러헤드

① 스프링클러헤드의 반사판과 헤드의 부착면과의 거리 : 0.3m 이하이어야 한다.

② 해당 덕트등의 아랫면에도 스프링클러헤드를 설치해야 하는 경우 : 급·배기용 덕트등의 긴 변의 길이가 1.2m를 초과하는 것이 있는 경우이다.

(2) 스프링클러설비의 설치기준

① 방사구역 : 150m^2 이상으로 해야 한다.

단, 방호대상물의 바닥면적이 150m^2 미만인 경우에는 그 바닥면적으로 한다.

② 수원의 수량

㉠ 개방형 스프링클러헤드 : 스프링클러헤드가 가장 많이 설치된 방사구역의 스프링클러헤드 설치개수에 2.4m^{3}를 곱한 양 이상이 되도록 설치해야 한다.

㉡ 폐쇄형 스프링클러헤드 : 30개(헤드의 설치개수가 30 미만인 방호대상물인 경우에는 그 설치개수)에 2.4m^{3}를 곱한 양 이상이 되도록 설치해야 한다.

③ 방사압력 : 100kPa 이상이어야 한다.

④ 방수량 : 80L/min 이상이어야 한다.

⑤ 제어밸브의 설치높이 : 바닥으로부터 0.8m 이상 1.5m 이하로 해야 한다.

> **Tip**
> 소화설비의 방사압력은 스프링클러만 100kPa 이상이며, 나머지 소화설비는 모두 350kPa 이상입니다.

05 물분무소화설비

① 방사구역 : 150m² 이상으로 해야 한다.
   단, 방호대상물의 바닥면적이 150m² 미만인 경우에는 그 바닥면적으로 한다.

② 수원의 수량 : 표면적×20L/m²·min×30min의 양 이상이어야 한다.

③ 방사압력 : 350kPa 이상이어야 한다.

④ 제어밸브의 설치높이 : 바닥으로부터 0.8m 이상 1.5m 이하로 해야 한다.

06 포소화설비

(1) 포소화약제 혼합장치

① 펌프 프로포셔너방식 : 펌프에서 토출된 물의 일부를 펌프의 토출관과 흡입관 사이의 배관에 설치해 놓은 흡입기에 보내고 포소화약제 탱크와 연결된 자동농도조절밸브를 통해 얻어진 포소화약제를 펌프의 흡입 측으로 다시 보내어 약제를 흡입 및 혼합하는 방식을 말한다.

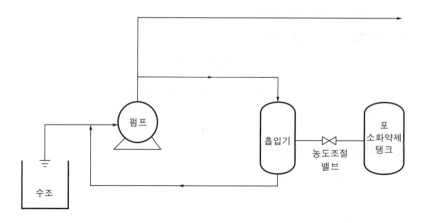

② 프레셔 프로포셔너방식 : 펌프와 발포기의 중간에 설치된 벤투리관의 벤투리작용과 펌프 가압수가 포소화약제 저장탱크에 제공하는 압력에 의하여 포소화약제를 흡입 및 혼합하는 방식을 말한다.

   ※ 벤투리관 : 직경이 달라지는 관의 일종

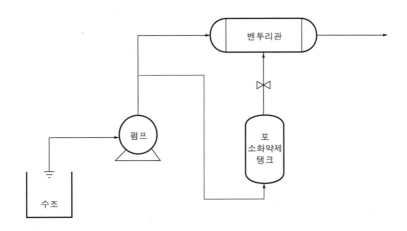

③ **라인 프로포셔너방식** : 펌프와 발포기의 중간에 설치된 벤투리관의 벤투리작용에 의하여 포소화약제를 흡입 및 혼합하는 방식을 말한다.

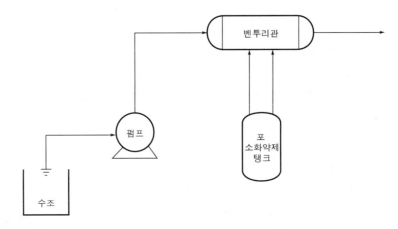

④ **프레셔사이드 프로포셔너방식** : 펌프의 토출관에 압입기를 설치하여 포소화약제 압입용 펌프로 포소화약제를 압입시켜 혼합하는 방식을 말한다.

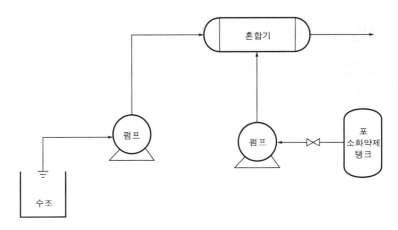

(2) 탱크에 설치하는 고정식 포소화설비의 포방출구

탱크 지붕의 구분	포방출구의 형태	포주입법
고정지붕구조의 탱크	Ⅰ형 방출구	상부포주입법
	Ⅱ형 방출구	
	Ⅲ형 방출구	저부포주입법
	Ⅳ형 방출구	
부상지붕구조의 탱크	특형 방출구	상부포주입법

📖 **상부포주입법과 저부포주입법**

1) **상부포주입법** : 고정포방출구를 탱크 옆판의 상부에 설치하여 액표면상에 포를 방출하는 방법
2) **저부포주입법** : 탱크의 액면하에 설치된 포방출구로부터 포를 탱크 내에 주입하는 방법

(3) 포헤드방식의 포헤드 기준

① 설치해야 할 헤드 수 : 방호대상물의 표면적 $9m^2$당 1개 이상이어야 한다.
② 방호대상물의 표면적 $1m^2$당 방사량 : 6.5L/min 이상이어야 한다.
③ 방사구역 : $100m^2$ 이상이어야 한다.
  단, 방호대상물의 표면적이 $100m^2$ 미만인 경우에는 그 표면적으로 한다.

(4) 포모니터 노즐

위치가 고정된 노즐의 방사각도를 수동 또는 자동으로 조준하여 포를 방사하는 설비를 말한다.

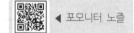 ◀ 포모니터 노즐

① 노즐선단의 방사량 : 1,900L/min 이상이어야 한다.
② 수평 방사거리 : 30m 이상이어야 한다.

07 분말소화설비

(1) 전역방출방식 분말소화설비

① 분사방식 : 방사된 소화약제가 방호구역의 전역에 균일하고 신속하게 확산할 수 있도록 설치한 것이다.
② 분사헤드의 방사압력 : 0.1MPa 이상이어야 한다.
③ 소화약제의 방사시간 : 30초 이내에 방사해야 한다.

(2) 국소방출방식 분말소화설비

① 분사방식 : 방호대상물의 모든 표면이 분사헤드의 유효사정 내에 있도록 설치한 것이다.

② 분사헤드의 방사압력 : 0.1MPa 이상이어야 한다.

③ 소화약제의 방사시간 : 30초 이내에 방사해야 한다.

08 불활성가스소화설비

(1) 전역방출방식 불활성가스소화설비

① 분사방식 : 방사된 소화약제가 방호구역의 전역에 균일하고 신속하게 확산될 수 있도록 설치한 것이다.

② 소화약제의 방사시간

   ㉠ 이산화탄소 : 60초 이내에 방사해야 한다.

   ㉡ 불활성가스(IG-100, IG-55, IG-541) : 소화약제 95% 이상을 60초 이내에 방사해야 한다.

> **📖 불활성가스의 종류**
>
> 1) IG-100 : 질소 100%
> 2) IG-55 : 질소 50%와 아르곤 50%
> 3) IG-541 : 질소 52%와 아르곤 40%와 이산화탄소 8%

(2) 국소방출방식 불활성가스소화설비

① 분사방식(불활성가스 중 이산화탄소소화약제에 한함) : 방호대상물의 모든 표면이 분사헤드의 유효사정 내에 있도록 설치한 것이다.

② 소화약제의 방사시간(불활성가스 중 이산화탄소소화약제에 한함) : 30초 이내에 방사해야 한다.

> **🔵 Tip**
>
> 소화약제의 방사시간은 전역방출방식 이산화탄소 및 불활성가스 소화설비만 60초 이내이며, 나머지 소화설비는 대부분 30초 이내입니다.

(3) 전역방출방식과 국소방출방식의 공통기준

① 분사헤드의 방사압력

   ㉠ 이산화탄소 분사헤드

      ⓐ 고압식(상온(20℃)으로 저장되어 있는 것) : 2.1MPa 이상이어야 한다.

      ⓑ 저압식(-18℃ 이하로 저장되어 있는 것) : 1.05MPa 이상이어야 한다.

   ㉡ 불활성가스(IG-100, IG-55, IG-541) 분사헤드 : 1.9MPa 이상

② 저장용기의 충전비 및 충전압력

   ㉠ 이산화탄소 저장용기의 충전비

      ⓐ 고압식 : 1.5 이상 1.9 이하이다.

      ⓑ 저압식 : 1.1 이상 1.4 이하이다.

ⓒ IG-100, IG-55, IG-541 저장용기의 충전압력 : 21℃의 온도에서 32MPa 이하이다.

③ 불활성가스소화약제 용기의 설치장소

㉠ 방호구역 외부에 설치한다.

㉡ 온도가 40℃ 이하이고 온도변화가 적은 장소에 설치한다.

㉢ 직사광선 및 빗물이 침투할 우려가 없는 장소에 설치한다.

㉣ 저장용기에는 안전장치(용기밸브에 설치되어 있는 것을 포함)를 설치한다.

㉤ 용기 외면에 소화약제의 종류와 양, 제조연도 및 제조자를 표시한다.

④ 저장용기의 설치기준

㉠ 고압식 : 용기밸브를 설치해야 한다.

㉡ 저압식

ⓐ 액면계 및 압력계를 설치해야 한다.

ⓑ 2.3MPa 이상의 압력 및 1.9MPa 이하의 압력에서 작동하는 압력경보장치를 설치해야 한다.

ⓒ 용기 내부의 온도를 영하 20℃ 이상, 영하 18℃ 이하로 유지할 수 있는 자동 냉동기를 설치해야 한다.

ⓓ 파괴판을 설치해야 한다.

ⓔ 방출밸브를 설치해야 한다.

09 할로겐화합물소화설비

(1) 전역방출방식 할로겐화합물소화설비

① 분사방식 : 방사된 소화약제가 방호구역 전역에 균일하고 신속하게 확산될 수 있도록 설치한 것이다.

② 소화약제의 방사시간
- 할론 2402, 할론 1211, 할론 1301 : 30초 이내에 방사해야 한다.

(2) 국소방출방식 할로겐화합물소화설비

① 분사방식 : 방호대상물의 모든 표면이 분사헤드의 유효사정 내에 있도록 설치한 것이다.

② 소화약제의 방사시간
- 할론 2402, 할론 1211, 할론 1301 : 30초 이내에 방사해야 한다.

(3) 전역방출방식과 국소방출방식의 공통기준

① 분사헤드의 방사압력

ㄱ 할론 2402 : 0.1MPa 이상이어야 한다.

ㄴ 할론 1211 : 0.2MPa 이상이어야 한다.

ㄷ 할론 1301 : 0.9MPa 이상이어야 한다.

② 저장용기의 충전비

ㄱ 할론 2402 가압식 저장용기 : 0.51 이상 0.67 이하

ㄴ 할론 2402 축압식 저장용기 : 0.67 이상 2.75 이하

ㄷ 할론 1211 저장용기 : 0.7 이상 1.4 이하

ㄹ 할론 1301 저장용기 : 0.9 이상 1.6 이하

3-2 경보설비

01 위험물제조소등에 설치하는 경보설비의 종류

① 자동화재탐지설비 　② 자동화재속보설비

③ 비상경보설비 　④ 확성장치

⑤ 비상방송설비

02 제조소등의 경보설비 설치기준

(1) 경보설비 중 자동화재탐지설비만을 설치해야 하는 제조소등

제조소등의 구분	제조소등의 규모, 저장 또는 취급하는 위험물의 종류 및 최대수량 등
제조소 및 일반취급소	• **연면적 500m² 이상인 것** • 옥내에서 **지정수량의 100배 이상**을 취급하는 것(고인화점 위험물만을 100℃ 미만의 온도에서 취급하는 것은 제외한다) • 일반취급소 외의 용도로 사용되는 부분이 있는 건축물에 설치된 일반취급소
옥내저장소	• 지정수량의 100배 이상을 저장 또는 취급하는 것(고인화점 위험물만을 저장 또는 취급하는 것은 제외한다) • 저장창고의 **연면적이 150m²를 초과**하는 것 • **처마높이가 6m 이상인 단층 건물**의 것 • 옥내저장소 외의 용도로 사용되는 부분이 있는 건축물에 설치된 옥내저장소
옥내탱크저장소	**단층 건물 외의 건축물**에 설치된 옥내탱크저장소로서 소화난이도등급 Ⅰ에 해당하는 것
주유취급소	옥내주유취급소

※ **고인화점위험물** : 인화점이 100℃ 이상인 제4류 위험물

(2) 경보설비 중 자동화재탐지설비 및 자동화재속보설비를 설치해야 하는 제조소등

제조소등의 구분	제조소등의 규모, 저장 또는 취급하는 위험물의 종류 및 최대수량 등
옥외탱크저장소	특수인화물, 제1석유류 및 알코올류를 저장 또는 취급하는 탱크의 용량이 1,000만L 이상인 것

(3) 경보설비(자동화재속보설비 제외) 중 1가지 이상을 설치해야 하는 제조소등

제조소등의 구분	제조소등의 규모, 저장 또는 취급하는 위험물의 종류 및 최대수량 등
자동화재탐지설비 설치대상 외의 제조소등	지정수량의 10배 이상을 저장 또는 취급하는 것(이동탱크저장소는 제외한다)

03 자동화재탐지설비의 설치기준

① 자동화재탐지설비의 경계구역은 건축물, 그 밖에 공작물의 2 이상의 층에 걸치지 않도록 해야 한다. 단, 하나의 경계구역의 면적이 $500m^2$ 이하이면서 경계구역이 두 개의 층에 걸치거나 계단등에 연기감지기를 설치하는 경우는 2 이상의 층에 걸치도록 할 수 있다.

② 하나의 **경계구역의 면적은 $600m^2$ 이하로 하고 그 한 변의 길이는 50m(광전식분리형 감지기는 100m) 이하로 해야 한다.** 단, 해당 건축물등의 주요한 출입구에서 그 내부 전체를 볼 수 있는 경우에는 그 면적을 $1,000m^2$ **이하로** 할 수 있다.

③ 자동화재탐지설비의 감지기는 지붕 또는 벽의 옥내에 면한 부분에 유효하게 화재의 발생을 감지할 수 있도록 설치해야 한다.

④ 자동화재탐지설비에는 비상전원을 설치해야 한다.

3-3 피난설비

위험물안전관리법상 피난설비로는 유도등이 있다.

01 유도등의 설치기준

① 주유취급소 중 2층 이상의 부분을 점포, 휴게음식점 또는 전시장의 용도로 사용하는 경우에 있어서는 건축물의 2층 이상으로부터 주유취급소의 부지 밖으로 통하는 출입구와 그 출입구로 통하는 통로, 계단 및 출입구에 유도등을 설치하여야 한다.

② 옥내주유취급소에 있어서는 해당 사무소 등의 출입구 및 피난구와 그 피난구로 통하는 통로, 계단 및 출입구에 유도등을 설치하여야 한다.

③ 유도등에는 비상전원을 설치하여야 한다.

예제 1 전기설비가 설치된 제조소등에는 면적 몇 m^2마다 소형 소화기를 1개 이상 설치해야 하는지 쓰시오.

풀이 전기설비가 설치된 제조소등에는 $100m^2$마다 소형 소화기를 1개 이상 설치해야 한다.

정답 $100m^2$

예제 2 방호대상물의 각 부분으로부터 하나의 대형수동식 소화기까지의 보행거리는 몇 m 이하로 설치하여야 하는지 쓰시오.

풀이 ① 대형수동식 소화기 : 30m 이하
② 소형수동식 소화기 : 20m 이하

정답 30m

예제 3 소화전용 물통 3개를 포함한 수조 80L의 능력단위는 얼마인지 쓰시오.

풀이 소화설비의 능력단위는 다음과 같이 구분한다.

소화설비	용 량	능력단위
소화전용 물통	8L	0.3
수조(소화전용 물통 3개 포함)	80L	1.5
수조(소화전용 물통 6개 포함)	190L	2.5
마른모래(삽 1개 포함)	50L	0.5
팽창질석 또는 팽창진주암(삽 1개 포함)	160L	1.0

정답 1.5단위

예제 4 옥내저장소의 연면적이 $450m^2$이고 외벽이 내화구조인 저장소의 소요단위는 몇 단위인지 쓰시오.

풀이 소요단위는 다음과 같이 구분한다.

구 분	외벽이 내화구조	외벽이 비내화구조
위험물 제조소 및 취급소	연면적 $100m^2$	연면적 $50m^2$
위험물저장소	연면적 $150m^2$	연면적 $75m^2$
위험물	지정수량의 10배	

외벽이 내화구조인 옥내저장소는 연면적 $150m^2$를 1소요단위로 하므로 연면적 $450m^2$는 3소요단위가 된다.

정답 3단위

예제 5 위험물제조소등에 옥외소화전을 6개 설치할 경우 수원의 수량은 몇 m^3 이상이어야 하는지 구하시오.

풀이 옥외소화전의 수원의 양은 $13.5m^3$에 설치한 옥외소화전의 수를 곱해 주는데 〈문제〉의 조건과 같이 옥외소화전의 수가 4개 이상일 경우 최대 4개의 옥외소화전 수만 곱해 주면 된다.
$13.5m^3 \times 4 = 54m^3$

정답 $54m^3$

예제 6 이산화탄소소화설비의 고압식 분사헤드의 방사압력과 저장온도는 각각 얼마인지 쓰시오.
 (1) 방사압력 : (   )MPa 이상
 (2) 저장온도 : (   )℃ 이하

🔧풀이 이산화탄소소화설비 분사헤드의 방사압력과 저장온도의 기준은 다음과 같다.
 ① 고압식(상온(20℃)으로 저장되어 있는 것) : 2.1MPa 이상
 ② 저압식(-18℃ 이하로 저장되어 있는 것) : 1.05MPa 이상

📖정답 (1) 2.1 (2) 20

예제 7 다음 불활성가스의 구성성분을 쓰시오.
 (1) IG-55
 (2) IG-541

🔧풀이 불활성가스의 종류별 구성성분
 ① IG-100 : 질소 100%
 ② IG-55 : 질소 50%, 아르곤 50%
 ③ IG-541 : 질소 52%, 아르곤 40%, 이산화탄소 8%

📖정답 (1) 질소 50%, 아르곤 50% (2) 질소 52%, 아르곤 40%, 이산화탄소 8%

예제 8 다음 할로겐화합물소화설비의 분사헤드의 방사압력을 쓰시오.
 (1) 할론 2402
 (2) 할론 1211

🔧풀이 할로겐화합물소화설비의 분사헤드의 방사압력
 ① 할론 2402 : 0.1MPa 이상
 ② 할론 1211 : 0.2MPa 이상
 ③ 할론 1301 : 0.9MPa 이상

📖정답 (1) 0.1MPa 이상 (2) 0.2MPa 이상

예제 9 자동화재탐지설비를 설치해야 하는 제조소는 지정수량의 몇 배 이상을 취급하는 경우인지 쓰시오.

🔧풀이 지정수량의 100배 이상을 저장 또는 취급하는 위험물제조소, 일반취급소, 그리고 옥내저장소에는 자동화재탐지설비만을 설치해야 한다.

📖정답 100배

예제 10 자동화재탐지설비에서 하나의 경계구역 면적과 한 변의 길이는 각각 얼마 이하로 해야 하는지 쓰시오. (단, 원칙적인 경우에 한한다.)
 (1) 경계구역의 면적
 (2) 한 변의 길이

🔧풀이 자동화재탐지설비에서 하나의 경계구역 면적은 600m^2 이하로 하고 그 한 변의 길이는 50m(광전식분리형 감지기는 100m) 이하로 해야 한다. 단, 해당 건축물 등의 주요한 출입구에서 그 내부 전체를 볼 수 있는 경우에는 그 면적을 1,000m^2 이하로 할 수 있다.

📖정답 (1) 600m^2 (2) 50m

제3장

위험물의 성질 및 취급

Section 01 위험물의 총칙

1-1 위험물의 개요

01 용어의 정의

(1) 위험물

인화성 또는 발화성 등의 성질을 가지는 것으로서 대통령령이 정하는 물품을 말한다.

(2) 지정수량

위험물의 종류별로 위험성을 고려하여 대통령령이 정하는 수량으로서 제조소등의 설치 허가등에 있어서 최저의 기준이 되는 수량을 말한다.

(3) 지정수량 배수의 합

2개 이상 위험물의 지정수량의 합이 1 이상이 되는 경우 지정수량 이상의 위험물로 본다.

02 위험물의 구분

(1) 유별

화학적·물리적 성질이 비슷한 위험물을 제1류 위험물에서 제6류 위험물의 범위로 구분해 놓은 것을 말한다.

(2) 품명 및 물질명

① 품명 : 제4류 위험물을 예로 들면, "제○석유류"로 표기된 형태로 화학적 성질이 비슷한 위험물들의 소규모 그룹 이름으로 볼 수 있다.

② 물질명 : 개별적 위험물들의 명칭을 의미한다.

03 지정수량과 위험등급

위험물은 화학적·물리적 성질에 따라 제1류에서 제6류로 구분하며, 운반에 관한 기준으로서 위험등급 Ⅰ, 위험등급Ⅱ, 위험등급 Ⅲ으로 구분한다. 여기서 지정수량이 적을수록 위험한 물질이므로 지정수량이 가장 적은 품명들이 위험등급 Ⅰ로 지정되어 있으며 지정수량이 많을수록 위험등급은 Ⅱ·Ⅲ등급으로 바뀌게 된다.

> **Tip**
> 위험등급은 운반에 관한 기준으로 정하기 때문에 액체상태의 제6류 위험물은 모두 위험등급 Ⅰ로 정하고 있습니다.

04 위험물의 유별 저장·취급 공통기준

① 제1류 위험물은 가연물과의 접촉·혼합이나 분해를 촉진하는 물품과의 접근 또는 과열, 충격, 마찰 등을 피하는 한편, 알칼리금속 과산화물 및 이를 함유한 것에 있어서는 물과의 접촉을 피해야 한다.

② 제2류 위험물은 산화제와의 접촉·혼합이나 불티, 불꽃, 고온체와의 접근 또는 과열을 피하는 한편, 철분, 금속분, 마그네슘 및 이를 함유한 것에 있어서는 물이나 산과의 접촉을 피하고 인화성 고체에 있어서는 함부로 증기를 발생시키지 않아야 한다.

③ 제3류 위험물 중 자연발화성 물질에 있어서는 불티, 불꽃, 고온체와의 접근, 과열 또는 공기와의 접촉을 피하고, 금수성 물질에 있어서는 물과의 접촉을 피해야 한다.

④ 제4류 위험물은 불티, 불꽃, 고온체와의 접근 또는 과열을 피하고, 함부로 증기를 발생시키지 않아야 한다.

⑤ 제5류 위험물은 불티, 불꽃, 고온체와의 접근이나 과열, 충격 또는 마찰을 피해야 한다.

⑥ 제6류 위험물은 가연물과의 접촉·혼합이나 분해를 촉진하는 물품과의 접근 또는 과열을 피해야 한다.

1-2 위험물의 유별 정의

(1) 제1류 위험물(산화성 고체)

고체(액체 또는 기체 외의 것)로서 산화력의 잠재적인 위험성 또는 충격에 대한 민감성을 판단하기 위하여 소방청장이 정하여 고시하는 시험에서 고시로 정하는 성질과 상태를 나타내는 것을 말한다.

📖 **액체와 기체**

> 1) **액체** : 1기압 및 섭씨 20도에서 액상인 것 또는 섭씨 20도 초과 섭씨 40도 이하에서 액상인 것
> ※ **액상** : 수직으로 된 시험관(안지름 30밀리미터, 높이 120밀리미터의 원통형 유리관을 말한다)에 시료를 55밀리미터까지 채운 다음, 이 시험관을 수평으로 하였을 때 시료 액면의 선단이 30밀리미터를 이동하는 데 걸리는 시간이 90초 이내에 있는 것
> 2) **기체** : 1기압 및 섭씨 20도에서 기상인 것

(2) 제2류 위험물(가연성 고체)

고체로서 화염에 의한 발화의 위험성 또는 인화의 위험성을 판단하기 위하여 고시로 정하는 시험에서 고시로 정하는 성질과 상태를 나타내는 것을 말하며, 이 중 위험물이 될 수 있는 조건을 필요로 하는 품명의 종류와 조건의 기준은 다음과 같다.

① **황** : 순도가 **60중량% 이상**인 것을 말한다.
※ 이 경우, 순도 측정에 있어서 **불순물은 활석 등 불연성 물질과 수분**에 한한다.

② **철분** : 철의 분말로서 **53마이크로미터의 표준체**를 통과하는 것이 **50중량% 미만**인 **것은 제외**한다.

③ **금속분** : 알칼리금속·알칼리토금속·철 및 마그네슘 외의 금속분말을 말하고, 구리분·니켈분 및 **150마이크로미터의 체**를 통과하는 것이 **50중량% 미만인 것은** 제외한다.
※ 구리(Cu)분과 니켈(Ni)분은 입자크기에 관계없이 무조건 위험물에 포함되지 않는다.

🧨톡톡 튀는 **암기법** Cu는 위험물이 아니라, 편의점이다.

④ **마그네슘** : 다음 중 하나에 해당하는 것은 **제외**한다.
  ㉠ **2밀리미터의 체**를 통과하지 않는 덩어리상태의 것
  ㉡ **직경 2밀리미터 이상의 막대모양의 것**

⑤ **인화성 고체** : 고형 알코올, 그 밖에 1기압에서 인화점이 섭씨 40도 미만인 고체를 말한다.

(3) 제3류 위험물(자연발화성 물질 및 금수성 물질)

고체 또는 액체로서 공기 중에서 발화의 위험성이 있거나 물과 접촉하여 발화하는 것 또는 가연성 가스를 발생하는 위험성이 있는 것을 말하며, 칼륨·나트륨·알킬알루미늄·알킬리튬은 '자연발화성 물질 및 금수성 물질'의 규정에 의한 성상이 있는 것으로 본다.

(4) 제4류 위험물(인화성 액체)

액체(제3석유류, 제4석유류 및 동식물유류에 있어서는 1기압과 섭씨 20도에서 액상인 것에 한한다)로서 인화의 위험성이 있는 것을 말한다.

> **Tip**
> 제3석유류, 제4석유류 및 동식물유류는 점성이 있기 때문에 상온(1기압과 섭씨 20도)에서 고체로 될 수 있는 경향이 있어 액상인 경우만 제4류 위험물로 분류한다는 의미입니다.

① 특수인화물 : **이황화탄소, 디에틸에테르**, 그 밖에 1기압에서 **발화점이 섭씨 100도 이하인** 것 또는 **인화점이 섭씨 영하 20도 이하이고 비점이 섭씨 40도 이하인** 것을 말한다.

② 제1석유류 : **아세톤, 휘발유**, 그 밖에 1기압에서 **인화점이 섭씨 21도 미만인** 것을 말한다.

③ 알코올류 : 1분자를 구성하는 **탄소원자의 수가 1개부터 3개까지인** 포화1가알코올(변성알코올을 포함)을 말한다.
　　단, 다음 중 하나에 해당하는 것은 **제외**한다.
　　㉠ 1분자를 구성하는 탄소원자의 수가 1개 내지 3개의 **포화1가알코올의 함유량이 60중량% 미만**인 수용액
　　㉡ **가연성 액체량이 60중량% 미만이고 인화점 및 연소점이 에틸알코올 60중량% 수용액의 인화점 및 연소점을 초과**하는 것

④ 제2석유류 : **등유, 경유**, 그 밖에 1기압에서 **인화점이 섭씨 21도 이상 70도 미만인** 것을 말한다.
　　단, 도료류, 그 밖의 물품에 있어서 **가연성액체량이 40중량% 이하이면서 인화점이 섭씨 40도 이상인 동시에 연소점이 섭씨 60도 이상인** 것은 제외한다.

⑤ 제3석유류 : **중유, 크레오소트유**, 그 밖에 1기압에서 **인화점이 섭씨 70도 이상 섭씨 200도 미만인** 것을 말한다.
　　단, 도료류, 그 밖의 물품은 **가연성 액체량이 40중량% 이하인** 것은 제외한다.

⑥ 제4석유류 : **기어유, 실린더유**, 그 밖에 1기압에서 **인화점이 섭씨 200도 이상 섭씨 250도 미만의** 것을 말한다.
　　단, 도료류, 그 밖의 물품은 **가연성 액체량이 40중량% 이하인** 것은 제외한다.

⑦ 동식물유류 : 동물의 지육등 또는 식물의 종자나 과육으로부터 추출한 것으로서 1기압에서 **인화점이 섭씨 250도 미만인** 것을 말한다.
　　단, 행정안전부령으로 정하는 용기기준에 따라 수납되어 저장·보관되고 용기의 외부에 물품의 통칭명, 수량 및 화기엄금의 표시(화기엄금과 동일한 의미를 갖는 표시를 포함)가 있는 경우를 제외한다.

(5) 제5류 위험물(자기반응성 물질)

고체 또는 액체로서 폭발의 위험성 또는 가열분해의 격렬함을 판단하기 위하여 고시로 정하는 시험에서 고시로 정하는 성질과 상태를 나타내는 것을 말한다.

(6) 제6류 위험물(산화성 액체)

액체로서 산화력의 잠재적인 위험성을 판단하기 위하여 고시로 정하는 시험에서 고시로 정하는 성질과 상태를 나타내는 것을 말하며, 이 중 위험물이 될 수 있는 조건을 필요로 하는 품명의 종류와 조건의 기준은 다음과 같다.

① 과산화수소 : 농도가 36중량% 이상인 것을 말한다.

② 질산 : 비중이 1.49 이상인 것을 말한다.

예제 1 제2류 위험물 중 황은 위험물의 조건으로 순도가 몇 중량% 이상이어야 하는지 쓰시오.

풀이 제2류 위험물에 속하는 황은 순도가 60중량퍼센트 이상인 것을 말한다. 이 경우 순도를 측정할 때 불순물은 활석 등 불연성 물질과 수분에 한한다.

정답 60

예제 2 제2류 위험물 중 철분의 정의에 대해 ( ) 안에 알맞은 단어를 쓰시오.
철의 분말로서 ( )마이크로미터의 표준체를 통과하는 것이 ( )중량퍼센트 미만인 것은 제외한다.

풀이 제2류 위험물에 속하는 철분의 정의는 철의 분말로서 53마이크로미터의 표준체를 통과하는 것이 50중량퍼센트 미만인 것은 제외한다.

정답 53, 50

예제 3 다음 ( ) 안에 알맞은 내용을 쓰시오.
특수인화물이라 함은 이황화탄소, 디에틸에테르, 그 밖에 1기압에서 발화점이 섭씨 ( )도 이하인 것 또는 인화점이 섭씨 영하 ( )도 이하이고 비점이 섭씨 ( )도 이하인 것을 말한다.

풀이 특수인화물이라 함은 이황화탄소, 디에틸에테르, 그 밖에 1기압에서 발화점이 섭씨 100도 이하인 것 또는 인화점이 섭씨 영하 20도 이하이고 비점이 섭씨 40도 이하인 것을 말한다.

정답 100, 20, 40

예제 4 과산화수소는 농도가 얼마 이상인 것이 위험물에 속하는지 쓰시오.

풀이 과산화수소가 제6류 위험물이 되기 위한 조건은 농도가 36중량퍼센트 이상이어야 한다.

정답 36중량퍼센트

예제 5 질산은 비중이 얼마 이상인 것이 위험물에 속하는지 쓰시오.

풀이 질산이 제6류 위험물이 되기 위한 조건은 비중이 1.49 이상이어야 한다.

정답 1.49

예제 6 다음은 제4류 위험물의 알코올류에서 제외하는 조건 2가지이다. ( ) 안에 들어갈 알맞은 말을 쓰시오.

(1) 탄소원자의 수가 1개부터 3개까지인 포화1가알코올의 함유량이 ( )중량% 미만인 수용액

(2) 가연성 액체량이 ( )중량% 미만이고 인화점 및 연소점이 에틸알코올 60중량% 수용액의 ( ) 및 연소점을 초과하는 것

풀이 제4류 위험물의 알코올류란 탄소원자의 수가 1개부터 3개까지인 포화1가 알코올(변성 알코올 포함)을 말한다. 다만, 다음 중 하나에 해당하는 것은 제외한다.
① 알코올의 함유량이 60중량% 미만인 수용액
② 가연성 액체량이 60중량% 미만이고 인화점 및 연소점이 에틸알코올 60중량% 수용액의 인화점 및 연소점을 초과하는 것

정답 (1) 60
(2) 60, 인화점

Section 02 위험물의 종류 및 성질

2-1 제1류 위험물 – 산화성 고체

유 별	성 질	위험등급	품 명	지정수량
제1류	산화성 고체	I	1. 아염소산염류	50kg
			2. 염소산염류	50kg
			3. 과염소산염류	50kg
			4. 무기과산화물	50kg
		II	5. 브롬산염류	300kg
			6. 질산염류	300kg
			7. 요오드산염류	300kg
		III	8. 과망간산염류	1,000kg
			9. 중크롬산염류	1,000kg
		I, II, III	10. 그 밖에 행정안전부령이 정하는 것	
			① 과요오드산염류	300kg
			② 과요오드산	300kg
			③ 크롬, 납 또는 요오드의 산화물	300kg
			④ 아질산염류	300kg
			⑤ 차아염소산염류	50kg
			⑥ 염소화이소시아눌산	300kg
			⑦ 퍼옥소이황산염류	300kg
			⑧ 퍼옥소붕산염류	300kg
			11. 제1호 내지 제10호의 어느 하나 이상을 함유한 것	50kg, 30kg 또는 1,000kg

01 제1류 위험물의 일반적 성질

(1) 일반적인 성질

① 제1류 위험물의 품명은 아염소산염류, 염소산염류, 과염소산염류, 질산염류, 중크롬산 염류처럼 "~산염류"라는 단어를 포함하고 있다. 여기서 염류란 칼륨, 나트륨, 암모늄 등의 금속성 물질을 의미한다.

② 제1류 위험물을 화학식으로 표현했을 때 금속과 산소가 동시에 포함되어 있는 것을 알 수 있다.

　예 $KClO_3$(염소산칼륨), $NaNO_3$(질산나트륨) 등

③ 대부분 무색 결정 또는 백색 분말이다.

　단, **과망간산염류는 흑자색**(검은 보라색)이며, **중크롬산염류는 등적색**(오렌지색) 이다.

④ 비중은 모두 1보다 크다(물보다 무겁다).

⑤ 불연성이지만 조연성이다.

⑥ 산화제로서 산화력이 있다.

⑦ 산소를 포함하고 있기 때문에 부식성이 강하다.

⑧ 모든 **제1류 위험물은 고온의 가열, 충격, 마찰** 등에 의해 분해하여 가지고 있던 **산 소를 발생**하여 가연물을 태우게 된다.

⑨ 제1류 위험물 중 알칼리금속 과산화물은 다른 제1류 위험물들처럼 가열, 충격, 마 찰에 의해 산소를 발생할 뿐만 아니라 물 또는 이산화탄소와 반응할 경우에도 산 소를 발생한다.

⑩ 제1류 위험물 중 **알칼리금속 과산화물은 산**(염산, 황산, 초산 등)**과 반응 시 과산화수 소를 발생**한다.

(2) 저장방법

제1류 위험물은 용기를 밀전하여 냉암소에 보관해야 한다. 그 이유는 조해성(수분을 흡수하 여 자신이 녹는 성질)이 있기 때문에 용기를 밀전하지 않으면 공기 중의 수분을 흡수하 여 녹게 되고 분해도 더 쉬워지기 때문이다.

📖 조해성이 있는 물질

1) **염화칼슘** : 눈이 많이 내렸을 때 뿌려주는 제설제로, 눈에 포함된 수분을 자신이 흡수 하여 녹는다.
2) **제습제** : 장롱 속에 흰색 고체 알갱이상태로 넣어 두면 시간이 지난 후 습기를 흡수 하여 자신도 녹아 물이 되는 성질의 물질이다.

(3) 소화방법

① 제1류 위험물과 같은 산화제(산화성 물질)는 자체적으로 산소를 포함하기 때문에 산소를 제거하여 소화하는 방법인 질식소화는 효과가 없다. 따라서 산화제는 냉각소화를 해야 한다.

② 예외적으로 알칼리금속(K, Na, Li 등) 과산화물은 물과 반응하여 발열과 함께 산소를 발생할 수 있기 때문에 주수소화를 금지하고 마른모래나 탄산수소염류 분말소화약제로 질식소화를 해야 한다.

※ 알칼리금속 과산화물의 종류 : 과산화칼륨(K_2O_2), 과산화나트륨(Na_2O_2), 과산화리튬(Li_2O_2)

02 제1류 위험물의 종류별 성질

(1) 아염소산염류 〈지정수량 : 50kg〉

1) 아염소산나트륨($NaClO_2$)

① 분해온도 130~140℃이다.

② 무색 결정이다.

③ 열분해 시 염화나트륨과 산소가 발생한다.

– 열분해반응식 : $NaClO_2 \rightarrow NaCl + O_2$
　　　　　　　　아염소산나트륨　염화나트륨　산소

④ 산과 반응 시 폭발성이며 **독성 가스**인 이산화염소(ClO_2)가 **발생**한다.

⑤ 소화방법 : 물로 냉각소화한다.

(2) 염소산염류 〈지정수량 : 50kg〉

1) 염소산칼륨($KClO_3$)

① 분해온도 400℃, 비중 2.32이다.

② 무색 결정 또는 백색 분말이다.

③ 열분해 시 염화칼륨과 산소가 발생한다.

– 열분해반응식 : $2KClO_3 \rightarrow 2KCl + 3O_2$
　　　　　　　　　염소산칼륨　　염화칼륨　산소

④ 황산과 반응 시 제6류 위험물인 과염소산, 황산칼륨, **독성 가스**인 이산화염소, 그리고 물이 발생한다.

– 황산과의 반응식 : $6KClO_3 + 3H_2SO_4 \rightarrow 2HClO_4 + 3K_2SO_4 + 4ClO_2 + 2H_2O$
　　　　　　　　염소산칼륨　　황산　　과염소산　황산칼륨　이산화염소　물

⑤ 찬물과 알코올에는 안 녹고 온수 및 글리세린에 잘 녹는다.

⑥ 소화방법 : 물로 냉각소화한다.

2) 염소산나트륨($NaClO_3$)

① 분해온도 300℃, 비중 2.5이다.

② 무색 결정이다.

③ 열분해 시 염화나트륨과 산소가 발생한다.

- 열분해반응식 : $2NaClO_3 \rightarrow 2NaCl + 3O_2$

  염소산나트륨　　염화나트륨　　산소

④ 물, 알코올, 에테르에 잘 녹는다.

⑤ **산을 가하면 독성 가스인 이산화염소(ClO_2)가 발생**한다.

⑥ 조해성과 흡습성이 있다.

⑦ 철제용기를 부식시키므로 철제용기 사용을 금지해야 한다.

⑧ **소화방법** : 물로 냉각소화한다.

3) 염소산암모늄(NH_4ClO_3)

① 분해온도 100℃, 비중 1.87이다.

② 폭발성이 큰 편이다.

③ 무색 결정 또는 백색 분말이다.

④ 열분해 시 질소, 염소, 산소, 그리고 물이 발생한다.

- 열분해반응식 : $2NH_4ClO_3 \rightarrow N_2 + Cl_2 + O_2 + 4H_2O$

  염소산암모늄　　질소　염소　산소　　물

⑤ 부식성이 있다.

⑥ 조해성을 가지고 있다.

⑦ **소화방법** : 물로 냉각소화한다.

(3) 과염소산염류 〈지정수량 : 50kg〉

1) 과염소산칼륨($KClO_4$)

① 분해온도 400~610℃, 비중 2.5이다.

② 무색 결정이다.

③ 물에 잘 녹지 않고 알코올, 에테르에도 잘 녹지 않는다.

④ 열분해 시 염화칼륨과 산소가 발생한다.

- 열분해반응식 : $KClO_4 \rightarrow KCl + 2O_2$

  과염소산칼륨　염화칼륨　산소

⑤ 염소산칼륨의 성질과 비슷하다.

⑥ **소화방법** : 물로 냉각소화한다.

2) 과염소산나트륨($NaClO_4$)

① 분해온도 400℃, 비중 2.5이다.

② 무색 결정이다.

③ 물, 알코올, 아세톤에 잘 녹고 에테르에 녹지 않는다.

④ 열분해 시 염화나트륨과 산소가 발생한다.

- 열분해반응식 : $NaClO_4 \rightarrow NaCl + 2O_2$

  과염소산나트륨　염화나트륨　산소

⑤ 조해성과 흡습성이 있다.

⑥ 소화방법 : 물로 냉각소화한다.

3) 과염소산암모늄(NH_4ClO_4)

① 분해온도 130℃, 비중 1.87이다.

② 무색 결정이다.

③ 열분해 시 질소, 염소, 산소, 그리고 물이 발생한다.

　－ 열분해반응식 : $2NH_4ClO_4 \longrightarrow N_2 + Cl_2 + 2O_2 + 4H_2O$

　　　　　　　　　과염소산암모늄　　질소　염소　산소　　물

④ 물, 알코올, 아세톤에 잘 녹고 에테르에 녹지 않는다.

⑤ 황산과 반응 시 황산수소암모늄과 제6류 위험물인 과염소산이 발생한다.

　－ 황산과의 반응식 : $NH_4ClO_4 + H_2SO_4 \longrightarrow NH_4HSO_4 + HClO_4$

　　　　　　　　　　　과염소산암모늄　　황산　　　황산수소암모늄　과염소산

⑥ 소화방법 : 물로 냉각소화한다.

(4) 무기과산화물 〈지정수량 : 50kg〉

1) 과산화칼륨(K_2O_2)

① 분해온도 490℃, 비중 2.9이다.

② 무색 또는 주황색의 결정이다.

③ 알코올에 잘 녹는다.

④ 열분해 시 산화칼륨과 산소가 발생한다.

　－ 열분해반응식 : $2K_2O_2 \longrightarrow 2K_2O + O_2$

　　　　　　　　　과산화칼륨　산화칼륨　산소

> **Tip**
> 알칼리금속 과산화물에 속하는 종류
> 1. 과산화칼륨(K_2O_2)
> 2. 과산화나트륨(Na_2O_2)
> 3. 과산화리튬(Li_2O_2)

⑤ 물과의 반응으로 수산화칼륨과 다량의 산소, 그리고 열을 발생하므로 물기엄금해야 한다.

　－ 물과의 반응식 : $2K_2O_2 + 2H_2O \longrightarrow 4KOH + O_2$

　　　　　　　　　과산화칼륨　물　수산화칼륨　산소

⑥ 이산화탄소(탄산가스)와 반응하여 탄산칼륨과 산소가 발생한다.

　－ 이산화탄소와의 반응식 : $2K_2O_2 + 2CO_2 \longrightarrow 2K_2CO_3 + O_2$

　　　　　　　　　　　　과산화칼륨　이산화탄소　탄산칼륨　산소

⑦ 초산과 반응 시 초산칼륨과 제6류 위험물인 과산화수소가 발생한다.

　－ 초산과의 반응식 : $K_2O_2 + 2CH_3COOH \longrightarrow 2CH_3COOK + H_2O_2$

　　　　　　　　　　과산화칼륨　초산　초산칼륨　과산화수소

⑧ 소화방법 : 물로 냉각소화하면 산소와 열의 발생으로 위험하므로 마른모래, 팽창질석, 팽창진주암, 탄산수소염류 분말소화약제로 질식소화를 해야 한다.

2) 과산화나트륨(Na_2O_2)

① 분해온도 460℃, 비중 2.8이다.

② 백색 또는 황백색 분말이다.

③ 알코올에 잘 녹지 않는다.

④ 열분해 시 산화나트륨과 산소가 발생한다.

  – 열분해반응식 : $2Na_2O_2 \rightarrow 2Na_2O + O_2$
     과산화나트륨   산화나트륨   산소

⑤ 물과의 반응으로 수산화나트륨과 다량의 산소, 그리고 열을 발생하므로 물기엄금해야 한다.

  – 물과의 반응식 : $2Na_2O_2 + 2H_2O \rightarrow 4NaOH + O_2$
     과산화나트륨   물   수산화나트륨   산소

⑥ 이산화탄소(탄산가스)와 반응하여 탄산나트륨과 산소가 발생한다.

  – 이산화탄소와의 반응식 : $2Na_2O_2 + 2CO_2 \rightarrow 2Na_2CO_3 + O_2$
     과산화나트륨 이산화탄소   탄산나트륨   산소

⑦ 초산과 반응 시 초산나트륨과 제6류 위험물인 과산화수소가 발생한다.

  – 초산과의 반응식 : $Na_2O_2 + 2CH_3COOH \rightarrow 2CH_3COONa + H_2O_2$
     과산화나트륨   초산   초산나트륨   과산화수소

⑧ 소화방법 : 물로 냉각소화하면 산소와 열이 발생하여 위험하므로 마른모래, 팽창질석, 팽창진주암, 탄산수소염류 분말소화약제로 질식소화를 해야 한다.

3) 과산화리튬(Li_2O_2)

① 분해온도 195℃이다.

② 백색 분말이다.

③ 열분해 시 산화리튬과 산소가 발생한다.

  – 열분해반응식 : $2Li_2O_2 \rightarrow 2Li_2O + O_2$
     과산화리튬   산화리튬   산소

④ 물과의 반응으로 수산화리튬과 다량의 산소, 그리고 열을 발생하므로 물기엄금해야 한다.

  – 물과의 반응식 : $2Li_2O_2 + 2H_2O \rightarrow 4LiOH + O_2$
     과산화리튬   물   수산화리튬   산소

⑤ 소화방법 : 물로 냉각소화하면 산소와 열이 발생하여 위험하므로 마른모래, 팽창질석, 팽창진주암, 탄산수소염류 분말소화약제로 질식소화를 해야 한다.

4) 과산화마그네슘(MgO_2)

① 물보다 무겁고 물에 녹지 않는다.

② 백색 분말이다.

③ 열분해 시 산소가 발생한다.

④ 초산이나 황산 등 산의 종류와 반응 시 제6류 위험물인 과산화수소가 발생한다.

⑤ 소화방법 : 물로 냉각소화하면 약간의 산소와 열의 발생이 있으나 알칼리금속 과산화물보다 약하므로 냉각소화가 가능하다.

5) 과산화칼슘(CaO_2)

① 분해온도 200℃, 비중 3.34이다.

② 백색 분말이다.

③ 물에 약간 녹는다.

④ 열분해 시 산소가 발생한다.

⑤ 초산이나 황산 등 산의 종류와 반응 시 제6류 위험물인 과산화수소가 발생한다.

⑥ 소화방법 : 물로 냉각소화하면 약간의 산소와 열의 발생이 있으나 알칼리금속 과산화물보다 약하므로 냉각소화가 가능하다.

(5) 브롬산염류 〈지정수량 : 300kg〉

1) 브롬산칼륨($KBrO_3$)

① 분해온도 370℃, 비중 3.27이다.

② 백색 분말이다.

③ 물에 잘 녹는다.

④ 열분해 시 산소가 발생한다.

⑤ 소화방법 : 물로 냉각소화한다.

2) 브롬산나트륨($NaBrO_3$)

① 분해온도 380℃, 비중 3.3이다.

② 무색 결정이다.

③ 물에 잘 녹고 알코올에는 안 녹는다.

④ 열분해 시 산소가 발생한다.

⑤ 소화방법 : 물로 냉각소화한다.

(6) 질산염류 〈지정수량 : 300kg〉

1) 질산칼륨(KNO_3)

① 초석이라고도 불린다.

② **분해온도 400℃**, 비중 2.1이다.

③ 무색 결정 또는 백색 분말이다.

④ 물, 글리세린에 잘 녹고 알코올에는 안 녹는다.

⑤ 흡습성 및 조해성이 없다.

⑥ **'숯 + 황 + 질산칼륨'의 혼합물은 흑색화약**이 되며 불꽃놀이등에 사용된다.

⑦ 열분해 시 아질산칼륨과 산소가 발생한다.

- 열분해반응식 : $2KNO_3 \longrightarrow 2KNO_2 + O_2$
                   질산칼륨   아질산칼륨   산소

⑧ 소화방법 : 물로 냉각소화한다.

2) 질산나트륨($NaNO_3$)

① 칠레초석이라고도 불린다.

② 분해온도 380℃, 비중 2.25이다.

③ 무색 결정 또는 백색 분말이다.

④ **물, 글리세린에 잘 녹고 무수알코올에는 안 녹는다.**

⑤ 흡습성 및 조해성이 있다.

⑥ 열분해 시 아질산나트륨과 산소가 발생한다.

- 열분해반응식 : $2NaNO_3 \rightarrow 2NaNO_2 + O_2$
  질산나트륨　　아질산나트륨　산소

⑦ 소화방법 : 물로 냉각소화한다.

3) 질산암모늄(NH_4NO_3)

① 분해온도 220℃, 비중 1.73이다.

② 무색 결정 또는 백색 분말이다.

③ **물, 알코올에 잘 녹으며 물에 녹을 때 열을 흡수한다.**

④ 흡습성 및 조해성이 있다.

⑤ 단독으로도 급격한 충격 및 가열로 인해 분해·폭발할 수 있다.

⑥ 열분해 시 질소와 산소, 그리고 수증기가 발생한다.

- 열분해반응식 : $2NH_4NO_3 \rightarrow 2N_2 + O_2 + 4H_2O$
  질산암모늄　　질소　산소　수증기

> 🎯 Tip
>
> 질산암모늄이 열분해할 때 발생하는 H_2O는 액체상태의 물이 아닌 기체상태의 수증기로 출제됩니다.

⑦ ANFO(Ammonium Nitrate Fuel Oil) 폭약은 질산암모늄(94%)과 경유(6%)의 혼합으로 만든다.

⑧ 소화방법 : 물로 냉각소화한다.

(7) 요오드산염류 〈지정수량 : 300kg〉

1) 요오드산칼륨(KIO_3)

① 분해온도 560℃, 비중 3.98이다.

② 무색 결정 또는 분말이다.

③ 물에 녹으나 알코올에 안 녹는다.

④ 열분해 시 산소가 발생한다.

⑤ 소화방법 : 물로 냉각소화한다.

(8) 과망간산염류 〈지정수량 : 1,000kg〉

1) 과망간산칼륨($KMnO_4$)

① 카멜레온이라고도 불린다.

② 분해온도 240℃, 비중 2.7이다.

③ **흑자색 결정이다.**

④ 물에 녹아서 진한 보라색이 되며 아세톤, 메탄올, 초산에도 잘 녹는다.

⑤ 열분해 시 망간산칼륨, 이산화망간, 그리고 산소가 발생한다.

    – 열분해반응식(240℃) : $2KMnO_4 \rightarrow K_2MnO_4 + MnO_2 + O_2$

                          과망간산칼륨   망간산칼륨 이산화망간 산소

⑥ 묽은 황산과 반응 시 황산칼륨, 황산망간, 물, 그리고 산소가 발생한다.

    – 묽은 황산과의 반응식 : $4KMnO_4 + 6H_2SO_4 \rightarrow 2K_2SO_4 + 4MnSO_4 + 6H_2O + 5O_2$

                      과망간산칼륨   황산   황산칼륨   황산망간   물   산소

⑦ 소화방법 : 물로 냉각소화한다.

(9) 중크롬산염류 〈지정수량 : 1,000kg〉

1) 중크롬산칼륨($K_2Cr_2O_7$)

① 분해온도 500℃, 비중 2.7이다.

② 등적색이다.

③ 물에 녹으며 알코올에는 녹지 않는다.

④ 열분해 시 크롬산칼륨, 암녹색의 삼산화제이크롬, 그리고 산소가 발생한다.

    – 열분해반응식 : $4K_2Cr_2O_7 \rightarrow 4K_2CrO_4 + 2Cr_2O_3 + O_2$

                  중크롬산칼륨   크롬산칼륨   삼산화제이크롬 산소

⑤ 소화방법 : 물로 냉각소화한다.

2) 중크롬산암모늄[$(NH_4)_2Cr_2O_7$]

① 분해온도 185℃, 비중 2.2이다.

② 등적색이다.

③ 열분해 시 질소, 삼산화제이크롬, 그리고 물이 발생한다.

    – 열분해반응식 : $(NH_4)_2Cr_2O_7 \rightarrow N_2 + Cr_2O_3 + 4H_2O$

                중크롬산암모늄   질소   삼산화제이크롬   물

④ 소화방법 : 물로 냉각소화한다.

(10) 크롬산화물류 〈지정수량 : 300kg〉

1) 삼산화크롬(CrO_3)

① 행정안전부령이 정하는 위험물로 무수크롬산이라고도 한다.

② 분해온도 250℃, 비중 2.7이다.

③ 암적자색 결정이다.

④ 물, 알코올에 잘 녹는다.

⑤ 열분해 시 삼산화제이크롬과 산소가 발생한다.

    – 열분해반응식 : $4CrO_3 \rightarrow 2Cr_2O_3 + 3O_2$

                삼산화크롬   삼산화제이크롬 산소

⑥ 소화방법 : 물로 냉각소화한다.

03 제1류 위험물의 위험성 시험방법

(1) 산화성 시험

각각의 연소시험에서 시험물품의 연소시험에 의한 연소시간이 표준물질의 연소시험에 의한 연소시간보다 짧은 것을 산화성 고체로 정한다.

① 분립상 물품의 연소시험

  ㉠ 표준물질의 연소시험 : **표준물질인 과염소산칼륨**과 **목분**을 중량비 1 : 1로 섞어 혼합물 30g을 만들어 연소시킨 후 연소시간을 측정한다.

  ㉡ 시험물품의 연소시험 : 시험물품과 목분을 중량비 1 : 1 및 중량비 4 : 1로 섞어 혼합물 30g을 각각 만들어 연소시킨 후 둘 중 연소시간이 짧은 것을 선택한다.

② 분립상 외의 물품의 연소시험

  ㉠ 표준물질의 연소시험 : **표준물질인 과염소산칼륨**과 **목분**을 중량비 4 : 6으로 섞어 혼합물 500g을 만들어 연소시킨 후 연소시간을 측정한다.

  ㉡ 시험물품의 연소시험 : 시험물품과 목분을 체적비 1 : 1로 섞어 혼합물 500g을 만들어 연소시킨 후 연소시간을 측정한다.

(2) 충격민감성 시험

① 분립상 물품의 연소시험

  – 낙구타격감도시험 : 강철재료로 만들어진 원기둥 위에 **표준물질인 질산칼륨**과 **적린**을 쌓은 후 쇠구슬을 직접 낙하시켜 폭점산출법으로 그 혼합물의 50% 폭점을 구해 그 폭점에서 시험물품을 연소시킨다. 이 시험에서 폭발확률이 50% 이상인 것을 산화성 고체로 정한다.

② 분립상 외의 물품의 연소시험

  – 철관시험 : 철관을 모래 중에 매설하여 기폭시킨 시험에서 철관이 완전히 파열되면 산화성 고체로 정해진다.

예제 1 과산화나트륨이 물과 반응 시 위험한 이유는 무엇인지 쓰시오.

  🔹**풀이** 과산화나트륨(Na_2O_2)은 제1류 위험물의 알칼리금속 과산화물로 물과 반응하여 발열 또는 산소를 발생하므로 위험하다.

  🔹**정답** 발열 또는 산소를 발생하기 때문에

예제 2 염소산칼륨과 염소산나트륨이 열에 의해 분해되었을 때 공통적으로 발생하는 가스는 무엇인지 쓰시오.

  🔹**풀이** 염소산칼륨 또는 염소산나트륨과 같은 제1류 위험물은 열에 의해 분해되어 산소를 발생한다.

  🔹**정답** 산소

예제 3 숯과 황을 혼합하여 흑색화약의 원료를 만들 수 있는 제1류 위험물에 대하여 다음 물음에 답하시오.

(1) 위험물의 종류
(2) 분해반응식

풀이 제1류 위험물인 질산칼륨은 숯과 황을 혼합하여 흑색화약의 원료를 만들 수 있으며 열분해하여 아질산칼륨(KNO_2)과 산소를 발생한다.

정답 (1) 질산칼륨(KNO_3)
(2) $2KNO_3 \rightarrow 2KNO_2 + O_2$

예제 4 과망간산칼륨의 240℃에서의 분해반응식을 쓰시오.

풀이 과망간산칼륨($KMnO_4$)은 제1류 위험물의 흑자색 결정으로 240℃에서 열분해하여 망간산칼륨(K_2MnO_4)과 이산화망간(MnO_2), 그리고 산소를 발생한다.

정답 $2KMnO_4 \rightarrow K_2MnO_4 + MnO_2 + O_2$

예제 5 제1류 위험물 중 염소산나트륨이 염산과 반응하면 발생하는 독성 가스를 쓰시오.

풀이 염소산나트륨은 염산, 황산 등의 산과 반응 시 독성인 이산화염소(ClO_2)를 발생한다.

정답 이산화염소(ClO_2)

예제 6 위험등급 I인 제1류 위험물의 품명 4가지를 쓰시오.

풀이 제1류 위험물 중 지정수량이 50kg인 품명은 모두 위험등급 I이다.

정답 아염소산염류, 염소산염류, 과염소산염류, 무기과산화물

예제 7 염소산염류 중 비중이 2.5이고 분해온도가 300℃인 조해성이 큰 위험물로서 철제용기에 저장하면 안 되는 물질의 화학식을 쓰시오.

풀이 염소산나트륨($NaClO_3$)의 성질은 다음과 같다.
① 분해온도 300℃, 비중 2.5이다.
② 조해성과 흡습성이 있다.
③ 철제용기를 부식시키므로 철제용기 사용을 금지해야 한다.

정답 $NaClO_3$

예제 8 중크롬산칼륨에 대해 다음 물음에 답하시오.

(1) 유별
(2) 색상
(3) 위험등급

풀이 중크롬산칼륨($K_2Cr_2O_7$)은 제1류 위험물로 등적색을 띠며 지정수량 1,000kg의 위험등급 Ⅲ인 물질이다.

정답 (1) 제1류 위험물 (2) 등적색 (3) Ⅲ

예제 9 과산화칼슘이 염산과 반응할 때 생성되는 과산화물의 화학식을 쓰시오.

풀이 무기과산화물에 해당하는 과산화칼슘(CaO_2)은 염산과 반응 시 염화칼슘($CaCl_2$)과 제6류 위험물인 과산화수소(H_2O_2)를 발생한다.
– 염산과의 반응식 : $CaO_2 + 2HCl \rightarrow CaCl_2 + H_2O_2$

정답 H_2O_2

예제 10 질산암모늄 1몰을 분해시키면 총 몇 몰의 기체가 발생하는지 구하시오.

풀이 질산암모늄 1몰을 분해시키면 질소 1몰과 산소 0.5몰, 그리고 수증기 2몰이 발생하므로 총 3.5몰의 기체가 발생한다.
– 분해반응식 : $2NH_4NO_3 \rightarrow 2N_2 + O_2 + 4H_2O$

정답 3.5몰

2-2 제2류 위험물 – 가연성 고체

유 별	성 질	위험등급	품 명	지정수량
제2류	가연성 고체	Ⅱ	1. 황화인	100kg
			2. 적린	100kg
			3. 황	100kg
		Ⅲ	4. 금속분	500kg
			5. 철분	500kg
			6. 마그네슘	500kg
		Ⅱ, Ⅲ	7. 그 밖에 행정안전부령이 정하는 것	100kg 또는 500kg
			8. 제1호 내지 제7호의 어느 하나 이상을 함유한 것	
		Ⅲ	9. 인화성 고체	1,000kg

01 제2류 위험물의 일반적 성질

(1) 일반적인 성질

① 저온에서 착화하기 쉬운 물질이다.

② 연소하는 속도가 빠르다.

③ **철분, 마그네슘, 금속분은 물이나 산과 접촉하면 수소가 발생**하여 폭발한다.

④ 모두 물보다 무겁다.

(2) 저장방법

① 가연물이므로 점화원 및 가열을 피해야 한다.

② 산화제(산소공급원)의 접촉을 피해야 한다.

③ 할로겐원소(산소공급원 역할)의 접촉을 피해야 한다.

④ 철분, 마그네슘, 금속분은 물이나 산과의 접촉을 피해야 한다.

(3) 소화방법

① 금속분 이외의 것은 주수에 의한 냉각소화가 일반적이다.

② 철분, 마그네슘, 금속분은 주수에 의한 폭발 우려가 있으므로 마른모래 등으로 질식소화를 해야 한다.

02 제2류 위험물의 종류별 성질

(1) 황화인 〈지정수량 : 100kg〉

1) 삼황화인(P_4S_3)

① 착화점 100℃, 비중 2.03, 융점 172.5℃이다.

② 황색 고체로서 **조해성이 없다.**

③ **물, 염산, 황산에 녹지 않고 질산, 알칼리, 끓는 물, 이황화탄소에 녹는다.**

④ 연소 시 이산화황과 오산화인이 발생한다.

  - 연소반응식 : $P_4S_3 + 8O_2 \rightarrow 3SO_2 + 2P_2O_5$
    삼황화인   산소   이산화황   오산화인

⑤ 소화방법 : 물로 냉각소화한다.

2) 오황화인(P_2S_5)

① 착화점 142℃, 비중 2.09, 융점 290℃이다.

② 황색 고체로서 조해성이 있다.

③ 연소 시 이산화황과 오산화인이 발생한다.

  - 연소반응식 : $2P_2S_5 + 15O_2 \rightarrow 10SO_2 + 2P_2O_5$
    오황화인   산소   이산화황   오산화인

④ 물과 반응 시 황화수소와 인산이 발생한다.

  - 물과의 반응식 : $P_2S_5 + 8H_2O \rightarrow 5H_2S + 2H_3PO_4$
    오황화인   물   황화수소   인산

⑤ 소화방법 : 물로 냉각소화한다.

3) 칠황화인(P_4S_7)

① 비중 2.19, 융점 310℃이다.

② 황색 고체로서 조해성이 있다.

③ 연소 시 이산화황과 오산화인이 발생한다.

  - 연소반응식 : $P_4S_7 + 12O_2 \rightarrow 7SO_2 + 2P_2O_5$
    칠황화인   산소   이산화황   오산화인

④ 소화방법 : 물로 냉각소화한다.

(2) 적린(P) 〈지정수량 : 100kg〉

① **발화점 260℃**, 비중 2.2, 융점 600℃이다.

② 암적색 분말이다.

③ **승화온도 400℃**이다.

  ※ **승화** : 고체에 열을 가하면 액체를 거치지 않고 바로 기체가 되는 현상

④ 공기 중에서 안정하며 독성이 없다.

⑤ 물, 이황화탄소 등에 녹지 않고 PBr_3(브롬화인)에 녹는다.

⑥ 황린(P_4)의 동소체이다.

※ **동소체** : 단체로서 모양과 성질은 다르나 최종 연소생성물이 동일한 물질

⑦ 연소 시 오산화인이 발생한다.

– 연소반응식 : $4P + 5O_2 \rightarrow 2P_2O_5$
　　　　　　　　적린　　산소　　오산화인

⑧ 소화방법 : 물로 냉각소화한다.

(3) 황(S) 〈지정수량 : 100kg〉

① 발화점 232℃이다.

② 유황이라고도 하며, 순도가 60중량% 이상인 것을 위험물로 정한다.

※ 이 경우 순도 측정에 있어서 불순물은 활석등 불연성 물질과 수분에 한한다.

③ 황색 결정이며, 물에 녹지 않는다.

④ **사방황, 단사황, 고무상황의 3가지 동소체**가 존재한다.

㉠ 사방황

ⓐ **비중 2.07**, 융점 113℃이다.

ⓑ 자연상태의 황을 의미한다.

㉡ 단사황

ⓐ **비중 1.96**, 융점 119℃이다.

ⓑ 사방황을 95.5℃로 가열하면 만들어진다.

㉢ 고무상황

ⓐ 용융된 황을 급랭시켜 얻는다.

ⓑ **이황화탄소에 녹지 않는다.**

⑤ **고무상황을 제외한 나머지 황은 이황화탄소(CS_2)에 녹는다.**

⑥ 비금속성 물질이므로 전기불량도체이며 정전기가 발생할 수 있는 위험이 있다.

⑦ 미분상태로 공기 중에 떠 있을 때 분진폭발의 위험이 있다.

⑧ 연소 시 청색 불꽃을 내며 이산화황이 발생한다.

– 연소반응식 : $S + O_2 \rightarrow SO_2$
　　　　　　　　황　산소　이산화황

⑨ 소화방법 : 물로 냉각소화한다.

(4) 철분(Fe) 〈지정수량 : 500kg〉

'철분'이라 함은 철의 분말을 말하며 $53\mu m$(마이크로미터)의 표준체를 통과하는 것이 **50중량% 미만인 것은 제외**한다.

① 비중 7.86, 융점 1,538℃이다.

② 은색 또는 회색 분말이다.

③ 온수와 반응 시 수산화철과 수소가 발생한다.

※ 수소의 연소범위는 4~75%이다.

　－ 물과의 반응식 : $Fe + 2H_2O \rightarrow Fe(OH)_2 + H_2$
　　　　　　　　　　　철　　　물　　　수산화철　수소

④ 염산과 반응 시 염화제일철과 수소가 발생한다.

　－ 염산과의 반응식 : $Fe + 2HCl \rightarrow FeCl_2 + H_2$
　　　　　　　　　　　철　　염산　염화제일철　수소

　※ Fe은 2가 원소이기도 하고 3가 원소이기도 한데 Fe을 3가 원소로서 염산과 반응시키면 염화제이철과 수소가 발생하며 Fe을 2가로 쓰든 3가로 쓰든 모두 정답으로 인정한다.

　－ 3가 원소로서의 Fe과 염산과의 반응식 : $2Fe + 6HCl \rightarrow 2FeCl_3 + 3H_2$
　　　　　　　　　　　　　　　　　　철　　염산　염화제이철　수소

⑤ **소화방법** : 냉각소화 시 수소가 발생하므로 마른모래, 탄산수소염류 등으로 질식소화를 해야 한다.

(5) 마그네슘 〈지정수량 : 500kg〉

※ 다음 중 어느 하나에 해당하는 마그네슘은 제2류 위험물에서 제외한다.
- 2mm의 체를 통과하지 아니하는 덩어리상태의 것
- 직경 2mm 이상의 막대모양의 것

① 비중 1.74, 융점 650℃, 발화점 473℃이다.

② 은백색 광택을 가지고 있다.

③ 열전도율이나 전기전도도가 큰 편이나 알루미늄보다는 낮은 편이다.

④ 온수와 반응 시 수산화마그네슘과 수소가 발생한다.

　－ 물과의 반응식 : $Mg + 2H_2O \rightarrow Mg(OH)_2 + H_2$
　　　　　　　　　　마그네슘　　물　　수산화마그네슘　수소

⑤ 염산과 반응 시 염화마그네슘과 수소가 발생한다.

　－ 염산과의 반응식 : $Mg + 2HCl \rightarrow MgCl_2 + H_2$
　　　　　　　　　　　마그네슘　염산　염화마그네슘　수소

⑥ 황산과 반응 시 황산마그네슘과 수소가 발생한다.

　－ 황산과의 반응식 : $Mg + H_2SO_4 \rightarrow MgSO_4 + H_2$
　　　　　　　　　　　마그네슘　황산　황산마그네슘　수소

⑦ 연소 시 산화마그네슘이 발생한다.

　－ 연소반응식 : $2Mg + O_2 \rightarrow 2MgO$
　　　　　　　　　마그네슘　산소　산화마그네슘

⑧ 이산화탄소와 반응 시 산화마그네슘과 가연성 물질인 탄소 또는 유독성 기체인 일산화탄소가 발생한다.

　－ 이산화탄소와의 반응식 : $2Mg + CO_2 \rightarrow 2MgO + C$
　　　　　　　　　　　　　마그네슘　이산화탄소　산화마그네슘　탄소

　　　　　　　　$Mg + CO_2 \rightarrow MgO + CO$
　　　　　　마그네슘　이산화탄소　산화마그네슘　일산화탄소

⑨ **소화방법** : 냉각소화 시 수소가 발생하므로 마른모래, 탄산수소염류 등으로 질식소화를 해야 한다.

(6) 금속분 〈지정수량 : 500kg〉

'금속분'이라 함은 알칼리금속·알칼리토금속·철 및 마그네슘 외의 금속의 분말을 말하며, **구리분·니켈분 및 150μm(마이크로미터)의 체를 통과하는 것이 50중량% 미만인 것은 제외**한다.

1) 알루미늄분(Al)

① 비중 2.7, 융점 660℃이다.

② 은백색 광택을 가지고 있다.

③ 열전도율이나 전기전도도가 큰 편이다.

④ 온수와 반응 시 수산화알루미늄과 수소가 발생한다.

- 물과의 반응식 : $2Al + 6H_2O \longrightarrow 2Al(OH)_3 + 3H_2$
 알루미늄　　물　　수산화알루미늄　수소

⑤ 염산과 반응 시 염화알루미늄과 수소가 발생한다.

- 염산과의 반응식 : $2Al + 6HCl \longrightarrow 2AlCl_3 + 3H_2$
 알루미늄　염산　염화알루미늄　수소

⑥ 황산과 반응 시 황산알루미늄과 수소가 발생한다.

- 황산과의 반응식 : $2Al + 3H_2SO_4 \longrightarrow Al_2(SO_4)_3 + 3H_2$
 알루미늄　황산　황산알루미늄　수소

⑦ 연소 시 산화알루미늄이 발생한다.

- 연소반응식 : $4Al + 3O_2 \longrightarrow 2Al_2O_3$
 알루미늄　산소　산화알루미늄

⑧ 산과 알칼리 수용액에서도 수소가 발생하므로 양쪽성 원소라 불린다.

⑨ 묽은 질산에는 녹지만 진한 질산과는 부동태하므로 표면에 산화피막을 형성하여 내부를 보호하는 성질이 있다.

⑩ **소화방법** : 냉각소화 시 수소가 발생하므로 마른모래, 탄산수소염류 등으로 질식소화를 해야 한다.

2) 아연분(Zn)

① 비중 7.14, 융점 419℃이다.

② 은백색 광택을 가지고 있다.

③ 물과 반응 시 수산화아연과 수소가 발생한다.

- 물과의 반응식 : $Zn + 2H_2O \longrightarrow Zn(OH)_2 + H_2$
 아연　물　수산화아연　수소

④ 염산과 반응 시 염화아연과 수소가 발생한다.

- 염산과의 반응식 : $Zn + 2HCl \longrightarrow ZnCl_2 + H_2$
 아연　염산　염화아연　수소

⑤ 황산과 반응 시 황산아연과 수소가 발생한다.

- 황산과의 반응식 : $Zn + H_2SO_4 \longrightarrow ZnSO_4 + H_2$
 아연　황산　황산아연　수소

⑥ 산과 알칼리 수용액에서도 수소가 발생하므로 양쪽성 원소라 불린다.

⑦ 표면에 산화피막을 형성하여 내부를 보호하는 성질이 있지만 부동태하지 않는다.

⑧ **소화방법** : 냉각소화 시 수소가 발생하므로 마른모래, 탄산수소염류 등으로 질식소화를 해야 한다.

(7) 인화성 고체 〈지정수량 : 1,000kg〉

① 정의 : **고형 알코올**, 그 밖에 1기압에서 **인화점이 섭씨 40도 미만인 고체**를 말한다.

② 소화방법 : 냉각소화 및 질식소화 모두 가능하다.

03 제2류 위험물의 위험성 시험방법

① 착화위험성 시험 : 작은 불꽃 착화시험

② 고체의 인화위험성 시험 : 가연성 고체의 인화점 측정시험

예제 1 마그네슘의 화재에 주수소화를 하면 발생하는 가스를 쓰시오.

풀이 철분, 금속분, 마그네슘은 물과 반응 시 폭발성의 수소를 발생한다.

정답 수소

예제 2 황의 연소반응식을 쓰시오.

풀이 황이 연소하면 자극성 냄새와 독성을 가진 이산화황(SO_2)이 발생한다.

정답 $S + O_2 \rightarrow SO_2$

예제 3 적린이 연소하면 발생하는 백색 기체의 화학식을 쓰시오.

풀이 적린이 연소하면 오산화인(P_2O_5)이라는 백색 기체가 발생한다.
　　　 – 연소반응식 : $4P + 5O_2 \rightarrow 2P_2O_5$

정답 P_2O_5

예제 4 제2류 위험물 중 지정수량이 100kg인 품명 3가지를 쓰시오.

풀이 제2류 위험물의 지정수량은 다음과 같이 구분한다.
　　　 ① 지정수량 100kg : 황화인, 적린, 황
　　　 ② 지정수량 500kg : 철분, 금속분, 마그네슘
　　　 ③ 지정수량 1,000kg : 인화성 고체

정답 황화인, 적린, 황

예제 5 오황화인의 물과의 반응식을 쓰시오.

✔️**풀이** 오황화인은 물과 반응 시 황화수소(H_2S)와 인산(H_3PO_4)이 발생한다.

정답 $P_2S_5 + 8H_2O \rightarrow 5H_2S + 2H_3PO_4$

예제 6 고무상황을 제외한 그 외의 황을 녹일 수 있는 제4류 위험물을 쓰시오.

✔️**풀이** 고무상황을 제외한 사방황, 단사황은 이황화탄소(CS_2)에 녹는다.

정답 이황화탄소

예제 7 인화성 고체의 정의를 쓰시오.

✔️**풀이** 제2류 위험물 중 인화성 고체란 고형 알코올, 그 밖에 1기압에서 인화점이 40℃ 미만인 고체를 말한다.

정답 고형 알코올, 그 밖에 1기압에서 인화점이 40℃ 미만인 고체

예제 8 다음 <보기> 중 제2류 위험물에 대한 설명으로 맞는 항목을 고르시오.

A. 황화인, 적린, 황은 위험등급 Ⅱ에 속한다.
B. 가연성 고체 중 고형 알코올의 지정수량은 1,000kg이다.
C. 모두 수용성이다.
D. 모두 산화제이다.
E. 모두 비중이 1보다 작다.

✔️**풀이** A. 황화인, 적린, 황의 지정수량은 각각 100kg이며 모두 위험등급 Ⅱ에 속한다.
B. 가연성 고체 중 고형 알코올은 인화성 고체에 해당하는 물질로 지정수량은 1,000kg이다.
C. 거의 대부분 비수용성이다.
D. 모두 가연성이므로 환원제(직접 연소할 수 있는 물질)이다.
E. 모두 물보다 무거워 비중이 1보다 크다.

정답 A, B

2-3 제3류 위험물 – 자연발화성 물질 및 금수성 물질

유별	성질	위험등급	품명	지정수량
제3류	자연발화성 물질 및 금수성 물질	Ⅰ	1. 칼륨	10kg
			2. 나트륨	10kg
			3. 알킬알루미늄	10kg
			4. 알킬리튬	10kg
			5. 황린	20kg
		Ⅱ	6. 알칼리금속(칼륨 및 나트륨 제외) 및 알칼리토금속	50kg
			7. 유기금속화합물(알킬알루미늄 및 알킬리튬 제외)	50kg
		Ⅲ	8. 금속의 수소화물	300kg
			9. 금속의 인화물	300kg
			10. 칼슘 또는 알루미늄의 탄화물	300kg
		Ⅰ, Ⅱ, Ⅲ	11. 그 밖에 행정안전부령이 정하는 것	
			① 염소화규소화합물	300kg
			12. 제1호 내지 제11호의 어느 하나 이상을 함유한 것	10kg, 20kg, 50kg 또는 300kg

01 제3류 위험물의 일반적 성질

(1) 일반적인 성질

① 자연발화성 물질은 공기 중에서 발화의 위험성을 갖는 물질이다.

② 금수성 물질은 물과 반응하여 발열하고, 동시에 가연성 가스를 발생하는 물질이다.

③ **금속칼륨(K)과 금속나트륨(Na), 알킬알루미늄, 알킬리튬은 물과 반응하여 가연성 가스를 발생할 뿐 아니라 공기 중에서 발화할 수 있는 자연발화성도** 가지고 있다.

④ **황린은** 대표적인 **자연발화성 물질로 착화온도(34℃)가 낮아 pH=9인 약알칼리성의 물속에 보관**해야 한다.

⑤ 물보다 가볍고 물에 녹지 않는 **칼륨, 나트륨 등의 물질**은 공기 중에 노출되면 화재의 위험성이 있으므로 **보호액인 석유(경유, 등유 등)에 완전히 담가 저장**하여야 한다.

⑥ 다량 저장 시 화재가 발생하면 소화가 어려우므로 희석제를 혼합하거나 소분하여 냉암소에 저장한다.

あ

(2) 소화방법

① 자연발화성 물질인 황린은 다량의 물로 냉각소화를 한다.

② 금수성 물질은 물뿐만 아니라 이산화탄소(CO_2)를 사용하면 가연성 물질인 **탄소(C)가 발생하여 폭발**할 수 있으므로 절대 사용할 수 없고 마른모래, 탄산수소염류 분말 소화약제를 사용해야 한다.

02 제3류 위험물의 종류별 성질

(1) 칼륨(K)＝포타슘 〈지정수량 : 10kg〉

① 비중 0.86, 융점 63.5℃, 비점 762℃이다.

② 은백색 광택의 무른 경금속이다.

③ 물과 반응 시 수산화칼륨과 수소가 발생한다.

- 물과의 반응식 : $2K + 2H_2O \rightarrow 2KOH + H_2$
  칼륨　물　수산화칼륨　수소

④ 메틸알코올과 반응 시 칼륨메틸레이트와 수소가 발생한다.

- 메틸알코올과의 반응식 : $2K + 2CH_3OH \rightarrow 2CH_3OK + H_2$
  칼륨　메틸알코올　칼륨메틸레이트　수소

⑤ 에틸알코올과 반응 시 칼륨에틸레이트와 수소가 발생한다.

- 에틸알코올과의 반응식 : $2K + 2C_2H_5OH \rightarrow 2C_2H_5OK + H_2$
  칼륨　에틸알코올　칼륨에틸레이트　수소

⑥ 연소 시 산화칼륨이 발생한다.

- 연소반응식 : $4K + O_2 \rightarrow 2K_2O$
  칼륨　산소　산화칼륨

⑦ 이산화탄소와 반응 시 탄산칼륨과 탄소가 발생한다.

- 이산화탄소와의 반응식 : $4K + 3CO_2 \rightarrow 2K_2CO_3 + C$
  칼륨　이산화탄소　탄산칼륨　탄소

⑧ 이온화경향(화학적 활성도)이 큰 금속으로 반응성이 좋다.

⑨ 비중이 1보다 작으므로 **석유(등유, 경유, 유동파라핀) 속에 보관**하여 공기와 접촉을 방지한다.

⑩ **보라색 불꽃반응**을 내며 탄다.

⑪ 피부와 접촉 시 화상을 입을 수 있다.

(2) 나트륨(Na) 〈지정수량 : 10kg〉

① 비중 0.97, 융점 97.8℃, 비점 880℃이다.

② 은백색 광택의 무른 경금속이다.

③ 물과 반응 시 수산화나트륨과 수소가 발생한다.

  – 물과의 반응식 : $2Na + 2H_2O \rightarrow 2NaOH + H_2$
  　　　　　　　　나트륨　　물　　수산화나트륨　수소

④ 메틸알코올과 반응 시 나트륨메틸레이트와 수소가 발생한다.

  – 메틸알코올과의 반응식 : $2Na + 2CH_3OH \rightarrow 2CH_3ONa + H_2$
  　　　　　　　　　　　나트륨　　메틸알코올　　나트륨메틸레이트　수소

⑤ 에틸알코올과 반응 시 나트륨에틸레이트와 수소가 발생한다.

  – 에틸알코올과의 반응식 : $2Na + 2C_2H_5OH \rightarrow 2C_2H_5ONa + H_2$
  　　　　　　　　　　　나트륨　　에틸알코올　　나트륨에틸레이트　수소

⑥ 연소 시 산화나트륨이 발생한다.

  – 연소반응식 : $4Na + O_2 \rightarrow 2Na_2O$
  　　　　　　　나트륨　　산소　　산화나트륨

⑦ 이산화탄소와 반응 시 탄산나트륨과 탄소가 발생한다.

  – 이산화탄소와의 반응식 : $4Na + 3CO_2 \rightarrow 2Na_2CO_3 + C$
  　　　　　　　　　　나트륨　이산화탄소　탄산나트륨　탄소

⑧ **황색 불꽃반응**을 내며 탄다.

⑨ 그 밖의 성질은 칼륨과 동일하다.

(3) 알킬알루미늄 〈지정수량 : 10kg〉

📖 **알킬** (※ 일반적으로 R 이라고 표현한다.)

일반식 : C_nH_{2n+1}
- $n=1$일 때 → CH_3 (메틸)
- $n=2$일 때 → C_2H_5 (에틸)
- $n=3$일 때 → C_3H_7 (프로필)
- $n=4$일 때 → C_4H_9 (부틸)

① 트리메틸알루미늄$[(CH_3)_3Al]$

  ㉠ 비중 0.752, 융점 15℃, 비점 125℃이다.

  ㉡ 무색 투명한 액체이다.

  ㉢ 물과 반응 시 수산화알루미늄과 메탄이 발생한다.

    – 물과의 반응식 : $(CH_3)_3Al + 3H_2O \rightarrow Al(OH)_3 + 3CH_4$
    　　　　　　　　트리메틸알루미늄　　물　　수산화알루미늄　메탄

  ㉣ 메틸알코올과 반응 시 알루미늄메틸레이트와 메탄이 발생한다.

    – 메틸알코올과의 반응식 : $(CH_3)_3Al + 3CH_3OH \rightarrow (CH_3O)_3Al + 3CH_4$
    　　　　　　　　　　트리메틸알루미늄　메틸알코올　알루미늄메틸레이트　메탄

  ㉤ 에틸알코올과 반응 시 알루미늄에틸레이트와 메탄이 발생한다.

    – 에틸알코올과의 반응식 : $(CH_3)_3Al + 3C_2H_5OH \rightarrow (C_2H_5O)_3Al + 3CH_4$
    　　　　　　　　　　트리메틸알루미늄　에틸알코올　알루미늄에틸레이트　메탄

ⓗ 저장 시에는 용기 상부에 질소(N_2) 또는 아르곤(Ar) 등의 불연성 가스를 봉입한다.

② 트리에틸알루미늄[$(C_2H_5)_3Al$]

  ㉠ 비중 0.835, 융점 $-50℃$, 비점 $128℃$이다.

  ㉡ 무색 투명한 액체이다.

  ㉢ 물과 반응 시 수산화알루미늄과 에탄이 발생한다.

    – 물과의 반응식 : $(C_2H_5)_3Al + 3H_2O \rightarrow Al(OH)_3 + 3C_2H_6$
      트리에틸알루미늄   물   수산화알루미늄 에탄

  ㉣ 메틸알코올과 반응 시 알루미늄메틸레이트와 에탄이 발생한다.

    – 메틸알코올과의 반응식 : $(C_2H_5)_3Al + 3CH_3OH \rightarrow (CH_3O)_3Al + 3C_2H_6$
      트리에틸알루미늄   메틸알코올   알루미늄메틸레이트 에탄

  ㉤ 에틸알코올과 반응 시 알루미늄에틸레이트와 에탄이 발생한다.

    – 에틸알코올과의 반응식 : $(C_2H_5)_3Al + 3C_2H_5OH \rightarrow (C_2H_5O)_3Al + 3C_2H_6$
      트리에틸알루미늄   에틸알코올   알루미늄에틸레이트 에탄

  ⓗ 연소 시 산화알루미늄, 이산화탄소, 그리고 물이 발생한다.

    – 연소반응식 : $2(C_2H_5)_3Al + 21O_2 \rightarrow Al_2O_3 + 12CO_2 + 15H_2O$
      트리에틸알루미늄 산소 산화알루미늄 이산화탄소 물

  ㉥ 희석제로는 벤젠(C_6H_6) 또는 헥산(C_6H_{14})이 사용된다.

  ㉦ 저장 시에는 용기상부에 질소(N_2) 또는 아르곤(Ar) 등의 불연성 가스를 봉입한다.

(4) 알킬리튬 〈지정수량 : 10kg〉

  ① 메틸리튬(CH_3Li)

    물과 반응 시 수산화리튬과 메탄이 발생한다.

    – 물과의 반응식 : $CH_3Li + H_2O \rightarrow LiOH + CH_4$
      메틸리튬   물   수산화리튬 메탄

  ② 에틸리튬(C_2H_5Li)

    물과 반응 시 수산화리튬과 에탄이 발생한다.

    – 물과의 반응식 : $C_2H_5Li + H_2O \rightarrow LiOH + C_2H_6$
      에틸리튬   물   수산화리튬 에탄

  ③ 부틸리튬(C_4H_9Li)

    물과 반응 시 수산화리튬과 부탄이 발생한다.

    – 물과의 반응식 : $C_4H_9Li + H_2O \rightarrow LiOH + C_4H_{10}$
      부틸리튬   물   수산화리튬 부탄

  ④ 그 밖의 성질은 알킬알루미늄과 동일하다.

(5) 황린(P_4) 〈지정수량 : 20kg〉

  ① 발화점 $34℃$, 비중 1.82, 융점 $44.1℃$, 비점 $280℃$이다.

  ② 백색 또는 황색의 고체로, 자극적인 냄새가 나고 독성이 강하다.

③ 물에 녹지 않고 이황화탄소에 잘 녹는다.

④ 착화온도가 매우 낮아서 공기 중에서 자연발화할 수 있기 때문에 물속에 보관한다. 하지만, 강알칼리성의 물에서는 독성인 포스핀가스를 발생하기 때문에 **소량의 수산화칼슘[Ca(OH)₂]을 넣어 만든 pH가 9인 약알칼리성의 물속에 보관**한다.

⑤ 공기를 차단하고 **260℃로 가열하면 적린**이 된다.

⑥ 공기 중에서 **연소 시 오산화인(P₂O₅)이라는 흰 연기가 발생**한다.

– 연소반응식 : $P_4 + 5O_2 \rightarrow 2P_2O_5$
  황린　　　산소　　　오산화인

(6) 알칼리금속(칼륨, 나트륨 제외) 및 알칼리토금속 〈지정수량 : 50kg〉

1) 리튬(Li)

① 비중 0.534, 융점 180℃, **비점 1,336℃**이다.

② 알칼리금속에 속하는 은백색의 무른 경금속이다.

③ 2차 전지의 원료로 사용된다.

④ **적색 불꽃반응**을 내며 탄다.

⑤ 물과 반응 시 수산화리튬과 수소가 발생한다.

– 물과의 반응식 : $2Li + 2H_2O \rightarrow 2LiOH + H_2$
  리튬　　　물　　　수산화리튬　수소

2) 칼슘(Ca)

① 비중 1.57, 융점 845℃, 비점 1,484℃이다.

② 알칼리토금속에 속하는 은백색의 무른 경금속이다.

③ 물과 반응 시 수산화칼슘과 수소가 발생한다.

– 물과의 반응식 : $Ca + 2H_2O \rightarrow Ca(OH)_2 + H_2$
  칼슘　　　물　　　수산화칼슘　수소

(7) 유기금속화합물(알킬알루미늄 및 알킬리튬 제외) 〈지정수량 : 50kg〉

① 유기물과 금속(알루미늄 및 리튬 제외)의 화합물을 말한다.

② 디메틸마그네슘[(CH₃)₂Mg], 에틸나트륨(C₂H₅Na) 등의 종류가 있다.

③ 기타 성질은 알킬알루미늄 및 알킬리튬에 준한다.

(8) 금속의 수소화물 〈지정수량 : 300kg〉

1) 수소화칼륨(KH)

① 암모니아와 고온에서 반응하여 칼륨아미드와 수소를 발생한다.

– 암모니아와의 반응식 : $KH + NH_3 \rightarrow KNH_2 + H_2$
  　　　　　　　　수소화칼륨 암모니아　칼륨아미드　수소

② 물과 반응 시 수산화칼륨과 수소가 발생한다.

– 물과의 반응식 : $KH + H_2O \rightarrow KOH + H_2$
  　　　　　　수소화칼륨　물　　수산화칼륨　수소

2) 수소화나트륨(NaH)

　① 비중 0.92, 융점 800℃, 비점 425℃이다.

　② 물과 반응 시 수산화나트륨과 수소가 발생한다.

　　– 물과의 반응식 : $NaH + H_2O \rightarrow NaOH + H_2$
　　　　　　　　　　수소화나트륨　　물　　수산화나트륨　수소

3) 수소화리튬(LiH)

　① 비중 0.82, 융점 680℃, 비점 400℃이다.

　② 물과 반응 시 수산화리튬과 수소가 발생한다.

　　– 물과의 반응식 : $LiH + H_2O \rightarrow LiOH + H_2$
　　　　　　　　　　수소화리튬　　물　　수산화리튬　수소

　③ 가열 시 리튬과 수소가 발생한다.

　　– 열분해반응식 : $2LiH \rightarrow 2Li + H_2$
　　　　　　　　　　수소화리튬　리튬　　수소

4) 수소화알루미늄리튬(LiAlH$_4$)

　① 비중 0.92, 융점 130℃이다.

　② 물과 반응 시 2가지의 염기성 물질(수산화리튬과 수산화알루미늄)과 수소가 발생한다.

　　– 물과의 반응식 : $LiAlH_4 + 4H_2O \rightarrow LiOH + Al(OH)_3 + 4H_2$
　　　　　　　　　　수소화알루미늄리튬　　물　　　수산화리튬　수산화알루미늄　수소

(9) 금속의 인화물 〈지정수량 : 300kg〉

1) 인화칼슘(Ca$_3$P$_2$)

　① 비중 2.51, 융점 1,600℃, 비점 300℃이다.

　② 적갈색 분말로 존재한다.

　③ 물과 반응 시 수산화칼슘과 함께 가연성이면서 맹독성인 포스핀(인화수소, PH$_3$)가 스가 발생한다.

　　– 물과의 반응식 : $Ca_3P_2 + 6H_2O \rightarrow 3Ca(OH)_2 + 2PH_3$
　　　　　　　　　　인화칼슘　　물　　수산화칼슘　　포스핀

　④ **염산과 반응 시 염화칼슘과 포스핀가스가 발생**한다.

　　– 염산과의 반응식 : $Ca_3P_2 + 6HCl \rightarrow 3CaCl_2 + 2PH_3$
　　　　　　　　　　　인화칼슘　　염산　　염화칼슘　　포스핀

2) 인화알루미늄(AlP)

　① 비중 2.5, 융점 1,000℃이다.

　② 어두운 회색 또는 황색 결정으로 존재한다.

　③ 물과 반응 시 수산화알루미늄과 포스핀가스가 발생한다.

　　– 물과의 반응식 : $AlP + 3H_2O \rightarrow Al(OH)_3 + PH_3$
　　　　　　　　　　인화알루미늄　　물　　수산화알루미늄　포스핀

④ 염산과 반응 시 염화알루미늄과 포스핀가스가 발생한다.

　　– 염산과의 반응식 : $AlP + 3HCl \longrightarrow AlCl_3 + PH_3$
　　　　　　　　　　 인화알루미늄　염산　　염화알루미늄　포스핀

(10) 칼슘 또는 알루미늄의 탄화물 〈지정수량 : 300kg〉

1) 탄화칼슘(CaC_2)

　① 비중 2.22, 융점 2,300℃, 비점 350℃이다.

　② 순수한 것은 백색 결정이지만 시판품은 흑회색의 불규칙한 괴상으로 나타난다.

　③ 물과 반응 시 수산화칼슘과 **아세틸렌가스가 발생**한다.

　　※ 아세틸렌가스의 연소범위는 2.5~81%이다.

　　– 물과의 반응식 : $CaC_2 + 2H_2O \longrightarrow Ca(OH)_2 + C_2H_2$
　　　　　　　　　　 탄화칼슘　　물　　　수산화칼슘　　아세틸렌

　④ 고온에서 질소와 반응 시 석회질소(칼슘시안아미드)와 탄소가 발생한다.

　　– 질소와의 반응식 : $CaC_2 + N_2 \longrightarrow CaCN_2 + C$
　　　　　　　　　　 탄화칼슘　질소　석회질소　탄소

　⑤ 아세틸렌은 수은, 은, 구리, 마그네슘과 반응하여 폭발성인 금속아세틸라이트를 만들기 때문에 이들 금속과 접촉시키지 않아야 한다.

　톡톡 튀는 암기법 　수은, 은, 구리, 마그네슘 ⇨ 수은 구 루 마

2) 탄화알루미늄(Al_4C_3)

　① 비중 2.36, 융점 1,400℃이다.

　② 황색 결정으로 나타난다.

　③ 물과 반응 시 수산화알루미늄과 메탄가스가 발생한다.

　　※ 메탄가스의 연소범위는 5~15%이다.

　　– 물과의 반응식 : $Al_4C_3 + 12H_2O \longrightarrow 4Al(OH)_3 + 3CH_4$
　　　　　　　　　　 탄화알루미늄　　물　　　수산화알루미늄　　메탄

3) 기타 카바이드

　① 망간카바이드(Mn_3C)

　　물과 반응 시 수산화망간, **메탄, 그리고 수소가 발생**한다.

　　– 물과의 반응식 : $Mn_3C + 6H_2O \longrightarrow 3Mn(OH)_2 + CH_4 + H_2$
　　　　　　　　　　 망간카바이드　　물　　　수산화망간　　메탄　수소

　② 마그네슘카바이드(MgC_2)

　　물과 반응 시 수산화마그네슘과 아세틸렌이 발생된다.

　　– 물과의 반응식 : $MgC_2 + 2H_2O \longrightarrow Mg(OH)_2 + C_2H_2$
　　　　　　　　　　 마그네슘카바이드　물　　수산화마그네슘　아세틸렌

> 🔆 Tip
>
> 기타 카바이드는 위험물에 해당되지 않습니다.

03 제3류 위험물의 위험성 시험방법

① 자연발화성 물질의 시험 : 고체의 공기 중 발화위험성의 시험
② 금수성 물질의 시험 : 물과 접촉하여 발화하거나 가연성 가스를 발생할 위험성의 시험

예제 1 제3류 위험물 중 비중이 1보다 작은 칼륨의 보호액을 쓰시오.

풀이 칼륨, 나트륨 등 물보다 가벼운 물질은 공기와의 접촉을 방지하기 위해 석유(등유, 경유, 유동파라핀)에 저장하여 보관한다.

정답 등유 또는 경유

예제 2 트리에틸알루미늄이 물과 반응 시 발생하는 기체를 쓰시오.

풀이 트리에틸알루미늄$[(C_2H_5)_3Al]$은 물과의 반응으로 수산화알루미늄$[Al(OH)_3]$과 에탄(C_2H_6)을 발생한다.
　– 물과의 반응식 : $(C_2H_5)_3Al + 3H_2O \rightarrow Al(OH)_3 + 3C_2H_6$
　※ 알루미늄은 물이 가지고 있던 수산기(OH)를 자신이 가지면서 수산화알루미늄$[Al(OH)_3]$을 만들고 수소를 에틸(C_2H_5)과 결합시켜 에탄(C_2H_6)을 발생시킨다.

정답 에탄(C_2H_6)

예제 3 다음 문장을 완성하시오.
황린의 화학식은 (　　)이며 연소할 때 (　　)이라는 흰 연기가 발생한다. 또한 자연발화를 막기 위해 통상적으로 pH=(　　)인 약알칼리성의 (　　)속에 저장한다.

풀이 황린의 화학식은 P_4이며 연소할 때 오산화인(P_2O_5)이라는 흰 연기가 발생한다. 또한 자연발화를 막기 위해 통상적으로 pH=9인 약알칼리성의 물속에 저장한다.

정답 P_4, 오산화인, 9, 물

예제 4 자연발화성 물질인 황린의 연소반응식을 쓰시오.

풀이 황린을 연소하면 오산화인(P_2O_5)이라는 흰 연기가 발생한다.
　– 연소반응식 : $P_4 + 5O_2 \rightarrow 2P_2O_5$

정답 $P_4 + 5O_2 \rightarrow 2P_2O_5$

예제 5 인화칼슘(Ca_3P_2)의 물과의 반응식을 쓰시오.

풀이 인화칼슘(Ca_3P_2)은 물과 반응 시 수산화칼슘$[Ca(OH)_2]$과 함께 가연성이며 맹독성인 포스핀(PH_3)가스를 발생한다.
　– 물과의 반응식 : $Ca_3P_2 + 6H_2O \rightarrow 3Ca(OH)_2 + 2PH_3$

정답 $Ca_3P_2 + 6H_2O \rightarrow 3Ca(OH)_2 + 2PH_3$

예제 6 탄화칼슘(CaC_2)의 물과의 반응식을 쓰시오.

　　풀이 탄화칼슘(CaC_2)은 물과 반응 시 수산화칼슘$[Ca(OH)_2]$과 함께 연소범위가 2.5~81%인
　　　　아세틸렌(C_2H_2)가스를 발생한다.
　　　　－ 물과의 반응식 : $CaC_2 + 2H_2O \rightarrow Ca(OH)_2 + C_2H_2$

　　정답 $CaC_2 + 2H_2O \rightarrow Ca(OH)_2 + C_2H_2$

예제 7 수소화칼륨(KH), 수소화나트륨(NaH), 수소화알루미늄리튬($LiAlH_4$)의 금속의 수소화물들
이 물과 반응 시 공통적으로 발생하는 기체를 쓰시오.

　　풀이 금속의 수소화물은 물과 반응 시 모두 수소가스를 발생한다.

　　정답 수소(H_2)

예제 8 다음 물질들의 지정수량은 각각 얼마인지 쓰시오.
(1) 탄화알루미늄
(2) 트리에틸알루미늄
(3) 리튬

　　풀이 (1) 탄화알루미늄(Al_4C_3) : 품명은 칼슘 또는 알루미늄의 탄화물로, 지정수량은 300kg이다.
　　　　(2) 트리에틸알루미늄$[(C_2H_5)_3Al]$: 품명은 알킬알루미늄으로, 지정수량은 10kg이다.
　　　　(3) 리튬(Li) : 품명은 알칼리금속으로, 지정수량은 50kg이다.

　　정답 (1) 300kg　(2) 10kg　(3) 50kg

예제 9 다음 제3류 위험물의 지정수량은 각각 얼마인지 쓰시오.
(1) K　　　　　　　　　　　　　　　(2) 알킬리튬
(3) 황린　　　　　　　　　　　　　　(4) 알칼리토금속
(5) 유기금속화합물(알킬리튬 및 알킬알루미늄 제외)
(6) 금속의 인화물

　　풀이 제3류 위험물의 지정수량은 다음과 같이 구분할 수 있다.
　　　　(1) 지정수량 10kg : K, Na, 알킬알루미늄, 알킬리튬
　　　　(2) 지정수량 20kg : 황린
　　　　(3) 지정수량 50kg : 알칼리금속(K, Na 제외) 및 알칼리토금속, 유기금속화합물(알킬
　　　　　　알루미늄, 알킬리튬 제외)
　　　　(4) 지정수량 300kg : 금속의 수소화물, 금속의 인화물, 칼슘 또는 알루미늄의 탄화물

　　정답 (1) 10kg　(2) 10kg　(3) 20kg　(4) 50kg　(5) 50kg　(6) 300kg

예제 10 제3류 위험물인 나트륨에 대해 다음 물음에 답하시오.
(1) 연소반응식　　　　　　　　　　(2) 연소 시 불꽃반응 색상

　　풀이 나트륨을 연소시키면 황색 불꽃과 함께 산화나트륨(Na_2O)이 생성된다.

　　정답 (1) $4Na + O_2 \rightarrow 2Na_2O$　(2) 황색

2-4 제4류 위험물 - 인화성 액체

유 별	성 질	위험등급	품 명		지정수량
제4류	인화성 액체	I	1. 특수인화물		50L
		II	2. 제1석유류	비수용성 액체	200L
				수용성 액체	400L
			3. 알코올류		400L
		III	4. 제2석유류	비수용성 액체	1,000L
				수용성 액체	2,000L
			5. 제3석유류	비수용성 액체	2,000L
				수용성 액체	4,000L
			6. 제4석유류		6,000L
			7. 동식물유류		10,000L

01 제4류 위험물의 일반적 성질

(1) 일반적인 성질

① 상온에서 액체이고 인화하기 쉽다. 순수한 것은 모두 무색투명한 액체로 존재하며 공업용은 착색을 한다.

② 비중은 대부분 물보다 작으며 물에 녹기 어렵다.
  단, 물질명에 알코올이라는 명칭이 붙게 되면 수용성인 경우가 많다.

③ 대부분 제4류 위험물에서 발생된 증기는 공기보다 무겁다.
  단, 제4류 위험물의 제1석유류 수용성 물질인 **시안화수소(HCN)는 분자량이 27로 공기의 분자량인 29보다 작으므로 이 물질에서 발생하는 증기는 공기보다 가볍다.**

④ 특이한 냄새를 가지고 있으며 액체가 직접 연소하기보다는 발생증기가 공기와 혼합되어 연소하게 된다.

⑤ 전기불량도체이므로 정전기를 축적하기 쉽다.

⑥ 휘발성이 있으므로 용기를 밀전·밀봉하여 보관한다.

⑦ 발생된 증기는 높은 곳으로 배출하여야 한다.

(2) 소화방법

① 제4류 위험물은 물보다 가볍고 물에 녹지 않기 때문에 화재 시 물을 이용하게 되면 연소면을 확대할 위험이 있으므로 사용할 수 없으며 이산화탄소(CO_2)·할로겐화합물·분말·포 소화약제를 이용한 질식소화가 효과적이다.

② 수용성 물질의 화재 시에는 일반 포소화약제는 소포성 때문에 효과가 없으므로 이에 견딜 수 있는 **알코올포(내알코올포) 소화약제를 사용**해야 한다.

02 제4류 위험물의 종류별 성질

(1) 특수인화물 〈지정수량 : 50L〉

이황화탄소, 디에틸에테르, 그 밖에 1기압에서 **발화점이 섭씨 100도 이하인 것 또는 인화점이 섭씨 영하 20도 이하이고 비점이 섭씨 40도 이하인 것**을 말한다.

1) 디에틸에테르($C_2H_5OC_2H_5$)＝에테르

① **인화점 −45℃, 발화점 180℃, 비점 34.6℃, 연소범위 1.9~48%**이다.

② 비중 0.7인 물보다 가벼운 무색투명한 액체로 증기는 마취성이 있다.

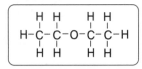

❘ 디에틸에테르의 구조식 ❘

③ 물에 안 녹고 알코올에는 잘 녹는다.

④ 연소 시 이산화탄소와 물이 발생한다.

　– 연소반응식 : $C_2H_5OC_2H_5 + 6O_2 \longrightarrow 4CO_2 + 5H_2O$
　　　　　　　디에틸에테르　　산소　　　이산화탄소　　물

⑤ 과산화물의 생성을 방지하기 위해 **갈색병에 밀전·밀봉하여 보관**해야 한다. 만일, 이 유기물이 **과산화되면 제5류 위험물의 유기과산화물로 되고 성질도 자기반응성으로 변하게 되어** 매우 위험해진다.

⑥ 저장 시 과산화물의 생성 여부를 확인하는 **과산화물 검출시약은 KI(요오드화(옥화)칼륨) 10% 용액**이며, 이 용액을 반응시켰을 때 황색으로 변하면 과산화물이 생성되었다고 판단한다.

⑦ 과산화물이 생성되었다면 제거를 해야 하는데 **과산화물 제거시약으로는 황산제일철 또는 환원철을 이용**한다.

⑧ 에틸알코올 2몰을 가열할 때 황산을 촉매로 사용하여 탈수반응을 일으키면 물이 빠져나오면서 디에틸에테르와 물이 발생한다.

　– 140℃ 가열 : $2C_2H_5OH \xrightarrow[\text{촉매로서 탈수를 일으킨다}]{c-H_2SO_4} C_2H_5OC_2H_5 + H_2O$
　　　　　　　에틸알코올　　　　　　　　　　　디에틸에테르　　물

⑨ **소화방법** : 이산화탄소(CO_2)·할로겐화합물·분말·포 소화약제로 질식소화한다.

2) 이황화탄소(CS_2)

① **인화점 −30℃, 발화점 100℃, 비점 46.3℃, 연소범위 1~50%**이다.

② 비중 1.26으로 물보다 무겁고 물에 녹지 않는다.

③ 독성을 가지고 있으며 연소 시 이산화탄소와 이산화황(아황산가스)이 발생한다.

– 연소반응식 : $CS_2 + 3O_2 \rightarrow CO_2 + 2SO_2$

     이황화탄소   산소   이산화탄소   이산화황

④ 공기 중 산소와의 반응으로 **가연성 가스가 발생할 수 있기 때문에 이 가연성 가스의 발생방지를 위해 물속에 넣어 보관**한다.

⑤ 물에 저장한 상태에서 150℃ 이상의 열로 가열하면 황화수소(H_2S)와 이산화탄소가 발생하므로 냉수에 보관해야 한다.

– 물과의 반응식 : $CS_2 + 2H_2O \rightarrow 2H_2S + CO_2$

     이황화탄소   물   황화수소 이산화탄소

⑥ **소화방법** : 이산화탄소(CO_2)·할로겐화합물·분말·포 소화약제로 질식소화한다. 또한 물보다 무겁고 물에 녹지 않기 때문에 물로 질식소화도 가능하다.

3) 아세트알데히드(CH_3CHO)

① **인화점 −38℃, 발화점 185℃, 비점 21℃, 연소범위 4.1~57%**이다.

② 비중 0.78로 물보다 가벼운 무색 액체로 물에 잘 녹으며 자극적인 냄새가 난다.

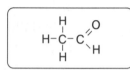

┃**아세트알데히드의 구조식**┃

③ 연소 시 이산화탄소와 물이 발생한다.

– 연소반응식 : $2CH_3CHO + 5O_2 \rightarrow 4CO_2 + 4H_2O$

     아세트알데히드   산소   이산화탄소   물

④ **산화되면 아세트산**이 되며 **환원되면 에틸알코올**이 된다.

📖 **산화 및 환원**

> 1) **산화** : 산소를 얻는다. 수소를 잃는다.
> 2) **환원** : 수소를 얻는다. 산소를 잃는다.
>
>   +H_2(환원)   +$0.5O_2$(산화)
> $C_2H_5OH \longleftarrow CH_3CHO \longrightarrow CH_3COOH$
>   에틸알코올   아세트알데히드   아세트산

⑤ 환원력이 강하여 은거울반응과 펠링용액반응을 한다.

⑥ **수은, 은, 구리, 마그네슘**은 아세트알데히드와 중합반응을 하면서 폭발성의 금속아세틸라이트를 생성하여 위험해지기 때문에 저장용기 재질로 사용하면 안 된다.

🔥**톡톡 튀는** 암기법 **수**은, **은**, **구**리, **마**그네슘 ➡ **수은 구 루 마**

⑦ 저장 시 용기 상부에 질소(N_2)와 같은 불연성 가스 또는 아르곤(Ar)과 같은 불활성 기체를 봉입한다.

⑧ **소화방법** : 이산화탄소(CO_2), 할로겐화합물, 분말을 사용하고 포를 이용해 소화할 경우 일반 포는 소포성 때문에 효과가 없으므로 알코올포 소화약제를 사용해야 한다.

4) 산화프로필렌(CH₃CHOCH₂)＝프로필렌옥사이드

① **인화점 -37℃, 발화점 465℃, 비점 34℃,
   연소범위 2.5~38.5%**이다.

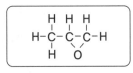

‖ 산화프로필렌의 구조식 ‖

② 비중 0.82인 물보다 가벼운 무색 액체로 물에
   잘 녹으며 피부접촉 시 동상을 입을 수 있다.

③ 연소 시 이산화탄소와 물이 발생한다.

   – 연소반응식 : $CH_3CHOCH_2 + 4O_2 \rightarrow 3CO_2 + 3H_2O$
   　　　　　　　산화프로필렌　　　산소　　　이산화탄소　　물

④ 증기의 흡입으로 폐부종(폐에 물이 차는 병)이 발생할 수 있다.

⑤ 증기압이 높아 위험하다.

⑥ **수은, 은, 구리, 마그네슘**은 산화프로필렌과 중합반응을 하여 폭발성의 금속아세틸
   라이트를 생성하여 위험해지기 때문에 저장용기 재질로 사용하면 안 된다.

⑦ 저장 시 용기 상부에 질소(N_2)와 같은 불연성 가스 또는 아르곤(Ar)과 같은 불활성
   기체를 봉입한다.

⑧ **소화방법** : 이산화탄소(CO_2), 할로겐화합물, 분말을 사용하고 포를 이용해 소화할
   경우 일반 포는 소포성 때문에 효과가 없으므로 알코올포 소화약제를 사용해야 한다.

5) **기타 특수인화물**

① 펜탄[CH₃(CH₂)₃CH₃] : 인화점 -57℃, 수용성

② 이소펜탄[CH₃CH₂CH(CH₃)₂] : 인화점 -51℃, 비수용성

③ 이소프로필아민[(CH₃)₂CHNH₂] : 인화점 -28℃, 수용성

📖 **특수인화물의 비수용성과 수용성 구분**

> 1) 디에틸에테르(C₂H₅OC₂H₅) : 비수용성
> 2) 이황화탄소(CS₂) : 비수용성
> 3) 아세트알데히드(CH₃CHO) : 수용성
> 4) 산화프로필렌(CH₃CHOCH₂) : 수용성

(2) **제1석유류 〈지정수량 : 비수용성 200L / 수용성 400L〉**

아세톤, 휘발유, 그 밖에 1기압에서 **인화점이 섭씨 21도 미만인 것**을 말한다.

1) 아세톤(CH₃COCH₃)＝디메틸케톤 〈지정수량 : 400L(수용성)〉

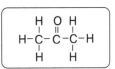

‖ 아세톤의 구조식 ‖

① **인화점 -18℃, 발화점 538℃, 비점 56.5℃,
   연소범위 2.6~12.8%**이다.

톡톡 튀는 암기법 아세톤은 옷에 묻은 페인트 등을 지우는 용도로 사용된다.
옷에 페인트가 묻으면 화가 나면서 욕이 나올 수 있는데,
이때 인화점이 욕(-열여덟, -18℃)으로 지정된 아세톤을 떠올리면 된다.

② 비중 0.79인 물보다 가벼운 무색 액체로 물에 잘 녹으며 자극적인 냄새가 난다.

③ 연소 시 이산화탄소와 물이 발생한다.

- 연소반응식 : $CH_3COCH_3 + 4O_2 \rightarrow 3CO_2 + 3H_2O$

  아세톤   산소   이산화탄소   물

④ 피부에 닿으면 탈지작용을 일으킨다.

⑤ 아세틸렌을 저장하는 용도로도 사용되며 요오드포름반응을 한다.

※ **요오드포름반응** : 반응을 통해 요오드포름(CHI_3)이 생성되는 반응

⑥ **소화방법** : 이산화탄소(CO_2), 할로겐화합물, 분말을 사용하며 포를 이용해 소화할 경우에는 일반 포는 불가능하며 알코올포 소화약제만 사용할 수 있다.

2) 휘발유(C_8H_{18}) = 가솔린 = 옥탄 〈지정수량 : 200L(비수용성)〉

① **인화점 -43~-38℃, 발화점 300℃, 연소범위 1.4~7.6%이다.**

② 비중 0.7~0.8인 물보다 가벼운 무색 액체로 C_5~C_9의 탄화수소이다.

③ 탄소수 8개의 포화탄화수소를 옥탄이라 하며, 화학식은 C_8H_{18}이다.

톡톡 튀는 암기법 옥탄은 욕이다. C_8H_{18}을 또박또박 읽어보세요.
"C(씨)8(팔)H(에이취)18(십팔)"

④ 연소 시 이산화탄소와 물이 발생한다.

- 연소반응식 : $2C_8H_{18} + 25O_2 \rightarrow 16CO_2 + 18H_2O$

  휘발유(옥탄)   산소   이산화탄소   물

📖 옥탄값

옥탄값이란 이소옥탄을 100, 노르말헵탄을 0으로 하여 가솔린의 품질을 정하는 기준이다.

$$옥탄값 = \frac{이소옥탄}{이소옥탄 + 노르말헵탄} \times 100$$

⑤ **소화방법** : 포소화약제가 가장 일반적이며, 이산화탄소(CO_2) 소화약제를 사용할 수 있다.

3) 콜로디온 〈지정수량 : 200L(비수용성)〉

① 인화점 -18℃이다.

② **약질화면에 에틸알코올과 디에틸에테르를 3 : 1의 비율로 혼합**한 것이다.

4) 벤젠(C_6H_6) 〈지정수량 : 200L(비수용성)〉

※ 벤젠을 포함하고 있는 물질들을 방향족이라 하고 아세톤과 같은 사슬형태의 물질들을 지방족이라 한다.

① 인화점 -11℃, 발화점 562℃, 연소범위 1.4~7.1%, 융점 5.5℃, 비점 80℃이다.

‖ 벤젠의 구조식 ‖

톡톡 튀는 암기법 'ㅂ ㅔ ㄴ', 'ㅈ ㅔ ㄴ'에서 'ㅔ'를 떼어쓰면 벤젠의 인화점인 -11처럼 보인다.

② 비중 0.95인 물보다 가벼운 무색투명한 액체로 증기는 독성이 강하다.

③ 연소 시 이산화탄소와 물이 발생한다.

　– **연소반응식** : $2C_6H_6 + 15O_2 \longrightarrow 12CO_2 + 6H_2O$
　　　　　　　　벤젠　　산소　　　이산화탄소　　물

④ 고체상태에서도 가연성 증기가 발생할 수 있으므로 주의해야 한다.

⑤ 탄소함량이 많아 연소 시 그을음이 생긴다.

⑥ 아세틸렌(C_2H_2)을 중합반응하면 $C_2H_2 \times 3$이 되어 벤젠(C_6H_6)이 만들어진다.

　※ **중합반응** : 물질의 배수로 반응

⑦ 벤젠을 포함하는 물질은 대부분 비수용성이다.

⑧ 주로 치환반응이 일어나지만 첨가반응을 하기도 한다.

　㉠ **치환반응**

　　ⓐ 클로로벤젠 생성과정(염소와 반응시킨다)

　　　$C_6H_6 + Cl_2 \longrightarrow C_6H_5Cl + HCl$
　　　벤젠　　염소　　클로로벤젠　 염화수소

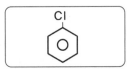

| 클로로벤젠의 구조식 |

　　ⓑ 벤젠술폰산 생성과정(황산과 반응시킨다)

　　　$C_6H_6 + H_2SO_4 \longrightarrow C_6H_5SO_3H + H_2O$
　　　벤젠　　황산　　　벤젠술폰산　　 물

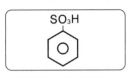

| 벤젠술폰산의 구조식 |

　　ⓒ 니트로벤젠 생성과정(질산과 황산을 반응시킨다)

　　　$C_6H_6 + HNO_3 \xrightarrow[\text{촉매로서 탈수를 일으킨다}]{c-H_2SO_4} C_6H_5NO_2 + H_2O$
　　　벤젠　　질산　　　　　　　　　　　　　　니트로벤젠　　 물

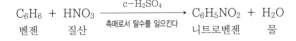
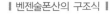
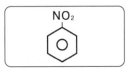

| 니트로벤젠의 구조식 |

　　ⓓ 톨루엔 생성과정(**프리델-크라프츠 반응**)

　　　$C_6H_6 + CH_3Cl \xrightarrow[\text{촉매로 사용한다}]{AlCl_3(\text{염화알루미늄})} C_6H_5CH_3 + HCl$
　　　벤젠　 염화메틸　　　　　　　　　　　　톨루엔　　 염화수소

　㉡ **첨가반응**

　　– 시클로헥산(C_6H_{12}) : Ni 촉매하에서 H_2를 첨가한다.

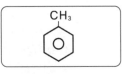

| 톨루엔의 구조식 |

⑨ **소화방법** : 제4류 위험물의 비수용성 물질과 동일하다.

5) **톨루엔($C_6H_5CH_3$)＝메틸벤젠** 〈지정수량 : 200L(비수용성)〉

① **인화점 4℃**, 발화점 552℃, **연소범위 1.4~6.7%**,
　융점 −95℃, 비점 111℃이다.

② 비중 0.86인 물보다 가벼운 무색투명한 액체로, 증기의
　독성은 벤젠보다 약하며 **TNT의 원료**이다.

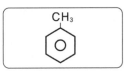

| 톨루엔의 구조식 |

📖 TNT(트리니트로톨루엔-제5류 위험물) 제조방법

$$C_6H_5CH_3 + 3HNO_3 \xrightarrow[\text{촉매로서 탈수를 일으킨다}]{c-H_2SO_4} C_6H_2CH_3(NO_2)_3 + 3H_2O$$

톨루엔　　　질산　　　　　　　　　　트리니트로톨루엔　　　물

③ 연소 시 이산화탄소와 물이 발생한다.

- 연소반응식 : $C_6H_5CH_3 + 9O_2 \longrightarrow 7CO_2 + 4H_2O$
　　　　　톨루엔　　　산소　　　이산화탄소　　물

④ 벤젠에 염화메틸을 반응시켜 톨루엔을 만든다.

　※ 이 반응을 프리델-크라프츠 반응이라 한다.

⑤ **소화방법** : 제4류 위험물의 비수용성 물질과 동일하다.

6) 초산메틸(CH_3COOCH_3)＝아세트산메틸 〈지정수량 : 200L(비수용성)〉

① 인화점 -10℃, 발화점 454℃, 연소범위 3~16%, 비점 57℃, 비중 0.93이다.

② 초산(CH_3COOH)의 H 대신 메틸(CH_3)로 치환된 물질이다.

$$CH_3COOH + CH_3OH \xrightarrow[\text{촉매로서 탈수를 일으킨다}]{c-H_2SO_4} CH_3COOCH_3 + H_2O$$
　　초산　　　메틸알코올　　　　　　　　　　초산메틸　　　물

‖ 초산메틸의 구조식 ‖

③ 초산과 메틸알코올의 축합(탈수)물로서 다시 초산메틸을 가수분해하면 초산과 메틸알코올이 발생한다.

　※ **가수분해** : 물을 가하여 분해시키는 반응

$$CH_3COOCH_3 + H_2O \longrightarrow CH_3COOH + CH_3OH$$
　　초산메틸　　　물　　　　초산　　　메틸알코올

④ **소화방법** : 이산화탄소(CO_2), 할로겐화합물, 분말을 사용하며, 포를 이용해 소화할 경우에는 약간의 수용성 때문에 알코올포 소화약제를 사용한다.

7) 초산에틸($CH_3COOC_2H_5$)＝아세트산에틸 〈지정수량 : 200L(비수용성)〉

① 인화점 -4℃, 발화점 427℃, 연소범위 2.5~9.0%, 비점 77℃, 비중 0.9이다.

② 초산(CH_3COOH)의 H 대신 에틸(C_2H_5)로 치환된 물질이다.

$$CH_3COOH + C_2H_5OH \xrightarrow[\text{촉매로서 탈수를 일으킨다}]{c-H_2SO_4} CH_3COOC_2H_5 + H_2O$$
　　초산　　　에틸알코올　　　　　　　　　　초산에틸　　　물

‖ 초산에틸의 구조식 ‖

③ 초산과 에틸알코올의 축합(탈수)물로서 다시 초산에틸을 가수분해하면 초산과 에틸알코올이 발생한다.

$$CH_3COOC_2H_5 + H_2O \longrightarrow CH_3COOH + C_2H_5OH$$
　　　초산에틸　　　　　물　　　　　초산　　　　에틸알코올

④ 과일향을 내는 데 사용되는 물질이다.

⑤ **소화방법** : 이산화탄소(CO_2), 할로겐화합물, 분말을 사용하며, 포를 이용해 소화할 경우에는 약간의 수용성 때문에 알코올포 소화약제를 사용한다.

8) 의산메틸($HCOOCH_3$)＝포름산메틸 〈지정수량 : 400L(수용성)〉

① 인화점 −19℃, 발화점 449℃, 연소범위 5.0~20%, 비점 32℃, 비중 0.97이다.

② 의산($HCOOH$)의 H 대신 메틸(CH_3)로 치환된 물질이다.

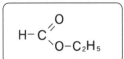

‖ 의산메틸의 구조식 ‖

$$HCOOH + CH_3OH \xrightarrow[\text{촉매로서 탈수를 일으킨다}]{c-H_2SO_4} HCOOCH_3 + H_2O$$
　의산　　메틸알코올　　　　　　　　　　　의산메틸　　물

③ 의산과 메틸알코올의 축합(탈수)물로서 다시 의산메틸을 가수분해하면 의산과 메틸알코올이 발생한다.

$$HCOOCH_3 + H_2O \longrightarrow HCOOH + CH_3OH$$
　　의산메틸　　　물　　　　의산　　　메틸알코올

④ **소화방법** : 이산화탄소(CO_2), 할로겐화합물, 분말을 사용하며, 포를 이용해 소화할 경우에는 수용성 때문에 알코올포 소화약제를 사용한다.

9) 의산에틸($HCOOC_2H_5$)＝포름산에틸 〈지정수량 : 200L(비수용성)〉

① 인화점 −20℃, 발화점 578℃, 연소범위 2.7~13.5%, 비점 54℃, 비중 0.92이다.

② 의산($HCOOH$)의 H 대신 에틸(C_2H_5)로 치환된 물질이다.

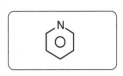

‖ 의산에틸의 구조식 ‖

$$HCOOH + C_2H_5OH \xrightarrow[\text{촉매로서 탈수를 일으킨다}]{c-H_2SO_4} HCOOC_2H_5 + H_2O$$
　의산　　에틸알코올　　　　　　　　　　　의산에틸　　물

③ 의산과 에틸알코올의 축합(탈수)물로서 다시 의산에틸을 가수분해(물을 가하여 분해시키는 반응)하면 의산과 에틸알코올이 발생한다.

$$HCOOC_2H_5 + H_2O \longrightarrow HCOOH + C_2H_5OH$$
　　의산에틸　　　물　　　　의산　　　에틸알코올

④ **소화방법** : 이산화탄소(CO_2), 할로겐화합물, 분말을 사용하며, 포를 이용해 소화할 경우에는 약간의 수용성 때문에 알코올포 소화약제를 사용한다.

10) 피리딘(C_5H_5N) 〈지정수량 : 400L(수용성)〉

① 인화점 20℃, 발화점 482℃, 연소범위 1.8~12.4%, 비점 115℃이다.

② 비중 0.99인 물보다 가볍고 물에 잘 녹는 수용성의 물질로 순수한 것은 무색이나 공업용은 담황색 액체이다.

‖ 피리딘의 구조식 ‖

③ 다른 벤젠 치환체와는 달리 질소가 수소와 치환된 것이 아니고 벤젠을 구성하는 탄소와 직접 치환되었으므로 탄소의 수가 줄어들게 된다.

    ※ 벤젠을 포함하는 거의 모든 물질은 비수용성이지만 피리딘은 벤젠 육각형의 모서리 하나가 깨진 형태를 보이므로 성질은 수용성이다.

④ 탄소와 수소, 질소로만 구성되어 금속성분이 없는 물질임에도 불구하고 자체적으로 약알칼리성을 가진다.

⑤ 유해한 악취와 독성을 가지고 있다.

⑥ 소화방법 : 제4류 위험물의 수용성 물질과 동일하다.

11) 메틸에틸케톤($CH_3COC_2H_5$)=MEK 〈지정수량 : 200L(비수용성)〉

① 인화점 −1℃, 발화점 516℃, 연소범위 1.8~11%, 비점 80℃이다.

② 비중이 0.8로 물보다 가볍고 탈지작용이 있으며 직사광선에 의해 분해된다.

③ 소화방법 : 제4류 위험물의 비수용성 물질과 동일하다.

12) 염화아세틸(CH_3COCl) 〈지정수량 : 200L(비수용성)〉

① 인화점 5℃, 발화점 734℃, 비점 52℃이다.

② 비중 1.1로 물보다 무거운 물질이다.

③ 소화방법 : 제4류 위험물의 비수용성 물질과 동일하다.

13) 시안화수소(HCN) 〈지정수량 : 400L(수용성)〉

① 인화점 −17℃, 발화점 538℃, 연소범위 5.6~40%, 비점 26℃이다.

② 비중 0.69로 물보다 가벼운 물질이다.

③ 소화방법 : 제4류 위험물의 수용성 물질과 동일하다.

14) 시클로헥산(C_6H_{12})=사이클로헥산 〈지정수량 : 200L(비수용성)〉

① 인화점 −18℃, 비점 80℃, 비중 0.77이다.

② 벤젠을 Ni 촉매하에 수소를 첨가반응하여 만든다.

③ 소화방법 : 제4류 위험물의 비수용성 물질과 동일하다.

| 시클로헥산의 구조식 |

(3) 알코올류 〈지정수량 : 400L〉

알킬(C_nH_{2n+1})에 수산기(OH)를 결합한 형태로 OH의 수에 따라 1가, 2가 알코올이라 하고 알킬의 수에 따라 1차, 2차 알코올이라고 한다. 이러한 알코올이 제4류 위험물 중 알코올류 품명에 포함되는 기준은 다른 품명과 달리 인화점이 아닌 다음과 같은 기준에 따른다.

1) 알코올류의 정의

위험물안전관리법상 알코올류는 **탄소의 수가 1~3개까지의 포화(단일결합만 존재)1가알 코올**(변성알코올 포함)을 의미한다.

단, 다음의 경우는 **제외**한다.

① 알코올의 **농도(함량)가 60중량% 미만인 수용액**

② **가연성 액체량이 60중량% 미만이고 인화점 및 연소점이 에틸알코올 60중량%인 수용액의 인화점 및 연소점을 초과**하는 것

2) 알코올의 성질

① 탄소수가 작아서 연소 시 그을음이 많이 발생하지 않는다.

② 대표적인 수용성이므로 화재 시 알코올포 소화약제를 사용한다. 물론 이산화탄소 및 분말 소화약제 등도 사용할 수 있다.

📖 **탄소의 수가 증가할수록 나타나는 성질**

1) 물에 녹기 어려워진다.
2) 인화점이 높아진다.
3) 발화점이 낮아진다.
4) 비등점과 융점이 높아진다.
5) 이성질체수가 많아진다.

3) 알코올류의 종류

① 메틸알코올(CH_3OH)＝메탄올 〈지정수량 : 400L(수용성)〉

㉠ 인화점 11℃, 발화점 464℃, 연소범위 6~36%, 비점 65℃로 물보다 가볍다.

㉡ 시신경장애의 독성이 있으며 심하면 실명까지 가능하다.

㉢ 알코올류 중 탄소수가 가장 작으므로 수용성이 가장 크다.

㉣ 산화되면 포름알데히드를 거쳐 포름산이 된다.

㉤ **소화방법** : 제4류 위험물의 수용성 물질과 동일하다.

② 에틸알코올(C_2H_5OH)＝에탄올 〈지정수량 : 400L(수용성)〉

㉠ 인화점 13℃, 발화점 363℃, 연소범위 4~19%, 비점 80℃로 물보다 가볍다.

㉡ 무색투명하고 향기가 있는 수용성 액체로서 술의 원료로 사용되며 독성은 없다.

㉢ **요오드포름(CHI_3)이라는 황색 침전물을 만드는 요오드포름반응**을 한다.

$$C_2H_5OH + 6NaOH + 4I_2 \rightarrow CHI_3 + 5NaI + HCOONa + 5H_2O$$
에틸알코올　수산화나트륨　요오드　요오드포름　요오드화나트륨　의산나트륨　물

㉣ 에탄올에 진한 황산을 넣고 가열하면 온도에 따라 다른 물질이 생성된다.

ⓐ **140℃ 가열** : $2C_2H_5OH \xrightarrow[\text{촉매로서 탈수를 일으킨다}]{c-H_2SO_4} C_2H_5OC_2H_5 + H_2O$
에틸알코올　　　　　　　　　　　디에틸에테르　물

ⓑ **160℃ 가열** : $C_2H_5OH \xrightarrow[\text{촉매로서 탈수를 일으킨다}]{c-H_2SO_4} C_2H_4 + H_2O$
에틸알코올　　　　　　　　　　　에틸렌　물

㉤ 산화되면 아세트알데히드를 거쳐 아세트산(초산)이 된다.

㉥ **소화방법** : 제4류 위험물의 수용성 물질과 동일하다.

③ 프로필알코올(C_3H_7OH)＝프로판올 〈지정수량 : 400L(수용성)〉

㉠ 인화점 15℃, 발화점 371℃, 비점 97℃, 비중 0.8이다.

㉡ 이소프로필알코올의 화학식 : $(CH_3)_2CHOH$

㉢ **소화방법** : 제4류 위험물의 수용성 물질과 동일하다.

4) 알코올의 산화

① 메틸알코올의 산화 : $CH_3OH \underset{+H_2(환원)}{\overset{-H_2(산화)}{\rightleftarrows}} HCHO \underset{-0.5O_2(환원)}{\overset{+0.5O_2(산화)}{\rightleftarrows}} HCOOH$
메틸알코올   포름알데히드   포름산

② 에틸알코올의 산화 : $C_2H_5OH \underset{+H_2(환원)}{\overset{-H_2(산화)}{\rightleftarrows}} CH_3CHO \underset{-0.5O_2(환원)}{\overset{+0.5O_2(산화)}{\rightleftarrows}} CH_3COOH$
에틸알코올   아세트알데히드   아세트산

5) 알코올의 연소

① 메틸알코올의 연소반응식 : $2CH_3OH + 3O_2 \rightarrow 2CO_2 + 4H_2O$
메틸알코올   산소   이산화탄소   물

② 에틸알코올의 연소반응식 : $C_2H_5OH + 3O_2 \rightarrow 2CO_2 + 3H_2O$
에틸알코올   산소   이산화탄소   물

(4) 제2석유류 〈지정수량 : 1,000L(비수용성) / 2,000L(수용성)〉

등유, 경유, 그 밖에 1기압에서 **인화점이 섭씨 21도 이상 70도 미만인 것**을 말한다. 단, 도료류, 그 밖의 물품에 있어서 가연성 액체량이 40중량% 이하이면서 인화점이 40℃ 이상인 동시에 연소점이 60℃ 이상인 것은 제외한다.

1) 등유 〈지정수량 : 1,000L(비수용성)〉

① 탄소수 $C_{10} \sim C_{17}$의 탄화수소로 물보다 가볍다.

② 인화점 25~50℃, 발화점 220℃, 연소범위 1.1~6%이다.

③ 순수한 것은 무색이나 착색됨으로써 담황색 또는 갈색 액체로 생산된다.

④ 증기비중 4~5 정도이다.

⑤ 소화방법 : 제4류 위험물의 비수용성 물질과 동일하다.

2) 경유(디젤) 〈지정수량 : 1,000L(비수용성)〉

① 탄소수 $C_{18} \sim C_{35}$의 탄화수소로 물보다 가볍다.

② 인화점 50~70℃, 발화점 200℃, 연소범위 1~6%이다.

③ 증기비중 4~5 정도이다.

④ 소화방법 : 제4류 위험물의 비수용성 물질과 동일하다.

3) 의산(HCOOH)＝포름산＝개미산 〈지정수량 : 2,000L(수용성)〉

① 인화점 69℃, 발화점 600℃, 비점 101℃, 비중 1.22이다.

② 무색투명한 액체로 물에 잘 녹으며 물보다 무겁다.

③ 황산 촉매로 가열하면 **탈수되어 일산화탄소를 발생**시킨다.

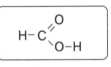

┃ 의산의 구조식 ┃

$HCOOH \xrightarrow[촉매로서 탈수를 일으킨다]{c-H_2SO_4} CO + H_2O$
의산   일산화탄소   물

④ 연소 시 이산화탄소와 물이 발생한다.

– 연소반응식 : HCOOH + 0.5O₂ → CO₂ + H₂O
　　　　　　　 의산　　　 산소　　 이산화탄소　 물

⑤ 소화방법 : 제4류 위험물의 수용성 물질과 동일하다.

4) 초산(CH₃COOH)＝빙초산＝아세트산 〈지정수량 : 2,000L(수용성)〉

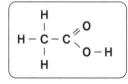

‖ 초산의 구조식 ‖

① 인화점 40℃, 발화점 427℃, 비점 118℃, **융점 16.6℃**, 비중 1.05이다.

② 무색투명한 액체로 물에 잘 녹으며 물보다 무겁다.

③ 연소 시 이산화탄소와 물이 발생한다.

– 연소반응식 : CH₃COOH + 2O₂ → 2CO₂ + 2H₂O
　　　　　　　 아세트산　　　 산소　 이산화탄소　　 물

④ 3~5% 수용액을 식초라 한다.

⑤ 소화방법 : 제4류 위험물의 수용성 물질과 동일하다.

5) 테레핀유(C₁₀H₁₆)＝타펜유＝송정유 〈지정수량 : 1,000L(비수용성)〉

① 인화점 35℃, 발화점 240℃, 비점 153~175℃, 비중 0.86이다.

② 소화방법 : 제4류 위험물의 비수용성 물질과 동일하다.

6) 크실렌[C₆H₄(CH₃)₂]＝자일렌＝디메틸벤젠 〈지정수량 : 1,000L(비수용성)〉

① 크실렌의 3가지 이성질체 : 크실렌은 3가지의 이성질체를 가지고 있으며 모두 물보다 가볍다.

※ **이성질체** : 동일한 분자식을 가지고 있지만 구조나 성질이 다른 물질

명 칭	오르토크실렌 (o-크실렌)	메타크실렌 (m-크실렌)	파라크실렌 (p-크실렌)
구조식	CH_3 CH_3 구조	CH_3 CH_3 구조	CH_3 CH_3 구조
인화점	32℃	25℃	25℃

※ **BTX** : 벤젠(C₆H₆), 톨루엔(C₆H₅CH₃), 크실렌[C₆H₄(CH₃)₂]을 의미한다.

② 소화방법 : 제4류 위험물의 비수용성 물질과 동일하다.

7) 클로로벤젠(C₆H₅Cl) 〈지정수량 : 1,000L(비수용성)〉

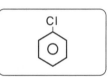

‖ 클로로벤젠의 구조식 ‖

① 인화점 32℃, 발화점 593℃, 비점 132℃이다.

② 비중 1.11로 물보다 무겁고 비수용성이다.

③ 소화방법 : 제4류 위험물의 비수용성 물질과 동일하다.

8) 스티렌($C_6H_5CH_2CH$) 〈지정수량 : 1,000L(비수용성)〉

① 인화점 32℃, 발화점 490℃, 비점 146℃, 비중 0.8이다.

② 소화방법 : 제4류 위험물의 비수용성 물질과 동일하다.

▌ 스티렌의 구조식 ▌

9) 히드라진(N_2H_4) 〈지정수량 : 2,000L(수용성)〉

① 인화점 38℃, 발화점 270℃, 비점 113℃, 비중 1이다.

② 과산화수소와 함께 로켓의 연료로 사용되며, 과산화수소와 반응 시 질소와 물이 발생한다.

　– 과산화수소와의 반응식 : N_2H_4 + $2H_2O_2$ → N_2 + $4H_2O$
　　　　　　　　　　　　히드라진　　과산화수소　　질소　　　　물

③ 소화방법 : 제4류 위험물의 수용성 물질과 동일하다.

10) 부틸알코올(C_4H_9OH) 〈지정수량 : 1,000L(비수용성)〉

① 인화점 35℃, 발화점 117℃, 비중 0.81이다.

② 소화방법 : 제4류 위험물의 비수용성 물질과 동일하다.

11) 아크릴산($CH_2CHCOOH$) 〈지정수량 : 2,000L(수용성)〉

① 인화점 46℃, 발화점 438℃, 비점 139℃, 비중 1.1이다.

② 소화방법 : 제4류 위험물의 수용성 물질과 동일하다.

12) 벤즈알데히드(C_6H_5CHO) 〈지정수량 : 1,000L(비수용성)〉

① 인화점 64℃, 발화점 190℃, 비점 179℃, 비중 1.05이다.

② 소화방법 : 제4류 위험물의 비수용성 물질과 동일하다.

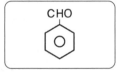

▌ 벤즈알데히드의 구조식 ▌

(5) 제3석유류 〈지정수량 : 2,000L(비수용성) / 4,000L(수용성)〉

중유, 크레오소트유, 그 밖에 1기압에서 **인화점이 섭씨 70도 이상 200도 미만인 것**을 말한다. 단, 도료류, 그 밖의 물품에 있어서 가연성 액체량이 40중량% 이하인 것은 제외한다.

1) 중유 〈지정수량 : 2,000L(비수용성)〉

① 인화점 70~150℃, 비점 300~350℃, 비중 0.9로 물보다 가벼운 비수용성 물질이다.

② 직류중유와 분해중유로 구분하며, 분해중유는 동점도에 따라 A중유, B중유, C중유로 구분한다.

③ 소화방법 : 제4류 위험물의 비수용성 물질과 동일하다.

2) 크레오소트유=타르유 〈지정수량 : 2,000L(비수용성)〉

① 인화점 74℃, 발화점 336℃, 비점 190~400℃, 비중 1.05로 물보다 무거운 비수용성 물질이다.

② 석탄 건류 시 생성되는 기름으로 독성이 강하고 부식성이 커 내산성 용기에 저장한다.

③ 소화방법 : 제4류 위험물의 비수용성 물질과 동일하다.

3) 글리세린[$C_3H_5(OH)_3$] 〈지정수량 : 4,000L(수용성)〉

① 인화점 160℃, 발화점 393℃, 비점 290℃, 비중 1.26으로 물보다 무거운 물질이다.

② 무색투명하고 단맛이 있는 액체로서 **물에 잘 녹는 3가 (OH의 수가 3개) 알코올**이다.

③ **독성이 없으므로** 화장품이나 의료기기의 원료로 사용된다.

④ 소화방법 : 제4류 위험물의 수용성 물질과 동일하다.

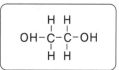
‖ 글리세린의 구조식 ‖

4) 에틸렌글리콜[$C_2H_4(OH)_2$] 〈지정수량 : 4,000L(수용성)〉

① **인화점 111℃**, 발화점 410℃, 비점 197℃, 비중 1.1로 물보다 무거운 물질이다.

② 무색투명하고 단맛이 있는 액체로서 **물에 잘 녹는 2가 (OH의 수가 2개) 알코올**이다.

③ **독성이 있고, 부동액의 원료**로 사용된다.

④ 글리세린으로부터 성분원소를 한 개씩 줄인 상태이므로 글리세린과 비슷한 성질을 가진다.

$C_3H_5(OH)_3$ (글리세린)

↓ ↓   ↓ ⇒ C, H, OH 각각의 원소들을 한 개씩 줄여 준 상태이다.

$C_2H_4(OH)_2$ (에틸렌글리콜)

⑤ 소화방법 : 제4류 위험물의 수용성 물질과 동일하다.

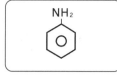
‖ 에틸렌글리콜의 구조식 ‖

5) 아닐린($C_6H_5NH_2$)＝아민벤젠 〈지정수량 : 2,000L(비수용성)〉

① **인화점 75℃**, 발화점 538℃, 비점 184℃, 비중 1.01로 물보다 무거운 물질이다.

② **니트로벤젠을 환원**하여 만들 수 있다.

③ 알칼리금속과 반응하여 수소를 발생한다.

④ 소화방법 : 제4류 위험물의 비수용성 물질과 동일하다.

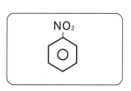
‖ 아닐린의 구조식 ‖

6) 니트로벤젠($C_6H_5NO_2$) 〈지정수량 : 2,000L(비수용성)〉

① **인화점 88℃**, 발화점 480℃, 비점 210℃, 비중 1.2로 물보다 무거운 물질이다.

② **벤젠에 질산과 황산을 가해 니트로화($-NO_2$)시켜서 만든다.**

③ **아닐린을 산화**시켜 만들 수 있다.

④ 소화방법 : 제4류 위험물의 비수용성 물질과 동일하다.

📖 **니트로벤젠과 아닐린의 산화·환원 과정**

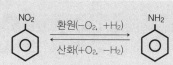

• 니트로벤젠을 환원시키면 아닐린이 된다.
• 아닐린을 산화시키면 니트로벤젠이 된다.

7) 니트로톨루엔(C₆H₄CH₃NO₂) 〈지정수량 : 2,000L(비수용성)〉

① 인화점 106℃, 발화점 305℃, 비점 222℃, 비중 1.16으로 물보다 무거운 물질이다.

② 기타 성질 및 소화방법 : 니트로벤젠과 비슷하다.

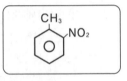

▐ 니트로톨루엔의 구조식 ▐

8) 염화벤조일(C₆H₅COCl) 〈지정수량 : 2,000L(비수용성)〉

인화점 72℃, 발화점 197℃, 비점 74℃, 비중 1.21로 물보다 무거운 물질이다.

9) 히드라진 하이드레이트(N₂H₄·H₂O) 〈지정수량 : 4,000L(수용성)〉

① 인화점 73℃, 비점 120℃, 융점 −51℃, 비중 1.013으로 물보다 무거운 수용성 물질이다.

② 소화방법 : 제4류 위험물의 수용성 물질과 동일하다.

10) 메타크레졸(C₆H₄CH₃OH) 〈지정수량 : 2,000L(비수용성)〉

① 인화점 86℃, 발화점 558℃, 비점 203℃, 융점 8℃, 비중 1.03으로 물보다 무거운 비수용성 물질이다.

② 소화방법 : 제4류 위험물의 비수용성 물질과 동일하다.

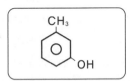

▐ 메타크레졸의 구조식 ▐

📖 o-크레졸과 p-크레졸

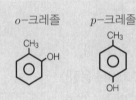

o-크레졸 p-크레졸

• 오르토크레졸과 파라크레졸은 비위험물에 해당한다.

(6) 제4석유류 〈지정수량 : 6,000L〉

기어유, 실린더유, 그 밖에 1기압에서 **인화점이 섭씨 200도 이상 250도 미만인 것**을 말한다. 단, 도료류, 그 밖의 물품은 가연성 액체량이 40중량% 이하인 것을 제외한다.

① 윤활유 : 기계의 마찰을 적게 하기 위해 사용하는 물질을 말한다.
    예 기어유, 실린더유, 엔진오일, 스핀들유, 터빈유, 모빌유 등

② 가소제 : 딱딱한 성질의 물질을 부드럽게 해 주는 역할을 하는 물질을 말한다.
    예 DOP(디옥틸프산탈), TCP(트리크레실포스테이트) 등

(7) 동식물유류 〈지정수량 : 10,000L〉

동물의 지육등 또는 식물의 과육으로부터 추출한 것으로서 1기압에서 **인화점이 섭씨 250도 미만인 것**을 말한다.

📖 동식물유류에서 제외되는 경우

행정안전부령으로 정하는 용기기준에 따라 수납되어 저장·보관되고, 용기의 외부에 물품의 통칭명, 수량 및 화기엄금의 표시(화기엄금과 동일한 의미를 갖는 표시를 포함)가 있는 경우

1) 건성유

요오드값이 130 이상인 동식물유류이며, 불포화도가 커 축적된 산화열로 인한 자연발화의 우려가 있다.

① 동물유 : 정어리유(154~196), 기타 생선유

② 식물유 : 동유(155~170), 해바라기유(125~135), 아마인유(175~195), 들기름(200)

톡톡 튀는 암기법 동해아들

2) 반건성유

요오드값이 100~130인 동식물유류이다.

① 동물유 : 청어유(125~145)

② 식물유 : 쌀겨기름(100~115), 면실유(목화씨기름)(100~110), 채종유(유채씨기름)(95~105), 옥수수기름(110~135), 참기름(105~115)

3) 불건성유

요오드값이 100 이하인 동식물유류이다.

① 동물유 : 소기름, 돼지기름, 고래기름

② 식물유 : 올리브유(80~95), 동백유(80~90), 피마자유(아주까리기름)(80~90), 야자유(팜유)(50~60)

※ 위 동식물유류의 괄호 안의 수치는 요오드값을 의미한다.

📖 요오드값

유지 100g에 흡수되는 요오드의 g수를 의미하며, 불포화도에 비례하고 이중결합수에도 비례한다.

03 제4류 위험물의 위험성 시험방법

(1) 인화성 액체의 인화점 측정시험

인화성 액체의 인화점 측정시험은 인화점측정기에 의해 이루어지며, 인화점측정기의 종류에 따라 3가지로 구분된다.

1) 태그밀폐식 인화점측정기에 의한 인화점 측정시험

① 측정결과가 0℃ 미만인 경우 : 그 측정결과를 인화점으로 한다.

② 측정결과가 0℃ 이상 80℃ 이하인 경우 : 동점도 측정을 하여 동점도가 $10mm^2/s$ 미만인 경우에는 그 측정결과를 인화점으로 하고 동점도가 $10mm^2/s$ 이상인 경우에는 신속평형법 인화점측정기로 다시 측정한다.

2) 신속평형법 인화점측정기에 의한 인화점 측정시험

① 측정결과가 0℃ 이상 80℃ 이하인 경우 : 동점도 측정을 하여 동점도가 $10mm^2/s$ 이상인 경우에는 그 측정결과를 인화점으로 한다.

② 측정결과가 80℃를 초과하는 경우 : 클리브랜드개방컵 인화점측정기로 다시 측정한다.

3) 클리브랜드개방컵 인화점측정기에 의한 인화점 측정시험

– 측정결과가 80℃를 초과하는 경우 : 그 측정결과를 인화점으로 한다.

(2) 인화점 측정시험의 조건

1) 태그밀폐식 인화점측정기
  ① 시험장소 : 1기압, 무풍의 장소
  ② 시험물품의 양 : 50cm^3
  ③ 화염의 크기 : 직경 4mm

2) 신속평형법 인화점측정기
  ① 시험장소 : 1기압, 무풍의 장소
  ② 시험물품의 양 : 2mL
  ③ 화염의 크기 : 직경 4mm

3) 클리브랜드개방컵 인화점측정기
  ① 시험장소 : 1기압, 무풍의 장소
  ② 시험물품의 양 : 시료컵의 표선까지 채운 양
  ③ 화염의 크기 : 직경 4mm

(3) 수용성 액체의 정의

인화성 액체의 위험성 시험방법 중 수용성 액체란 20℃, 1기압에서 동일한 양의 증류수와 완만하게 혼합하여, 혼합액의 유동이 멈춘 후 그 혼합액이 균일한 외관을 유지하는 것을 말한다.

예제 1 물보다 가볍고 비수용성인 제4류 위험물의 화재 시 물로 소화하면 위험한 이유를 쓰시오.

풀이 물보다 가볍고 비수용성이기 때문에 물로 소화하면 연소면이 확대되어 더 위험해진다.

정답 연소면의 확대

예제 2 에틸알코올에 황산을 촉매로 반응시켜 만들 수 있는 제4류 위험물을 쓰시오.

풀이 에틸알코올 2몰을 황산을 촉매로 사용하여 가열하면 탈수반응을 일으켜 물이 빠져나오면서 제4류 위험물의 특수인화물인 디에틸에테르가 생성된다.

– 140℃ 가열 : $2C_2H_5OH \xrightarrow[\text{촉매로서 탈수를 일으킨다}]{c-H_2SO_4} C_2H_5OC_2H_5 + H_2O$

정답 디에틸에테르($C_2H_5OC_2H_5$)

예제 3 이황화탄소(CS_2)에 대해 다음 물음에 답하시오.

(1) 저장방법   (2) 연소반응식

풀이 이황화탄소(CS_2)는 공기 중 산소와 반응하여 이산화탄소(CO_2)와 가연성 가스인 이산화황(SO_2)이 발생하기 때문에 이 가연성 가스의 발생을 방지하기 위해 물속에 저장한다.
– 연소반응식 : $CS_2 + 3O_2 \rightarrow CO_2 + 2SO_2$

정답 (1) 물속에 저장   (2) $CS_2 + 3O_2 \rightarrow CO_2 + 2SO_2$

예제 4 제4석유류의 정의를 완성하시오.

기어유, 실린더유, 그 밖에 1 기압에서 인화점이 (　)℃ 이상 (　)℃ 미만으로서 도료류의 경우 가연성 액체량이 (　)중량% 이하는 제외한다.

풀이 제4석유류라 함은 기어유, 실린더유, 그 밖에 1기압에서 인화점이 200℃ 이상 250℃ 미만의 것을 말한다. 다만 도료류, 그 밖의 물품은 가연성 액체량이 40중량퍼센트 이하인 것은 제외한다.

정답 200, 250, 40

예제 5 질산과 황산을 반응시켜 니트로화시키면 니트로벤젠을 만들 수 있는 제4류 위험물을 쓰시오.

풀이 제4류 위험물 중 제1석유류의 비수용성 물질인 벤젠(C_6H_6)에 질산(HNO_3)과 함께 황산(H_2SO_4)을 촉매로 반응시켜 니트로화시키면 제4류 위험물 중 제3석유류인 니트로벤젠($C_6H_5NO_2$)을 만들 수 있다.

정답 벤젠

예제 6 제4류 위험물 중 무색투명하고 휘발성이 있는 액체로 분자량 92, 인화점 약 4℃인 물질에 대해 다음 물음에 답하시오.

(1) 명칭   (2) 지정수량

풀이 톨루엔($C_6H_5CH_3$)의 성질은 다음과 같다.
① 인화점 4℃, 발화점 552℃, 연소범위 1.4~6.7%, 비점 111℃이다.
② 제1석유류의 비수용성으로 지정수량은 200L이다.
③ 분자량은 12(C)×7＋1(H)×8＝92이다.
④ 무색투명한 액체로서 독성은 벤젠의 1/10 정도이며 TNT의 원료이다.

정답 (1) 톨루엔($C_6H_5CH_3$)   (2) 200L

예제 7 다음 <보기>에서 명칭과 화학식의 연결 중 잘못된 것을 찾아 기호를 적고 화학식을 바르게 고쳐 쓰시오.

A. 디에틸에테르 – CH_3OCH_3	B. 톨루엔 – $C_6H_5CH_3$
C. 에틸알코올 – C_2H_5OH	D. 아닐린 – $C_6H_5NH_3$

풀이 A. 디에틸에테르는 특수인화물로서 화학식은 $C_2H_5OC_2H_5$이다.
D. 아닐린은 제3석유류로서 화학식은 $C_6H_5NH_2$이다.

정답 A. $C_2H_5OC_2H_5$ D. $C_6H_5NH_2$

예제 8 무색이고 단맛이 있는 3가 알코올로 분자량이 92이며 비중이 1.26인 제3석유류에 대해
다음 물음에 답하시오.
(1) 명칭   (2) 구조식

풀이 글리세린[$C_3H_5(OH)_3$]의 성질은 다음과 같다.
① 인화점 160℃, 발화점 393℃, 비점 290℃, 비중 1.26으로 물보다 무거운 물질이다.
② 제3석유류의 수용성으로 지정수량은 4,000L이다.
③ 분자량은 12(C)×3+1(H)×8+16(O)×3=92이다.
④ 무색투명하고 단맛이 있는 액체로서 물에 잘 녹는 3가(OH의 수가 3개) 알코올이다.
⑤ 독성이 없으므로 화장품이나 의료기기의 원료로 사용된다.

정답 (1) 글리세린[$C_3H_5(OH)_3$]
(2)
```
    OH OH OH
    |   |   |
H – C – C – C – H
    |   |   |
    H   H   H
```

예제 9 다음 화학식의 명칭을 한글로 쓰시오.

> A. $CH_3COC_2H_5$ B. $CH_3COOC_2H_5$ C. C_6H_5Cl

풀이 A. CH_3는 메틸, C_2H_5는 에틸, 메틸과 에틸 사이에 CO가 있으면 케톤이므로 $CH_3COC_2H_5$
를 메틸에틸케톤(MEK)이라 부른다.
B. CH_3COO는 초산기, C_2H_5는 에틸이므로 $CH_3COOC_2H_5$를 초산에틸 또는 아세트산
에틸이라 부른다.
C. 벤젠(C_6H_6)의 H원소 1개를 클로로(염소의 다른 명칭)와 치환시켜 만든 C_6H_5Cl을
클로로벤젠이라 부른다.

정답 A : 메틸에틸케톤, B : 초산에틸, C : 클로로벤젠

예제 10 BTX가 무엇인지 쓰시오.

풀이 B : 벤젠(C_6H_6), T : 톨루엔($C_6H_5CH_3$), X : 크실렌[$C_6H_4(CH_3)_2$]

정답 벤젠(C_6H_6), 톨루엔($C_6H_5CH_3$), 크실렌[$C_6H_4(CH_3)_2$]

예제 11 피리딘에 대해 다음 물음에 답하시오.
(1) 구조식
(2) 분자량
(3) 지정수량

풀이 피리딘(C_5H_5N)의 성질은 다음과 같다.
① 인화점 20℃, 발화점 482℃, 연소범위 1.8~12.4%, 비점 115℃이다.
② 벤젠의 C원소 하나가 N원소로 치환된 물질이다.
③ 분자량은 12(C)×5+1(H)×5+14(N)=79이다.
④ 제1석유류의 수용성으로 지정수량은 400L이다.

정답 (1)   (2) 79   (3) 400L

예제 12 이황화탄소를 저장하고 있는 용기에서 화재가 발생했을 때 용기 내부에 물을 뿌리면 소화가 가능하다. 그 이유를 쓰시오.

🖋 **풀이** 제4류 위험물 중 물보다 가볍고 물에 안 녹는 물질의 경우 물을 뿌리면 연소면이 확대되어 위험하지만 이황화탄소는 물보다 무겁고 비수용성이라 물이 상층에서 이황화탄소를 덮어 산소공급원을 차단시키는 질식소화 작용을 한다.

💊 **정답** 물보다 무겁고 비수용성이기 때문에 물이 질식소화 작용을 한다.

예제 13 다음 물질들의 시성식을 각각 쓰시오.

(1) 아세톤
(2) 초산메틸
(3) 아세트알데히드
(4) 니트로벤젠

🖋 **풀이** (1) 아세톤(제1석유류 수용성) : CH_3COCH_3
(2) 초산메틸(제1석유류 비수용성) : CH_3COOCH_3
(3) 아세트알데히드(특수인화물 수용성) : CH_3CHO
(4) 니트로벤젠(제3석유류 비수용성) : $C_6H_5NO_2$

💊 **정답** (1) CH_3COCH_3 (2) CH_3COOCH_3 (3) CH_3CHO (4) $C_6H_5NO_2$

예제 14 크실렌의 3가지 이성질체의 명칭과 각 물질의 구조식을 쓰시오.

🖋 **풀이** 크실렌[$C_6H_4(CH_3)_2$]은 오르토크실렌(o-크실렌), 메타크실렌(m-크실렌), 파라크실렌(p-크실렌)의 3가지 이성질체를 가지고 있다.

💊 **정답** o-크실렌 m-크실렌 p-크실렌

예제 15 다음 동식물유류의 요오드값의 범위를 각각 쓰시오.

(1) 건성유
(2) 반건성유
(3) 불건성유

🖋 **풀이** 요오드값이란 유지 100g에 흡수되는 요오드의 g수를 말한다.
(1) 건성유 : 유지 100g에 130g 이상의 요오드가 흡수되는 것
(2) 반건성유 : 유지 100g에 100~130g의 요오드가 흡수되는 것
(3) 불건성유 : 유지 100g에 100g 이하의 요오드가 흡수되는 것

💊 **정답** (1) 130 이상 (2) 100~130 (3) 100 이하

2-5 제5류 위험물 – 자기반응성 물질

유 별	성 질	위험등급	품 명	지정수량
제5류	자기 반응성 물질	I	1. 유기과산화물	10kg
			2. 질산에스테르류	10kg
		Ⅱ	3. 니트로화합물	200kg
			4. 니트로소화합물	200kg
			5. 아조화합물	200kg
			6. 디아조화합물	200kg
			7. 히드라진유도체	200kg
			8. 히드록실아민	100kg
			9. 히드록실아민염류	100kg
		I, Ⅱ	10. 그 밖에 행정안전부령이 정하는 것	
			① 금속의 아지화합물	200kg
			② 질산구아니딘	200kg
			11. 제1호 내지 제10호의 어느 하나 이상을 함유한 것	10kg, 100kg 또는 200kg

01 제5류 위험물의 일반적 성질

(1) 제5류 위험물의 구분

① 유기과산화물 : 유기물이 빛이나 산소에 의해 과산화되어 만들어지는 물질

② 질산에스테르류 : 질산의 H 대신에 알킬기 C_nH_{2n+1}로 치환된 물질($R-O-NO_2$)

③ 니트로화합물 : 니트로기($-NO_2$)가 2개 이상 결합된 유기화합물

④ 니트로소화합물 : 니트로소기($-NO$)가 2개 이상 결합된 유기화합물

⑤ 아조화합물 : 아조기($-N=N-$)와 유기물이 결합된 화합물

⑥ 디아조화합물 : 디아조기($=N_2$)와 유기물이 결합된 화합물

⑦ 히드라진유도체 : 히드라진(N_2H_4)은 제4류 위험물의 제2석유류 중 수용성 물질이지만 히드라진에 다른 물질을 결합시키면 제5류 위험물의 히드라진유도체가 생성된다.

⑧ 히드록실아민 : 히드록실($-OH$)과 아민($-NH_2$)의 화합물

　※ 여기서, 히드록실은 $-OH$ 또는 수산기와 동일한 명칭이다.

⑨ 히드록실아민염류 : 히드록실아민이 금속염류와 결합된 화합물

(2) 일반적인 성질

① 가연성 물질이며 그 자체가 산소공급원을 함유한 물질로 자기연소(내부연소)가 가능한 물질이다.

② 연소속도가 대단히 빠르고 폭발성이 있다.

③ 자연발화가 가능한 성질을 가진 것도 있다.

④ 비중은 모두 1보다 크며 액체 또는 고체로 존재한다.

⑤ 제5류 위험물 중 고체상의 물질은 수분을 함유하면 폭발성이 줄어든다.

⑥ 모두 물에 안 녹는다.

⑦ 점화원 및 분해를 촉진시키는 물질로부터 멀리해야 한다.

(3) 소화방법

자체적으로 산소공급원을 함유하고 있어서 질식소화는 효과가 없기 때문에 다량의 물로 냉각소화를 해야 한다.

02 제5류 위험물의 종류별 성질

(1) 유기과산화물 〈지정수량 : 10kg〉

퍼옥사이드는 과산화라는 의미로서 벤젠 등의 유기물이 과산화된 상태의 물질을 말한다.

1) 과산화벤조일[$(C_6H_5CO)_2O_2$] = 벤조일퍼옥사이드

① 분해온도 75~80℃, 발화점 125℃, 융점 54℃, 비중 1.2이다.

② 가열 시에 약 100℃에서 백색의 산소를 발생한다.

③ 무색무취의 고체상태이다.

④ 상온에서는 안정하며 강산성 물질이고, 가열 및 충격에 의해 폭발한다.

⑤ **건조한 상태에서는 마찰 등으로 폭발의 위험이 있고 수분 포함 시 폭발성이 현저히 줄어든다.**

⑥ 물에 안 녹고 유기용제에는 잘 녹는다.

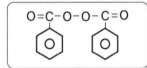

ǁ 과산화벤조일의 구조식 ǁ

2) 과산화메틸에틸케톤[$(CH_3COC_2H_5)_2O_2$] = 메틸에틸케톤퍼옥사이드

① 분해온도 40℃, 발화점 205℃, 인화점 59℃, 융점 20℃, 비점 75℃, 비중 1.06이다.

② 무색이며 특유의 냄새가 나는 **기름형태의 액체**로 존재한다.

③ 물에 안 녹으며 유기용제에는 잘 녹는다.

ǁ 과산화메틸에틸케톤의 구조식 ǁ

3) 아세틸퍼옥사이드[$(CH_3CO)_2O_2$]

① 발화점 121℃, 인화점 45℃, 융점 30℃, 비점 63℃이다.

② 무색의 고체이며 강한 자극성의 냄새를 가진다.

③ 물에 잘 녹지 않으며 유기용제에는 잘 녹는다.

∥ 아세틸퍼옥사이드의 구조식 ∥

(2) 질산에스테르류 〈지정수량 : 10kg〉

질산의 H 대신에 알킬기 C_nH_{2n+1}로 치환된 물질($C_nH_{2n+1}-O-NO_2$)을 말한다.

1) 질산메틸(CH_3ONO_2)

① 비점 66℃, 비중 1.2, **분자량** 77이다.

② 무색투명한 액체이며 향긋한 냄새와 단맛을 가지고 있다.

③ 물에는 안 녹으나 알코올, 에테르에는 잘 녹는다.

④ 인화하기 쉽고 제4류 위험물과 성질이 비슷하다.

2) 질산에틸($C_2H_5ONO_2$)

① 비점 88℃, 비중 1.1, **분자량** 91이다.

② 무색투명한 액체이며 향긋한 냄새와 단맛을 가지고 있다.

③ 물에는 안 녹으나 알코올, 에테르에는 잘 녹는다.

④ 인화하기 쉽고 제4류 위험물과 성질이 비슷하다.

3) 니트로글리콜[$C_2H_4(ONO_2)_2$]

① 비점 200℃, 비중 1.5인 물질이다.

② 무색무취의 투명한 액체이나 공업용은 담황색이다.

③ 니트로글리세린보다 충격감도는 적으나 충격·가열에 의해 폭발을 일으킨다.

④ 다이너마이트 등 폭약의 제조에 사용된다.

∥ 니트로글리콜의 구조식 ∥

4) 니트로글리세린[$C_3H_5(ONO_2)_3$]

① 융점 2.8℃, 비점 160℃, 비중 1.6이다.

② 순수한 것은 무색무취의 투명한 액체이나 공업용은 담황색이다.

③ 동결된 것은 충격에 둔감하나 액체상태는 충격에 매우 민감하여 운반이 금지되어 있다.

④ 규조토에 흡수시킨 것이 다이너마이트이다.

⑤ 4몰의 니트로글리세린을 분해시키면 총 29몰의 기체가 발생한다.

- 분해반응식 : $4C_3H_5(ONO_2)_3 \rightarrow 12CO_2 + 10H_2O + 6N_2 + O_2$

    니트로글리세린   이산화탄소   수증기   질소   산소

∥ 니트로글리세린의 구조식 ∥

5) 니트로셀룰로오스($[C_6H_7O_2(ONO_2)_3]_n$) = 질화면

   ① 분해온도 130℃, 발화온도 180℃, 비점 83℃, 비중 1.23이다.

   ② 물에는 안 녹고 알코올, 에테르에 녹는 고체상태의 물질이다.

   ③ 셀룰로오스에 질산과 황산을 반응시켜 제조한다.

   ④ 질화도가 클수록 폭발의 위험성이 크다.

   ※ 질화도는 질산기의 수에 따라 결정된다.

   ⑤ 분해반응식 : $2C_{24}H_{29}O_9(ONO_2)_{11} \rightarrow 24CO + 24CO_2 + 17H_2 + 12H_2O + 11N_2$
   　　　　　　　 니트로셀룰로오스　　　일산화탄소　이산화탄소　수소　　수증기　　질소

   ⑥ 건조하면 발화 위험이 있으므로 **함수알코올(수분 또는 알코올)을 습면**시켜 저장한다.

   ⑦ 물에 녹지 않고 직사일광에서 자연발화할 수 있다.

6) 셀룰로이드

   ① 발화점 165℃인 고체상태의 물질이다.

   ② 물에 녹지 않고 자연발화성이 있는 물질이다.

(3) 니트로화합물 〈지정수량 : 200kg〉

니트로기(NO_2)가 2개 이상 결합된 유기화합물을 포함한다.

1) 트리니트로페놀$[C_6H_2OH(NO_2)_3]$ = 피크린산

   ① 발화점 300℃, 융점 121℃, 비점 240℃, 비중 1.8, 분자량 229이다.

   ② 황색의 침상결정(바늘 모양의 고체)인 고체상태로 존재한다.

   ③ 찬물에는 안 녹고 온수, 알코올, 벤젠, 에테르에는 잘 녹는다.

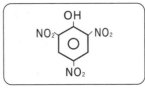

∥ 트리니트로페놀의 구조식 ∥

   ④ 쓴맛이 있고 독성이 있다.

   ⑤ 단독으로는 충격·마찰 등에 둔감하지만 구리, 아연 등 금속염류와의 혼합물은 피크린산염을 생성하여 마찰·충격 등에 위험해진다.

   ⑥ 분해반응식 : $2C_6H_2OH(NO_2)_3 \rightarrow 4CO_2 + 6CO + 3N_2 + 2C + 3H_2$
   　　　　　　　 트리니트로페놀　　　이산화탄소　일산화탄소　질소　탄소　수소

   ⑦ 고체로서 건조하면 위험하고 약한 습기에 저장하면 안정하다.

   ⑧ 주수하여 냉각소화를 해야 한다.

2) 트리니트로톨루엔$[C_6H_2CH_3(NO_2)_3]$ = TNT

   ① 발화점 300℃, 융점 81℃, 비중 1.66, 분자량 227이다.

   ② 담황색의 주상결정인 고체상태로 존재한다.

   ③ 햇빛에 갈색으로 변하나 위험성은 없다.

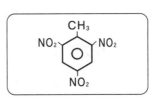

∥ 트리니트로톨루엔의 구조식 ∥

④ 물에는 안 녹으나 알코올, 아세톤, 벤젠 등 유기용제에 잘 녹는다.

⑤ 독성이 없고 기준폭약으로 사용되며 피크린산보다 폭발성은 떨어진다.

⑥ 분해반응식 : $2C_6H_2CH_3(NO_2)_3 \longrightarrow 12CO + 2C + 3N_2 + 5H_2$
　　　　　　　　트리니트로톨루엔　　　일산화탄소　탄소　질소　수소

⑦ 고체로서 건조하면 위험하고 약한 습기에 저장하면 안정하다.

⑧ 주수하여 냉각소화를 해야 한다.

📖 **TNT의 생성과정**

톨루엔에 질산과 함께 황산을 촉매로 반응시키면 촉매에 의한 탈수와 함께 니트로화반
응을 3번 일으키면서 트리니트로톨루엔이 생성된다.

$$C_6H_5CH_3 + 3HNO_3 \xrightarrow[\text{촉매로서 탈수를 일으킨다}]{c-H_2SO_4} C_6H_2CH_3(NO_2)_3 + 3H_2O$$
　　톨루엔　　　　질산　　　　　　　　　　　　　　트리니트로톨루엔　　수증기

03 제5류 위험물의 위험성 시험방법

① 폭발성 시험 : 열분석 시험

② 가열분해성 시험 : 압력용기 시험

예제 1 질산에틸($C_2H_5ONO_2$)의 증기비중을 쓰시오.

✏️ **풀이** 질산에틸($C_2H_5ONO_2$)의 분자량은 12(C)×2+1(H)×5+16(O)×3+14(N)=91이다. 증
기비중은 분자량을 29로 나누어 준 값이므로 91/29=3.140이다.

✅ **정답** 3.14

예제 2 건조하면 발화위험이 있으므로 함수알코올(수분 또는 알코올)에 습면시켜 저장하는 제5류
위험물의 종류를 쓰시오.

✏️ **풀이** 니트로셀룰로오스는 건조하면 직사일광에 의해 자연발화의 위험이 있으므로 함수알코
올에 습면시켜 저장한다.

✅ **정답** 니트로셀룰로오스

예제 3 제5류 위험물 중 위험등급 I에 해당하는 품명 두 가지를 쓰시오.

✏️ **풀이** 제5류 위험물 중에서는 지정수량이 10kg인 유기과산화물과 질산에스테르류가 위험등급
I에 해당한다.

✅ **정답** 유기과산화물, 질산에스테르류

예제 4 피크린산에 대해 다음 물음에 답하시오.

(1) 화학식

(2) 품명

(3) 지정수량

(4) 구조식

풀이 피크린산[$C_6H_2OH(NO_2)_3$]은 품명이 니트로화합물로서 지정수량은 200kg, 위험등급 II인 고체이다. 또 다른 명칭으로 트리니트로페놀이라 불리며 페놀(C_6H_5OH)에 니트로기(−NO_2) 3개를 치환시켜 만든 물질이다.

정답 (1) $C_6H_2OH(NO_2)_3$

(2) 니트로화합물

(3) 200kg

(4)

예제 5 다음 제5류 위험물들의 지정수량을 쓰시오.

(1) 유기과산화물

(2) 히드록실아민

(3) 니트로화합물

(4) 아조화합물

(5) 히드라진유도체

풀이 제5류 위험물의 품명 중 유기과산화물과 질산에스테르류의 지정수량은 10kg이고 히드록실아민과 히드록실아민염류("히드록실"이 포함된 품명)의 지정수량은 100kg이며 그 외의 품명들은 모두 지정수량이 200kg이다.

정답 (1) 10kg (2) 100kg (3) 200kg (4) 200kg (5) 200kg

예제 6 과산화벤조일에 대해 다음 물음에 답하시오.

(1) 화학식

(2) 품명

(3) 지정수량

(4) 구조식

풀이 과산화벤조일[$(C_6H_5CO)_2O_2$]은 품명이 유기과산화물로서 지정수량 10kg, 위험등급 I인 고체이며 그 구조는 벤조일(C_6H_5CO) 2개를 산소 2개로 연결시킨 것이다.

정답 (1) $(C_6H_5CO)_2O_2$

(2) 유기과산화물

(3) 10kg

(4) O=C−O−O−C=O

2-6 제6류 위험물 – 산화성 액체

유 별	성 질	위험등급	품 명	지정수량
제6류	산화성 액체	I	1. 과염소산	300kg
			2. 과산화수소	300kg
			3. 질산	300kg
			4. 그 밖에 행정안전부령이 정하는 것	
			① 할로겐간화합물	300kg
			5. 제1호 내지 제4호의 어느 하나 이상을 함유한 것	300kg

01 제6류 위험물의 일반적 성질

(1) 일반적인 성질

① 비중은 1보다 크며 물에 잘 녹는 액체상태의 물질이다.

② 자신은 불연성이고 산소를 함유하고 있어 가연물의 연소를 도와준다.

③ 증기는 부식성과 독성이 강하다.

④ **물과 발열반응**을 한다.

⑤ 분해하면 산소를 발생한다.

⑥ 강산화제로서 저장용기는 산에 견딜 수 있는 내산성 용기를 사용해야 한다.

(2) 소화방법

① 다량의 물로 냉각소화한다.

② 소화작업 시 유해한 가스가 발생하므로 방독면을 착용해야 하며 피부에 묻었을 때는 다량의 물로 씻어낸다.

02 제6류 위험물의 종류별 성질

(1) 과염소산(HClO₄) 〈지정수량 : 300kg〉

① 융점 $-112℃$, 비점 $19℃$, 비중 1.7이다.

② 무색투명한 액체상태이다.

③ 산화력이 강하며 염소산 중에서 가장 강한 산이다.

④ 분해 시 발생하는 HCl과 O₂는 기체상태이며, 이때 HCl은 염산이 아닌 염화수소로서 기관지를 손상시킬 만큼 유해하다.

- 분해반응식 : $HClO_4 \rightarrow HCl + 2O_2$

　　　　　　　과염소산　　염화수소　산소

(2) 과산화수소(H_2O_2) 〈지정수량 : 300kg〉

※ 위험물안전관리법상 과산화수소는 **농도가 36중량% 이상인 것**을 말한다.

① 융점 −0.43℃, 비점 84℃, 비중 1.46이다.

② 순수한 것은 점성의 무색 액체이나 많은 양은 청색으로 보인다.

③ 산화제이지만 환원제로 작용할 때도 있다.

④ 시판품의 농도는 30~40중량%이며, 농도가 60중량% 이상인 것은 충격에 의하여 폭발적으로 분해한다.

⑤ **물, 에테르, 알코올에 녹지만 석유 및 벤젠에 녹지 않는다.**

⑥ **촉매로는 요오드화칼륨(KI)과 이산화망간(MnO_2)이 사용된다.**

⑦ 열, 햇빛에 의하여 분해하므로 착색된 내산성 용기에 담아 냉암소에 보관한다.

⑧ 상온에서 불안정한 물질이라 분해하여 산소를 발생시키며 이때 발생하는 산소의 압력으로 용기를 파손시킬 수 있어 이를 방지하기 위해 용기는 구멍이 뚫린 마개로 막는다.

- 분해반응식 : $2H_2O_2 \rightarrow 2H_2O + O_2$
  과산화수소　　　물　　산소

⑨ 수용액에는 분해방지안정제를 첨가한다.

※ **분해방지안정제 : 인산(H_3PO_4), 요산($C_5H_4N_4O_3$), 아세트아닐리드(C_8H_9NO)**

⑩ 용도로는 표백제, 산화제, 소독제, 화장품 등에 사용되며, 특히 소독제로는 농도가 3%인 옥시돌(옥시풀)을 사용한다.

(3) 질산(HNO_3) 〈지정수량 : 300kg〉

※ 위험물안전관리법상 질산은 **비중 1.49 이상인 것**으로 진한 질산만을 의미한다.

① 융점 −42℃, 비점 86℃, 비중 1.49이다.

② 햇빛에 의해 분해하면 **적갈색 기체인 이산화질소(NO_2)가 발생**하기 때문에 이를 방지하기 위하여 착색병을 사용한다.

- 분해반응식 : $4HNO_3 \rightarrow 2H_2O + 4NO_2 + O_2$
  질산　　　물　　이산화질소　산소

③ 금(Au), 백금(Pt)을 제외한 금속을 녹일 수 있다.

④ **염산(HCl)과 질산(HNO_3)을 3 : 1의 부피비로 혼합한 용액을 왕수**라 하며, 왕수는 금과 백금도 녹일 수 있다.

⑤ 제6류 위험물에 해당하는 진한 질산은 대부분의 반응에서 수소(H_2)가스를 발생시키지 않지만 묽은 질산의 경우 금속을 용해시킬 때 수소(H_2)가스를 발생시킨다.

$Ca + 2HNO_3 \rightarrow Ca(NO_3)_2 + H_2$
칼슘　묽은질산　　질산칼슘　　수소

⑥ **철(Fe), 코발트(Co), 니켈(Ni), 크롬(Cr), 알루미늄(Al) 등의 금속들은 진한 질산에서 부동태**한다.

※ **부동태** : 물질 표면에 얇은 수산화물의 막을 형성시켜 산화반응의 진행을 막아주는 현상

⑦ 단백질(프로틴 또는 프로테인)과 접촉하여 노란색으로 변하는 크산토프로테인 반응을 일으킨다.

(4) 할로겐간화합물 〈지정수량 : 300kg〉

※ 행정안전부령이 정하는 제6류 위험물로서 할로겐원소끼리의 화합물을 의미하며, 무색 액체로서 부식성이 있다.

① 삼불화브롬(BrF_3) : 융점 8.77℃, 비점 125℃이다.

② 오불화요오드(IF_5) : 융점 9.43℃, 비점 100.5℃이다.

③ 오불화브롬(BrF_5) : 융점 −60.5℃, 비점 40.76℃이다.

03 제6류 위험물의 위험성 시험방법

– 연소시간의 측정시험

목분, 표준물질 및 시험물품을 사용하여 연소시험을 실시하여 **시험물품**과 목분과의 혼합물의 연소시간이 **표준물질인 질산 90% 수용액**과 목분과의 혼합물의 연소시간 이하인 경우에는 산화성 액체에 해당하는 것으로 한다.

예제 1 과염소산이 열분해해서 발생하는 독성 가스를 쓰시오.

　　　풀이 과염소산은 분해하여 산소와 염화수소(HCl)를 발생하며 염화수소는 기관지를 손상시키는 독성 가스이다.
　　　　　 – 분해반응식 : $HClO_4 \rightarrow HCl + 2O_2$

　　　정답 염화수소(HCl)

예제 2 질산이 분해할 때 발생하는 적갈색 기체를 쓰시오.

　　　풀이 질산(HNO_3)은 분해하여 물(H_2O), 이산화질소(NO_2), 산소(O_2)를 발생한다.
　　　　　 – 분해반응식 : $4HNO_3 \rightarrow 2H_2O + 4NO_2 + O_2$
　　　　　 ※ 이때 발생하는 이산화질소(NO_2)가스의 색상은 적갈색이다.

　　　정답 이산화질소(NO_2)

예제 3 질산은 금과 백금을 못 녹이지만 왕수는 금과 백금을 녹일 수 있다. 왕수를 만드는 방법을 쓰시오.

　　　풀이 염산(HCl)과 질산(HNO_3)을 3 : 1의 부피비로 혼합한 용액을 왕수라 하며, 왕수는 금과 백금도 녹일 수 있다.

　　　정답 염산과 질산을 3 : 1의 부피비로 혼합한다.

예제 4 질산과 부동태하는 물질이 아닌 것을 <보기>에서 고르시오.

> A. 철   B. 코발트   C. 니켈   D. 구리

풀이 철(Fe), 코발트(Co), 니켈(Ni), 크롬(Cr), 알루미늄(Al)은 질산과 부동태한다. 부동태란 물질 표면에 얇은 수산화물의 막을 형성시켜 산화반응의 진행을 막아주는 현상을 의미한다.

정답 D

예제 5 질산은 단백질과 접촉하여 노란색으로 변하는 반응을 일으키는데 이를 무엇이라 하는지 쓰시오.

풀이 질산은 단백질과 접촉하여 노란색으로 변하는 크산토프로테인반응을 한다.

정답 크산토프로테인반응

예제 6 과산화수소가 이산화망간과 반응하여 분해하였다. 다음 물음에 답하시오.
(1) 발생가스의 명칭
(2) MnO_2의 역할

풀이 과산화수소(H_2O_2)는 분해하여 물과 산소를 발생하며, 분해를 촉진시키기 위해 주로 이산화망간(MnO_2)을 촉매로 사용한다.

- 분해반응식 : $2H_2O_2 \xrightarrow{MnO_2} 2H_2O + O_2$

정답 (1) 산소
(2) 촉매 또는 정촉매 중 1개

빨리 성장하는 것은 쉬 시들고,
서서히 성장하는 것은 영원히 존재한다.

−호란드−

☆

빠른 것만이 꼭 좋은 것이 아닙니다.
주위를 두리번거리면서 느릿느릿, 서서히 커나가야
인생이 알차지고 단단해집니다.
이른바 "느림의 미학"이지요.

제2편

위험물산업기사 위험물안전관리법

Industrial Engineer Hazardous material

Section 01 위험물안전관리법의 총칙

1-1 위험물과 위험물제조소등

01 위험물과 지정수량

① 위험물 : 인화성 또는 발화성 등의 성질을 가지는 것으로서 대통령령이 정하는 물품
② 지정수량 : 대통령령이 정하는 수량으로서 제조소등의 설치허가 등에 있어서 최저의 기준이 되는 수량

02 위험물제조소등

(1) 제조소등의 정의

제조소, 저장소 및 취급소를 의미하며, 각 정의는 다음과 같다.
① 제조소 : 위험물을 제조할 목적으로 지정수량 이상의 위험물을 취급하기 위하여 허가를 받은 장소
② 저장소 : 지정수량 이상의 위험물을 저장하기 위한 대통령령이 정하는 장소
③ 취급소 : 지정수량 이상의 위험물을 제조 외의 목적으로 취급하기 위한 대통령령이 정하는 장소

(2) 위험물저장소의 구분

저장소의 구분	지정수량 이상의 위험물을 저장하기 위한 장소
옥내저장소	옥내에 위험물을 저장하는 장소
옥외탱크저장소	옥외에 있는 탱크에 위험물을 저장하는 장소
옥내탱크저장소	옥내에 있는 탱크에 위험물을 저장하는 장소
지하탱크저장소	지하에 매설한 탱크에 위험물을 저장하는 장소
간이탱크저장소	간이탱크에 위험물을 저장하는 장소
이동탱크저장소	차량에 고정된 탱크에 위험물을 저장하는 장소
옥외저장소	옥외에 위험물을 저장하는 장소
암반탱크저장소	암반 내의 공간을 이용한 탱크에 액체 위험물을 저장하는 장소

(3) 위험물취급소의 구분

취급소의 구분	위험물을 제조 외의 목적으로 취급하기 위한 장소
이송취급소	배관 및 이에 부속된 설비에 의하여 위험물을 이송하는 장소
주유취급소	고정주유설비에 의하여 자동차, 항공기 또는 선박 등에 직접 연료를 주유하기 위하여 위험물을 취급하는 장소
일반취급소	주유취급소, 판매취급소, 이송취급소 외의 위험물을 취급하는 장소
판매취급소	점포에서 위험물을 용기에 담아 판매하기 위하여 지정수량의 40배 이하의 위험물을 취급하는 장소(페인트점 또는 화공약품점)

톡톡 튀는 **암기법** 이주일판매(이번 **주** 일요일에 **판매**합니다.)

1-2 위험물제조소등 시설의 허가 및 신고

(1) 시·도지사에게 허가를 받아야 하는 경우

① 제조소등을 설치하고자 할 때

② 제조소등의 위치·구조 및 설비를 변경하고자 할 때

※ 제조소등의 설치허가 또는 제조소등의 위치·구조 및 설비의 변경허가에 있어서 한국소방산업기술원의 기술검토를 받아야 하는 사항

1. 지정수량의 1천배 이상의 위험물을 취급하는 제조소 또는 일반취급소의 구조·설비에 관한 사항
2. 50만L 이상인 옥외탱크저장소 또는 암반탱크저장소의 위험물탱크의 기초·지반, 탱크본체 및 소화설비에 관한 사항

(2) 시·도지사에게 신고하는 경우

① 위험물의 품명·수량 또는 지정수량의 배수를 변경하고자 하는 자 : **변경하고자 하는 날의 1일 전까지 신고**

② 제조소등의 설치자의 지위를 승계한 자 : **승계한 날부터 30일 이내에 신고**

③ 제조소등의 용도를 폐지한 때 : 제조소등의 **용도를 폐지한 날부터 14일 이내에 신고**

(3) 허가나 신고 없이 제조소등을 설치하거나 제조소등의 위치·구조 또는 설비를 변경할 수 있으며 위험물의 품명·수량 또는 지정수량의 배수를 변경할 수 있는 경우

① 주택의 난방시설(공동주택의 중앙난방시설을 제외)을 위한 저장소 또는 취급소

② 농예용·축산용 또는 수산용으로 필요한 난방시설 또는 건조시설을 위한 지정수량 20배 이하의 저장소

1-3 위험물안전관리자

01 자격의 기준

(1) 위험물을 취급할 수 있는 자

위험물취급자격자의 구분	취급할 수 있는 위험물
위험물기능장, 위험물산업기사, 위험물기능사	모든 위험물
안전관리자 교육이수자	제4류 위험물
3년 이상의 소방공무원 경력자	제4류 위험물

(2) 제조소등의 종류 및 규모에 따라 선임하는 안전관리자의 자격

안전관리자의 선임을 위한 위험물기능사의 실무경력은 위험물기능사를 취득한 날로부터 2년 이상으로 한다.

1) 제조소

제조소의 규모	선임하는 안전관리자의 자격
1. 제4류 위험물만을 취급하는 것으로서 지정수량 5배 이하의 것	위험물기능장, 위험물산업기사, 위험물기능사, 안전관리자 교육이수자 또는 3년 이상의 소방공무원 경력자
2. 제1호에 해당하지 아니하는 것	위험물기능장, 위험물산업기사 또는 2년 이상 경력의 위험물기능사

2) 저장소

저장소의 규모		선임하는 안전관리자의 자격
옥내 저장소	제4류 위험물만으로서 지정수량 5배 이하	위험물기능장, 위험물산업기사, 위험물기능사, 안전관리자 교육이수자 또는 3년 이상의 소방공무원 경력자
	알코올류·제2석유류·제3석유류·제4석유류·동식물유류만으로서 지정수량 40배 이하	
옥외 탱크 저장소	제4류 위험물만으로서 지정수량 5배 이하	
	제2석유류·제3석유류·제4석유류·동식물유류만으로서 지정수량 40배 이하	
옥내 탱크 저장소	제4류 위험물만을 저장하는 것으로서 지정수량 5배 이하의 것	
	제2석유류·제3석유류·제4석유류·동식물유류만을 저장하는 것	

저장소의 규모		선임하는 안전관리자의 자격
지하 탱크 저장소	제4류 위험물만을 저장하는 것으로서 지정 수량 40배 이하의 것	위험물기능장, 위험물산업기사, 위험물기 능사, 안전관리자 교육이수자 또는 3년 이상의 소방공무원 경력자
	제1석유류·알코올류·제2석유류·제3석유류 ·제4석유류·동식물유류만을 저장하는 것으 로서 지정수량 250배 이하의 것	
간이탱크저장소로서 제4류 위험물만을 저장하는 것		
옥외저장소 중 제4류 위험물만을 저장하는 것으로서 지정수량의 40배 이하의 것		
그 밖의 경우에 해당하는 저장소		위험물기능장, 위험물산업기사 또는 2년 이상 경력의 위험물기능사

3) 취급소

취급소의 규모		선임하는 안전관리자의 자격
주유취급소		위험물기능장, 위험물산업기사, 위험물기 능사, 안전관리자 교육이수자 또는 3년 이상의 소방공무원 경력자
판매 취급소	제4류 위험물만으로서 지정수량 5배 이하	
	제1석유류·알코올류·제2석유류·제3석유류· 제4석유류·동식물유류만을 취급하는 것	
제4류 위험물만을 취급하는 일반취급소로서 지정수량 10배 이하의 것		
제2석유류·제3석유류·제4석유류·동식물유류만을 취급 하는 일반취급소로서 지정수량 20배 이하의 것		
농어촌 전기공급사업촉진법에 따라 설치된 자가발전 시설에 사용되는 위험물을 취급하는 일반취급소		
그 밖의 경우에 해당하는 취급소		위험물기능장, 위험물산업기사 또는 2년 이상 경력의 위험물기능사

02 선임 및 해임의 기준

(1) 안전관리자의 선임 및 해임의 신고기간

① 안전관리자가 해임되거나 퇴직한 때에는 해임되거나 퇴직한 날부터 30일 이내에 다시 안전관리자를 선임하여야 한다.

② 안전관리자를 선임한 때에는 14일 이내에 소방본부장 또는 소방서장에게 신고하여야 한다.

③ 안전관리자가 해임되거나 퇴직한 경우에는 소방본부장이나 소방서장에게 그 사실을 알려 해임 및 퇴직 사실을 확인받을 수 있다.

④ 안전관리자가 일시적으로 직무를 수행할 수 없거나 안전관리자의 해임 또는 퇴직과 동시에 다른 안전관리자를 선임하지 못하는 경우에는 대리자를 지정하여 30일 이내 로만 대행하게 하여야 한다.

📖 **안전관리자 대리자의 자격**

1) 위험물 안전관리자 교육을 받은 자
2) 제조소등의 위험물안전관리 업무에 있어서 안전관리자를 지휘·감독하는 직위에 있는 자

(2) 안전관리자의 중복 선임

다수의 제조소등을 동일인이 설치한 경우에는 다음의 경우에 대해 1인의 안전관리자를 중복하여 선임할 수 있다.

① 동일구내에 있거나 상호 100m 이내의 거리에 있는 저장소를 동일인이 설치한 장소로서 다음의 종류에 해당하는 경우

㉠ 10개 이하의 옥내저장소, 옥외저장소, 암반탱크저장소

㉡ 30개 이하의 옥외탱크저장소

㉢ 옥내탱크저장소, 지하탱크저장소, 간이탱크저장소

② 다음 기준에 모두 적합한 5개 이하의 제조소등을 동일인이 설치한 경우

㉠ 각 제조소등이 동일구내에 위치하거나 상호 100m 이내의 거리에 있을 것

㉡ 각 제조소등에서 저장 또는 취급하는 위험물의 최대수량이 지정수량의 3천배 미만 일 것(단, 저장소의 경우에는 그러하지 아니하다)

1-4　자체소방대

(1) 자체소방대의 설치기준

① **제4류 위험물**을 **지정수량의 3천배 이상** 취급하는 **제조소** 및 **일반취급소**와 50만배 이상 저장하는 옥외탱크저장소에 설치

② 자체소방대를 설치하지 않을 수 있는 일반취급소의 종류

㉠ 보일러, 버너, 그 밖에 이와 유사한 장치로 위험물을 소비하는 일반취급소

㉡ 이동저장탱크, 그 밖에 이와 유사한 것에 위험물을 주입하는 일반취급소

㉢ 용기에 위험물을 옮겨 담는 일반취급소

㉣ 유압장치, 윤활유순환장치, 그 밖에 이와 유사한 장치로 위험물을 취급하는 일 반취급소

㉤ 「광산보안법」의 적용을 받는 일반취급소

(2) 자체소방대에 두는 화학소방자동차와 자체소방대원의 수의 기준

사업소의 구분	화학소방 자동차의 수	자체소방 대원의 수
지정수량의 3천배 이상 12만배 미만으로 취급하는 제조소 또는 일반취급소	1대	5인
지정수량의 12만배 이상 24만배 미만으로 취급하는 제조소 또는 일반취급소	2대	10인
지정수량의 24만배 이상 48만배 미만으로 취급하는 제조소 또는 일반취급소	3대	15인
지정수량의 48만배 이상으로 취급하는 제조소 또는 일반취급소	4대	20인
지정수량의 50만배 이상으로 저장하는 옥외탱크저장소	2대	10인

(3) 자체소방대 편성의 특례

2개 이상의 사업소가 상호응원에 관한 협정을 체결하고 있는 경우 다음 기준에 따른다.

① 모든 사업소를 하나의 사업소로 볼 것
② 각 사업소에서 취급하는 양을 합산한 양을 하나의 사업소에서 취급하는 양으로 간주할 것
③ 상호응원에 관한 협정을 체결하고 있는 각 사업소의 자체소방대에는 화학소방차 대수의 2분의 1 이상의 대수와 화학소방자동차마다 5인 이상의 자체소방대원을 둘 것

(4) 화학소방자동차(소방차)에 갖추어야 하는 소화능력 및 설비의 기준

소방차의 구분	소화능력 및 설비의 기준
포수용액방사차	포수용액의 방사능력이 매분 2,000L 이상일 것
	소화약액탱크 및 소화약액혼합장치를 비치할 것
	10만L 이상의 포수용액을 방사할 수 있는 양의 소화약제를 비치할 것
분말방사차	분말의 방사능력이 매초 35kg 이상일 것
	분말탱크 및 가압용 가스설비를 비치할 것
	1,400kg 이상의 분말을 비치할 것
할로겐화합물방사차	할로겐화합물의 방사능력이 매초 40kg 이상일 것
	할로겐화합물탱크 및 가압용 가스설비를 비치할 것
	1,000kg 이상의 할로겐화합물을 비치할 것
이산화탄소방사차	이산화탄소의 방사능력이 매초 40kg 이상일 것
	이산화탄소 저장용기를 비치할 것
	3,000kg 이상의 이산화탄소를 비치할 것
제독차	가성소다 및 규조토를 각각 50kg 이상 비치할 것

※ 포수용액을 방사하는 화학소방자동차의 대수는 화학소방자동차 대수의 3분의 2 이상으로 하여야 한다.

1-5 위험물의 운송기준

(1) 위험물 운송의 기준

① 이동탱크저장소에 의하여 위험물을 운송하는 자 : 위험물을 취급할 수 있는 국가기술자격자 또는 안전교육을 받은 자

② 위험물안전카드를 휴대해야 하는 위험물
  ㉠ **제4류 위험물 중 특수인화물 및 제1석유류**
  ㉡ 제1류·제2류·제3류·제5류·제6류 위험물의 전부

(2) 위험물운송자의 기준

① 운전자를 2명 이상으로 하는 경우
  ㉠ **고속국도에서 340km 이상에 걸치는 운송을 하는 경우**
  ㉡ 일반도로에서 200km 이상에 걸치는 운송을 하는 경우

② 운전자를 1명으로 할 수 있는 경우
  ㉠ 운송책임자를 동승시킨 경우
  ㉡ **제2류 위험물, 제3류 위험물(칼슘 또는 알루미늄의 탄화물에 한한다) 또는 제4류 위험물(특수인화물 제외)을 운송하는 경우**
  ㉢ 운송 도중에 2시간 이내마다 20분 이상씩 휴식하는 경우

(3) 운송책임자의 기준

① 운송 시 운송책임자의 감독·지원을 받아야 하는 위험물
  ㉠ **알킬알루미늄**   ㉡ **알킬리튬**

② 운송책임자의 자격요건
  ㉠ 위험물 국가기술자격을 취득하고 관련 업무에 1년 이상 종사한 경력이 있는 자
  ㉡ 위험물의 운송에 관한 안전교육을 수료하고 관련 업무에 2년 이상 종사한 경력이 있는 자

1-6 벌칙

(1) 제조소등에서 위험물의 유출·방출 또는 확산 시 벌칙

① 사람의 생명·신체 또는 재산에 대하여 위험을 발생시킨 자 : 1년 이상 10년 이하의 징역
② 사람을 상해에 이르게 한 때 : 무기 또는 3년 이상의 징역
③ 사람을 사망에 이르게 한 때 : 무기 또는 5년 이상의 징역

(2) 업무상 과실로 인해 제조소등에서 위험물의 유출 · 방출 또는 확산 시 벌칙

① 사람의 생명·신체 또는 재산에 대하여 위험을 발생시킨 자 : 7년 이하의 금고 또는 7천 만원 이하의 벌금

② 사람을 사상에 이르게 한 자 : 10년 이하의 징역 또는 금고나 1억원 이하의 벌금

(3) 설치허가를 받지 아니하거나 허가받지 아니한 장소에서 위험물 취급 시 벌칙

① 제조소등의 설치허가를 받지 아니하고 제조소등을 설치한 자 : 5년 이하의 징역 또는 1억원 이하의 벌금

② 저장소 또는 제조소 등이 아닌 장소에서 지정수량 이상의 위험물을 저장 또는 취급한 자 : 3년 이하의 징역 또는 3천만원 이하의 벌금

(4) 1년 이하의 징역 또는 1천만원 이하의 벌금에 해당하는 벌칙

① 탱크시험자로 등록하지 아니하고 탱크시험자의 업무를 한 자

② 정기점검을 하지 아니하거나 정기검사를 받지 아니한 자

③ 자체소방대를 두지 아니한 자

④ 운반용기의 검사를 받지 아니하고 사용 또는 유통시킨 자

⑤ 출입·검사 등의 명령을 위반한 위험물을 저장 또는 취급하는 장소의 관계인

⑥ 제조소등에 대한 긴급 사용정지·제한명령을 위반한 자

1-7 제조소등 설치허가의 취소

(1) 제조소등 설치허가의 취소와 사용정지 등

시·도지사는 다음에 해당하는 때에는 허가를 취소하거나 6월 이내의 기간을 정하여 제조소등의 전부 또는 일부의 사용정지를 명할 수 있다.

① 수리·개조 또는 이전의 명령을 위반한 때

② 저장·취급 기준 준수명령을 위반한 때

③ 완공검사를 받지 아니하고 제조소등을 사용한 때

④ 위험물안전관리자를 선임하지 아니한 때

⑤ 변경허가를 받지 아니하고 제조소등의 위치, 구조 또는 설비를 변경한 때

⑥ 대리자를 지정하지 아니한 때

⑦ 정기점검을 실시하지 아니한 때

⑧ 정기검사를 받지 아니한 때

톡톡 튀는 암기법 수준완전변변대정검(수준 완전 변변하네 대장금)

(2) 제조소등에 대한 행정처분기준

위반사항	행정처분기준		
	1차	2차	3차
수리·개조 또는 이전의 명령을 위반한 때	사용정지 30일	사용정지 90일	허가취소
저장·취급 기준 준수명령을 위반한 때	사용정지 30일	사용정지 60일	허가취소
완공검사를 받지 아니하고 제조소등을 사용한 때	사용정지 15일	사용정지 60일	허가취소
위험물안전관리자를 선임하지 아니한 때			
변경허가를 받지 아니하고 제조소등의 위치, 구조 또는 설비를 변경한 때	경고 또는 사용정지 15일	사용정지 60일	허가취소
대리자를 지정하지 아니한 때	사용정지 10일	사용정지 30일	허가취소
정기점검을 실시하지 아니한 때			
정기검사를 받지 아니한 때			

1-8 탱크의 내용적 및 공간용적

01 탱크의 내용적

탱크의 내용적은 탱크 전체의 용적(부피)을 말한다.

(1) 타원형 탱크의 내용적

① 양쪽이 볼록한 것

$$내용적 = \frac{\pi ab}{4}\left(l + \frac{l_1 + l_2}{3}\right)$$

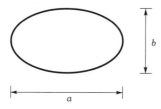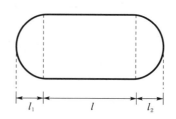

② 한쪽은 볼록하고 다른 한쪽은 오목한 것

$$내용적 = \frac{\pi ab}{4}\left(l + \frac{l_1 - l_2}{3}\right)$$

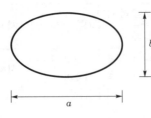 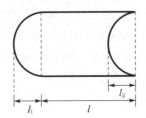

(2) 원통형 탱크의 내용적

① 횡으로 설치한 것

$$내용적 = \pi r^2\left(l + \frac{l_1 + l_2}{3}\right)$$

 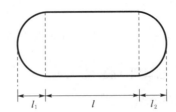

② 종으로 설치한 것

$$내용적 = \pi r^2 l$$

 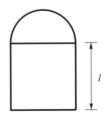

02 탱크의 공간용적

(1) 일반탱크의 공간용적

탱크 내용적의 100분의 5 이상 100분의 10 이하로 한다.

(2) 소화설비를 설치하는 탱크의 공간용적

※ 여기서 소화설비는 소화약제 방출구를 탱크 안의 윗부분에 설치하는 것에 한한다.

해당 소화설비의 소화약제 방출구 아래의 0.3m 이상 1m 미만 사이의 면으로부터 윗부분의 용적을 공간용적으로 한다.

(3) 암반탱크의 공간용적

해당 탱크 내에 용출하는 7일간의 지하수의 양에 상당하는 용적과 그 탱크 내용적의 100분의 1의 용적 중에서 보다 큰 용적을 공간용적으로 한다.

03 탱크의 최대용량

탱크의 최대용량은 다음과 같이 구한다.

> 탱크의 최대용량 = 탱크의 내용적 − 탱크의 공간용적

1-9 예방규정과 정기점검 및 정기검사

01 예방규정

(1) 예방규정의 정의

제조소등의 화재예방과 화재 등의 재해발생 시 비상조치를 위하여 필요한 사항을 작성해 놓은 규정을 말한다.

(2) 예방규정을 정해야 하는 제조소등

① 지정수량의 10배 이상의 위험물을 취급하는 제조소
② 지정수량의 100배 이상의 위험물을 저장하는 옥외저장소
③ 지정수량의 150배 이상의 위험물을 저장하는 옥내저장소
④ 지정수량의 200배 이상의 위험물을 저장하는 옥외탱크저장소
⑤ 암반탱크저장소
⑥ 이송취급소
⑦ 지정수량의 10배 이상의 위험물을 취급하는 일반취급소

02 정기점검

(1) 정기점검의 정의
제조소등이 자체적으로 기술수준에 적합한지의 여부를 정기적으로 점검하고 결과를 기록·보존하는 것을 말한다.

(2) 정기점검의 대상이 되는 제조소등
① 예방규정대상에 해당하는 것
② 지하탱크저장소
③ 이동탱크저장소
④ 위험물을 취급하는 탱크로서 지하에 매설된 탱크가 있는 제조소, 주유취급소 또는 일반취급소

(3) 정기점검의 횟수
연 1회 이상으로 한다.

03 정기검사

(1) 정기검사의 정의
소방본부장 또는 소방서장으로부터 제조소등이 기술수준에 적합한지 여부를 정기적으로 검사받는 것을 말한다.

(2) 정기검사의 대상이 되는 제조소등
특정·준특정 옥외탱크저장소(액체 위험물을 저장 또는 취급하는 50만L 이상의 옥외탱크저장소)

1-10 업무의 위탁

(1) 한국소방산업기술원이 시·도지사로부터 위탁받아 수행하는 업무
① 탱크 안전성능검사
② 완공검사
③ 소방본부장 또는 소방서장의 정기검사
④ 시·도지사의 운반용기검사
⑤ 소방청장의 권한 중 탱크시험자의 기술인력으로 종사하는 자에 대한 안전교육

📖 **탱크 안전성능검사 및 완공검사의 위탁업무에 해당하는 기준**

1) 탱크 안전성능검사의 위탁업무에 해당하는 탱크
   ㉠ 100만L 이상인 액체 위험물저장탱크
   ㉡ 암반탱크
   ㉢ 지하저장탱크 중 이중벽의 위험물탱크

2) 완공검사의 위탁업무에 해당하는 제조소등
   ㉠ 지정수량 3천배 이상의 위험물을 취급하는 제조소 또는 일반취급소
   ㉡ 50만L 이상의 옥외탱크저장소
   ㉢ 암반탱크저장소

(2) 한국소방안전원이 소방청장으로부터 위탁받아 수행하는 업무

한국소방안전원이 소방청장으로부터 위탁받아 수행하는 업무는 안전교육이며, 그 세부 내용은 다음과 같다.

1) 안전교육대상자

① 안전관리자로 선임된 자
② 탱크시험자의 기술인력으로 종사하는 자
③ 위험물운반자로 종사하는 자
④ 위험물운송자로 종사하는 자

2) 안전교육 과정 및 시간

교육과정	교육대상자	교육시간	교육시기	교육기관
강습교육	안전관리자가 되려는 사람	24시간	최초 선임되기 전	한국소방안전원
	위험물운반자가 되려는 사람	8시간	최초 종사하기 전	
	위험물운송자가 되려는 사람	16시간	최초 종사하기 전	
실무교육	안전관리자	8시간 이내	1. 제조소등의 안전관리자로 선임된 날부터 6개월 이내 2. 신규교육을 받은 후 2년마다 1회	
	위험물운반자	4시간	1. 위험물운반자로 종사한 날부터 6개월 이내 2. 신규교육을 받은 후 3년마다 1회	
	위험물운송자	8시간 이내	1. 위험물운송자로 종사한 날부터 6개월 이내 2. 신규교육을 받은 후 3년마다 1회	
	탱크시험자의 기술인력	8시간 이내	1. 탱크시험자의 기술인력으로 등록한 날부터 6개월 이내 2. 신규교육을 받은 후 2년마다 1회	한국소방산업기술원

1-11 탱크 안전성능검사와 완공검사

01 탱크 안전성능검사

(1) 탱크안전성능검사의 종류와 대상

① **기초·지반검사** : 액체위험물을 저장하는 100만L 이상인 옥외탱크저장탱크
② **충수·수압검사** : 액체위험물을 저장 또는 취급하는 탱크
③ **용접부검사** : 액체위험물을 저장하는 100만L 이상인 옥외탱크저장탱크
④ **암반탱크검사** : 액체위험물을 저장 또는 취급하는 암반 내의 공간을 이용한 탱크
※ 시·도지사가 면제할 수 있는 탱크안전성능검사의 종류는 충수·수압검사이다.

(2) 탱크안전성능검사의 신청시기

① **기초·지반검사** : 위험물탱크의 기초 및 지반에 관한 공사의 개시 전
② **충수·수압검사** : 위험물을 탱크에 배관, 그 밖의 부속설비를 부착하기 전
③ **용접부검사** : 탱크 본체에 관한 공사의 개시 전
④ **암반탱크검사** : 암반탱크의 본체에 관한 공사의 개시 전

02 완공검사

(1) 완공검사의 실시

제조소등의 설치 또는 변경을 마친 때에는 시·도지사가 행하는 완공검사를 받아야 하며 그 결과가 행정안전부령으로 정하는 기술기준에 적합하다고 인정되는 때에는 시·도지사는 **완공검사합격확인증을 교부**하여야 한다.

(2) 완공검사의 신청시기

① 지하탱크가 있는 제조소등의 경우 : 지하탱크를 매설하기 전
② 이동탱크저장소의 경우 : 이동저장탱크를 완공하고 상치장소를 확보한 후
③ 이송취급소의 경우 : 이송배관공사의 전체 또는 일부를 완료한 후
④ 전체 공사가 완료된 후에는 완공검사를 실시하기 곤란한 경우
    ㉠ 위험물설비 또는 배관의 설치가 완료되어 기밀시험 또는 내압시험을 실시하는 시기
    ㉡ 배관을 지하에 설치하는 경우에는 시·도지사, 소방서장 또는 기술원이 지정하는 부분을 매몰하기 직전
    ㉢ 기술원이 지정하는 부분의 비파괴시험을 실시하는 시기
⑤ 그 밖의 제조소등의 경우 : 제조소등의 공사를 완료한 후

1-12 탱크시험자의 기술능력과 시설 및 장비

(1) 기술능력

탱크시험자의 필수인력은 다음과 같다.

① 위험물기능장, 위험물산업기사, 위험물기능사 중 1명 이상

② 비파괴검사기술사 1명 이상 또는 초음파비파괴검사, 자기비파괴검사 및 침투비파괴검사별로 기사 또는 산업기사 각 1명 이상

(2) 시설

탱크시험자의 필수시설은 다음과 같다.

– 전용사무실

(3) 장비

탱크시험자의 필수장비와 필요한 경우에 두는 장비는 다음과 같다.

① 필수장비

㉠ 자기탐상시험기

㉡ 초음파두께측정기

㉢ '방사선투과시험기 및 초음파시험기' 또는 '영상초음파시험기' 중 어느 하나

② 필요한 경우에 두는 장비

㉠ 진공누설시험기

㉡ 기밀시험장치

㉢ 수직 · 수평도 측정기

예제 1 다음 (   ) 안에 알맞은 단어를 쓰시오.
(   )은 인화성 또는 발화성 등의 성질을 가지는 것으로서 대통령령이 정하는 물품이다.

풀이 위험물은 인화성 또는 발화성 등의 성질을 가지는 것으로서 대통령령이 정하는 물품을 말한다.

정답 위험물

예제 2 지정수량의 24만배 이상 48만배 미만의 사업장에서 필요로 하는 화학소방자동차의 수와 자체소방대원의 수는 최소 얼마인지 쓰시오.
(1) 화학소방자동차의 수
(2) 자체소방대원의 수

풀이 자체소방대에 두는 화학소방자동차 및 소방대원 수의 기준은 다음과 같다.

사업소의 구분	화학소방 자동차의 수	자체소방 대원의 수
지정수량의 3천배 이상 12만배 미만으로 취급하는 제조소 또는 일반취급소	1대	5인
지정수량의 12만배 이상 24만배 미만으로 취급하는 제조소 또는 일반취급소	2대	10인
지정수량의 24만배 이상 48만배 미만으로 취급하는 제조소 또는 일반취급소	3대	15인
지정수량의 48만배 이상으로 취급하는 제조소 또는 일반취급소	4대	20인
지정수량의 50만배 이상으로 저장하는 옥외탱크저장소	2대	10인

정답 (1) 3대
(2) 15명

예제 3 위험물취급소의 종류 4가지를 쓰시오.

풀이 위험물취급소는 다음과 같이 구분한다.

취급소의 구분	위험물을 제조 외의 목적으로 취급하기 위한 장소
이송취급소	배관 및 이에 부속된 설비에 의하여 위험물을 이송하는 장소
주유취급소	고정주유설비에 의하여 자동차, 항공기 또는 선박 등에 직접 연료를 주유하기 위하여 위험물을 취급하는 장소
일반취급소	주유취급소, 판매취급소, 이송취급소 외의 위험물을 취급하는 장소
판매취급소	점포에서 위험물을 용기에 담아 판매하기 위하여 지정수량의 40배 이하의 위험물을 취급하는 장소(페인트점 또는 화공약품점)

정답 이송취급소, 주유취급소, 일반취급소, 판매취급소

예제 4 예방규정을 정해야 하는 옥내저장소는 지정수량의 몇 배 이상이 되어야 하는지 쓰시오.

풀이 예방규정을 정해야 하는 제조소등은 다음과 같이 구분된다.
① 지정수량의 10배 이상의 위험물을 취급하는 제조소
② 지정수량의 100배 이상의 위험물을 저장하는 옥외저장소
③ 지정수량의 150배 이상의 위험물을 저장하는 옥내저장소
④ 지정수량의 200배 이상의 위험물을 저장하는 옥외탱크저장소
⑤ 암반탱크저장소
⑥ 이송취급소
⑦ 지정수량의 10배 이상의 위험물을 취급하는 일반취급소

정답 150배

예제 5 아래 탱크의 내용적을 구하시오. (여기서, $r=1$m, $l=4$m, $l_1=0.6$m, $l_2=0.6$m이다.)

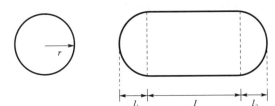

풀이 내용적 $=\pi r^2\left(l+\dfrac{l_1+l_2}{3}\right)=\pi\times 1^2\times\left(4+\dfrac{0.6+0.6}{3}\right)=13.82$m^3

정답 13.82m^3

예제 6 탱크의 공간용적에 대한 다음 설명 중 ( ) 안에 들어갈 내용을 알맞게 채우시오.
(1) 탱크의 공간용적은 탱크 내용적의 100분의 ( ) 이상 100분의 ( ) 이하로 한다.
(2) 소화약제 방출구를 탱크 안의 윗부분에 설치한 탱크의 공간용적은 해당 소화설비의 소화약제 방출구 아래의 ( )m 이상 ( )m 미만 사이의 면으로부터 윗부분의 용적을 공간용적으로 한다.
(3) 암반탱크의 공간용적은 해당 탱크 내에 용출하는 ( )일간의 지하수의 양에 상당하는 용적과 그 탱크 내용적의 ( )분의 1의 용적 중에서 보다 큰 용적을 공간용적으로 한다.

풀이 (1) 탱크의 공간용적은 탱크 내용적의 100분의 5 이상 100분의 10 이하로 한다.
(2) 소화약제 방출구를 탱크 안의 윗부분에 설치한 탱크의 공간용적은 해당 소화설비의 소화약제 방출구 아래의 0.3m 이상 1m 미만 사이의 면으로부터 윗부분의 용적을 공간용적으로 한다.
(3) 암반탱크의 공간용적은 해당 탱크 내에 용출하는 7일간의 지하수의 양에 상당하는 용적과 그 탱크 내용적의 100분의 1의 용적 중에서 보다 큰 용적을 공간용적으로 한다.

정답 (1) 5, 10
(2) 0.3, 1
(3) 7, 100

예제 7 다음 <보기>에서 위험물안전카드를 휴대해야 하는 위험물을 모두 고르시오.

| A. 특수인화물 | B. 알코올류 | C. 황화인 |
| D. 과산화수소 | E. 제3석유류 | |

풀이 위험물안전카드를 휴대해야 하는 위험물의 종류는 다음과 같다.
① 제4류 위험물 중 특수인화물 및 제1석유류
② 제1류·제2류·제3류·제5류·제6류 위험물의 전부

정답 A, C, D

예제 8 제조소의 자체소방대에 설치된 포수용액 방사차에 대해 다음 괄호 안에 들어갈 알맞은 내용을 쓰시오.
(1) 포수용액 방사차는 포수용액의 방사능력이 매분 (   ) 이상이어야 한다.
(2) 포수용액 방사차에는 소화약액탱크 및 (   )를 비치해야 한다.
(3) 포수용액 방사차에는 (   ) 이상의 포수용액을 방사할 수 있는 양의 소화약제를 비치해야 한다.

풀이 (1) 포수용액 방사차는 포수용액의 방사능력이 매분 2,000L 이상이어야 한다.
(2) 포수용액 방사차에는 소화약액탱크 및 소화약액혼합장치를 비치해야 한다.
(3) 포수용액 방사차에는 10만L 이상의 포수용액을 방사할 수 있는 양의 소화약제를 비치해야 한다.

정답 (1) 2,000L
(2) 소화약액혼합장치
(3) 10만L

예제 9 탱크시험자가 갖추어야 하는 기술능력 중 필수인력의 자격요건에 해당하는 것을 다음 <보기>에서 모두 고르시오.

• 위험물기능장
• 누설비파괴검사 기사·산업기사
• 초음파비파괴검사 기능사
• 측량 및 지형공간정보기술사·기사·산업기사 또는 측량기능사
• 위험물산업기사

풀이 탱크시험자가 갖추어야 하는 기술능력 중 필수인력
① 위험물기능장, 위험물산업기사, 위험물기능사 중 1명 이상
② 비파괴검사기술사 1명 이상 또는 방사선비파괴검사, 초음파비파괴검사, 자기비파괴검사 및 침투비파괴검사별로 기사 또는 산업기사 각 1명 이상

정답 위험물기능장, 위험물산업기사

예제 10 탱크 안전성능검사의 종류 4가지를 쓰시오.

> **풀이** 탱크 안전성능검사의 종류
> ① 기초·지반 검사
> ② 충수·수압 검사
> ③ 용접부 검사
> ④ 암반탱크 검사
>
> **정답** 기초·지반 검사, 충수·수압 검사, 용접부 검사, 암반탱크 검사

예제 11 다음은 제조소등의 설치허가에 있어서 한국소방산업기술원의 기술검토를 받아야 하는 사항이다. 괄호 안에 들어갈 알맞은 말을 쓰시오.

(1) 지정수량의 (　　　)배 이상의 위험물을 취급하는 제조소 또는 일반취급소의 구조·설비에 관한 사항

(2) (　　　)L 이상인 옥외탱크저장소 또는 암반탱크저장소의 위험물탱크의 기초·지반, 탱크 본체 및 소화설비에 관한 사항

> **풀이** 제조소등의 설치허가 또는 제조소등의 위치·구조 및 설비의 변경허가에 있어서 한국소방산업기술원의 기술검토를 받아야 하는 사항은 다음과 같다.
> (1) 지정수량의 1천배 이상의 위험물을 취급하는 제조소 또는 일반취급소의 구조·설비에 관한 사항
> (2) 50만L 이상인 옥외탱크저장소 또는 암반탱크저장소의 위험물탱크의 기초·지반, 탱크 본체 및 소화설비에 관한 사항
>
> **정답** (1) 1천
> (2) 50만

예제 12 안전관리자에 대해 다음 물음에 답하시오.

(1) 안전관리자를 해임할 경우 며칠 이내에 다시 안전관리자를 선임해야 하는지 쓰시오.

(2) 안전관리자를 선임한 경우에는 선임한 날부터 며칠 이내에 신고해야 하는지 쓰시오.

(3) 안전관리자가 여행·질병, 그 밖의 사유로 인하여 일시적으로 직무를 수행할 수 없는 경우 대리자가 안전관리자의 직무를 대행할 수 있는 기간은 며칠을 초과할 수 없는지 쓰시오.

> **풀이** 위험물안전관리자의 자격
> (1) 제조소등의 관계인은 그 안전관리자를 해임하거나 안전관리자가 퇴직한 때에는 해임하거나 퇴직한 날부터 30일 이내에 다시 안전관리자를 선임하여야 한다.
> (2) 제조소등의 관계인은 안전관리자를 선임한 경우에는 선임한 날부터 14일 이내에 소방본부장 또는 소방서장에게 신고하여야 한다.
> (3) 제조소등의 관계인은 안전관리자가 여행·질병, 그 밖의 사유로 인하여 일시적으로 직무를 수행할 수 없거나 안전관리자의 해임 또는 퇴직과 동시에 다른 안전관리자를 선임하지 못하는 경우에는 위험물의 취급에 관한 자격취득자 또는 안전관리자의 대리자를 지정하여 그 직무를 대행하게 하여야 한다. 이 경우 대리자가 안전관리자의 직무를 대행하는 기간은 30일을 초과할 수 없다.
>
> **정답** (1) 30일
> (2) 14일
> (3) 30일

예제 13 자체소방대를 두지 아니한 관계인으로서 허가를 받은 자에 대한 벌칙의 종류를 쓰시오.

풀이 자체소방대를 두지 아니한 관계인으로서 허가를 받은 자는 1년 이하의 징역 또는 1천 만원 이하의 벌금에 해당하는 벌칙을 받아야 한다.

정답 1년 이하의 징역 또는 1천만원 이하의 벌금 중 1개

예제 14 다음 제조소등의 완공검사 신청시기를 쓰시오.
(1) 지하탱크가 있는 제조소등
(2) 이동탱크저장소

풀이 제조소등의 완공검사의 신청시기
① 지하탱크가 있는 제조소등의 경우 : 지하탱크를 매설하기 전
② 이동탱크저장소의 경우 : 이동저장탱크를 완공하고 상치장소를 확보한 후
③ 이송취급소의 경우 : 이송배관공사의 전체 또는 일부를 완료한 후
④ 전체 공사가 완료된 후에는 완공검사를 실시하기 곤란한 경우
　　㉠ 위험물설비 또는 배관의 설치가 완료되어 기밀시험 또는 내압시험을 실시하는 시기
　　㉡ 배관을 지하에 설치하는 경우에는 시·도지사, 소방서장 또는 기술원이 지정하는 부분을 매몰하기 직전
　　㉢ 기술원이 지정하는 부분의 비파괴시험을 실시하는 시기
⑤ 그 밖의 제조소등의 경우 : 제조소등의 공사를 완료한 후

정답 (1) 지하탱크를 매설하기 전
(2) 이동저장탱크를 완공하고 상치장소를 확보한 후

Section 02 제조소, 저장소의 위치·구조 및 설비의 기준

2-1 제조소

01 안전거리

(1) 제조소의 안전거리기준

제조소로부터 다음 건축물 또는 공작물의 외벽(외측) 사이에는 다음과 같이 안전거리를 두어야 한다.

① 주거용 건축물(제조소의 동일부지 외에 있는 것) : 10m 이상

② 학교, 병원, 극장(300명 이상), 다수인 수용시설 : 30m 이상

③ 유형문화재, 지정문화재 : 50m 이상

④ 고압가스, 액화석유가스 등의 저장·취급 시설 : 20m 이상

⑤ 사용전압이 7,000V 초과 35,000V 이하인 특고압가공전선 : 3m 이상

⑥ 사용전압이 35,000V를 초과하는 특고압가공전선 : 5m 이상

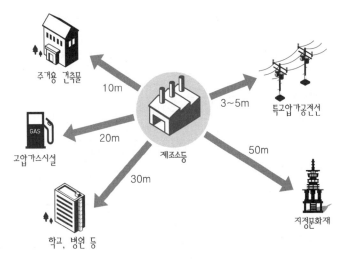

‖ 제조소등의 안전거리 ‖

(2) 제조소의 안전거리를 제외할 수 있는 조건

① 제6류 위험물을 취급하는 제조소, 취급소 또는 저장소
② 주유취급소
③ 판매취급소
④ 지하탱크저장소
⑤ 옥내탱크저장소
⑥ 이동탱크저장소
⑦ 간이탱크저장소
⑧ 암반탱크저장소

(3) 히드록실아민등(히드록실아민과 히드록실아민염류) 제조소의 안전거리기준

히드록실아민 제조소의 안전거리는 학교나 지정문화재 등의 대상물에 관계없이 무조건 다음의 공식에 의해서 결정된다.

$$D = 51.1 \times \sqrt[3]{N}$$

여기서, D : 안전거리(m)
N : 취급하는 히드록실아민(지정수량 100kg)의 지정수량의 배수

(4) 제조소등의 안전거리를 단축할 수 있는 기준

제조소등과 주거용 건축물, 학교 및 유치원 등, 문화재의 방화상 유효한 담을 설치하면 안전거리를 다음과 같이 단축할 수 있다.

① 방화상 유효한 담을 설치한 경우의 안전거리

구 분	취급하는 위험물의 최대수량 (지정수량의 배수)	안전거리(m, 이상)		
		주거용 건축물	학교, 유치원 등	문화재
제조소 · 일반취급소	10배 미만	6.5	20	35
	10배 이상	7.0	22	38
옥내저장소	5배 미만	4.0	12.0	23.0
	5배 이상 10배 미만	4.5	12.0	23.0
	10배 이상 20배 미만	5.0	14.0	26.0
	20배 이상 50배 미만	6.0	18.0	32.0
	50배 이상 200배 미만	7.0	22.0	38.0
옥외탱크저장소	500배 미만	6.0	18.0	32.0
	500배 이상 1,000배 미만	7.0	22.0	38.0
옥외저장소	10배 미만	6.0	18.0	32.0
	10배 이상 20배 미만	8.5	25.0	44.0

② 방화상 유효한 담의 높이

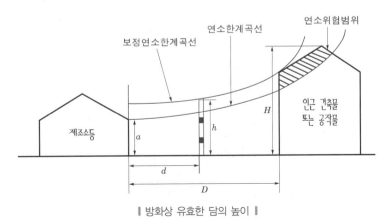

┃ 방화상 유효한 담의 높이 ┃

> • $H \leqq pD^2 + a$인 경우 : $h = 2$
> • $H > pD^2 + a$인 경우 : $h = H - p(D^2 - d^2)$

여기서, D : 제조소등과 인근 건축물 또는 공작물과의 거리(m)
$\quad\quad\quad H$: 인근 건축물 또는 공작물의 높이(m)
$\quad\quad\quad a$: 제조소등의 외벽의 높이(m)
$\quad\quad\quad d$: 제조소등과 방화상 유효한 담과의 거리(m)
$\quad\quad\quad h$: 방화상 유효한 담의 높이(m)
$\quad\quad\quad p$: 상수(0.15 또는 0.04)

방화상 유효한 담의 높이는 위의 수치 이상으로 하며, 2 미만일 때에는 담의 높이를 2m로 하고 담의 높이가 4 이상일 때에는 담의 높이를 4m로 하되 적절한 소화설비를 보강하여야 한다.

02 보유공지

위험물을 취급하는 건축물(위험물 이송배관은 제외)의 주위에는 그 취급하는 위험물의 최대수량에 따라 공지를 보유하여야 한다.

(1) 제조소 보유공지의 기준

지정수량의 배수	공지의 너비
지정수량의 10배 이하	3m 이상
지정수량의 10배 초과	5m 이상

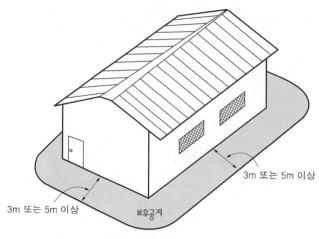

‖ 제조소의 보유공지 ‖

(2) 제조소에 보유공지를 두지 않을 수 있는 경우

제조소는 최소 3m 이상의 보유공지를 확보해야 하는데 만일 제조소와 그 인접한 장소에 다른 작업장이 있고 그 작업장과 제조소 사이에 공지를 두게 되면 작업에 지장을 초래하는 경우가 발생할 수 있다. 이때 아래의 조건을 만족하는 **방화상 유효한 격벽(방화벽)**을 설치한 경우에는 제조소에 공지를 두지 않을 수 있다.

① **방화벽은 내화구조로 할 것**(단, 제6류 위험물의 제조소라면 불연재료도 가능)
② 방화벽에 설치하는 출입구 및 창에는 **자동폐쇄식의 갑종방화문을 설치할 것**
③ 방화벽의 **양단 및 상단이 외벽 또는 지붕으로부터 50cm 이상 돌출**할 것

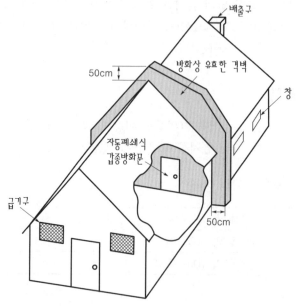

‖ 제조소에 설치하는 방화상 유효한 격벽 ‖

📖 **내화구조와 불연재료**

> 1) **내화구조** : 불에 견디는 구조(철근콘크리트)
> 2) **불연재료** : 불에 타지 않는 재료(철강 및 벽돌 등 유리는 제외)
> ※ **내구성의 크기** : 내화구조 > 불연재료

03 표지 및 게시판

(1) 제조소 표지의 기준

① 위치 : 제조소 주변의 보기 쉬운 곳에 설치하는 것 외에 특별한 규정은 없다.
② 크기 : 한 변 0.3m 이상, 다른 한 변 0.6m 이상인 직사각형
③ 내용 : 위험물제조소
④ 색상 : **백색바탕, 흑색문자**

‖ 제조소의 표지 ‖

(2) 방화에 관하여 필요한 사항을 표시한 게시판의 기준

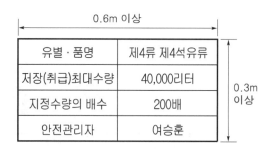

유별·품명	제4류 제4석유류
저장(취급)최대수량	40,000리터
지정수량의 배수	200배
안전관리자	여승훈

‖ 방화에 관하여 필요한 사항을 표시한 게시판 ‖

① 위치 : 제조소 주변의 보기 쉬운 곳에 설치하는 것 외에 특별한 규정은 없다.
② 크기 : 한 변 0.3m 이상, 다른 한 변 0.6m 이상인 직사각형
③ 내용 : 위험물의 **유별·품명, 저장최대수량(또는 취급최대수량), 지정수량의 배수, 안전관리자의 성명(또는 직명)**
④ 색상 : **백색바탕, 흑색문자**

(3) 주의사항 게시판의 기준
① 위치 : 제조소 주변의 보기 쉬운 곳에 설치하는 것
외에 특별한 규정은 없다.
② 크기 : 한 변 0.3m 이상, 다른 한 변 0.6m 이상인
직사각형
③ 위험물에 따른 주의사항 게시판(내용, 색상)

위험물의 종류	주의사항 내용	색 상	게시판 형태
• 제2류 위험물 중 인화성 고체 • 제3류 위험물 중 자연발화성 물질 • 제4류 위험물 • 제5류 위험물	화기엄금	적색바탕, 백색문자	0.6m 이상 **화기엄금** 0.3m 이상
• 제2류 위험물 (인화성 고체 제외)	화기주의	적색바탕, 백색문자	0.6m 이상 **화기주의** 0.3m 이상
• 제1류 위험물 중 알칼리금속 과산화물 • 제3류 위험물 중 금수성 물질	물기엄금	청색바탕, 백색문자	0.6m 이상 **물기엄금** 0.3m 이상
• 제1류 위험물 (알칼리금속 과산화물 제외) • 제6류 위험물	게시판을 설치할 필요 없음		

04 건축물의 기준

(1) 제조소 건축물의 구조별 기준

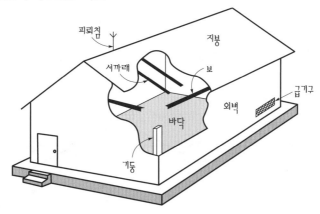

‖ 제조소의 건축물 ‖

① 바닥은 지면보다 높게 하고, 지하층이 없도록 한다.

② 벽, 기둥, 바닥, 보, 서까래 및 계단 : 불연재료

톡톡 튀는 암기법 벽, 기둥, 바닥, 보 ⇨ **벽기바보**

③ 연소의 우려가 있는 외벽 : 출입구 외의 개구부가 없는 내화구조

※ 연소의 우려가 있는 외벽 : 다음 ㉠ ~ ㉢의 지점으로부터 3m(제조소등의 건축물이 1층인 경우) 또는 5m(제조소등의 건축물이 2층 이상인 경우) 이내에 있는 제조소등의 외벽부분
㉠ 제조소등의 부지경계선
㉡ 제조소등에 면하는 도로중심선
㉢ 동일부지 내에 있는 다른 건축물과의 상호 외벽 간의 중심선

 ◀ 연소의 우려가 있는 외벽의 기준

④ **지붕** : 폭발력이 위로 방출될 정도의 가벼운 불연재료

📖 **지붕을 내화구조로 할 수 있는 경우**

1) 제2류 위험물(분상의 것과 인화성 고체를 제외)을 취급하는 경우
2) 제4류 위험물 중 제4석유류, 동식물유류를 취급하는 경우
3) 제6류 위험물을 취급하는 경우
4) 내부의 과압 또는 부압에 견딜 수 있는 철근콘크리트조의 밀폐형 구조의 건축물인 경우
5) 외부 화재에 90분 이상 견딜 수 있는 밀폐형 구조의 건축물인 경우

⑤ 출입구의 방화문
㉠ 출입구 : 갑종방화문 또는 을종방화문
㉡ 연소의 우려가 있는 외벽에 설치하는 출입구 : 수시로 열 수 있는 **자동폐쇄식 갑종 방화문**

⑥ 바닥

ㄱ 액체 위험물이 스며들지 못하는 재료를 사용한다.

ㄴ 적당한 경사를 둔다.

ㄷ 최저부에 집유설비를 한다.

(2) 제조소의 환기설비 및 배출설비

1) 환기설비

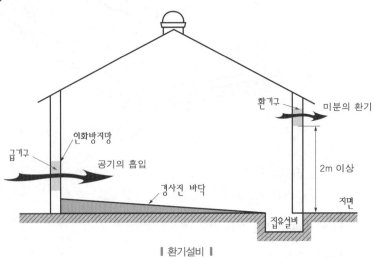

‖ 환기설비 ‖

① 환기방식 : 자연배기방식

② 급기구의 기준

※ 급기구란 외부의 공기를 건물 내부로 유입시키는 통로를 말한다.

ㄱ 급기구의 설치위치 : 낮은 곳에 설치

ㄴ 급기구의 크기 및 개수

  ⓐ 바닥면적 150m² 이상인 경우 : 크기가 800cm² 이상인 급기구를 바닥면적 150m²마다 1개 이상 설치한다.

  ⓑ 바닥면적 150m² 미만인 경우

바닥면적	급기구의 크기
60m² 미만	150cm² 이상
60m² 이상 90m² 미만	300cm² 이상
90m² 이상 120m² 미만	450cm² 이상
120m² 이상 150m² 미만	600cm² 이상

ㄷ 급기구의 설치장치 : 가는 눈의 구리망 등으로 인화방지망 설치

③ 환기구의 기준

－ 환기구의 설치위치 : 지붕 위 또는 지상 2m 이상의 높이에 설치

2) 배출설비

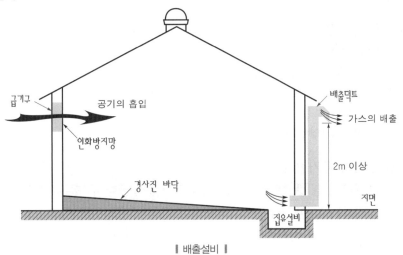

∥ 배출설비 ∥

① **설치장소** : 가연성의 증기(미분)가 체류할 우려가 있는 건축물

② **배출방식** : **강제배기방식**(배풍기, 배출덕트, 후드 등을 이용하여 강제적으로 배출하는 방식)

③ 급기구의 기준

 ㉠ 급기구의 설치위치 : **높은 곳에** 설치

 ㉡ 급기구의 개수 및 면적 : 환기설비와 동일

 ㉢ 급기구의 설치장치 : 환기설비와 동일

◀ 급기구 및 배출구

④ 배출구의 기준

 – 배출구의 설치위치 : **지상 2m 이상**의 높이에 설치

⑤ 배출설비의 능력

 기본적으로 국소방식으로 하지만 위험물취급설비가 배관이음 등으로만 된 경우에는 전역방식으로 할 수 있다.

 ㉠ 국소방식의 배출능력 : 1시간당 배출장소용적의 **20배 이상**

 ㉡ 전역방식의 배출능력 : 1시간당 **바닥면적 $1m^2$마다 $18m^3$ 이상**

(3) 제조소 옥외설비의 바닥의 기준

① 바닥의 둘레에 높이 0.15m 이상의 턱을 설치한다.

② 바닥은 위험물이 스며들지 아니하는 재료로 하고 턱이 있는 쪽이 낮게 경사지도록 한다.

③ 바닥의 최저부에 집유설비를 한다.

④ 유분리장치를 설치한다.

 ※ 유분리장치 : 기름과 물을 분리하는 장치

05 기타 설비

(1) 압력계 및 안전장치

① 압력계
② 자동압력상승정지장치
③ 감압측에 안전밸브를 부착한 감압밸브
④ 안전밸브를 병용하는 경보장치
⑤ 파괴판(안전밸브의 작동이 곤란한 가압설비에 설치)

(2) 정전기 제거설비

다음과 같은 방법으로 정전기를 유효하게 제거할 수 있는 설비를 설치한다.
① 접지에 의한 방법
② 공기 중의 상대습도를 70% 이상으로 하는 방법
③ 공기를 이온화하는 방법

(3) 피뢰설비

– 피뢰설비의 대상 : 지정수량 10배 이상의 위험물을 취급하는 제조소(제6류 위험물제조소는 제외)

◀ 피뢰침의 실제 모습

06 위험물취급탱크

(1) 위험물취급탱크의 정의

위험물제조소의 옥외 또는 옥내에 설치하는 탱크로서 위험물의 저장용도가 아닌 위험물을 취급하기 위한 탱크를 말한다.

(2) 위험물제조소의 옥외에 설치하는 위험물취급탱크의 방유제 용량

① 하나의 취급탱크의 방유제 용량 : 탱크 용량의 50% 이상
② 2개 이상의 취급탱크의 방유제 용량 : 탱크 중 용량이 최대인 것의 50%에 나머지 탱크 용량 합계의 10%를 가산한 양 이상

※ 이 경우 방유제의 용량은 방유제의 내용적에서 다음의 것을 빼야 한다.
 ㉠ 용량이 최대인 탱크가 아닌 그 외의 탱크의 방유제 높이 이하 부분의 용적
 ㉡ 방유제 내에 있는 모든 탱크의 지반면 이상 부분의 기초의 체적과 간막이 둑의 체적
 ㉢ 방유제 내에 있는 배관 등의 체적

◀ 방유제 용량으로 산정되는 부분

(3) 위험물제조소의 옥내에 설치하는 위험물취급탱크의 방유턱 용량

① 하나의 취급탱크의 방유턱 용량 : 탱크에 수납하는 위험물의 양의 전부

② 2개 이상의 취급탱크의 방유턱 용량 : 탱크 중 실제로 수납하는 위험물의 양이 최대인 탱크의 양의 전부

07 각종 위험물제조소의 특례

(1) 고인화점 위험물제조소의 특례

① 고인화점 위험물 : 인화점이 100℃ 이상인 제4류 위험물

② 고인화점 위험물제조소의 특례 : 고인화점 위험물만을 100℃ 미만으로 취급하는 제조소(고인화점 위험물제조소)는 제조소의 위치, 구조 및 설비의 기준 등에 대한 일부 규정을 제외할 수 있다.

(2) 위험물의 성질에 따른 각종 제조소의 특례

1) 알킬알루미늄등(알킬알루미늄, 알킬리튬)을 취급하는 제조소의 설비
① 불활성기체 봉입장치를 갖추어야 한다.
② 누설범위를 국한하기 위한 설비를 갖추어야 한다.
③ 누설된 알킬알루미늄등을 안전한 장소에 설치된 저장실에 유입시킬 수 있는 설비를 갖추어야 한다.

2) 아세트알데히드등(아세트알데히드, 산화프로필렌)을 취급하는 제조소의 설비
① 은, 수은, 구리(동), 마그네슘을 성분으로 하는 합금으로 만들지 아니한다.
② 연소성 혼합기체의 폭발을 방지하기 위한 불활성기체 또는 수증기 봉입장치를 갖추어야 한다.
③ 아세트알데히드등을 저장하는 탱크에는 냉각장치 또는 보냉장치 및 불활성기체 봉입장치를 갖추어야 한다.

3) 히드록실아민등(히드록실아민, 히드록실아민염류)을 취급하는 제조소의 설비
① 히드록실아민등의 온도 및 농도의 상승에 따른 위험한 반응을 방지하기 위한 조치를 강구한다.
② 철, 이온 등의 혼입에 따른 위험한 반응을 방지하기 위한 조치를 강구한다.

예제 1 제조소로부터 다음 건축물까지의 안전거리는 몇 m 이상으로 해야 하는지 쓰시오.

(1) 학교

(2) 지정문화재

풀이 제조소등으로부터의 안전거리기준은 다음과 같다.
① 주거용 건축물(제조소의 동일부지 외에 있는 것) : 10m 이상
② 학교·병원·극장(300명 이상), 다수인 수용시설 : 30m 이상
③ 유형문화재, 지정문화재 : 50m 이상
④ 고압가스, 액화석유가스 등의 저장·취급 시설 : 20m 이상
⑤ 사용전압 7,000V 초과 35,000V 이하의 특고압가공전선 : 3m 이상
⑥ 사용전압 35,000V를 초과하는 특고압가공전선 : 5m 이상

정답 (1) 30m
(2) 50m

예제 2 지정수량의 15배를 취급하는 위험물제조소의 보유공지는 얼마 이상으로 해야 하는지 쓰시오.

풀이 제조소의 보유공지 너비의 기준은 다음과 같다.
① 지정수량의 10배 이하 : 3m 이상
② 지정수량의 10배 초과 : 5m 이상

정답 5m

예제 3 제4류 위험물을 취급하는 위험물제조소에 필요한 주의사항 게시판에 대한 다음 물음에 답하시오.

(1) 게시판의 내용

(2) 게시판의 크기

(3) 게시판의 바탕색

(4) 게시판의 문자색

풀이 위험물제조소의 주의사항 게시판의 기준
① 주의사항 게시판의 내용
㉠ 제2류 위험물 중 인화성 고체, 제3류 위험물 중 자연발화성 물질, 제4류 위험물, 제5류 위험물 : 화기엄금
㉡ 제2류 위험물(인화성 고체 제외) : 화기주의
㉢ 제1류 위험물 중 알칼리금속 과산화물, 제3류 위험물 중 금수성 물질 : 물기엄금
㉣ 제1류 위험물(알칼리금속 과산화물 제외), 제6류 위험물 : 필요 없음
② 크기 : 한 변의 길이 0.3m 이상, 다른 한 변의 길이 0.6m 이상
③ 색상
– 화기엄금 : 적색바탕, 백색문자
– 화기주의 : 적색바탕, 백색문자
– 물기엄금 : 청색바탕, 백색문자

정답 (1) 화기엄금
(2) 한 변의 길이 0.3m 이상, 다른 한 변의 길이 0.6m 이상
(3) 적색
(4) 백색

예제 4 작업장과 제4류 위험물을 취급하는 제조소 사이에 방화상 유효한 격벽을 설치한 때에는 제조소에 공지를 두지 아니할 수 있다. 이 격벽의 기준에 대해 다음 물음에 답하시오.
(1) 방화상 유효한 격벽은 어떤 구조로 해야 하는가?
(2) 방화상 유효한 격벽의 양단 및 상단이 외벽과 지붕으로부터 각각 얼마 이상 돌출되어야 하는가?

풀이 제조소의 방화상 유효한 격벽의 기준은 다음과 같다.
① 방화상 유효한 격벽은 내화구조로 한다(단, 제6류 위험물을 취급하는 제조소는 불연재료로 할 수 있다).
② 방화상 유효한 격벽에 설치하는 출입구 및 창에는 자동폐쇄식 갑종방화문을 설치한다.
③ 방화상 유효한 격벽의 양단 및 상단을 외벽 또는 지붕으로부터 50cm 이상 돌출시킨다.

정답 (1) 내화구조
(2) 양단 : 50cm, 상단 : 50cm

예제 5 제4류 위험물을 취급하는 제조소에서 반드시 내화구조로 해야 하는 것은 무엇인지 쓰시오.

풀이 제조소의 벽, 기둥, 바닥, 보, 서까래, 계단은 불연재료로 하고, 연소의 우려가 있는 외벽은 반드시 내화구조로 해야 한다.

정답 연소의 우려가 있는 외벽

예제 6 제조소에서 연소의 우려가 있는 외벽에 있는 출입구에 설치하는 방화문의 종류는 무엇인지 쓰시오.

풀이 제조소의 출입구에는 갑종 또는 을종 방화문을 설치하지만 연소의 우려가 있는 외벽에 있는 출입구에는 수시로 열 수 있는 자동폐쇄식 갑종방화문을 설치해야 한다.

정답 자동폐쇄식 갑종방화문

예제 7 제조소에서 취급하는 위험물의 종류 중 제조소의 지붕을 내화구조로 할 수 있는 제4류 위험물의 품명 2가지를 쓰시오.

풀이 제조소의 지붕은 폭발력이 위로 방출될 정도의 가벼운 불연재료로 해야 한다. 다만, 지붕을 내화구조로 할 수 있는 경우는 다음과 같다.
① 제2류 위험물(분상의 것과 인화성 고체를 제외)을 취급하는 경우
② 제4류 위험물 중 제4석유류, 동식물유류를 취급하는 경우
③ 제6류 위험물을 취급하는 경우
④ 내부의 과압 또는 부압에 견딜 수 있는 철근콘크리트의 밀폐형 구조의 건축물인 경우
⑤ 외부화재에 90분 이상 견딜 수 있는 밀폐형 구조의 건축물인 경우

정답 제4석유류, 동식물유류

예제 8 제조소의 바닥면적이 $300m^2$라면 필요한 급기구의 개수와 하나의 급기구 크기는 각각 얼마 이상으로 해야 하는지 쓰시오.

(1) 급기구의 개수
(2) 하나의 급기구 크기

풀이 제조소는 바닥면적 $150m^2$마다 급기구 1개 이상으로 하고 그 급기구의 크기는 $800cm^2$ 이상으로 한다. 따라서 바닥면적이 $300m^2$인 경우 급기구의 개수는 2개가 필요하며 하나의 급기구 크기는 $800cm^2$ 이상으로 한다.

정답 (1) 2개
(2) $800cm^2$

예제 9 제조소에 설치하는 국소방식의 배출설비는 배출장소 용적의 몇 배 이상을 한 시간 내에 배출할 수 있어야 하는지 쓰시오.

풀이 배출설비의 배출능력
① 국소방식 : 1시간당 배출장소 용적의 20배 이상의 양
② 전역방식 : 바닥면적 $1m^2$마다 $18m^3$ 이상의 양

정답 20배

예제 10 다음 물음에 답하시오.

(1) 제조소의 환기설비는 어떤 방식인가?
(2) 환기구의 높이는 지면으로부터 몇 m 이상으로 해야 하는가?
(3) 급기구에 설치하는 설비의 명칭은 무엇인가?

풀이 (1) 환기방식은 자연배기방식으로 한다.
(2) 환기구의 기준 : 지상 2m 이상의 높이에 설치한다.
(3) 급기구 기준
① 급기구는 낮은 곳에 설치한다.
② 급기구(외부의 공기를 건물 내부로 유입시키는 통로)는 바닥면적 $150m^2$마다 1개 이상으로 하고 급기구의 크기는 $800cm^2$ 이상으로 한다.
③ 바닥면적이 $150m^2$ 미만인 경우에는 급기구를 아래의 크기로 한다.

바닥면적	급기구의 크기
$60m^2$ 미만	$150cm^2$ 이상
$60m^2$ 이상 $90m^2$ 미만	$300cm^2$ 이상
$90m^2$ 이상 $120m^2$ 미만	$450cm^2$ 이상
$120m^2$ 이상 $150m^2$ 미만	$600cm^2$ 이상

④ 급기구에는 가는 눈의 구리망 등으로 인화방지망을 설치한다.

정답 (1) 자연배기방식
(2) 2m
(3) 인화방지망

예제 11 제조소의 옥외에 모두 3기의 휘발유 취급탱크를 설치하려고 한다. 방유제 안에 설치하는 각 취급탱크의 용량이 60,000L, 20,000L, 10,000L일 때 방유제의 용량은 몇 L 이상으로 해야 하는지 구하시오.

풀이 하나의 방유제 안에 위험물취급탱크가 2개 이상 포함되어 있으면 용량이 가장 큰 취급탱크 용량의 50%에 나머지 취급탱크들의 용량을 합한 양의 10%를 가산한 양 이상으로 정한다. 여기서 용량이 가장 큰 취급탱크 용량의 50%는 60,000L×1/2＝30,000L이며 나머지 취급탱크들의 용량을 합한 양의 10%는 (20,000L＋10,000L)×0.1 ＝3,000L이므로 이를 합하면 30,000L＋3,000L＝33,000L이다.

정답 33,000L

2-2 옥내저장소

01 안전거리

(1) 옥내저장소의 안전거리기준
위험물제조소와 동일하다.

(2) 옥내저장소의 안전거리를 제외할 수 있는 조건
① 지정수량 20배 미만의 제4석유류 또는 동식물유류를 저장하는 경우
② 제6류 위험물을 저장하는 경우
③ 지정수량의 20배 이하로서 다음의 기준을 동시에 만족하는 경우
　　㉠ 저장창고의 벽, 기둥, 바닥, 보 및 지붕을 내화구조로 할 것

　　톡톡 튀는 암기법 벽, 기둥, 바닥, 보 및 지붕 ⇨ 벽기 바보지

　　㉡ 저장창고의 출입구에 수시로 열 수 있는 자동폐쇄식의 갑종방화문을 설치할 것
　　㉢ 저장창고에 창을 설치하지 아니할 것

02 보유공지

(1) 옥내저장소 보유공지의 기준

저장 또는 취급하는 위험물의 최대수량	공지의 너비	
	벽·기둥 및 바닥이 내화구조로 된 건축물	그 밖의 건축물
지정수량의 5배 이하	–	0.5m 이상
지정수량의 5배 초과 10배 이하	1m 이상	1.5m 이상
지정수량의 10배 초과 20배 이하	2m 이상	3m 이상
지정수량의 20배 초과 50배 이하	3m 이상	5m 이상
지정수량의 50배 초과 200배 이하	5m 이상	10m 이상
지정수량의 200배 초과	10m 이상	15m 이상

(2) 2개의 옥내저장소 사이의 거리
지정수량의 20배를 초과하는 옥내저장소가 동일한 부지 내에 2개 있을 때 이들 옥내저장소 사이의 거리는 위의 [표]에서 정하는 공지 너비의 1/3 이상으로 할 수 있으며 이 수치가 3m 미만인 경우에는 최소 3m의 거리를 두어야 한다.

03 표지 및 게시판

옥내저장소의 표지 및 게시판 기준은 위험물제조소와 동일하다.

※ 단, 표지의 내용은 "위험물옥내저장소"이다.

제조소 · 옥내저장소
게시판의 공통기준

0.6m 이상

위험물옥내저장소

0.3m
이상

┃ 옥내저장소의 표지 ┃

04 건축물의 기준

(1) 옥내저장소 건축물의 구조별 기준

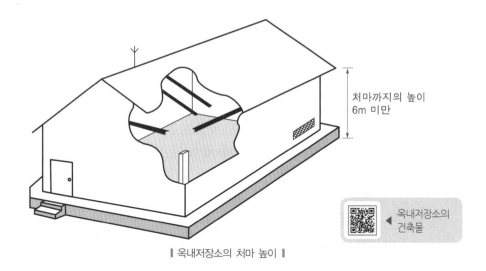

처마까지의 높이
6m 미만

옥내저장소의
건축물

┃ 옥내저장소의 처마 높이 ┃

① 지면에서 처마까지의 높이 : 6m 미만인 단층 건물

📖 지면에서 처마까지의 높이를 20m 이하로 할 수 있는 조건

제2류 또는 제4류의 위험물만을 저장하는 창고로서 아래의 기준에 적합한 창고인 경우
1) 벽, 기둥, 바닥 및 보를 내화구조로 할 것
2) 출입구에 갑종방화문을 설치할 것
3) 피뢰침을 설치할 것

② 바닥 : 빗물 등의 유입을 방지하기 위해 지면보다 높게 한다.

③ 벽, 기둥, 바닥 : **내화구조**

📖 **내화구조로 해야 하는 것**

1) **제조소** : 연소의 우려가 있는 외벽
2) **옥내저장소** : 외벽을 포함한 벽, 기둥, 바닥

④ 보, 서까래, 계단 : 불연재료

⑤ 지붕 : **폭발력이 위로 방출될 정도의 가벼운 불연재료**

　※ 제2류 위험물(분상의 것과 인화성 고체 제외)과 제6류 위험물만의 저장창고에 있어서는
　　지붕을 내화구조로 할 수 있다.

⑥ 천장 : 기본적으로는 설치하지 않는다.

　※ 제5류 위험물만의 저장창고는 창고 내의 온도를 저온으로 유지하기 위하여 난연재료
　　또는 불연재료로 된 천장을 설치할 수 있다.

⑦ 출입구의 방화문

　㉠ 출입구 : **갑종방화문 또는 을종방화문**

　㉡ 연소의 우려가 있는 외벽에 설치하는 출입구 : **자동폐쇄식 갑종방화문**

⑧ 바닥

　㉠ 물이 스며나오거나 스며들지 아니하는 바닥구조로 해야 하는 위험물

　　ⓐ 제1류 위험물 중 **알칼리금속 과산화물**

　　ⓑ 제2류 위험물 중 **철분, 금속분, 마그네슘**

　　ⓒ 제3류 위험물 중 **금수성 물질**

　　ⓓ **제4류 위험물**

　㉡ 액상 위험물의 저장창고 바닥 : 위험물이 스며들지 아니하는 구조로 하고, 적당히
　　경사지게 하여 그 최저부에 집유설비를 해야 한다.

⑨ 피뢰침 : 지정수량 10배 이상의 저장창고(제6류 위험물의 저장창고는 제외)에 설치
　한다.

(2) 옥내저장소의 환기설비 및 배출설비

위험물제조소의 환기설비 및 배출설비와 동일한 조건이며, 위험물저장소에는 환기설비
를 해야 하지만 **인화점이 70℃ 미만인 위험물**의 저장창고에 있어서는 **배출설비**를 갖
추어야 한다.

(3) 옥내저장소의 바닥면적과 저장기준

① 바닥면적 1,000m² 이하에 저장할 수 있는 물질

   ㉠ 제1류 위험물 중 아염소산염류, 염소산염류, 과염소산염류, 무기과산화물, 그 밖에 지정수량이 50kg인 위험물(**위험등급Ⅰ**)

   ㉡ 제3류 위험물 중 칼륨, 나트륨, 알킬알루미늄, 알킬리튬, 그 밖에 지정수량이 10kg인 위험물 및 황린(**위험등급Ⅰ**)

   ㉢ 제4류 위험물 중 특수인화물, 제1석유류 및 알코올류(**위험등급Ⅰ 및 위험등급Ⅱ**)

   ㉣ 제5류 위험물 중 유기과산화물, 질산에스테르류, 그 밖에 지정수량이 10kg인 위험물(**위험등급Ⅰ**)

   ㉤ 제6류 위험물 중 과염소산, 과산화수소, 질산(**위험등급Ⅰ**)

② 바닥면적 2,000m² 이하에 저장할 수 있는 물질 : 바닥면적 1,000m² 이하에 저장할 수 있는 물질 이외의 것

③ 바닥면적 1,000m² 이하에 저장하는 물질과 바닥면적 2,000m² 이하에 저장하는 물질을 같은 저장창고에 저장하는 때에는 바닥면적을 1,000m² 이하로 한다.

④ 바닥면적 1,000m² 이하에 저장할 수 있는 위험물과 바닥면적 2,000m² 이하에 저장할 수 있는 위험물을 내화구조의 격벽으로 완전히 구획된 실에 각각 저장하는 창고의 전체 면적은 1,500m² 이하로 할 수 있다(단, 바닥면적 1,000m² 이하에 저장할 수 있는 위험물을 저장하는 실의 면적은 500m²를 초과할 수 없다).

05 다층 건물 옥내저장소의 기준

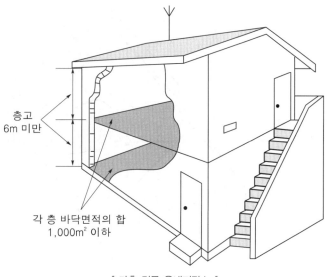

층고
6m 미만

각 층 바닥면적의 합
1,000m² 이하

┃ 다층 건물 옥내저장소 ┃

① 저장 가능한 위험물 : 제2류(인화성 고체 제외) 또는 제4류(인화점 70℃ 미만 제외)

② 층고(바닥으로부터 상층 바닥까지의 높이) : 6m 미만

③ 하나의 저장창고의 모든 층의 바닥면적 합계 : 1,000m² 이하

06 복합용도건축물 옥내저장소의 기준

하나의 건축물 안에 위험물을 저장하는 부분과 그 외의 용도로 사용하는 부분이 함께 있는 건축물을 복합용도건축물이라 한다.

① 저장 가능한 위험물의 양 : 지정수량의 20배 이하

② 건축물의 기준 : 벽, 기둥, 바닥, 보가 내화구조인 건축물의 1층 또는 2층에 설치

③ 층고 : 6m 미만

④ 위험물을 저장하는 옥내저장소의 용도에 사용되는 부분의 바닥면적 : 75m² 이하

07 지정과산화물 옥내저장소의 기준

(1) 지정과산화물의 정의

제5류 위험물 중 유기과산화물 또는 이를 함유한 것으로서 **지정수량**이 10kg인 것을 말한다.

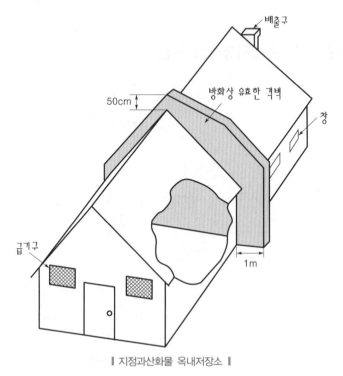

┃ 지정과산화물 옥내저장소 ┃

(2) 지정과산화물 옥내저장소의 안전거리와 보유공지

① 안전거리

저장 또는 취급하는 위험물의 최대수량	안전거리					
	주거용 건축물		학교·병원 등		지정문화재	
	저장창고의 주위에 담 또는 토제를 설치하는 경우	그 외의 경우	저장창고의 주위에 담 또는 토제를 설치하는 경우	그 외의 경우	저장창고의 주위에 담 또는 토제를 설치하는 경우	그 외의 경우
10배 이하	20m 이상	40m 이상	30m 이상	50m 이상	50m 이상	60m 이상
10배 초과 20배 이하	22m 이상	45m 이상	33m 이상	55m 이상	54m 이상	65m 이상
20배 초과 40배 이하	24m 이상	50m 이상	36m 이상	60m 이상	58m 이상	70m 이상
40배 초과 60배 이하	27m 이상	55m 이상	39m 이상	65m 이상	62m 이상	75m 이상
60배 초과 90배 이하	32m 이상	65m 이상	45m 이상	75m 이상	70m 이상	85m 이상
90배 초과 150배 이하	37m 이상	75m 이상	51m 이상	85m 이상	79m 이상	95m 이상
150배 초과 300배 이하	42m 이상	85m 이상	57m 이상	95m 이상	87m 이상	105m 이상
300배 초과	47m 이상	95m 이상	66m 이상	110m 이상	100m 이상	120m 이상

② 보유공지

저장 또는 취급하는 위험물의 최대수량	공지의 너비	
	저장창고의 주위에 담 또는 토제를 설치하는 경우	그 외의 경우
지정수량의 5배 이하	3.0m 이상	10m 이상
지정수량의 5배 초과 10배 이하	5.0m 이상	15m 이상
지정수량의 10배 초과 20배 이하	6.5m 이상	20m 이상
지정수량의 20배 초과 40배 이하	8.0m 이상	25m 이상
지정수량의 40배 초과 60배 이하	10.0m 이상	30m 이상
지정수량의 60배 초과 90배 이하	11.5m 이상	35m 이상
지정수량의 90배 초과 150배 이하	13.0m 이상	40m 이상
지정수량의 150배 초과 300배 이하	15.0m 이상	45m 이상
지정수량의 300배 초과	16.5m 이상	50m 이상

※ 2개 이상의 지정과산화물 옥내저장소를 동일한 부지 내에 인접해 설치하는 경우에는 상호간 공지의 너비를 3분의 2로 줄일 수 있다.

(3) 격벽의 기준

바닥면적 $150m^2$ 이내마다 격벽으로 구획한다.

① 격벽의 두께

　㉠ 철근콘크리트조 또는 철골철근콘크리트조 : 30cm 이상

　㉡ 보강콘크리트블록조 : 40cm 이상

② 격벽의 돌출길이

　㉠ 창고 양측의 외벽으로부터 : 1m 이상

　㉡ 창고 상부의 지붕으로부터 : 50cm 이상

Tip

지정과산화물 옥내저장소의 격벽 두께는 저장창고의 외벽 두께보다 10cm 더 두껍습니다.

(4) 저장창고 외벽 두께의 기준

① 철근콘크리트조 또는 철골철근콘크리트조 : 20cm 이상

② 보강콘크리트블록조 : 30cm 이상

(5) 저장창고 지붕의 기준

① 중도리 또는 서까래의 간격은 30cm 이하로 할 것

② 지붕의 아래쪽 면에는 한 변의 길이가 45cm 이하인 강철제의 격자를 설치할 것

③ 두께 5cm 이상, 너비 30cm 이상의 목재로 만든 받침대를 설치할 것

(6) 저장창고의 방화문 및 창의 기준

① 출입구의 방화문 : 갑종방화문

② 창의 높이 : 바닥으로부터 2m 이상

③ 창 한 개의 면적 : $0.4m^2$ 이내

④ 벽면에 부착된 모든 창의 면적 : 창이 부착되어 있는 벽면 면적의 80분의 1 이내

(7) 담 또는 토제(흙담)의 기준

지정과산화물 옥내저장소의 안전거리 또는 보유공지를 단축시키고자 할 때 설치한다.

① 담 또는 토제와 저장창고 외벽까지의 거리 : 2m 이상으로 하며 지정과산화물 옥내저장소의 보유공지 너비의 5분의 1을 초과할 수 없다.

② 담 또는 토제의 높이 : 저장창고의 처마높이 이상

③ 담의 두께 : 15cm 이상의 철근콘크리트조나 철골철근콘크리트조 또는 두께 20cm 이상의 보강콘크리트블록조

④ 토제의 경사도 : 60° 미만

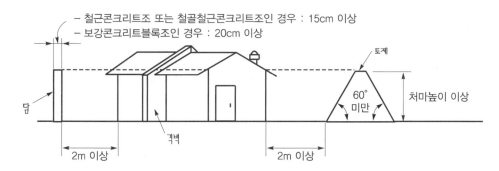

- 철근콘크리트조 또는 철골철근콘크리트조인 경우 : 15cm 이상
- 보강콘크리트블록조인 경우 : 20cm 이상

담

격벽

토제

60°
미만

처마높이 이상

2m 이상

2m 이상

‖ 지정과산화물 옥내저장소의 담 또는 토제 ‖

예제 1 다음 ( ) 안에 옥내저장소의 안전거리 제외조건을 완성하시오.

지정수량의 20배 이하로서 다음의 기준을 동시에 만족하는 경우
 - 저장창고의 벽, ( ), 바닥, ( ) 및 지붕을 내화구조로 할 것
 - 저장창고의 출입구에 수시로 열 수 있는 자동폐쇄식의 갑종방화문을 설치할 것
 - 저장창고에 ( )을 설치하지 아니할 것

풀이 옥내저장소의 안전거리 제외조건은 다음과 같다.
① 지정수량의 20배 미만의 제4석유류 또는 동식물유류를 저장하는 경우
② 제6류 위험물을 저장하는 경우
③ 지정수량의 20배 이하로서 다음의 기준을 동시에 만족하는 경우
 - 저장창고의 벽, 기둥, 바닥, 보 및 지붕을 내화구조로 할 것
 - 저장창고의 출입구에 수시로 열 수 있는 자동폐쇄식의 갑종방화문을 설치할 것
 - 저장창고에 창을 설치하지 아니할 것

정답 기둥, 보, 창

예제 2 벽, 기둥, 바닥이 내화구조로 된 옥내저장소에 일일 최대량으로 휘발유 4,000L를 저장한다면 이 옥내저장소의 보유공지는 최소 몇 m 이상으로 해야 하는지 쓰시오.

풀이 휘발유는 제4류 위험물의 제1석유류 비수용성 물질로 지정수량이 200L이다. 따라서 지정수량의 배수는 4,000L/200L＝20배로서 지정수량의 10배 초과 20배 이하에 해당하며 이때 확보해야 하는 보유공지는 2m 이상이다.

정답 2m

예제 3 옥내저장소에서 인화점이 몇 ℃ 미만의 위험물을 저장하는 경우 배출설비를 설치해야 하는지 쓰시오.

풀이 옥내저장소에는 기본적으로 환기설비를 해야 하지만 인화점이 70℃ 미만인 위험물의 저장창고에 있어서는 배출설비를 설치해야 한다.

정답 70℃

예제 4 벤젠을 저장하는 옥내저장소의 바닥면적은 몇 m^2 이하로 하는지 쓰시오.

> **풀이** 옥내저장소의 바닥면적에 따른 저장기준
> ① 바닥면적 $1,000m^2$ 이하에 저장할 수 있는 물질
>   – 제1류 위험물 중 아염소산염류, 염소산염류, 과염소산염류, 무기과산화물, 그 밖에 지정수량이 50kg인 위험물(위험등급 I)
>   – 제3류 위험물 중 칼륨, 나트륨, 알킬알루미늄, 알킬리튬, 그 밖에 지정수량이 10kg인 위험물 및 황린(위험등급 I)
>   – 제4류 위험물 중 특수인화물, 제1석유류 및 알코올류(위험등급 I 및 위험등급 II)
>   – 제5류 위험물 중 유기과산화물, 질산에스테르류, 그 밖에 지정수량이 10kg인 위험물(위험등급 I)
>   – 제6류 위험물(위험등급 I)
> ② 바닥면적 $2,000m^2$ 이하에 저장할 수 있는 물질
>   – 바닥면적 $1,000m^2$ 이하에 저장할 수 있는 물질 이외의 것

> **정답** $1,000m^2$

예제 5 옥내저장소에 어떤 위험물을 저장하는 경우 지붕을 내화구조로 할 수 있는지 쓰시오.

> **풀이** 옥내저장소의 지붕은 폭발력이 위로 방출될 정도의 가벼운 불연재료로 해야 한다. 단, 제2류 위험물(분상의 것과 인화성 고체를 제외한 것) 또는 제6류 위험물만의 저장창고에 있어서는 지붕을 내화구조로 할 수 있다.

> **정답** 제2류 위험물(분상의 것과 인화성 고체를 제외한 것) 또는 제6류 위험물

예제 6 제1류 위험물 중 알칼리금속 과산화물을 저장하는 옥내저장소의 바닥구조에 대해 쓰시오.

> **풀이** 옥내저장소에서 물이 스며나오거나 스며들지 아니하는 바닥구조로 해야 하는 위험물
> ① 제1류 위험물 중 알칼리금속 과산화물
> ② 제2류 위험물 중 철분, 금속분, 마그네슘
> ③ 제3류 위험물 중 금수성 물질
> ④ 제4류 위험물

> **정답** 물이 스며나오거나 스며들지 아니하는 바닥구조

예제 7 액상의 위험물을 저장하는 옥내저장소의 바닥에 적당한 경사를 두고 그 최저부에 설치해야 하는 설비는 무엇인지 쓰시오.

> **풀이** 액상의 위험물의 저장창고 바닥은 위험물이 스며들지 아니하는 구조로 하고, 적당히 경사지게 하여 그 최저부에 집유설비를 해야 한다.

> **정답** 집유설비

예제 8 적린을 저장하는 다층 건물 옥내저장소의 바닥면적의 합은 얼마 이하인지 쓰시오.

> **풀이** 다층 건물의 옥내저장소
> ① 저장 가능한 위험물 : 제2류(인화성 고체 제외) 또는 제4류(인화점 70℃ 미만 제외)
> ② 층고 : 6m 미만
> ③ 하나의 저장창고의 모든 층의 바닥면적 합계 : $1,000m^2$ 이하

> **정답** $1,000m^2$

예제 9 지정과산화물 옥내저장소에서 바닥으로부터 창의 높이와 하나의 창의 면적은 얼마 이내로 해야 하는지 쓰시오.
(1) 바닥으로부터 창의 높이
(2) 하나의 창의 면적

풀이 지정과산화물 옥내저장소의 창의 기준
① 바닥으로부터 2m 이상 높이에 있어야 한다.
② 하나의 창의 면적은 0.4m^2 이내로 해야 한다.
③ 벽면에 부착된 모든 창의 면적의 합은 창이 부착되어 있는 벽면 면적의 80분의 1 이내로 해야 한다.

정답 (1) 2m
(2) 0.4m^2

예제 10 지정과산화물 옥내저장소에 대해 다음 물음에 답하시오.
(1) 격벽으로 구획해야 하는 저장소의 바닥면적은 몇 m^2 이내인가?
(2) 저장창고의 격벽은 외벽으로부터 몇 m 이상 돌출되어야 하는가?
(3) 저장창고의 격벽은 지붕으로부터 몇 cm 이상 돌출되어야 하는가?

풀이 지정과산화물 옥내저장소의 격벽 기준
① 바닥면적 150m^2 이내마다 격벽으로 구획한다.
② 격벽의 돌출길이
– 창고 양측의 외벽으로부터 1m 이상 돌출되어야 한다.
– 창고 상부의 지붕으로부터 50cm 이상 돌출되어야 한다.

정답 (1) 150m^2
(2) 1m
(3) 50cm

예제 11 담 또는 토제를 설치한 지정과산화물 옥내저장소에 대해 다음 물음에 답하시오.
(1) 저장창고의 외벽으로부터 담 또는 토제까지의 거리는 몇 m 이상으로 해야 하는가?
(2) 담 또는 토제와 저장창고 외벽과의 간격은 지정과산화물 옥내저장소의 보유공지 너비의 몇 분의 몇을 초과할 수 없는가?
(3) 토제의 경사면은 몇 ° 미만으로 해야 하는가?

풀이 지정과산화물 옥내저장소의 담 또는 토제(흙담)의 기준
① 담 또는 토제와 저장창고의 외벽까지의 거리 : 2m 이상
② 담 또는 토제와 저장창고와의 간격은 지정과산화물 옥내저장소의 보유공지 너비의 5분의 1을 초과할 수 없다.
③ 토제의 경사도 : 60° 미만

정답 (1) 2m
(2) 5분의 1
(3) 60°

2-3 옥외탱크저장소

01 안전거리

위험물제조소의 안전거리기준과 동일하다.

02 보유공지

(1) 옥외탱크저장소 보유공지의 기준

① 제6류 위험물 외의 위험물을 저장하는 옥외저장탱크의 보유공지

저장 또는 취급하는 위험물의 최대수량	공지의 너비
지정수량의 500배 이하	3m 이상
지정수량의 500배 초과 1,000배 이하	5m 이상
지정수량의 1,000배 초과 2,000배 이하	9m 이상
지정수량의 2,000배 초과 3,000배 이하	12m 이상
지정수량의 3,000배 초과 4,000배 이하	15m 이상
지정수량의 4,000배 초과	탱크의 지름과 높이 중 큰 것 이상으로 하되 최소 15m 이상, 최대 30m 이하로 한다.

② 제6류 위험물을 저장하는 옥외저장탱크의 보유공지 : 위 [표]의 옥외저장탱크 **보유공지 너비의 1/3 이상(최소 1.5m 이상)**

(2) 동일한 방유제 안에 있는 2개 이상의 옥외저장탱크의 상호간 거리

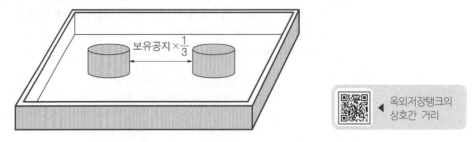

∥ 옥외저장탱크의 상호간 거리 ∥

① 제6류 위험물 외의 위험물을 저장하는 옥외저장탱크 : 옥외저장탱크 보유공지 너비의 1/3 이상(최소 3m 이상)

② 제6류 위험물을 저장하는 옥외저장탱크 : 제6류 위험물 옥외저장탱크의 보유공지 너비의 1/3 이상(최소 1.5m 이상)

03 표지 및 게시판

옥외탱크저장소의 표지 및 게시판 기준은 위험물제조소와 동일하다.
※ 단, 표지의 내용은 "위험물옥외탱크저장소"이다.

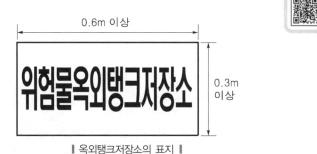

제조소 · 옥외탱크저장소 게시판의 공통기준

▮ 옥외탱크저장소의 표지 ▮

04 옥외저장탱크의 물분무설비

(1) 물분무설비의 정의

탱크의 벽면으로 물을 분무하는 설비를 말한다.

(2) 물분무설비의 설치효과

옥외저장탱크 보유공지를 1/2 이상의 너비(최소 3m 이상)로 할 수 있다.

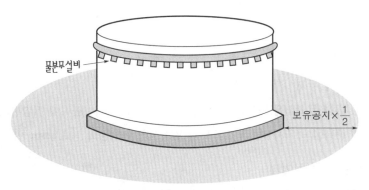

▮ 물분무설비 ▮

(3) 물분무설비의 설치기준

필요한 물의 양은 탱크 원주($\pi \times$지름)의 길이 1m에 대해 분당 37L 이상으로 하고 20분 이상 방사할 수 있어야 한다.

$$필요한 물의 양 = \pi \times 탱크의 지름 \times 분당 37L \times 20분$$

05 특정 옥외저장탱크 및 준특정 옥외저장탱크

(1) 특정 옥외저장탱크

저장 또는 취급하는 액체 위험물의 최대수량이 100만L 이상의 것을 말한다.

📖 **특정 옥외탱크저장소의 용접방법**

1) 옆판(세로 및 가로이음)의 용접 : 완전용입 맞대기용접
2) 옆판과 에눌러판(에눌러판이 없는 경우에는 밑판)과의 용접 : 부분용입 그룹용접
   ※ 에눌러판 : 탱크의 옆판과 바닥을 이어주는 판
3) 에눌러판과 에눌러판의 용접 : 뒷면에 재료를 댄 맞대기용접
4) 에눌러판과 밑판 및 밑판과 밑판의 용접 : 뒷면에 재료를 댄 맞대기용접 또는 겹치기용접
5) 필렛용접(직각으로 만나는 두 면을 접합하는 용접)의 사이즈

$$t_1 \geq S \geq \sqrt{2t_2} \quad (단, \ S \geq 4.5)$$

여기서, t_1 : 얇은 쪽의 강판의 두께(mm)

t_2 : 두꺼운 쪽의 강판의 두께(mm)

S : 사이즈(mm)

---

(2) 준특정 옥외저장탱크

저장 또는 취급하는 액체 위험물의 최대수량이 50만L 이상 100만L 미만의 것을 말한다.

06 옥외저장탱크의 외부 구조 및 설비

(1) 탱크의 두께

① 특정 옥외저장탱크 : 소방청장이 정하여 고시하는 규격에 적합한 강철판
② 준특정 옥외저장탱크 및 그 외 일반적인 옥외탱크 : **3.2mm 이상의 강철판**

(2) 탱크의 시험압력

다음의 시험에서 새거나 변형되지 않아야 한다.

① 압력탱크 : **최대상용압력의 1.5배 압력으로 10분간 실시하는 수압시험**
② 압력탱크 외의 탱크 : **충수시험**(물을 담아두고 시험하는 방법)

(3) 통기관

압력탱크 외의 탱크(**제4류 위험물** 저장)에는 **밸브 없는 통기관**(밸브가 설치되어 있지 않은 통기관) 또는 **대기밸브부착 통기관**(밸브가 부착되어 있는 통기관)을 설치한다.

1) 밸브 없는 통기관

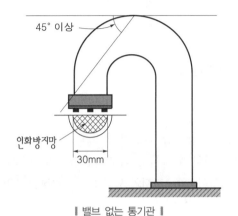

밸브 없는
통기관의 모습

45° 이상

인화방지망

30mm

∥ 밸브 없는 통기관 ∥

① 직경 : **30mm 이상**

② 선단 : 수평면보다 **45° 이상 구부릴 것**(빗물 등의 침투 방지)

③ 설치장치

ㄱ 인화점이 38℃ 미만인 위험물만을 저장, 취급하는
   탱크의 통기관 : 화염방지장치 설치

탱크에 설치된
인화방지망

ㄴ 인화점이 38℃ 이상 70℃ 미만인 위험물을 저장,
   취급하는 탱크의 통기관 : 40mesh 이상인 구리망으로 된 인화방지장치 설치

※ **인화점 70℃ 이상의 위험물**만을 해당 위험물의 인화점 미만의 온도로 저장 또는 취급
하는 탱크에 설치하는 통기관에는 인화방지장치를 설치하지 않아도 된다.

④ 가연성 증기를 회수할 목적이 있을 때에는 밸브를 통기관에 설치할 수 있다. 이때
밸브는 개방되어 있어야 하며 닫혔을 경우 10kPa 이하의 압력에서 개방되는 구조로
한다(개방부분의 단면적은 777.15mm^2 이상).

2) 대기밸브부착 통기관

밸브 없는 통기관의 기준에 준하며 **5kPa 이하의
압력 차이**로 작동할 수 있어야 한다.

대기밸브부착
통기관의 모습

(4) 옥외저장탱크의 주입구

1) 게시판의 설치기준

인화점이 21℃ 미만인 위험물을 주입하는 주입구 주변에는 게시판을 설치해야 한다.

2) 주입구 게시판의 기준

① 게시판의 크기 : 한 변 0.3m 이상, 다른 한 변 0.6m 이상인 직사각형

② 게시판의 내용 : "**옥외저장탱크 주입구**", 유별, 품명, 주의사항

③ 게시판의 색상

㉠ 게시판의 내용(주의사항 제외) : **백색바탕, 흑색문자**

㉡ 주의사항 : 백색바탕, 적색문자

07 옥외저장탱크의 펌프설비

(1) 펌프설비의 보유공지

① 너비 : 3m 이상(단, 방화상 유효한 격벽을 설치하는 경우 및 제6류 위험물 또는 지정수량의 10배 이하 위험물의 옥외저장탱크의 펌프설비에 있어서는 제외)

② 펌프설비로부터 옥외저장탱크까지의 사이 : 옥외저장탱크의 보유공지 너비의 3분의 1 이상

(2) 펌프설비를 설치하는 펌프실의 구조

① 펌프실의 벽·기둥·바닥 및 보 : 불연재료

② 펌프실의 지붕 : 폭발력이 위로 방출될 정도의 가벼운 불연재료

③ 펌프실의 바닥 주위의 턱 높이 : 0.2m **이상**

④ 펌프실의 바닥 : 적당히 경사지게 하여 그 최저부에는 집유설비를 설치해야 한다.

(3) 펌프설비를 설치하는 펌프실 외 장소의 구조

① 펌프실 외 장소의 턱 높이 : 0.15m **이상**

② 펌프실 외 장소의 바닥 : 지반면은 적당히 경사지게 하여 그 최저부에는 집유설비를 설치하고 배수구 및 유분리장치도 설치해야 한다.

※ 알코올류와 같은 수용성 물질을 취급하는 경우 알코올과 물을 분리할 수 없으므로 유분리장치는 설치할 필요가 없다.

◀ 펌프실 외의 장소 주위의 턱

(4) 플렉시블 조인트(Flexible Joint)

탱크에 연결된 배관들은 외부의 충격 등에 의해 파손되거나 비틀림이 발생할 수 있는데 이를 방지하기 위해 배관과 배관을 탄성의 재질로 연결한 연결체를 말한다.

◀ 배관을 연결하는 플렉시블 조인트

08 옥외저장탱크의 방유제

(1) 방유제의 정의

탱크의 파손으로 탱크로부터 흘러나온 위험물이 외부로 유출·확산되는 것을 방지하기 위해 철근콘크리트로 만든 둑을 말한다.

(2) 옥외저장탱크(이황화탄소 제외)의 방유제 기준

※ 이황화탄소 옥외저장탱크는 방유제가 필요 없으며 벽 및
바닥의 두께가 0.2m 이상인 철근콘크리트의 수조에 넣어
보관한다.

이황화탄소
◀ 옥외저장탱크의
설치

① 방유제의 용량

　㉠ 인화성이 있는 위험물 옥외저장탱크의 방유제

　　ⓐ 옥외저장탱크를 1개만 포함하는 경우 : 탱크 용량의 110% 이상

　　ⓑ 옥외저장탱크를 2개 이상 포함하는 경우 : 탱크 중
　　　　용량이 최대인 것의 110% 이상

옥외탱크저장소
◀ 주위에 설치하는
방유제

　㉡ 인화성이 없는 위험물 옥외저장탱크의 방유제

　　ⓐ 옥외저장탱크를 1개만 포함하는 경우 : 탱크 용량의 100% 이상

　　ⓑ 옥외저장탱크를 2개 이상 포함하는 경우 : 탱크 중 용량이 최대인 것의 100%
　　　　이상

※ 하나의 방유제 안에 옥외저장탱크가 2개 이상 있는 경우의 방유제의 용량은 방유제의
내용적에서 다음의 것을 빼야 한다.

　㉠ 용량이 최대인 탱크가 아닌 그 외의 탱크의 방유제 높이 이하 부분의 용적

　㉡ 방유제 내에 있는 모든 탱크의 지반면 이상 부분의 기초의 체적과 간막이 둑의 체적

　㉢ 방유제 내에 있는 배관 등의 체적

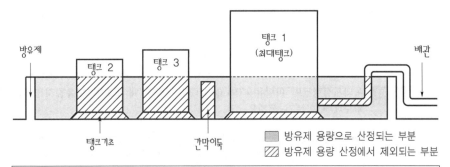

방유제의 유효용량 = 방유제 내부 체적 − 탱크 2와 3의 방유제 높이 이하 부분의 체적 − 모든 저장탱크(탱크
1, 2, 3)의 기초 부분의 체적 − 방유제 높이 이하 부분의 배관, 지지대 등 부속설비의 체적

‖ 방유제 용량으로 산정되는 부분 ‖

② 방유제의 높이 : 0.5m 이상 3m 이하

③ 방유제의 두께 : 0.2m 이상

④ 방유제의 지하매설깊이 : 1m 이상

⑤ 하나의 방유제의 면적 : 8만m^2 이하

⑥ 방유제의 재질 : 철근콘크리트

⑦ 하나의 방유제 안에 설치할 수 있는 옥외저장탱크의 수

  ㉠ 10개 이하 : **인화점 70℃ 미만**의 위험물을 저장하는 옥외저장탱크

  ㉡ 20개 이하 : 모든 옥외저장탱크의 **용량의 합이 20만L 이하**이고 **인화점이 70℃ 이상 200℃ 미만**(제3석유류)인 경우

  ㉢ 개수 무제한 : 인화점이 200℃ 이상인 위험물을 저장하는 경우

⑧ 소방차 및 자동차의 통행을 위한 도로 설치기준 : 방유제 외면의 2분의 1 이상은 3m 이상의 폭을 확보한 도로를 설치한다.

  ※ 외면의 2분의 1이란, 외면이 4개일 경우 2개의 면을 의미한다.

⑨ 방유제로부터 옥외저장탱크의 옆판까지의 거리

  ㉠ 탱크 지름이 15m 미만 : **탱크 높이의 3분의 1 이상**

  ㉡ 탱크 지름이 15m 이상 : **탱크 높이의 2분의 1 이상**

 탱크와 방유제까지의 거리

⑩ 간막이둑을 설치하는 기준 : 방유제 내에 설치된 용량이 1,000만L 이상인 옥외저장탱크에는 각각의 탱크마다 간막이둑을 설치한다.

  ㉠ 간막이둑의 높이 : 0.3m 이상(방유제 높이보다 0.2m 이상 낮게)

  ㉡ 간막이둑의 용량 : 탱크 용량의 10% 이상

  ㉢ 간막이둑의 재질 : 흙 또는 철근콘크리트

⑪ 계단 또는 경사로의 기준 : 높이가 1m를 넘는 방유제의 안팎에는 약 50m마다 계단 또는 경사로를 설치한다.

 방유제의 계단

예제 1 옥외저장탱크에 휘발유 400,000L를 저장할 때 필요한 보유공지는 최소 얼마 이상으로 확보해야 하는지 쓰시오.

  풀이 휘발유는 제4류 위험물의 제1석유류 비수용성 물질이므로 지정수량은 200L이며 지정수량의 배수는 400,000L/200L=2,000배로 지정수량의 1,000배 초과 2,000배 이하에 해당한다. 이때 옥외저장탱크의 보유공지는 9m 이상을 확보해야 한다.

  정답 9m

예제 2 제4류 위험물을 지정수량의 3,500배로 저장하는 옥외저장탱크 2개가 하나의 방유제 내에 들어 있을 때 이 2개 탱크 사이의 거리는 얼마 이상으로 해야 하는지 쓰시오.

  풀이 동일한 방유제 안에 제4류 위험물을 저장한 옥외저장탱크 2개의 상호간 거리는 보유공지 너비의 1/3 이상(최소 3m 이상)으로 할 수 있다. 문제의 조건이 지정수량의 3,500배이기 때문에 보유공지는 15m 이상을 필요로 하지만 두 탱크 사이의 거리는 15m×1/3이므로 5m의 상호간 거리가 필요하다.

  정답 5m

예제 3 제6류 위험물을 지정수량의 3,500배로 저장하는 옥외저장탱크 2개가 하나의 방유제 내에 들어 있을 때 다음 물음에 답하시오.

(1) 옥외저장탱크의 보유공지는 얼마 이상으로 해야 하는가?

(2) 2개의 탱크 사이의 거리는 얼마 이상으로 해야 하는가?

풀이 (1) 제6류 위험물의 옥외저장탱크의 보유공지는 제6류 위험물 외의 위험물이 저장된 옥외저장탱크의 보유공지의 1/3 이상(최소 1.5m 이상)으로 한다. 따라서 지정수량의 3,500배로 저장하는 제6류 위험물의 옥외저장탱크의 보유공지는 15m×1/3 =5m이다.

(2) 동일한 방유제 안에 들어 있는 제6류 위험물의 옥외저장탱크 2개의 상호간 거리는 제6류 위험물의 옥외저장탱크의 보유공지 너비의 1/3 이상(최소 1.5m 이상)으로 한다. 따라서 제6류 위험물의 옥외저장탱크 2개의 상호간 거리는 5m×1/3= 1.67m 이상이다.

정답 (1) 5m

(2) 1.67m

예제 4 옥외저장탱크의 통기관에 대해 다음 물음에 답하시오.

(1) 밸브 없는 통기관의 직경은 얼마 이상으로 해야 하는가?

(2) 밸브 없는 통기관의 선단은 수평면보다 몇 ° 이상 구부려 빗물 등의 침투를 막는 구조로 해야 하는가?

(3) 대기밸브부착 통기관은 몇 kPa 이하의 압력 차이로 작동할 수 있어야 하는가?

풀이 ① 밸브 없는 통기관 : 직경은 30mm 이상으로 하고 밸브 없는 통기관의 선단은 수평면보다 45° 이상 구부려 빗물 등의 침투를 막는 구조로 한다.

② 대기밸브부착 통기관 : 5kPa 이하의 압력 차이로 작동할 수 있어야 한다.

정답 (1) 30mm

(2) 45°

(3) 5kPa

예제 5 옥외저장탱크의 방유제에 대한 다음 물음에 답하시오.

(1) 하나의 방유제 안에 휘발유 8만L를 저장하는 옥외저장탱크는 몇 개까지 설치할 수 있는가?

(2) 방유제의 높이의 범위는 얼마인가?

(3) 계단을 설치해야 하는 방유제의 높이는 최소 얼마 이상인가?

풀이 (1) 방유제 내의 설치하는 옥외저장탱크의 수

① 10개 이하 : 인화점 70℃ 미만의 위험물을 저장하는 옥외저장탱크

② 20개 이하 : 모든 옥외저장탱크 용량의 합이 20만L 이하이고 인화점이 70℃ 이상 200℃ 미만인 경우

③ 개수 무제한 : 인화점이 200℃ 이상인 위험물을 저장하는 경우

(2) 방유제의 높이는 0.5m 이상 3m 이하로 할 것

(3) 높이가 1m를 넘는 방유제의 안팎에는 약 50m마다 계단 또는 경사로를 설치할 것

정답 (1) 10개

(2) 0.5m 이상 3m 이하

(3) 1m

예제 6 인화성 액체(이황화탄소 제외)를 저장한 옥외저장탱크 1개가 설치되어 있는 방유제의 용량은 설치된 탱크 용량의 몇 % 이상으로 해야 하는지 쓰시오.

　풀이 인화성이 있는 위험물의 옥외저장탱크의 방유제 용량
　　① 하나의 옥외저장탱크가 설치된 방유제 용량 : 탱크 용량의 110% 이상
　　② 2개 이상의 옥외저장탱크가 설치된 방유제 용량 : 탱크 중 용량이 최대인 것의 110% 이상

　정답 110%

예제 7 질산을 저장하는 옥외저장탱크에 대해 다음 물음에 답하시오.
　(1) 하나의 옥외저장탱크를 설치한 방유제의 용량은 탱크 용량의 몇 % 이상으로 하는가?
　(2) 2개 이상의 옥외저장탱크를 설치한 방유제의 용량은 둘 중 더 큰 탱크 용량의 몇 % 이상으로 하는가?

　풀이 질산(제6류 위험물)과 같이 인화성이 없는 액체위험물을 저장하는 옥외저장탱크의 방유제 용량
　　① 하나의 옥외저장탱크가 설치된 방유제 용량 : 탱크 용량의 100% 이상
　　② 2개 이상의 옥외저장탱크가 설치된 방유제 용량 : 탱크 중 용량이 최대인 것의 100% 이상

　정답 (1) 100%
　　　　(2) 100%

예제 8 옥외저장탱크의 지름이 15m이고 높이가 20m일 때 탱크의 옆판으로부터 방유제까지의 거리는 몇 m 이상으로 해야 하는지 쓰시오.

　풀이 옥외저장탱크의 지름 15m는 15m 이상에 해당하는 경우이므로, 탱크 옆판으로부터 방유제까지의 거리는 탱크의 높이 20m×1/2=10m 이상이 되어야 한다.
　　※ 방유제로부터 옥외저장탱크 옆판까지의 거리
　　　① 탱크 지름이 15m 미만 : 탱크 높이의 3분의 1 이상
　　　② 탱크 지름이 15m 이상 : 탱크 높이의 2분의 1 이상

　정답 10m

예제 9 압력탱크 외의 옥외저장탱크에 밸브 없는 통기관을 설치해야 하는 경우는 몇 류 위험물을 저장하는 경우인지 쓰시오.

　풀이 압력탱크 외의 옥외저장탱크에 제4류 위험물을 저장하는 경우 밸브 없는 통기관 또는 대기밸브부착 통기관을 설치해야 한다.

　정답 제4류 위험물

2-4 옥내탱크저장소

01 안전거리

필요 없음

02 보유공지

필요 없음

03 표지 및 게시판

옥내탱크저장소의 표지 및 게시판 기준은 위험물제조소와 동일하다.

※ 단, 표지의 내용은 "위험물옥내탱크저장소"이다.

제조소·옥내탱크저장소
게시판의 공통기준

0.6m 이상

위험물옥내탱크저장소

0.3m
이상

‖ 옥내탱크저장소의 표지 ‖

04 옥내저장탱크

(1) 옥내저장탱크의 정의

건축물에 설치된 탱크전용실에 설치하는 위험물의 저장 또는 취급 탱크를 말한다.

(2) 옥내저장탱크의 구조

① 옥내저장탱크의 두께 : 3.2mm 이상의 강철판
② 옥내저장탱크의 간격
　㉠ 옥내저장탱크와 탱크전용실 벽과의 사이 간격 : 0.5m 이상
　㉡ 옥내저장탱크 상호간의 간격 : 0.5m 이상

(3) 옥내저장탱크에 저장할 수 있는 위험물의 종류

1) 탱크전용실을 단층 건축물에 설치한 옥내저장탱크에 저장할 수 있는 위험물
　– 모든 유별의 위험물

2) 탱크전용실을 단층 건물 외의 건축물에 설치한 옥내저장탱크에 저장할 수 있는 위험물

① 건축물의 1층 또는 지하층

ㄱ 제2류 위험물 중 황화인, 적린 및 덩어리황

ㄴ 제3류 위험물 중 황린

ㄷ 제6류 위험물 중 질산

② 건축물의 모든 층

－ 제4류 위험물 중 인화점이 38℃ 이상인 위험물

(4) 옥내저장탱크의 용량

동일한 탱크전용실에 옥내저장탱크를 2개 이상 설치하는 경우에는 각 탱크 용량의 합계를 말한다.

> 💡 Tip
>
> 단층 건물 또는 1층 이하의 층에 탱크전용실을 설치하는 경우의 탱크 용량은 2층 이상의 층에 탱크전용실을 설치하는 경우의 4배입니다.

1) 단층 건물에 탱크전용실을 설치하는 경우

지정수량의 40배 이하(단, 제4석유류 및 동식물유류 외의 제4류 위험물은 20,000L 초과 시 20,000L 이하)

2) 단층 건물 외의 건축물에 탱크전용실을 설치하는 경우

① 1층 이하의 층에 탱크전용실을 설치하는 경우

지정수량의 40배 이하(단, 제4석유류 및 동식물유류 외의 제4류 위험물은 20,000L 초과 시 20,000L 이하)

② 2층 이상의 층에 탱크전용실을 설치하는 경우

지정수량의 10배 이하(단, 제4석유류 및 동식물유류 외의 제4류 위험물은 5,000L 초과 시 5,000L 이하)

(5) 옥내저장탱크의 통기관

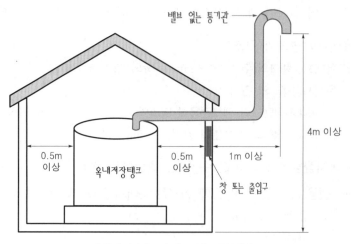

‖ 옥내저장탱크의 밸브 없는 통기관 ‖

1) 밸브 없는 통기관

   ① 통기관의 선단(끝단)과 건축물의 창, 출입구와의 거리 : 옥외의 장소로 1m 이상

   ② 지면으로부터 통기관의 선단까지의 높이 : 4m 이상

   ③ 인화점 40℃ 미만인 위험물을 저장하는 탱크의 통기관과 부지경계선까지의 거리 :
      1.5m 이상

   ④ 통기관의 선단은 옥외에 설치해야 한다.

   ⑤ 기타 통기관의 기준은 옥외저장탱크 통기관의 기준과 동일하다.

2) 대기밸브부착 통기관

   밸브 없는 통기관의 기준에 준하며 5kPa 이하의 압력 차이로 작동할 수 있어야 한다.

예제 1 옥내저장탱크 전용실의 안쪽 면과 탱크 사이의 거리 및 탱크 상호간의 거리는 몇 m 이상으로 하는지 쓰시오.

> **풀이** 옥내저장탱크의 간격은 다음과 같다.
>   ① 옥내저장탱크와 탱크전용실의 벽과의 사이 간격 : 0.5m 이상
>   ② 옥내저장탱크의 상호간의 간격 : 0.5m 이상

> **정답** 0.5m

예제 2 옥내탱크저장소의 전용실을 단층건물 외의 건축물 중 지하 또는 1층에 보관해야 하는 제2류 위험물의 종류 2가지를 쓰시오.

> **풀이** 옥내탱크저장소의 전용실을 단층건물 외의 건축물에 설치하는 경우
>   ① 건축물의 1층 또는 지하층에 탱크전용실을 설치할 수 있는 위험물
>   – 제2류 위험물 중 황화인, 적린 및 덩어리황
>   – 제3류 위험물 중 황린
>   – 제6류 위험물 중 질산
>   ② 건축물 층수의 제한 없이 탱크전용실을 설치할 수 있는 위험물
>   – 제4류 위험물 중 인화점이 38℃ 이상인 위험물

> **정답** 황화인, 적린, 덩어리상태의 황 중 2가지

예제 3 단층 건물에 설치된 탱크전용실에 있는 옥내저장탱크에 제4석유류를 저장한다면 지정수량의 몇 배 이하로 저장할 수 있는지 쓰시오.

> **풀이** 옥내저장탱크의 용량
>   1) 단층 건물 또는 단층 건물 외의 건축물 중 1층 이하의 층에 탱크전용실을 설치하는 경우 : 지정수량의 40배 이하(단, 제4석유류 및 동식물유류 외의 제4류 위험물은 20,000L 초과 시 20,000L 이하)
>   2) 단층 건물 외의 건축물 중 2층 이상의 층에 탱크전용실을 설치하는 경우 : 지정수량의 10배 이하(단, 제4석유류 및 동식물유류 외의 제4류 위험물은 5,000L 초과 시 5,000L 이하)

> **정답** 40배

예제 4 옥내저장탱크의 밸브 없는 통기관에 대해 다음 물음에 답하시오.

(1) 통기관의 선단은 건축물의 창 및 출입구로부터 몇 m 이상 옥외의 장소로 떨어져 있어야 하는가?

(2) 통기관의 선단은 지면으로부터 몇 m 이상의 높이에 있어야 하는가?

(3) 인화점 40℃ 미만인 위험물을 저장하는 옥내저장탱크의 통기관과 부지경계선까지의 거리는 몇 m 이상으로 해야 하는가?

풀이 옥내저장탱크의 밸브 없는 통기관의 기준

① 통기관의 선단(끝단)과 건축물의 창, 출입구와의 거리는 옥외의 장소로 1m 이상 떨어져 있어야 한다.

② 통기관의 선단은 지면으로부터 4m 이상의 높이에 있어야 한다.

③ 인화점 40℃ 미만인 위험물을 저장하는 탱크의 통기관과 부지경계선까지의 거리는 1.5m 이상이어야 한다.

정답 (1) 1m

(2) 4m

(3) 1.5m

2-5 지하탱크저장소

01 안전거리

필요 없음

02 보유공지

필요 없음

03 표지 및 게시판

지하탱크저장소의 표지 및 게시판 기준은 위험물제조소와 동일하다.

※ 단, 표지의 내용은 "위험물지하탱크저장소"이다.

제조소·지하탱크저장소
게시판의 공통기준

0.6m 이상

위험물지하탱크저장소

0.3m
이상

‖ 지하탱크저장소의 표지 ‖

04 지하저장탱크

(1) 지하저장탱크의 정의

지면 아래에 있는 탱크전용실에 설치하는 위험물의 저장 또는 취급을 위한 탱크를 의미한다.

(2) 지하저장탱크의 시험압력

다음의 시험에서 새거나 변형되지 않아야 한다.

① 압력탱크 : 최대상용압력의 1.5배 압력으로 10분간 실시하는 수압시험

② 압력탱크 외의 탱크 : 70kPa의 압력으로 10분간 실시하는 수압시험

(3) 지하저장탱크의 용량

제한 없음

(4) 지하저장탱크의 통기관

지하탱크저장소의 밸브 없는 통기관

1) 밸브 없는 통기관

① 직경 : 30mm 이상

② 선단 : 수평면보다 45° 이상 구부릴 것(빗물 등의 침투 방지)

③ 설치장치

㉠ 인화점이 38℃ 미만인 위험물만을 저장, 취급하는 탱크의 통기관 : 화염방지장치 설치

㉡ 인화점이 38℃ 이상 70℃ 미만인 위험물을 저장, 취급하는 탱크의 통기관 : 40mesh 이상인 구리망으로 된 인화방지장치 설치

④ 지면으로부터 통기관의 선단까지의 높이 : **4m 이상**

※ 옥내저장탱크의 밸브 없는 통기관의 설치기준에 준한다.

2) 대기밸브부착 통기관

밸브 없는 통기관의 기준에 준하며 5kPa 이하의 압력 차이로 작동할 수 있어야 한다.

※ 제4류 위험물의 제1석유류를 저장하는 탱크는 다음의 압력 차이로 작동해야 한다.

㉠ 정압(대기압보다 높은 압력) : 0.6kPa 이상 1.5kPa 이하

㉡ 부압(대기압보다 낮은 압력) : 1.5kPa 이상 3kPa 이하

05 지하탱크저장소의 설치기준

위험물을 저장 또는 취급하는 지하저장탱크는 지면하에 설치된 탱크전용실에 설치하여야 한다.

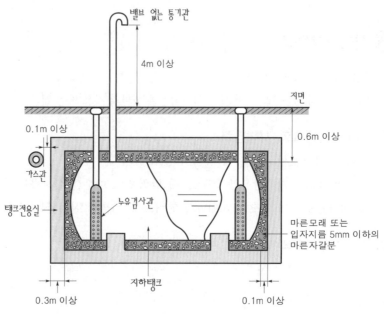

┃ 지하탱크저장소의 구조 ┃

① 전용실의 내부 : **입자지름 5mm 이하의 마른자갈분** 또는 **마른모래**를 채운다.

② 지면으로부터 지하탱크의 윗부분까지의 깊이 : **0.6m 이상**

③ 지하탱크를 2개 이상 인접해 설치할 때 상호거리 : **1m 이상**

  ※ 탱크 용량의 합계가 지정수량의 100배 이하일 경우 : **0.5m 이상**

④ 지하의 벽, 가스관, 대지경계선으로부터 탱크전용실 바깥쪽과의 사이 및 지하저장탱크와 탱크전용실 안쪽과의 사이 : **0.1m 이상**

⑤ 탱크전용실의 기준 : **벽, 바닥 및 뚜껑의 두께는 0.3m 이상의 철근콘크리트**로 한다.

⑥ 지면으로부터 통기관의 선단까지의 높이 : **4m 이상**

📖 **제4류 위험물을 저장하는 지하저장탱크를 탱크전용실에 설치하지 않을 수 있는 경우**

1) 탱크를 지하철, 지하가 또는 지하터널로부터 수평거리 10m 이상에 설치할 때
2) 탱크의 세로 및 가로보다 각각 0.6m 이상 크고 두께가 0.3m 이상인 철근콘크리트조의 뚜껑으로 덮을 때
3) 뚜껑에 걸리는 중량이 직접 탱크에 걸리지 않는 구조로 할 때
4) 탱크를 견고한 기초 위에 고정시킬 때
5) 탱크를 지하의 벽, 가스관, 대지경계선으로부터 0.6m 이상 떨어진 곳에 설치할 때

06 기타 설비

(1) 지하저장탱크의 주입구

1) 게시판의 설치기준

인화점이 21℃ 미만인 위험물을 주입하는 주입구 주변에는 게시판을 설치해야 한다.

2) 주입구 게시판의 기준

① 게시판의 크기 : 한 변 0.3m 이상, 다른 한 변 0.6m 이상인 직사각형

② 게시판의 내용 : "지하저장탱크 주입구", 유별, 품명, 주의사항

③ 게시판의 색상

  ㉠ 게시판의 내용(주의사항 제외) : **백색바탕, 흑색문자**

  ㉡ 주의사항 : **백색바탕, 적색문자**

(2) 누설(누유)검사관

① **누설(누유)검사관**은 하나의 탱크에 대해 **4군데 이상 설치**한다.

② 누설(누유)검사관의 설치기준

  ㉠ 이중관으로 할 것. 다만 소공이 없는 상부는 단관으로 할 것

ⓛ 재료는 금속관 또는 경질합성수지관으로 할 것

ⓒ 관의 밑부분으로부터 탱크의 중심높이까지에는 소공이 뚫려 있을 것. 다만, 지하수위가 높은 장소에 있어서는 지하수위 높이까지의 부분에 소공이 뚫려 있을 것

ⓔ 상부는 물이 침투하지 아니하는 구조로 하고 뚜껑은 검사 시에 쉽게 열 수 있도록 할 것

(3) 과충전 방지장치

① 탱크 용량을 초과하는 위험물이 주입될 때 자동으로 주입구를 폐쇄하거나 위험물의 공급을 차단하는 방법을 사용한다.

② 탱크 용량의 **90%가 찰 때 경보음**을 울리는 방법을 사용한다.

예제 1 지하저장탱크 중 압력탱크 외의 탱크의 수압시험은 얼마의 압력으로 하는지 쓰시오.

풀이 지하저장탱크의 시험압력 기준
① 압력탱크 외의 탱크 : 70kPa의 압력으로 10분간 수압시험에서 새거나 변형되지 아니하여야 한다.
② 압력탱크 : 최대상용압력의 1.5배 압력으로 10분간 실시하는 수압시험에서 새거나 변형되지 아니하여야 한다.

정답 70kPa

예제 2 지하저장탱크에 대해 다음 물음에 답하시오.

(1) 지면으로부터 탱크 상부까지의 깊이는 몇 m 이상으로 해야 하는가?

(2) 지하저장탱크 2개의 용량의 합이 지정수량의 150배일 때 탱크의 상호거리는 몇 m 이상으로 하는가?

(3) 지하저장탱크와 전용실 안쪽과의 거리는 몇 m 이상으로 하는가?

(4) 탱크전용실의 벽 및 바닥의 두께는 몇 m 이상의 철근콘크리트로 만드는가?

풀이 지하탱크저장소의 설치기준
① 전용실의 내부에는 입자지름 5mm 이하의 마른자갈분 또는 마른모래를 채운다.
② 지면으로부터 지하탱크의 윗부분까지의 깊이 : 0.6m 이상
③ 지하탱크를 2개 이상 인접해 설치할 때 상호거리 : 1m 이상(탱크 용량의 합계가 지정수량의 100배 이하일 경우 : 0.5m 이상)
④ 탱크전용실과의 간격
  – 지하의 벽, 가스관, 대지경계선으로부터 탱크전용실 바깥쪽과의 사이 : 0.1m 이상
  – 지하저장탱크와 탱크전용실 안쪽과의 사이 : 0.1m 이상
⑤ 탱크전용실의 벽, 바닥 및 뚜껑의 두께는 0.3m 이상의 철근콘크리트로 할 것

정답 (1) 0.6m
(2) 1m
(3) 0.1m
(4) 0.3m

예제 3 지하저장탱크를 설치할 때 통기관의 선단은 지면으로부터 얼마 이상의 높이로 해야 하는지 쓰시오.

풀이 지하저장탱크의 밸브 없는 통기관의 선단은 지면으로부터 4m 이상의 높이로 해야 한다.

정답 4m

예제 4 지하저장탱크의 주위에 넣는 자갈분의 입자의 지름은 몇 mm 이하인지 쓰시오.

풀이 탱크전용실 내부에 설치한 지하저장탱크의 주위에는 마른모래 또는 습기 등에 의하여 응고되지 아니하는 입자지름 5mm 이하의 마른자갈분을 채운다.

정답 5mm

예제 5 지하저장탱크를 설치할 때 지하로 연결된 관의 명칭과 지하저장탱크 한 개에 필요한 관의 수는 몇 개 이상인지 쓰시오.
(1) 관의 명칭
(2) 필요한 관의 수

풀이 누설검사관의 기준은 다음과 같다.
① 누설검사관의 개수 : 하나의 탱크에 대해 4개소 이상 설치
② 관은 금속재료로 이중관으로 하며, 관의 밑부분으로부터 탱크의 중심높이까지에는 소공이 뚫려 있을 것

정답 (1) 누설검사관(누유검사관)   (2) 4개

예제 6 지하저장탱크에 위험물을 주입할 때 과충전방지장치를 설치하는데 이 장치의 작동 방법을 한 가지만 쓰시오.

풀이 ① 자동으로 주입구를 폐쇄하거나 위험물의 공급을 차단하는 방법
② 탱크 용량의 90%가 찰 때 경보음을 울리는 방법

정답 탱크 용량의 90%가 차면 경보음을 울린다.

2-6 간이탱크저장소

01 안전거리

필요 없음

02 보유공지

① 옥외에 설치하는 경우 : 1m 이상으로 한다.
② 전용실 안에 설치하는 경우 : 탱크와 전용실 벽 사이를 0.5m 이상으로 한다.

03 표지 및 게시판

간이탱크저장소의 표지 및 게시판 기준은 위험물제조소와 동일하다.
※ 단, 표지의 내용은 "위험물간이탱크저장소"이다.

제조소·간이탱크저장소 게시판의 공통기준

0.6m 이상

위험물간이탱크저장소

0.3m 이상

‖ 간이탱크저장소의 표지 ‖

04 탱크의 기준

(1) 간이탱크저장소의 구조 및 설치기준
① 하나의 간이탱크저장소에 설치할 수 있는 간이저장탱크의 수 : 3개 이하
※ 동일한 품질의 위험물의 간이저장탱크를 2개 이상 설치하지 않는다.
② 간이저장탱크의 용량 : 600L 이하
③ 간이저장탱크의 두께 : 3.2mm 이상의 강철판
④ 수압시험 : 70kPa의 압력으로 10분간 실시

(2) 통기관 기준
1) 밸브 없는 통기관
① 통기관의 지름 : 25mm 이상
② 통기관의 설치위치 : 옥외

③ 선단

　　㉠ 선단의 높이 : 지상 1.5m 이상

　　㉡ 수평면보다 45° 이상 구부릴 것(빗물 등의 침투 방지)

④ 설치장치 : 인화방지장치(가는 눈의 구리망 등으로 설치)

2) 대기밸브부착 통기관

　　밸브 없는 통기관의 기준에 준하며 5kPa 이하의 압력 차이로 작동할 수 있어야 한다.

예제 1 하나의 간이저장탱크의 용량은 몇 L 이하로 해야 하는지 쓰시오.

　풀이 하나의 간이저장탱크의 용량은 600L 이하이다.

　정답 600L

예제 2 간이저장탱크의 수압시험을 실시할 때 압력은 얼마인지 쓰시오.

　풀이 간이저장탱크는 70kPa의 압력으로 10분간 수압시험을 실시해서 새거나 변형되지 않아야 한다.

　정답 70kPa

예제 3 하나의 간이탱크저장소에는 간이저장탱크를 최대 몇 개까지 설치할 수 있는지 쓰시오.

　풀이 하나의 간이탱크저장소에 설치할 수 있는 간이저장탱크의 수는 3개 이하이다.

　정답 3개

예제 4 간이저장탱크의 밸브 없는 통기관에 대한 다음 물음에 답하시오.

　(1) 밸브 없는 통기관의 지름은 몇 mm 이상으로 해야 하는가?

　(2) 밸브 없는 통기관의 선단의 높이는 지상 몇 m 이상으로 해야 하는가?

　풀이 간이저장탱크의 밸브 없는 통기관 기준

　　① 통기관의 지름 : 25mm 이상으로 한다.

　　② 통기관은 옥외에 설치하되 그 선단의 높이는 지상 1.5m 이상으로 한다.

　정답 (1) 25mm

　　　　(2) 1.5m

2-7 | 이동탱크저장소

01 안전거리

필요 없음

02 보유공지

필요 없음

03 표지 및 경고표시

이동탱크에는 저장하는 위험물의 분류에 따라 표지 및 UN번호, 그리고 그림문자를 표시하여야 한다.

(1) 표지

① 부착위치 : 이동탱크저장소의 전면 상단 및 후면 상단
② 규격 및 형상 : 횡형 사각형(60cm 이상×30cm 이상)
③ 색상 및 문자 : 흑색 바탕에 황색의 반사도료로 "위험물"
　　이라고 표기할 것

‖ 이동탱크저장소의 표지 ‖

(2) 이동탱크에 저장하는 위험물의 분류

분류기호 및 물질	구 분	내 용
〈분류기호 1〉 폭발성 물질 및 제품	1.1	순간적인 전량폭발이 주위험성인 폭발성 물질 및 제품
	1.2	발사나 추진 현상이 주위험성인 폭발성 물질 및 제품
	1.3	심한 복사열 또는 화재가 주위험성인 폭발성 물질 및 제품
	1.4	중대한 위험성이 없는 폭발성 물질 및 제품
	1.5	순간적인 전량폭발이 주위험성이지만, 폭발 가능성은 거의 없는 물질
	1.6	순간적인 전량폭발 위험성을 제외한 그 이외의 위험성이 주위험성이지만, 폭발 가능성은 거의 없는 제품
〈분류기호 2〉 가스	2.1	인화성 가스
	2.2	비인화성 가스, 비독성 가스
	2.3	독성 가스
〈분류기호 3〉 인화성 액체	–	–

분류기호 및 물질	구 분	내 용
〈분류기호 4〉 인화성 고체, 자연발화성 물질 및 물과 접촉 시 인화성 가스를 생성하는 물질	4.1	인화성 고체, 자기반응성 물질 및 둔감화된 고체 화약
	4.2	자연발화성 물질
	4.3	물과 접촉 시 인화성 가스를 생성하는 물질
〈분류기호 5〉 산화성 물질과 유기과산화물	5.1	산화성 물질
	5.2	유기과산화물
〈분류기호 6〉 독성 및 전염성 물질	6.1	독성 물질
	6.2	전염성 물질
〈분류기호 7〉 방사성 물질	–	–
〈분류기호 8〉 부식성 물질	–	–
〈분류기호 9〉 기타 위험물	–	–

(3) UN번호

① 그림문자의 외부에 표기하는 경우

 ㉠ 부착위치 : 이동탱크저장소의 후면 및 양 측면(그림문자와 인접한 위치)

 ㉡ 규격 및 형상 : 횡형 사각형(30cm 이상×12cm 이상)

 ㉢ 색상 및 문자 : 흑색 테두리선(굵기 1cm)과 오렌지색으로 이루어진 바탕에 UN번호(글자 높이 6.5cm 이상)를 흑색으로 표기할 것

‖ UN번호를 그림문자 외부에 표기하는 경우 ‖

② 그림문자의 내부에 표기하는 경우

 ㉠ 부착위치 : 이동탱크저장소의 후면 및 양 측면

 ㉡ 규격 및 형상 : 심벌 및 분류·구분의 번호를 가리지 않는 크기의 횡형 사각형

 ㉢ 색상 및 문자 : 흰색 바탕에 UN번호(글자 높이 6.5cm 이상)를 흑색으로 표기할 것

‖ UN번호를 그림문자 내부에 표기하는 경우 ‖

(4) 그림문자

① 부착위치 : 이동탱크저장소의 후면 및 양 측면
② 규격 및 형상 : 마름모꼴(25cm 이상×25cm 이상)
③ 색상 및 문자 : 위험물의 품목별로 해당하는 심벌을 표기하고 그림문자의 하단에 분류·구분의 번호(글자 높이 2.5cm 이상)를 표기할 것
④ 위험물의 분류·구분별 그림문자의 세부기준 : 다음의 분류·구분에 따라 주위험성 및 부위험성에 해당되는 그림문자를 모두 표시한다.

┃ 그림문자 ┃

분류기호 및 물질		심벌 색상	분류번호 색상	배경 색상	그림문자
〈분류기호 1〉 폭발성 물질		검정	검정	오렌지	
〈분류기호 2〉 가스		(해당 없음)			
〈분류기호 3〉 인화성 액체		검정 혹은 흰색	검정 혹은 흰색	빨강	
〈분류기호 4〉	인화성 고체	검정	검정	흰색 바탕에 7개의 빨간 수직막대	
	자연발화성 물질	검정	검정	상부 절반 흰색, 하부 절반 빨강	
	금수성 물질	검정 혹은 흰색	검정 혹은 흰색	파랑	
〈분류기호 5〉	산화(제)성 물질	검정	검정	노랑	
	유기 과산화물	검정 혹은 흰색	검정	상부 절반 빨강, 하부 절반 노랑	

분류기호 및 물질		심벌 색상	분류번호 색상	배경 색상	그림문자
〈분류기호 6〉	독성 물질	검정	검정	흰색	
	전염성 물질	검정	검정	흰색	
〈분류기호 7〉 방사성 물질		(해당 없음)			
〈분류기호 8〉 부식성 물질		검정	흰색	상부 절반 흰색, 하부 절반 검정	
〈분류기호 9〉 기타 위험물		(해당 없음)			

04 이동탱크저장소의 기준

(1) 이동저장탱크의 구조

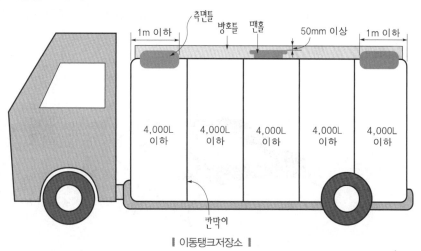

┃ 이동탱크저장소 ┃

① 탱크(맨홀 및 주입관의 뚜껑 포함)의 두께 및 재질 : **3.2mm 이상의 강철판** 또는 이와 동등 이상의 강도·내식성 및 내열성이 있는 재료
② 칸막이
　㉠ 하나로 구획된 칸막이의 용량 : 4,000L **이하**
　㉡ 칸막이의 두께 : **3.2mm 이상의 강철판** 또는 이와 동등 이상의 강도·내열성 및 내식성이 있는 금속성의 것

③ 방파판

칸막이로 구획된 부분의 용량이 2,000L 미만인 부분에는 설치하지 않을 수 있다.

㉠ 두께 및 재질 : **1.6mm 이상의 강철판** 또는 이와 동등 이상의 강도·내열성 및 내식성이 있는 금속성의 것

㉡ 개수 : 하나의 구획부분에 **2개 이상**

㉢ 면적의 합 : 구획부분의 최대 수직단면적의 50% 이상

※ 칸막이와 방파판은 출렁임을 방지하는 기능을 한다.

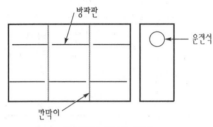

┃ 칸막이 및 방파판 ┃

④ 안전장치의 작동압력 : 안전장치는 다음의 압력에서 작동해야 한다.

㉠ 상용압력이 20kPa 이하인 탱크 : **20kPa 이상 24kPa 이하의 압력**

㉡ 상용압력이 20kPa을 초과하는 탱크 : **상용압력의 1.1배 이하의 압력**

(2) 측면틀 및 방호틀

측면틀과 방호틀은 부속장치의 손상을 방지하는 기능을 한다.

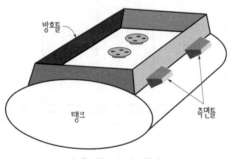

┃ 측면틀 및 방호틀 ┃

① 측면틀

㉠ 측면틀의 최외측과 탱크 최외측의 연결선과 수평면이 이루는 내각 : 75° 이상

㉡ 탱크 중량의 중심점(G)과 측면틀의 최외측을 연결하는 선과 중심점을 지나는 직선 중 최외측선과 직각을 이루는 선과의 내각 : 35° 이상

㉢ 탱크 상부의 네 모퉁이로부터 탱크의 전단 또는 후단까지의 거리 : 각각 1m 이내

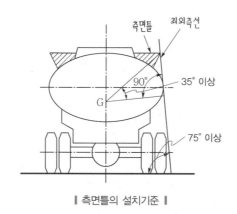

∥ 측면틀의 설치기준 ∥

② 방호틀

　　㉠ 두께 및 재질 : 2.3mm 이상의 강철판 또는 이와 동등 이상의 기계적 성질이 있는 재료

　　㉡ 높이 : 방호틀의 정상부분을 부속장치보다 50mm 이상 높게 유지

(3) 이동저장탱크의 시험압력

다음의 시험에서 새거나 변형되지 않아야 한다.

① 압력탱크 : 최대상용압력의 1.5배의 압력으로 10분간 실시하는 수압시험

② 압력탱크 외의 탱크 : 70kPa의 압력으로 10분간 실시하는 수압시험

(4) 이동저장탱크의 주입설비

이동탱크저장소에 주입설비(개폐밸브가 설치된 주입호스)를 설치하는 경우에는 다음의 기준에 의하여야 한다.

① 위험물이 샐 우려가 없고 화재예방상 안전한 구조로 할 것

② 주입설비의 길이는 50m 이내로 하고, 그 선단에 축적되는 정전기를 유효하게 제거할 수 있는 장치를 할 것

③ 분당 토출량은 200L 이하로 할 것

(5) 이동저장탱크의 접지도선

제4류 위험물 중 특수인화물, 제1석유류 또는 제2석유류를 저장하는 이동저장탱크에 설치해야 한다.

(6) 이동저장탱크의 외부도장 색상

① 제1류 위험물 : 회색

② 제2류 위험물 : 적색

③ 제3류 위험물 : 청색

④ 제4류 위험물 : 적색(색상에 대한 제한은 없으나 적색을 권장)

⑤ 제5류 위험물 : 황색

⑥ 제6류 위험물 : 청색

※ 탱크의 앞면과 뒷면을 제외한 면적의 40% 이내의 면적은 다른 유별에 정해진 색상 외의 색상으로 도장하는 것이 가능하다.

(7) 상치장소(주차장으로 허가받은 장소)

① 옥외에 있는 상치장소 : 화기를 취급하는 장소 또는 인근의 건축물로부터 5m 이상 의 거리 확보(인근의 건축물이 1층인 경우에는 3m 이상)

② 옥내에 있는 상치장소 : 벽·바닥·보·서까래 및 지붕이 내화구조 또는 불연재료로 된 건축물의 1층에 설치

05 컨테이너식 이동탱크 및 알킬알루미늄등을 저장하는 이동탱크의 기준

(1) 컨테이너식 이동탱크

컨테이너식 이동탱크는 상자모양의 틀 안에 이동저장탱크를 수납한 형태의 것을 말한다.

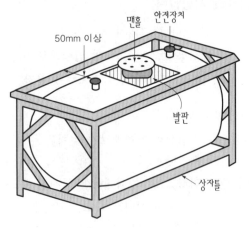

┃ 컨테이너식 이동저장탱크 ┃

① 탱크의 본체·맨홀 및 주입구 뚜껑의 두께는 다음과 같이 **강철판 또는 이와 동등 이상의 기계적 성질이 있는 재료로 한다.**

㉠ 직경이나 장경이 1.8m를 초과하는 경우 : **6mm 이상**

㉡ 직경이나 장경이 1.8m 이하인 경우 : **5mm 이상**

※ 직경 : 지름

장경 : 타원의 경우 긴 변의 길이

② 칸막이 두께 : **3.2mm 이상의 강철판** 또는 이와 동등 이상의 기계적 성질이 있는 재료로 한다.

③ 부속장치의 간격 : 상자틀의 최외측과 **50mm 이상의 간격 유지**

④ 개폐밸브의 설치 : 탱크 배관의 선단부에는 **개폐밸브**를 설치해야 한다.

(2) 알킬알루미늄등을 저장하는 이동탱크

① 탱크·맨홀 및 주입구 뚜껑의 두께 : 10mm 이상의 강철판 또는 이와 동등 이상의 기계적 성질이 있는 재료로 한다.

② 시험방법 : 1MPa 이상의 압력으로 10분간 수압시험 실시

③ 탱크의 용량 : 1,900L 미만

④ 안전장치의 작동압력 : 이동저장탱크의 수압시험의 3분의 2를 초과하고 5분의 4를 넘지 않는 범위의 압력

⑤ 탱크의 배관 및 밸브의 위치 : 탱크의 윗부분

⑥ 탱크 외면의 색상 : 적색 바탕

⑦ 주의사항 색상 : 백색 문자

📖 탱크 및 부속장치의 강철판 두께

1) 이동저장탱크
   ㉠ 본체·맨홀 및 주입관의 뚜껑, 칸막이 : 3.2mm 이상
   ㉡ 방파판 : 1.6mm 이상
   ㉢ 방호틀 : 2.3mm 이상
2) 컨테이너식 이동저장탱크
   ㉠ 본체·맨홀 및 주입구의 뚜껑
      ⓐ 직경이나 장경이 1.8m를 초과하는 경우 : 6mm 이상
      ⓑ 직경이나 장경이 1.8m 이하인 경우 : 5mm 이상
   ㉡ 칸막이 : 3.2mm 이상
3) 알킬알루미늄등을 저장하는 이동저장탱크
   – 본체·맨홀 및 주입구의 뚜껑 : 10mm 이상

예제 1 이동저장탱크에 대해 다음 물음에 답하시오.

(1) 이동저장탱크에 16,000L의 위험물을 저장할 때 칸막이의 수는 몇 개 이상으로 해야 하는가?

(2) 방파판은 하나의 구획당 최소 몇 개 이상으로 설치해야 하는가?

풀이 (1) 칸막이의 구조
   ① 하나로 구획된 칸막이 용량 : 4,000L 이하
   ② 칸막이 두께 : 3.2mm 이상의 강철판
(2) 방파판의 구조
   ① 두께 : 1.6mm 이상의 강철판
   ② 하나의 구획부분에 2개 이상의 방파판을 설치
하나로 구획된 칸막이 용량은 4,000L 이하이므로 16,000L를 저장하려면 4개의 칸이 필요하다. 하지만 4개의 칸을 만들려면 칸막이는 3개 필요하다.

정답 (1) 3개 (2) 2개

예제 2 이동탱크저장소의 뒷부분 입면도에 있어서 측면틀의 최외측과 탱크 최외측의 연결선과 수평면이 이루는 내각은 몇 °이상인지 쓰시오.

    풀이 ① 측면틀의 최외측과 탱크 최외측의 연결선과 수평면이 이루는 내각 : 75°이상
           ② 탱크 중심점과 측면틀의 최외측을 연결하는 선과 중심점을 지나는 직선 중 최외측선과 직각을 이루는 선과의 내각 : 35°이상

    정답 75도

예제 3 이동저장탱크에 설치한 방파판의 두께와 방호틀의 두께, 그리고 부속장치 상단으로부터 방호틀의 정상부분까지의 높이는 각각 얼마 이상으로 해야 하는지 쓰시오.

  (1) 방파판의 두께

  (2) 방호틀의 두께

  (3) 부속장치 상단으로부터 방호틀의 정상부분까지의 높이

    풀이 (1) 방파판은 두께 1.6mm 이상의 강철판으로 하나의 구획부분에 2개 이상으로 설치한다.
         (2) 방호틀은 두께 2.3mm 이상의 강철판으로 한다.
         (3) 방호틀의 정상부분은 부속장치의 상단보다 50mm 이상 높게 설치해야 한다.

    정답 (1) 1.6mm (2) 2.3mm (3) 50mm

예제 4 이동저장탱크 표지의 바탕색과 문자색을 쓰시오.

  (1) 바탕색

  (2) 문자색

    풀이 이동저장탱크 표지의 기준은 다음과 같다.
         ① 위치 : 이동탱크저장소의 전면 상단 및 후면 상단
         ② 규격 : 60cm 이상×30cm 이상의 횡형 사각형
         ③ 색상 : 흑색바탕에 황색문자
         ④ 내용 : 위험물

    정답 (1) 흑색 (2) 황색

예제 5 이동저장탱크에 표기하는 UN번호에 대해 다음 ( ) 안에 알맞은 단어를 채우시오.

  (1) 그림문자 외부에 표기하는 경우 부착위치는 이동탱크저장소의 ( ) 및 ( )이다.

  (2) 크기 및 형상은 ( )cm 이상 × ( )cm 이상의 횡형 사각형으로 한다.

  (3) 색상 및 문자는 굵기 1cm인 ( )색 테두리선과 ( )색의 바탕에 글자높이 6.5cm 이상의 UN번호를 ( )색으로 표기해야 한다.

    풀이 이동저장탱크에 표기하는 UN번호의 기준(그림문자의 외부에 표기하는 경우)
         ① 부착위치 : 이동탱크저장소의 후면 및 양측면(그림문자와 인접한 위치)
         ② 크기 및 형상 : 30cm 이상×12cm 이상의 횡형 사각형
         ③ 색상 및 문자 : 흑색 테두리 선(굵기 1cm)과 오렌지색으로 이루어진 바탕에 UN번호(글자의 높이 6.5cm 이상)를 흑색으로 표기할 것

    정답 (1) 후면, 양측면
         (2) 30, 12
         (3) 흑, 오렌지, 흑

예제 6 알킬알루미늄등을 저장하는 이동저장탱크에 대해 다음 물음에 답하시오.
(1) 이동저장탱크의 두께는 몇 mm 이상인가?
(2) 이동저장탱크의 시험압력은 얼마 이상으로 하는가?
(3) 이동저장탱크의 용량은 얼마 미만으로 하는가?

풀이 (1) 알킬알루미늄등을 저장하는 이동저장탱크의 두께는 10mm 이상의 강철판으로 한다.
(2) 1MPa 이상의 압력으로 10분간 수압시험을 실시하여 새거나 변형되지 않아야 한다.
(3) 이동저장탱크의 용량은 1,900L 미만으로 한다.

정답 (1) 10mm
(2) 1MPa
(3) 1,900L

예제 7 이동저장탱크에 접지도선을 설치해야 하는 위험물의 품명을 모두 쓰시오.

풀이 제4류 위험물 중 특수인화물, 제1석유류 또는 제2석유류를 저장하는 이동저장탱크에는 접지도선을 설치해야 한다.

정답 특수인화물, 제1석유류, 제2석유류

예제 8 이동저장탱크에 설치하는 주입설비에 대해 다음 물음에 답하시오.
(1) 주입설비의 길이는 몇 m 이하로 해야 하는가?
(2) 분당 토출량은 몇 L 이하로 해야 하는가?

풀이 이동탱크저장소에 주입설비를 설치하는 기준
① 위험물이 샐 우려가 없고 화재예방상 안전한 구조로 할 것
② 주입설비의 길이는 50m 이내로 하고, 그 선단에 축적되는 정전기를 유효하게 제거할 수 있는 장치를 할 것
③ 분당 토출량은 200L 이하로 할 것

정답 (1) 50m
(2) 200L

예제 9 컨테이너식 이동저장탱크에 대해 다음 물음에 답하시오.
(1) 탱크의 직경이 1.8m라면 맨홀의 두께는 몇 mm 이상으로 하는가?
(2) 탱크의 재질은 강판 또는 어떤 재료로 제작하여야 하는가?

풀이 컨테이너식 이동저장탱크 및 맨홀, 주입구는 다음과 같이 강철판 또는 동등 이상의 기계적 성질이 있는 재료로 한다.
① 직경이나 장경이 1.8m를 초과하는 경우 : 6mm 이상
② 직경이나 장경이 1.8m 이하인 경우 : 5mm 이상

정답 (1) 5mm
(2) 강판 또는 이와 동등 이상의 기계적 성질이 있는 재료

예제 10 옥외에 설치한 이동탱크저장소의 상치장소는 다음의 각 건축물로부터 몇 m 이상 거리를 두어야 하는지 쓰시오.
(1) 단층건물
(2) 복층건물

풀이 이동탱크저장소의 상치장소
옥외에 있는 상치장소는 화기를 취급하는 장소 또는 인근의 건축물로부터 5m 이상(인근의 건축물이 1층인 경우에는 3m 이상)의 거리를 확보하여야 한다.

정답 (1) 3m
(2) 5m

2-8 옥외저장소

01 안전거리

위험물제조소와 동일하다.

02 보유공지

옥외저장소 보유공지의 기준은 다음과 같다.

저장 또는 취급하는 위험물의 최대수량	공지의 너비
지정수량의 10배 이하	3m 이상
지정수량의 10배 초과 20배 이하	5m 이상
지정수량의 20배 초과 50배 이하	9m 이상
지정수량의 50배 초과 200배 이하	12m 이상
지정수량의 200배 초과	15m 이상

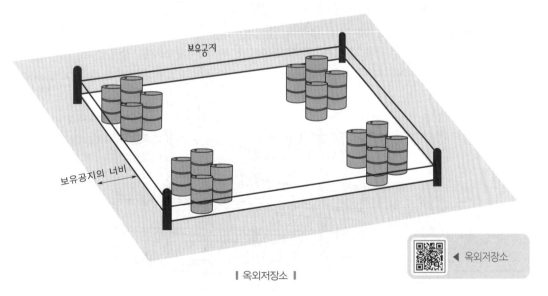

◀ 옥외저장소

┃ 옥외저장소 ┃

📖 보유공지를 공지 너비의 1/3로 단축할 수 있는 위험물의 종류

1) 제4류 위험물 중 제4석유류
2) 제6류 위험물
※ 옥외저장소의 보유공지는 1/3로 단축하더라도 최소 3m 이상 또는 1.5m 이상으로 하는 규정은 적용하지 않습니다.

03 표지 및 게시판

옥외저장소의 표지 및 게시판 기준은 위험물제조소와 동일하다.

※ 단, 표지의 내용은 "위험물옥외저장소"이다.

제조소 · 옥외저장소
게시판의 공통기준

0.6m 이상

위험물옥외저장소

0.3m
이상

┃ 옥외저장소의 표지 ┃

04 옥외저장소의 선반의 설치기준

① 불연재료로 만들고 견고한 지반면에 고정할 것
② 선반 및 그 부속설비의 자중·저장하는 위험물의 중량·풍하중·지진의 영향 등에 의하여 생기는 응력에 대하여 안전할 것
③ 선반의 높이는 6m를 초과하지 아니할 것
④ 위험물을 수납한 용기가 쉽게 낙하하지 아니하는 조치를 강구할 것

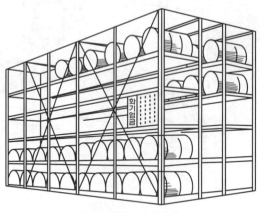

┃ 옥외저장소의 선반 ┃

05 옥외저장소의 저장기준

(1) 불연성 또는 난연성의 천막 등을 설치해야 하는 위험물
　　① 과산화수소
　　② 과염소산

(2) 덩어리상태 황만을 경계표시의 안쪽에 저장하는 기준

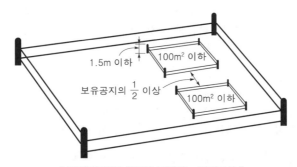

┃ 덩어리상태의 황만을 저장하는 경계표시 ┃

① 하나의 경계표시의 내부면적 : $100m^2$ 이하
② 2 이상의 경계표시의 내부면적 전체의 합 : $1,000m^2$ 이하
③ 인접하는 경계표시와 경계표시와의 간격 : 보유공지 너비의 1/2 이상
   ※ 저장하는 위험물의 최대수량이 **지정수량 200배 이상의 경계표시끼리의 간격 : 10m 이상**
④ 경계표시의 높이 : 1.5m 이하
⑤ 경계표시의 재료 : **불연재료**
⑥ 천막고정장치의 설치간격 : **경계표시의 길이 2m마다 1개 이상**

(3) 옥외저장소에 저장 가능한 위험물

① 제2류 위험물 : 황 또는 인화성 고체(인화점이 섭씨 0도 이상인 것에 한한다)
② 제4류 위험물
   ㉠ 제1석유류(인화점이 섭씨 0도 이상인 것에 한한다)
   ㉡ 알코올류
   ㉢ 제2석유류
   ㉣ 제3석유류
   ㉤ 제4석유류
   ㉥ 동식물유류
③ 제6류 위험물
④ 시·도조례로 정하는 제2류 또는 제4류 위험물
⑤ 국제해상위험물규칙(IMDG Code)에 적합한 용기에 수납된 위험물

(4) 배수구 및 분리장치

황을 저장 또는 취급하는 장소의 주위에는 배수구와 분리장치를 설치해야 한다.

(5) 인화성 고체(인화점 21℃ 미만인 것), 제1석유류, 알코올류의 옥외저장소의 특례

① 인화성 고체(인화점 21℃ 미만인 것), 제1석유류, 알코올류를 저장 또는 취급하는 장소에는 위험물을 적당한 온도로 유지하기 위한 살수설비 등을 설치해야 한다.

② 제1석유류 또는 알코올류를 저장 또는 취급하는 장소의 주위에는 배수구 및 집유설
비를 설치하여야 한다. 이 경우 20℃의 물 100g에 용해되는 양이 1g 미만인 제1석
유류를 저장 또는 취급하는 장소에 있어서는 집유설비에 유분리장치도 함께 설치하
여야 한다.

예제 1 덩어리상태의 황만을 옥외저장소의 경계표시의 안쪽에 저장하는 경우 하나의 경계표시
의 내부의 면적은 몇 m^2 이하로 해야 하는지 쓰시오.

풀이 덩어리상태의 황만을 옥외저장소의 경계표시의 안쪽에 저장하는 경우 하나의 경계표
시의 내부의 면적은 $100m^2$ 이하로 해야 한다.

정답 $100m^2$

예제 2 등유 80,000L를 저장하는 옥외저장소의 보유공지는 몇 m 이상으로 해야 하는지 쓰시오.

풀이 등유는 제4류 위험물의 제2석유류 비수용성이므로 지정수량이 1,000L이다. 지정수량
의 배수는 80,000L/1,000L=80배이므로 지정수량의 50배 초과 200배 이하의 범위
에 해당한다. 따라서 이 경우 보유공지는 12m 이상이다.

정답 12m

예제 3 윤활유 900,000L를 저장하는 옥외저장소의 보유공지는 몇 m 이상으로 해야 하는지
쓰시오.

풀이 윤활유는 제4류 위험물의 제4석유류이므로 지정수량이 6,000L이다. 지정수량의 배수
는 900,000L/6,000L=150배이므로 지정수량의 50배 초과 200배 이하의 범위에 해당
한다. 따라서 보유공지는 12m 이상이지만 윤활유와 같은 제4석유류 또는 제6류 위험물
의 저장 시에는 보유공지를 1/3로 단축할 수 있기 때문에 이 경우 보유공지는 4m 이
상으로 해야 한다.

정답 4m

예제 4 덩어리상태의 황만을 옥외저장소의 경계표시의 안쪽에 저장하는 경우에 대해 다음 물음에
답하시오.
(1) 2개 이상의 경계표시의 내부면적의 합은 몇 m^2 이하로 해야 하는가?
(2) 경계표시와 경계표시와의 간격은 보유공지 너비의 몇 분의 몇 이상으로 해야 하는가?
(3) 경계표시의 높이는 몇 m 이하로 해야 하는가?

풀이 (1) 덩어리상태의 황만을 옥외저장소의 경계표시의 안쪽에 저장하는 경우 2개 이상의
경계표시의 내부면적의 합은 $1,000m^2$ 이하로 해야 한다.
(2) 경계표시와 경계표시와의 간격은 보유공지 너비의 1/2 이상으로 하되 저장하는 위험물
의 최대수량이 지정수량의 200배 이상인 경우 10m 이상으로 한다.
(3) 경계표시는 불연재료로 해야 하며, 경계표시의 높이는 1.5m 이하로 해야 한다.

정답 (1) $1,000m^2$
(2) 1/2
(3) 1.5m

예제 5 제외되는 품명없이 모두 옥외저장소에 저장할 수 있는 위험물의 유별을 쓰시오.

풀이 옥외저장소에 저장 가능한 위험물은 다음과 같다.
① 제2류 위험물 : 황 또는 인화성 고체(인화점이 섭씨 0도 이상인 것에 한한다)
② 제4류 위험물
　－ 제1석유류(인화점이 섭씨 0도 이상인 것에 한한다)
　－ 알코올류
　－ 제2석유류
　－ 제3석유류
　－ 제4석유류
　－ 동식물유류
③ 제6류 위험물
④ 시·도조례로 정하는 제2류 또는 제4류 위험물
⑤ 국제해상위험물규칙(IMDG code)에 적합한 용기에 수납된 위험물

정답 제6류 위험물

2-9 암반탱크저장소

01 안전거리

필요 없음

02 보유공지

필요 없음

03 표지 및 게시판

암반탱크저장소의 표지 및 게시판은 위험물제조소와 동일하다.

※ 단, 표지의 내용은 "위험물암반탱크저장소"이다.

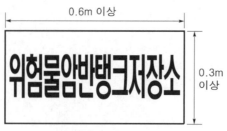

▎ 암반탱크저장소의 표지 ▎

▶ 제조소 · 암반탱크저장소
게시판의 공통기준

04 암반탱크의 공간용적

① 일반적인 탱크의 공간용적 : 탱크 내용적의 100분의 5 이상 100분의 10 이하

② 암반탱크의 공간용적 : 탱크 내에 용출하는 7일간 지하수의 양에 상당하는 용적과 탱크 내용적의 100분의 1의 용적 중 더 큰 용적

S^{ection}03 취급소의 위치·구조 및 설비의 기준

3-1 주유취급소

01 안전거리

필요 없음

02 주유공지

주유취급소의 고정주유설비 주위에 주유를 받으려는 자동차등이 출입할 수 있도록 비워둔 부지를 말한다.

(1) 주유공지의 크기

너비 15m 이상, 길이 6m 이상으로 한다.

(2) 주유공지 바닥의 기준

① 주유공지의 **바닥**은 주위 지면보다 높게 한다.
② **표면**을 적당하게 경사지게 한다.
③ 배수구, 집유설비, 유분리장치를 설치한다.

◀ 배수구와 집유설비

◀ 유분리장치

03 표지 및 게시판

(1) 주유취급소의 표지 및 게시판

주유취급소의 표지 및 게시판 기준은 위험물제조소와 동일하다.
※ 단, 표지의 내용은 "위험물주유취급소"이다.

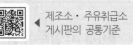
◀ 제조소·주유취급소 게시판의 공통기준

‖ 주유취급소의 표지 ‖

(2) 주유중엔진정지 게시판의 기준

0.6m 이상

0.3m 이상

주유중엔진정지

주유중엔진정지 게시판의 색상

▌ 주유중엔진정지 게시판 ▌

① 크기 : 한 변 0.6m 이상, 다른 한 변 0.3m 이상인 직사각형
② 내용 : 주유중엔진정지
③ 색상 : 황색 바탕, 흑색 문자

04 주유취급소의 탱크 용량 및 개수

① 고정주유설비 및 고정급유설비에 직접 접속하는 전용탱크 : 각각 50,000L 이하
   ※ 고정주유설비 : 자동차에 위험물을 주입하는 설비
   　고정급유설비 : 이동탱크 또는 용기에 위험물을 주입하는 설비
② 보일러 등에 직접 접속하는 전용탱크 : 10,000L 이하
③ 폐유·윤활유 등의 위험물을 저장하는 탱크 : 2,000L 이하
④ 고정주유설비 또는 고정급유설비에 직접 접속하는 전용간이탱크 : 600L 이하의 탱크 3기 이하
⑤ 고속국도(고속도로)의 주유취급소 탱크 : 60,000L 이하

📖 주유취급소에 설치하는 탱크의 종류

1) 지하저장탱크
2) 옥내저장탱크
3) 간이저장탱크(3개 이하)
4) 이동저장탱크(상치장소(주차장)를 확보한 경우)

05 고정주유설비 및 고정급유설비

(1) 고정주유설비 및 고정급유설비의 기준

① 주유관 선단에서의 최대토출량
   ㉠ 제1석유류 : 분당 50L 이하
   ㉡ 경유 : 분당 180L 이하
   ㉢ 등유 : 분당 80L 이하

② 주유관의 길이

  ㉠ 고정주유설비 또는 고정급유설비의 주유관 : 5m 이내

  ㉡ 현수식 주유관 : 지면 위 0.5m의 수평면에 수직으로 내려 만나는 점을 중심으로 반경 3m 이내

  ※ 현수식 : 천장에 매달려 있는 형태

③ 고정주유설비의 설치기준

  ㉠ 고정주유설비의 중심선을 기점으로 하여 도로경계선까지의 거리 : 4m 이상

  ㉡ 고정주유설비의 중심선을 기점으로 하여 부지경계선, 담 및 벽까지의 거리 : 2m 이상

  ㉢ 고정주유설비의 중심선을 기점으로 하여 개구부가 없는 벽까지의 거리 : 1m 이상

④ 고정급유설비의 설치기준

  ㉠ 고정급유설비의 중심선을 기점으로 하여 도로경계선까지의 거리 : 4m 이상

  ㉡ 고정급유설비의 중심선을 기점으로 하여 부지경계선 및 담까지의 거리 : 1m 이상

  ㉢ 고정급유설비의 중심선을 기점으로 하여 건축물의 벽까지의 거리 : 2m 이상

  ㉣ 고정급유설비의 중심선을 기점으로 하여 개구부가 없는 벽까지의 거리 : 1m 이상

⑤ 고정주유설비와 고정급유설비 사이의 거리 : 4m 이상

(2) 셀프용 고정주유설비 및 고정급유설비의 기준

① 셀프용 고정주유설비

  ㉠ 1회 연속주유량의 상한 : 휘발유는 100L 이하, 경유는 200L 이하

  ㉡ 1회 연속주유시간의 상한 : 4분 이하

② 셀프용 고정급유설비

  ㉠ 1회 연속급유량의 상한 : 100L 이하

  ㉡ 1회 연속급유시간의 상한 : 6분 이하

06 건축물등의 기준

(1) 주유취급소에 설치할 수 있는 건축물의 용도

① 주유 또는 등유, 경유를 옮겨 담기 위한 작업장

② 주유취급소의 업무를 행하기 위한 사무소

③ 자동차 등의 점검 및 간이정비를 위한 작업장

④ 자동차 등의 세정을 위한 작업장

⑤ 주유취급소에 출입하는 사람을 대상으로 한 점포, 휴게음식점 또는 전시장

⑥ 주유취급소의 관계자가 거주하는 주거시설

⑦ 전기자동차용 충전설비

(2) 건축물 중 용도에 따른 면적의 합

주유취급소의 직원 외의 자가 출입하는 다음의 용도에 제공하는 부분의 면적의 합은 1,000m²를 초과할 수 없다.

① 주유취급소의 업무를 행하기 위한 사무소

② 자동차 등의 점검 및 간이정비를 위한 작업장

③ 주유취급소에 출입하는 사람을 대상으로 한 점포, 휴게음식점 또는 전시장

(3) 건축물등의 구조

① 벽·기둥·바닥·보 및 지붕 : 내화구조 또는 불연재료

② 누설한 가연성의 증기가 건축물 내부로 유입되지 않도록 하는 기준

　㉠ 출입구는 건축물의 안에서 밖으로 수시로 개방할 수 있는 자동폐쇄식의 것으로 할 것

　㉡ 출입구 또는 사이 통로의 문턱의 높이를 15cm 이상으로 할 것

　㉢ 높이 1m 이하의 부분에 있는 창 등은 밀폐시킬 것

③ 사무실등의 창 및 출입구에 사용하는 유리의 종류 : 망입유리 또는 강화유리

　※ 강화유리의 두께는 창에는 8mm 이상, 출입구에는 12mm 이상으로 한다.

(4) 옥내주유취급소

① 건축물 안에 설치하는 주유취급소

② 캐노피·처마 등의 수평투영면적이 주유취급소의 공지면적의 3분의 1을 초과하는 주유취급소

　※ 여기서, 공지면적이란 주유취급소의 부지면적에서 건축물 중 벽 및 바닥으로 구획된 부분의 수평투영면적을 뺀 면적을 말한다.

07 담 또는 벽

(1) 담 또는 벽의 설치기준

① 설치장소 : 주유취급소의 자동차 등이 출입하는 쪽 외의 부분

② 설치높이 : 2m 이상

③ 담 또는 벽의 구조 : 내화구조 또는 불연재료

(2) 담 또는 벽에 유리를 부착하는 기준

① 유리의 부착위치 : 주입구, 고정주유설비 및 고정급유설비로부터 4m 이상 이격할 것

② 유리의 부착방법

　㉠ 주유취급소 내의 지반면으로부터 70cm를 초과하는 부분에 한하여 유리를 부착할 것

　㉡ 하나의 유리판의 가로의 길이는 2m 이내일 것

ⓒ 유리판의 테두리를 금속제의 구조물에 견고하게 고정하고 해당 구조물을 담 또는 벽에 견고하게 부착할 것

ⓔ 유리의 구조는 접합유리로 하되, 비차열 30분 이상의 방화성능이 인정될 것

※ 비차열 : 열은 차단하지 못하고 화염만 차단할 수 있는 것

③ 유리의 부착범위 : 전체의 담 또는 벽의 길이의 10분의 2를 초과하지 아니할 것

08 캐노피(주유소의 지붕)의 기준

① 배관이 캐노피 내부를 통과할 경우 : **1개 이상의 점검 구를 설치한다.**

 ◀ 주유취급소의 캐노피

② 캐노피 외부의 점검이 곤란한 장소에 배관을 설치하는 경우 : **용접이음으로 한다.**

③ 캐노피 외부의 배관이 일광열의 영향을 받을 우려가 있는 경우 : **단열재로 피복한다.**

3-2 판매취급소

01 안전거리

필요 없음

02 보유공지

필요 없음

03 표지 및 게시판

판매취급소의 표지 및 게시판 기준은 위험물제조소와 동일하다.

※ 단, 표지의 내용은 "위험물판매취급소"이다.

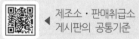 ◀ 제조소 · 판매취급소 게시판의 공통기준

0.6m 이상

위험물판매취급소

0.3m 이상

‖ 판매취급소의 표지 ‖

04 판매취급소의 구분

판매취급소는 페인트점 또는 화공약품대리점을 의미한다.

(1) 제1종 판매취급소

① 저장 또는 취급하는 위험물의 수량 : 지정수량의 20배 이하

② 판매취급소의 설치기준 : 건축물의 1층에 설치한다.

③ 판매취급소의 건축물 기준

　㉠ 내화구조 또는 불연재료로 할 것

　㉡ 보와 천장은 불연재료로 할 것

　㉢ 지붕은 내화구조 또는 불연재료로 할 것

　㉣ 창 및 출입구에는 갑종 또는 을종 방화문을 설치할 것

　㉤ 판매취급소로 사용되는 부분과 다른 부분과의 격벽은 내화구조로 할 것

④ 위험물 배합실의 기준

　㉠ 바닥 : $6m^2$ 이상 $15m^2$ 이하의 면적으로 적당한 경사를 두고 집유설비를 할 것

　㉡ 벽 : 내화구조 또는 불연재료로 된 벽으로 구획

　㉢ 출입구의 방화문 : 자동폐쇄식 갑종방화문

　㉣ 출입구 문턱의 높이 : 바닥면으로부터 0.1m 이상

　㉤ 가연성의 증기 또는 미분을 지붕 위로 방출하는 설비를 할 것

(2) 제2종 판매취급소

① 저장 또는 취급하는 위험물의 수량 : 지정수량의 40배 이하

② 판매취급소의 건축물 기준

　㉠ 벽·기둥·바닥·보를 내화구조로 할 것

　㉡ 천장은 불연재료로 할 것

　㉢ 지붕은 내화구조로 할 것

③ 그 밖의 것은 제1종 판매취급소의 기준을 준용한다.

3-3 이송취급소

01 안전거리

배관 설치의 종류에 따라 다르다.

02 보유공지

배관 설치의 종류에 따라 다르다.

03 표지 및 게시판

이송취급소의 표지 및 게시판 기준은 위험물제조소와 동일하다.
※ 단, 표지의 내용은 "위험물이송취급소"이다.

제조소 · 이송취급소
게시판의 공통기준

0.6m 이상

위험물이송취급소

0.3m
이상

❚ 이송취급소의 표지 ❚

04 설치 제외 장소

이송취급소는 **다음의 장소에는 설치할 수 없다.**
① 철도 및 도로의 터널 안
② 고속국도 및 자동차전용도로의 차도, 길어깨 및 중앙분리대
③ 호수, 저수지 등으로서 수리의 수원이 되는 곳
④ 급경사지역으로서 붕괴의 위험이 있는 지역

📖 **설치 제외 장소 중 이송취급소를 설치할 수 있는 조건**

위 ①~④에 해당하는 장소라도, 다음의 경우에 한하여 이송취급소를 설치할 수 있다.
1) 지형상황 등 부득이한 사유가 있고 안전에 필요한 조치를 하는 경우
2) 고속국도 및 자동차전용도로의 차도, 길어깨 및 중앙분리대 또는 호수, 저수지 등으로서 수리의 수원이 되는 장소를 횡단하여 설치하는 경우

05 설비 및 장치의 설치기준

(1) 배관의 설치기준

배관을 설치하는 기준으로는 다음과 같은 것이 있다.

① 지하 매설
② 도로 밑 매설
③ 철도부지 밑 매설
④ 하천 홍수관리구역 내 매설
⑤ 지상 설치
⑥ 해저 설치
⑦ 해상 설치
⑧ 도로 횡단 설치
⑨ 철도 밑 횡단 매설
⑩ 하천등 횡단 설치

(2) 압력안전장치의 설치기준

배관계에는 배관 내의 압력이 최대상용압력을 초과하거나 유격작용등에 의하여 생긴 압력이 최대상용압력의 1.1배를 초과하지 아니하도록 제어하는 장치(압력안전장치)를 설치한다.

(3) 경보설비의 설치기준

이송취급소에는 다음의 기준에 의하여 경보설비를 설치하여야 한다.

① 이송기지에는 비상벨장치 및 확성장치를 설치한다.
② 가연성 증기를 발생하는 위험물을 취급하는 펌프실등에는 가연성 증기 경보설비를 설치한다.

(4) 긴급차단밸브의 설치기준

① 시가지에 설치하는 경우에는 약 4km의 간격
② 하천·호수 등을 횡단하여 설치하는 경우에는 횡단하는 부분의 양 끝
③ 해상 또는 해저를 통과하여 설치하는 경우에는 통과하는 부분의 양 끝
④ 산림지역에 설치하는 경우에는 약 10km의 간격
⑤ 도로 또는 철도를 횡단하여 설치하는 경우에는 횡단하는 부분의 양 끝

(5) 감진장치

배관의 경로에는 지진의 발생을 감지하기 위해 25km의 거리마다 감진장치 및 강진계를 설치하여야 한다.

3-4 일반취급소

01 안전거리

'충전하는 일반취급소'는 제조소의 안전거리와 동일하며, 나머지 일반취급소는 안전
거리가 필요 없다.

02 보유공지

'충전하는 일반취급소'는 제조소의 보유공지와 동일하며, 나머지 일반취급소는 보유
공지가 필요 없다.

03 표지 및 게시판

일반취급소의 표지 및 게시판 기준은 위험물제조소와 동일하다.

※ 단, 표지의 내용은 "위험물일반취급소"이다.

▶ 제조소·일반취급소
게시판의 공통기준

‖ 일반취급소의 표지 ‖

04 일반취급소의 특례

일반취급소의 기준은 위험물제조소의 위치·구조 및 설비의 기준과 동일하지만 다음
의 일반취급소에 대해서는 특례를 적용한다.

① **분무도장작업등의 일반취급소** : 도장, 인쇄 또는 도포를 위하여 제2류 위험물 또는
제4류 위험물(특수인화물을 제외한다)을 취급하는 일반취급소로서 지정수량의 30배
미만의 것

② **세정작업의 일반취급소** : 세정을 위하여 위험물(인화점이 40℃ 이상인 제4류 위험물
에 한한다)을 취급하는 일반취급소로서 지정수량의 30배 미만의 것

③ **열처리작업등의 일반취급소** : 열처리작업 또는 방전가공을 위하여 위험물(인화점이
70℃ 이상인 제4류 위험물에 한한다)을 취급하는 일반취급소로서 지정수량의 30배
미만의 것

④ 보일러등으로 위험물을 소비하는 일반취급소 : 보일러, 버너, 그 밖에 이와 유사한 장치로 위험물(인화점이 38℃ 이상인 제4류 위험물에 한한다)을 소비하는 일반취급소로서 지정수량의 30배 미만의 것

⑤ **충전하는 일반취급소** : 이동저장탱크에 액체위험물(**알킬알루미늄등, 아세트알데히드등 및 히드록실아민등을 제외**한다)을 주입하는 일반취급소

⑥ 옮겨 담는 일반취급소 : 고정급유설비에 의하여 위험물(인화점이 38℃ 이상인 제4류 위험물에 한한다)을 용기에 옮겨 담거나 4,000L 이하의 이동저장탱크(용량이 2,000L를 넘는 탱크에 있어서는 그 내부를 2,000L 이하마다 구획한 것에 한한다)에 주입하는 일반취급소로서 지정수량의 40배 미만의 것

⑦ 유압장치등을 설치하는 일반취급소 : 위험물을 이용한 유압장치 또는 윤활유 순환장치를 설치하는 일반취급소(고인화점 위험물만을 100℃ 미만의 온도로 취급하는 것에 한한다)로서 지정수량의 50배 미만의 것

⑧ 절삭장치등을 설치하는 일반취급소 : 절삭유의 위험물을 이용한 절삭장치, 연삭장치, 그 밖의 이와 유사한 장치를 설치하는 일반취급소(고인화점 위험물만을 100℃ 미만의 온도로 취급하는 것에 한한다)로서 지정수량의 30배 미만의 것

⑨ 열매체유 순환장치를 설치하는 일반취급소 : 위험물 외의 물건을 가열하기 위하여 위험물(고인화점 위험물에 한한다)을 이용한 열매체유 순환장치를 설치하는 일반취급소로서 지정수량의 30배 미만의 것

⑩ 화학실험의 일반취급소 : 화학실험을 위하여 위험물을 취급하는 일반취급소로서 지정수량의 30배 미만의 것

예제 1 주유취급소의 주유공지의 너비와 길이는 각각 몇 m 이상인지 쓰시오.

(1) 너비
(2) 길이

풀이 주유취급소의 고정주유설비 주위에는 주유를 받으려는 자동차등이 출입할 수 있도록 너비 15m 이상, 길이 6m 이상의 콘크리트로 포장한 공지를 보유하여야 한다.

정답 (1) 15m
(2) 6m

예제 2 주유취급소의 기준 중 바닥에 필요한 설비 3가지를 쓰시오.

풀이 주유공지 바닥의 기준은 다음과 같다.
① 주유공지의 바닥은 주위 지면보다 높게 한다.
② 표면을 적당하게 경사지게 한다.
③ 배수구, 집유설비, 유분리장치를 설치한다.

정답 배수구, 집유설비, 유분리장치

예제 3 주유취급소의 주유중엔진정지 게시판의 색상을 쓰시오.
(1) 바탕색
(2) 문자색

🖋풀이 주유취급소의 주유중엔진정지 게시판은 황색바탕에 흑색문자로 한다.

✏정답 (1) 황색
(2) 흑색

예제 4 주유취급소에 설치하는 고정주유설비에 직접 접속하는 탱크용량은 얼마 이하인지 쓰시오.

🖋풀이 주유취급소의 탱크용량 기준은 다음과 같다.
① 고정주유설비 및 고정급유설비에 직접 접속하는 전용탱크 : 각각 50,000L 이하
② 보일러 등에 직접 접속하는 전용탱크 : 10,000L 이하
③ 폐유, 윤활유 등의 위험물을 저장하는 탱크 : 2,000L 이하
④ 고정주유설비 또는 고정급유설비에 직접 접속하는 전용간이탱크 : 600L 이하의 탱크 3기 이하
⑤ 고속국도의 주유취급소 탱크 : 60,000L 이하

✏정답 50,000L

예제 5 휘발유를 주유하는 고정주유설비의 주유관 선단에서의 분당 최대토출량은 얼마 이하로 해야 하는지 쓰시오.

🖋풀이 고정주유설비 및 고정급유설비의 주유관 선단에서의 최대토출량은 다음과 같다.
① 제1석유류 : 분당 50L 이하
② 경유 : 분당 180L 이하
③ 등유 : 분당 80L 이하

✏정답 50L

예제 6 고정주유설비의 설치기준에 대해 다음 물음에 답하시오.
(1) 고정주유설비의 중심선으로부터 도로경계선까지의 거리는 몇 m 이상으로 해야 하는가?
(2) 고정주유설비의 중심선으로부터 부지경계선, 담 및 벽까지의 거리는 몇 m 이상으로 해야 하는가?
(3) 고정주유설비의 중심선으로부터 개구부가 없는 벽까지는 몇 m 이상으로 해야 하는가?

🖋풀이 고정주유설비의 설치기준은 다음과 같다.
① 고정주유설비의 중심선으로부터 도로경계선까지의 거리는 4m 이상으로 한다.
② 고정주유설비의 중심선으로부터 부지경계선, 담 및 벽까지의 거리는 2m 이상으로 한다.
③ 고정주유설비의 중심선으로부터 개구부가 없는 벽까지의 거리는 1m 이상으로 한다.

✏정답 (1) 4m
(2) 2m
(3) 1m

예제 7 고정주유설비에 대해 다음 물음에 답하시오.
(1) 고정주유설비의 주유관의 길이는 선단을 포함하여 몇 m 이내로 하는가?
(2) 현수식 주유관은 지면 위 0.5m의 수평면에 수직으로 내려 만나는 점을 중심으로 반경 몇 m 이하로 하는가?

풀이 (1) 고정주유설비의 주유관의 길이는 선단을 포함하여 5m 이내로 한다.
(2) 현수식 주유관은 지면 위 0.5m의 수평면에 수직으로 내려 만나는 점을 중심으로 반경 3m 이하로 한다.

정답 (1) 5m
(2) 3m

예제 8 셀프용 고정주유설비의 1회 연속주유량 및 주유시간에 대해 다음 물음에 답하시오.
(1) 휘발유의 1회 연속주유량은 (   )L 이하이다.
(2) 경유의 1회 연속주유량은 (   )L 이하이다.
(3) 주유시간의 상한은 모두 (   )분이다.

풀이 ① 셀프용 고정주유설비의 기준
– 1회의 연속주유량의 상한 : 휘발유는 100L 이하, 경유는 200L 이하
– 1회의 연속주유시간의 상한 : 4분 이하
② 셀프용 고정급유설비의 기준
– 1회의 연속급유량의 상한 : 100L 이하
– 1회의 연속주유시간의 상한 : 6분 이하

정답 (1) 100
(2) 200
(3) 4

예제 9 주유취급소의 담 또는 벽에 유리를 부착할 때 유리의 부착범위는 전체의 담 또는 벽의 길이의 얼마를 초과하면 안 되는지 쓰시오.

풀이 주유취급소의 담 또는 벽에 유리를 부착할 때 유리의 부착범위는 전체의 담 또는 벽의 길이의 10분의 2를 초과하지 아니하여야 한다.

정답 2/10

예제 10 다음 (   ) 안에 알맞은 단어를 쓰시오.
판매취급소의 위험물을 배합하는 실의 바닥면적은 (   )m^2 이상 (   )m^2 이하로 해야 하며, 배합실의 문턱 높이는 (   )m 이상으로 한다.

풀이 위험물배합실의 기준은 다음과 같다.
① 바닥 : 6m^2 이상 15m^2 이하의 면적으로 적당한 경사를 두고 집유설비를 할 것
② 벽 : 내화구조 또는 불연재료로 된 벽으로 구획
③ 출입구의 방화문 : 자동폐쇄식 갑종방화문
④ 출입구 문턱의 높이 : 바닥면으로부터 0.1m 이상
⑤ 가연성의 증기 또는 미분을 지붕 위로 방출하는 설비를 할 것

정답 6, 15, 0.1

예제 11 제1종 판매취급소라 함은 저장 또는 취급하는 위험물의 수량이 지정수량의 몇 배 이하인 판매취급소를 말하는지 쓰시오.

풀이 ① 제1종 판매취급소 : 지정수량의 20배 이하 취급
② 제2종 판매취급소 : 지정수량의 40배 이하 취급

정답 20배

예제 12 이송취급소의 배관계에는 배관 내의 압력이 최대상용압력을 초과하거나 유격작용등에 의하여 생긴 압력이 최대상용압력의 몇 배를 초과하지 아니하도록 제어하는 장치를 설치해야 하는지 쓰시오.

풀이 이송취급소의 배관계에는 배관 내의 압력이 최대상용압력을 초과하거나 유격작용등에 의하여 생긴 압력이 최대상용압력의 1.1배를 초과하지 아니하도록 제어하는 장치(압력안전장치)를 설치한다.

정답 1.1

예제 13 충전하는 일반취급소에서 취급할 수 없는 위험물의 종류 2가지를 쓰시오.

풀이 충전하는 일반취급소에서는 알킬알루미늄등(알킬알루미늄과 알킬리튬), 아세트알데히드등(아세트알데히드와 산화프로필렌) 및 히드록실아민등(히드록실아민과 히드록실아민염류)을 제외한 그 외의 위험물을 모두 취급할 수 있으며 취급할 수 있는 양은 제한이 없다.

정답 알킬알루미늄과 알킬리튬, 아세트알데히드와 산화프로필렌, 히드록실아민과 히드록실아민염류 중 2가지

예제 14 분무도장작업등의 일반취급소에서 취급하는 위험물의 종류를 쓰시오.

풀이 분무도장작업등의 일반취급소는 도장, 인쇄 또는 도포를 위하여 제2류 위험물 또는 제4류 위험물(특수인화물을 제외한다)을 지정수량의 30배 미만으로 취급하는 일반취급소를 말한다.

정답 제2류 위험물, 제4류 위험물(특수인화물 제외)

Section 04 소화난이도등급 및 소화설비의 적응성

4-1 소화난이도등급

01 소화난이도등급 I

(1) 소화난이도등급 I에 해당하는 제조소등

제조소등의 구분	제조소등의 규모, 저장 또는 취급하는 위험물의 품명 및 최대수량 등
제조소 및 일반취급소	연면적 $1,000m^2$ 이상인 것
	지정수량의 100배 이상인 것(고인화점 위험물만을 100℃ 미만의 온도에서 취급하는 것 및 화약류 위험물을 취급하는 것은 제외)
	지반면으로부터 6m 이상의 높이에 위험물취급설비가 있는 것(고인화점 위험물만을 100℃ 미만의 온도에서 취급하는 것은 제외)
	일반취급소로 사용되는 부분 외의 부분을 갖는 건축물에 설치된 것(내화구조로 개구부 없이 구획된 것 및 고인화점 위험물만을 100℃ 미만의 온도에서 취급하는 것은 제외)
주유취급소	주유취급소의 직원 외의 자가 출입하는 부분의 면적의 합이 $500m^2$를 초과하는 것
옥내저장소	지정수량의 150배 이상인 것(고인화점 위험물만을 저장하는 것 및 화약류 위험물을 저장하는 것은 제외)
	연면적 $150m^2$를 초과하는 것($150m^2$ 이내마다 불연재료로 개구부 없이 구획된 것 및 인화성 고체 외의 제2류 위험물 또는 인화점 70℃ 이상의 제4류 위험물만을 저장하는 것은 제외)
	처마높이가 6m 이상인 단층 건물의 것
	옥내저장소로 사용되는 부분 외의 부분이 있는 건축물에 설치된 것(내화구조로 개구부 없이 구획된 것 및 인화성 고체 외의 제2류 위험물 또는 인화점 70℃ 이상의 제4류 위험물만을 저장하는 것은 제외)
옥외탱크저장소	액표면적이 $40m^2$ 이상인 것(제6류 위험물을 저장하는 것 및 고인화점 위험물만을 100℃ 미만의 온도에서 저장하는 것은 제외)
	지반면으로부터 탱크 옆판의 상단까지 높이가 6m 이상인 것(제6류 위험물을 저장하는 것 및 고인화점 위험물만을 100℃ 미만의 온도에서 저장하는 것은 제외)
	지중탱크 또는 해상탱크로서 지정수량의 100배 이상인 것(제6류 위험물을 저장하는 것 및 고인화점 위험물만을 100℃ 미만의 온도에서 저장하는 것은 제외)
	고체 위험물을 저장하는 것으로서 지정수량의 100배 이상인 것

제조소등의 구분	제조소등의 규모, 저장 또는 취급하는 위험물의 품명 및 최대수량 등
옥내탱크 저장소	**액표면적이 40m² 이상인 것**(제6류 위험물을 저장하는 것 및 고인화점 위험물만을 100℃ 미만의 온도에서 저장하는 것은 제외)
	바닥면으로부터 탱크 옆판의 상단까지 높이가 6m 이상인 것(제6류 위험물을 저장하는 것 및 고인화점 위험물만을 100℃ 미만의 온도에서 저장하는 것은 제외)
	탱크전용실이 단층 건물 외의 건축물에 있는 것으로서 인화점 38℃ 이상 70℃ 미만의 위험물을 지정수량의 5배 이상 저장하는 것(내화구조로 개구부 없이 구획된 것은 제외)
옥외저장소	덩어리상태의 황을 저장하는 것으로서 경계표시 내부의 면적(2 이상의 경계표시가 있는 경우에는 각 경계표시의 내부의 면적을 합한 면적)이 100m² 이상인 것
	인화성 고체(인화점 21℃ 미만), 제1석유류 또는 알코올류를 저장하는 것으로서 지정수량의 100배 이상인 것
암반탱크 저장소	**액표면적이 40m² 이상인 것**(제6류 위험물을 저장하는 것 및 고인화점 위험물만을 100℃ 미만의 온도에서 저장하는 것은 제외)
	고체 위험물만을 저장하는 것으로서 지정수량의 100배 이상인 것
이송취급소	**모든 대상**

※ 제조소등의 구분별로 오른쪽 칸에 정한 제조소등의 규모, 저장 또는 취급하는 위험물의 품명 및 최대수량 등의 어느 하나에 해당하는 제조소등은 소화난이도등급 Ⅰ에 해당하는 것으로 한다.

(2) 소화난이도등급 Ⅰ의 제조소등에 설치해야 하는 소화설비

제조소등의 구분		소화설비
제조소 및 일반취급소		옥내소화전설비, 옥외소화전설비, 스프링클러설비 또는 물분무등소화설비(**화재발생 시 연기가 충만할 우려가 있는 장소**에는 스프링클러설비 또는 이동식 외의 **물분무등소화설비**에 한한다)
주유취급소		스프링클러설비(건축물에 한정한다), 소형수동식 소화기 등(능력단위의 수치가 건축물, 그 밖의 공작물 및 위험물의 소요단위의 수치에 이르도록 설치한다)
옥내 저장소	처마높이가 6m 이상인 단층 건물 또는 다른 용도의 부분이 있는 건축물에 설치한 옥내저장소	스프링클러설비 또는 이동식 외의 물분무등소화설비
	그 밖의 것	옥외소화전설비, 스프링클러설비, 이동식 외의 물분무등소화설비 또는 이동식 포소화설비(포소화전을 옥외에 설치하는 것에 한한다)

제조소등의 구분		소화설비
옥외 탱크 저장소	지중탱크 또는 해상탱크 외의 것	황만을 저장·취급하는 것	물분무소화설비
		인화점 70℃ 이상의 제4류 위험물만을 저장·취급하는 것	물분무소화설비 또는 고정식 포소화설비
		그 밖의 것	고정식 포소화설비(포소화설비가 적응성이 없는 경우에는 분말소화설비)
	지중탱크		고정식 포소화설비, 이동식 이외의 불활성가스소화설비 또는 이동식 이외의 할로겐화합물소화설비
	해상탱크		고정식 포소화설비, 물분무소화설비, 이동식 이외의 불활성가스소화설비 또는 이동식 이외의 할로겐화합물소화설비
옥내 탱크 저장소	황만을 저장·취급하는 것		물분무소화설비
	인화점 70℃ 이상의 제4류 위험물만을 저장·취급하는 것		물분무소화설비, 고정식 포소화설비, 이동식 이외의 불활성가스소화설비, 이동식 이외의 할로겐화합물소화설비 또는 이동식 이외의 분말소화설비
	그 밖의 것		고정식 포소화설비, 이동식 이외의 불활성가스소화설비, 이동식 이외의 할로겐화합물소화설비 또는 이동식 이외의 분말소화설비
옥외저장소 및 이송취급소			옥내소화전설비, 옥외소화전설비, 스프링클러설비 또는 물분무등소화설비(화재발생 시 연기가 충만할 우려가 있는 장소에는 스프링클러설비 또는 이동식 이외의 물분무등소화설비에 한한다)
암반 탱크 저장소	황만을 저장·취급하는 것		물분무소화설비
	인화점 70℃ 이상의 제4류 위험물만을 저장·취급하는 것		물분무소화설비 또는 고정식 포소화설비
	그 밖의 것		고정식 포소화설비(포소화설비가 적응성이 없는 경우에는 분말소화설비)

※ 제4류 위험물을 저장 또는 취급하는 옥외탱크저장소 또는 옥내탱크저장소에는 소형수동식 소화기 등을 2개 이상 설치하여야 한다.

02 소화난이도등급 Ⅱ

(1) 소화난이도등급 Ⅱ에 해당하는 제조소등

제조소등의 구분	제조소등의 규모, 저장 또는 취급하는 위험물의 품명 및 최대수량 등
제조소 및 일반취급소	연면적 600m² 이상인 것
	지정수량의 10배 이상인 것(고인화점 위험물만을 100℃ 미만의 온도에서 취급하는 것 및 화약류 위험물을 취급하는 것은 제외)
	일반취급소로서 소화난이도등급 Ⅰ의 제조소등에 해당하지 아니하는 것 (고인화점 위험물만을 100℃ 미만의 온도에서 취급하는 것은 제외)
옥내저장소	단층 건물 이외의 것
	다층 건물의 옥내저장소 또는 소규모 옥내저장소 중 처마높이가 6m 미만인 것
	지정수량의 10배 이상인 것(고인화점 위험물만을 저장하는 것 및 화약류 위험물을 저장하는 것은 제외)
	연면적 150m² 초과인 것
	복합용도건축물의 옥내저장소로서 소화난이도등급 Ⅰ의 제조소등에 해당하지 아니하는 것
옥외탱크저장소, 옥내탱크저장소	소화난이도등급 Ⅰ의 제조소등 외의 것(고인화점 위험물만을 100℃ 미만의 온도로 저장하는 것 및 제6류 위험물만을 저장하는 것은 제외)
옥외저장소	덩어리상태의 황을 저장하는 것으로서 경계표시 내부의 면적(2 이상의 경계표시가 있는 경우에는 각 경계표시의 내부 면적을 합한 면적)이 5m² 이상 100m² 미만인 것
	인화성 고체(인화점이 21℃ 미만), 제1석유류 또는 알코올류를 저장하는 것으로서 지정수량의 10배 이상 100배 미만인 것
	지정수량의 100배 이상인 것(덩어리상태의 황 또는 고인화점 위험물을 저장하는 것은 제외)
주유취급소	**옥내주유취급소**로서 소화난이도등급 Ⅰ의 제조소등에 해당하지 아니하는 것
판매취급소	제2종 판매취급소

(2) 소화난이도등급 Ⅱ의 제조소등에 설치하여야 하는 소화설비

제조소등의 구분	소화설비
제조소, 옥내저장소, 옥외저장소, 주유취급소, 판매취급소, 일반취급소	방사능력범위 내에 해당 건축물, 그 밖의 공작물 및 위험물이 포함되도록 대형수동식 소화기를 설치하고, 해당 위험물의 소요단위의 1/5 이상에 해당되는 능력단위의 소형수동식 소화기 등을 설치할 것
옥외탱크저장소, 옥내탱크저장소	대형수동식 소화기 및 소형수동식 소화기 등을 각각 1개 이상 설치할 것

03 소화난이도등급 Ⅲ

(1) 소화난이도등급 Ⅲ의 제조소등

제조소등의 구분	제조소등의 규모, 저장 또는 취급하는 위험물의 품명 및 최대수량 등
제조소 및 일반취급소	화약류 위험물을 취급하는 것 및 소화난이도등급Ⅰ 또는 소화난이도등급 Ⅱ의 제조소등에 해당하지 아니하는 것
옥내저장소	화약류 위험물을 취급하는 것 및 소화난이도등급Ⅰ 또는 소화난이도등급 Ⅱ의 제조소등에 해당하지 아니하는 것
지하탱크저장소, 간이탱크저장소, 이동탱크저장소	모든 대상
옥외저장소	덩어리상태의 황을 저장하는 것으로서 경계표시 내부의 면적(2 이상의 경계표시가 있는 경우에는 각 경계표시의 내부의 면적을 합한 면적)이 $5m^2$ 미만인 것
	덩어리상태의 황 외의 것을 저장하는 것으로서 소화난이도등급Ⅰ 또는 소화난이도등급Ⅱ의 제조소등에 해당하지 아니하는 것
주유취급소	옥내주유취급소 외의 것으로서 소화난이도등급Ⅰ의 제조소등에 해당하지 아니하는 것
제1종 판매취급소	모든 대상

(2) 소화난이도등급 Ⅲ의 제조소등에 설치하여야 하는 소화설비

제조소등의 구분	소화설비	설치기준	
지하탱크저장소	소형수동식 소화기등	능력단위의 수치가 3 이상	2개 이상
이동탱크저장소	자동차용 소화기	무상의 강화액 8L 이상	2개 이상
		이산화탄소 3.2kg 이상	
		일브롬화일염화이플루오르화메탄(CF_2ClBr) 2L 이상	
		일브롬화삼플루오르화메탄(CF_3Br) 2L 이상	
		이브롬화사플루오르화에탄($C_2F_4Br_2$) 1L 이상	
		소화분말 3.3kg 이상	
	마른모래 및 팽창질석 또는 팽창진주암	마른모래 150L 이상	
		팽창질석 또는 팽창진주암 640L 이상	
그 밖의 제조소등	소형수동식 소화기등	능력단위의 수치가 건축물, 그 밖의 공작물 및 위험물의 소요단위의 수치에 이르도록 설치할 것(다만, 옥내소화전설비, 옥외소화전설비, 스프링클러설비, 물분무등소화설비 또는 대형수동식 소화기를 설치한 경우에는 해당 소화설비의 방사능력범위 내의 부분에 대하여는 수동식 소화기 등을 그 능력단위의 수치가 해당 소요단위의 수치의 1/5 이상이 되도록 하는 것으로 족한다.)	

※ 알킬알루미늄등을 저장 또는 취급하는 이동탱크저장소에 있어서는 자동차용 소화기를 설치하는 것 외에 마른모래나 팽창질석 또는 팽창진주암을 추가로 설치하여야 한다.

4-2 소화설비의 적응성

대상물의 구분 / 소화설비의 구분	건축물·그 밖의 공작물	전기설비	제1류 위험물 알칼리금속 과산화물등	제1류 위험물 그 밖의 것	제2류 위험물 철분·금속분·마그네슘 등	제2류 위험물 인화성 고체	제2류 위험물 그 밖의 것	제3류 위험물 금수성 물품	제3류 위험물 그 밖의 것	제4류 위험물	제5류 위험물	제6류 위험물
옥내소화전 또는 옥외소화전 설비	○			○		○	○		○		○	○
스프링클러설비	○			○		○	○		○	△	○	○
물분무등소화설비 — 물분무소화설비	○	○		○		○	○		○	○	○	○
물분무등소화설비 — 포소화설비	○			○		○	○		○	○	○	○
물분무등소화설비 — 불활성가스소화설비		○				○				○		
물분무등소화설비 — 할로겐화합물소화설비		○				○				○		
물분무등소화설비 — 분말소화설비 — 인산염류등	○	○		○		○	○			○		○
물분무등소화설비 — 분말소화설비 — 탄산수소염류등		○	○		○	○		○		○		
물분무등소화설비 — 분말소화설비 — 그 밖의 것			○		○			○				
대형·소형 수동식 소화기 — 봉상수(棒狀水)소화기	○			○		○	○		○		○	○
대형·소형 수동식 소화기 — 무상수(霧狀水)소화기	○	○		○		○	○		○		○	○
대형·소형 수동식 소화기 — 봉상강화액소화기	○			○		○	○		○		○	○
대형·소형 수동식 소화기 — 무상강화액소화기	○	○		○		○	○		○	○	○	○
대형·소형 수동식 소화기 — 포소화기	○			○		○	○		○	○	○	○
대형·소형 수동식 소화기 — 이산화탄소소화기		○				○				○		△
대형·소형 수동식 소화기 — 할로겐화합물소화기		○				○				○		
대형·소형 수동식 소화기 — 분말소화기 — 인산염류소화기	○	○		○		○	○			○		○
대형·소형 수동식 소화기 — 분말소화기 — 탄산수소염류소화기		○	○		○	○		○		○		
대형·소형 수동식 소화기 — 분말소화기 — 그 밖의 것			○		○			○				
기타 — 물통 또는 수조	○			○		○	○		○		○	○
기타 — 건조사			○	○	○	○	○	○	○	○	○	○
기타 — 팽창질석 또는 팽창진주암			○	○	○	○	○	○	○	○	○	○

※ "○"는 소화설비의 적응성이 있다는 의미이다.

※ "△"의 의미는 다음과 같다.

① 스프링클러설비 : 제4류 위험물 화재에는 사용할 수 없지만 취급장소의 살수기준면적에 따라 스프링클러설비의 살수밀도가 다음 [표]의 기준 이상이면 제4류 위험물 화재에 사용할 수 있다.

살수기준면적(m²)	방사밀도(L/m²·분)	
	인화점 38℃ 미만	인화점 38℃ 이상
279 미만	16.3 이상	12.2 이상
279 이상 372 미만	15.5 이상	11.8 이상
372 이상 465 미만	13.9 이상	9.8 이상
465 이상	12.2 이상	8.1 이상

살수기준면적은 내화구조의 벽 및 바닥으로 구획된 하나의 실의 바닥면적을 말하고, 하나의 실의 바닥면적이 465m² 이상인 경우의 살수기준면적은 465m²로 한다. 다만, 위험물의 취급을 주된 작업내용으로 하지 아니하고 소량의 위험물을 취급하는 설비 또는 부분이 넓게 분산되어 있는 경우에는, 방사밀도는 8.2L/m²·분 이상, 살수기준면적은 279m² 이상으로 할 수 있다.

② 이산화탄소소화기 : 폭발의 위험이 없는 장소에 한하여 이산화탄소소화기가 제6류 위험물에 적응성이 있음을 의미한다.

📖 물분무등소화설비의 종류

1) 물분무소화설비
2) 포소화설비
3) 불활성가스소화설비
4) 할로겐화합물소화설비
5) 분말소화설비

예제 1 소화난이도등급 I에 해당하는 위험물제조소에 대해 다음 물음에 답하시오.

(1) 연면적이 몇 m² 이상인 것인가?

(2) 취급하는 위험물의 최대수량은 지정수량의 몇 배 이상인가?

(3) 아세톤을 취급하는 설비의 위치가 지반면으로부터 몇 m 이상 높이에 있는 것인가?

풀이 소화난이도등급 I에 해당하는 위험물제조소
   ① 연면적이 1,000m² 이상인 것
   ② 지정수량의 100배 이상인 것
   ③ 지반면으로부터 6m 이상의 높이에 위험물 취급설비가 있는 것

정답 (1) 1,000 (2) 100 (3) 6

예제 2 소화난이도등급 I에 해당하는 주유취급소는 주유취급소의 직원 외의 자가 출입하는 부분의 면적의 합이 얼마를 초과해야 하는지 쓰시오.

풀이 소화난이도등급 I에 해당하는 주유취급소는 직원 외의 자가 출입하는 부분의 면적 합이 500m²를 초과하는 것을 말한다.

정답 500m²

예제 3 소화난이도등급 I에 해당하는 옥내저장소에 대해 다음 물음에 답하시오.
(1) 저장하는 위험물의 최대수량은 지정수량의 몇 배 이상인가?
(2) 연면적은 몇 m²를 초과하는 것인가?
(3) 처마높이가 몇 m 이상인 단층 건물의 것을 말하는가?

풀이 소화난이도등급 I에 해당하는 옥내저장소의 기준은 다음과 같다.
① 지정수량의 150배 이상인 것
② 연면적 150m²를 초과하는 것
③ 처마높이가 6m 이상인 단층 건물의 것

정답 (1) 150
(2) 150
(3) 6

예제 4 소화난이도등급 I에 해당하는 옥외탱크저장소에 대해 다음 물음에 답하시오.
(1) 액표면적이 몇 m² 이상인 것을 말하는가?
(2) 지반면으로부터 탱크 옆판의 상단까지 높이가 몇 m 이상인 것을 말하는가?

풀이 소화난이도등급 I에 해당하는 옥외탱크저장소의 기준은 다음과 같다.
① 액표면적이 40m² 이상인 것
② 지반면으로부터 탱크 옆판의 상단까지 높이가 6m 이상인 것

정답 (1) 40
(2) 6

예제 5 소화난이도등급 I에 해당하는 옥외탱크저장소에 인화점 70℃ 이상의 제4류 위험물을 저장하는 경우 이 옥외저장탱크에 설치하여야 하는 소화설비를 쓰시오.

풀이 인화점 70℃ 이상의 제4류 위험물을 저장하는 옥외탱크저장소에는 물분무소화설비 또는 고정식 포소화설비를 설치하며 그 밖의 위험물을 저장하는 옥외탱크저장소에는 고정식 포소화설비를 설치한다.

정답 물분무소화설비 또는 고정식 포소화설비

예제 6 다음 〈보기〉의 위험물들이 공통적으로 적응성을 갖는 소화설비를 쓰시오. (단, 소화기의 종류는 제외한다.)

- 제1류 위험물 중 알칼리금속 과산화물
- 제2류 위험물 중 철분, 마그네슘, 금속분
- 제3류 위험물 중 금수성 물질

풀이 탄산수소염류 분말소화설비에 적응성을 갖는 설비 및 위험물에는 전기설비, 제1류 위험물 중 알칼리금속 과산화물, 제2류 위험물 중 철분·금속분·마그네슘과 인화성 고체, 제3류 위험물 중 금수성 물품, 제4류 위험물이 있다.

정답 탄산수소염류 분말소화설비

예제 7 이산화탄소소화기가 제6류 위험물의 화재에 적응성이 있는 경우란 어떤 장소를 말하는지 쓰시오.

풀이 폭발의 위험이 없는 장소에 한하여 이산화탄소소화기는 제6류 위험물의 화재에 적응성을 가진다.

정답 폭발의 위험이 없는 장소

예제 8 다음 <보기>에서 물분무등소화설비의 종류에 해당하는 것을 모두 골라 쓰시오.

A. 물분무소화설비	B. 스프링클러설비
C. 옥내소화전설비	D. 할로겐화합물소화설비
E. 분말소화설비	

풀이 물분무등소화설비의 종류는 다음과 같다.
① 물분무소화설비
② 포소화설비
③ 불활성가스소화설비
④ 할로겐화합물소화설비
⑤ 분말소화설비

정답 A, D, E

Section 05 위험물의 저장·취급 및 운반에 관한 기준

5-1 위험물의 저장 및 취급에 관한 기준

위험물을 저장·취급하는 건축물 또는 설비는 위험물의 성질에 따라 **차광** 또는 **환기**를 실시하여야 하며, 위험물은 **온도계, 습도계, 압력계** 등의 계기를 감시하여 위험물의 성질에 맞는 적정한 **온도, 습도** 또는 **압력을 유지**하도록 해야 한다.

01 위험물의 저장기준

(1) 유별이 서로 다른 위험물을 동일한 저장소에 저장하는 경우

옥내저장소 또는 옥외저장소에서는 서로 다른 유별끼리 함께 저장할 수 없다.
단, 다음의 조건을 만족하면서 유별로 정리하여 **서로 1m 이상의 간격**을 두는 경우에는 저장할 수 있다.

◀ 옥내·옥외 저장소 저장용기의 이격거리

① 제1류 위험물(알칼리금속 과산화물 제외)과 제5류 위험물
② 제1류 위험물과 제6류 위험물
③ 제1류 위험물과 제3류 위험물 중 자연발화성 물질(황린)
④ 제2류 위험물 중 인화성 고체와 제4류 위험물
⑤ 제3류 위험물 중 알킬알루미늄등과 제4류 위험물(알킬알루미늄 또는 알킬리튬을 함유한 것)
⑥ 제4류 위험물 중 유기과산화물과 제5류 위험물 중 유기과산화물

> **Tip**
> 옥내저장소와 옥외저장소에서는 위험물과 위험물이 아닌 물품을 함께 저장할 수 없지만, 함께 저장할 수 있는 종류별로 모아서 저장할 경우 상호간에 1m 이상의 간격을 두면 됩니다.

(2) 유별이 같은 위험물을 동일한 저장소에 저장하는 경우

① 제3류 위험물 중 **황린**과 같이 물속에 저장하는 물품과 **금수성 물질**은 동일한 저장소에 **저장하지 아니하여야 한다.**
② 동일 품명의 위험물이라도 자연발화할 우려가 있거나 재해가 현저하게 증대할 우려가 있는 위험물을 다량 저장하는 경우에는 **지정수량의 10배 이하마다 구분하여 상호간 0.3m 이상의 간격**을 두어 저장하여야 한다.

(3) 용기의 수납

① 옥내 또는 옥외 저장소에서 용기에 수납하지 않고 저장 가능한 위험물
  - ㉠ 덩어리상태의 황
  - ㉡ 화약류의 위험물(옥내저장소에만 해당)
② 옥내저장소에서 용기에 수납하여 저장하는 위험물의 저장온도 : 55℃ 이하

02 옥내저장소 또는 옥외저장소의 저장용기를 쌓는 높이의 기준

① 기계에 의하여 하역하는 구조로 된 용기 : 6m 이하
② 제4류 위험물 중 제3석유류, 제4석유류 및 동식물유류의 용기
  : 4m 이하
③ 그 밖의 경우 : 3m 이하
④ 용기를 선반에 저장하는 경우
  - ㉠ 옥내저장소에 설치한 선반 : 높이의 제한 없음
  - ㉡ 옥외저장소에 설치한 선반 : 6m 이하

옥외저장소에 설치된 선반

> 🔧 **Tip**
> 저장용기가 아닌 운반용기의 경우에는
> 위험물의 종류에 관계없이 겹쳐 쌓는
> 높이를 3m 이하로 합니다.

03 탱크에 저장할 경우 위험물의 저장온도기준

(1) 옥외저장탱크, 옥내저장탱크 또는 지하저장탱크

① 이들 탱크 중 압력탱크 외의 탱크에 저장하는 경우
  - ㉠ 아세트알데히드등 : 15℃ 이하
  - ㉡ 산화프로필렌등과 디에틸에테르등 : 30℃ 이하
② 이들 탱크 중 압력탱크에 저장하는 경우
  - ㉠ 아세트알데히드등 : 40℃ 이하
  - ㉡ 디에틸에테르등 : 40℃ 이하

(2) 이동저장탱크

① 보냉장치가 있는 이동저장탱크에 저장하는 경우
  - ㉠ 아세트알데히드등 : 비점 이하
  - ㉡ 디에틸에테르등 : 비점 이하
② 보냉장치가 없는 이동저장탱크에 저장하는 경우
  - ㉠ 아세트알데히드등 : 40℃ 이하
  - ㉡ 디에틸에테르등 : 40℃ 이하

04 취급의 기준

(1) 제조에 관한 기준

① 증류공정 : 위험물을 취급하는 설비의 내부압력의 변동 등에 의하여 액체 또는 증기가 새지 아니하도록 할 것

② 추출공정 : 추출관의 내부압력이 비정상으로 상승하지 아니하도록 할 것

③ 건조공정 : 위험물의 온도가 국부적으로 상승하지 아니하는 방법으로 가열 또는 건조할 것

④ 분쇄공정 : 위험물의 분말이 현저하게 부유하거나 기계·기구 등에 부착된 상태로 그 기계·기구를 취급하지 아니할 것

(2) 소비에 관한 기준

① 분사도장작업 : 방화상 유효한 격벽 등으로 구획된 안전한 장소에서 실시할 것

② 담금질 또는 열처리작업 : 위험물이 위험한 온도에 이르지 아니하도록 하여 실시할 것

③ 버너를 사용하는 경우 : 버너의 역화를 방지하고 위험물이 넘치지 아니하도록 할 것

05 위험물제조소등에서의 위험물의 취급기준

(1) 주유취급소

① 위험물을 주유할 때 자동차등의 원동기를 정지시켜야 하는 경우 : **인화점 40℃ 미만**의 위험물

② 이동저장탱크에 위험물을 주입할 때의 기준

ㄱ 이동저장탱크의 상부로부터 위험물을 주입할 때 : 위험물의 액표면이 주입관의 선단을 넘는 높이가 될 때까지 주입관 내의 유속을 초당 1m 이하로 한다.

ㄴ 이동저장탱크의 밑부분으로부터 위험물을 주입할 때 : 위험물의 액표면이 주입관의 정상부분을 넘는 높이가 될 때까지 주입관 내의 유속을 초당 1m 이하로 한다.

(2) 이동탱크저장소

① 알킬알루미늄등의 이동탱크로부터 알킬알루미늄을 꺼낼 때 : 동시에 200kPa 이하의 압력으로 불활성 기체를 봉입해야 한다.

② 알킬알루미늄등의 이동탱크에 알킬알루미늄을 저장할 때 : 20kPa 이하의 압력으로 불활성 기체를 봉입해야 한다.

③ 아세트알데히드등의 이동탱크로부터 아세트알데히드를 꺼낼 때 : 동시에 100kPa 이하의 압력으로 불활성 기체를 봉입해야 한다.

(3) 판매취급소

① 위험물은 운반용기에 수납한 채로 운반해야 한다.

② 판매취급소에서 배합하거나 옮겨 담을 수 있는 위험물의 종류
  ㉠ 도료류
  ㉡ 제1류 위험물 중 염소산염류
  ㉢ 황
  ㉣ 인화점 38℃ 이상인 제4류 위험물

예제 1 다음은 위험물의 저장 및 취급에 관한 기준이다. (　　) 안에 들어갈 알맞은 내용을 쓰시오.
위험물을 저장·취급하는 건축물 또는 설비는 위험물의 성질에 따라 (　　) 또는 (　　)
를 실시하여야 하며, 위험물은 (　　), (　　), 압력계 등의 계기를 감시하여 위험물의
성질에 맞는 적정한 온도, 습도 또는 압력을 유지하도록 해야 한다.

　풀이 위험물을 저장·취급하는 건축물 또는 설비는 위험물의 성질에 따라 차광 또는 환기를
실시하여야 하며, 위험물은 온도계, 습도계, 압력계 등의 계기를 감시하여 위험물의 성질
에 맞는 적정한 온도, 습도 또는 압력을 유지하도록 해야 한다.

　정답 차광, 환기, 온도계, 습도계

예제 2 동일한 옥내저장소에 제5류 위험물과 함께 저장할 수 없는 제1류 위험물의 품명은 무엇
인지 쓰시오.

　풀이 옥내저장소 또는 옥외저장소에서는 서로 다른 유별끼리 함께 저장할 수 없다. 다만,
다음의 조건을 만족하면서 유별로 정리하여 서로 1m 이상의 간격을 두는 경우에는
저장할 수 있다.
① 제1류 위험물(알칼리금속 과산화물 제외)과 제5류 위험물
② 제1류 위험물과 제6류 위험물
③ 제1류 위험물과 제3류 위험물 중 자연발화성 물질(황린)
④ 제2류 위험물 중 인화성 고체와 제4류 위험물
⑤ 제3류 위험물 중 알킬알루미늄등과 제4류 위험물(알킬알루미늄 또는 알킬리튬을
함유한 것)
⑥ 제4류 위험물 중 유기과산화물과 제5류 위험물 중 유기과산화물

　정답 알칼리금속 과산화물

예제 3 옥내저장소에 질산과 염소산염류를 함께 저장하는 경우에 대해 다음 물음에 답하시오.
(1) 두 가지 위험물의 이격거리는 몇 m 이상으로 하는가?
(2) 이 물질들을 동시에 저장하는 옥내저장소의 바닥면적은 몇 m^2 이하인가?

　풀이 (1) 제1류 위험물과 제6류 위험물은 서로 다른 유별이라 하더라도 1m 이상의 간격을
두는 경우에는 동일한 옥내 또는 옥외 저장소에 저장할 수 있다.
(2) 제6류 위험물 중 질산과 제1류 위험물 중 염소산염류를 저장하는 옥내저장소의
바닥면적은 모두 1,000m^2 이하로 한다.

　정답 (1) 1m
(2) 1,000m^2

예제 4 옥내저장소에 제4류 위험물 중 제3석유류를 저장할 때 저장용기를 겹쳐 쌓을 수 있는 높이는 얼마를 초과할 수 없는지 쓰시오.

풀이 옥내저장소 또는 옥외저장소의 저장용기를 쌓는 높이의 기준은 다음과 같다.
① 기계에 의하여 하역하는 구조로 된 용기 : 6m 이하
② 제4류 위험물 중 제3석유류, 제4석유류 및 동식물유류의 저장용기 : 4m 이하
③ 그 밖의 경우 : 3m 이하
④ 용기를 선반에 저장하는 경우
 ㉠ 옥내저장소에 설치한 선반 : 높이의 제한 없음
 ㉡ 옥외저장소에 설치한 선반 : 6m 이하

정답 4m

예제 5 지하저장탱크 중 압력탱크 외의 탱크에 다음의 물질을 저장할 때의 저장온도는 몇 ℃ 이하로 해야 하는지 쓰시오.
(1) 아세트알데히드
(2) 디에틸에테르
(3) 산화프로필렌

풀이 옥외저장탱크, 옥내저장탱크, 지하저장탱크에 위험물을 저장하는 온도는 다음과 같이 구분한다.
1) 압력탱크 외의 탱크에 저장하는 경우
 ① 아세트알데히드등 : 15℃ 이하
 ② 산화프로필렌등과 디에틸에테르등 : 30℃ 이하
2) 압력탱크에 저장하는 경우
 ① 아세트알데히드등 : 40℃ 이하
 ② 디에틸에테르등 : 40℃ 이하

정답 (1) 15℃ (2) 30℃ (3) 30℃

예제 6 보냉장치가 없는 이동저장탱크에 아세트알데히드를 저장하는 경우 저장온도는 몇 ℃ 이하로 해야 하는지 쓰시오.

풀이 1) 보냉장치가 있는 이동저장탱크에 저장하는 경우
 ① 아세트알데히드등 : 비점 이하
 ② 디에틸에테르등 : 비점 이하
2) 보냉장치가 없는 이동저장탱크에 저장하는 경우
 ① 아세트알데히드등 : 40℃ 이하
 ② 디에틸에테르등 : 40℃ 이하

정답 40℃

예제 7 판매취급소에서 배합하거나 옮겨 담는 작업을 할 수 있는 제1류 위험물의 종류를 쓰시오.

풀이 판매취급소에서 배합하거나 옮겨 담을 수 있는 위험물의 종류
① 도료류 ② 제1류 위험물 중 염소산염류
③ 황 ④ 인화점 38℃ 이상인 제4류 위험물

정답 염소산염류

5-2 위험물의 운반에 관한 기준

01 운반용기의 기준

(1) 운반용기의 재질

강판, 알루미늄판, 양철판, 유리, 금속판, 종이, 플라스틱, 섬유판, 고무류, 합성섬유, 삼, 짚 또는 나무

(2) 운반용기의 수납률

① 고체 위험물 : 운반용기 내용적의 95% 이하

② 액체 위험물 : 운반용기 내용적의 98% 이하(55℃에서 누설되지 않도록 공간용적 유지)

③ 알킬리튬 및 알킬알루미늄 : 운반용기 내용적의 90% 이하(50℃에서 5% 이상의 공간용적 유지)

(3) 운반용기 외부에 표시해야 하는 사항

① 품명, 위험등급, 화학명 및 수용성(제4류 위험물 중 수용성에 한함)

② 위험물의 수량

③ 위험물에 따른 주의사항

유 별	품 명	운반용기의 주의사항
제1류	알칼리금속 과산화물	화기·충격주의, 가연물접촉주의, 물기엄금
	그 밖의 것	화기·충격주의, 가연물접촉주의
제2류	철분, 금속분, 마그네슘	화기주의, 물기엄금
	인화성 고체	화기엄금
	그 밖의 것	화기주의
제3류	금수성 물질	물기엄금
	자연발화성 물질	화기엄금, 공기접촉엄금
제4류	인화성 액체	화기엄금
제5류	자기반응성 물질	화기엄금, 충격주의
제6류	산화성 액체	가연물접촉주의

(4) 운반용기의 최대용적 또는 중량

1) 고체 위험물

| 운반용기 | | | | 수납위험물의 종류 및 위험등급 | | | | | | | | | |
| 내장용기 | | 외장용기 | | 제1류 | | | 제2류 | | 제3류 | | | 제5류 | |
용기의 종류	최대용적(중량)	용기의 종류	최대용적(중량)	I	II	III	II	III	I	II	III	I	II
유리 용기 또는 플라스틱 용기	10L	나무 상자 또는 플라스틱 상자	125kg	○	○	○	○	○	○	○	○	○	○
			225kg		○	○		○		○	○		○
		파이버판 상자	40kg	○	○	○	○	○	○	○	○	○	○
			55kg		○	○		○		○	○		○
금속제 용기	30L	나무 상자 또는 플라스틱 상자	125kg	○	○	○	○	○	○	○	○	○	○
			225kg		○	○		○		○	○		○
		파이버판 상자	40kg	○	○	○	○	○	○	○	○	○	○
			55kg		○	○		○		○	○		○
플라스틱 필름 포대 또는 종이 포대	5kg	나무 상자 또는 플라스틱 상자	50kg	○	○	○	○	○		○	○	○	○
	50kg		50kg	○	○	○	○	○					○
	125kg		125kg		○	○		○					○
	225kg		225kg					○					
	5kg	파이버판 상자	40kg	○	○	○	○	○		○	○	○	○
	40kg		40kg	○	○	○	○	○					○
	55kg		55kg					○					
		금속제 용기 (드럼 제외)	60L	○	○	○	○	○	○	○	○	○	○
		플라스틱 용기 (드럼 제외)	10L		○	○		○		○	○		○
			30L			○		○			○		○
		금속제 드럼	250L	○	○	○	○	○	○	○	○	○	○
		플라스틱 드럼 또는 파이버 드럼 (방수성이 있는 것)	60L	○	○	○	○	○	○	○	○	○	○
			250L		○	○		○		○	○		○
		합성수지포대 (방수성이 있는 것), 플라스틱 필름 포대, 섬유 포대 (방수성이 있는 것) 또는 종이 포대 (여러 겹으로서 방수성이 있는 것)	50kg		○	○	○	○		○	○		○

2) 액체 위험물

내장용기 용기의 종류	내장용기 최대용적(중량)	외장용기 용기의 종류	외장용기 최대용적(중량)	제3류 I	제3류 II	제3류 III	제4류 I	제4류 II	제4류 III	제5류 I	제5류 II	제6류 I
유리 용기	5L	나무 상자 또는 플라스틱 상자 (불활성의 완충재를 채울 것)	75kg	○	○	○	○	○	○	○	○	○
			125kg		○	○		○	○		○	
	10L		225kg						○			
	5L	파이버판 상자	40kg	○	○	○	○	○	○	○	○	○
	10L		55kg						○			
플라스틱 용기	10L	나무 상자 또는 플라스틱 상자	75kg	○	○	○	○	○	○	○	○	○
			125kg		○	○		○	○		○	
			225kg						○			
		파이버판 상자	40kg	○	○	○	○	○	○	○	○	○
			55kg						○			
금속제 용기	30L	나무 상자 또는 플라스틱 상자	125kg	○	○	○	○	○	○	○	○	○
			225kg						○			
		파이버판 상자	40kg	○	○	○	○	○	○	○	○	○
			55kg		○	○		○	○		○	
		금속제 용기 (금속제 드럼 제외)	60L		○	○		○	○		○	
		플라스틱 용기 (플라스틱 드럼 제외)	10L		○	○		○	○		○	
			20L					○	○		○	
			30L						○		○	
		금속제 드럼 (뚜껑고정식)	250L	○	○	○	○	○	○	○	○	○
		금속제 드럼 (뚜껑탈착식)	250L					○	○			
		플라스틱 드럼 또는 파이버 드럼 (플라스틱 내용기 부착의 것)	250L		○	○			○		○	

02 운반 시 위험물의 성질에 따른 조치의 기준

(1) 차광성 피복으로 가려야 하는 위험물

① 제1류 위험물

② 제3류 위험물 중 자연발화성 물질

③ 제4류 위험물 중 특수인화물

④ 제5류 위험물

⑤ 제6류 위험물

> 💡 **Tip**
>
> 차광성 피복과 방수성 피복을 모두 해야 하는 위험물은 다음과 같습니다.
> 1. 제1류 위험물 중 알칼리금속 과산화물
> 2. 제3류 위험물 중 칼륨, 나트륨, 알킬알루미늄, 알킬리튬, 금속의 수소화물

※ 제5류 위험물 중 55℃ 이하의 온도에서 분해될 우려가 있는 것은 보냉컨테이너에 수납하는 등 적정한 온도관리를 해야 한다.

(2) 방수성 피복으로 가려야 하는 위험물

① 제1류 위험물 중 알칼리금속 과산화물

② 제2류 위험물 중 철분, 금속분, 마그네슘

③ 제3류 위험물 중 금수성 물질

03 운반에 관한 위험등급기준

(1) 위험등급 Ⅰ

① 제1류 위험물 : 아염소산염류, 염소산염류, 과염소산염류, 무기과산화물 등 지정수량이 50kg인 위험물

② 제3류 위험물 : 칼륨, 나트륨, 알킬알루미늄, 알킬리튬, 황린 등 지정수량이 10kg 또는 20kg인 위험물

③ 제4류 위험물 : 특수인화물

④ 제5류 위험물 : 유기과산화물, 질산에스테르류 등 지정수량이 10kg인 위험물

⑤ 제6류 위험물

(2) 위험등급 Ⅱ

① 제1류 위험물 : 브롬산염류, 질산염류, 요오드산염류 등 지정수량이 300kg인 위험물

② 제2류 위험물 : 황화인, 적린, 황 등 지정수량이 100kg인 위험물

③ 제3류 위험물 : 알칼리금속(칼륨 및 나트륨을 제외한다) 및 알칼리토금속, 유기금속화합물(알킬알루미늄 및 알킬리튬을 제외한다) 등 지정수량이 50kg인 위험물

④ 제4류 위험물 : 제1석유류 및 알코올류

⑤ 제5류 위험물 : 위험등급 Ⅰ 외의 것

(3) 위험등급 Ⅲ

위험등급 Ⅰ, 위험등급 Ⅱ 외의 것

04 위험물의 혼재기준

– 유별을 달리하는 위험물의 혼재기준(운반기준)

위험물의 구분	제1류	제2류	제3류	제4류	제5류	제6류
제1류		×	×	×	×	○
제2류	×		×	○	○	×
제3류	×	×		○	×	×
제4류	×	○	○		○	×
제5류	×	○	×	○		×
제6류	○	×	×	×	×	

※ 이 표는 지정수량의 1/10 이하의 위험물에 대하여는 적용하지 아니한다.

📖 "위험물의 혼재기준 표" 그리는 방법

423, 524, 61의 숫자 조합으로 표를 만들 수 있다.
1) 가로줄의 제4류를 기준으로 아래로 제2류와 제3류에 "○"를 표시한다.
2) 가로줄의 제5류를 기준으로 아래로 제2류와 제4류에 "○"를 표시한다.
3) 가로줄의 제6류를 기준으로 아래로 제1류에 "○"를 표시한다.
4) 세로줄의 제4류를 기준으로 오른쪽으로 제2류와 제3류에 "○"를 표시한다.
5) 세로줄의 제5류를 기준으로 오른쪽으로 제2류와 제4류에 "○"를 표시한다.
6) 세로줄의 제6류를 기준으로 오른쪽으로 제1류에 "○"를 표시한다.

예제 1 다음 (   ) 안에 알맞은 숫자를 쓰시오.
자연발화성 물질 중 알킬알루미늄등은 운반용기의 내용적의 (   )% 이하의 수납률로 수납하되 50℃의 온도에서 (   )% 이상의 공간용적을 유지하도록 해야 한다.

✅풀이 알킬알루미늄을 저장하는 운반용기는 내용적의 90% 이하(50℃에서 5% 이상의 공간 용적을 유지)로 한다.

✏️정답 90, 5

예제 2 다음의 물질을 저장하는 운반용기의 수납률은 얼마 이하로 해야 하는지 쓰시오.
(1) 고체 위험물
(2) 액체 위험물

✅풀이 운반용기의 수납률은 다음과 같이 구분한다.
(1) 고체 위험물 : 운반용기 내용적의 95% 이하
(2) 액체 위험물 : 운반용기 내용적의 98% 이하(55℃에서 누설되지 않게 공간용적 을 유지)

✏️정답 (1) 95%   (2) 98%

예제 3 다음은 위험물의 운반용기 외부에 표시해야 하는 사항이다. ( ) 안에 알맞은 내용을 채우시오.

운반용기의 외부에 표시해야 하는 사항은 ( ), 위험등급, ( ) 및 수용성, 그리고 위험물의 ( ), 각 유별에 따른 ( )이 필요하다.

풀이 운반용기의 외부에 표시해야 하는 사항은 다음과 같다.
① 품명, 위험등급, 화학명 및 수용성
② 위험물의 수량
③ 위험물에 따른 주의사항

정답 품명, 화학명, 수량, 주의사항

예제 4 제5류 위험물의 운반용기에 표시해야 하는 주의사항을 쓰시오.

풀이 제5류 위험물의 운반용기에는 "화기엄금" 및 "충격주의" 주의사항을 표시해야 한다.

정답 화기엄금, 충격주의

예제 5 제1류 위험물 중 알칼리금속 과산화물의 운반용기 외부에 표시하는 주의사항을 모두 쓰시오.

풀이 제1류 위험물의 운반용기 외부에 표시하는 주의사항은 "화기·충격주의", "가연물접촉주의"이지만, 알칼리금속 과산화물은 여기에 "물기엄금"을 추가한다.

정답 화기·충격주의, 가연물접촉주의, 물기엄금

예제 6 제1류 위험물 중 운반 시 차광성 및 방수성 덮개를 모두 해야 하는 품명을 쓰시오.

풀이 제1류 위험물은 모두 차광성 덮개를 해야 하고 제1류 위험물 중 알칼리금속 과산화물은 방수성 덮개를 해야 한다. 여기서 알칼리금속 과산화물은 제1류 위험물에 해당하므로 차광성 덮개와 방수성 덮개를 모두 해야 한다.

정답 알칼리금속 과산화물

예제 7 디에틸에테르를 운반용기에 저장할 때 다음 각 용기의 최대수량은 얼마 이상으로 해야 하는지 쓰시오.
(1) 유리용기
(2) 플라스틱용기
(3) 금속제용기

풀이 디에틸에테르는 제4류 위험물 중 특수인화물이므로 위험등급 I 에 해당한다. 위험등급 I 에 해당하는 물질은 5L 이하의 유리용기에만 저장할 수 있고 10L 이하의 유리용기에는 저장할 수 없다. 그 밖에 플라스틱용기와 금속제용기는 각각 10L와 30L의 용기에 저장할 수 있다.

정답 (1) 5L (2) 10L (3) 30L

예제 8 제4류 위험물 중 운반 시 차광성 덮개로 덮어야 하는 위험물의 품명을 쓰시오.

> **풀이** 차광성 덮개로 덮어야 하는 위험물은 제1류 위험물, 제3류 위험물 중 자연발화성 물질, 제4류 위험물 중 특수인화물, 제5류 위험물, 제6류 위험물이다.

> **정답** 특수인화물

예제 9 운반의 기준에서 제4류 위험물과 혼재할 수 있는 유별을 쓰시오. (단, 지정수량의 1/10을 초과하는 경우이다.)

> **풀이** 유별을 달리하는 위험물의 운반에 관한 혼재기준은 다음 [표]와 같다.

위험물의 구분	제1류	제2류	제3류	제4류	제5류	제6류
제1류		×	×	×	×	○
제2류	×		×	○	○	×
제3류	×	×		○	×	×
제4류	×	○	○		○	×
제5류	×	○	×	○		×
제6류	○	×	×	×	×	

> **정답** 제2류 위험물, 제3류 위험물, 제5류 위험물

제3편

위험물산업기사 **실기 기출문제**

최근의 과년도 출제문제 수록

그런데 말입니다.
실기공부를 하다보면 이런 것들이 궁금해집니다.
어떻게 해야 할까요?

반응식을 쓸 때 어느 것을 먼저 써야 맞는 걸까?
계산문제는 어느 범위까지 인정해줄까?
이런 사소할 수도 있는 것들을 너무 알고 싶은데 어디에 물어봐야 할지,
또 공부할 시간도 빠듯한데 이런 것까지 신경을 써야 하나?
위험물산업기사 실기를 공부하다 보면 이런 점들이 궁금해지게 됩니다.

그래서 준비했습니다.

이 내용들은 저희 독자님들께서 위험물산업기사 실기를 준비하시면서 가장 많이 하셨던 질문들을 Q&A로 정리한 것입니다.

Q ····· 반응식을 쓸 때 어느 것을 앞에 써야 하고 어느 것을 뒤에 써야 하는지 궁금한데 이런 것에 대해 순서가 정해지거나 우선순위가 있습니까?

A ····· 반응식을 쓸 때 어느 것을 앞에 쓰는지 아니면 뒤에 쓰는지에 대해서는 따로 우선순위가 없기 때문에 어떻게 쓰더라도 아무 상관없습니다.
예를 들어, 제1종 분말소화약제 반응식에서 Na_2CO_3와 H_2O, 그리고 CO_2의 순서나 제3종 분말소화약제 반응식에서 NH_3와 H_2O, 그리고 HPO_3의 순서를 모두 바꿔 적어도 됩니다.
예 1. 제1종 분말소화약제 반응식
   • $2NaHCO_3 \rightarrow Na_2CO_3 + H_2O + CO_2$ (O)
   • $2NaHCO_3 \rightarrow Na_2CO_3 + CO_2 + H_2O$ (O)
   2. 제3종 분말소화약제 반응식
   • $NH_4H_2PO_4 \rightarrow NH_3 + H_2O + HPO_3$ (O)
   • $NH_4H_2PO_4 \rightarrow NH_3 + HPO_3 + H_2O$ (O)

Q ─── 반응식에서 몰수를 표시할 때 꼭 정수로 해야 한다는 말도 있던데 이게 실화입니까?

A ─── 몰수는 반응 전과 반응 후의 원소들의 개수를 서로 같게 만들어 주는 절차이기 때문에 정수나 소수 또는 분수 어느 것으로 표시해도 아무 상관없습니다.

예를 들어, 칼륨(K)과 물(H_2O)의 반응에서 수소(H_2)가 0.5몰이 나오는데 이 0.5를 정수로 표시하기 위해 모든 항에 2를 곱할 필요는 없습니다. 그냥 소수로 표시해도 아무 문제 없고요, 물론 2를 곱해서 정수로 표시해도 됩니다.

예 칼륨(K)의 물(H_2O)과의 반응식

- 수소(H_2)의 몰수를 소수로 표시한 경우 : $K + H_2O \rightarrow KOH + 0.5H_2$ (O)
- 수소(H_2)의 몰수를 정수로 표시한 경우 : $2K + 2H_2O \rightarrow 2KOH + H_2$ (O)

Q ─── 탱크 내용적을 계산하는 문제에서 π를 대입한 답과 3.14를 대입한 답이 다른데 어느 것이 맞나요?

A ─── 탱크 내용적을 구할 때 π(3.14159265......)를 대입하여 계산한 값과 그냥 3.14를 대입하여 계산한 값은 다를 수밖에 없겠지만 채점 시에는 이 두 경우 모두를 정답으로 인정해 줍니다.

현재 위험물산업기사 실기시험은 신경향 문제들이 새롭게 추가되어 출제되고 있는 추세에 있고 이러한 추세는 앞으로도 지속될 것으로 예상됩니다. 그래서 앞으로 위험물산업기사 실기를 효율적으로 공부하기 위해서는 기출문제는 물론 그와 관련된 내용들도 함께 보셔야 합니다.

이러한 점들을 고려하여 본 위험물산업기사 교재의 실기시험 기출문제 풀이 부분에 각 기출문제마다 check란을 만들어 기출문제와 연관성 있는 내용들과 함께 앞으로 출제될 수 있는 내용들을 담아두었으니 꼭 챙겨보시기 바랍니다!!

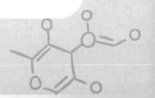

〈실기시험 시 수험자 유의사항〉

일반사항

1. 시험문제를 받는 즉시 응시하고자 하는 종목의 문제지가 맞는지를 확인하여야 합니다.
2. 시험문제지 총 면수 · 문제번호 순서 · 인쇄상태 등을 확인하고(**확인 이후 시험문제지 교체 불가**), 수험번호 및 성명을 답안지에 기재하여야 합니다.
3. 부정 또는 불공정한 방법(시험문제 내용과 관련된 메모지 사용 등)으로 시험을 치른 자는 부정행위자로 처리되어 당해 시험을 중지 또는 무효로 하고, 3년간 국가기술자격검정의 응시자격이 정지됩니다.
4. 저장용량이 큰 전자계산기 및 유사 전자제품 사용 시에는 반드시 저장된 메모리를 초기화한 후 사용하여야 하며, 시험위원이 초기화 여부를 확인할 시 협조하여야 합니다. 초기화되지 않은 전자계산기 및 유사 전자제품을 사용하여 적발 시에는 부정행위로 간주합니다.
5. 시험 중에는 통신기기 및 전자기기(휴대용 전화기 및 <u>스마트워치</u> 등)를 지참하거나 사용할 수 없습니다.
6. **문제 및 답안(지), 채점기준은 공개하지 않습니다.**

채점사항

1. 수험자 인적사항 및 계산식을 포함한 답안 작성은 흑색 필기구만 사용하며, 그 외 연필류, 빨간색, 청색 등 필기구를 사용해 작성한 답항은 0점 처리되오니 불이익을 당하지 않도록 유의해 주시기 바랍니다.
2. 답란에는 문제와 관련 없는 불필요한 낙서나 특이한 기록사항 등을 기재하여서는 안 되며, 답안지의 인적사항 기재란 외의 부분에 답안과 관련 없는 **특수한 표시를 하거나 특정인임을 암시하는 경우 답안지 전체를 0점 처리합니다.**
3. 계산문제는 반드시 「계산과정」과 「답」란에 기재하여야 하며, **계산과정이 틀리거나 없는 경우 0점 처리됩니다.**
4. 계산문제는 최종 결괏값(답)에서 소수 셋째자리에서 반올림하여 둘째자리까지 구해야하나 개별문제에서 소수 처리에 대한 요구사항이 있을 경우 그 요구사항에 따라야 합니다.
5. 답에 단위가 없으면 오답으로 처리됩니다. (단, 문제의 요구사항에 단위가 주어졌을 경우에는 생략되어도 무방합니다.)
6. 문제에서 요구한 가짓수(항수) 이상을 답란에 표기한 경우에는 답란 기재 순으로 요구한 가짓수(항수)만 채점하고 한 항에 여러 가지를 기재하더라도 한 가지로 보며 그 중 정답과 오답이 함께 기재되어 있을 경우 오답으로 처리됩니다.
7. 답안 정정 시에는 정정하고자 하는 단어에 두 줄(=)을 긋거나 수정테이프(단, 수정액 사용 불가)를 사용하여 다시 작성하시기 바랍니다.

※ 수험자 유의사항 미준수로 인한 채점상의 불이익은 수험자 본인에게 책임이 있습니다.

2019 제1회 위험물산업기사 실기

2019년 4월 13일 시행

 필/답/형 시험

필답형 01 [4점]

다음 할로겐화합물소화설비의 분사헤드의 방사압력을 쓰시오.

(1) 할론 2402   (2) 할론 1211

>>> 풀이 할로겐화합물소화설비의 분사헤드의 방사압력
① **할론 2402 : 0.1MPa 이상**
② **할론 1211 : 0.2MPa 이상**
③ 할론 1301 : 0.9MPa 이상

> **Check >>>**
> **할로겐화합물소화약제의 저장용기의 충전비**
> 1. 할론 2402 가압식 저장용기 : 0.51 이상 0.67 이하
> 2. 할론 2402 축압식 저장용기 : 0.67 이상 2.75 이하
> 3. 할론 1211 저장용기 : 0.7 이상 1.4 이하

>>> 정답 (1) 0.1MPa 이상   (2) 0.2MPa 이상

필답형 02 [4점]

AIP의 물과의 반응식을 쓰시오.

>>> 풀이 인화알루미늄(AIP)은 제3류 위험물로서 품명은 금속의 인화물이며, 지정수량은 300kg이다. 물과 반응 시 수산화알루미늄[$Al(OH)_3$]과 함께 가연성이면서 맹독성인 포스핀(PH_3) 가스를 발생한다.
– 물과의 반응식 : $AIP + 3H_2O \rightarrow Al(OH)_3 + PH_3$

> **Check >>>**
> **인화칼슘(Ca_3P_2)**
> 인화알루미늄과 동일한 품명에 속하는 물질로서 물과 반응하여 수산화칼슘[$Ca(OH)_2$]과 함께 가연성이면서 맹독성인 포스핀(PH_3) 가스를 발생한다.
> – 물과의 반응식 : $Ca_3P_2 + 6H_2O \rightarrow 3Ca(OH)_2 + 2PH_3$

>>> 정답 $AIP + 3H_2O \rightarrow Al(OH)_3 + PH_3$

필답형 03   [4점]

옥내탱크저장소에 설치하는 밸브 없는 통기관의 선단의 기준에 대해 다음 물음에 답하시오.

(1) 통기관의 선단은 건축물의 창 및 출입구의 개구부등으로부터 몇 m 이상 떨어진 옥외의 장소에 설치해야 하는지 쓰시오.

(2) 통기관의 선단은 지면으로부터 몇 m 이상의 높이에 설치해야 하는지 쓰시오.

(3) 인화점 40℃ 미만인 위험물의 탱크에 설치하는 통기관의 선단은 부지경계선으로부터 몇 m 이상 이격시켜야 하는지 쓰시오.

≫≫ 풀이   옥내탱크저장소에 설치하는 밸브 없는 통기관

(1) 통기관의 선단은 건축물의 창 및 출입구의 개구부등으로부터 **1m 이상** 떨어진 옥외의 장소에 설치해야 한다.

(2) 통기관의 선단은 지면으로부터 **4m 이상**의 높이에 설치해야 한다.

(3) 인화점 40℃ 미만인 위험물의 탱크에 설치하는 통기관의 선단은 부지경계선으로부터 **1.5m 이상** 이격시켜 야 한다.

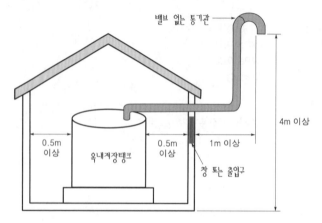

> **Check ≫≫**
>
> **밸브 없는 통기관의 또 다른 기준**
>
> 1. 옥내저장탱크 중 제4류 위험물을 저장하는 압력탱크 외의 탱크에 설치할 것
> 2. 직경은 30mm 이상으로 할 것
> 3. 선단은 수평면보다 45도 이상 구부려 빗물 등의 침투를 막을 것
> 4. 인화점이 38℃ 미만인 위험물만을 저장, 취급하는 탱크의 통기관에는 화염방지장치를 설치하고, 인화점이 38℃ 이상 70℃ 미만인 위험물을 저장, 취급하는 탱크의 통기관에는 40mesh 이상인 구리망으로 된 인화방지장치를 설치할 것. 다만, 인화점 70℃ 이상의 위험물만을 해당 위험물의 인화점 미만의 온도로 저장하는 탱크의 통기관에는 설치하지 않을 수 있다.
> 5. 인화점 70℃ 이상의 위험물만을 해당 위험물의 인화점 미만의 온도로 저장 또는 취급하는 탱크에 설치하는 통기관에는 인화방지망을 설치하지 않아도 된다.
> 6. 가연성 증기를 회수할 목적이 있을 때에는 밸브를 통기관에 설치할 수 있는데 이때 밸브는 개방되어 있어야 하며 닫혀 있을 경우 10kPa 이하의 압력에서 개방되는 구조로 하고 개방부분의 단면적은 777.15mm² 이상으로 할 것

≫≫ 정답   (1) 1m

(2) 4m

(3) 1.5m

필답형 04 [4점]

제4류 위험물로서 인화점은 11℃이고, 시신경을 마비시키는 성질이 있는 위험물에 대해 다음 물음에 답하시오.

(1) 위험물의 명칭을 쓰시오.
(2) 위험물의 지정수량을 쓰시오.

>>> 풀이   **메틸알코올**(CH_3OH)＝메탄올

① 제4류 위험물로서 품명은 알코올류이며, **지정수량은 400L**이다.
② 인화점 11℃, 발화점 464℃, 연소범위 6~36%, 비점 65℃로 물보다 가볍다.
③ 시신경 장애를 일으킬 수 있는 독성이 있으며 심하면 실명까지 가능하다.
④ 알코올류 중 탄소수가 가장 작으므로 수용성이 가장 크다.

>>> 정답   (1) 메틸알코올
(2) 400L

필답형 05 [3점]

다음 위험물을 옥외저장탱크 중 압력탱크 외의 탱크에 저장하는 경우 몇 ℃ 이하로 온도를 유지해야 하는지 쓰시오.

(1) 아세트알데히드
(2) 산화프로필렌
(3) 디에틸에테르

>>> 풀이   옥외저장탱크, 옥내저장탱크 또는 지하저장탱크에 저장하는 위험물의 저장온도

① **압력탱크 외의 탱크**에 저장하는 경우
  ㉠ **아세트알데히드 : 15℃ 이하**
  ㉡ **산화프로필렌, 디에틸에테르 : 30℃ 이하**
② 압력탱크에 저장하는 경우
  – 아세트알데히드, 산화프로필렌, 디에틸에테르 : 40℃ 이하

>
> **이동저장탱크에 저장하는 위험물의 저장온도**
> 1. 보냉장치가 있는 탱크에 저장하는 경우
>   – 아세트알데히드, 산화프로필렌, 디에틸에테르 : 비점 이하
> 2. 보냉장치가 없는 탱크에 저장하는 경우
>   – 아세트알데히드, 산화프로필렌, 디에틸에테르 : 40℃ 이하

>>> 정답   (1) 15℃
(2) 30℃
(3) 30℃

필답형 06 [5점]

다음 [표]는 제4류 위험물의 옥외탱크저장소의 보유공지를 나타낸 것이다. 괄호 안에 알맞은 말을 쓰시오.

지정수량의 배수	보유공지
500배 이하	(①) 이상
500배 초과 1,000배 이하	(②) 이상
1,000배 초과 2,000배 이하	(③) 이상
2,000배 초과 3,000배 이하	(④) 이상
3,000배 초과 4,000배 이하	(⑤) 이상

>>> 풀이 옥외탱크저장소의 보유공지

지정수량의 배수	보유공지
500배 이하	3m 이상
500배 초과 1,000배 이하	5m 이상
1,000배 초과 2,000배 이하	9m 이상
2,000배 초과 3,000배 이하	12m 이상
3,000배 초과 4,000배 이하	15m 이상

Check >>>

제6류 위험물을 저장하는 옥외탱크저장소의 보유공지 및 2개 이상의 탱크 상호간 거리의 기준
1. 제6류 위험물을 저장하는 옥외저장탱크의 보유공지 : 위 [표]의 옥외저장탱크의 보유공지의 1/3 이상의 너비(최소 1.5m 이상)
2. 동일한 방유제 안에 2개 이상의 탱크 상호간 거리
   ① 제6류 위험물 외의 위험물을 저장하는 옥외저장탱크 : 위 [표]의 옥외저장탱크 보유공지의 1/3 이상의 너비(최소 3m 이상)
   ② 제6류 위험물을 저장하는 옥외저장탱크 : 제6류 위험물 옥외저장탱크 보유공지의 1/3 이상의 너비(최소 1.5m 이상)

>>> 정답 ① 3m, ② 5m, ③ 9m, ④ 12m, ⑤ 15m

필답형 07 [4점]

황린의 연소반응식을 쓰시오.

>>> 풀이 황린(P_4)은 제3류 위험물 중 자연발화성 물질로서 지정수량은 20kg이며 착화온도가 34℃로 매우 낮아 공기 중에서는 자연발화할 수 있기 때문에 이를 방지하기 위해 물속에 저장한다. 또한 황린은 공기 중에서 산소와 반응하여 오산화인(P_2O_5)이라는 독성의 백색기체를 발생한다.
  − 연소반응식 : $P_4 + 5O_2 \rightarrow 2P_2O_5$

>>> 정답 $P_4 + 5O_2 \rightarrow 2P_2O_5$

필답형 08 [3점]

에틸렌과 산소를 $CuCl_2$의 촉매하에서 반응시키면 생성되는 물질로서 인화점 $-38℃$, 비점 $21℃$, 연소범위 $4.1 \sim 57\%$인 특수인화물에 대하여 다음 물음에 답하시오.

(1) 시성식을 쓰시오.
(2) 증기비중을 구하시오.

≫≫ 풀이 (1) 에틸렌(C_2H_4)이 0.5몰의 산소(O_2), 즉 $0.5O_2$를 얻어 산화하면 다음과 같이 인화점 $-38℃$, 비점 $21℃$, 연소범위 $4.1 \sim 57\%$의 특수인화물인 아세트알데히드(CH_3CHO)가 된다.

– 에틸렌의 산화반응식 : $C_2H_4 \xrightarrow{+0.5O_2} CH_3CHO$

(2) 증기비중을 구하는 공식은 $\dfrac{물질의\ 분자량}{공기의\ 분자량}$이며 아세트알데히드의 분자량은 $12(C) \times 2 + 1(H) \times 4 + 16(O)$

$=44$이고 공기의 분자량은 29이므로 아세트알데히드의 증기비중은 $\dfrac{44}{29} = $**1.52**이다.

> **Check ≫≫**
>
> **아세트알데히드의 산화**
> 아세트알데히드가 0.5몰의 산소(O_2), 즉 $0.5O_2$를 얻어 산화하면 제2석유류인 아세트산(CH_3COOH)이 된다.
>
> – 아세트알데히드의 산화반응식 : $CH_3CHO \xrightarrow{+0.5O_2} CH_3COOH$

≫≫ 정답 (1) CH_3CHO (2) 1.52

필답형 09 [3점]

제2류 위험물에 속하는 황화인의 종류 3가지를 화학식으로 쓰시오.

≫≫ 풀이 제2류 위험물에 속하는 황화인은 삼황화인(P_4S_3), 오황화인(P_2S_5), 칠황화인(P_4S_7)의 3가지 종류가 있다.

> **Check ≫≫**
>
> **삼황화인과 오황화인의 각종 반응식**
> 1. 삼황화인
>   ① 연소 시 이산화황(SO_2)과 오산화인(P_2O_5)을 발생한다.
>   – 연소반응식 : $P_4S_3 + 8O_2 \rightarrow 3SO_2 + 2P_2O_5$
>   ② 물과의 반응은 존재하지 않는다.
> 2. 오황화인
>   ① 연소 시 이산화황과 오산화인을 발생한다.
>   – 연소반응식 : $2P_2S_5 + 15O_2 \rightarrow 10SO_2 + 2P_2O_5$
>   ② 물과 반응 시 황화수소(H_2S)와 인산(H_3PO_4)을 발생한다.
>   – 물과의 반응식 : $P_2S_5 + 8H_2O \rightarrow 5H_2S + 2H_3PO_4$

≫≫ 정답 P_4S_3, P_2S_5, P_4S_7

필답형 10 [4점]

다음 물음에 답하시오.

(1) 트리니트로톨루엔의 구조식을 쓰시오.
(2) 트리니트로톨루엔의 생성과정을 사용 원료를 중심으로 설명하시오.

>>> 풀이

TNT로도 불리는 트리니트로톨루엔[$C_6H_2CH_3(NO_2)_3$]은 **톨루엔($C_6H_5CH_3$) 에 질산(HNO_3)과 황산(H_2SO_4)을 반응**시켜 톨루엔의 수소(H) 3개를 니트로기(–NO_2)로 치환한 물질로서 제5류 위험물에 속하며 품명은 니트로화합물이고 지정수량은 200kg이다.

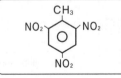

┃ 트리니트로톨루엔의 구조식 ┃

– 톨루엔의 니트로화 반응식

: $C_6H_5CH_3 + 3HNO_3 \xrightarrow{H_2SO_4(탈수반응)} C_6H_2CH_3(NO_2)_3 + 3H_2O$

어떤 물질에 질산과 황산을 가하면 그 물질은 니트로화된다.

1. 벤젠(C_6H_6)을 니트로화시켜 니트로벤젠($C_6H_5NO_2$)을 생성한다.

– 반응식 : $C_6H_6 + HNO_3 \xrightarrow{H_2SO_4} C_6H_5NO_2 + H_2O$

2. 글리세린[$C_3H_5(OH)_3$]을 니트로화시켜 니트로글리세린[$C_3H_5(ONO_2)_3$]을 생성한다.

– 반응식 : $C_3H_5(OH)_3 + 3HNO_3 \xrightarrow{H_2SO_4} C_3H_5(ONO_2)_3 + 3H_2O$

>>> 정답

(1)

$$CH_3 \quad NO_2 \quad NO_2 \quad NO_2$$

(2) 톨루엔에 질산과 황산을 반응시켜 생성

필답형 11 [4점]

황 100kg, 철분 500kg, 질산염류 600kg에 대해 지정수량의 배수의 합을 구하시오.

(1) 계산과정
(2) 답

>>> 풀이

〈문제〉에서 제시된 각 위험물의 지정수량은 다음과 같다.

① 황(제2류 위험물) : 100kg
② 철분(제2류 위험물) : 500kg
③ 질산염류(제1류 위험물) : 300kg

따라서, 이 위험물들의 지정수량의 배수의 합은 $\dfrac{100kg}{100kg} + \dfrac{500kg}{500kg} + \dfrac{600kg}{300kg} = $**4배**이다.

>>> 정답

(1) $\dfrac{100kg}{100kg} + \dfrac{500kg}{500kg} + \dfrac{600kg}{300kg}$

(2) 4배

필답형 12 [4점]

질산암모늄의 분해반응식은 다음과 같다. 질산암모늄 800g이 열분해 시 발생하는 기체의 총 부피는 표준상태에서 몇 L인지 구하시오.

$$2NH_4NO_3 \rightarrow 2N_2 + O_2 + 4H_2O$$

(1) 계산과정
(2) 정답

≫≫풀이 질산암모늄(NH_4NO_3)은 제1류 위험물로서 질산암모늄 2몰을 열분해 시 질소(N_2) 2몰, 산소 1몰, 그리고 수증기 4몰로서 총 7몰의 기체가 발생한다.

여기서, 질산암모늄 1mol의 분자량은 14(N)g×2+1(H)g×4+16(O)g×3=80g이고 아래의 열분해반응식에서 알 수 있듯이 2×80g=160g의 질산암모늄이 분해하면 표준상태에서 총 7몰×22.4L=156.8L의 기체가 발생하는데 〈문제〉의 조건은 800g의 질산암모늄이 분해하면 몇 L의 기체가 발생하는가를 묻는 것이므로 다음의 비례식을 이용하여 발생하는 기체의 총 부피를 구할 수 있다.

– 열분해반응식 : $2NH_4NO_3 \rightarrow 2N_2 + O_2 + 4H_2O$

160g — 156.8L
800g — x(L)

160×x=800×156.8
x=784L

≫≫정답 (1) 160×x=800×156.8
(2) 784L

필답형 13 [6점]

탄화칼슘에 대해 다음 물음에 답하시오.
(1) 물과의 반응식을 쓰시오.
(2) 물과의 반응으로 발생하는 기체의 연소반응식을 쓰시오.

≫≫풀이 탄화칼슘(CaC_2)은 제3류 위험물로서 품명은 칼슘 또는 알루미늄의 탄화물이며 지정수량은 300kg이다.
(1) 탄화칼슘은 물과 반응 시 수산화칼슘[$Ca(OH)_2$]과 연소범위가 2.5~81%인 아세틸렌(C_2H_2) 가스를 발생한다.
– 물과의 반응식 : $CaC_2 + 2H_2O \rightarrow Ca(OH)_2 + C_2H_2$
(2) 아세틸렌 가스를 연소시키면 이산화탄소(CO_2)와 물(H_2O)이 발생한다.
– 아세틸렌의 연소반응식 : $2C_2H_2 + 5O_2 \rightarrow 4CO_2 + 2H_2O$

> **Check ≫≫**
> **동일한 품명에 속하는 탄화알루미늄의 물과의 반응**
> 탄화알루미늄은 물과 반응 시 수산화알루미늄[$Al(OH)_3$]과 메탄(CH_4) 가스를 발생한다.
> – 물과의 반응식 : $Al_4C_3 + 12H_2O \rightarrow 4Al(OH)_3 + 3CH_4$

≫≫정답 (1) $CaC_2 + 2H_2O \rightarrow Ca(OH)_2 + C_2H_2$
(2) $2C_2H_2 + 5O_2 \rightarrow 4CO_2 + 2H_2O$

필답형 14 [3점]

위험물의 운반에 관한 기준에서 제6류 위험물과 혼재 가능한 유별을 모두 쓰시오.

>>> 풀이 다음의 [표]에서 알 수 있듯이 위험물의 운반에 관한 혼재기준에 따라 제6류 위험물은 **제1류 위험물만 혼재가능**하며 그 외의 유별과는 혼재할 수 없다.

위험물의 구분	제1류	제2류	제3류	제4류	제5류	제6류
제1류		×	×	×	×	○
제2류	×		×	○	○	×
제3류	×	×		○	×	×
제4류	×	○	○		○	×
제5류	×	○	×	○		×
제6류	○	×	×	×	×	

※ 이 표는 지정수량의 1/10 이하의 위험물에 대하여는 적용하지 아니한다.

🔅 Tip

위험물의 운반에 관한 혼재기준 [표]를 그리는 방법은 423, 524, 61의 숫자 조합으로 다음과 같이 만듭니다.
1) 가로줄의 제4류를 기준으로 아래로 제2류와 제3류에 "○"를 표시합니다.
2) 가로줄의 제5류를 기준으로 아래로 제2류와 제4류에 "○"를 표시합니다.
3) 가로줄의 제6류를 기준으로 아래로 제1류에 "○"를 표시합니다.
4) 세로줄의 제4류를 기준으로 오른쪽으로 제2류와 제3류에 "○"를 표시합니다.
5) 세로줄의 제5류를 기준으로 오른쪽으로 제2류와 제4류에 "○"를 표시합니다.
6) 세로줄의 제6류를 기준으로 오른쪽으로 제1류에 "○"를 표시합니다.

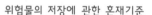 Check >>>

위험물의 저장에 관한 혼재기준

옥내저장소 또는 옥외저장소에서 서로 다른 유별끼리는 함께 저장할 수 없지만, 다음의 위험물을 유별로 정리하여 서로 1m 이상의 간격을 두는 경우에는 함께 저장할 수 있다.
1. 제1류 위험물(알칼리금속 과산화물 제외)과 제5류 위험물
2. 제1류 위험물과 제6류 위험물
3. 제1류 위험물과 제3류 위험물 중 자연발화성 물질(황린)
4. 제2류 위험물 중 인화성 고체와 제4류 위험물
5. 제3류 위험물 중 알킬알루미늄등과 제4류 위험물(알킬알루미늄 또는 알킬리튬을 함유한 것)
6. 제4류 위험물 중 유기과산화물과 제5류 위험물 중 유기과산화물

>>> 정답 제1류

작/업/형 시험

작업형 01 [4점]

$(NH_4)_2Cr_2O_7$, $KClO_4$, $NaClO_3$의 3가지 물질에 물을 뿌리는 장면을 동영상으로 보여준다. 다음 물음에 답하시오.

(1) $(NH_4)_2Cr_2O_7$의 명칭을 쓰시오.
(2) $(NH_4)_2Cr_2O_7$의 지정수량을 쓰시오.

>>> 풀이 $(NH_4)_2Cr_2O_7$의 명칭은 **중크롬산암모늄**이고, 이는 제1류 위험물 중 품명이 중크롬산염류이며 **지정수량은 1,000kg**이다.

중크롬산암모늄의 분해반응
중크롬산암모늄은 분해하여 질소(N_2)와 암녹색의 삼산화제이크롬(Cr_2O_3), 그리고 물(H_2O)을 발생한다.
– 중크롬산암모늄의 분해 반응식 : $(NH_4)_2Cr_2O_7 \rightarrow N_2 + Cr_2O_3 + 4H_2O$

>>> 정답   (1) 중크롬산암모늄
(2) 1,000kg

작업형 02 [3점]

제4류 위험물이 든 용기에 액체를 붓고 뚜껑을 닫은 후 가열하는 장면과 함께 온도계로 측정한 온도를 동영상으로 보여준다. 동영상의 시험은 무엇을 측정하기 위한 것인지 쓰시오.

>>> 풀이   동영상의 시험은 인화성 액체의 **인화점을 측정하기 위한 시험**이며 제4류 위험물의 인화점 측정방법은 다음의 3가지로 구분된다.
① 태그밀폐식 인화점측정기
  ㉠ 측정결과가 0℃ 미만인 경우 : 그 측정결과를 인화점으로 할 것
  ㉡ 측정결과가 0℃ 이상 80℃ 이하인 경우 : 동점도 측정을 하여 동점도가 $10mm^2/s$ 미만인 경우에는 그 측정결과를 인화점으로 하고, 동점도가 $10mm^2/s$ 이상인 경우에는 신속평형법 인화점측정기로 다시 측정할 것
② 신속평형법 인화점측정기
  ㉠ 측정결과가 0℃ 이상 80℃ 이하인 경우 : 동점도 측정을 하여 동점도가 $10mm^2/s$ 이상인 경우에는 그 측정결과를 인화점으로 할 것
  ㉡ 측정결과가 80℃를 초과하는 경우 : 클리브랜드개방컵 인화점측정기로 다시 측정할 것
③ 클리브랜드개방컵 인화점측정기
  – 측정결과가 80℃를 초과하는 경우 : 그 측정결과를 인화점으로 할 것

>>> 정답   인화점

작업형 03　　　　　　　　　　　　　　　　　　　　　　　　　　　　　　　[4점]

칼륨에 이산화탄소소화기를 방출하는 순간 폭발하는 장면을 동영상으로 보여준다. 다음 물음에 답하시오.

(1) 칼륨과 이산화탄소의 반응식을 쓰시오.
(2) 칼륨의 화재 시 적응성이 있는 소화설비의 명칭을 쓰시오.

≫≫풀이　칼륨(K)은 제3류 위험물 중 금수성 물질로서 이산화탄소와 반응 시 탄산칼륨(K_2CO_3)과 탄소(C)를 발생하며 이 때 발생하는 탄소는 공기 중에서 폭발할 위험이 있으므로 칼륨의 화재에는 이산화탄소소화기는 적응성이 없고 **탄산수소염류 분말소화설비 또는 탄산수소염류 분말소화기, 마른 모래 또는 팽창질석 및 팽창진주암**이 적응성이 있다.

－ 칼륨과 이산화탄소와의 반응식 : $4K + 3CO_2 \rightarrow 2K_2CO_3 + C$

> **Check ≫≫**
>
> **칼륨의 또 다른 반응**
> 1. 연소 시 산화칼륨(K_2O)을 발생한다.
>   － 연소반응식 : $4K + O_2 \rightarrow 2K_2O$
> 2. 물과 반응 시 수산화칼륨(KOH)과 수소(H_2)를 발생한다.
>   － 물과의 반응식 : $2K + 2H_2O \rightarrow 2KOH + H_2$
> 3. 에틸알코올(C_2H_5OH)과의 반응 시 칼륨에틸레이트(C_2H_5OK)와 수소를 발생한다.
>   － 에틸알코올과의 반응식 : $2K + 2C_2H_5OH \rightarrow 2C_2H_5OK + H_2$

≫≫정답　(1) $4K + 3CO_2 \rightarrow 2K_2CO_3 + C$
　　　　　(2) 탄산수소염류 분말소화설비 또는 탄산수소염류 분말소화기 또는 마른 모래 또는 팽창질석 및 팽창진주암 중 1개

작업형 04　　　　　　　　　　　　　　　　　　　　　　　　　　　　　　　[6점]

A 비커에는 에틸렌글리콜, B 비커에는 스티렌이 저장된 상태에서 각 비커에 물을 넣는 장면을 동영상으로 보여준다. 다음 물음에 답하시오.

(1) B 비커에 층 분리가 발생하는 이유를 쓰시오.
(2) A 비커와 B 비커의 위험물의 품명을 각각 쓰시오.
(3) A 비커와 B 비커의 위험물의 지정수량을 각각 쓰시오.

≫≫풀이　A 비커의 **에틸렌글리콜**[$C_2H_4(OH)_2$]은 제4류 위험물 중 **제3석유류** 수용성 물질로서 **지정수량은 4,000L**이고, B 비커의 **스티렌**($C_6H_5CH_2CH$)은 제4류 위험물 중 **제2석유류** 비수용성 물질로서 **지정수량은 1,000L**이다. 이 중 B 비커의 **스티렌은 물에 녹지 않는 비수용성의 물질이기 때문에** 물과 혼합하면 층 분리가 발생한다.

≫≫정답　(1) 스티렌은 비수용성이므로
　　　　　(2) 제3석유류, 제2석유류
　　　　　(3) 4,000L, 1,000L

작업형 05 [4점]

주유취급소에 설치된 휘발유를 주유하는 셀프용 고정주유설비와 경유를 주유하는 셀프용 고정주유설비를 동영상으로 보여준다. 다음 물음에 답하시오.

(1) 두 위험물에 대해 셀프용 고정주유설비의 1회의 연속주유량의 상한의 합을 쓰시오.
(2) 두 위험물의 지정수량의 합을 쓰시오.

▶▶ 풀이
(1) 휘발유를 주유하는 셀프용 고정주유설비의 1회의 연속주유량의 상한은 **100L**, 경유를 주유하는 셀프용 고정주유설비의 1회의 연속주유량의 상한은 **200L**이며, 휘발유와 경유 모두 1회의 주유시간의 상한은 4분이다. 따라서 두 위험물의 셀프용 고정주유설비의 1회의 연속주유량의 상한의 합은 100L＋200L＝**300L**이다.
(2) 휘발유는 제4류 위험물 중 제1석유류 비수용성 물질로서 지정수량은 **200L**이고 경유는 제4류 위험물 중 제2석유류 비수용성 물질로서 지정수량은 **1,000L**이다. 따라서 두 위험물의 지정수량의 합은 200L＋1,000L＝**1,200L**이다.

▶▶ 정답 (1) 300L   (2) 1,200L

작업형 06 [4점]

16,000L를 저장하는 이동저장탱크가 칸막이로 구획된 장면을 동영상으로 보여준다. 다음 물음에 답하시오.

(1) 동영상의 이동저장탱크에는 칸막이를 몇 개 이상 설치해야 하는지 그 개수를 쓰시오.
(2) 동영상의 이동저장탱크에 있어서 방파판은 하나의 구획부분에 몇 개 이상 설치해야 하는지 그 개수를 쓰시오.

(1) 이동저장탱크에는 4,000L 이하의 양마다 두께 3.2mm 이상의 강철판으로 구획하여 칸막이를 설치해야 한다. 〈문제〉의 16,000L를 저장하는 이동저장탱크에는 4개의 구획부분을 만들면 4,000L×4＝16,000L를 저장할 수 있으며 이 경우 칸막이는 3개만 설치해도 4개의 구획부분을 만들 수 있으므로 이 이동저장탱크에 설치해야 하는 **칸막이의 개수는 3개 이상**이다.
(2) 방파판은 두께 1.6mm 이상의 강철판으로 하나의 **구획부분에 2개 이상 설치**해야 한다. 다만, 칸막이로 구획된 부분의 용량이 2,000L 미만인 경우에는 방파판을 설치하지 아니할 수 있다.

▶▶ 정답 (1) 3개   (2) 2개

작업형 07 [5점]

판매취급소에 설치된 배합실을 동영상으로 보여준다. 배합실에 대해 다음 물음에 답하시오.

(1) 바닥면적은 몇 m² 이상 몇 m² 이하로 하는지 그 범위를 쓰시오.
(2) 벽은 어떤 구조로 해야 하는지 쓰시오.
(3) 바닥에 설치하는 설비의 명칭을 쓰시오.

>>>풀이 판매취급소의 위험물 배합실 기준
① **바닥은 6m² 이상 15m² 이하**의 **면적**으로 적당한 경사를 두고 **집유설비**를 할 것
② **벽은 내화구조 또는 불연재료로 구획**할 것
③ 출입구에는 자동폐쇄식 갑종방화문을 설치할 것
④ 출입구 문턱의 높이는 바닥면으로부터 0.1m 이상으로 할 것
⑤ 가연성의 증기 또는 미분을 지붕 위로 방출하는 설비를 할 것

>>>정답 (1) 6m² 이상 15m² 이하
(2) 내화구조 또는 불연재료 중 1개
(3) 집유설비

작업형 08 [5점]

주유취급소의 사무실 벽면에 유리로 만든 큰 창이 지면으로부터 30cm 높이까지 설치되어 있고 그 옆에 출입문이 있다. 그리고 벽면의 높은 곳에 개폐할 수 있는 작은 창을 설치한 장면을 동영상으로 보여준다. 다음 물음에 답하시오.

(1) 건축물의 창에 사용하는 유리의 종류를 쓰시오.
(2) 건축물의 낮은 곳에 설치된 큰 창은 개방구조로 해야 하는지 밀폐구조로 해야 하는지 쓰시오.
(3) 건축물의 높은 곳에 개폐할 수 있는 작은 창의 설치 높이는 얼마인지 쓰시오.

>>>풀이 (1) 주유취급소의 사무실 등의 창 및 출입구에 유리를 사용하는 경우에는 **망입유리** 또는 **강화유리**로 할 것. 이 경우 강화유리의 두께는 창에는 8mm 이상, 출입구에는 12mm 이상으로 하여야 한다.
(2) 주유취급소의 건축물 중 사무실, 그 밖의 화기를 사용하는 곳은 누설한 가연성의 증기가 그 내부에 유입되지 아니하도록 다음의 기준에 적합한 구조로 해야 한다.
① 출입구는 건축물의 안에서 밖으로 수시로 개방할 수 있는 자동폐쇄식의 것으로 할 것
② 출입구 또는 사이통로의 문턱의 높이를 15cm 이상으로 할 것
③ **높이 1m 이하의 부분에 있는 창 등은 밀폐**시킬 것
(3) (2)에서 높이 1m 이하의 부분에 있는 창 등은 밀폐시켜야 하므로 개폐할 수 있는 창의 설치 높이는 **1m를 초과**해야 한다.

>>>정답 (1) 망입유리 또는 강화유리 중 1개
(2) 밀폐구조
(3) 1m 초과

작업형 **09** [6점]

옥내저장소 건축물의 주위에 "위험물 옥내저장소"라는 글자를 백색바탕에 적색문자로 표시한 표지와 함께 다음과 같은 게시판을 동영상으로 보여준다. 다음 물음에 답하시오.

위험물 옥내저장소

화기엄금

허가일자	1991년
유별	제4류
품명	톨루엔
저장수량	15,000리터
안전관리자	홍길동

(1) 동영상의 게시판의 내용 중 누락된 것 또는 잘못된 것을 찾아 한 가지만 쓰시오.
(2) 동영상의 게시판의 내용 중 색상이 잘못된 항목을 찾아 옳게 수정하시오.

>>>풀이 (1) 옥내저장소에는 방화에 관하여 필요한 사항을 게시한 게시판을 다음과 같이 설치해야 한다.
① 표시 내용 : 유별, 품명, 저장 또는 취급 최대수량, 지정수량의 배수, 안전관리자의 성명 또는 직명
② 색상 : 백색바탕, 흑색문자
③ 규격 : 한 변의 길이 0.3m 이상, 다른 한 변의 길이 0.6m 이상의 직사각형
따라서, 〈문제〉의 동영상에서 필요 없는 "허가일자"가 포함되어 있고 표시되어 있어야 할 **지정수량의 배수**"가 누락되어 있으며 "톨루엔"이라는 물질명이 아닌 톨루엔의 **품명**"인 "**제1석유류**"가 표시되어 있어야 한다.
(2) 옥내저장소의 표지는 한 변의 길이 0.3m 이상, 다른 한 변의 길이 0.6m 이상의 직사각형으로 하고 **백색바탕에 흑색문자**로 "위험물옥내저장소"라는 내용을 표시해야 한다.

> **옥내저장소의 주의사항 게시판의 기준**
> 1. 표시 내용 : "화기엄금"
> 2. 색상 : 적색바탕, 백색문자
> 3. 규격 : 한 변의 길이 0.3m 이상, 다른 한 변의 길이 0.6m 이상의 직사각형

>>>정답 (1) 지정수량의 배수 또는 톨루엔 중 1개
(2) 위험물 옥내저장소의 색상 → 백색바탕에 흑색문자

작업형 10 [4점]

제조소의 바로 옆에 공작물이 설치되어 있고 제조소와 공작물 사이에 방화벽을 설치해 놓은 장면을 동영상으로 보여준다. 다음 물음에 답하시오.

(1) 방화벽의 출입구에 설치하는 방화문의 종류를 쓰시오.
(2) 방화벽의 양단 및 상단이 외벽 및 지붕으로부터 몇 cm 이상 돌출하도록 해야 하는지 쓰시오.

≫≫풀이 제조소의 작업공정이 다른 작업장의 작업공정과 연속되어 있어 제조소의 건축물, 그 밖의 공작물의 주위에 보유공지를 두게 되면 그 제조소의 작업에 현저한 지장이 생길 우려가 있는 경우 당해 제조소와 다른 작업장 사이에 아래의 기준에 따라 방화상 유효한 격벽(방화벽)을 설치한 때에는 당해 제조소와 다른 작업장 사이에 보유공지를 두지 아니할 수 있다.

① 방화벽은 내화구조로 할 것. 다만 취급하는 위험물이 제6류 위험물인 경우에는 불연재료로 할 수 있다.

② 방화벽에 설치하는 출입구 및 창 등의 개구부는 가능한 한 최소로 하고, **출입구 및 창에는 자동폐쇄식의 갑종방화문을 설치**할 것

③ **방화벽의 양단 및 상단이 외벽 또는 지붕으로부터 50cm 이상 돌출**하도록 할 것

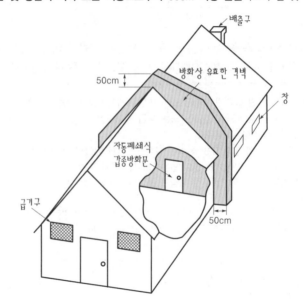

≫≫정답 (1) 자동폐쇄식의 갑종방화문
(2) 50cm

2019 제2회 위험물산업기사 실기

2019년 6월 29일 시행

필/답/형 시험

필답형 01 [6점]

옥내저장소에 다음의 각 용기를 겹쳐 쌓는 높이는 몇 m 이하로 해야 하는지 쓰시오.

(1) 기계에 의하여 하역하는 구조로 된 용기
(2) 제3석유류를 수납한 용기
(3) 동식물유류를 수납한 용기

≫≫풀이 옥내저장소에서 용기를 겹쳐 쌓는 높이의 기준은 다음과 같다.
　① **기계에 의하여 하역하는 구조로 된 용기 : 6m 이하**
　② 제4류 위험물 중 **제3석유류**, 제4석유류 및 **동식물유류를 저장한 용기 : 4m 이하**
　③ 그 밖의 위험물을 저장한 용기의 경우 : 3m 이하

> **Check ≫≫**
>
> 옥내저장소와 옥외저장소에서 용기를 겹쳐 쌓는 높이의 기준은 동일하며, 용기를 선반에 저장하는 경우에는 다음과 같이 구분한다.
> 1. 옥내저장소에서 용기를 선반에 저장하는 경우 : 제한 없음
> 2. 옥외저장소에서 용기를 선반에 저장하는 경우 : 6m 이하

≫≫정답 (1) 6m
　　　　(2) 4m
　　　　(3) 4m

필답형 02 [3점]

고인화점 위험물의 정의를 쓰시오.

≫≫풀이 인화점이 높은 위험물이라는 의미인 고인화점 위험물이란 **인화점이 100℃ 이상인 제4류 위험물**을 말한다.

≫≫정답 인화점이 100℃ 이상인 제4류 위험물

필답형 03 [4점]

다음 중 옥내저장소의 동일한 실에 함께 저장할 수 있는 유별끼리 연결한 것을 모두 고르시오.
(단, 유별끼리 저장하여 1m 이상의 거리를 둔 경우이다.)

> A. 무기과산화물(알칼리금속 과산화물 제외) – 유기과산화물
> B. 질산염류 – 과염소산
> C. 황린 – 질산염류
> D. 인화성 고체 – 제1석유류
> E. 황 – 톨루엔

>>> 풀이
A. 제1류 위험물 중 알칼리금속 과산화물은 제5류 위험물과 함께 저장할 수 없지만 알칼리금속 과산화물 외의 무기과산화물은 제5류 위험물과 함께 저장할 수 있다. 여기서 유기과산화물은 제5류 위험물에 속하기 때문에 무기과산화물과 유기과산화물은 **함께 저장할 수 있다**.
B. 제1류 위험물인 질산염류는 제6류 위험물인 과염소산과 **함께 저장할 수 있다**.
C. 제3류 위험물 중 자연발화성 물질인 황린은 제1류 위험물인 질산염류와 **함께 저장할 수 있다**.
D. 제2류 위험물 중 인화성 고체와 제4류 위험물인 제1석유류는 함께 **저장할 수 있다**.
E. 제2류 위험물인 황과 제4류 위험물인 톨루엔은 함께 저장할 수 없다.

> **Check >>>**
> 옥내저장소의 동일한 실에는 서로 다른 유별끼리 함께 저장할 수 없다. 단, 다음의 조건을 만족하면서 유별로 정리하여 서로 1m 이상의 간격을 두는 경우에는 저장할 수 있다.
> 1. **제1류 위험물(알칼리금속 과산화물 제외)과 제5류 위험물**
> 2. **제1류 위험물과 제6류 위험물**
> 3. **제1류 위험물과 제3류 위험물 중 자연발화성 물질(황린)**
> 4. **제2류 위험물 중 인화성 고체와 제4류 위험물**
> 5. 제3류 위험물 중 알킬알루미늄등과 제4류 위험물(알킬알루미늄 또는 알킬리튬을 함유한 것)
> 6. 제4류 위험물 중 유기과산화물과 제5류 위험물 중 유기과산화물

>>> 정답 A, B, C, D

필답형 04 [4점]

다음은 이동탱크저장소에 설치하는 주입설비에 대한 설명이다. 괄호 안에 알맞은 말을 쓰시오.

(1) 위험물이 (　　) 우려가 없고, 화재예방상 안전한 구조로 한다.
(2) 주입설비의 길이는 (　　) 이내로 하고, 그 선단에 축적되는 (　　　)를 유효하게 제거할 수 있는 장치를 한다.
(3) 분당 토출량은 (　　) 이하로 한다.

>>> 풀이
이동탱크저장소에 주입설비(주입호스의 선단에 개폐밸브를 설치한 것을 말한다)를 설치하는 기준
(1) 위험물이 **샐** 우려가 없고, 화재예방 상 안전한 구조로 할 것
(2) 주입설비의 길이는 **50m 이내**로 하고, 그 선단에 축적되는 **정전기**를 유효하게 제거할 수 있는 장치를 할 것
(3) 분당 토출량은 **200L 이하**로 할 것

>>> 정답 (1) 샐　(2) 50m, 정전기　(3) 200L

필답형 05 [4점]

트리에틸알루미늄이 공기 중에서 자연발화하는 반응식을 쓰시오.

>>> 풀이 트리에틸알루미늄[$(C_2H_5)_3Al$]이 공기 중에서 자연발화하는 반응은 공기 중에서 산소와 반응하여 연소하는 현상과 같으며, 트리에틸알루미늄이 연소하면 산화알루미늄(Al_2O_3)과 이산화탄소(CO_2), 그리고 물(H_2O)이 발생한다.

– 연소반응식 : $2(C_2H_5)_3Al + 21O_2 \rightarrow Al_2O_3 + 12CO_2 + 15H_2O$

Check >>>

트리에틸알루미늄의 또 다른 반응

1. 물과의 반응

   물과 반응 시 수산화알루미늄[$Al(OH)_3$]과 에탄(C_2H_6)이 발생한다.

   – 물과의 반응식 : $(C_2H_5)_3Al + 3H_2O \rightarrow Al(OH)_3 + 3C_2H_6$

2. 메틸알코올과의 반응

   메틸알코올(CH_3OH)과 반응 시 알루미늄메틸레이트[$(CH_3O)_3Al$]와 에탄(C_2H_6)이 발생한다.

   – 메틸알코올과의 반응식 : $(C_2H_5)_3Al + 3CH_3OH \rightarrow (CH_3O)_3Al + 3C_2H_6$

3. 에틸알코올과의 반응

   에틸알코올(C_2H_5OH)과 반응 시 알루미늄에틸레이트[$(C_2H_5O)_3Al$]와 에탄(C_2H_6)이 발생한다.

   – 에틸알코올과의 반응식 : $(C_2H_5)_3Al + 3C_2H_5OH \rightarrow (C_2H_5O)_3Al + 3C_2H_6$

>>> 정답 $2(C_2H_5)_3Al + 21O_2 \rightarrow Al_2O_3 + 12CO_2 + 15H_2O$

필답형 06 [4점]

다음 〈표〉에 나타낸 품명에 대해 해당하는 유별과 지정수량을 각각 쓰시오.

품 명	유 별	지정수량
황린	제3류 위험물	20kg
칼륨	①	②
니트로화합물	③	④
질산염류	⑤	⑥

>>> 풀이

품 명	유 별	지정수량
황린	제3류 위험물	20kg
칼륨	**제3류 위험물**	10kg
니트로화합물	**제5류 위험물**	200kg
질산염류	**제1류 위험물**	300kg

>>> 정답
① 제3류 위험물, ② 10kg
③ 제5류 위험물, ④ 200kg
⑤ 제1류 위험물, ⑥ 300kg

필답형 07 [4점]

다음 〈보기〉 중 불활성가스소화설비가 적응성이 있는 위험물을 모두 골라 그 기호를 쓰시오.

A. 제1류 위험물
B. 제2류 위험물 중 인화성 고체
C. 제3류 위험물 중 금수성 물질
D. 제4류 위험물
E. 제5류 위험물
F. 제6류 위험물

≫≫풀이 다음 [표]에서 알 수 있듯이 〈보기〉의 각 위험물의 화재에는 다음과 같은 소화설비가 적응성이 있다.

A. 제1류 위험물 중 알칼리금속 과산화물은 탄산수소염류 등 분말소화설비가 적응성이 있고, 그 밖의 것은 물이 소화약제인 옥내소화전설비, 옥외소화전설비, 스프링클러설비, 물분무소화설비, 포소화설비가 적응성이 있다.

B. **제2류 위험물 중 인화성 고체는 불활성가스소화설비**를 포함한 거의 모든 소화설비가 적응성이 있다.

C. 제3류 위험물 중 금수성 물질은 탄산수소염류등 분말소화설비가 적응성이 있고, 자연발화성 물질은 물이 소화약제인 옥내소화전설비, 옥외소화전설비, 스프링클러설비, 물분무소화설비, 포소화설비가 적응성이 있다.

D. **제4류 위험물**은 물이 소화약제인 옥내소화전설비, 옥외소화전설비, 스프링클러설비를 제외하고 물분무소화설비, 포소화설비, **불활성가스소화설비**, 할로겐화합물소화설비, 분말소화설비가 적응성이 있다.

E. 제5류 위험물은 물이 소화약제인 옥내소화전설비, 옥외소화전설비, 스프링클러설비, 물분무소화설비, 포소화설비가 적응성이 있다.

F. 제6류 위험물은 물이 소화약제인 옥내소화전설비, 옥외소화전설비, 스프링클러설비, 물분무소화설비, 포소화설비와 인산염류 등 분말소화설비가 적응성이 있다.

소화설비의 구분		건축물·그 밖의 공작물	전기설비	제1류 위험물		제2류 위험물			제3류 위험물		제4류 위험물	제5류 위험물	제6류 위험물
				알칼리금속 과산화물등	그 밖의 것	철분·금속분·마그네슘 등	인화성 고체	그 밖의 것	금수성 물품	그 밖의 것			
옥내소화전 또는 옥외소화전설비		○			○		○	○		○		○	○
스프링클러설비		○			○		○	○		○	△	○	○
물분무등소화설비	물분무소화설비	○	○		○		○	○		○	○	○	○
	포소화설비	○			○		○	○		○	○	○	○
	불활성가스소화설비		○				○				○		
	할로겐화합물소화설비		○				○				○		
	분말소화설비 인산염류등	○	○		○		○	○			○		○
	탄산수소염류등		○	○		○	○		○		○		
	그 밖의 것			○		○			○				

≫≫정답 B, D

필답형 08

[3점]

위험물의 운반에 관한 기준에서 제4류 위험물과 혼재할 수 없는 유별을 쓰시오.

>>> 풀이 다음의 [표]에서 알 수 있듯이 위험물의 운반에 관한 혼재기준에 따라 제4류 위험물과 혼재할 수 없는 유별은 **제1류와 제6류 위험물**이다.

위험물의 구분	제1류	제2류	제3류	제4류	제5류	제6류
제1류		×	×	×	×	○
제2류	×		×	○	○	×
제3류	×	×		○	×	×
제4류	×	○	○		○	×
제5류	×	○	×	○		×
제6류	○	×	×	×	×	

※ 이 표는 지정수량의 1/10 이하의 위험물에 대하여는 적용하지 아니한다.

🔧 Tip

위험물의 운반에 관한 혼재기준 [표]를 그리는 방법은 423, 524, 61의 숫자 조합으로 다음과 같이 만듭니다.

1) 가로줄의 제4류를 기준으로 아래로 제2류와 제3류에 "○"를 표시합니다.
2) 가로줄의 제5류를 기준으로 아래로 제2류와 제4류에 "○"를 표시합니다.
3) 가로줄의 제6류를 기준으로 아래로 제1류에 "○"를 표시합니다.
4) 세로줄의 제4류를 기준으로 오른쪽으로 제2류와 제3류에 "○"를 표시합니다.
5) 세로줄의 제5류를 기준으로 오른쪽으로 제2류와 제4류에 "○"를 표시합니다.
6) 세로줄의 제6류를 기준으로 오른쪽으로 제1류에 "○"를 표시합니다.

Check >>>

위험물의 저장에 관한 혼재기준

옥내저장소 또는 옥외저장소에서 서로 다른 유별끼리는 함께 저장할 수 없지만, 다음의 위험물을 유별로 정리하여 서로 1m 이상의 간격을 두는 경우에는 함께 저장할 수 있다.

1. 제1류 위험물(알칼리금속 과산화물 제외)과 제5류 위험물
2. 제1류 위험물과 제6류 위험물
3. 제1류 위험물과 제3류 위험물 중 자연발화성 물질(황린)
4. 제2류 위험물 중 인화성 고체와 제4류 위험물
5. 제3류 위험물 중 알킬알루미늄등과 제4류 위험물(알킬알루미늄 또는 알킬리튬을 함유한 것)
6. 제4류 위험물 중 유기과산화물과 제5류 위험물 중 유기과산화물

>>> 정답 제1류, 제6류

필답형 09 [4점]

황린 20kg을 연소 시 필요한 공기의 부피는 표준상태에서 몇 m³인지 다음 물음에 답하시오.
(단, 황린의 분자량은 124g이고, 공기 중 산소의 부피는 21vol%이다.)

(1) 계산과정
(2) 답

>>> 풀이 황린(P_4)을 연소시키기 위해 필요한 공기의 부피를 구하기 위해서는 연소시키는 데 필요한 산소의 부피를 먼저 구해야 한다. 아래의 연소반응식에서 알 수 있듯이 황린 1mol의 분자량이 31(P)g×4=124g이고 황린을 표준상태에서 연소시키는 데 필요한 산소의 부피는 5몰×22.4L=112L인데, 〈문제〉의 조건과 같이 황린 20kg을 연소시키기 위해서는 몇 m³의 산소가 필요한가를 다음과 같이 비례식으로 풀 수 있다.

– 황린의 연소반응식 : P_4 + $5O_2$ → $2P_2O_5$

$$124g \diagdown 112L$$
$$20kg \diagdown X_{산소}(m^3)$$

$124 \times X_{산소} = 20 \times 112$

$X_{산소} = 18.06m^3$

> **Tip**
> 이 〈문제〉와 같이 반응식 문제에서는 P_4의 질량단위가 'g'이면 O_2의 부피단위는 'L'가 되고, P_4의 질량단위가 'kg'이면 O_2의 부피단위는 'm³'가 됩니다.

〈문제〉는 황린 20kg을 연소시키기 위해 필요한 산소의 부피가 아니라 공기의 부피를 구하는 것이다. 공기 100% 중에 산소는 21% 포함되어 있으므로 공기의 부피는 산소의 부피에 $\dfrac{100}{21}$을 곱한 값과 같고 공기의 부피를 구하는 공식은 다음과 같다.

$\therefore$ 공기의 부피=산소의 부피$\times \dfrac{100}{21}$

따라서 황린 20kg을 연소시키기 위해 필요한 공기의 부피는 $18.06m^3 \times \dfrac{100}{21} = 86m^3$이다.

>>> 정답
(1) $18.06 \times \dfrac{100}{21}$

(2) $86m^3$

필답형 10 [4점]

다음 각 위험물의 지정수량을 쓰시오.
(1) 중유 (2) 경유 (3) 디에틸에테르 (4) 아세톤

>>> 풀이

물질명	유 별	품 명	지정수량
(1) **중유**	제4류 위험물	제3석유류(비수용성)	2,000L
(2) **경유**	제4류 위험물	제2석유류(비수용성)	1,000L
(3) **디에틸에테르**	제4류 위험물	특수인화물	50L
(4) **아세톤**	제4류 위험물	제1석유류(수용성)	400L

>>> 정답 (1) 2,000L (2) 1,000L (3) 50L (4) 400L

필답형 11 [4점]

제4류 위험물 중 위험등급 II 에 속하는 품명 2개를 쓰시오.

>>> 풀이 제4류 위험물의 품명에 따른 지정수량과 위험등급

품 명	지정수량		위험등급
특수인화물	50L		I
제1석유류	비수용성	200L	II
	수용성	400L	
알코올류	400L		
제2석유류	비수용성	1,000L	III
	수용성	2,000L	
제3석유류	비수용성	2,000L	
	수용성	4,000L	
제4석유류	6,000L		
동식물유류	10,000L		

>>> 정답 제1석유류, 알코올류

필답형 12 [6점]

다음에 해당하는 위험물에 대해 다음 물음에 답하시오.

- 술의 원료이다.
- 요오드포름 반응을 한다.
- 무색 투명하며, 수용성이다.
- 산화시키면 아세트알데히드가 된다.

(1) 화학식을 쓰시오.
(2) 지정수량을 쓰시오.
(3) 황산을 촉매로 반응시키면 생성되는 위험물의 화학식을 쓰시오.

>>> 풀이 (1) 화학식이 C_2H_5OH인 에틸알코올은 술의 원료로 사용되고 무색 투명한 수용성 액체로서 수산화나트륨
($NaOH$)과 요오드(I_2)와 함께 반응하여 요오드포름반응을 하며, 수소(H_2)를 잃어 산화하면 아세트알데히드
(CH_3CHO)가 된다.

– 에틸알코올의 산화반응식 : $C_2H_5OH \xrightarrow{-H_2} CH_3CHO$

(2) 에틸알코올은 제4류 위험물로서 품명은 알코올류이고, **지정수량은 400L**이다.

(3) 에틸알코올은 황산(H_2SO_4)을 촉매로 반응시키면 탈수되어 물과 함께 제4류 위험물 중 품명이 특수인화물
인 디에틸에테르($C_2H_5OC_2H_5$)를 생성한다.

– 에틸알코올 2몰의 탈수반응식(140℃) : $2C_2H_5OH \xrightarrow{H_2SO_4} C_2H_5OC_2H_5 + H_2O$

>>> 정답 (1) C_2H_5OH
(2) 400L
(3) $C_2H_5OC_2H_5$

필답형 13　　　　　　　　　　　　　　　　　　　　　　　　　　[5점]

열분해하면 N_2와 H_2O, 그리고 O_2가 발생하는 질산암모늄의 열분해반응식을 쓰고, 1몰의 질산암모늄이 0.9기압, 300℃에서 분해할 때 발생하는 H_2O의 부피는 몇 L인지 계산과정과 답을 쓰시오.

(1) 열분해반응식
(2) 계산과정
(3) 답

▶▶▶풀이　질산암모늄(NH_4NO_3)은 제1류 위험물로서 열분해 시 질소(N_2) 1몰, 산소(O_2) 0.5몰, 그리고 수증기(H_2O) 2몰로서 총 3.5몰의 기체가 발생한다.

여기서, 질산암모늄 1mol의 분자량은 14(N)g×2 + 1(H)g×4+16(O)g×3=80g이고 아래의 열분해반응식에서 알 수 있듯이 질산암모늄 80g, 즉 1몰이 분해하면 2몰의 H_2O가 발생하는 것을 알 수 있다.

　- 열분해반응식 : $2NH_4NO_3 \rightarrow 2N_2 + O_2 + 4H_2O$

〈문제〉는 0.9기압, 300℃에서 발생한 2몰의 H_2O의 부피가 몇 L인지를 묻는 것이므로 다음의 이상기체상태방정식을 이용하여 구할 수 있다.

$PV = nRT$

여기서, P : 압력=0.9기압
　　　　V : 부피= V(L)
　　　　n : 몰수=2mol
　　　　R : 이상기체상수=0.082기압 · L/K · mol
　　　　T : 절대온도(273+실제온도)=273 + 300K

$0.9 \times V = 2 \times 0.082 \times (273 + 300)$

$$V = \frac{2 \times 0.082 \times (273 + 300)}{0.9}$$

∴　$V = 104.41L$

▶▶▶정답　(1) $2NH_4NO_3 \rightarrow 2N_2 + O_2 + 4H_2O$
　　　　(2) $0.9 \times V = 2 \times 0.082 \times (273 + 300)$
　　　　(3) 104.41L

작/업/형 시험

작업형 01 [4점]

히드라진과 과산화수소가 반응하여 폭발하는 장면을 동영상으로 보여준다. 다음 물음에 답하시오.

(1) 히드라진과 과산화수소의 반응식을 쓰시오.
(2) 히드라진과 과산화수소 중 제6류 위험물에 해당하는 물질의 열분해반응식을 쓰시오.

≫≫풀이 히드라진(N_2H_4)은 제4류 위험물로서 제2석유류 수용성 물질이고, 과산화수소(H_2O_2)는 제6류 위험물이다.

(1) 히드라진과 과산화수소가 반응하면 질소와 물이 발생하며, 그 반응식은 다음과 같다.
  – 히드라진과 과산화수소의 반응식 : $N_2H_4 + 2H_2O_2 \rightarrow N_2 + 4H_2O$

(2) 두 물질 중 제6류 위험물에 해당하는 물질은 과산화수소이며, 과산화수소는 열분해 시 산소와 물을 발생하며 열분해반응식은 다음과 같다.
  – 열분해반응식 : $2H_2O_2 \rightarrow 2H_2O + O_2$

> **Check ≫≫**
>
> 과산화수소가 제6류 위험물이 되기 위한 조건은 농도가 36중량% 이상이어야 한다.

≫≫정답
(1) $N_2H_4 + 2H_2O_2 \rightarrow N_2 + 4H_2O$
(2) $2H_2O_2 \rightarrow 2H_2O + O_2$

작업형 02 [4점]

주유취급소에 설치된 담을 동영상으로 보여준다. 다음 물음에 답하시오.

(1) 담의 높이는 몇 m 이상으로 하는지 쓰시오.
(2) 담의 재질은 무엇인지 쓰시오.

≫≫풀이 주유취급소의 주위에는 자동차 등이 출입하는 쪽 외의 부분에 **높이 2m 이상**의 **내화구조 또는 불연재료의 담** 또는 벽을 설치하여야 한다.

> **Check ≫≫**
>
> **주유취급소의 담 또는 벽의 일부분에 유리를 부착하는 기준**
> 1. 유리를 부착하는 위치는 주입구, 고정주유설비 및 고정급유설비로부터 4m 이상 이격될 것
> 2. 유리를 부착하는 방법
>   ① 주유취급소 내의 지반면으로부터 70cm를 초과하는 부분에 한하여 유리를 부착할 것
>   ② 하나의 유리판의 가로의 길이는 2m 이내일 것
>   ③ 유리의 구조는 접합유리로 할 것
> 3. 유리를 부착하는 범위는 전체의 담 또는 벽의 길이의 10분의 2를 초과하지 아니할 것

≫≫정답
(1) 2m
(2) 내화구조 또는 불연재료 중 1개

작업형 03 [5점]

마그네슘에 이산화탄소소화기를 방출하는 순간 폭발하는 장면을 동영상으로 보여준다. 다음 물음에 답하시오.

(1) 마그네슘과 이산화탄소의 반응식을 쓰시오.

(2) 마그네슘 화재 시 이산화탄소로 소화하면 안 되는 이유를 쓰시오.

>>> 풀이 마그네슘(Mg)은 이산화탄소와 반응 시 산화마그네슘(MgO)과 **탄소(C) 또는 일산화탄소(CO)를 발생하며, 이 때 발생하는 탄소는 공기 중에서 폭발**할 위험이 있으므로 마그네슘의 화재는 이산화탄소소화기로 소화할 수 없다.

- 마그네슘과 이산화탄소와의 반응식 : $2Mg + CO_2 \rightarrow 2MgO + C$, $Mg + CO_2 \rightarrow MgO + CO$

> **Check >>>**
>
> **마그네슘의 그 밖의 반응**
>
> 1. 물과 반응 시 수산화마그네슘[Mg(OH)$_2$]과 수소를 발생한다.
>   - 물과의 반응식 : $Mg + 2H_2O \rightarrow Mg(OH)_2 + H_2$
> 2. 연소 시 산화마그네슘(MgO)을 발생한다.
>   - 연소반응식 : $2Mg + O_2 \rightarrow 2MgO$
> 3. 황산(H$_2$SO$_4$)과 반응 시 황산마그네슘(MgSO$_4$)과 수소를 발생한다.
>   - 황산과의 반응식 : $Mg + H_2SO_4 \rightarrow MgSO_4 + H_2$

>>> 정답 (1) $2Mg + CO_2 \rightarrow 2MgO + C$, $Mg + CO_2 \rightarrow MgO + CO$

(2) 탄소가 발생해 공기 중에서 폭발할 위험이 있으므로

작업형 04 [3점]

Na과 물을 반응시키는 장면을 동영상으로 보여준다. 다음 물음에 답하시오.

(1) Na과 물의 반응식을 쓰시오.

(2) Na의 지정수량을 쓰시오.

>>> 풀이 나트륨(Na)은 제3류 위험물로서 **지정수량은 10kg**이며, 공기 또는 공기 중의 수분과 접촉을 방지하기 위해 석유류(등유, 경유, 유동파라핀 등) 속에 담가 저장하며, 물과 반응 시 수산화나트륨(NaOH)과 수소(H$_2$)를 발생한다.

- 물과의 반응식 : $2Na + 2H_2O \rightarrow 2NaOH + H_2$

> **Check >>>**
>
> **나트륨의 또 다른 반응**
>
> 1. 에틸알코올(C$_2$H$_5$OH)과 반응 시 나트륨에틸레이트(C$_2$H$_5$ONa)와 수소(H$_2$)를 발생한다.
>   - 에틸알코올과의 반응식 : $2Na + 2C_2H_5OH \rightarrow 2C_2H_5ONa + H_2$
> 2. 연소 시 산화나트륨(Na$_2$O)을 발생한다.
>   - 연소반응식 : $4Na + O_2 \rightarrow 2Na_2O$

>>> 정답 (1) $2Na + 2H_2O \rightarrow 2NaOH + H_2$

(2) 10kg

작업형 05 [6점]

다음 〈보기〉의 위험물이 각 비커에 들어있는 장면을 동영상으로 보여준다. 다음 물음에 답하시오.

A. BaO_2 B. CaC_2 C. K   D. Na

(1) B 비커의 위험물과 물이 반응 시 발생하는 가스의 화학식을 쓰시오.
(2) D 비커의 위험물과 물이 반응 시 발생하는 가스의 화학식을 쓰시오.
(3) 1mol의 위험물과 물과 반응 시 발생하는 기체의 몰수가 가장 많은 것의 비커의 기호를 쓰시오.

>>> 풀이
① A 비커 : BaO_2(과산화바륨)은 물과 반응 시 수산화바륨[$Ba(OH)_2$]과 산소(O_2) 기체를 발생한다.
  - 과산화바륨과 물과의 반응식 : $2BaO_2 + 2H_2O \rightarrow 2Ba(OH)_2 + O_2$
② B 비커 : CaC_2(탄화칼슘)은 물과 반응 시 수산화칼슘[$Ca(OH)_2$]과 **아세틸렌(C_2H_2) 기체**를 발생한다.
  - 탄화칼슘과 물과의 반응식 : $2CaC_2 + 4H_2O \rightarrow 2Ca(OH)_2 + 2C_2H_2$
③ C 비커 : K(칼륨)은 물과 반응 시 수산화칼륨(KOH)과 수소(H_2) 기체를 발생한다.
  - 칼륨과 물과의 반응식 : $2K + 2H_2O \rightarrow 2KOH + H_2$
④ D 비커 : Na(나트륨)은 물과 반응 시 수산화나트륨(NaOH)과 **수소(H_2) 기체**를 발생한다.
  - 나트륨과 물과의 반응식 : $2Na + 2H_2O \rightarrow 2NaOH + H_2$
1mol의 위험물이 물과의 반응 시 A. BaO_2는 0.5mol의 산소를, B. CaC_2는 1mol의 아세틸렌을, C. K은 0.5mol의 수소를, D. Na는 0.5mol의 수소를 발생하므로 가장 많은 기체를 발생하는 비커는 B이다.

>>> 정답
(1) C_2H_2 (2) H_2 (3) B

작업형 06 [5점]

구리, 아연, 염화나트륨이라고 적힌 용기에 각 물질이 분말상태로 저장되어 있는 장면을 동영상으로 보여준다. 다음 물음에 답하시오.

(1) 동영상의 물질 중 황산과 반응 시 백색연기를 발생하는 물질의 반응식을 쓰시오.
(2) 동영상의 물질 중 제2류 위험물에 해당하는 물질의 품명을 쓰시오.

>>> 풀이
(1) 구리, 아연, 염화나트륨과 황산(H_2SO_4)의 반응은 다음과 같다.
  ① 구리(Cu) : Cu는 H보다 이온화 경향이 작기 때문에 H_2SO_4와 반응 시 H_2SO_4의 H를 분리시킬 수 없으므로 수소가스를 발생하지 않는다.
  ② 아연(Zn) : Zn은 H보다 이온화 경향이 크기 때문에 H_2SO_4와 반응 시 H_2SO_4의 H를 분리시켜 황산아연($ZnSO_4$)과 함께 **백색의 수소가스를 발생**한다.
    - 아연과 황산과의 반응식 : $Zn + H_2SO_4 \rightarrow ZnSO_4 + H_2$
  ③ 염화나트륨(NaCl) : NaCl의 Na는 H보다 이온화 경향이 크기 때문에 H_2SO_4와 반응 시 H_2SO_4의 H를 분리시켜 황산나트륨(Na_2SO_4)과 함께 염산(HCl)을 발생한다.
    - 염화나트륨과 황산과의 반응식 : $2NaCl + H_2SO_4 \rightarrow Na_2SO_4 + 2HCl$
(2) 제2류 위험물로서의 금속분은 알칼리금속 · 알칼리토금속 · 철 및 마그네슘 외의 금속의 분말을 말하며, 구리분 · 니켈분 및 150마이크로미터의 체를 통과하는 것이 50중량% 미만인 것은 제외한다. 〈문제〉의 물질 중 아연분은 150마이크로미터의 체를 통과하는 것이 50중량% 이상인 경우 **제2류 위험물에 속하며 품명은 금속분**이다.

>>> 정답
(1) $Zn + H_2SO_4 \rightarrow ZnSO_4 + H_2$
(2) 금속분

작업형 07 [4점]

제조소로부터 특고압가공전선까지의 안전거리를 화살표로 나타내어 동영상으로 보여준다. 다음 물음에 답하시오.

(1) 제조소로부터 10,000V의 특고압가공전선까지의 안전거리를 쓰시오.
(2) 제조소로부터 40,000V의 특고압가공전선까지의 안전거리를 쓰시오.

▶▶▶풀이 제조소의 안전거리(단, 제6류 위험물을 저장 또는 취급하는 위험물제조소는 제외한다.)
　① 주거용 건축물(제조소등의 동일부지 외에 있는 것) : 10m 이상
　② 학교 · 병원 · 극장(300명 이상), 다수인 수용시설 : 30m 이상
　③ 유형문화재와 기념물 중 지정문화재 : 50m 이상
　④ 고압가스, 액화석유가스 등의 저장 · 취급 시설 : 20m 이상
　⑤ **사용전압 7,000V 초과 35,000V 이하의 특고압가공전선 : 3m 이상**
　⑥ **사용전압 35,000V를 초과하는 특고압가공전선 : 5m 이상**

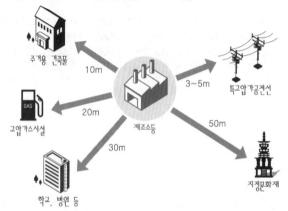

▶▶▶정답 (1) 3m 이상　(2) 5m 이상

작업형 08 [5점]

판매취급소에 설치된 배합실을 동영상으로 보여준다. 다음 물음에 답하시오.

(1) 배합실의 출입구에 설치하는 방화문의 명칭을 쓰시오.
(2) 배합실의 출입구의 문턱 높이는 바닥면으로부터 몇 m 이상으로 해야 하는지 쓰시오.

▶▶▶풀이 판매취급소의 위험물 배합실 기준
　① 바닥은 $6m^2$ 이상 $15m^2$ 이하의 면적으로 적당한 경사를 두고 집유설비를 할 것
　② 벽은 내화구조 또는 불연재료로 구획할 것
　③ 출입구에는 **자동폐쇄식 갑종방화문을 설치할 것**
　④ 출입구 **문턱의 높이는 바닥면으로부터 0.1m 이상으로 할 것**
　⑤ 가연성의 증기 또는 미분을 지붕 위로 방출하는 설비를 할 것

▶▶▶정답 (1) 자동폐쇄식 갑종방화문　(2) 0.1m

작업형 **09** [5점]

옥외저장소에 위험물 용기들이 저장된 장면을 동영상으로 보여준다. 다음 물음에 답하시오.

(1) 메탄올 4,000L를 저장하는 경우 보유공지는 몇 m 이상으로 하는지 쓰시오.
(2) 과산화수소 30,000kg을 저장하는 경우 보유공지는 몇 m 이상으로 하는지 쓰시오.

>>> 풀이 옥외저장소의 보유공지

지정수량의 배수	보유공지의 너비
10배 이하	**3m 이상**
10배 초과 20배 이하	5m 이상
20배 초과 50배 이하	9m 이상
50배 초과 200배 이하	**12m 이상**
200배 초과	15m 이상

(1) 메탄올은 제4류 위험물 중 품명이 알코올류로서 지정수량은 400L이므로 저장량 4,000L는 지정수량에 대해 $\frac{4,000L}{400L/배}$=10배가 되며 이 배수는 위 [표]의 지정수량의 10배 이하에 해당하므로 이 옥외저장소의 보유공지는 **3m 이상**으로 한다.

(2) 과산화수소는 제6류 위험물로서 지정수량은 300kg이므로 저장량 30,000kg은 지정수량에 대해 $\frac{30,000kg}{300kg/배}$=100배가 되며 이 배수는 위 [표]의 지정수량의 50배 초과 200배 이하에 해당하므로 이 옥외저장소의 보유공지는 12m 이상으로 해야 한다. 그렇지만 제4류 위험물 중 제4석유류 또는 제6류 위험물을 저장하는 옥외저장소는 위 [표]에서 정한 보유공지 너비의 3분의 1 이상으로 할 수 있는 규정이 있으므로 제6류 위험물인 과산화수소 30,000kg을 저장하는 옥외저장소의 보유공지는 12m× $\frac{1}{3}$=**4m 이상**으로 한다.

> **Check >>>**
> 옥외저장소에서 제4류 위험물 중 제4석유류 또는 제6류 위험물을 저장하는 경우 당해 옥외저장소의 보유공지는 공지너비의 3분의 1 이상으로 단축할 수 있다.

>>> 정답 (1) 3m
(2) 4m

작업형 10 [4점]

배관 및 부속설비들이 설치되어 있는 지하탱크저장소를 동영상으로 보여준다. 지하저장탱크의 전용실 안쪽면과 지하저장탱크와의 간격은 몇 m 이상으로 해야 하는지 쓰시오.

>>>풀이 지하저장탱크를 설치하는 기준은 다음과 같다.
① 탱크전용실의 내부에는 마른 모래 또는 입자지름 5mm 이하의 마른 자갈분을 채운다.
② 지면으로부터 지하저장탱크의 윗부분까지의 깊이는 0.6m 이상으로 한다.
③ 지하저장탱크를 2개 이상 인접하여 설치할 때 상호거리는 1m 이상으로 한다. 다만, 지하저장탱크 용량의 합이 지정수량의 100배 이하일 경우에는 0.5m 이상으로 한다.
④ 탱크전용실로부터 안쪽과 바깥쪽으로의 거리
　㉠ 지하의 벽, 가스관, 대지경계선으로부터 탱크전용실 바깥쪽과의 사이 : 0.1m 이상
　㉡ **지하저장탱크와 탱크전용실 안쪽과의 사이 : 0.1m 이상**
⑤ 탱크전용실의 벽, 바닥 및 뚜껑의 두께는 0.3m 이상의 철근콘크리트로 한다.

>>>정답 0.1m

2019 제4회 위험물산업기사 실기

필/답/형 시험

필답형 01   [3점]

다음 위험물을 저장하는 옥내저장소의 바닥면적은 몇 m^2 이하인지 쓰시오.

(1) 염소산염류
(2) 제2석유류
(3) 유기과산화물

>>> 풀이　(1) **염소산염류**는 제1류 위험물로서 **바닥면적 1,000m² 이하**인 옥내저장소에 저장한다.
　(2) 제4류 위험물 중 특수인화물, 제1석유류 및 알코올류는 바닥면적 1,000m² 이하인 옥내저장소에 저장하지
　　만 **제2석유류는 바닥면적 2,000m² 이하**인 옥내저장소에 저장한다.
　(3) **유기과산화물**은 제5류 위험물로서 **바닥면적 1,000m² 이하**인 옥내저장소에 저장한다.

>
> 옥내저장소의 바닥면적에 따른 위험물의 저장기준
> 1. **바닥면적 1,000m² 이하**에 저장해야 하는 위험물
>   ① 제1류 위험물 중 아염소산염류, **염소산염류**, 과염소산염류, 무기과산화물, 그 밖에 지정수량이
>   　 50kg인 것(위험등급 I)
>   ② 제3류 위험물 중 칼륨, 나트륨, 알킬알루미늄, 알킬리튬, 그 밖에 지정수량이 10kg인 것 및 황린(위
>   　 험등급 I)
>   ③ 제4류 위험물 중 특수인화물, 제1석유류 및 알코올류(위험등급 I 및 위험등급 II)
>   ④ 제5류 위험물 중 **유기과산화물**, 질산에스테르류, 그 밖에 지정수량이 10kg인 것(위험등급 I)
>   ⑤ 제6류 위험물(위험등급 I)
> 2. **바닥면적 2,000m² 이하**에 저장할 수 있는 위험물 : **바닥면적 1,000m² 이하로 해야 하는 위험물
>   외의 것**
> 3. 바닥면적 1,000m² 이하에 저장해야 하는 위험물과 바닥면적 2,000m² 이하에 저장할 수 있는 위험물
>   을 내화구조의 격벽으로 완전히 구획된 실에 각각 저장하는 창고의 전체 면적은 1,500m² 이하로 할
>   수 있다(단, 바닥면적 1,000m² 이하에 저장해야 하는 위험물을 저장하는 실의 바닥면적은 500m²를
>   초과할 수 없다).

>>> 정답　(1) 1,000m²
　(2) 2,000m²
　(3) 1,000m²

필답형 02　　　　　　　　　　　　　　　　　　　　　　　　　　　　　　　　　　[4점]

다음 위험물을 옥외저장탱크 중 압력탱크 외의 탱크에 저장하는 경우 몇 ℃ 이하로 온도를 유지해야 하는지 쓰시오.

(1) 산화프로필렌 및 디에틸에테르
(2) 아세트알데히드

▶▶▶풀이 옥외저장탱크, 옥내저장탱크 또는 지하저장탱크에 저장하는 위험물의 저장온도

① **압력탱크 외의 탱크**에 저장하는 경우

　㉠ **아세트알데히드 : 15℃ 이하**

　㉡ **산화프로필렌, 디에틸에테르 : 30℃ 이하**

② 압력탱크에 저장하는 경우

　– 아세트알데히드, 산화프로필렌, 디에틸에테르 : 40℃ 이하

> **Check ▶▶▶**
>
> 이동저장탱크에 저장하는 위험물의 저장온도
>
> 1. 보냉장치가 있는 탱크에 저장하는 경우
>
> 　– 아세트알데히드, 산화프로필렌, 디에틸에테르 : 비점 이하
>
> 2. 보냉장치가 없는 탱크에 저장하는 경우
>
> 　– 아세트알데히드, 산화프로필렌, 디에틸에테르 : 40℃ 이하

▶▶▶정답　(1) 30℃
　　　　　　 (2) 15℃

필답형 03　　　　　　　　　　　　　　　　　　　　　　　　　　　　　　　　　　[4점]

과산화나트륨과 이산화탄소의 반응식을 쓰시오.

▶▶▶풀이 제1류 위험물 중 알칼리금속 과산화물에 속하는 과산화나트륨(Na_2O_2)은 이산화탄소와 반응 시 탄산나트륨(Na_2CO_3)과 산소를 발생한다.

　– 이산화탄소와의 반응식 : $2Na_2O_2 + 2CO_2 \rightarrow 2Na_2CO_3 + O_2$

> **Check ▶▶▶**
>
> 과산화나트륨의 또 다른 반응
>
> 1. 분해 시 산화나트륨(Na_2O)과 산소가 발생한다.
>
> 　– 분해반응식 : $2Na_2O_2 \rightarrow 2Na_2O + O_2$
>
> 2. 물과 반응 시 수산화나트륨($NaOH$)과 산소가 발생한다.
>
> 　– 물과의 반응식 : $2Na_2O_2 + 2H_2O \rightarrow 4NaOH + O_2$
>
> 3. 아세트산(CH_3COOH)과 반응 시 아세트산나트륨(CH_3COONa)과 과산화수소(H_2O_2)가 발생한다.
>
> 　– 아세트산과의 반응식 : $Na_2O_2 + 2CH_3COOH \rightarrow 2CH_3COONa + H_2O_2$

▶▶▶정답　$2Na_2O_2 + 2CO_2 \rightarrow 2Na_2CO_3 + O_2$

필답형 04 [3점]

다음은 산화성 액체의 시험방법 및 판정기준에 대한 내용이다. 괄호 안에 알맞은 말을 쓰시오.

산화성 액체의 시험방법에서는 (①), (②) 90% 수용액 및 시험물품을 사용하여 온도 20℃, 습도 50%, 1기압의 실내에서 질산 90% 수용액에 관한 연소실험을 5회 이상 반복하여 얻은 연소시간의 평균치를 질산 90% 수용액과 (①)의 혼합물의 연소시간으로 정한다.

>>> 풀이　산화성 액체의 시험방법에서는 **목분, 질산** 90% 수용액 및 시험물품을 사용하여 온도 20℃, 습도 50%, 1기압의 실내에서 질산 90% 수용액에 관한 연소실험을 5회 이상 반복하여 얻은 연소시간의 평균치를 질산 90% 수용액과 **목분**과의 혼합물의 연소시간으로 정한다.

>>> 정답　① 목분
　　　　 ② 질산

필답형 05 [3점]

운반 시 방수성 덮개와 차광성 덮개를 모두 해야 하는 위험물의 품명을 다음 〈보기〉에서 골라 모두 쓰시오.

유기과산화물, 질산, 알칼리금속 과산화물, 염소산염류, 제5류 위험물,
제6류 위험물, 금속분, 특수인화물

>>> 풀이　위험물의 성질에 따른 운반 시 피복 기준
① **차광성 덮개**로 가려야 하는 위험물
　ⓐ **제1류 위험물**
　ⓑ 제3류 위험물 중 자연발화성 물질
　ⓒ 제4류 위험물 중 특수인화물
　ⓓ 제5류 위험물
　ⓔ 제6류 위험물
② **방수성 덮개**로 가려야 하는 위험물
　ⓐ **제1류 위험물 중 알칼리금속 과산화물**
　ⓑ 제2류 위험물 중 철분, 금속분, 마그네슘
　ⓒ 제3류 위험물 중 금수성 물질
위 기준에 의하면 제1류 위험물은 운반 시 모두 차광성 덮개를 해야 하고 제1류 위험물 중 알칼리금속 과산화물은 방수성 덮개를 해야 한다. 따라서 〈보기〉 중 **알칼리금속 과산화물은 차광성 덮개와 방수성 덮개를 모두 해야 하는 품명**이며, 이 품명에 해당하는 위험물의 종류에는 과산화칼륨, 과산화나트륨, 과산화리튬이 있다.

제3류 위험물 중 칼륨, 나트륨, 알킬알루미늄, 알킬리튬, 금속의 수소화물도 자연발화성이면서 동시에 금수성이므로 차광성 덮개와 방수성 덮개를 모두 해야 하는 위험물에 속한다.

>>> 정답　알칼리금속 과산화물

필답형 06

[4점]

"주유중엔진정지" 게시판의 바탕색과 문자색을 각각 쓰시오.

(1) 바탕색
(2) 문자색

>>> 풀이 주유취급소에는 **황색바탕에 흑색문자**로 "주유중엔진정지"라는 표시를 한 게시 판을 설치하여야 하며, 그 크기는 한 변의 길이 0.3m 이상, 다른 한 변의 길이 0.6m 이상으로 한다.

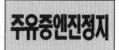

┃주유중엔진정지 게시판┃

황색바탕에 흑색문자인 "주유중엔진정지" 게시판과 정반대의 색상을 갖는 표지 및 게시판의 종류는 "위험물"이라고 표시한 이동탱크저장소의 표지 이며, 그 기준은 다음과 같다.
1. 부착위치 : 이동탱크저장소의 전면 상단 및 후면 상단
2. 규격 및 형상 : 횡형 사각형(60cm 이상×30cm 이상)
3. 바탕색 및 문자색 : 흑색바탕에 황색의 반사도료로 "위험물"이라고 표시

┃이동탱크저장소의 표지┃

>>> 정답 (1) 황색
(2) 흑색

필답형 07

[6점]

트리에틸알루미늄과 물과의 반응식을 쓰고, 트리에틸알루미늄 228g이 표준상태에서 물과 반응 시 발생하는 가연성 가스의 부피는 몇 L인지 구하시오.

(1) 물과의 반응식
(2) 발생하는 가연성 가스의 부피

>>> 풀이 트리에틸알루미늄[$(C_2H_5)_3Al$] 1mol의 분자량은 $(12(C)g×2+1(H)g×5)×3+27(Al)g=114g$이며, 트리에틸 알루미늄은 물과 반응 시 수산화알루미늄[$Al(OH)_3$]과 함께 가연성인 에탄(C_2H_6) 가스를 발생한다. 아래의 물과 의 반응식에서 알 수 있듯이 트리에틸알루미늄 114g를 표준상태에서 물과 반응시키면 3몰×22.4L=67.2L의 에탄 가스가 발생하는데 〈문제〉의 조건은 트리에틸알루미늄 228g을 물과 반응시키면 몇 L의 에탄 가스가 발생 하는가를 묻는 것이므로 다음의 비례식을 이용하여 발생하는 에탄 가스의 부피를 구할 수 있다.
– 트리에틸알루미늄의 물과의 반응식 : $(C_2H_5)_3Al + 3H_2O \rightarrow Al(OH)_3 + 3C_2H_6$

$114 × x = 228 × 67.2$
$x = $ **134.4L**

>>> 정답 (1) $(C_2H_5)_3Al + 3H_2O \rightarrow Al(OH)_3 + 3C_2H_6$
(2) 134.4L

필답형 08 [4점]

다음 위험물을 인화점이 낮은 것부터 높은 것의 순서대로 번호를 나열하시오.

① 초산에틸 ② 메탄올 ③ 에틸렌글리콜 ④ 니트로벤젠

풀이

물질명	인화점	품 명	지정수량
① 초산에틸(CH_3COOC_2H5)	−4℃	제1석유류 비수용성	200L
② 메탄올(CH_3OH)	11℃	알코올류	400L
③ 에틸렌글리콜[$C_2H_4(OH)_2$]	111℃	제3석유류 수용성	4,000L
④ 니트로벤젠($C_6H_5NO_2$)	88℃	제3석유류 비수용성	2,000L

위 [표]에서 알 수 있듯이 인화점이 가장 낮은 것은 초산에틸이고 메탄올, 니트로벤젠, 그리고 에틸렌글리콜의 순으로 높다.

정답 ① − ② − ④ − ③

필답형 09 [6점]

분자량이 227g이며, 폭약의 원료이고 햇빛에 다갈색으로 변하며 물에 안 녹고 아세톤과 벤젠에는 녹으며 운반 시 10%의 물에 적시는 것이 안정한 물질에 대해 다음 물음에 답하시오.

(1) 화학식
(2) 지정수량
(3) 제조방법을 사용원료를 중심으로 설명하시오.

풀이 TNT로도 불리는 트리니트로톨루엔[$C_6H_2CH_3(NO_2)_3$]은 1mol의 분자량이 12(C)g×7 + 1(H)g×5 + (14(N)g + 16(O)g×2) ×3=227g이며 폭약의 원료로 사용되고 **톨루엔($C_6H_5CH_3$)에 질산(HNO_3)과 황산(H_2SO_4)을 반응**시켜 톨루엔의 수소(H) 3개를 니트로기(−NO_2)로 치환한 물질로서 제5류 위험물에 속하며 품명은 니트로화합물이고 **지정수량은 200kg**이다.

– 톨루엔의 니트로화 반응식 : $C_6H_5CH_3 + 3HNO_3 \xrightarrow{H_2SO_4(\text{탈수반응})} C_6H_2CH_3(NO_2)_3 + 3H_2O$

> **Check 》》**
>
> 어떤 물질에 질산과 황산을 가하면 그 물질은 니트로화된다.
> 1. 벤젠(C_6H_6)을 니트로화시켜 니트로벤젠($C_6H_5NO_2$)을 생성한다.
>   – 반응식 : $C_6H_6 + HNO_3 \xrightarrow{H_2SO_4} C_6H_5NO_2 + H_2O$
> 2. 글리세린[$C_3H_5(OH)_3$]을 니트로화시켜 니트로글리세린[$C_3H_5(ONO_2)_3$]을 생성한다.
>   – 반응식 : $C_3H_5(OH)_3 + 3HNO_3 \xrightarrow{H_2SO_4} C_3H_5(ONO_2)_3 + 3H_2O$

정답 (1) $C_6H_2CH_3(NO_2)_3$
(2) 200kg
(3) 톨루엔에 질산과 황산을 반응시켜 생성

필답형 10   [4점]

톨루엔의 증기비중을 구하는 식과 답을 쓰시오.

(1) 식   (2) 답

>>> 풀이   톨루엔($C_6H_5CH_3$)은 제4류 위험물 중 제1석유류 비수용성 물질로서 지정수량은 200L이며, 분자량은 12(C)×7
+1(H)×8=92이므로 **증기비중**=$\dfrac{분자량}{29}=\dfrac{92}{29}$=**3.17**이다.

>>> 정답   (1) $\dfrac{92}{29}$ (2) 3.17

필답형 11   [6점]

다음 각 물질의 연소형태를 쓰시오.

(1) 나트륨, 금속분
(2) 에탄올, 디에틸에테르
(3) TNT, 피크린산

>>> 풀이   (1) 나트륨과 금속분은 고체로서 연소형태는 **표면연소**이다.
(2) 에탄올은 제4류 위험물 중 알코올류에 속하고 디에틸에테르는 특수인화물에 속하며 이들은 둘 다 액체로서
연소형태는 **증발연소**이다.
(3) TNT와 피크린산은 고체로서 제5류 위험물에 속하고 연소형태는 **자기연소**이다.

1. 액체의 연소형태
   ① 증발연소 : 액체의 가장 일반적인 연소형태로 액체의 직접적인 연소라기보다는 액체에서 발생하는
   가연성 가스가 공기와 혼합된 상태에서 연소하는 형태를 의미한다.
   예 제4류 위험물 중 **특수인화물**, 제1석유류, **알코올류**, 제2석유류
   ② 분해연소 : 비휘발성이고 점성이 큰 액체상태의 물질이 연소하는 형태로 열분해로 인해 생성된 가
   연성 가스와 공기가 혼합상태에서 연소하는 것을 의미한다.
   예 제4류 위험물 중 제3석유류, 제4석유류, 동식물유류
2. 고체의 연소형태
   ① 표면연소 : 가스의 발생 없이 연소물의 표면에서 산소와 접촉하여 연소하는 반응이다.
   예 코크스(탄소), 목탄(숯), **금속분 등**
   ② 분해연소 : 고체 가연물에서 열분해반응이 일어날 때 발생된 가연성 증기가 공기와 혼합되면서 발
   생된 혼합기체가 연소하는 형태를 의미한다.
   예 목재, 종이, 석탄, 플라스틱, 합성수지 등
   ③ 자기연소 : 자체적으로 산소공급원을 가지고 있는 고체 가연물이 외부로부터 공기 또는 산소공급
   원의 유입 없이도 연소할 수 있는 형태로서 연소속도가 폭발적인 연소형태이다.
   예 제5류 위험물 등
   ④ 증발연소 : 고체 가연물이 액체형태로 상태변화를 일으키면서 가연성 증기를 증발시키고 이 가연성
   증기가 공기와 혼합하여 연소하는 형태를 의미한다.
   예 황(S), 나프탈렌($C_{10}H_8$), 양초(파라핀) 등

>>> 정답   (1) 표면연소   (2) 증발연소   (3) 자기연소

필답형 12 [4점]

제3류 위험물 중 지정수량이 50kg인 품명을 모두 쓰시오.

〉〉〉풀이 제3류 위험물의 품명에 따른 지정수량과 위험등급

품 명	지정수량	위험등급
칼륨	10kg	I
나트륨		
알킬알루미늄		
알킬리튬		
황린	20kg	
알칼리금속(칼륨 및 나트륨 제외) 및 알칼리토금속	**50kg**	II
유기금속화합물(알킬알루미늄 및 알킬리튬 제외)		
금속의 수소화물	300kg	III
금속의 인화물		
칼슘 또는 알루미늄의 탄화물		

〉〉〉정답 알칼리금속(칼륨, 나트륨 제외) 및 알칼리토금속, 유기금속화합물(알킬알루미늄 및 알킬리튬 제외)

필답형 13 [4점]

제3종 분말소화약제가 분해하여 오르토인산을 발생시키는 분해반응식을 쓰시오.

〉〉〉풀이 제3종 분말소화약제는 주성분이 인산암모늄($NH_4H_2PO_4$)이며 1차 분해반응 시 **오르토인산**(H_3PO_4)과 암모니아(NH_3)를 발생한다.
- 1차 분해반응식(190℃) : $NH_4H_2PO_4 \rightarrow H_3PO_4 + NH_3$

> **Check 〉〉〉**
>
> **제3종 분말소화약제의 또 다른 분해반응**
> 1. 2차 분해 시 오르토인산이 분해하여 피로인산($H_4P_2O_7$)과 물을 발생한다.
>   - 2차 분해반응식(215℃) : $2H_3PO_4 \rightarrow H_4P_2O_7 + H_2O$
> 2. 3차 분해 시 피로인산이 분해하여 메타인산(HPO$_3$)과 물을 발생한다.
>   - 3차 분해반응식(300℃) : $H_4P_2O_7 \rightarrow 2HPO_3 + H_2O$
> 3. 완전분해하여 암모니아와 물, 그리고 메타인산을 발생한다.
>   - 완전분해반응식 : $NH_4H_2PO_4 \rightarrow NH_3 + H_2O + HPO_3$

〉〉〉정답 $NH_4H_2PO_4 \rightarrow H_3PO_4 + NH_3$

작업형 **01** [4점]

위험물 운반용기의 외부에 다음과 같은 내용을 표시한 스티커를 부착한 장면을 동영상으로 보여 준다. 다음 물음에 답하시오.

품명	제1석유류
위험등급	위험등급 Ⅲ
화학명	가솔린
수량	30L
주의사항	

(1) 운반용기의 외부에 표시한 내용 중 잘못된 부분을 수정하시오.
(2) 운반용기의 외부에 표시해야 하는 주의사항을 쓰시오.

▶▶▶ 풀이 〈문제〉에서 제시한 휘발유는 제4류 위험물로서 품명이 제1석유류이므로 위험등급 Ⅲ을 **위험등급 Ⅱ**로 수정해야 하며, 주의사항은 **화기엄금**으로 표시해야 한다.

Check ▶▶▶

운반용기의 외부에 표시해야 하는 사항은 다음과 같다.
1. 품명, 위험등급, 화학명 및 수용성(제4류 위험물 중 수용성에 한함)
2. 위험물의 수량
3. 위험물에 따른 주의사항

유 별	품 명	운반용기의 주의사항
제1류	알칼리금속 과산화물	화기·충격주의, 가연물접촉주의, 물기엄금
	그 밖의 것	화기·충격주의, 가연물접촉주의
제2류	철분, 금속분, 마그네슘	화기주의, 물기엄금
	인화성 고체	화기엄금
	그 밖의 것	화기주의
제3류	금수성 물질	물기엄금
	자연발화성 물질	화기엄금, 공기접촉엄금
제4류	인화성 액체	**화기엄금**
제5류	자기반응성 물질	화기엄금, 충격주의
제6류	산화성 액체	가연물접촉주의

▶▶▶ 정답 (1) 위험등급 Ⅲ → 위험등급 Ⅱ
(2) 화기엄금

작업형 **02** [5점]

디에틸에테르를 탈지면에 묻혀 기울어진 금속판의 홈을 통해 흘러내리게 한 뒤 아래쪽에서 촛불을 켠다. 흘러내리는 디에틸에테르의 액체에 촛불이 직접 닿지 않았음에도 화염이 위로 타고 올라가면서 불이 붙는 장면을 동영상으로 보여준다. 다음 물음에 답하시오.

(1) 화염이 위로 타고 올라가면서 불이 붙은 이유를 쓰시오.
(2) 디에틸에테르의 증기비중을 구하시오.

>>> 풀이   제4류 위험물은 액체가 직접 연소하지 않고 발생하는 증기가 공기와 혼합되어 불이 붙는다. 디에틸에테르($C_2H_5OC_2H_5$)의 분자량은 12(C)×4+1(H)×10+16(O)=74이고, **증기비중**은 $\frac{74}{29}$=**2.55**로 디에틸에테르의 증기는 공기보다 무겁다. 따라서 이 실험에서는 **공기보다 무거운 가연성 가스가 발생한 후 낮게 체류**하였기 때문에 흘러내리는 디에틸에테르에 촛불이 직접 닿지 않았음에도 불이 붙은 것이다.

>
> 디에틸에테르에 생성된 과산화물 검출방법과 제거방법
> 1. 과산화물 검출방법
>   디에틸에테르($C_2H_5OC_2H_5$)에 요오드화칼륨(KI) 10% 용액을 첨가하여 황색 물질이 만들어지면 디에틸에테르에 과산화물이 생성된 것이다.
> 2. 과산화물 제거방법
>   황산제일철 또는 환원철을 이용하여 과산화물을 제거할 수 있다.

>>> 정답   (1) 공기보다 무거운 가연성 가스가 발생하여 낮게 체류하였기 때문에
(2) 2.55

작업형 **03** [4점]

질산칼륨과 황, 그리고 숯을 반응시키는 장면을 동영상으로 보여준다. 다음 물음에 답하시오.

(1) 동영상의 물질들을 혼합하여 만들 수 있는 화약의 종류는 무엇인지 쓰시오.
(2) 동영상의 물질 중 질산칼륨의 역할을 쓰시오.

>>> 풀이   질산칼륨(KNO_3)에 숯과 황(S)을 혼합하면 **흑색화약**을 만들 수 있다. 이 때 **질산칼륨**은 제1류 위험물(산화성 고체)이므로 **산소공급원의 역할**을 하고, 황은 제2류 위험물(가연성 고체)이므로 가연물의 역할을 한다.

>
> 질산칼륨의 분해반응
> 질산칼륨은 분해 시 아질산칼륨(KNO_2)과 산소(O_2)를 발생한다.
> – 분해반응식 : $2KNO_3 \rightarrow 2KNO_2 + O_2$

>>> 정답   (1) 흑색화약
(2) 산소공급원

작업형 **04** [3점]

A, B, C 3개의 비커에 각각 들어 있는 액체의 온도는 모두 25℃이고 모든 비커에 점화원을 제공하였을 때 A 비커에만 불이 붙는 장면을 동영상으로 보여준다. 다음 〈보기〉 중 A 비커에 들어 있을 수 있는 위험물을 모두 골라 그 번호를 쓰시오.

① 아세톤   ② 히드라진   ③ 에틸렌글리콜   ④ 포름산   ⑤ 메틸에틸케톤

>>> 풀이   물질이 외부 점화원에 의해 불이 붙을 수 있는 최저온도를 인화점이라 한다. 예를 들어 인화점이 25℃인 물질은 25℃부터 시작해 그 이상의 온도에서 점화원에 의해 불이 붙을 수 있으며 25℃ 미만의 온도에서는 불이 붙지 않는다. 〈문제〉에서 제시한 온도 25℃에서 불이 붙는다는 것은 그 위험물의 인화점이 25℃보다 낮기 때문이며 만약 인화점이 25℃를 초과하는 물질이라면 25℃를 초과하는 온도에서만 불이 붙을 수 있다. 따라서 〈문제〉는 25℃의 온도에서 불이 붙을 수 있는 위험물을 고르는 것이므로 〈보기〉 중에서 인화점이 25℃보다 낮은 위험물을 선택해야 하며 〈보기〉의 위험물의 인화점은 다음과 같다.

① **아세톤(제1석유류)** : −18℃
② 히드라진(제2석유류) : 38℃
③ 에틸렌글리콜(제3석유류) : 111℃
④ 포름산(제2석유류) : 69℃
⑤ **메틸에틸케톤(제1석유류)** : −1℃

>>> 정답   ①, ⑤

작업형 **05** [5점]

철분과 염산을 반응시키는 장면을 동영상으로 보여준다. 다음 물음에 답하시오.

(1) 철분과 염산의 반응식을 쓰시오.
(2) (1)의 반응에서 발생하는 기체의 명칭을 쓰시오.

>>> 풀이   철(Fe)은 2가 원소이므로 염산(HCl)과 반응 시 염화제일철($FeCl_2$)과 폭발성 가스인 **수소(H_2)를 발생**시킨다.
  – 철과 염산의 반응식
    : $Fe + 2HCl \rightarrow FeCl_2 + H_2$

💡 Tip
철은 3가 원소이기도 하므로 염산과 반응 시 원자가를 3으로 적용하면 염화제이철($FeCl_3$)과 수소를 발생하므로 다음의 반응식도 정답으로 인정됩니다.
– 3가 원소인 철과 염산의 반응식 : $Fe + 3HCl \rightarrow FeCl_3 + 1.5H_2$

제2류 위험물로서의 철분은 철의 분말로서 53마이크로미터의 표준체를 통과하는 것이 50중량퍼센트 미만인 것은 제외한다.

>>> 정답   (1) $Fe + 2HCl \rightarrow FeCl_2 + H_2$
     (2) 수소

작업형 06 [6점]

제1석유류, 제2석유류, 제3석유류, 제4석유류를 동영상으로 보여준다. 다음 물음에 답하시오.

(1) 동영상의 품명 중 2개를 골라 1기압에서의 인화점을 각각 쓰시오.
(2) 동영상의 품명 중 중유와 경유가 해당되는 품명을 각각 쓰시오. (단, 없으면 "없음"이라고 표시하시오.)
　　① 중유　② 경유

>>> 풀이　제4류 위험물의 인화점과 지정수량

품 명	인화점등	대표물질	지정수량	
특수인화물	1기압에서 발화점 100℃ 이하인 것 또는 인화점 영하 20℃ 이하이고 비점 40℃ 이하인 것	이황화탄소, 디에틸에테르	50L	
제1석유류	1기압에서 인화점 21℃ 미만인 것	아세톤, 휘발유	비수용성	200L
			수용성	400L
알코올류	인화점으로 구분하지 않음	–	400L	
제2석유류	1기압에서 인화점 21℃ 이상 70℃ 미만인 것	등유, **경유**	비수용성	1,000L
			수용성	2,000L
제3석유류	1기압에서 인화점 70℃ 이상 200℃ 미만인 것	**중유**, 크레오소트유	비수용성	2,000L
			수용성	4,000L
제4석유류	1기압에서 인화점 200℃ 이상 250℃ 미만인 것	기어유, 실린더유	6,000L	
동식물유류	1기압에서 인화점 250℃ 미만인 것	–	10,000L	

>>> 정답　(1) 제1석유류 : 인화점 21℃ 미만인 것, 제2석유류 : 인화점 21℃ 이상 70℃ 미만인 것, 제3석유류 : 인화점 70℃ 이상 200℃ 미만인 것, 제4석유류 : 인화점 200℃ 이상 250℃ 미만인 것 중 2개
　　(2) ① 제3석유류, ② 제2석유류

작업형 07 [5점]

A 용기에는 "중크롬산염류"라고 적힌 주황색 분말이 들어있고, B 용기에는 "과망간산염류"라고 적힌 흑자색 분말이 들어있는 장면을 동영상으로 보여준다. 다음 물음에 답하시오.

(1) 제1류 위험물이며 분자량이 294g인 A 용기의 위험물의 지정수량을 쓰시오.
(2) A 용기의 위험물의 열분해반응식을 쓰시오.

>>> 풀이　제1류 위험물이며 중크롬산염류에 속하는 물질 중 중크롬산칼륨($K_2Cr_2O_7$)은 분자량이 39(K)×2+52(Cr)×2 +16(O)×7=294g이고 **지정수량**은 **1,000kg**이며, 열을 가하면 분해하여 크롬산칼륨(K_2CrO_4)과 삼산화제이 크롬(Cr_2O_3), 그리고 산소를 발생한다.
　　– 중크롬산칼륨의 열분해반응식 : $4K_2Cr_2O_7 \rightarrow 4K_2CrO_4 + 2Cr_2O_3 + 3O_2$

>>> 정답　(1) 1,000kg
　　(2) $4K_2Cr_2O_7 \rightarrow 4K_2CrO_4 + 2Cr_2O_3 + 3O_2$

작업형 **08**   [6점]

이동탱크저장소의 상부에 설치된 설비를 A와 B로 표시한 장면을 동영상으로 보여준다. 동영상의 설비 중 B 설비에 대해 다음 물음에 답하시오.

(1) 정상부분은 부속장치보다 얼마 이상 높게 설치해야 하는지 쓰시오.
(2) 두께는 얼마 이상의 강철판으로 해야 하는지 쓰시오.
(3) 설비의 명칭을 쓰시오.

≫풀이 B설비의 명칭은 **방호틀**이며 방호틀은 **두께 2.3mm 이상의 강철판**으로 산모양의 형상으로 만들고 **정상부분은 부속장치보다 50mm 이상 높게 설치**한다.

> **Check ≫≫**
>
> **이동저장탱크에 설치하는 측면틀**
>
> 1. 측면틀의 최외측과 탱크 최외측의 연결선과 수평면이 이루는 내각은 75° 이상이 되도록 할 것
> 2. 탱크 중량의 중심점(G)과 측면틀 최외측을 연결하는 선과 중심점을 지나는 직선 중 최외측선과 직각을 이루는 선과의 내각은 35° 이상이 되도록 할 것
> 3. 탱크 상부의 네 모퉁이로부터 탱크의 전단 또는 후단까지의 거리는 각각 1m 이내로 할 것
>
>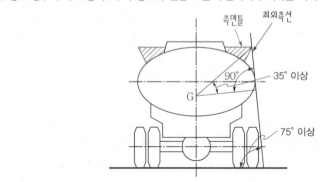

≫정답 (1) 50mm
(2) 2.3mm
(3) 방호틀

작업형 09 [4점]

유기과산화물 2,000kg을 저장하는 옥내저장소 2개가 인접해 설치되어 있는 장면을 동영상으로 보여준다. 다음 물음에 답하시오.

(1) 두 옥내저장소 사이의 거리는 몇 m 이상으로 하는지 쓰시오.
(2) 두 옥내저장소에 담 또는 토제를 설치했을 때 두 옥내저장소 사이의 거리는 몇 m 이상으로 해야 하는지 쓰시오.

▶▶ 풀이

제5류 위험물 중 품명이 유기과산화물이며 지정수량이 10kg인 것을 지정과산화물이라 하며 지정과산화물을 저장하는 옥내저장소를 지정과산화물 옥내저장소라 한다.

지정과산화물 옥내저장소의 보유공지는 다음 [표]의 내용과 같다.

저장 또는 취급하는 위험물의 최대수량	공지의 너비	
	담 또는 토제를 설치하는 경우	담 또는 토제를 설치하지 않은 경우
5배 이하	3.0m 이상	10m 이상
5배 초과 10배 이하	5.0m 이상	15m 이상
10배 초과 20배 이하	6.5m 이상	20m 이상
20배 초과 40배 이하	8.0m 이상	25m 이상
40배 초과 60배 이하	10.0m 이상	30m 이상
60배 초과 90배 이하	11.5m 이상	35m 이상
90배 초과 150배 이하	13.0m 이상	40m 이상
150배 초과 300배 이하	**15.0m 이상**	**45m 이상**
300배 초과	16.5m 이상	50m 이상

(1) 유기과산화물은 지정수량이 10kg이므로 〈문제〉의 저장량 2,000kg은 지정수량에 대해 $\frac{2,000kg}{10kg/배} = 200$배가 되며 이 배수는 위 [표]의 지정수량의 150배 초과 300배 이하의 범위에 해당하므로 담 또는 토제를 설치하지 않은 이 지정과산화물 옥내저장소의 보유공지는 45m 이상으로 한다. 그렇지만 **2 이상의 지정과산화물 옥내저장소를 동일한 부지내에 인접하여 설치하는 경우 옥내저장소의 상호간 거리를 위 [표]에서 정한 보유공지 너비의 3분의 2 이상**으로 할 수 있는 규정이 있으므로 이 규정에 의해 이 두 지정과산화물 옥내저장소 사이의 거리는 $45m \times \frac{2}{3} =$ **30m 이상**으로 한다.

(2) 위 [표]에서 알 수 있듯이 유기과산화물 2,000kg을 저장하는 지정과산화물 옥내저장소에 담 또는 토제를 설치하는 경우는 설치하지 않은 경우보다 더 단축된 보유공지인 15m 이상으로 한다. 이 경우 또한 동일한 부지내에 인접하여 설치하는 두 지정과산화물 옥내저장소 사이의 거리는 보유공지 너비의 3분의 2 이상으로 할 수 있으므로 두 옥내저장소 사이의 거리는 $15m \times \frac{2}{3} =$ **10m 이상**으로 한다.

지정과산화물 옥내저장소의 또 다른 기준

1. 저장창고의 격벽
   ① 바닥면적 150m² 이내마다 격벽으로 구획할 것
   ② 격벽의 두께
      ㉠ 철근콘크리트조 또는 철골철근콘크리트조 : 30cm 이상
      ㉡ 보강콘크리트블록조 : 40cm 이상
   ③ 격벽의 돌출길이
      ㉠ 저장창고 양측의 외벽으로부터 : 1m 이상
      ㉡ 저장창고 상부의 지붕으로부터 : 50cm 이상
2. 저장창고의 외벽 두께
   ① 철근콘크리트조 또는 철골철근콘크리트조 : 20cm 이상
   ② 보강콘크리트블록조 : 30cm 이상
3. 저장창고의 출입구에는 갑종방화문을 설치할 것
4. 저장창고의 창
   ① 바닥으로부터 2m 이상 높이에 설치할 것
   ② 창 한 개의 면적은 0.4m² 이내로 할 것
   ③ 하나의 벽면에 부착된 모든 창의 면적의 합은 그 벽면 면적의 80분의 1 이내로 할 것
5. 저장창고의 지붕
   ① 중도리 또는 서까래의 간격은 30cm 이하로 할 것
   ② 지붕의 아래쪽 면에는 한 변의 길이가 45cm 이하의 환강·경량형강 등으로 된 강제의 격자를 설치할 것
   ③ 두께 5cm 이상, 너비 30cm 이상의 목재로 만든 받침대를 설치할 것
6. 저장창고의 담 또는 토제
   ① 담 또는 토제와 저장창고 외벽까지의 거리는 2m 이상으로 하되 지정과산화물 옥내저장소의 보유 공지 너비의 5분의 1을 초과하지 않을 것
   ② 토제의 경사도는 60° 미만으로 할 것

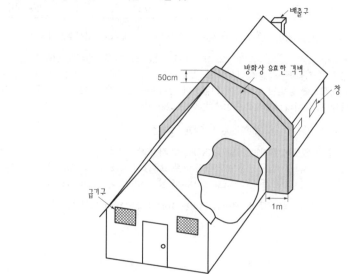

>>> 정답   (1) 30m
           (2) 10m

작업형 **10**   [3점]

주거용 건축물과 학교, 그리고 지정문화재와 고압가스시설을 보이고 이 장소로부터 제3류 위험물을 취급하는 제조소까지의 안전거리를 나타내는 화살표를 동영상으로 보여준다. 이들 장소 중에서 안전거리가 가장 긴 것을 쓰시오.

>>> 풀이 제조소의 안전거리(단, 제6류 위험물을 저장 또는 취급하는 위험물제조소는 제외한다.)
① 주거용 건축물(제조소등의 동일부지 외에 있는 것) : 10m 이상
② 학교 · 병원 · 극장(300명 이상), 다수인 수용시설 : 30m 이상
③ **유형문화재와 기념물 중 지정문화재 : 50m 이상**
④ 고압가스, 액화석유가스 등의 저장 · 취급 시설 : 20m 이상
⑤ 사용전압 7,000V 초과 35,000V 이하의 특고압가공전선 : 3m 이상
⑥ 사용전압 35,000V를 초과하는 특고압가공전선 : 5m 이상

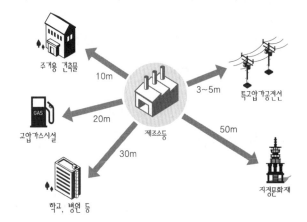

>>> 정답 지정문화재

인생의 희망은
늘 괴로운 언덕길 너머에서 기다린다.

-폴 베를렌(Paul Verlaine)-

☆

어쩌면 지금이 언덕길의 마지막 고비일지도 모릅니다.
다시 힘을 내서 힘차게 넘어보아요.
희망이란 녀석이 우릴 기다리고 있을 테니까요.^^

2020 제1회 위험물산업기사 실기

2020년 5월 24일 시행

※ 필답형＋작업형으로 치러지던 기존 시험에서는 각 문항별 배점이 상이하였으나, 필답형(20문제) 시험만 보는 2020년 1회부터는 각 문항 배점이 모두 5점입니다!

필/답/형 시험

필답형 01 [5점]

다음 각 물질의 보호액을 한 가지씩만 쓰시오.
(1) 황린　(2) 나트륨　(3) 이황화탄소

>>> 풀이
(1) 황린(P_4)은 제3류 위험물로서 공기 중에서 자연발화할 수 있으므로 자연발화를 방지하기 위해 **물속에 보관**한다.
(2) 나트륨(Na)은 제3류 위험물로서 **등유, 경유, 유동파라핀 등의 석유류에 보관**한다.
(3) 이황화탄소(CS_2)는 공기 중에서 연소하여 이산화탄소(CO_2)와 이산화황(SO_2)을 발생하므로 가연성 가스인 이산화황의 발생을 방지하기 위해 **물속에 보관**한다.

>>> 정답　(1) 물　　(2) 등유, 경유, 유동파라핀 중 1개　　(3) 물

필답형 02 [5점]

다음 물질의 물과의 반응식을 쓰시오.
(1) 수소화알루미늄리튬　(2) 수소화칼륨　(3) 수소화칼슘

>>> 풀이
다음 물질은 제3류 위험물로서 품명은 금속의 수소화물이며, 물과의 반응식은 다음과 같다.
(1) 수소화알루미늄리튬($LiAlH_4$)은 물과 반응 시 수산화리튬(LiOH)과 수산화알루미늄[$Al(OH)_3$], 그리고 수소(H_2)를 발생한다.
　－ 수소화알루미늄리튬의 물과의 반응식 : $LiAlH_4 + 4H_2O \rightarrow LiOH + Al(OH)_3 + 4H_2$
(2) 수소화칼륨(KH)은 물과 반응 시 수산화칼륨(KOH)과 수소를 발생한다.
　－ 수소화칼륨의 물과의 반응식 : $KH + H_2O \rightarrow KOH + H_2$
(3) 수소화칼슘(CaH_2)은 물과 반응 시 수산화칼슘[$Ca(OH)_2$]과 수소를 발생한다.
　－ 수소화칼슘의 물과의 반응식 : $CaH_2 + 2H_2O \rightarrow Ca(OH)_2 + 2H_2$

> **Check >>>**
> **또 다른 금속의 수소화물의 물과의 반응식**
> 1. 수소화마그네슘(MgH_2)은 물과 반응 시 수산화마그네슘[$Mg(OH)_2$]과 수소를 발생한다.
>   － 수소화마그네슘의 물과의 반응식 : $MgH_2 + 2H_2O \rightarrow Mg(OH)_2 + 2H_2$
> 2. 수소화알루미늄(AlH_3)은 물과 반응 시 수산화알루미늄[$Al(OH)_3$]과 수소를 발생한다.
>   － 수소화알루미늄의 물과의 반응식 : $AlH_3 + 3H_2O \rightarrow Al(OH)_3 + 3H_2$

>>> 정답
(1) $LiAlH_4 + 4H_2O \rightarrow LiOH + Al(OH)_3 + 4H_2$
(2) $KH + H_2O \rightarrow KOH + H_2$
(3) $CaH_2 + 2H_2O \rightarrow Ca(OH)_2 + 2H_2$

필답형 03 [5점]

인화성 액체의 인화점 측정 시험방법 3가지를 쓰시오.

>>> 풀이 인화성 액체의 인화점 측정 시험방법은 다음과 같다.
(1) **태그밀폐식 인화점측정기**
① 측정결과가 0℃ 미만인 경우 : 그 측정결과를 인화점으로 한다.
② 측정결과가 0℃ 이상 80℃ 이하인 경우 : 동점도 측정을 하여 동점도가 $10mm^2/s$ 미만인 경우에는 그 측정결과를 인화점으로 하고, 동점도가 $10mm^2/s$ 이상인 경우에는 신속평형법 인화점측정기로 다시 측정한다.
(2) **신속평형법 인화점측정기**
① 측정결과가 0℃ 이상 80℃ 이하인 경우 : 동점도 측정을 하여 동점도가 $10mm^2/s$ 이상인 경우에는 그 측정결과를 인화점으로 한다.
② 측정결과가 80℃를 초과하는 경우 : 클리브랜드개방컵 인화점측정기로 다시 측정한다.
(3) **클리브랜드개방컵 인화점측정기**
– 측정결과가 80℃를 초과하는 경우 : 그 측정결과를 인화점으로 한다.

>>> 정답 ① 태그밀폐식 인화점측정기에 의한 인화점 측정방법
② 신속평형법 인화점측정기에 의한 인화점 측정방법
③ 클리브랜드개방컵 인화점측정기에 의한 인화점 측정방법

필답형 04 [5점]

오황화인에 대해 다음 물음에 답하시오.
(1) 물과의 반응식
(2) 물과 반응 시 발생하는 기체의 연소반응식

>>> 풀이 (1) 제2류 위험물에 속하는 황화인은 삼황화인(P_4S_3), 오황화인(P_2S_5), 칠황화인(P_4S_7)의 3가지 종류가 있으며, 이 중 오황화인은 물과 반응 시 황화수소(H_2S)라는 기체와 인산(H_3PO_4)을 발생한다.
– 물과의 반응식 : $P_2S_5 + 8H_2O \rightarrow 5H_2S + 2H_3PO_4$
(2) 물과 반응 시 발생하는 기체인 황화수소는 연소 시 물과 이산화황(SO_2)을 발생한다.
– 황화수소의 연소반응식 : $2H_2S + 3O_2 \rightarrow 2H_2O + 2SO_2$

> **Check >>>**
>
> **오황화인의 연소반응**
> 오황화인은 연소 시 오산화인(P_2O_5)과 이산화황을 발생한다.
> – 연소반응식 : $2P_2S_5 + 15O_2 \rightarrow 2P_2O_5 + 10SO_2$

>>> 정답 (1) $P_2S_5 + 8H_2O \rightarrow 5H_2S + 2H_3PO_4$
(2) $2H_2S + 3O_2 \rightarrow 2H_2O + 2SO_2$

필답형 05 [5점]

과산화나트륨에 대해 다음 물음에 답하시오.

(1) 과산화나트륨의 분해반응식을 쓰시오.

(2) 과산화나트륨 1kg이 분해할 때 발생하는 산소의 부피는 표준상태에서 몇 L인지 구하시오.

≫≫풀이 과산화나트륨(Na_2O_2)은 제1류 위험물 중 알칼리금속 과산화물에 속하는 물질로서 과산화나트륨 1mol의 분자량은 23(Na)g×2 + 16(O)g×2=78g이다.

아래의 분해반응식에서 알 수 있듯이 표준상태에서 78g의 과산화나트륨을 분해시키면 산화나트륨(Na_2O)과 함께 0.5몰×22.4L=11.2L의 산소가 발생하는데 〈문제〉의 조건은 1,000g의 과산화나트륨을 분해시키면 표준 상태에서 몇 L의 산소가 발생하는가를 묻는 것이므로 다음의 비례식을 이용하여 발생하는 산소의 부피를 구할 수 있다.

– 분해반응식 : $2Na_2O_2 \longrightarrow 2Na_2O + O_2$

$78 \times x = 1,000 \times 11.2$

$x = \mathbf{143.59L}$

≫≫정답 (1) $2Na_2O_2 \longrightarrow 2Na_2O + O_2$

(2) 143.59L

필답형 06 [5점]

나트륨에 대해 다음 물음에 답하시오.

(1) 물과의 반응식

(2) 연소반응식

(3) 연소 시 불꽃색

≫≫풀이 나트륨(Na)은 제3류 위험물로서 지정수량은 10kg이며, 공기 또는 공기 중의 수분과 접촉을 방지하기 위해 석 유류(등유, 경유, 유동파라핀 등) 속에 담가 저장한다.

① 물과 반응 시 수산화나트륨(NaOH)과 수소(H_2)를 발생한다.

– 물과의 반응식 : $2Na + 2H_2O \longrightarrow 2NaOH + H_2$

② **연소 시 황색 불꽃**을 나타냄과 동시에 산화나트륨(Na_2O)을 발생한다.

– 연소반응식 : $4Na + O_2 \longrightarrow 2Na_2O$

> **Check ≫≫**
>
> **나트륨과 에틸알코올과의 반응**
> 에틸알코올(C_2H_5OH)과 반응 시 나트륨에틸레이트(C_2H_5ONa)와 수소(H_2)를 발생한다.
> – 에틸알코올과의 반응식 : $2Na + 2C_2H_5OH \longrightarrow 2C_2H_5ONa + H_2$

≫≫정답 (1) $2Na + 2H_2O \longrightarrow 2NaOH + H_2$

(2) $4Na + O_2 \longrightarrow 2Na_2O$

(3) 황색

필답형 07
[5점]

제4류 위험물 중 동식물유류에 대해 다음 물음에 답하시오.

(1) 요오드값의 정의를 쓰시오.
(2) 동식물유류를 3가지로 구분하고 각각의 요오드값의 범위를 쓰시오.

》》풀이

(1) 요오드값이란 **유지 100g에 흡수되는 요오드의 g수**를 의미하며, 불포화도와 이중결합수에 비례한다.

(2) 동식물유류는 제4류 위험물로서 지정수량은 10,000L이며, 요오드값의 범위에 따라 다음과 같이 건성유, 반건성유, 그리고 불건성유로 구분한다.

① **건성유 : 요오드값 130 이상**
　㉠ 동물유 : 정어리유, 기타 생선유
　㉡ 식물유 : 동유(오동나무기름), 해바라기유, 아마인유(아마씨 기름), 들기름

② **반건성유 : 요오드값 100~130**
　㉠ 동물유 : 청어유
　㉡ 식물유 : 쌀겨기름, 목화씨기름(면실유), 채종유(유채씨기름), 옥수수기름, 참기름

③ **불건성유 : 요오드값 100 이하**
　㉠ 동물유 : 소기름, 돼지기름, 고래기름
　㉡ 식물유 : 땅콩기름, 올리브유, 동백유, 아주까리기름(피마자유), 야자유(팜유)

> **Tip**
> 반건성유의 요오드값을 100~130이라 쓰는 대신 100 초과 130 미만이라 써도 됩니다.

》》정답

(1) 유지 100g에 흡수되는 요오드의 g수
(2) 건성유 : 요오드값 130 이상, 반건성유 : 요오드값 100~130, 불건성유 : 요오드값 100 이하

필답형 08
[5점]

인화점 −37℃, 분자량 약 58인 제4류 위험물에 대해 다음 물음에 답하시오.

(1) 화학식
(2) 지정수량
(3) 옥외저장탱크에 저장 시 연소성 혼합기체의 생성에 의한 폭발을 방지하기 위해 취하는 저장방법을 한 가지 쓰시오.

》》풀이

① 산화프로필렌(CH_3CHOCH_2)은 인화점 −37℃, 분자량 58인 제4류 위험물로서 품명은 특수인화물이며 **지정수량은 50L**이다.

② 산화프로필렌을 저장하는 옥외저장탱크에는 다음과 같은 조치를 해야 한다.
　㉠ 옥외저장탱크의 설비는 수은·은·구리·마그네슘을 성분으로 하는 합금으로 만들지 아니할 것
　㉡ 옥외저장탱크에는 냉각장치 또는 보냉장치, 그리고 연소성 혼합기체의 생성에 의한 폭발을 방지하기 위한 **불활성 기체를 봉입**하는 장치를 설치할 것

》》정답

(1) CH_3CHOCH_2
(2) 50L
(3) 불활성 기체 봉입

필답형 09 　　　　　　　　　　　　　　　　　　　　　　　　　　[5점]

히드라진과 반응 시 로켓의 추진 연료로 사용되는 제6류 위험물에 대하여 다음 물음에 답하시오.

(1) 위험물이 될 수 있는 조건을 쓰시오.
(2) (1)의 위험물과 히드라진과의 반응식을 쓰시오.

>>> 풀이
　　제4류 위험물로서 제2석유류 수용성 물질인 히드라진(N_2H_4)과 반응하여 로켓의 추진 연료로 사용되는 제6류 위험물은 과산화수소(H_2O_2)이다.
　　(1) 과산화수소가 위험물이 될 수 있는 조건은 **농도가 36중량% 이상**이어야 한다.
　　(2) 히드라진과 과산화수소를 반응시키면 질소와 물이 발생하며, 반응식은 다음과 같다.
　　　　– 히드라진과 과산화수소의 반응식 : $N_2H_4 + 2H_2O_2 \rightarrow N_2 + 4H_2O$

>>> 정답
　　(1) 농도가 36중량% 이상
　　(2) $N_2H_4 + 2H_2O_2 \rightarrow N_2 + 4H_2O$

필답형 10 　　　　　　　　　　　　　　　　　　　　　　　　　　[5점]

다음은 제4류 위험물의 품명을 나타낸 것이다. 괄호 안에 들어갈 알맞은 내용을 쓰시오.

(1) 특수인화물 : 발화점이 (①)℃ 이하인 것 또는 인화점이 영하 20℃ 이하이고 비점이 40℃ 이하인 것
(2) 제1석유류 : 인화점이 (②)℃ 미만인 것
(3) 제2석유류 : 인화점이 (②)℃ 이상 (③)℃ 미만인 것
(4) 제3석유류 : 인화점이 (③)℃ 이상 (④)℃ 미만인 것
(5) 제4석유류 : 인화점이 (④)℃ 이상 (⑤)℃ 미만인 것

>>> 풀이
　　제4류 위험물의 품명의 정의
　　① **특수인화물** : 이황화탄소, 디에틸에테르, 그 밖에 1기압에서 **발화점이 100℃ 이하**인 것 또는 인화점이 영하 20℃ 이하이고 비점이 40℃ 이하인 것
　　② **제1석유류** : 아세톤, 휘발유, 그 밖에 1기압에서 **인화점이 21℃ 미만**인 것
　　③ **알코올류** : 탄소수가 1개에서 3개까지의 포화1가 알코올(인화점 범위로 품명을 정하지 않음)
　　④ **제2석유류** : 등유, 경유, 그 밖에 1기압에서 **인화점이 21℃ 이상 70℃ 미만**인 것. 단, 도료류, 그 밖의 물품에 있어서 가연성 액체량이 40중량% 이하이면서 인화점이 40℃ 이상인 동시에 연소점이 60℃ 이상인 것은 제외한다.
　　⑤ **제3석유류** : 중유, 크레오소트유, 그 밖에 1기압에서 **인화점이 70℃ 이상 200℃ 미만**인 것. 단, 도료류, 그 밖의 물품은 가연성 액체량이 40중량% 이하인 것은 제외한다.
　　⑥ **제4석유류** : 기어유, 실린더유, 그 밖에 1기압에서 **인화점이 200℃ 이상 250℃ 미만**의 것. 단, 도료류, 그 밖의 물품은 가연성 액체량이 40중량% 이하인 것은 제외한다.
　　⑦ **동식물유류** : 동물의 지육 등 또는 식물의 종자나 과육으로부터 추출한 것으로서 1기압에서 인화점이 250℃ 미만인 것

>>> 정답
　　① 100, ② 21, ③ 70, ④ 200, ⑤ 250

필답형 11 [5점]

이황화탄소 100kg을 연소할 때 800mmHg, 30℃에서 발생하는 이산화황의 부피는 몇 m³인지 구하시오.

>>> 풀이 이황화탄소(CS_2) 1mol의 분자량은 $12(C)g + 32(S)g \times 2 = 76g$이며, 연소반응식은 다음과 같다.

– 연소반응식 : $CS_2 + 3O_2 \rightarrow CO_2 + 2SO_2$

위의 연소반응식에서 알 수 있듯이 이황화탄소(CS_2) 76g을 연소시키면 이산화탄소(CO_2) 1몰과 이산화황(SO_2) 2몰이 발생한다. 이때 발생하는 이산화황 2몰의 부피는 800mmHg, 30℃에서 몇 L가 되는지 이상기체상태방정식을 이용해 먼저 구하면 다음과 같다.

$PV = nRT$

여기서, P : 압력 $= \dfrac{800\text{mmHg}}{760\text{mmHg/기압}} = 1.05$기압

V : 부피 $= V(\text{L})$

n : 몰수 $= 2\text{mol}$

R : 이상기체상수 $= 0.082$기압 · L/K · mol

T : 절대온도$(273 + 실제온도) = 273 + 30\text{K}$

$1.05 \times V = 2 \times 0.082 \times (273 + 30)$

$\therefore V = 47.33\text{L}$

> **Tip**
> 760mmHg는 1기압이므로 800mmHg를 기압 단위로 환산하면 $\dfrac{800\text{mmHg}}{760\text{mmHg/기압}}$
> $= 1.05$기압입니다.

위의 방정식을 통해 이황화탄소(CS_2) 76g을 연소시키면 800mmHg, 30℃에서 이산화황은 47.33L 발생하는 것을 알았다. 〈문제〉는 같은 압력, 같은 온도에서 이황화탄소 100kg을 연소시키면 이산화황은 몇 m³가 발생하는가를 묻는 것이므로 다음의 비례식을 이용하여 구한다.

$CS_2 + 3O_2 \rightarrow CO_2 + 2SO_2$

76g ⟍⟋ 47.33L
100kg ⟋⟍ $x(\text{m}^3)$

$76 \times x = 100 \times 47.33$

$x = \mathbf{62.28m^3}$

>>> 정답 62.28m³

필답형 12 [5점]

표준상태에서 염소산칼륨 1kg이 완전 분해 시 발생하는 산소의 부피는 몇 m³인지 구하시오. (단, 염소산칼륨의 분자량은 123g이다.)

>>> 풀이 제1류 위험물인 염소산칼륨($KClO_3$)은 분해 시 염화칼륨(KCl)과 산소(O_2)를 발생한다. 아래의 분해반응식에서 알 수 있듯이 표준상태에서 1mol의 분자량이 123g인 염소산칼륨을 분해시키면 산소는 1.5몰$\times 22.4$L$= 33.6$L가 발생하는데 〈문제〉의 조건인 염소산칼륨 1kg을 분해시키면 산소는 몇 m³가 발생하는지 다음의 비례식을 이용해 구할 수 있다.

– 염소산칼륨의 분해반응식 : $2KClO_3 \rightarrow 2KCl + 3O_2$

123g ⟍⟋ 33.6L
1kg ⟋⟍ $x(\text{m}^3)$

> **Tip**
> 염소산칼륨 1mol의 분자량은 $39(K) + 35.5(Cl) + 16(O) \times 3 = 122.5$g이지만 〈문제〉에서 123g으로 정하는 경우 염소산칼륨의 분자량은 123g으로 대입해야 합니다.

$123 \times x = 1 \times 33.6$

$x = \mathbf{0.27m^3}$

>>> 정답 0.27m³

필답형 13 [5점]

알루미늄분에 대해 다음 물음에 답하시오.

(1) 물과의 반응식
(2) 연소반응식
(3) 염산과의 반응식

≫≫ 풀이 알루미늄분은 제2류 위험물 중 품명은 금속분이며, 지정수량은 500kg이다.

(1) 물과 반응 시 수산화알루미늄[$Al(OH)_3$]과 폭발성인 수소(H_2)가스를 발생한다.
  – 알루미늄의 물과의 반응식 : $2Al + 6H_2O \rightarrow 2Al(OH)_3 + 3H_2$

(2) 연소 시 산화알루미늄(Al_2O_3)을 생성한다.
  – 연소반응식 : $4Al + 3O_2 \rightarrow 2Al_2O_3$

(3) 염산과 반응 시 염화알루미늄($AlCl_3$)과 폭발성인 수소가스를 발생한다.
  – 염산과의 반응식 : $2Al + 6HCl \rightarrow 2AlCl_3 + 3H_2$

≫≫ 정답
(1) $2Al + 6H_2O \rightarrow 2Al(OH)_3 + 3H_2$
(2) $4Al + 3O_2 \rightarrow 2Al_2O_3$
(3) $2Al + 6HCl \rightarrow 2AlCl_3 + 3H_2$

필답형 14 [5점]

다음 물음에 답하시오.

> 과산화벤조일, TNT, TNP, 니트로글리세린, 디니트로벤젠

(1) 〈보기〉 중 품명이 질산에스테르류에 속하는 것을 모두 고르시오.
(2) 〈보기〉 중 상온에서는 액체이고 영하의 온도에서는 고체인 위험물의 분해반응식을 쓰시오.

≫≫ 풀이 (1) 〈보기〉는 모두 제5류 위험물이며, 화학식과 품명, 그리고 지정수량은 다음과 같다.

물질명	화학식	품 명	지정수량
과산화벤조일	$(C_6H_5CO)_2O_2$	유기과산화물	10kg
TNT(트리니트로톨루엔)	$C_6H_2CH_3(NO_2)_3$	니트로화합물	200kg
TNP(트리니트로페놀)	$C_6H_2OH(NO_2)_3$	니트로화합물	200kg
니트로글리세린	$C_3H_5(ONO_2)_3$	**질산에스테르류**	10kg
디니트로벤젠	$C_6H_4(NO_2)_2$	니트로화합물	200kg

(2) 니트로글리세린은 융점(물질이 녹기 시작하는 온도)이 2.8℃이므로 2.8℃부터는 녹아서 상온인 20℃에서 액체로 존재할 수 있으며, 2.8℃ 미만에서는 녹지 않아 영하의 온도에서는 고체로 존재하는 물질이다. 니트로글리세린은 4몰을 분해시키면 이산화탄소, 수증기, 질소, 산소의 4가지 기체가 총 29몰 발생한다.
  – 분해반응식 : $4C_3H_5(ONO_2)_3 \rightarrow 12CO_2 + 10H_2O + 6N_2 + O_2$

```
        H
        |
H - C - O - NO₂
        |
H - C - O - NO₂
        |
H - C - O - NO₂
        |
        H
```
∥ 니트로글리세린의 구조식 ∥

≫≫ 정답
(1) 니트로글리세린
(2) $4C_3H_5(ONO_2)_3 \rightarrow 12CO_2 + 10H_2O + 6N_2 + O_2$

필답형 15 [5점]

크실렌의 이성질체 3가지의 명칭과 구조식을 쓰시오.

>>> 풀이 자일렌이라고도 불리는 크실렌[$C_6H_4(CH_3)_2$]은 제2석유류 비수용성으로 지정수량은 1,000L이며, o -**크실렌**, m -**크실렌**, p -**크실렌**의 3가지 이성질체를 가진다.

① o -크실렌

▮ o -크실렌의 구조식 ▮

② m -크실렌

▮ m -크실렌의 구조식 ▮

③ p -크실렌

▮ p -크실렌의 구조식 ▮

Check >>>

이성질체란 분자식은 같지만 성질 및 구조가 다른 물질을 말한다.

>>> 정답

o -크실렌,

m -크실렌,

p -크실렌

필답형 16 [5점]

다음 위험물의 운반용기 외부에 표시하는 주의사항을 쓰시오.

(1) 제1류 위험물 중 알칼리금속 과산화물
(2) 제3류 위험물 중 자연발화성 물질
(3) 제5류 위험물

>>> 풀이

유 별	품 명	운반용기의 주의사항	위험물제조소등의 주의사항
제1류	알칼리금속 과산화물	**화기 · 충격주의, 가연물접촉주의, 물기엄금**	물기엄금(청색바탕, 백색문자)
	그 밖의 것	화기 · 충격주의, 가연물접촉주의	필요 없음
제2류	철분, 금속분, 마그네슘	화기주의, 물기엄금	화기주의(적색바탕, 백색문자)
	인화성 고체	화기엄금	화기엄금(적색바탕, 백색문자)
	그 밖의 것	화기주의	화기주의(적색바탕, 백색문자)
제3류	자연발화성 물질	**화기엄금, 공기접촉엄금**	화기엄금(적색바탕, 백색문자)
	금수성 물질	물기엄금	물기엄금(청색바탕, 백색문자)
제4류	모든 대상	화기엄금	화기엄금(적색바탕, 백색문자)
제5류	모든 대상	**화기엄금, 충격주의**	화기엄금(적색바탕, 백색문자)
제6류	모든 대상	가연물접촉주의	필요 없음

>>> 정답
(1) 화기 · 충격주의, 가연물접촉주의, 물기엄금
(2) 화기엄금, 공기접촉엄금
(3) 화기엄금, 충격주의

필답형 17 [5점]

다음 물음에 답하시오.

(1) 대통령령이 정하는 위험물 탱크가 있는 제조소등이 탱크의 변경공사를 하는 때에는 완공검사를 받기 전에 무엇을 받아야 하는지 쓰시오.
(2) 이동탱크저장소의 완공검사 신청시기를 쓰시오.
(3) 지하탱크가 있는 제조소등의 완공검사 신청시기를 쓰시오.
(4) 제조소등의 완공검사를 실시한 결과 기술기준에 적합하다고 인정되는 경우 시·도지사는 무엇을 교부해야 하는지 쓰시오.

≫≫ 풀이
(1) 탱크안전성능검사의 실시
대통령령이 정하는 위험물 탱크가 있는 제조소등의 허가를 받은 자가 위험물 탱크의 설치 또는 변경 공사를 하는 때에는 **완공검사를 받기 전에 시·도지사가 실시하는 탱크안전성능검사**를 받아야 한다.
(2) 이동탱크저장소는 **이동저장탱크를 완공하고 상치장소를 확보한 후**에 완공검사를 신청해야 한다.
(3) 지하탱크가 있는 제조소등은 당해 **지하탱크를 매설하기 전**에 완공검사를 신청해야 한다.
(4) 시·도지사는 제조소등에 대하여 완공검사를 실시하고, 완공검사를 실시한 결과 당해 제조소등이 기술기준에 적합하다고 인정하는 때에는 **완공검사합격확인증**을 교부하여야 한다.

Check ≫≫

제조소등의 완공검사 신청시기
1. 지하탱크가 있는 제조소등의 경우 : 당해 지하탱크를 매설하기 전
2. 이동탱크저장소의 경우 : 이동저장탱크를 완공하고 상치장소를 확보한 후
3. 이송취급소의 경우 : 이송배관 공사의 전체 또는 일부를 완료한 후. 다만, 지하·하천 등에 매설하는 이송배관의 공사의 경우에는 이송배관을 매설하기 전
4. 전체 공사가 완료된 후에는 완공검사를 실시하기 곤란한 경우 : 다음에서 정하는 시기
   ① 위험물설비 또는 배관의 설치가 완료되어 기밀시험 또는 내압시험을 실시하는 시기
   ② 배관을 지하에 설치하는 경우에는 시·도지사, 소방서장 또는 기술원이 지정하는 부분을 매몰하기 직전
   ③ 기술원이 지정하는 부분의 비파괴시험을 실시하는 시기

≫≫ 정답
(1) 탱크안전성능검사
(2) 이동저장탱크를 완공하고 상치장소를 확보한 후
(3) 지하탱크를 매설하기 전
(4) 완공검사합격확인증

필답형 18　　　　　　　　　　　　　　　　　　　　　　　　　　　　[5점]

위험물 저장·취급의 공통기준에 대해 괄호 안에 알맞은 말을 쓰시오.

(1) 위험물을 저장 또는 취급하는 건축물, 그 밖의 공작물 또는 설비는 당해 위험물의 성질에 따라 차광 또는 (①)를 실시하여야 한다.
(2) 위험물은 온도계, 습도계, (②)계, 그 밖의 계기를 감시하여 당해 위험물의 성질에 맞는 적정한 온도, 습도 또는 (②)을 유지하도록 저장 또는 취급하여야 한다.
(3) 위험물을 용기에 수납하여 저장 또는 취급할 때에는 그 용기는 당해 위험물의 성질에 적응하고 파손·(③)·균열 등이 없는 것으로 하여야 한다.
(4) (④)의 액체·증기 또는 가스가 새거나 체류할 우려가 있는 장소 또는 (④)의 미분이 현저하게 부유할 우려가 있는 장소에서는 전선과 전기기구를 완전히 접속하고 불꽃을 발하는 기계·기구·공구·신발 등을 사용하지 아니하여야 한다.
(5) 위험물을 (⑤) 중에 보존하는 경우에는 당해 위험물이 (⑤)으로부터 노출되지 아니하도록 하여야 한다.

≫≫풀이　위험물 저장·취급의 공통기준
　　① 위험물을 저장 또는 취급하는 건축물, 그 밖의 공작물 또는 설비는 당해 위험물의 성질에 따라 차광 또는 **환기**를 실시하여야 한다.
　　② 위험물은 온도계, 습도계, **압력**계, 그 밖의 계기를 감시하여 당해 위험물의 성질에 맞는 적정한 온도, 습도 또는 **압력**을 유지하도록 저장 또는 취급하여야 한다.
　　③ 위험물을 저장 또는 취급하는 경우에는 위험물의 변질, 이물의 혼입 등에 의하여 당해 위험물의 위험성이 증대되지 아니하도록 필요한 조치를 강구하여야 한다.
　　④ 위험물이 남아 있거나 남아 있을 우려가 있는 설비, 기계·기구, 용기 등을 수리하는 경우에는 안전한 장소에서 위험물을 완전하게 제거한 후에 실시하여야 한다.
　　⑤ 위험물을 용기에 수납하여 저장 또는 취급할 때에는 그 용기는 당해 위험물의 성질에 적응하고 파손·**부식**·균열 등이 없는 것으로 하여야 한다.
　　⑥ **가연성**의 액체·증기 또는 가스가 새거나 체류할 우려가 있는 장소 또는 **가연성**의 미분이 현저하게 부유할 우려가 있는 장소에서는 전선과 전기기구를 완전히 접속하고 불꽃을 발하는 기계·기구·공구·신발 등을 사용하지 아니하여야 한다.
　　⑦ 위험물을 **보호액** 중에 보존하는 경우에는 당해 위험물이 **보호액**으로부터 노출되지 아니하도록 하여야 한다.

≫≫정답　① 환기
　　　　　② 압력
　　　　　③ 부식
　　　　　④ 가연성
　　　　　⑤ 보호액

필답형 19 [5점]

제조소의 건축물에 다음과 같이 설치된 옥내소화전의 수원의 수량은 몇 m³인지 다음의 각 물음에 답하시오.

(1) 1층에 1개, 2층에 3개로 총 4개의 옥내소화전이 설치된 경우
(2) 1층에 2개, 2층에 5개로 총 7개의 옥내소화전이 설치된 경우

>>>풀이 옥내소화전의 수원의 양은 옥내소화전이 가장 많이 설치된 층의 소화전의 수(옥내소화전의 수가 5개 이상이면 5개)에 7.8m³를 곱한 양 이상으로 한다.

(1) 옥내소화전이 가장 많이 설치된 층은 2층이므로 2층의 옥내소화전 3개에 7.8m³를 곱해야 하며 이 경우 수원의 양은 3×7.8m³=**23.4m³ 이상**이다.

(2) 옥내소화전이 가장 많이 설치된 층은 2층이므로 2층의 옥내소화전 5개에 7.8m³를 곱해야 하며 이 경우 수원의 양은 5×7.8m³=**39m³ 이상**이다.

🌀 Tip
옥내소화전의 수원의 양은 옥내소화전이 가장 많이 설치된 층의 소화전 수를 기준으로 하므로 1층에 설치된 옥내소화전의 수는 포함시키지 않아야 합니다.

옥내소화전설비와 옥외소화전설비의 비교

구 분	옥내소화전	옥외소화전
물(수원)의 양	**소화전의 수(소화전의 수가 5개 이상이면 5개)에 7.8m³를 곱한 양 이상**	소화전의 수(소화전의 수가 4개 이상이면 4개)에 13.5m³를 곱한 양 이상
방수량	260L/min	450L/min
방수압력	350kPa 이상	350kPa 이상
호스접속구까지의 수평거리	제조소등의 각 층의 각 부분에서 25m 이하	제조소등의 건축물의 각 부분에서 40m 이하
개폐밸브 및 호스접속구의 설치높이	바닥으로부터 1.5m 이하	바닥으로부터 1.5m 이하
비상전원	45분 이상 작동	45분 이상 작동

>>>정답 (1) 23.4m³ 이상
(2) 39m³ 이상

Industrial Engineer Hazardous material

필답형 20 　　　　　　　　　　　　　　　　　　　　　　　[5점]

안전관리자에 대해 다음 물음에 답하시오.

(1) 제조소등마다 안전관리자를 선임하여야 하는 주체는 어느 것인지 다음 〈보기〉에서 고르시오.

> 제조소등의 관계인, 제조소등의 설치자, 소방서장, 소방청장, 시·도지사

(2) 안전관리자를 해임한 경우 며칠 이내에 다시 안전관리자를 선임해야 하는지 쓰시오.
(3) 안전관리자가 퇴직한 경우 며칠 이내에 다시 안전관리자를 선임해야 하는지 쓰시오.
(4) 안전관리자를 선임한 경우에는 선임한 날부터 며칠 이내에 신고해야 하는지 쓰시오.
(5) 안전관리자가 여행·질병, 그 밖의 사유로 인하여 일시적으로 직무를 수행할 수 없는 경우 대리자가 안전관리자의 직무를 대행할 수 있는 기간은 며칠을 초과할 수 없는지 쓰시오.

≫≫풀이　위험물안전관리자의 자격

① **제조소등의 관계인**은 제조소등마다 대통령령이 정하는 위험물의 취급에 관한 자격이 있는 자를 **위험물안전관리자로 선임**하여야 한다.
② 제조소등의 관계인은 그 안전관리자를 해임하거나 안전관리자가 퇴직한 때에는 **해임하거나 퇴직한 날부터 30일 이내**에 다시 안전관리자를 선임하여야 한다.
③ 제조소등의 관계인은 **안전관리자를 선임한 경우에는 선임한 날부터 14일 이내**에 소방본부장 또는 소방서장에게 신고하여야 한다.
④ 제조소등의 관계인이 안전관리자를 해임하거나 안전관리자가 퇴직한 경우 그 관계인 또는 안전관리자는 소방본부장이나 소방서장에게 그 사실을 알려 해임되거나 퇴직한 사실을 확인받을 수 있다.
⑤ 제조소등의 관계인은 안전관리자가 여행·질병, 그 밖의 사유로 인하여 일시적으로 직무를 수행할 수 없거나 안전관리자의 해임 또는 퇴직과 동시에 다른 안전관리자를 선임하지 못하는 경우에는 위험물의 취급에 관한 자격취득자 또는 안전관리자의 대리자를 지정하여 그 직무를 대행하게 하여야 한다. 이 경우 대리자가 안전관리자의 **직무를 대행하는 기간은 30일을 초과할 수 없다.**

> **Check ≫≫**　
> 안전관리자 대리자의 자격
> 1. 위험물 안전관리자 교육을 받은 자
> 2. 위험물 안전관리업무에 있어서 안전관리자를 지휘·감독하는 직위에 있는 자

≫≫정답　(1) 제조소등의 관계인
　　　　　(2) 30일
　　　　　(3) 30일
　　　　　(4) 14일
　　　　　(5) 30일

2020 제1·2회 위험물산업기사 실기

2020년 7월 25일 시행

※ 필답형＋작업형으로 치러지던 기존 시험에서는 각 문항별 배점이 상이하였으나,
필답형(20문제) 시험만 보는 2020년 1회부터는 각 문항 배점이 모두 5점입니다!

필/답/형 시험

필답형 01 [5점]

다음은 인화점측정기의 종류와 시험방법에 대한 설명이다. 괄호 안에 알맞은 내용을 쓰시오.

(1) (　　　) 인화점측정기
  ① 시험장소는 1기압, 무풍의 장소로 할 것
  ② 인화점측정기의 시료컵에 시험물품 50cm³를 넣고 시험물품 표면의 기포를 제거한 후 뚜껑을 덮을 것
  ③ 시험불꽃을 점화하고 화염의 크기를 직경이 4mm가 되도록 조정할 것
(2) (　　　) 인화점측정기
  ① 시험장소는 1기압, 무풍의 장소로 할 것
  ② 인화점측정기의 시료컵을 설정온도까지 가열 또는 냉각하여 시험물품(설정온도가 상온보다 낮은 온도인 경우에는 설정온도까지 냉각한 것) 2mL를 시료컵에 넣고 즉시 뚜껑 및 개폐기를 닫을 것
  ③ 시험불꽃을 점화하고 화염의 크기를 직경 4mm가 되도록 조정할 것
(3) (　　　) 인화점측정기
  ① 시험장소는 1기압, 무풍의 장소로 할 것
  ② 인화점측정기의 시료컵의 표선(標線)까지 시험물품을 채우고 시험물품 표면의 기포를 제거할 것
  ③ 시험불꽃을 점화하고 화염의 크기를 직경 4mm가 되도록 조정할 것

>>> 풀이
인화점측정기의 종류와 측정 시험방법
(1) **태그밀폐식** 인화점측정기에 의한 인화점 측정 시험방법
  ① 시험장소는 1기압, 무풍의 장소로 할 것
  ② 인화점측정기의 시료컵에 시험물품 50cm³를 넣고 시험물품 표면의 기포를 제거한 후 뚜껑을 덮을 것
  ③ 시험불꽃을 점화하고 화염의 크기를 직경이 4mm가 되도록 조정할 것
(2) **신속평형법** 인화점측정기에 의한 인화점 측정 시험방법
  ① 시험장소는 1기압, 무풍의 장소로 할 것
  ② 인화점측정기의 시료컵을 설정온도까지 가열 또는 냉각하여 시험물품(설정온도가 상온보다 낮은 온도인 경우에는 설정온도까지 냉각한 것) 2mL를 시료컵에 넣고 즉시 뚜껑 및 개폐기를 닫을 것
  ③ 시험불꽃을 점화하고 화염의 크기를 직경 4mm가 되도록 조정할 것
(3) **클리브랜드개방컵** 인화점측정기에 의한 인화점 측정 시험방법
  ① 시험장소는 1기압, 무풍의 장소로 할 것
  ② 인화점측정기의 시료컵의 표선(標線)까지 시험물품을 채우고 시험물품 표면의 기포를 제거할 것
  ③ 시험불꽃을 점화하고 화염의 크기를 직경 4mm가 되도록 조정할 것

>>> 정답   (1) 태그밀폐식   (2) 신속평형법   (3) 클리브랜드개방컵

필답형 02

[5점]

다음 물음에 답하시오.

(1) 〈보기〉 중 자체소방대를 설치하여야 하는 제조소등에 해당하는 것의 기호를 모두 쓰시오.

> A. 염소산칼륨 250ton을 취급하고 있는 제조소
> B. 염소산칼륨 250ton을 취급하고 있는 일반취급소
> C. 특수인화물 250kL를 취급하고 있는 제조소
> D. 특수인화물 250kL를 취급하고 있는 충전하는 일반취급소

(2) 자체소방대를 설치하는 경우 화학소방자동차 1대당 필요한 소방대원의 수는 몇 명 이상으로 해야 하는지 쓰시오.

(3) 〈보기〉의 내용 중 틀린 것을 모두 찾아 그 기호를 쓰시오. (단, 없으면 "없음"이라 쓰시오.)

> A. 2개 이상의 사업소가 상호응원에 관한 협정을 체결하고 있는 경우에는 당해 모든 사업소를 하나의 사업소로 본다.
> B. 포수용액 방사차의 대수는 화학소방자동차 전체 대수의 3분의 2 이상으로 한다.
> C. 포수용액 방사차의 방사능력은 매분 3,000L 이상으로 한다.
> D. 포수용액 방사차에는 10만L 이상의 포수용액을 방사할 수 있는 양의 소화약제를 비치해야 한다.

(4) 자체소방대를 두지 아니한 관계인으로서 허가를 받은 자에 대한 벌칙의 종류를 쓰시오.

》》 풀이

(1) 자체소방대는 제4류 위험물을 지정수량의 3천배 이상으로 저장·취급하는 제조소 또는 일반취급소에 설치해야 한다.

〈보기〉 A, B의 염소산칼륨은 제1류 위험물로서 지정수량이 50kg이므로 취급하는 양 250ton 즉, 250,000kg은 지정수량의 배수가 $\frac{250,000kg}{50kg/배} = 5,000$배이다. 이 양은 지정수량의 3,000배 이상에 속하지만 염소산칼륨은 제1류 위험물이므로 이를 저장·취급하는 제조소 또는 일반취급소에는 자체소방대를 설치하지 않아도 된다.

〈보기〉 C, D의 특수인화물은 제4류 위험물로서 지정수량이 50L이므로 취급하는 양 250kL 즉, 250,000L는 지정수량의 배수가 $\frac{250,000kg}{50L/배} = 5,000$배이다. 이 양은 **지정수량의 3,000배 이상**에 속하며 특수인화물은 **제4류 위험물**이므로 이를 저장·취급하는 **제조소 또는 일반취급소**에는 자체소방대를 설치하여야 한다. 하지만 D의 **충전하는 일반취급소는 자체소방대의 설치 제외대상에 속하는 일반취급소**이므로 자체소방대를 설치하지 않아도 된다.

> **Check 》》**
>
> **자체소방대의 설치 제외대상에 속하는 일반취급소**
> 1. 보일러, 버너, 그 밖에 이와 유사한 장치로 위험물을 소비하는 일반취급소(보일러등으로 위험물을 소비하는 일반취급소)
> 2. 이동저장탱크, 그 밖에 이와 유사한 것에 위험물을 주입하는 일반취급소(충전하는 일반취급소)
> 3. 용기에 위험물을 옮겨 담는 일반취급소(옮겨 담는 일반취급소)
> 4. 유압장치, 윤활유순환장치, 그 밖에 이와 유사한 장치로 위험물을 취급하는 일반취급소(유압장치등을 설치하는 일반취급소)
> 5. 광산안전법의 적용을 받는 일반취급소

(2) 자체소방대를 설치하는 경우 화학소방자동차 **1대당 필요한 소방대원의 수는 5명 이상**으로 해야 한다.

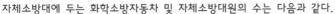

자체소방대에 두는 화학소방자동차 및 자체소방대원의 수는 다음과 같다.

사업소의 구분	화학소방 자동차의 수	자체소방 대원의 수
3천배 이상 12만배 미만으로 취급하는 제조소 또는 일반취급소	1대 이상	5인 이상
12만배 이상 24만배 미만으로 취급하는 제조소 또는 일반취급소	2대 이상	10인 이상
24만배 이상 48만배 미만으로 취급하는 제조소 또는 일반취급소	3대 이상	15인 이상
48만배 이상으로 취급하는 제조소 또는 일반취급소	4대 이상	20인 이상
지정수량의 50만배 이상으로 저장하는 옥외탱크저장소	2대 이상	10인 이상

(3) 자체소방대 편성의 특례와 화학소방자동차의 기준
　① 자체소방대 편성의 특례
　　㉠ **2개 이상의 사업소가 상호응원에 관한 협정을 체결하고 있는 경우에는 당해 모든 사업소를 하나의 사업소로 본다.**
　　㉡ 상호응원에 관한 협정을 체결하고 있는 제조소 또는 일반취급소에서 취급하는 위험물을 합산한 양을 하나의 사업소에서 취급하는 위험물의 최대수량으로 간주한다.
　　㉢ 상호응원에 관한 협정을 체결하고 있는 각 사업소의 자체소방대에는 화학소방차의 대수를 2분의 1 이상으로 할 수 있으며 1대의 화학소방자동차마다 5인 이상의 자체소방대원을 두어야 한다.
　② 화학소방자동차의 기준
　　㉠ 화학소방자동차의 소화능력 및 설비의 기준

화학소방자동차의 구분	소화능력 및 설비의 기준
포수용액 방사차	**포수용액의 방사능력이 매분 2,000L 이상일 것**
	소화약액탱크 및 소화약액혼합장치를 비치할 것
	10만L 이상의 포수용액을 방사할 수 있는 양의 소화약제를 비치할 것
분말 방사차	분말의 방사능력이 매초 35kg 이상일 것
	분말탱크 및 가압용 가스설비를 비치할 것
	1,400kg 이상의 분말을 비치할 것
할로겐화합물 방사차	할로겐화합물의 방사능력이 매초 40kg 이상일 것
	할로겐화합물탱크 및 가압용 가스설비를 비치할 것
	1,000kg 이상의 할로겐화합물을 비치할 것
이산화탄소 방사차	이산화탄소의 방사능력이 매초 40kg 이상일 것
	이산화탄소 저장용기를 비치할 것
	3,000kg 이상의 이산화탄소를 비치할 것
제독차	가성소다 및 규조토를 각각 50kg 이상 비치할 것

　　㉡ **포수용액을 방사하는 화학소방자동차의 대수는 화학소방자동차의 대수의 3분의 2 이상으로 하**여야 한다.
(4) 자체소방대를 두지 아니한 관계인으로서 허가를 받은 자는 **1년 이하의 징역** 또는 **1천만원 이하의 벌금**에 처한다.

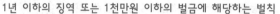

1년 이하의 징역 또는 1천만원 이하의 벌금에 해당하는 벌칙

1. 탱크시험자로 등록하지 아니하고 탱크시험자의 업무를 한 자
2. 정기점검을 하지 아니하거나 정기검사를 받지 아니한 자
3. 자체소방대를 두지 아니한 자
4. 운반용기의 검사를 받지 아니하고 사용 또는 유통시킨 자
5. 출입 · 검사 등의 명령을 위반한 위험물을 저장 또는 취급하는 장소의 관계인
6. 제조소등에 대한 긴급 사용정지 · 제한명령을 위반한 자

>>>정답 (1) C (2) 5명 (3) C (4) 1년 이하의 징역 또는 1천만원 이하의 벌금

필답형 03　　　　　　　　　　　　　　　　　　　　　　　　　[5점]

다음 제1류 위험물의 품명과 지정수량을 각각 쓰시오.

(1) KIO_3
　　① 품명　② 지정수량
(2) $AgNO_3$
　　① 품명　② 지정수량
(3) $KMnO_4$
　　① 품명　② 지정수량

>>>풀이

화학식	물질명	품 명	지정수량	위험등급
KIO_3	요오드산칼륨	**요오드산염류**	300kg	II
$AgNO_3$	질산은	**질산염류**	300kg	II
$KMnO_4$	과망간산칼륨	**과망간산염류**	1,000kg	III

>>>정답 (1) 요오드산염류, 300kg　(2) 질산염류, 300kg　(3) 과망간산염류, 1,000kg

필답형 04　　　　　　　　　　　　　　　　　　　　　　　　　[5점]

다음 위험물의 열분해반응식을 각각 쓰시오.

(1) 과염소산나트륨　(2) 염소산나트륨　(3) 아염소산나트륨

>>>풀이　〈문제〉의 제1류 위험물들은 모두 열분해하여 염화나트륨($NaCl$)과 산소(O_2)를 발생하며, 각 물질의 열분해반응식은 다음과 같다.

(1) 과염소산나트륨($NaClO_4$) : $NaClO_4 \rightarrow NaCl + 2O_2$
(2) 염소 산나트륨($NaClO_3$) : $2NaClO_3 \rightarrow 2NaCl + 3O_2$
(3) 아염소산나트륨($NaClO_2$) : $NaClO_2 \rightarrow NaCl + O_2$

>>>정답 (1) $NaClO_4 \rightarrow NaCl + 2O_2$　(2) $2NaClO_3 \rightarrow 2NaCl + 3O_2$　(3) $NaClO_2 \rightarrow NaCl + O_2$

필답형 05 [5점]

다음 〈보기〉의 물질 중 비수용성인 것을 모두 고르시오.

이황화탄소, 아세트알데히드, 클로로벤젠, 스티렌, 아세톤

>>> 풀이

물질명	화학식	품 명	수용성 여부	지정수량
이황화탄소	CS_2	특수인화물	**비수용성**	50L
아세트알데히드	CH_3CHO	특수인화물	수용성	50L
클로로벤젠	C_6H_5Cl	제2석유류	**비수용성**	1,000L
스티렌	$C_6H_5CH_2CH$	제2석유류	**비수용성**	1,000L
아세톤	CH_3COCH_3	제1석유류	수용성	400L

>>> 정답 이황화탄소, 클로로벤젠, 스티렌

필답형 06 [5점]

다음 물음에 답하시오.

(1) 외벽이 내화구조이고 연면적이 150m²인 옥내저장소의 소요단위는 몇 단위인지 쓰시오.
(2) 에틸알코올 1,000L, 클로로벤젠 1,500L, 동식물유류 20,000L, 특수인화물 500L를 함께 저장하는 경우 소요단위는 몇 단위인지 쓰시오.

>>> 풀이

(1) 외벽이 내화구조인 옥내저장소는 **연면적 150m²를 1소요단위**로 정한다.
(2) 〈문제〉의 각 위험물의 지정수량은 다음과 같다.
   ① 에틸알코올(알코올류) : 400L
   ② 클로로벤젠(제2석유류 비수용성) : 1,000L
   ③ 동식물유류 : 10,000L
   ④ 특수인화물 : 50L

이들 위험물의 지정수량의 배수의 합은 $\frac{1,000L}{400L}+\frac{1,500L}{1,000L}+\frac{20,000L}{10,000L}+\frac{500L}{50L}=16$배이고, 위험물의

1소요단위는 지정수량의 10배이므로 지정수량의 16배의 소요단위는 $\frac{16배}{10배/소요단위}=$ **1.6단위**이다.

소요단위는 소화설비의 설치대상이 되는 건축물 또는 그 밖의 공작물의 규모나 위험물 양의 기준단위로서 다음 [표]와 같이 구분한다.

구 분	내화구조의 외벽	비내화구조의 외벽
위험물 제조소 및 취급소	연면적 100m²	연면적 50m²
위험물저장소	**연면적 150m²**	연면적 75m²
위험물	지정수량의 10배	

>>> 정답
(1) 1
(2) 1.6

필답형 07　　　　　　　　　　　　　　　　　　　　　　　　　　[5점]

다음 [표]는 위험물안전관리법령상 소화설비의 적응성을 나타낸 것이다. 위험물에 대해 소화설비가 적응성이 있는 경우 빈칸에 "○"로 표시하시오.

소화설비의 구분	대상물 구분									
	제1류 위험물		제2류 위험물			제3류 위험물		제4류 위험물	제5류 위험물	제6류 위험물
	알칼리금속 과산화물	그 밖의 것	철분·금속분·마그네슘	인화성 고체	그 밖의 것	금수성 물품	그 밖의 것			
옥내소화전·옥외소화전설비										
물분무소화설비										
포소화설비										
불활성가스소화설비										
할로겐화합물소화설비										

≫풀이　위험물의 종류에 따른 소화설비의 적응성

① 제1류 위험물
　㉠ 알칼리금속 과산화물 : 탄산수소염류 분말소화설비로 질식소화한다.
　㉡ 그 밖의 것 : **옥내소화전·옥외소화전설비**, 스프링클러설비, **물분무소화설비**, **포소화설비**로 냉각소화한다.
② 제2류 위험물
　㉠ 철분·금속분·마그네슘 : 탄산수소염류 분말소화설비로 질식소화한다.
　㉡ 인화성 고체 : **옥내소화전·옥외소화전설비**, 스프링클러설비, **물분무소화설비**, **포소화설비**, **불활성가스소화설비**, **할로겐화합물소화설비**, 분말소화설비로 냉각소화 또는 질식소화한다.
　　※ 인화성 고체에는 모든 소화설비가 적응성이 있다.
　㉢ 그 밖의 것 : **옥내소화전·옥외소화전설비**, 스프링클러설비, **물분무소화설비**, **포소화설비**로 냉각소화한다.
③ 제3류 위험물
　㉠ 금수성 물질 : 탄산수소염류 분말소화설비로 질식소화한다.
　㉡ 그 밖의 것(황린) : **옥내소화전·옥외소화전설비**, 스프링클러설비, **물분무소화설비**, **포소화설비**로 냉각소화한다.
④ 제4류 위험물 : **물분무소화설비**, **포소화설비**, **불활성가스소화설비**, **할로겐화합물소화설비**, 분말소화설비로 질식소화한다.
⑤ 제5류 위험물 : **옥내소화전·옥외소화전설비**, 스프링클러설비, **물분무소화설비**, **포소화설비**로 냉각소화한다.
⑥ 제6류 위험물 : **옥내소화전·옥외소화전설비**, 스프링클러설비, **물분무소화설비**, **포소화설비**로 냉각소화한다.

≫정답

소화설비의 구분	대상물 구분									
	제1류 위험물		제2류 위험물			제3류 위험물		제4류 위험물	제5류 위험물	제6류 위험물
	알칼리금속 과산화물	그 밖의 것	철분·금속분·마그네슘	인화성 고체	그 밖의 것	금수성 물품	그 밖의 것			
옥내소화전·옥외소화전설비		○		○	○		○		○	○
물분무소화설비		○		○	○		○	○	○	○
포소화설비		○		○	○		○	○	○	○
불활성가스소화설비				○				○		
할로겐화합물소화설비				○				○		

필답형 08 [5점]

내용적이 5천만L인 옥외저장탱크에는 3천만L의 휘발유가 저장되어 있고 내용적이 1억2천만L인 옥외저장탱크에는 8천만L의 경유가 저장되어 있으며, 두 개의 옥외저장탱크를 하나의 방유제 안에 설치하였다. 다음 물음에 답하시오.

(1) 두 탱크 중 내용적이 더 적은 탱크의 최대용량은 몇 L 이상인지 쓰시오.

(2) 두 개의 옥외저장탱크를 둘러싸고 있는 방유제의 용량은 몇 L 이상인지 쓰시오. (단, 두 개의 옥외저장탱크의 공간용적은 모두 10%이다.)

(3) 두 옥외저장탱크 사이를 구획하는 설비의 명칭을 쓰시오.

>>> 풀이

(1) 탱크의 용량이란 탱크의 내용적에서 공간용적을 뺀 값을 말하며, 탱크의 공간용적은 내용적의 100분의 5 이상 100분의 10 이하의 양이다. 여기서 탱크의 최대용량은 탱크의 공간용적을 최소로 했을 때의 양이므로 공간용적이 5%인 경우이며 이때 탱크의 최대용량은 내용적의 95%가 된다.

① 내용적이 5천만L인 탱크의 최대용량
: 50,000,000L×0.95=47,500,000L

② 내용적이 1억2천만L인 탱크의 최대용량
: 120,000,000L×0.95=114,000,000L

따라서 두 탱크 중 내용적이 더 적은 탱크는 5천만L인 탱크이며 이 탱크의 **최대용량은 47,500,000L**이다.

Tip
〈문제〉에서 제시된 3천만L의 휘발유와 8천만L의 경유는 실제로 탱크에 저장된 양이므로 내용적의 95%를 적용하여 계산하는 탱크의 최대용량과는 상관없는 양입니다.

(2) 인화성이 있는 위험물의 옥외저장탱크의 방유제의 용량은 다음과 같다.

① 하나의 옥외저장탱크의 방유제 용량 : 탱크 용량의 110% 이상

② **2개 이상의 옥외저장탱크의 방유제 용량 : 탱크 중 용량이 최대인 탱크 용량의 110% 이상**

〈문제〉에서는 두 탱크 모두 공간용적이 10%라고 하였으므로 내용적이 5천만L인 탱크의 용량은 50,000,000L×0.9=45,000,000L이고, 내용적이 1억2천만L인 탱크의 용량은 120,000,000L×0.9=108,000,000L이다. 따라서 두 탱크 중 용량이 최대인 탱크의 용량은 108,000,000L이므로 두 개의 옥외저장탱크를 둘러싸고 있는 방유제의 용량은 108,000,000L의 110%, 즉 108,000,000L×1.1=**118,800,000L** 이상이 된다.

Check >>>

인화성이 없는 위험물의 옥외저장탱크의 방유제 용량
1. 하나의 옥외저장탱크의 방유제 용량 : 탱크 용량의 100% 이상
2. 2개 이상의 옥외저장탱크의 방유제 용량 : 탱크 중 용량이 최대인 탱크 용량의 100% 이상

(3) 방유제 안에 설치된 탱크 중 용량이 1,000만L 이상인 탱크에는 간막이 둑을 따로 설치해야 한다. 〈문제〉의 **두 탱크는 모두 용량이 1,000만L 이상**이므로 다음의 기준에 의해 **간막이 둑을 설치**한다.

① 간막이 둑의 높이 : 0.3m(방유제 내에 설치되는 옥외저장탱크의 용량의 합계가 2억L를 넘는 방유제에 있어서는 1m) 이상

② 간막이 둑의 재질 : 흙 또는 철근콘크리트

③ 간막이 둑의 용량 : 간막이 둑 안에 설치된 탱크 용량의 10% 이상

>>> 정답

(1) 47,500,000L
(2) 118,800,000L
(3) 간막이 둑

필답형 09

[5점]

위험물안전관리법령상 농도가 36중량% 이상인 것이 제6류 위험물이 되는 물질에 대해 다음 물음에 답하시오.

(1) 분해반응식
(2) 운반용기의 외부에 표시하는 주의사항
(3) 위험등급

풀이
(1) 농도가 36중량% 이상인 것이 제6류 위험물이 되는 물질인 과산화수소(H_2O_2)는 햇빛에 의해 분해 시 물과 산소를 발생하며, 분해반응식은 다음과 같다.
  – 분해반응식 : $2H_2O_2 \rightarrow 2H_2O + O_2$
(2) 과산화수소를 수납하는 운반용기의 외부에 표시하는 주의사항은 "**가연물접촉주의**"이다.
(3) 과산화수소는 지정수량이 300kg이고, **위험등급** I인 물질이다.

> **Check >>>**
> 그 밖의 과산화수소의 성질 및 저장방법
> 1. 농도가 60중량% 이상인 것은 충격에 의하여 폭발적으로 분해한다.
> 2. 물, 에테르, 알코올에 녹지만, 석유 및 벤젠에는 녹지 않는다.
> 3. 과산화수소를 취급하는 제조소등에는 주의사항을 표시할 필요없다.

>>>정답
(1) $2H_2O_2 \rightarrow 2H_2O + O_2$
(2) 가연물접촉주의
(3) I

필답형 10

[5점]

인화점 −17℃, 비점 26℃, 분자량 27인 제4류 위험물에 대해 다음 물음에 답하시오.

(1) 화학식
(2) 증기비중

>>>풀이
(1) 인화점 −17℃, 비점 26℃, 분자량 1(H)+12(C)+14(N)=27인 것은 제4류 위험물 중 제1석유류의 수용성 물질인 시안화수소(**HCN**)이다.
(2) 증기비중 $= \dfrac{분자량}{29}$ 이며, 대부분의 제4류 위험물은 분자량이 공기의 분자량인 29보다 크므로 증기비중이 1보다 크지만 시안화수소는 **증기비중** $= \dfrac{27}{29} = 0.93$ 이므로 증기비중이 1보다 작은 것이 특징이다.

>>>정답
(1) HCN
(2) 0.93

필답형 11 [5점]

다음 물질의 물과의 반응식을 쓰시오.

(1) $(CH_3)_3Al$

(2) $(C_2H_5)_3Al$

>>> 풀이 두 물질 모두 제3류 위험물로서 품명은 알킬알루미늄이고 지정수량은 10kg이며, 각 물질의 물과의 반응식은 다음과 같다.

(1) 트리메틸알루미늄[$(CH_3)_3Al$]은 물과 반응 시 수산화알루미늄[$Al(OH)_3$]과 메탄(CH_4)을 발생한다.

– 물과의 반응식 : $(CH_3)_3Al + 3H_2O \rightarrow Al(OH)_3 + 3CH_4$

(2) 트리에틸알루미늄[$(C_2H_5)_3Al$]은 물과 반응 시 수산화알루미늄[$Al(OH)_3$]과 에탄(C_2H_6)을 발생한다.

– 물과의 반응식 : $(C_2H_5)_3Al + 3H_2O \rightarrow Al(OH)_3 + 3C_2H_6$

>>> 정답 (1) $(CH_3)_3Al + 3H_2O \rightarrow Al(OH)_3 + 3CH_4$

(2) $(C_2H_5)_3Al + 3H_2O \rightarrow Al(OH)_3 + 3C_2H_6$

필답형 12 [5점]

제4류 위험물에 속하는 아세트알데히드에 대해 다음 물음에 답하시오.

(1) 옥외저장탱크 중 압력탱크 외의 탱크에 저장하는 경우 저장온도는 몇 ℃ 이하로 해야 하는지 쓰시오.

(2) 위험도를 구하시오. (단, 연소범위는 4.1~57%이다.)

(3) 산화반응으로 생성되는 물질의 명칭을 쓰시오.

>>> 풀이 (1) **옥외저장탱크**, 옥내저장탱크 또는 지하저장탱크에 저장하는 위험물의 저장온도

① **압력탱크 외의 탱크**에 저장하는 경우

㉠ **아세트알데히드 : 15℃ 이하**

㉡ 산화프로필렌, 디에틸에테르 : 30℃ 이하

② 압력탱크에 저장하는 경우

– 아세트알데히드, 산화프로필렌, 디에틸에테르 : 40℃ 이하

(2) 아세트알데히드의 연소범위는 4.1~57%이고, 여기서 4.1%를 연소하한, 57%를 연소상한이라 하며, 위험도를 구하는 공식은 다음과 같다.

위험도(Hazard) $= \dfrac{\text{연소상한(Upper)} - \text{연소하한(Lower)}}{\text{연소하한(Lower)}} = \dfrac{57 - 4.1}{4.1} = \mathbf{12.9}$

(3) 아세트알데히드(CH_3CHO)가 0.5몰의 산소(O_2), 즉 $0.5O_2$를 얻어 산화하면 제2석유류인 **아세트산**(CH_3COOH)이 된다.

– 아세트알데히드의 산화반응식 : $CH_3CHO \xrightarrow{+0.5O_2} CH_3COOH$

>>> 정답 (1) 15℃

(2) 12.9

(3) 아세트산

필답형 13 [5점]

염소산칼륨과 적린이 혼촉발화하였다. 다음 물음에 답하시오.

(1) 두 물질의 반응식을 쓰시오.
(2) 두 물질의 반응으로 생성된 기체와 물이 반응하면 어떤 물질이 생성되는지 그 물질의 명칭을 쓰시오.

>>> **풀이** (1) 제1류 위험물인 염소산칼륨($KClO_3$)과 제2류 위험물인 적린(P)이 혼촉발화하면 오산화인(P_2O_5)과 염화칼륨 (KCl)이 발생한다.
  – 염소산칼륨과 적린의 반응식 : $5KClO_3 + 6P \rightarrow 3P_2O_5 + 5KCl$
(2) 두 물질의 반응으로 생성된 기체는 오산화인이며, 오산화인과 물이 반응하면 **인산**(H_3PO_4)이 생성된다.
  – 오산화인과 물의 반응식 : $P_2O_5 + 3H_2O \rightarrow 2H_3PO_4$

>>> **정답** (1) $5KClO_3 + 6P \rightarrow 3P_2O_5 + 5KCl$
(2) 인산

필답형 14 [5점]

다음은 위험물의 유별 저장 및 취급에 관한 기준이다. 괄호 안에 들어갈 알맞은 내용을 쓰시오.

(1) (   ) 위험물은 불티·불꽃, 고온체와의 접근이나 과열·충격 또는 마찰을 피해야 한다.
(2) (   ) 위험물은 가연물과의 접촉·혼합이나 분해를 촉진하는 물품과의 접근 또는 과열을 피해야 한다.
(3) (   ) 위험물은 불티·불꽃, 고온체와의 접근 또는 과열을 피하고, 함부로 증기를 발생시키지 않아야 한다.

>>> **풀이** 위험물의 유별 저장·취급 공통기준
① 제1류 위험물은 가연물과의 접촉·혼합이나 분해를 촉진하는 물품과의 접근 또는 과열, 충격, 마찰 등을 피하는 한편, 알칼리금속 과산화물 및 이를 함유한 것에 있어서는 물과의 접촉을 피해야 한다.
② 제2류 위험물은 산화제와의 접촉·혼합이나 불티·불꽃·고온체와의 접근 또는 과열을 피하는 한편, 철분·금속분·마그네슘 및 이를 함유한 것에 있어서는 물이나 산과의 접촉을 피하고 인화성 고체에 있어서는 함부로 증기를 발생시키지 아니하여야 한다.
③ 제3류 위험물 중 자연발화성 물질에 있어서는 불티·불꽃·고온체와의 접근, 과열 또는 공기와의 접촉을 피하고, 금수성 물질에 있어서는 물과의 접촉을 피해야 한다.
④ **제4류** 위험물은 불티·불꽃, 고온체와의 접근 또는 과열을 피하고, 함부로 증기를 발생시키지 아니하여야 한다.
⑤ **제5류** 위험물은 불티·불꽃·고온체와의 접근이나 과열·충격 또는 마찰을 피해야 한다.
⑥ **제6류** 위험물은 가연물과의 접촉·혼합이나 분해를 촉진하는 물품과의 접근 또는 과열을 피해야 한다.

>>> **정답** (1) 제5류
(2) 제6류
(3) 제4류

필답형 15

[5점]

벤젠 16g을 증발시켜 만든 기체의 부피는 1기압, 90℃에서 몇 L인지 쓰시오.

(1) 계산과정 (2) 답

>>> 풀이

벤젠(C_6H_6) 1mol의 분자량은 12(C)g×6 + 1(H)g×6=78g이다. 〈문제〉는 벤젠 16g을 1기압, 90℃에서 모두 기체로 만들면 그 기체의 부피는 몇 L인지 구하는 것이므로 다음과 같이 이상기체상태방정식을 이용한다.

$$PV = \frac{w}{M}RT$$

여기서, P : 압력=1기압

V : 부피= V(L)

w : 질량=16g

M : 분자량=78g/mol

R : 이상기체상수=0.082기압 · L/K · mol

T : 절대온도(273 + 실제온도)=273 + 90K

$$1 \times V = \frac{16}{78} \times 0.082 \times (273 + 90)$$

$$\therefore \quad V = 6.11L$$

>>> 정답

(1) $1 \times V = \frac{16}{78} \times 0.082 \times (273 + 90)$ (2) 6.11L

필답형 16

[5점]

제5류 위험물인 트리니트로페놀에 대해 다음 물음에 답하시오.

(1) 구조식 (2) 지정수량 (3) 품명

>>> 풀이

피크린산으로도 불리는 트리니트로페놀[$C_6H_2OH(NO_2)_3$]은 페놀(C_6H_5OH)에 질산(HNO_3)과 황산(H_2SO_4)을 반응시켜 페놀의 수소(H) 3개를 니트로기($-NO_2$)로 치환시킨 물질로서 제5류 위험물에 속하며, **품명은 니트로화합물**이고, **지정수량은 200kg**이며, 구조식은 우측과 같다.

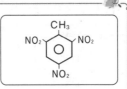

| 피크린산의 구조식 |

TNT로도 불리는 트리니트로톨루엔[$C_6H_2CH_3(NO_2)_3$]은 톨루엔($C_6H_5CH_3$)에 질산과 황산을 반응시켜 톨루엔의 수소(H) 3개를 니트로기($-NO_2$)로 치환시킨 물질로서 제5류 위험물에 속하며, 품명은 니트로화합물이고, 지정수량은 200kg이며, 구조식은 우측과 같다.

| TNT의 구조식 |

>>> 정답

(1)

(2) 200kg (3) 니트로화합물

필답형 17 [5점]

탄화칼슘 32g이 물과 반응 시 발생하는 기체를 완전연소시키기 위해 필요한 산소의 부피는 표준상태에서 몇 L인지 구하시오.

(1) 계산과정
(2) 답

≫풀이 탄화칼슘(CaC_2)은 제3류 위험물로서 물과 반응 시 수산화칼슘[$Ca(OH)_2$]과 아세틸렌(C_2H_2) 기체를 발생한다. 아래의 물과의 반응식에서 알 수 있듯이 탄화칼슘 1mol의 분자량이 40(Ca)g + 12(C)g×2=64g인 탄화칼슘을 물과 반응시키면 아세틸렌은 1몰 발생하는데 〈문제〉의 조건인 탄화칼슘 32g을 반응시키면 아세틸렌은 0.5몰 발생한다.

- 물과의 반응식 : $CaC_2 + 2H_2O \rightarrow Ca(OH)_2 + C_2H_2$

| 64g | 1몰 |
| 32g | x몰 |

$64 \times x = 32 \times 1$

$x = 0.5$몰

〈문제〉는 탄화칼슘 32g이 물과 반응하여 발생하는 기체, 즉 0.5몰의 아세틸렌을 연소시키기 위해 필요한 산소의 부피를 구하는 것이다. 아세틸렌은 연소 시 이산화탄소(CO_2)와 물(H_2O)을 발생하며, 다음의 아세틸렌의 연소반응식에서 알 수 있듯이 아세틸렌 1몰을 연소시키기 위해 필요한 산소의 부피는 표준상태에서 2.5몰×22.4L=56L인데 〈문제〉의 조건인 아세틸렌 0.5몰을 연소시키기 위해서는 몇 L의 산소가 필요한가를 다음의 비례식을 이용하여 구하면 다음과 같다.

- 아세틸렌의 연소반응식 : $2C_2H_2 + 5O_2 \rightarrow 4CO_2 + 2H_2O$

| 1몰 | 56L |
| 0.5몰 | x(L) |

$1 \times x = 0.5 \times 56$

$\therefore x = 28L$

≫정답 (1) $1 \times x = 0.5 \times 56L$
(2) 28L

필답형 18 [5점]

위험물의 운반에 관한 기준에 따라 다음 [표]에 혼재할 수 있는 위험물끼리는 "○", 혼재할 수 없는 위험물끼리는 "×"로 표시하시오.

위험물의 구분	제1류	제2류	제3류	제4류	제5류	제6류
제1류						
제2류						
제3류						
제4류						
제5류						
제6류						

>>> 풀이 다음의 [표]에서 알 수 있듯이 위험물의 운반에 관한 혼재기준에 따라 위험물끼리 혼재할 수 있는 유별은 다음과 같다.

① 제1류 : 제6류 위험물
② 제2류 : 제4류, 제5류 위험물
③ 제3류 : 제4류 위험물
④ 제4류 : 제2류, 제3류, 제5류 위험물
⑤ 제5류 : 제2류, 제4류 위험물
⑥ 제6류 : 제1류 위험물

위험물의 구분	제1류	제2류	제3류	제4류	제5류	제6류
제1류		×	×	×	×	○
제2류	×		×	○	○	×
제3류	×	×		○	×	×
제4류	×	○	○		○	×
제5류	×	○	×	○		×
제6류	○	×	×	×	×	

※ 이 표는 지정수량의 1/10 이하의 위험물에 대하여는 적용하지 아니한다.

🟡 Tip

위험물의 운반에 관한 혼재기준 [표]를 그리는 방법은 423, 524, 61의 숫자 조합으로 다음과 같이 만듭니다.
1) 가로줄의 제4류를 기준으로 아래로 제2류와 제3류에 "○"를 표시합니다.
2) 가로줄의 제5류를 기준으로 아래로 제2류와 제4류에 "○"를 표시합니다.
3) 가로줄의 제6류를 기준으로 아래로 제1류에 "○"를 표시합니다.
4) 세로줄의 제4류를 기준으로 오른쪽으로 제2류와 제3류에 "○"를 표시합니다.
5) 세로줄의 제5류를 기준으로 오른쪽으로 제2류와 제4류에 "○"를 표시합니다.
6) 세로줄의 제6류를 기준으로 오른쪽으로 제1류에 "○"를 표시합니다.

Check >>>

위험물의 저장에 관한 혼재기준

옥내저장소 또는 옥외저장소에서 서로 다른 유별끼리는 함께 저장할 수 없지만, 다음의 위험물을 유별로 정리하여 서로 1m 이상의 간격을 두는 경우에는 함께 저장할 수 있다.

1. 제1류 위험물(알칼리금속 과산화물 제외)과 제5류 위험물
2. 제1류 위험물과 제6류 위험물
3. 제1류 위험물과 제3류 위험물 중 자연발화성 물질(황린)
4. 제2류 위험물 중 인화성 고체와 제4류 위험물
5. 제3류 위험물 중 알킬알루미늄등과 제4류 위험물(알킬알루미늄 또는 알킬리튬을 함유한 것)
6. 제4류 위험물 중 유기과산화물과 제5류 위험물 중 유기과산화물

>>> 정답

위험물의 구분	제1류	제2류	제3류	제4류	제5류	제6류
제1류		×	×	×	×	○
제2류	×		×	○	○	×
제3류	×	×		○	×	×
제4류	×	○	○		○	×
제5류	×	○	×	○		×
제6류	○	×	×	×	×	

필답형 19 [5점]

판매취급소에 설치하는 위험물 배합실의 조건에 대해 다음 괄호 안에 들어갈 알맞은 내용을 쓰시오.

(1) 바닥면적은 (   )m² 이상 (   )m² 이하로 할 것
(2) 벽은 (   ) 또는 (   )로 구획할 것
(3) 출입구에는 자동폐쇄식의 (   )을 설치할 것
(4) 출입구 문턱의 높이는 바닥면으로부터 (   )m 이상으로 할 것
(5) 바닥에는 적당한 경사를 두고 (   )를 설치할 것

>>>풀이　판매취급소에 설치하는 위험물 배합실의 기준
① 바닥은 **6m² 이상 15m² 이하**의 면적으로 적당한 경사를 두고 **집유설비**를 할 것
② 벽은 **내화구조** 또는 **불연재료**로 구획할 것
③ 출입구에는 자동폐쇄식의 **갑종방화문**을 설치할 것
④ 출입구 문턱의 높이는 바닥면으로부터 **0.1m** 이상으로 할 것
⑤ 가연성의 증기 또는 미분을 지붕 위로 방출하는 설비를 할 것

>>>정답　(1) 6, 15　　(2) 내화구조, 불연재료　　(3) 갑종방화문　　(4) 0.1　　(5) 집유설비

필답형 20 [5점]

다음 위험등급에 해당하는 제5류 위험물을 〈보기〉에서 골라 쓰시오. (단, 위험등급이 없는 경우 "없음"이라 쓰시오.)

유기과산화물, 질산에스테르류, 니트로화합물, 히드록실아민, 히드라진유도체, 아조화합물

(1) 위험등급 Ⅰ　　(2) 위험등급 Ⅱ　　(3) 위험등급 Ⅲ

>>>풀이

품 명	지정수량	위험등급	법령 구분
유기과산화물	10kg	Ⅰ	대통령령
질산에스테르류	10kg	Ⅰ	대통령령
니트로화합물	200kg	Ⅱ	대통령령
니트로소화합물	200kg	Ⅱ	대통령령
아조화합물	200kg	Ⅱ	대통령령
디아조화합물	200kg	Ⅱ	대통령령
히드라진유도체	200kg	Ⅱ	대통령령
히드록실아민	100kg	Ⅱ	대통령령
히드록실아민염류	100kg	Ⅱ	대통령령
금속아지화합물	200kg	Ⅱ	행정안전부령
질산구아니딘	200kg	Ⅱ	행정안전부령

>>>정답　(1) 유기과산화물, 질산에스테르류
(2) 니트로화합물, 히드록실아민, 히드라진유도체, 아조화합물
(3) 없음

2020 제3회 위험물산업기사 실기

2020년 10월 18일 시행

※ 필답형＋작업형으로 치러지던 기존 시험에서는 각 문항별 배점이 상이하였으나,
필답형(20문제) 시험만 보는 2020년 1회부터는 각 문항 배점이 모두 5점입니다!

필/답/형 시험

필답형 **01** [5점]

다음 위험물이 제6류 위험물이 되기 위한 조건을 쓰시오. (단, 조건이 없는 경우 "없음"이라 쓰시오.)

(1) 과염소산   (2) 과산화수소   (3) 질산

▶▶▶풀이
(1) 과염소산($HClO_4$)은 제6류 위험물이 되기 위한 **조건은 없다.**
(2) 과산화수소(H_2O_2)의 제6류 위험물이 되기 위한 조건은 **농도가 36중량% 이상**이어야 한다.
(3) 질산(HNO_3)의 제6류 위험물이 되기 위한 조건은 **비중이 1.49 이상**이어야 한다.

> Check ▶▶▶
>
> 행정안전부령이 정하는 제6류 위험물인 할로겐간화합물 또한 제6류 위험물이 되기 위한 조건은 없다.

▶▶▶정답
(1) 없음   (2) 농도 36중량% 이상   (3) 비중 1.49 이상

필답형 **02** [5점]

다음 〈보기〉 중 수용성 물질을 고르시오.

> 휘발유, 벤젠, 톨루엔, 아세톤, 메틸알코올, 클로로벤젠, 아세트알데히드

▶▶▶풀이

물질명	화학식	품 명	수용성 여부
휘발유(옥탄)	C_8H_{18}	제1석유류	비수용성
벤젠	C_6H_6	제1석유류	비수용성
톨루엔	$C_6H_5CH_3$	제1석유류	비수용성
아세톤	CH_3COCH_3	제1석유류	**수용성**
메틸알코올	CH_3OH	알코올류	**수용성**
클로로벤젠	C_6H_5Cl	제2석유류	비수용성
아세트알데히드	CH_3CHO	특수인화물	**수용성**

▶▶▶정답
아세톤, 메틸알코올, 아세트알데히드

필답형 03 [5점]

과산화나트륨 1kg이 열분해 시 발생하는 산소의 부피는 350℃, 1기압에서 몇 L인지 쓰시오.

>>> 풀이 　과산화나트륨(Na_2O_2)은 제1류 위험물 중 알칼리금속 과산화물에 속하는 물질로서 과산화나트륨 1mol의 분자량은 23(Na)g×2 + 16(O)g×2=78g이다.

아래의 열분해 반응식에서 알 수 있듯이 78g의 과산화나트륨이 열분해하면 산화나트륨(Na_2O)과 함께 0.5몰의 산소가 발생하는데 〈문제〉의 조건은 1,000g의 과산화나트륨이 열분해하면 몇 몰의 산소가 발생하는가를 묻는 것이므로 이는 다음의 비례식을 이용하여 구할 수 있다.

－ 열분해 반응식 : $2Na_2O_2 \rightarrow 2Na_2O + O_2$

$$\begin{array}{cc} 78g & 0.5몰 \\ 1,000g & x(몰) \end{array}$$

$78 \times x = 1,000 \times 0.5$

$x = 6.41$몰

〈문제〉는 최종적으로 350℃, 1기압에서 발생한 산소 6.41몰은 부피가 몇 L인지 구하는 것이므로 다음과 같이 이상기체상태방정식을 이용할 수 있다.

$PV = nRT$

여기서, P : 압력=1기압

V : 부피=V(L)

n : 몰수=6.41몰

R : 이상기체상수=0.082기압 · L/K · mol

T : 절대온도(273 + 실제온도) = 273 + 350K

$1 \times V = 6.41 \times 0.082 \times (273 + 350)$

∴ $V = 327.46$L

>>> 정답 　327.46L

필답형 04 [5점]

다음 각 물질의 물과의 반응식을 쓰시오.

(1) K_2O_2　(2) Mg　(3) Na

>>> 풀이 　(1) K_2O_2(과산화칼륨)은 제1류 위험물로서 품명은 알칼리금속 과산화물이고 지정수량은 50kg이며 물과 반응 시 수산화칼륨(KOH)과 산소(O_2)가 발생한다.

－ 물과의 반응식 : $2K_2O_2 + 2H_2O \rightarrow 4KOH + O_2$

(2) Mg(마그네슘)은 제2류 위험물로서 품명 또한 마그네슘이고 지정수량은 500kg이며 물과 반응 시 수산화마그네슘[$Mg(OH)_2$]과 수소(H_2)가 발생한다.

－ 물과의 반응식 : $Mg + 2H_2O \rightarrow Mg(OH)_2 + H_2$

(3) Na(나트륨)은 제3류 위험물로서 품명 또한 나트륨이고 지정수량은 10kg이며 물과 반응 시 수산화나트륨(NaOH)과 수소가 발생한다.

－ 물과의 반응식 : $2Na + 2H_2O \rightarrow 2NaOH + H_2$

>>> 정답 　(1) $2K_2O_2 + 2H_2O \rightarrow 4KOH + O_2$

(2) $Mg + 2H_2O \rightarrow Mg(OH)_2 + H_2$

(3) $2Na + 2H_2O \rightarrow 2NaOH + H_2$

필답형 05
[5점]

다음 물음에 답하시오.

(1) 트리메틸알루미늄의 연소반응식
(2) 트리에틸알루미늄의 연소반응식
(3) 트리메틸알루미늄의 물과의 반응식
(4) 트리에틸알루미늄의 물과의 반응식

≫ 풀이 트리메틸알루미늄과 트리에틸알루미늄은 제3류 위험물로서 품명은 알킬알루미늄이고 지정수량은 10kg이며 이들의 연소반응식과 물과의 반응식은 다음과 같다.

(1) 트리메틸알루미늄[$(CH_3)_3Al$]은 공기 중 산소와의 반응 즉, 연소반응시키면 산화알루미늄(Al_2O_3)과 이산화탄소(CO_2), 그리고 물(H_2O)이 발생한다.
   - 연소반응식 : $2(CH_3)_3Al + 12O_2 \rightarrow Al_2O_3 + 6CO_2 + 9H_2O$

(2) 트리에틸알루미늄[$(C_2H_5)_3Al$]은 연소반응시키면 산화알루미늄과 이산화탄소, 그리고 물이 발생한다.
   - 연소반응식 : $2(C_2H_5)_3Al + 21O_2 \rightarrow Al_2O_3 + 12CO_2 + 15H_2O$

(3) 트리메틸알루미늄[$(CH_3)_3Al$]은 물과 반응 시 수산화알루미늄[$Al(OH)_3$]과 메탄(CH_4)이 발생한다.
   - 물과의 반응식 : $(CH_3)_3Al + 3H_2O \rightarrow Al(OH)_3 + 3CH_4$

(4) 트리에틸알루미늄[$(C_2H_5)_3Al$]은 물과 반응 시 수산화알루미늄과 에탄(C_2H_6)이 발생한다.
   - 물과의 반응식 : $(C_2H_5)_3Al + 3H_2O \rightarrow Al(OH)_3 + 3C_2H_6$

> **Check ≫≫**
>
> **트리메틸알루미늄과 트리에틸알루미늄의 또 다른 반응**
>
> 1. 메틸알코올과의 반응
>   ① 트리메틸알루미늄은 메틸알코올(CH_3OH)과 반응 시 알루미늄메틸레이트[$(CH_3O)_3Al$]와 메탄이 발생한다.
>   - 메틸알코올과의 반응식 : $(CH_3)_3Al + 3CH_3OH \rightarrow (CH_3O)_3Al + 3CH_4$
>   ② 트리에틸알루미늄은 메틸알코올과 반응 시 알루미늄메틸레이트와 에탄이 발생한다.
>   - 메틸알코올과의 반응식 : $(C_2H_5)_3Al + 3CH_3OH \rightarrow (CH_3O)_3Al + 3C_2H_6$
> 2. 에틸알코올과의 반응
>   ① 트리메틸알루미늄은 에틸알코올(C_2H_5OH)과 반응 시 알루미늄에틸레이트[$(C_2H_5O)_3Al$]와 메탄이 발생한다.
>   - 에틸알코올과의 반응식 : $(CH_3)_3Al + 3C_2H_5OH \rightarrow (C_2H_5O)_3Al + 3CH_4$
>   ② 트리에틸알루미늄은 에틸알코올과 반응 시 알루미늄에틸레이트와 에탄이 발생한다.
>   - 에틸알코올과의 반응식 : $(C_2H_5)_3Al + 3C_2H_5OH \rightarrow (C_2H_5O)_3Al + 3C_2H_6$

≫ 정답
(1) $2(CH_3)_3Al + 12O_2 \rightarrow Al_2O_3 + 6CO_2 + 9H_2O$
(2) $2(C_2H_5)_3Al + 21O_2 \rightarrow Al_2O_3 + 12CO_2 + 15H_2O$
(3) $(CH_3)_3Al + 3H_2O \rightarrow Al(OH)_3 + 3CH_4$
(4) $(C_2H_5)_3Al + 3H_2O \rightarrow Al(OH)_3 + 3C_2H_6$

필답형 06 [5점]

탄화알루미늄이 물과 반응 시 발생하는 가스에 대해 다음 물음에 답하시오.

(1) 화학식   (2) 연소반응식   (3) 연소범위   (4) 위험도

▶▶▶풀이 탄화알루미늄(Al_4C_3)은 제3류 위험물로서 품명은 칼슘 또는 알루미늄의 탄화물이며 지정수량은 300kg으로 물과 반응 시 수산화알루미늄[$Al(OH)_3$]과 메탄(CH_4)가스가 발생한다.
  - 물과의 반응식 : $Al_4C_3 + 12H_2O \longrightarrow 4Al(OH)_3 + 3CH_4$
  (1) 메탄가스의 **화학식은 CH_4**이다.
  (2) 메탄은 연소 시 이산화탄소(CO_2)와 물(H_2O)이 발생한다.
    - 메탄의 **연소반응식** : $CH_4 + 2O_2 \longrightarrow CO_2 + 2H_2O$
  (3) 메탄은 **연소범위가 5~15%**이며 여기서 5%를 연소하한, 15%를 연소상한이라 한다.
  (4) 위험도(Hazard) $= \dfrac{연소상한(Upper) - 연소하한(Lower)}{연소하한(Lower)} = \dfrac{15-5}{5} = 2$이다.

> **Check ▶▶▶**
>
> **동일한 품명에 속하는 탄화칼슘의 물과의 반응**
> 탄화칼슘(CaC_2)은 물과 반응 시 수산화칼슘[$Ca(OH)_2$]과 연소범위가 2.5~81%인 아세틸렌(C_2H_2) 가스가 발생한다.
>   - 물과의 반응식 : $CaC_2 + 2H_2O \longrightarrow Ca(OH)_2 + C_2H_2$

▶▶▶정답 (1) CH_4 (2) $CH_4 + 2O_2 \longrightarrow CO_2 + 2H_2O$ (3) 5~15%   (4) 2

필답형 07 [5점]

다음 〈보기〉의 물질들을 건성유, 반건성유, 불건성유로 구분하여 쓰시오.

> 아마인유, 야자유, 들기름, 쌀겨기름, 목화씨기름, 땅콩기름

(1) 건성유   (2) 반건성유   (3) 불건성유

▶▶▶풀이 제4류 위험물로서 지정수량이 10,000L인 동식물유류는 요오드값의 범위에 따라 다음과 같이 건성유, 반건성유, 그리고 불건성유로 구분하며, 여기서 요오드값이란 유지 100g에 흡수되는 요오드의 g수를 말한다.
  (1) **건성유** : 요오드값 130 이상
    ① 동물유 : 정어리유, 기타 생선유
    ② 식물유 : 동유(오동나무기름), 해바라기유, **아마인유**(아마씨기름), **들기름**
  (2) **반건성유** : 요오드값 100~130
    ① 동물유 : 청어유
    ② 식물유 : **쌀겨기름**, **목화씨기름**(면실유), 채종유(유채씨기름), 옥수수기름, 참기름
  (3) **불건성유** : 요오드값 100 이하
    ① 동물유 : 소기름, 돼지기름, 고래기름
    ② 식물유 : **땅콩기름**, 올리브유, 동백유, 아주까리기름(피마자유), **야자유**(팜유)

> **Tip**
> 반건성유의 요오드값을 쓰는 문제가 출제되는 경우 100~130이라 쓰는 대신 100 초과 130 미만이라 써도 됩니다.

▶▶▶정답 (1) 아마인유, 들기름   (2) 쌀겨기름, 목화씨기름   (3) 야자유, 땅콩기름

필답형 08 [5점]

질산칼륨에 대해 다음 물음에 답하시오.

(1) 품명
(2) 지정수량
(3) 위험등급
(4) 제조소에 설치하는 주의사항 게시판에 들어갈 내용(단, 없으면 "없음"이라 쓰시오.)
(5) 분해반응식

≫≫풀이 질산칼륨(KNO_3)
① 제1류 위험물로서 **품명은 질산염류**이고 **지정수량은 300kg**이며, **위험등급 Ⅱ**인 물질이다.
② 주의사항의 표시
    ㉠ **제조소에 설치하는 게시판의 주의사항 내용 : 없음**
    ㉡ 운반용기 외부에 표시하는 주의사항 내용 : 화기 · 충격주의, 가연물접촉주의
③ 분해 시 아질산칼륨(KNO_2)과 산소(O_2)를 발생한다.
    – **분해반응식 : $KNO_3 \rightarrow KNO_2 + 0.5O_2$**

> **Check ≫≫**
> 질산칼륨(KNO_3)에 황(S)과 숯을 혼합하면 흑색화약을 만들 수 있다.

≫≫정답 (1) 질산염류   (2) 300kg   (3) Ⅱ   (4) 없음   (5) $KNO_3 \rightarrow KNO_2 + 0.5O_2$

필답형 09 [5점]

다음 제4류 위험물의 품명의 인화점 범위를 쓰시오.

(1) 제1석유류   (2) 제2석유류   (3) 제3석유류   (4) 제4석유류

≫≫풀이 제4류 위험물의 품명의 정의
① 특수인화물 : 이황화탄소, 디에틸에테르, 그 밖에 1기압에서 발화점이 100℃ 이하인 것 또는 인화점이 영하 20℃ 이하이고 비점이 40℃ 이하인 것
② **제1석유류** : 아세톤, 휘발유, 그 밖에 1기압에서 **인화점이 21℃ 미만**인 것
③ 알코올류 : 탄소수가 1개에서 3개까지의 포화1가 알코올(인화점 범위로 품명을 정하지 않음)
④ **제2석유류** : 등유, 경유, 그 밖에 1기압에서 **인화점이 21℃ 이상 70℃ 미만**인 것. 단, 도료류, 그 밖의 물품에 있어서 가연성 액체량이 40중량% 이하이면서 인화점이 40℃ 이상인 동시에 연소점이 60℃ 이상인 것은 제외한다.
⑤ **제3석유류** : 중유, 크레오소트유, 그 밖에 1기압에서 **인화점이 70℃ 이상 200℃ 미만**인 것. 단, 도료류, 그 밖의 물품은 가연성 액체량이 40중량% 이하인 것은 제외한다.
⑥ **제4석유류** : 기어유, 실린더유, 그 밖에 1기압에서 **인화점이 200℃ 이상 250℃ 미만**의 것. 단, 도료류, 그 밖의 물품은 가연성 액체량이 40중량% 이하인 것은 제외한다.
⑦ 동식물유류 : 동물의 지육 등 또는 식물의 종자나 과육으로부터 추출한 것으로서 1기압에서 인화점이 250℃ 미만인 것

≫≫정답 (1) 21℃ 미만   (2) 21℃ 이상 70℃ 미만   (3) 70℃ 이상 200℃ 미만   (4) 200℃ 이상 250℃ 미만

필답형 10
[5점]

다음 온도에서 제1종 분말소화약제의 열분해반응식을 각각 쓰시오.

(1) 270℃

(2) 850℃

>>> 풀이

제1종 분말소화약제의 분해반응식

제1종 분말소화약제인 탄산수소나트륨($NaHCO_3$)은 270℃에서 열분해하면 탄산나트륨(Na_2CO_3)과 이산화탄소(CO_2), 그리고 물(H_2O)이 발생하며, 850℃에서 열분해하면 산화나트륨(Na_2O)과 이산화탄소, 그리고 물이 발생한다.

(1) 1차 분해반응식(270℃) : $2NaHCO_3 \longrightarrow Na_2CO_3 + CO_2 + H_2O$

(2) 2차 분해반응식(850℃) : $2NaHCO_3 \longrightarrow Na_2O + 2CO_2 + H_2O$

>
> **제2종 분말소화약제와 제3종 분말소화약제의 분해반응식**
>
> 1. 제2종 분말소화약제인 탄산수소칼륨($KHCO_3$)은 190℃에서 열분해하면 탄산칼륨(K_2CO_3)과 이산화탄소, 그리고 물이 발생하며 890℃에서 열분해하면 산화칼륨(K_2O)과 이산화탄소, 그리고 물이 발생한다.
>   ① 1차 분해반응식(190℃) : $2KHCO_3 \longrightarrow K_2CO_3 + CO_2 + H_2O$
>   ② 2차 분해반응식(890℃) : $2KHCO_3 \longrightarrow K_2O + 2CO_2 + H_2O$
> 2. 제3종 분말소화약제인 인산암모늄($NH_4H_2PO_4$)은 190℃에서 열분해하면 오르토인산(H_3PO_4)과 암모니아(NH_3)가 발생하고 여기서 생긴 오르토인산은 215℃에서 다시 열분해하여 피로인산($H_4P_2O_7$)과 물이 발생하며 피로인산 또한 300℃에서 열분해하여 메타인산(HPO_3)과 물이 발생한다. 그리고 이들 분해반응식을 정리하여 나타내면 완전 분해반응식이 된다.
>   ① 1차 분해반응식(190℃) : $NH_4H_2PO_4 \longrightarrow H_3PO_4 + NH_3$
>   ② 2차 분해반응식(215℃) : $2H_3PO_4 \longrightarrow H_4P_2O_7 + H_2O$
>   ③ 3차 분해반응식(300℃) : $H_4P_2O_7 \longrightarrow 2HPO_3 + H_2O$
>   ④ 완전 분해반응식 : $NH_4H_2PO_4 \longrightarrow HPO_3 + NH_3 + H_2O$

>>> 정답

(1) $2NaHCO_3 \longrightarrow Na_2CO_3 + CO_2 + H_2O$

(2) $2NaHCO_3 \longrightarrow Na_2O + 2CO_2 + H_2O$

필답형 11
[5점]

다음 물질의 화학식과 지정수량을 쓰시오.

(1) 과산화벤조일   (2) 과망간산암모늄   (3) 인화아연

>>> 풀이

물질명	화학식	유별	품명	지정수량
과산화벤조일	$(C_6H_5CO)_2O_2$	제5류	유기과산화물	10kg
과망간산암모늄	NH_4MnO_4	제1류	과망간산염류	1,000kg
인화아연	Zn_3P_2	제3류	금속의 인화물	300kg

>>> 정답

(1) $(C_6H_5CO)_2O_2$, 10kg   (2) NH_4MnO_4, 1,000kg   (3) Zn_3P_2, 300kg

필답형 12 [5점]

옥내저장소에 위험물을 수납한 용기를 저장하는 방법에 대해 물음에 답하시오.

(1) 기계에 의하여 하역하는 구조로 된 용기를 겹쳐 쌓는 높이는 몇 m 이하인지 쓰시오.
(2) 제4류 위험물 중 제3석유류, 제4석유류 및 동식물유류를 수납한 용기를 겹쳐 쌓는 높이는 몇 m 이하인지 쓰시오.
(3) 그 밖의 경우 용기를 겹쳐 쌓는 높이는 몇 m 이하인지 쓰시오.
(4) 옥내저장소에서는 용기에 수납하여 저장하는 위험물의 온도가 몇 ℃를 넘지 않도록 필요한 조치를 강구하여야 하는지 쓰시오.
(5) 동일 품명의 위험물이라도 자연발화 할 우려가 있거나 재해가 현저하게 증대할 우려가 있는 위험물을 다량 저장하는 경우에는 지정수량의 10배 이하마다 구분하여 상호간 몇 m 이상의 간격을 두어 저장하여야 하는지 쓰시오.

 풀이 ① 옥내저장소에서 위험물을 수납한 용기를 겹쳐 쌓는 높이는 다음과 같다.
    ㉠ **기계에 의하여 하역하는 구조로 된 용기 : 6m 이하**
    ㉡ 제4류 위험물 중 **제3석유류, 제4석유류 및 동식물유류를 저장한 용기 : 4m 이하**
    ㉢ **그 밖의 위험물을 저장한 용기**의 경우 : **3m 이하**
    ㉣ 용기를 선반에 저장하는 경우 : 제한 없음
② 옥내저장소에서는 용기에 수납하여 저장하는 **위험물의 온도가 55℃를 넘지 아니하도록** 필요한 조치를 강구하여야 한다.
③ 동일 품명의 위험물이라도 자연발화 할 우려가 있거나 재해가 현저하게 증대할 우려가 있는 위험물을 다량 저장하는 경우에는 지정수량의 10배 이하마다 구분하여 **상호간 0.3m 이상의 간격**을 두어 저장하여야 한다.

정답 (1) 6m   (2) 4m   (3) 3m   (4) 55℃   (5) 0.3m

필답형 13 [5점]

다음의 조건을 갖는 횡으로 설치한 원통형 탱크에 대해 다음 물음에 답하시오. (단, 여기서 $r = 3m$, $l = 8m$, $l_1 = 2m$, $l_2 = 2m$이며 탱크의 공간용적은 내용적의 10%이다.)

 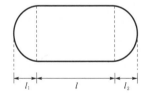

(1) 탱크의 내용적은 몇 m^3인지 구하시오.
(2) 탱크의 용량은 몇 m^3인지 구하시오.

풀이 (1) 횡으로 설치한 양쪽이 볼록한 원통형 탱크의 내용적(V)은 다음과 같이 구할 수 있다.

$$V = \pi r^2 \times \left(l + \frac{l_1 + l_2}{3} \right) = \pi \times 3^2 \times \left(8 + \frac{2+2}{3} \right) = 263.89m^3$$

(2) 탱크의 공간용적이 10%이므로 탱크의 용량은 내용적의 90%이며 다음과 같이 구할 수 있다.

$$\text{탱크의 용량} = \pi \times r^2 \times \left(l + \frac{l_1 + l_2}{3} \right) \times 0.9 = \pi \times 3^2 \times \left(8 + \frac{2+2}{3} \right) \times 0.9 = 237.50m^3$$

탱크 내용적(V) 구하는 공식
1. 타원형 탱크의 내용적
　① 양쪽이 볼록한 것

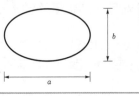
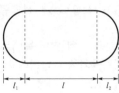

$$내용적 = \frac{\pi ab}{4}\left(l + \frac{l_1 + l_2}{3}\right)$$

　② 한쪽은 볼록하고 다른 한쪽은 오목한 것

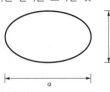
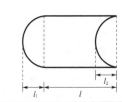

$$내용적 = \frac{\pi ab}{4}\left(l + \frac{l_1 - l_2}{3}\right)$$

2. 원통형 탱크의 내용적
　① 횡으로 설치한 것

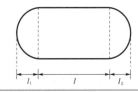

$$내용적 = \pi r^2 \left(l + \frac{l_1 + l_2}{3}\right)$$

　② 종으로 설치한 것

$$내용적 = \pi r^2 l$$

>>>정답　(1) 263.89m^3
　　　　　(2) 237.50m^3

필답형 14 [5점]

다음의 소화설비가 적응성이 있는 위험물을 〈보기〉에서 골라 쓰시오.

- 제1류 위험물 중 무기과산화물(알칼리금속 과산화물 제외)
- 제2류 위험물 중 인화성 고체
- 제3류 위험물(금수성 물질 제외)
- 제4류 위험물
- 제5류 위험물
- 제6류 위험물

(1) 포소화설비   (2) 불활성가스소화설비   (3) 옥외소화전설비

〉〉〉풀이

(1) 포소화설비

주된 소화효과는 질식소화이며 수분을 함유하고 있어 냉각소화도 가능하므로 다음의 위험물에 대해 적응성이 있다.

① 제1류 위험물 중 무기과산화물(알칼리금속 과산화물 제외)
② 제2류 위험물 중 인화성 고체
③ 제3류 위험물(금수성 물질 제외)
④ 제4류 위험물
⑤ 제5류 위험물
⑥ 제6류 위험물

(2) 불활성가스소화설비

주된 소화효과는 질식소화이므로 다음의 위험물에 대해 적응성이 있다.

① 제2류 위험물 중 인화성 고체
② 제4류 위험물

(3) 옥외소화전설비

주된 소화효과는 냉각소화이므로 다음의 위험물에 대해 적응성이 있다.

① 제1류 위험물 중 무기과산화물(알칼리금속 과산화물 제외)
② 제2류 위험물 중 인화성 고체
③ 제3류 위험물(금수성 물질 제외)
④ 제5류 위험물
⑤ 제6류 위험물

〉〉〉정답

(1) 제1류 위험물 중 무기과산화물(알칼리금속 과산화물 제외)
    제2류 위험물 중 인화성 고체
    제3류 위험물(금수성 물질 제외)
    제4류 위험물
    제5류 위험물
    제6류 위험물
(2) 제2류 위험물 중 인화성 고체
    제4류 위험물
(3) 제1류 위험물 중 무기과산화물(알칼리금속 과산화물 제외)
    제2류 위험물 중 인화성 고체
    제3류 위험물(금수성 물질 제외)
    제5류 위험물
    제6류 위험물

필답형 15 [5점]

아세트알데히드에 대해 다음 물음에 답하시오.

(1) 시성식을 쓰시오.
(2) 증기비중을 쓰시오.
(3) 산화 시 생성물질의 물질명과 화학식을 쓰시오.

>>> 풀이

(1) 아세트알데히드(CH_3CHO)는 제4류 위험물로서 품명은 특수인화물이며 지정수량은 50L이다.

(2) 증기비중을 구하는 공식은 $\dfrac{물질의\ 분자량}{공기의\ 분자량}$ 이며, 아세트알데히드의 분자량은 $12(C)\times2+1(H)\times4+16(O)$

   $=44$이고, 공기의 분자량은 29이므로 아세트알데히드의 증기비중은 $\dfrac{44}{29}=$ **1.52**이다.

(3) 아세트알데히드가 0.5몰의 산소(O_2), 즉 $0.5O_2$를 얻어 산화하면 제2석유류인 **아세트산(CH_3COOH)**이 된다.

   – 아세트알데히드의 산화반응식 : $CH_3CHO \xrightarrow{+0.5O_2} CH_3COOH$

   ┌─ **Check >>>**

   아세트알데히드의 환원
   아세트알데히드가 환원하면 수소(H) 2개, 즉 H_2를 얻어 품명이 알코올류인 에틸알코올(C_2H_5OH)이 된다.
   – 아세트알데히드의 환원반응식 : $CH_3CHO \xrightarrow{+H_2} C_2H_5OH$

>>> 정답   (1) CH_3CHO (2) 1.52   (3) 아세트산, CH_3COOH

필답형 16 [5점]

불활성가스소화설비에 대해 다음 물음에 답하시오.

(1) 다음의 이산화탄소소화설비의 분사헤드의 방사압력은 몇 MPa 이상으로 해야 하는지 쓰시오.
   ① 고압식 분사헤드
   ② 저압식 분사헤드
(2) 저압식 저장용기에는 내부 온도를 영하 몇 ℃ 이상, 영하 몇 ℃ 이하로 유지할 수 있는 자동냉동기를 설치해야 하는지 쓰시오.
(3) 저압식 저장용기에는 몇 MPa 이상의 압력 및 몇 MPa 이하의 압력에서 작동하는 압력경보장치를 설치해야 하는지 쓰시오.

>>> 풀이

(1) 이산화탄소(불활성가스)소화설비의 분사헤드의 방사압력
   ① **고압식**(상온(20℃)으로 저장되어 있는 것) : **2.1MPa 이상**
   ② **저압식**($-18℃$ 이하로 저장되어 있는 것) : **1.05MPa 이상**
(2) 저압식 저장용기에는 용기 내부의 온도를 **영하 20℃ 이상, 영하 18℃ 이하**로 유지할 수 있는 자동냉동기를 설치해야 한다.
(3) 저압식 저장용기에는 **2.3MPa 이상의 압력 및 1.9MPa 이하의 압력**에서 작동하는 압력경보장치를 설치해야 한다.

>>> 정답   (1) ① 2.1MPa, ② 1.05MPa   (2) 20℃, 18℃   (3) 2.3MPa, 1.9MPa

필답형 17 [5점]

다음 위험물의 운반용기의 외부에 표시해야 하는 주의사항을 쓰시오.

(1) 제2류 인화성 고체
(2) 제3류 금수성 물질
(3) 제4류 위험물
(4) 제5류 위험물
(5) 제6류 위험물

>>> 풀이

유 별	구 분	제조소등에 설치하는 주의사항	운반용기 외부에 표시하는 주의사항
제1류 위험물	알칼리금속 과산화물	물기엄금 (청색바탕, 백색문자)	화기 · 충격주의, 가연물접촉주의, 물기엄금
	그 밖의 것	필요 없음	화기 · 충격주의, 가연물접촉주의
제2류 위험물	철분, 금속분, 마그네슘	화기주의 (적색바탕, 백색문자)	화기주의, 물기엄금
	인화성 고체	화기엄금 (적색바탕, 백색문자)	화기엄금
	그 밖의 것	화기주의 (적색바탕, 백색문자)	화기주의
제3류 위험물	금수성 물질	물기엄금 (청색바탕, 백색문자)	물기엄금
	자연발화성 물질	화기엄금 (적색바탕, 백색문자)	화기엄금, 공기접촉엄금
제4류 위험물	인화성 액체	화기엄금 (적색바탕, 백색문자)	화기엄금
제5류 위험물	자기반응성 물질	화기엄금 (적색바탕, 백색문자)	화기엄금, 충격주의
제6류 위험물	산화성 액체	필요 없음	가연물접촉주의

>>> 정답

(1) 화기엄금
(2) 물기엄금
(3) 화기엄금
(4) 화기엄금, 충격주의
(5) 가연물접촉주의

필답형 **18**   [5점]

다음 물음에 답하시오.

(1) 제3류 위험물 중 물과는 반응하지 않으며 공기 중에서 연소하여 백색연기를 발생하는 물질의 명칭을 쓰시오.

(2) (1)의 물질이 저장된 물에 강알칼리성 염류를 첨가하면 발생하는 독성기체의 화학식을 쓰시오.

(3) (1)의 물질을 저장하는 옥내저장소의 바닥면적은 몇 m^2 이하로 해야 하는지 쓰시오.

▶▶▶ 풀이

(1) **황린**(P_4)은 착화온도가 34℃로 매우 낮아 공기 중에서는 자연발화할 수 있기 때문에 이를 방지하기 위해 물속에 저장한다. 또한 황린은 공기 중에서 산소와 반응하여 **오산화인(P_2O_5)이라는** 독성의 **백색기체를** 발생한다.

- 연소반응식 : $P_4 + 5O_2 \rightarrow 2P_2O_5$

(2) 황린을 저장하는 물에 수산화칼륨(KOH) 등의 강알칼리성 염류가 첨가되면 이 염류는 약한 산성인 황린과 반응하여 **맹독성인 포스핀(PH_3)가스를 발생**한다. 이 경우 물에 소량의 수산화칼슘[$Ca(OH)_2$]을 넣어 pH＝9인 약알칼리성의 물로 만들어 황린을 보관하면 독성가스의 발생을 방지할 수 있다.

(3) 황린은 제3류 위험물 중 지정수량이 20kg인 물질로서 다음과 같이 **옥내저장소의 바닥면적은 1,000m^2 이하로** 해야 한다.

① **바닥면적 1,000m^2 이하**에 저장해야 하는 위험물

ⓐ 제1류 위험물 중 아염소산염류, 염소산염류, 과염소산염류, 무기과산화물, 그 밖에 지정수량이 50kg인 위험물(위험등급Ⅰ)

ⓑ 제3류 위험물 중 칼륨, 나트륨, 알킬알루미늄, 알킬리튬, 그 밖에 지정수량이 10kg인 위험물 및 **황린**(위험등급Ⅰ)

ⓒ 제4류 위험물 중 특수인화물, 제1석유류 및 알코올류(위험등급Ⅰ 및 위험등급Ⅱ)

ⓓ 제5류 위험물 중 유기과산화물, 질산에스테르류, 그 밖에 지정수량이 10kg인 위험물(위험등급Ⅰ)

ⓔ 제6류 위험물 중 과염소산, 과산화수소, 질산(위험등급Ⅰ)

② 바닥면적 2,000m^2 이하에 저장할 수 있는 위험물 : 바닥면적 1,000m^2 이하에 저장해야 하는 물질 이외의 것

③ 바닥면적 1,000m^2 이하에 저장해야 하는 위험물과 바닥면적 2,000m^2 이하에 저장할 수 있는 위험물을 내화구조의 격벽으로 완전히 구획된 실에 각각 저장하는 창고의 전체 면적은 1,500m^2 이하로 할 수 있다(단, 바닥면적 1,000m^2 이하에 저장해야 하는 위험물을 저장하는 실의 바닥면적은 500m^2를 초과할 수 없다).

▶▶▶ 정답

(1) 황린

(2) PH_3

(3) 1,000m^2

필답형 19 [5점]

황화인에 대해 다음 물음에 답하시오.

(1) 다음의 황화인을 조해성이 있는 것과 없는 것으로 구분하시오.
　① 삼황화인
　② 오황화인
　③ 칠황화인
(2) 발화점이 가장 낮은 것에 대해 다음 물음에 답하시오.
　① 화학식
　② 연소반응식

>>> 풀이　황화인은 제2류 위험물로서 지정수량은 100kg이며, 위험등급 Ⅱ인 물질이다.

구 분	화학식	조해성	발화점
삼황화인	P_4S_3	없음	100℃
오황화인	P_2S_5	있음	142℃
칠황화인	P_4S_7	있음	250℃

※ 조해성이란 수분을 흡수하여 녹는 성질을 말한다.
(1) 위 [표]에서 알 수 있듯이 황화인 중 **삼황화인은 조해성이 없고 오황화인과 칠황화인은 조해성이 있다.**
(2) 황화인 중 삼황화인(P_4S_3)은 발화점이 100℃로 가장 낮으며, 삼황화인은 연소 시 오산화인(P_2O_5)과 이산화황(SO_2)이 발생한다.
　- 삼황화인의 연소반응식 : $P_4S_3 + 8O_2 \rightarrow 2P_2O_5 + 3SO_2$

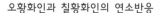
오황화인과 칠황화인의 연소반응
오황화인과 칠황화인 역시 연소 시 오산화인과 이산화황이 발생한다.
1. 오황화인의 연소반응식 : $2P_2S_5 + 15O_2 \rightarrow 2P_2O_5 + 10SO_2$
2. 칠황화인의 연소반응식 : $P_4S_7 + 12O_2 \rightarrow 2P_2O_5 + 7SO_2$

>>> 정답　(1) ① 없음
　② 있음
　③ 있음
(2) ① P_4S_3
　② $P_4S_3 + 8O_2 \rightarrow 3SO_2 + 2P_2O_5$

필답형 20 [5점]

탱크전용실에 설치한 지하탱크저장소에 대해 다음 물음에 답하시오.

(1) 하나의 지하탱크저장소에는 누유검사관을 몇 군데 이상 설치해야 하는지 쓰시오.
(2) 지하저장탱크의 윗부분은 지면으로부터 몇 m 이상 아래에 있어야 하는지 쓰시오.
(3) 밸브 없는 통기관의 선단은 지면으로 몇 m 이상의 높이에 설치해야 하는지 쓰시오.
(4) 탱크전용실의 벽 및 바닥의 두께는 몇 m 이상으로 해야 하는지 쓰시오.
(5) 지하저장탱크 주위에 채우는 재료의 종류를 쓰시오.

>>> 풀이
① 누유(누설)검사관의 설치기준
  ㉠ 하나의 지하탱크저장소에 **4군데 이상 설치**할 것
  ㉡ 이중관으로 할 것. 다만 소공(작은 구멍)이 없는 상부는 단관으로 할 것
  ㉢ 재료는 금속관 또는 경질합성수지관으로 할 것
  ㉣ 관의 밑부분으로부터 탱크의 중심높이까지에는 소공이 뚫려 있을 것. 다만, 지하수위가 높은 장소에 있어서는 지하수위 높이까지의 부분에 소공이 뚫려 있을 것
  ㉤ 상부는 물이 침투하지 아니하는 구조로 하고 뚜껑은 검사 시에 쉽게 열 수 있도록 할 것
② 지하저장탱크를 설치하는 기준
  ㉠ **지면으로부터 지하저장탱크의 윗부분까지의 깊이는 0.6m 이상**으로 할 것
  ㉡ **밸브 없는 통기관의 선단은 지면으로 4m 이상의 높이**에 설치할 것
  ㉢ 탱크전용실의 **벽, 바닥** 및 뚜껑의 **두께는 0.3m 이상**의 철근콘크리트로 할 것
  ㉣ 탱크전용실의 내부에는 **마른 모래** 또는 **입자지름 5mm 이하의 마른 자갈분**을 채울 것
  ㉤ 지하저장탱크를 2개 이상 인접하여 설치할 때 상호거리는 1m 이상으로 한다. 다만, 지하저장탱크 용량의 합이 지정수량의 100배 이하일 경우에는 0.5m 이상으로 할 것
  ㉥ 탱크전용실로부터 안쪽과 바깥쪽으로의 거리는 다음과 같이 할 것
    ⓐ 지하의 벽, 가스관, 대지경계선으로부터 탱크전용실 바깥쪽과의 사이 : 0.1m 이상
    ⓑ 지하저장탱크와 탱크전용실 안쪽과의 사이 : 0.1m 이상

>>> 정답
(1) 4군데
(2) 0.6m
(3) 4m
(4) 0.3m
(5) 마른 모래 또는 입자지름 5mm 이하의 마른 자갈분 중 1개

2020 제4회 위험물산업기사 실기

2020년 11월 15일 시행

※ 필답형＋작업형으로 치러지던 기존 시험에서는 각 문항별 배점이 상이하였으나,
필답형(20문제) 시험만 보는 2020년 1회부터는 각 문항 배점이 모두 5점입니다!

 필/답/형 시험

필답형 01   [5점]

다음 괄호 안에 제3류 위험물의 품명과 지정수량을 알맞게 채우시오.

품 명	지정수량
칼륨	(①)kg
나트륨	(①)kg
(②)	10kg
(③)	10kg
(④)	20kg
알칼리금속(칼륨 및 나트륨 제외) 및 알칼리토금속	(⑤)kg
유기금속화합물(알킬알루미늄 및 알킬리튬 제외)	(⑤)kg

》》 풀이 제3류 위험물의 품명, 지정수량 및 위험등급

품 명	지정수량	위험등급
칼륨	**10kg**	Ⅰ
나트륨	**10kg**	Ⅰ
알킬알루미늄	10kg	Ⅰ
알킬리튬	10kg	Ⅰ
황린	20kg	Ⅰ
알칼리금속(칼륨 및 나트륨 제외) 및 알칼리토금속	**50kg**	Ⅱ
유기금속화합물(알킬알루미늄 및 알킬리튬 제외)	**50kg**	Ⅱ
금속의 수소화물	300kg	Ⅲ
금속의 인화물	300kg	Ⅲ
칼슘 또는 알루미늄의 탄화물	300kg	Ⅲ

》》 정답
① 10
② 알킬알루미늄
③ 알킬리튬
④ 황린
⑤ 50

필답형 02   [5점]

휘발유를 저장하는 옥외저장탱크의 방유제에 대해 다음 물음에 답하시오.

(1) 방유제 높이의 범위를 쓰시오.
(2) 방유제 면적은 몇 m² 이하로 하는지 쓰시오.
(3) 방유제 안에 설치할 수 있는 탱크의 수를 쓰시오.

≫≫풀이 액체 위험물의 옥외저장탱크의 주위에는 위험물이 새었을 경우에 그 유출을 방지하기 위한 방유제를 설치하여야 한다.

(1) 옥외저장탱크의 **방유제의 높이는 0.5m 이상 3m 이하**로 한다.
(2) **방유제의 면적은 8만m² 이하**로 한다.
(3) 방유제 내에 설치하는 옥외저장탱크의 수는 다음과 같다.
   ① **인화점 70℃ 미만인 위험물을 저장하는 옥외저장탱크 : 10개 이하**
      ※ 휘발유의 인화점은 −43∼−38℃이다.
   ② 모든 옥외저장탱크 용량의 합이 20만L 이하이고, 인화점 70℃ 이상 200℃ 미만(제3석유류)인 위험물을 저장하는 옥외저장탱크 : 20개 이하
   ③ 인화점이 200℃ 이상인 위험물을 저장하는 옥외저장탱크 : 개수 무제한

Check ≫≫

옥외저장탱크 주위에 설치하는 방유제의 또 다른 기준
1. 방유제의 용량
   ① 인화성이 있는 액체 위험물의 옥외저장탱크의 방유제 용량
      ㉠ 방유제 안에 하나의 옥외저장탱크가 설치되어 있는 경우 : 탱크 용량의 110% 이상
      ㉡ 방유제 안에 두 개 이상의 옥외저장탱크가 설치되어 있는 경우 : 탱크 중 용량이 최대인 것의 110% 이상
   ② 인화성이 없는 액체 위험물의 옥외저장탱크의 방유제 용량
      ㉠ 방유제 안에 하나의 옥외저장탱크가 설치되어 있는 경우 : 탱크 용량의 100% 이상
      ㉡ 방유제 안에 두 개 이상의 옥외저장탱크가 설치되어 있는 경우 : 탱크 중 용량이 최대인 것의 100% 이상
2. 방유제의 두께 : 0.2m 이상
3. 방유제의 지하매설깊이 : 1m 이상
4. 소방차 및 자동차의 통행을 위한 도로의 설치기준 : 방유제 외면의 2분의 1 이상은 3m 이상의 폭을 확보한 도로 설치
5. 방유제의 재질 : 철근콘크리트
6. 옥외저장탱크의 옆판으로부터 방유제까지의 거리
   ① 탱크의 지름이 15m 미만 : 탱크 높이의 3분의 1 이상
   ② 탱크의 지름이 15m 이상 : 탱크 높이의 2분의 1 이상
7. 계단 또는 경사로의 기준 : 높이가 1m를 넘는 방유제의 안팎에 약 50m마다 계단 또는 경사로 설치
8. 간막이 둑의 기준
   ① 간막이 둑의 설치기준 : 용량이 1,000만L 이상인 옥외저장탱크에 설치
   ② 간막이 둑의 높이 : 0.3m(방유제 내에 설치되는 옥외저장탱크의 용량의 합계가 2억L를 넘는 방유제에 있어서는 1m) 이상
   ③ 간막이 둑의 재질 : 흙 또는 철근콘크리트
   ④ 간막이 둑의 용량 : 간막이 둑 안에 설치된 탱크 용량의 10% 이상

≫≫정답 (1) 0.5m 이상 3m 이하
(2) 8만m² 이하
(3) 10개 이하

필답형 03　　　　　　　　　　　　　　　　　　　　　　[5점]

다음의 위험물을 인화점이 낮은 것부터 높은 것의 순서대로 쓰시오.

디에틸에테르, 이황화탄소, 산화프로필렌, 아세톤

>>> 풀이

물질명	품 명	인화점	발화점	연소범위
디에틸에테르($C_2H_5OC_2H_5$)	특수인화물	−45℃	180℃	1.9∼48%
이황화탄소(CS_2)	특수인화물	−30℃	100℃	1∼50%
산화프로필렌(CH_3CHOCH_2)	특수인화물	−37℃	465℃	2.5∼38.5%
아세톤(CH_3COCH_3)	제1석유류	−18℃	538℃	2.6∼12.8%

위 [표]에서 알 수 있듯이 인화점이 가장 낮은 것은 디에틸에테르이고 산화프로필렌, 이황화탄소, 그리고 아세톤의 순으로 높다.

>>> 정답　디에틸에테르 – 산화프로필렌 – 이황화탄소 – 아세톤

필답형 04　　　　　　　　　　　　　　　　　　　　　　[5점]

에틸알코올에 대해 다음 물음에 답하시오.

(1) 연소반응식을 쓰시오.
(2) 칼륨과 반응 시 발생하는 기체의 화학식을 쓰시오.
(3) 에틸알코올과 이성질체인 디메틸에테르의 시성식을 쓰시오.

>>> 풀이　에탄올이라고도 불리는 에틸알코올(C_2H_5OH)은 제4류 위험물로서 품명은 알코올류이며, 지정수량은 400L이다.
(1) 에탄올(C_2H_5OH)을 연소시키면 이산화탄소(CO_2)와 물(H_2O)을 발생한다.
　　– 연소반응식 : $C_2H_5OH + 3O_2 \rightarrow 2CO_2 + 3H_2O$
(2) 칼륨(K)과 에틸알코올을 반응시키면 칼륨에틸레이트(C_2H_5OK)와 수소(H_2)를 **발생**한다.
　　– 칼륨과의 반응식 : $2K + 2C_2H_5OH \rightarrow 2C_2H_5OK + H_2$
(3) 이성질체란 분자식은 같지만 성질 및 구조가 다른 물질을 말한다.
　　에틸알코올의 시성식 C_2H_5OH를 같은 원소끼리 묶어 분자식으로 나타내면 C_2H_6O가 되며 디메틸에테르의 시성식 CH_3OCH_3를 분자식으로 나타내어도 C_2H_6O가 되기 때문에 에틸알코올과 디메틸에테르는 서로 이성질체의 관계이다.

> **🔷 Tip**
> 에테르의 표시
> 메틸(CH_3) 또는 에틸(C_2H_5)과 같은 알킬과 알킬을 "O"로 결합시키면 "에테르"가 됩니다. 디메틸에테르는 2개의 메틸을 "O"로 결합한 것이므로 화학식은 CH_3OCH_3가 되고, 디에틸에테르는 2개의 에틸을 "O"로 결합한 것이므로 화학식은 $C_2H_5OC_2H_5$가 됩니다.

>>> 정답
(1) $C_2H_5OH + 3O_2 \rightarrow 2CO_2 + 3H_2O$
(2) H_2
(3) CH_3OCH_3

필답형 05 [5점]

주유취급소에 설치하는 고정주유설비 및 고정급유설비의 설치기준에 대해 다음 물음에 답하시오.

(1) 고정주유설비의 중심선을 기점으로 하여 도로경계선까지의 거리
(2) 고정급유설비의 중심선을 기점으로 하여 도로경계선까지의 거리
(3) 고정주유설비의 중심선을 기점으로 하여 부지경계선까지의 거리
(4) 고정급유설비의 중심선을 기점으로 하여 부지경계선까지의 거리
(5) 고정급유설비의 중심선을 기점으로 하여 개구부가 없는 벽까지의 거리

>>>풀이 주유취급소에 설치하는 고정주유설비 및 고정급유설비의 설치기준

① 고정주유설비의 설치기준
  ㉠ **고정주유설비의 중심선을 기점으로 하여 도로경계선**까지의 거리 : **4m 이상**
  ㉡ **고정주유설비의 중심선을 기점으로 하여 부지경계선**, 담 및 벽까지의 거리 : **2m 이상**
  ㉢ 고정주유설비의 중심선을 기점으로 하여 개구부가 없는 벽까지의 거리 : 1m 이상

② 고정급유설비의 설치기준
  ㉠ **고정급유설비의 중심선을 기점으로 하여 도로경계선**까지의 거리 : **4m 이상**
  ㉡ **고정급유설비의 중심선을 기점으로 하여 부지경계선** 및 담까지의 거리 : **1m 이상**
  ㉢ 고정급유설비의 중심선을 기점으로 하여 건축물의 벽까지의 거리 : 2m 이상
  ㉣ **고정급유설비의 중심선을 기점으로 하여 개구부가 없는 벽**까지의 거리 : **1m 이상**

③ 고정주유설비와 고정급유설비 사이의 거리 : 4m 이상

>>>정답 (1) 4m 이상　　(2) 4m 이상　　(3) 2m 이상　　(4) 1m 이상　　(5) 1m 이상

필답형 06 [5점]

인화칼슘에 대해 다음 물음에 답하시오.

(1) 유별을 쓰시오.
(2) 지정수량을 쓰시오.
(3) 물과의 반응식을 쓰시오.
(4) 물과 반응 시 발생하는 기체를 쓰시오.

>>>풀이 인화칼슘(Ca_3P_2)은 **제3류 위험물**로서 품명은 금속의 인화물이며, **지정수량은 300kg**이다. 물과 반응 시 수산화칼슘[$Ca(OH)_2$]과 함께 가연성이면서 맹독성인 **포스핀(PH_3) 가스를 발생**한다.

　– 물과의 반응식 : $Ca_3P_2 + 6H_2O \rightarrow 3Ca(OH)_2 + 2PH_3$

> **Check >>>**
>
> 인화알루미늄(AIP)
> 인화칼슘과 동일한 품명에 속하는 물질로서 물과 반응하여 수산화알루미늄[$Al(OH)_3$]과 함께 가연성이며 맹독성인 포스핀 가스를 발생한다.
> 　– 물과의 반응식 : $AIP + 3H_2O \rightarrow Al(OH)_3 + PH_3$

>>>정답 (1) 제3류　　(2) 300kg　　(3) $Ca_3P_2 + 6H_2O \rightarrow 3Ca(OH)_2 + 2PH_3$　　(4) 포스핀

필답형 07 [5점]

다음 〈보기〉 중 제2류 위험물에 해당하는 항목을 골라 그 기호를 쓰시오.

A. 황화인, 적린, 황은 위험등급 Ⅱ에 속한다.
B. 산화성 물질이다.
C. 대부분 물에 잘 녹는다.
D. 대부분 비중이 1보다 작다.
E. 고형알코올은 제2류 위험물에 속하며, 품명은 알코올류이다.
F. 지정수량은 100kg, 500kg, 1,000kg이 존재한다.
G. 위험물제조소에 설치하는 주의사항은 위험물의 종류에 따라 화기엄금 또는 화기주의를 표시한다.

>>>풀이
A. 제2류 위험물에는 위험등급 Ⅰ은 존재하지 않고, **황화인, 적린, 황은 위험등급 Ⅱ에 속하며**, 철분, 마그네슘, 금속분과 인화성 고체는 위험등급 Ⅲ에 속한다.
B. 제2류 위험물은 가연성 물질이다.
C. 제2류 위험물은 대부분 물에 녹지 않는다.
D. 제2류 위험물은 모두 비중이 1보다 크다.
E. 고형알코올은 제2류 위험물에 속하며, 품명은 인화성 고체이다.
F. 황화인, 적린, 황의 지정수량은 **100kg**이며, 철분, 마그네슘, 금속분은 **500kg**, 인화성 고체는 **1,000kg**이다.
G. 위험물제조소에 설치하는 주의사항으로 **인화성고체는 화기엄금, 그 외의 것은 화기주의**를 표시한다.

>>>정답 A, F, G

필답형 08 [5점]

제1류 위험물로서 품명은 질산염류이고 분자량은 80g이며 ANFO 폭약을 만들 때 사용하는 물질에 대해 다음 물음에 답하시오.

(1) 화학식을 쓰시오.
(2) 질소, 산소, 물(수증기)을 발생하는 반응식을 쓰시오.

>>>풀이
제1류 위험물 중 품명이 질산염류이고 1mol의 분자량이 $14(N)g \times 2 + 1(H)g \times 4 + 16(O)g \times 3 = 80g$인 물질은 질산암모늄($NH_4NO_3$)이다. 질산암모늄 94%와 경유 6%를 혼합하면 ANFO(Ammonium Nitrate Fuel Oil) 폭약을 만들 수 있으며, 질산암모늄은 열분해 시 질소(N_2)와 산소, 그리고 물(수증기)을 발생한다.
– 열분해반응식 : $2NH_4NO_3 \rightarrow 2N_2 + O_2 + 4H_2O$

> **Check >>>**
> **질산염류에 해당하는 또 다른 위험물의 열분해 반응**
> 1. 질산칼륨(KNO_3)은 열분해 시 아질산칼륨(KNO_2)과 산소를 발생한다.
>   – 열분해반응식 : $2KNO_3 \rightarrow 2KNO_2 + O_2$
> 2. 질산나트륨($NaNO_3$)은 열분해 시 아질산나트륨($NaNO_2$)과 산소를 발생한다.
>   – 열분해반응식 : $2NaNO_3 \rightarrow 2NaNO_2 + O_2$

>>>정답 (1) NH_4NO_3 (2) $2NH_4NO_3 \rightarrow 2N_2 + O_2 + 4H_2O$

필답형 09 [5점]

옥내저장소의 동일한 실에 다음 물질과 함께 저장할 수 있는 것을 〈보기〉에서 골라 쓰시오.
(단, 유별끼리 저장하여 1m 이상의 거리를 둔 경우이다.)

> 과염소산칼륨, 염소산칼륨, 과산화나트륨, 아세톤, 과염소산, 질산, 아세트산

(1) CH₃ONO₂
(2) 인화성 고체
(3) P₄

>>> **풀이**
(1) CH₃ONO₂(질산메틸)은 제5류 위험물로서 제1류 위험물(알칼리금속 과산화물 제외)과 함께 저장할 수 있으며, 〈보기〉 중 제1류 위험물(알칼리금속 과산화물 제외)은 **과염소산칼륨**($KClO_4$)과 **염소산칼륨**($KClO_3$)이다.
(2) 인화성 고체는 제2류 위험물로서 제4류 위험물과 함께 저장할 수 있으며, 〈보기〉 중 제4류 위험물은 **아세톤**(CH_3COCH_3)과 **아세트산**(CH_3COOH)이다.
(3) P₄(황린)은 제3류 위험물 중 자연발화성 물질로서 제1류 위험물과 함께 저장할 수 있으며, 〈보기〉 중 제1류 위험물은 **과염소산칼륨**, **염소산칼륨**, 그리고 **과산화나트륨**(Na_2O_2)이다.

> ┌── **Check** >>>
> │ 옥내저장소의 동일한 실에는 서로 다른 유별끼리 함께 저장할 수 없다. 단, 다음의 조건을 만족하면서 유별로 정리하여 서로 1m 이상의 간격을 두는 경우에는 저장할 수 있다.
> │ 1. **제1류 위험물(알칼리금속 과산화물 제외)과 제5류 위험물**
> │ 2. 제1류 위험물과 제6류 위험물
> │ 3. **제1류 위험물과 제3류 위험물 중 자연발화성 물질(황린)**
> │ 4. **제2류 위험물 중 인화성 고체와 제4류 위험물**
> │ 5. 제3류 위험물 중 알킬알루미늄등과 제4류 위험물(알킬알루미늄 또는 알킬리튬을 함유한 것)
> │ 6. 제4류 위험물 중 유기과산화물과 제5류 위험물 중 유기과산화물

>>> **정답** (1) 과염소산칼륨, 염소산칼륨   (2) 아세톤, 아세트산   (3) 과염소산칼륨, 염소산칼륨, 과산화나트륨

필답형 10 [5점]

특수인화물 200L, 제1석유류 400L, 제2석유류 4,000L, 제3석유류 12,000L, 제4석유류 24,000L의 지정수량 배수의 합을 구하시오. (단, 제1석유류, 제2석유류, 제3석유류는 수용성이다.)

>>> **풀이** 〈문제〉에서 제시된 위험물은 모두 제4류 위험물로서 각 품명의 지정수량은 다음과 같다.
① 특수인화물 : 50L
② 제1석유류(수용성) : 400L
③ 제2석유류(수용성) : 2,000L
④ 제3석유류(수용성) : 4,000L
⑤ 제4석유류 : 6,000L
따라서, 이 위험물들의 지정수량 배수의 합은 $\dfrac{200L}{50L} + \dfrac{400L}{400L} + \dfrac{4,000L}{2,000L} + \dfrac{12,000L}{4,000L} + \dfrac{24,000L}{6,000L} = $**14배**이다.

>>> **정답** 14배

필답형 11 [5점]

이황화탄소에 대해 다음 물음에 답하시오.

(1) 품명을 쓰시오.

(2) 연소반응식을 쓰시오.

(3) 다음 괄호 안에 들어갈 알맞은 내용을 쓰시오.

이황화탄소의 저장탱크는 벽 및 바닥의 두께가 (   )m 이상이고 누수가 되지 않는 철근콘크리트의 수조에 넣어 보관해야 한다. 이 경우 보유공지, 통기관 및 자동계량장치는 생략할 수 있다.

>>> 풀이 이황화탄소(CS_2)

① 제4류 위험물 중 **품명은 특수인화물**이며, 지정수량은 50L이다.

② 인화점 $-30°C$, 발화점 $100°C$, 연소범위 1~50%이다.

③ 비중은 1.26으로 물보다 무겁고 물에 녹지 않아 물과 혼합하면 층 분리가 발생하여 물보다 무거운 이황화탄소(CS_2)는 하층, 물은 상층에 존재한다.

④ 연소 시 이산화탄소(CO_2)와 이산화황(SO_2)을 발생하므로 가연성 가스인 이산화황의 발생을 방지하기 위해 물속에 보관한다.

– 연소반응식 : $CS_2 + 3O_2 \rightarrow CO_2 + 2SO_2$

⑤ 황(S)을 포함하고 있으므로 연소 시 청색 불꽃을 낸다.

⑥ 이황화탄소의 저장탱크는 **벽 및 바닥의 두께가 0.2m 이상**이고 누수가 되지 않는 철근콘크리트의 수조에 넣어 보관하므로 보유공지, 통기관 및 자동계량장치는 필요 없다.

>>> 정답 (1) 특수인화물   (2) $CS_2 + 3O_2 \rightarrow CO_2 + 2SO_2$ (3) 0.2

필답형 12 [5점]

다음 위험물의 품명과 지정수량을 쓰시오.

(1) CH_3COOH

(2) N_2H_4

(3) $C_2H_4(OH)_2$

(4) $C_3H_5(OH)_3$

(5) HCN

>>> 풀이

화학식	물질명	품 명	지정수량
CH_3COOH	아세트산	**제2석유류**(수용성)	2,000L
N_2H_4	히드라진	**제2석유류**(수용성)	2,000L
$C_2H_4(OH)_2$	에틸렌글리콜	**제3석유류**(수용성)	4,000L
$C_3H_5(OH)_3$	글리세린	**제3석유류**(수용성)	4,000L
HCN	시안화수소	**제1석유류**(수용성)	400L

>>> 정답 (1) 제2석유류, 2,000L   (2) 제2석유류, 2,000L   (3) 제3석유류, 4,000L

(4) 제3석유류, 4,000L   (5) 제1석유류, 400L

필답형 13 [5점]

다음 〈보기〉 중 나트륨에 적응성이 있는 소화설비를 모두 고르시오.

> 팽창질석, 인산염류분말소화설비, 건조사, 불활성가스소화설비, 포소화설비

》》 풀이 제3류 위험물 중 금수성 물질인 나트륨(Na)에 적응성이 있는 소화설비는 탄산수소염류분말소화설비, **건조사**(마른모래), **팽창질석** 또는 팽창진주암이다.

대상물의 구분 / 소화설비의 구분	건축물·그 밖의 공작물	전기설비	제1류 위험물 알칼리금속 과산화물등	제1류 위험물 그 밖의 것	제2류 위험물 철분·금속분·마그네슘등	제2류 위험물 인화성 고체	제2류 위험물 그 밖의 것	제3류 위험물 금수성 물품	제3류 위험물 그 밖의 것	제4류 위험물	제5류 위험물	제6류 위험물
옥내소화전 또는 옥외소화전 설비	○			○		○	○		○		○	○
스프링클러설비	○			○		○	○		○	△	○	○
물분무소화설비	○	○		○		○	○		○	○	○	○
포소화설비	○			○		○	○		○	○	○	○
불활성가스소화설비		○				○				○		
할로겐화합물소화설비		○				○				○		
분말소화설비 인산염류등	○	○		○		○	○			○		○
분말소화설비 탄산수소염류등		○	○		○	○		○		○		
분말소화설비 그 밖의 것			○		○			○				
봉상수(棒狀水)소화기	○			○		○	○		○		○	○
무상수(霧狀水)소화기	○	○		○		○	○		○		○	○
봉상강화액소화기	○			○		○	○		○		○	○
무상강화액소화기	○	○		○		○	○		○	○	○	○
포소화기	○			○		○	○		○	○	○	○
이산화탄소소화기		○				○				○		△
할로겐화합물소화기		○				○				○		
분말소화기 인산염류소화기	○	○		○		○	○			○		○
분말소화기 탄산수소염류소화기		○	○		○	○		○		○		
분말소화기 그 밖의 것			○		○			○				
물통 또는 수조	○			○		○	○		○		○	○
건조사			○	○	○	○	○	**○**	○	○	○	○
팽창질석 또는 팽창진주암			○	○	○	○	○	**○**	○	○	○	○

》》 정답 팽창질석, 건조사

필답형 14 [5점]

다음은 제2류 위험물 품명에 대한 정의이다. 괄호 안에 알맞은 내용을 쓰시오.

(1) 황은 순도 (①)중량% 이상이 위험물이다.
(2) 철분은 철의 분말로서 (②)마이크로미터의 표준체를 통과하는 것이 (③)중량% 미만을 제외한다.
(3) 금속분은 알칼리금속 · 알칼리토금속 · 철 및 마그네슘 외의 금속분말을 말하고, 구리분 · 니켈분 및 (④)마이크로미터의 체를 통과하는 것이 (⑤)중량% 미만인 것을 제외한다.

>>> 풀이
(1) 황은 **순도가 60중량% 이상**인 것을 말한다. 다만, 순도 측정에 있어서 불순물은 활석 등 불연성 물질과 수분에 한한다.
(2) 철분은 철의 분말로서 **53마이크로미터의 표준체**를 통과하는 것이 **50중량% 미만인 것을 제외**한다.
(3) 금속분은 알칼리금속 · 알칼리토금속 · 철 및 마그네슘 외의 금속분말을 말하고, 구리분 · 니켈분 및 **150마이크로미터의 체**를 통과하는 것이 **50중량% 미만인 것을 제외**한다.

> **Check >>>**
> 그 밖의 제2류 위험물 품명의 정의
> 1. 마그네슘은 다음 중 하나에 해당하는 것은 제외한다.
>   ① 2밀리미터의 체를 통과하지 않는 덩어리상태의 것
>   ② 직경 2밀리미터 이상의 막대모양의 것
> 2. 인화성 고체는 고형 알코올, 그 밖에 1기압에서 인화점이 40℃ 미만인 고체를 말한다.

>>> 정답 ① 60 ② 53 ③ 50 ④ 150 ⑤ 50

필답형 15 [5점]

다음 각 위험물의 운반용기의 수납률은 몇 % 이하로 해야 하는지 쓰시오.

(1) 과염소산   (2) 질산칼륨   (3) 질산   (4) 알킬알루미늄   (5) 알킬리튬

>>> 풀이
(1) 과염소산($HClO_4$)은 제6류 위험물로서 액체이므로 운반용기 내용적의 **98% 이하로 수납**한다.
(2) 질산칼륨(KNO_3)은 제1류 위험물로서 고체이므로 운반용기 내용적의 **95% 이하로 수납**한다.
(3) 질산(HNO_3)은 제6류 위험물로서 액체이므로 운반용기 내용적의 **98% 이하로 수납**한다.
(4) 알킬알루미늄은 제3류 위험물로서 액체이지만 품명이 알킬알루미늄이므로 운반용기 내용적의 **90% 이하로 수납**한다.
(5) 알킬리튬은 제3류 위험물로서 액체이지만 품명이 알킬리튬이므로 운반용기 내용적의 **90% 이하로 수납**한다.

> **Check >>>**
> 위험물 운반용기의 수납률
> 1. 고체 위험물 : 운반용기 내용적의 95% 이하
> 2. 액체 위험물 : 운반용기 내용적의 98% 이하(55℃에서 누설되지 않도록 충분한 공간용적을 유지)
> 3. 알킬알루미늄등 : 운반용기 내용적의 90% 이하(50℃에서 5% 이상의 공간용적을 유지)

>>> 정답 (1) 98%   (2) 95%   (3) 98%   (4) 90%   (5) 90%

필답형 16   [5점]

다음 각 유별에 대해 위험등급 Ⅱ에 해당하는 품명을 2개 쓰시오.

(1) 제1류
(2) 제2류
(3) 제4류

>>> 풀이 (1) 제1류 위험물

품 명	지정수량	위험등급
아염소산염류	50kg	Ⅰ
염소산염류	50kg	Ⅰ
과염소산염류	50kg	Ⅰ
무기과산화물	50kg	Ⅰ
브롬산염류	300kg	Ⅱ
질산염류	300kg	Ⅱ
요오드산염류	300kg	Ⅱ
과망간산염류	1,000kg	Ⅲ
중크롬산염류	1,000kg	Ⅲ

(2) 제2류 위험물

품 명	지정수량	위험등급
황화인	100kg	Ⅱ
적린	100kg	Ⅱ
황	100kg	Ⅱ
금속분	500kg	Ⅲ
철분	500kg	Ⅲ
마그네슘	500kg	Ⅲ
인화성 고체	1,000kg	Ⅲ

(3) 제4류 위험물

품 명		지정수량	위험등급
특수인화물		50L	Ⅰ
제1석유류	비수용성	200L	Ⅱ
	수용성	400L	
알코올류		400L	Ⅱ
제2석유류	비수용성	1,000L	Ⅲ
	수용성	2,000L	
제3석유류	비수용성	2,000L	Ⅲ
	수용성	4,000L	
제4석유류		6,000L	Ⅲ
동식물유류		10,000L	Ⅲ

>>> 정답 (1) 브롬산염류, 질산염류, 요오드산염류 중 2개
        (2) 황화인, 적린, 황 중 2개
        (3) 제1석유류, 알코올류

필답형 17 [5점]

다음 위험물의 운반용기의 외부에 표시하는 주의사항을 쓰시오.

(1) 황린
(2) 아닐린
(3) 질산
(4) 염소산칼륨
(5) 철분

>>> 풀이

(1) 황린(P_4)은 제3류 위험물로서 자연발화성 물질이며, 운반용기의 외부에 표시하는 주의사항은 **화기엄금, 공기접촉엄금**이다.
(2) 아닐린($C_6H_5NH_2$)은 제4류 위험물이며, 운반용기의 외부에 표시하는 주의사항은 **화기엄금**이다.
(3) 질산(HNO_3)은 제6류 위험물이며, 운반용기의 외부에 표시하는 주의사항은 **가연물접촉주의**이다.
(4) 염소산칼륨($KClO_3$)은 제1류 위험물이며, 운반용기의 외부에 표시하는 주의사항은 **화기 · 충격주의, 가연물접촉주의**이다.
(5) 철분(Fe)은 제2류 위험물이며, 운반용기의 외부에 표시하는 주의사항은 **화기주의, 물기엄금**이다.

Check >>>

유별에 따른 주의사항의 비교

유별	품명	운반용기의 주의사항	위험물제조소등의 주의사항
제1류	알칼리금속 과산화물	화기 · 충격주의, 가연물접촉주의, 물기엄금	물기엄금 (청색바탕, 백색문자)
	그 밖의 것	**화기 · 충격주의, 가연물접촉주의**	필요 없음
제2류	**철분**, 금속분, 마그네슘	**화기주의, 물기엄금**	화기주의 (적색바탕, 백색문자)
	인화성 고체	화기엄금	화기엄금 (적색바탕, 백색문자)
	그 밖의 것	화기주의	화기주의 (적색바탕, 백색문자)
제3류	금수성 물질	물기엄금	물기엄금 (청색바탕, 백색문자)
	자연발화성 물질	**화기엄금, 공기접촉엄금**	화기엄금 (적색바탕, 백색문자)
제4류	인화성 액체	**화기엄금**	화기엄금 (적색바탕, 백색문자)
제5류	자기반응성 물질	화기엄금, 충격주의	화기엄금 (적색바탕, 백색문자)
제6류	산화성 액체	**가연물접촉주의**	필요 없음

>>> 정답

(1) 화기엄금, 공기접촉엄금
(2) 화기엄금
(3) 가연물접촉주의
(4) 화기 · 충격주의, 가연물접촉주의
(5) 화기주의, 물기엄금

필답형 18 [5점]

다음은 옥내소화전설비의 가압송수장치 중 압력수조를 이용한 가압송수장치에 필요한 압력을 구하는 공식이다. 괄호 안에 들어갈 알맞은 내용을 다음의 〈보기〉에서 골라 그 기호를 쓰시오.

$$P = (\ ①\ ) + (\ ②\ ) + (\ ③\ ) + (\ ④\ )$$

A. 소방용 호스의 마찰손실수두압(MPa)	B. 배관의 마찰손실수두압(MPa)
C. 낙차의 환산수두압(MPa)	D. 낙차(m)
E. 배관의 마찰손실수두(m)	F. 소방용 호스의 마찰손실수두(m)
G. 0.35MPa	H. 35MPa

〉〉〉풀이 옥내소화전설비의 가압송수장치 중 압력수조를 이용한 가압송수장치에 필요한 압력은 다음 식에 의한 수치 이상으로 한다.

$$P = P_1 + P_2 + P_3 + 0.35\text{MPa}$$

여기서, P : 필요한 압력(MPa)

P_1 : **소방용 호스의 마찰손실수두압**(MPa)

P_2 : **배관의 마찰손실수두압**(MPa)

P_3 : **낙차의 환산수두압**(MPa)

Check 〉〉〉

옥내소화전설비의 또 다른 가압송수장치

1. 고가수조를 이용한 가압송수장치 : 낙차는 다음 식에 의한 수치 이상으로 한다(여기서, 낙차란 수조의 하단으로부터 호스접속구까지의 수직거리를 말한다).

$$H = h_1 + h_2 + 35\text{m}$$

여기서, H : 필요낙차(m)

h_1 : 소방용 호스의 마찰손실수두(m)

h_2 : 배관의 마찰손실수두(m)

2. 펌프를 이용한 가압송수장치 : 펌프의 전양정은 다음 식에 의하여 구한 수치 이상으로 한다(여기서, 전양정이란 펌프가 유체를 흡입한 거리와 토출한 거리의 합을 말한다).

$$H = h_1 + h_2 + h_3 + 35\text{m}$$

여기서, H : 펌프의 전양정(m)

h_1 : 소방용 호스의 마찰손실수두(m)

h_2 : 배관의 마찰손실수두(m)

h_3 : 낙차(m)

〉〉〉정답
① A
② B
③ C
④ G

필답형 19 [5점]

다음 그림은 에틸알코올의 옥내저장탱크 2기를 탱크전용실에 설치한 상태이다. 다음 물음에 답하시오.

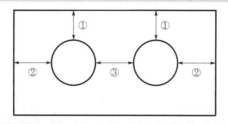

(1) ①의 거리는 몇 m 이상으로 하는지 쓰시오.
(2) ②의 거리는 몇 m 이상으로 하는지 쓰시오.
(3) ③의 거리는 몇 m 이상으로 하는지 쓰시오.
(4) 탱크전용실 내에 설치하는 옥내저장탱크의 용량은 몇 L 이하로 하는지 쓰시오.

≫≫풀이   (1) 옥내저장탱크의 간격
  ① 옥내저장탱크와 탱크전용실 벽과의 사이 간격 : 0.5m 이상
  ② 옥내저장탱크의 상호간의 간격 : 0.5m 이상
(2) 단층건물에 탱크전용실을 설치한 옥내저장탱크에 저장 가능한 위험물과 탱크의 용량
  ① 저장할 수 있는 위험물 : 모든 유별
  ② 탱크의 용량 : **지정수량의 40배 이하.** 다만, 특수인화물, 제1석유류, 알코올류, 제2석유류, 제3석유류의 양이 20,000L를 초과하는 경우에는 20,000L 이하로 한다. 〈문제〉는 품명이 알코올류이고 지정수량이 400L인 에탄올을 저장하는 옥내저장탱크이므로 이 옥내저장탱크의 용량은 **400L×40배＝16,000L**가 된다.

> **Check ≫≫**
>
> **탱크전용실을 단층 건물 외의 건축물에 설치한 옥내저장탱크의 기준**
> 1. 저장할 수 있는 위험물의 종류
>   ① 건축물의 1층 또는 지하층
>   ㉠ 제2류 위험물 중 황화인, 적린 및 덩어리황
>   ㉡ 제3류 위험물 중 황린
>   ㉢ 제6류 위험물 중 질산
>   ② 건축물의 모든 층
>   – 제4류 위험물 중 인화점이 38℃ 이상인 위험물
> 2. 저장할 수 있는 위험물의 양
>   ① 건축물의 1층 또는 지하층 : 지정수량의 40배 이하(단, 제4석유류 및 동식물유류 외의 제4류 위험물은 20,000L 초과 시 20,000L 이하)
>   ② 2층 이상의 층 : 지정수량의 10배 이하(단, 제4석유류 및 동식물유류 외의 제4류 위험물은 5,000L 초과 시 5,000L 이하)

🎓 **똑똑한 풀이비법**
  옥내저장탱크의 탱크전용실의 용량은 단층건물에 설치하는 경우와 단층건물 외의 건축물에 설치하는 경우가 다릅니다. 〈문제〉에서 탱크전용실을 단층건축물에 설치하는 경우인지 아니면 단층건물 외의 건축물에 설치하는 경우인지를 나타내지는 않았지만 알코올류의 탱크전용실은 단층건축물에만 설치할 수 있으므로 단층건축물에 설치하는 기준을 적용해야 합니다.

≫≫정답   (1) 0.5m   (2) 0.5m   (3) 0.5m   (4) 16,000L

필답형 20　　　　　　　　　　　　　　　　　　　　　　　　　　　[5점]

다음 물질이 물과 반응 시 1기압, 30℃에서 발생하는 기체의 몰수를 구하시오.

(1) 과산화나트륨 78g
　　① 계산과정
　　② 답
(2) 수소화칼슘 42g
　　① 계산과정
　　② 답

≫≫풀이　(1) 과산화나트륨(Na_2O_2)은 제1류 위험물로서 물과 반응 시 수산화나트륨($NaOH$)과 산소(O_2)를 발생한다.
　　　　　　　아래의 물과의 반응식에서 알 수 있듯이 과산화나트륨 1mol 즉, 23(Na)g×2+16(O)g×2＝78g의 과산
　　　　　　　화나트륨을 물과 반응시키면 **산소 기체 0.5몰이 발생**한다.
　　　　　　　－ 과산화나트륨과 물과의 반응식 : $\underline{2Na_2O_2} + 2H_2O \rightarrow 4NaOH + \underline{O_2}$
　　　　　　　　$78g\ Na_2O_2 \times \dfrac{1mol\ Na_2O_2}{78g\ Na_2O_2} \times \dfrac{1mol\ O_2}{2mol\ Na_2O_2} = 0.5mol\ O_2$

　　　　　(2) 수소화칼슘(CaH_2)은 제3류 위험물로서 물과 반응 시 수산화칼슘[$Ca(OH)_2$]과 수소(H_2)를 발생한다. 아래의
　　　　　　　물과의 반응식에서 알 수 있듯이 수소화칼슘 1mol 즉, 40(Ca)g+1(H)g×2＝42g의 수소화칼슘을 물
　　　　　　　과 반응시키면 **수소 기체 2몰이 발생**한다.
　　　　　　　－ 수소화칼슘과 물과의 반응식 : $\underline{CaH_2} + 2H_2O \rightarrow Ca(OH)_2 + \underline{2H_2}$
　　　　　　　　$42g\ CaH_2 \times \dfrac{1mol\ CaH_2}{42g\ CaH_2} \times \dfrac{2mol\ H_2}{1mol\ CaH_2} = 2mol\ H_2$

🛠️ Tip
　기체의 부피는 압력 및 온도가 변함에 따라 달라지지만 기체의 몰수는 압력 및 온도가 변해도 달라지지 않습니다. 만약
　〈문제〉의 조건이 1기압, 100℃라 하더라도 기체의 몰수는 그대로입니다.

≫≫정답　(1) ① $78g\ Na_2O_2 \times \dfrac{1mol\ Na_2O_2}{78g\ Na_2O_2} \times \dfrac{1mol\ O_2}{2mol\ Na_2O_2}$

　　　　　　② 0.5mol

　　　　　(2) ① $42g\ CaH_2 \times \dfrac{1mol\ CaH_2}{42g\ CaH_2} \times \dfrac{2mol\ H_2}{1mol\ CaH_2}$

　　　　　　② 2mol

2020 제5회 위험물산업기사 실기

2020년 11월 29일 시행

※ 필답형＋작업형으로 치러지던 기존 시험에서는 각 문항별 배점이 상이하였으나, 필답형(20문제) 시험만 보는 2020년 1회부터는 각 문항 배점이 모두 5점입니다!

 필/답/형 시험

필답형 01 [5점]

다음 소화약제의 화학식 또는 구성 성분을 쓰시오.

(1) 할론 1301
(2) IG – 100
(3) 제2종 분말소화약제

≫≫풀이
(1) 할론 1301은 할로겐화합물소화약제로서 화학식은 **CF_3Br**이다.
(2) IG – 100은 불활성가스소화약제의 한 종류로서 **N_2** 100%로 구성되어 있다.
(3) 제2종 분말소화약제의 주성분은 탄산수소칼륨이며, 화학식은 **$KHCO_3$**이다.

> **Check ≫≫**
> 1. 그 밖에 할로겐화합물소화약제의 종류에는 할론 1211(CF_2ClBr)과 할론 2402($C_2F_4Br_2$) 등이 있다.
> 2. 또 다른 불활성가스소화약제의 종류에는 IG – 55(N_2 50%, Ar 50%)와 IG – 541(N_2 52%, Ar 40%, CO_2 8%)이 있다.
> 3. 그 밖에 분말소화약제의 종류에는 제1종 분말소화약제인 탄산수소나트륨($NaHCO_3$), 제3종 분말소화약제인 인산암모늄($NH_4H_2PO_4$), 제4종 분말소화약제인 제2종 분말소화약제와 요소와의 반응생성물 [$KHCO_3 + (NH_2)_2CO$] 등이 있다.

≫≫정답 (1) CF_3Br (2) N_2 (3) $KHCO_3$

필답형 02 [5점]

아세톤 20L 용기 100개와 경유 200L 드럼 5개를 함께 저장하는 경우 지정수량의 배수의 합은 얼마인지 쓰시오.

≫≫풀이 아세톤(CH_3COCH_3)은 제1석유류 수용성 물질로서 지정수량은 400L이고, 경유는 제2석유류 비수용성 물질로서 지정수량은 1,000L이므로, 〈문제〉의 조건에 따른 이들 물질의 **지정수량의 배수의 합**은

$$\frac{20L \times 100}{400L} + \frac{200L \times 5}{1,000L} = 6$$이다.

≫≫정답 6

필답형 03 [5점]

알루미늄분에 대해 다음 물음에 답하시오.

(1) 연소반응식을 쓰시오.
(2) 염산과 반응 시 발생하는 가스의 명칭을 쓰시오.
(3) 위험등급을 쓰시오.

▶▶▶풀이 (1) 알루미늄(Al)은 연소 시 산화알루미늄(Al_2O_3)을 생성한다.
  – 연소반응식 : $4Al + 3O_2 \rightarrow 2Al_2O_3$
(2) 알루미늄은 염산(HCl)과 반응 시 염화알루미늄($AlCl_3$)과 **수소**(H_2)를 발생한다.
  – 염산과의 반응식 : $2Al + 6HCl \rightarrow 2AlCl_3 + 3H_2$
(3) 알루미늄은 제2류 위험물로서 품명은 금속분이며, 지정수량 500kg, **위험등급 Ⅲ**인 물질이다.

▶▶▶정답 (1) $4Al + 3O_2 \rightarrow 2Al_2O_3$ (2) 수소   (3) Ⅲ

필답형 04 [5점]

위험물제조소 옥외에 있는 하나의 방유제 안에 용량이 200m³인 위험물취급탱크 1기와 용량이 100m³인 위험물취급탱크 1기를 설치한다면 이 방유제의 용량은 몇 m³ 이상으로 해야 하는지 쓰시오.

(1) 계산과정
(2) 답

▶▶▶풀이 위험물제조소의 옥외에 설치하는 위험물취급탱크의 방유제 용량
① 하나의 위험물취급탱크의 방유제 용량 : 탱크 용량의 50% 이상
② 2개 이상의 위험물취급탱크의 방유제 용량 : 탱크 중 용량이 최대인 것의 50%에 나머지 탱크 용량 합계의 10%를 가산한 양 이상
〈문제〉는 위험물제조소의 옥외에 총 2개의 위험물취급탱크를 하나의 방유제 안에 설치하는 경우이므로 방유제의 용량은 다음과 같이 **탱크 중 용량이 최대인 200m³의 50%에 나머지 탱크 용량인 100m³의 10%를 가산한 양 이상**으로 한다.
∴ $200m^3 \times 0.5 + 100m^3 \times 0.1 = 110m^3$

> **Check ▶▶▶**
>
> 위험물옥외저장탱크의 방유제 용량
> 1. 인화성이 있는 액체위험물을 저장하는 옥외저장탱크
>   ① 방유제 안에 하나의 옥외저장탱크가 설치되어 있는 경우 : 탱크 용량의 110% 이상
>   ② 방유제 안에 두 개 이상의 옥외저장탱크가 설치되어 있는 경우 : 탱크 중 용량이 최대인 것의 110% 이상
> 2. 인화성이 없는 액체위험물을 저장하는 옥외저장탱크
>   ① 방유제 안에 하나의 옥외저장탱크가 설치되어 있는 경우 : 탱크 용량의 100% 이상
>   ② 방유제 안에 두 개 이상의 옥외저장탱크가 설치되어 있는 경우 : 탱크 중 용량이 최대인 것의 100% 이상

▶▶▶정답 (1) $200m^3 \times 0.5 + 100m^3 \times 0.1$ (2) $110m^3$

필답형 05 [5점]

규조토에 흡수시켜 다이너마이트를 만드는 물질에 대해 다음 물음에 답하시오.

(1) 구조식을 쓰시오.
(2) 품명과 지정수량을 쓰시오.
(3) 이산화탄소, 수증기, 질소, 산소가 발생하는 분해반응식을 쓰시오.

>>> 풀이 니트로글리세린[$C_3H_5(ONO_2)_3$]은 제5류 위험물 중 **품명은 질산에스테르류**로서 **지정수량은 10kg**이다. 상온에서 액체상태로 존재하고 충격에 매우 민감한 성질을 갖고 있으며 규조토에 흡수시킨 것을 다이너마이트라고 한다. 니트로글리세린 4몰을 분해시키면 이산화탄소, 수증기, 질소, 산소의 4가지 기체가 총 29몰 발생한다.
- 분해반응식 : $4C_3H_5(ONO_2)_3 \rightarrow 12CO_2 + 10H_2O + 6N_2 + O_2$

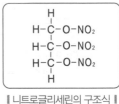

| 니트로글리세린의 구조식 |

>>> 정답 (1)

(2) 질산에스테르류, 10kg
(3) $4C_3H_5(ONO_2)_3 \rightarrow 12CO_2 + 10H_2O + 6N_2 + O_2$

필답형 06 [5점]

다음 물음에 대해 답하시오.

(1) 탄화칼슘과 물의 반응식을 쓰시오.
(2) 탄화칼슘과 물의 반응으로 발생하는 기체의 명칭을 쓰시오.
(3) 탄화칼슘과 물의 반응으로 발생하는 기체의 연소반응식을 쓰시오.

>>> 풀이 탄화칼슘(CaC_2)은 제3류 위험물로서 품명은 칼슘 또는 알루미늄의 탄화물이며, 지정수량은 300kg이다.
① 탄화칼슘은 물과 반응 시 수산화칼슘[$Ca(OH)_2$]과 연소범위가 2.5~81%인 **아세틸렌(C_2H_2) 가스를 발생**한다.
- 물과의 반응식 : $CaC_2 + 2H_2O \rightarrow Ca(OH)_2 + C_2H_2$
② 아세틸렌(C_2H_2)은 연소 시 이산화탄소(CO_2)와 물(H_2O)을 발생한다.
- 아세틸렌의 연소반응식 : $2C_2H_2 + 5O_2 \rightarrow 4CO_2 + 2H_2O$

> **Check >>>**
>
> **동일한 품명에 속하는 탄화알루미늄의 물과의 반응**
> 탄화알루미늄(Al_4C_3)은 물과 반응 시 수산화알루미늄[$Al(OH)_3$]과 메탄(CH_4) 가스를 발생한다.
> - 물과의 반응식 : $Al_4C_3 + 12H_2O \rightarrow 4Al(OH)_3 + 3CH_4$

>>> 정답 (1) $CaC_2 + 2H_2O \rightarrow Ca(OH)_2 + C_2H_2$
(2) 아세틸렌
(3) $2C_2H_2 + 5O_2 \rightarrow 4CO_2 + 2H_2O$

필답형 07 [5점]

다음 물음에 답하시오.

(1) 과산화나트륨과 아세트산의 반응식을 쓰시오.

(2) 아세트산의 연소반응식을 쓰시오.

》》풀이 (1) 과산화나트륨(Na_2O_2)은 제1류 위험물 중 알칼리금속 과산화물이며, 아세트산(CH_3COOH)은 제4류 위험물 중 제2석유류 수용성 물질이다. 과산화나트륨은 아세트산과 반응하여 아세트산나트륨(CH_3COONa)과 과산화수소(H_2O_2)를 발생한다.

– 과산화나트륨과 아세트산의 반응식 : $Na_2O_2 + 2CH_3COOH \rightarrow 2CH_3COONa + H_2O_2$

(2) 아세트산은 연소 시 이산화탄소(CO_2)와 물(H_2O)을 발생한다.

– 아세트산의 연소반응식 : $CH_3COOH + 2O_2 \rightarrow 2CO_2 + 2H_2O$

> **Check 》》**
>
> **과산화나트륨의 또 다른 반응**
>
> 1. 분해반응 : 과산화나트륨은 분해 시 산화나트륨(Na_2O)과 산소(O_2)를 발생한다.
>   – 분해반응식 : $2Na_2O_2 \rightarrow 2Na_2O + O_2$
> 2. 물과의 반응 : 과산화나트륨은 물과 반응 시 수산화나트륨($NaOH$)과 산소(O_2)를 발생한다.
>   – 물과의 반응식 : $2Na_2O_2 + 2H_2O \rightarrow 4NaOH + O_2$
> 3. 이산화탄소와의 반응 : 과산화나트륨은 이산화탄소와 반응 시 탄산나트륨(Na_2CO_3)과 산소(O_2)를 발생한다.
>   – 이산화탄소와의 반응식 : $2Na_2O_2 + 2CO_2 \rightarrow 2Na_2CO_3 + O_2$

》》정답 (1) $Na_2O_2 + 2CH_3COOH \rightarrow 2CH_3COONa + H_2O_2$ (2) $CH_3COOH + 2O_2 \rightarrow 2CO_2 + 2H_2O$

필답형 08 [5점]

제3류 위험물 중 지정수량이 10kg인 품명 4가지를 쓰시오.

》》풀이 제3류 위험물의 품명과 지정수량

유 별	성 질	위험등급	품 명	지정수량
제3류 위험물	자연발화성 물질 및 금수성 물질	I	1. **칼륨**	10kg
			2. **나트륨**	10kg
			3. **알킬알루미늄**	10kg
			4. **알킬리튬**	10kg
			5. 황린	20kg
		II	6. 알칼리금속(칼륨 및 나트륨 제외) 및 알칼리토금속	50kg
			7. 유기금속화합물(알킬알루미늄 및 알킬리튬 제외)	50kg
		III	8. 금속의 수소화물	300kg
			9. 금속의 인화물	300kg
			10. 칼슘 또는 알루미늄의 탄화물	300kg

》》정답 칼륨, 나트륨, 알킬알루미늄, 알킬리튬

필답형 09 [5점]

다음 그림은 제조소의 안전거리를 나타낸 것이다. 제조소등으로부터 (1)~(5)의 각 인근 건축물까지의 안전거리를 쓰시오.

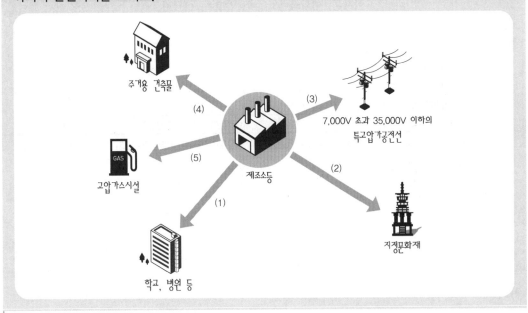

풀이 제조소의 안전거리(단, 제6류 위험물을 저장 또는 취급하는 제조소는 제외한다.)
(1) 학교·병원·극장(300명 이상), 다수인 수용시설 : 30m 이상
(2) 유형문화재와 기념물 중 지정문화재 : 50m 이상
(3) 사용전압이 7,000V 초과 35,000V 이하의 특고압가공전선 : 3m 이상
　※ 사용전압이 35,000V를 초과하는 특고압가공전선 : 5m 이상
(4) 주거용 건축물(제조소등의 동일부지 외에 있는 것) : 10m 이상
(5) 고압가스, 액화석유가스 등의 저장·취급 시설 : 20m 이상

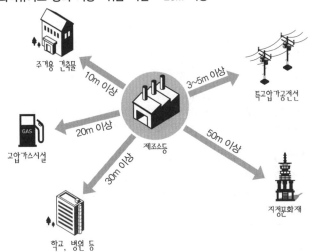

정답 (1) 30m 이상　(2) 50m 이상　(3) 3m 이상　(4) 10m 이상　(5) 20m 이상

필답형 10 [5점]

다음의 위험물을 인화점이 낮은 것부터 높은 것의 순서대로 쓰시오.

아세톤, 이황화탄소, 메틸알코올, 아닐린

>>> 풀이

물질명	인화점	품 명	지정수량
아세톤(CH_3COCH_3)	−18℃	제1석유류(수용성)	400L
이황화탄소(CS_2)	−30℃	특수인화물	50L
메틸알코올(CH_3OH)	11℃	알코올류	400L
아닐린($C_6H_5NH_2$)	75℃	제3석유류(비수용성)	2,000L

위 [표]에서 알 수 있듯이 인화점이 가장 낮은 것은 이황화탄소이고, 아세톤, 메틸알코올, 그리고 아닐린의 순으로 높다.

🎓 **똑똑한 풀이비법**

제4류 위험물 중 인화점이 가장 낮은 품명은 특수인화물이며, 그 다음으로 제1석유류 및 알코올류, 제2석유류, 제3석유류, 제4석유류, 동식물유류의 순으로 높기 때문에 <문제>의 각 물질의 인화점을 몰라도 특수인화물이 가장 인화점이 낮고 그 다음 제1석유류, 알코올류, 제3석유류의 순서로 높다는 것을 알 수 있다.

>>> 정답 이황화탄소, 아세톤, 메틸알코올, 아닐린

필답형 11 [5점]

흑색화약을 만드는 원료 중 위험물에 해당하는 물질 2가지에 대해 화학식과 품명, 지정수량을 각각 쓰시오.

(1) ① 화학식
 ② 품명
 ③ 지정수량
(2) ① 화학식
 ② 품명
 ③ 지정수량

>>> 풀이 흑색화약의 원료 3가지는 **질산칼륨(KNO_3)**과 **황(S)**, 그리고 숯이다. 여기서 **질산칼륨**은 제1류 위험물(산화성고체)로서 **품명**이 **질산염류**이고 **지정수량**은 **300kg**이며 산소공급원의 역할을 하고, **황**은 제2류 위험물(가연성고체)로서 **품명**도 **황**이고 **지정수량**은 **100kg**이며 가연물의 역할을 한다.

질산칼륨의 분해반응
질산칼륨은 분해 시 아질산칼륨(KNO_2)과 산소(O_2)를 발생한다.
− 분해반응식 : $2KNO_3 \rightarrow 2KNO_2 + O_2$

>>> 정답 (1) ① KNO_3, ② 질산염류, ③ 300kg
(2) ① S, ② 황, ③ 100kg

필답형 12 [5점]

인화알루미늄 580g이 물과 반응 시 발생하는 독성 가스의 부피는 표준상태에서 몇 L인지 구하시오.

≫≫풀이 인화알루미늄(AlP)은 제3류 위험물로서 품명은 금속의 인화물이며, 지정수량은 300kg이다. 물과 반응 시 수산
화알루미늄[$Al(OH)_3$]과 함께 가연성이면서 맹독성인 포스핀(PH_3) 가스를 발생한다.
- 물과의 반응식 : $AlP + 3H_2O \rightarrow Al(OH)_3 + PH_3$
여기서, 인화알루미늄의 분자량은 27(Al)+31(P)=58g이며, 위의 반응식에서 알 수 있듯이 인화알루미늄 58g
을 물과 반응시키면 표준상태에서 독성인 포스핀 가스는 1몰 즉, 22.4L 발생하는데 〈문제〉의 조건과 같이 **인화
알루미늄 58g의 10배의 양인 580g을 물과 반응시키면 포스핀 가스 또한 22.4L의 10배인 224L가** 발생한다.

≫≫정답 224L

필답형 13 [5점]

다음 물음에 답하시오.

(1) 간이저장탱크를 옥외에 설치하는 경우 탱크 주위에 너비 몇 m 이상의 공지를 두어야 하는지 쓰시오.
(2) 간이저장탱크를 옥내의 전용실 안에 설치하는 경우 탱크와 전용실의 벽과의 사이에 몇 m 이상의
간격을 유지하여야 하는지 쓰시오.
(3) 간이저장탱크의 두께는 몇 mm 이상의 강철판으로 제작하여야 하는지 쓰시오.
(4) 간이저장탱크의 용량은 몇 L 이하로 하는지 쓰시오.
(5) 간이저장탱크의 수압시험은 몇 kPa의 압력으로 10분간 실시하여 새거나 변형되지 아니하여야 하는
지 쓰시오.

≫≫풀이 간이저장탱크의 설치기준
(1) 탱크를 옥외에 설치하는 경우 : **탱크 주위에 1m 이상의 공지**를 둘 것
(2) 탱크를 옥내의 전용실 안에 설치하는 경우 : **탱크와 전용실의 벽과의 사이에 0.5m 이상의 간격**을 유지할 것
(3) 탱크의 두께 : **3.2mm 이상의 강철판**으로 제작할 것
(4) 탱크의 용량 : **600L 이하**로 할 것
(5) 탱크의 수압시험 : **70kPa의 압력**으로 10분간 실시하여 새거나 변형되지 아니할 것

> **Check ≫≫**
> **간이저장탱크의 또 다른 기준**
> 1. 하나의 간이탱크저장소에 설치할 수 있는 간이저장탱크의 수는 3개 이하이며, 이 경우 동일한 품질의
>   위험물의 간이저장탱크를 2개 이상 설치하지 않는다.
> 2. 밸브 없는 통기관의 기준
>   ① 통기관의 지름 : 25mm 이상
>   ② 통기관의 선단
>   ㉠ 지상 1.5m 이상의 높이에 설치할 것
>   ㉡ 수평면보다 45° 이상 구부릴 것(빗물 등의 침투 방지)
>   ㉢ 인화점이 38℃ 미만인 위험물만을 저장, 취급하는 탱크의 통기관에는 화염방지장치를 설치하
>   고, 인화점이 38℃ 이상 70℃ 미만인 위험물을 저장, 취급하는 탱크의 통기관에는 40mesh
>   이상인 구리망으로 된 인화방지장치를 설치할 것

≫≫정답 (1) 1m (2) 0.5m (3) 3.2mm (4) 600L (5) 70kPa

필답형 14 [5점]

다음 〈보기〉 중 물과 반응 시 가연성 가스를 발생시키는 물질을 2가지만 골라 그 물질과 물과의 반응식을 쓰시오.

> 과산화나트륨, 칼슘, 나트륨, 황린, 염소산칼륨, 인화칼슘

≫≫풀이

① 과산화나트륨(Na_2O_2) : 제1류 위험물로서 품명은 무기과산화물(알칼리금속 과산화물)이며, 물과 반응 시 수산화나트륨($NaOH$)과 산소(O_2)를 발생한다.
  – 물과의 반응식 : $2Na_2O_2 + 2H_2O \rightarrow 4NaOH + O_2$

② **칼슘**(Ca) : 제3류 위험물로서 품명은 알칼리토금속이며, 물과 반응 시 수산화칼슘[$Ca(OH)_2$]과 **가연성 가스인 수소**(H_2)**를 발생**한다.
  – 물과의 반응식 : $Ca + 2H_2O \rightarrow Ca(OH)_2 + H_2$

③ **나트륨**(Na) : 제3류 위험물로서 품명 또한 나트륨이며, 물과 반응 시 수산화나트륨($NaOH$)과 **가연성 가스인 수소**(H_2)**를 발생**한다.
  – 물과의 반응식 : $2Na + 2H_2O \rightarrow 2NaOH + H_2$

④ 황린(P_4) : 제3류 위험물로서 품명 또한 황린이며, 물에 보관하는 물질이므로 물과 반응하지 않는다.

⑤ 염소산칼륨($KClO_3$) : 제1류 위험물로서 품명은 염소산염류이며, 물과 반응하지 않는다.

⑥ **인화칼슘**(Ca_3P_2) : 제3류 위험물로서 품명은 금속의 인화물이며, 물과 반응 시 수산화칼슘[$Ca(OH)_2$]과 **가연성이면서 맹독성 가스인 포스핀**(PH_3)**을 발생**한다.
  – 물과의 반응식 : $Ca_3P_2 + 6H_2O \rightarrow 3Ca(OH)_2 + 2PH_3$

≫≫정답 $Ca + 2H_2O \rightarrow Ca(OH)_2 + H_2$, $2Na + 2H_2O \rightarrow 2NaOH + H_2$, $Ca_3P_2 + 6H_2O \rightarrow 3Ca(OH)_2 + 2PH_3$ 중 2개

필답형 15 [5점]

다음 괄호 안에 들어갈 알맞은 말을 쓰시오.

제조소와 다른 작업장 사이에 보유공지를 두지 아니할 수 있게 하기 위해 방화상 유효한 격벽을 설치하는 기준은 다음과 같다.

(1) 방화벽은 (   )로 할 것(다만, 취급하는 위험물이 제6류 위험물인 경우에는 불연재료로 할 수 있다.)

(2) 방화벽에 설치하는 출입구 및 창 등의 개구부는 가능한 한 최소로 하고, 출입구 및 창에는 자동폐쇄식의 (   )을 설치할 것

(3) 방화벽의 양단 및 상단이 외벽 또는 지붕으로부터 (   ) 이상 돌출하도록 할 것

≫≫풀이 제조소에 보유공지를 두지 않을 수 있는 경우
제조소는 최소 3m 이상의 보유공지를 확보해야 하는데 만일 제조소와 그 인접한 장소에 다른 작업장이 있고 그 작업장과 제조소 사이에 보유공지를 두게 되면 작업에 지장을 초래하는 경우가 발생할 수 있다.
이때 아래의 조건을 만족하는 방화상 유효한 격벽(방화벽)을 설치한 경우에는 제조소에 보유공지를 두지 않을 수 있다.
(1) 방화벽은 **내화구조**로 할 것(단, 제6류 위험물제조소라면 불연재료도 가능)
(2) 방화벽에 설치하는 출입구 및 창에는 자동폐쇄식의 **갑종방화문**을 설치할 것
(3) 방화벽의 양단 및 상단이 외벽 또는 지붕으로부터 **50cm** 이상 돌출할 것

≫≫정답 (1) 내화구조   (2) 갑종방화문   (3) 50cm

필답형 16 [5점]

다음 중 수용성 물질을 모두 고르시오.

시안화수소, 피리딘, 클로로벤젠, 글리세린, 히드라진

≫≫풀이

물질명	품 명	수용성 여부	지정수량
시안화수소(HCN)	제1석유류	수용성	400L
피리딘(C_5H_5N)	제1석유류	수용성	400L
클로로벤젠(C_6H_5Cl)	제2석유류	비수용성	1,000L
글리세린[$C_3H_5(OH)_3$]	제3석유류	수용성	4,000L
히드라진(N_2H_4)	제2석유류	수용성	2,000L

≫≫정답 시안화수소, 피리딘, 글리세린, 히드라진

필답형 17 [5점]

다음의 양을 취급하는 제조소에 설치하는 자체소방대의 화학소방자동차 대수와 소방대원 수는 각각 얼마 이상으로 해야 하는지 쓰시오.

(1) 지정수량의 12만배 미만
   ① 화학소방자동차 대수
   ② 소방대원 수
(2) 지정수량의 48만배 이상
   ① 화학소방자동차 대수
   ② 소방대원 수

≫≫풀이 자체소방대는 ㉠ 제4류 위험물을 지정수량의 3천배 이상으로 저장·취급하는 제조소 또는 일반취급소, ㉡ 제4류 위험물을 지정수량의 50만배 이상 저장하는 옥외탱크저장소에 설치하며, 자체소방대에 두는 화학소방자동차 및 자체소방대원의 수는 다음과 같다.

사업소의 구분	화학소방 자동차의 수	자체소방 대원의 수
지정수량의 3천배 이상 12만배 미만으로 취급하는 제조소 또는 일반취급소	1대 이상	5명 이상
지정수량의 12만배 이상 24만배 미만으로 취급하는 제조소 또는 일반취급소	2대 이상	10명 이상
지정수량의 24만배 이상 48만배 미만으로 취급하는 제조소 또는 일반취급소	3대 이상	15명 이상
지정수량의 48만배 이상으로 취급하는 제조소 또는 일반취급소	4대 이상	20명 이상
지정수량의 50만배 이상으로 저장하는 옥외탱크저장소	2대 이상	10명 이상

≫≫정답 (1) ① 1대 이상, ② 5명 이상
(2) ① 4대 이상, ② 20명 이상

필답형 18 [5점]

위험물의 운반에 관한 기준에서 다음 위험물과 혼재할 수 있는 유별을 모두 쓰시오. (단, 지정수량의 1/10을 초과하는 위험물을 운반하는 경우이다.)

(1) 제2류
(2) 제3류
(3) 제4류

≫≫ 풀이 다음의 [표]에서 알 수 있듯이 위험물의 운반에 관한 혼재기준에 따라 위험물끼리 혼재할 수 있는 유별은 다음과 같다.

① 제1류 : 제6류 위험물
② **제2류** : **제4류, 제5류** 위험물
③ **제3류** : **제4류** 위험물
④ **제4류** : **제2류, 제3류, 제5류** 위험물
⑤ 제5류 : 제2류, 제4류 위험물
⑥ 제6류 : 제1류 위험물

위험물의 구분	제1류	제2류	제3류	제4류	제5류	제6류
제1류		×	×	×	×	○
제2류	×		×	○	○	×
제3류	×	×		○	×	×
제4류	×	○	○		○	×
제5류	×	○	×	○		×
제6류	○	×	×	×	×	

※ 이 표는 지정수량의 1/10 이하의 위험물에 대하여는 적용하지 아니한다.

💡 Tip

위험물의 운반에 관한 혼재기준 [표]를 그리는 방법은 423, 524, 61의 숫자 조합으로 다음과 같이 만듭니다.
1) 가로줄의 제4류를 기준으로 아래로 제2류와 제3류에 "○"를 표시합니다.
2) 가로줄의 제5류를 기준으로 아래로 제2류와 제4류에 "○"를 표시합니다.
3) 가로줄의 제6류를 기준으로 아래로 제1류에 "○"를 표시합니다.
4) 세로줄의 제4류를 기준으로 오른쪽으로 제2류와 제3류에 "○"를 표시합니다.
5) 세로줄의 제5류를 기준으로 오른쪽으로 제2류와 제4류에 "○"를 표시합니다.
6) 세로줄의 제6류를 기준으로 오른쪽으로 제1류에 "○"를 표시합니다.

Check ≫≫

위험물의 저장에 관한 혼재기준

옥내저장소 또는 옥외저장소에서 서로 다른 유별끼리는 함께 저장할 수 없지만, 다음의 위험물을 유별로 정리하여 서로 1m 이상의 간격을 두는 경우에는 함께 저장할 수 있다.

1. 제1류 위험물(알칼리금속 과산화물 제외)과 제5류 위험물
2. 제1류 위험물과 제6류 위험물
3. 제1류 위험물과 제3류 위험물 중 자연발화성 물질(황린)
4. 제2류 위험물 중 인화성 고체와 제4류 위험물
5. 제3류 위험물 중 알킬알루미늄등과 제4류 위험물(알킬알루미늄 또는 알킬리튬을 함유한 것)
6. 제4류 위험물 중 유기과산화물과 제5류 위험물 중 유기과산화물

≫≫ 정답 (1) 제4류 위험물, 제5류 위험물
(2) 제4류 위험물
(3) 제2류 위험물, 제3류 위험물, 제5류 위험물

필답형 19 [5점]

다음 빈칸에 들어갈 소화설비의 종류를 쓰시오.

소화설비의 구분		대상물의 구분											
		건축물·그 밖의 공작물	전기설비	제1류 위험물		제2류 위험물			제3류 위험물		제4류 위험물	제5류 위험물	제6류 위험물
				알칼리금속 과산화물등	그 밖의 것	철분·금속분·마그네슘 등	인화성 고체	그 밖의 것	금수성 물품	그 밖의 것			
(①) 또는 (②)		○			○		○	○		○		○	○
스프링클러설비		○			○		○	○		○	△	○	○
물분무등소화설비	(③)	○	○		○		○	○		○	○	○	○
	(④)	○			○		○	○		○	○	○	○
	불활성가스소화설비		○				○				○		
	할로겐화합물소화설비		○				○				○		
(⑤)	인산염류등	○	○		○		○	○			○		○
	탄산수소염류등		○	○		○	○		○		○		
	그 밖의 것		○	○		○			○				

>>> 풀이

① 옥내소화전설비 : 소화약제가 물이기 때문에 전기설비와 제4류 위험물에는 적응성이 없다.

② 옥외소화전설비 : 옥내소화전설비와 같은 적응을 갖는다.

③ 물분무소화설비 : 소화약제가 물이지만 분무하여 흩어뿌리기 때문에 전기설비와 제4류 위험물에 적응성이 있다.

④ 포소화설비 : 소화약제에 수분이 함유되어 있으므로 전기설비에는 적응성이 없지만 포소화약제 자체가 질식소화를 하므로 제4류 위험물에는 적응성이 있다.

Tip
제1류(알칼리금속 과산화물), 제2류(철분·금속분·마그네슘), 제3류(금수성 물질) 위험물은 분말소화설비 중 탄산수소염류등에만 적응성이 있다.

⑤ 분말소화설비 : 소화약제에 수분이 함유되어 있지 않으므로 전기설비 및 제4류 위험물 뿐 아니라 탄산수소염류의 경우에는 제1류(알칼리금속 과산화물), 제2류(철분·금속분·마그네슘), 제3류(금수성 물질)에도 적응성이 있다.

소화설비의 구분		대상물의 구분											
		건축물·그 밖의 공작물	전기설비	제1류 위험물		제2류 위험물			제3류 위험물		제4류 위험물	제5류 위험물	제6류 위험물
				알칼리금속 과산화물등	그 밖의 것	철분·금속분·마그네슘 등	인화성 고체	그 밖의 것	금수성 물품	그 밖의 것			
옥내소화전설비 또는 옥외소화전설비		○			○		○	○		○		○	○
스프링클러설비		○			○		○	○		○	△	○	○
물분무등소화설비	물분무소화설비	○	○		○		○	○		○	○	○	○
	포소화설비	○			○		○	○		○	○	○	○
	불활성가스소화설비		○				○				○		
	할로겐화합물소화설비		○				○				○		
	분말소화설비 인산염류등	○	○		○		○	○			○		○
	탄산수소염류등		○	○		○	○		○		○		
	그 밖의 것		○	○		○			○				

>>> 정답 ① 옥내소화전설비, ② 옥외소화전설비, ③ 물분무소화설비, ④ 포소화설비, ⑤ 분말소화설비

필답형 20

[5점]

아세트알데히드에 대해 다음 물음에 답하시오.

(1) 시성식을 쓰시오.
(2) 에틸렌의 직접 산화반응식을 쓰시오.
(3) 다음의 옥외저장탱크에 저장하는 온도는 몇 ℃ 이하인지 쓰시오.
　① 압력탱크 외의 탱크
　② 압력탱크

≫≫풀이

(1) 아세트알데히드는 시성식이 **CH_3CHO**이며, 제4류 위험물로서 품명은 특수인화물이고 지정수량은 50L이다.
(2) 아세트알데히드는 에틸렌(C_2H_4)에 0.5몰의 산소(O_2), 즉 $0.5O_2$를 공급해 산화시켜 제조할 수 있으며, 에틸렌의 산화반응식은 다음과 같다.
　－ 에틸렌의 산화반응식 : $C_2H_4 \xrightarrow{+0.5O_2} CH_3CHO$
(3) **옥외저장탱크**, 옥내저장탱크 또는 지하저장탱크에 저장하는 위험물의 저장온도
　① **압력탱크 외의 탱크**에 저장하는 경우
　　㉠ **아세트알데히드 : 15℃ 이하**
　　㉡ 산화프로필렌, 디에틸에테르 : 30℃ 이하
　② **압력탱크**에 저장하는 경우
　　－ **아세트알데히드**, 산화프로필렌, 디에틸에테르 : **40℃ 이하**

> **Check ≫≫**
>
> 이동저장탱크에 저장하는 위험물의 저장온도
> 1. 보냉장치가 있는 탱크에 저장하는 경우
> 　－ 아세트알데히드, 산화프로필렌, 디에틸에테르 : 비점 이하
> 2. 보냉장치가 없는 탱크에 저장하는 경우
> 　－ 아세트알데히드, 산화프로필렌, 디에틸에테르 : 40℃ 이하

≫≫정답

(1) CH_3CHO
(2) $C_2H_4 \xrightarrow{+0.5O_2} CH_3CHO$
(3) ① 15℃, ② 40℃

2021 제1회 위험물산업기사 실기

2021년 4월 24일 시행

※ 필답형＋작업형으로 치러지던 기존 시험에서는 각 문항별 배점이 상이하였으나, 필답형(20문제) 시험만 보는 2020년 1회부터는 각 문항 배점이 모두 5점입니다!

필/답/형 시험

필답형 01   [5점]

질산암모늄의 질소와 수소의 wt%를 구하시오.

(1) 질소
　① 계산과정　② 답
(2) 수소
　① 계산과정　② 답

≫ 풀이　제1류 위험물인 질산암모늄(NH_4NO_3)의 분자량은 14(N)＋1(H)×4＋14(N)+16(O)×3＝80g이고, 이 중 질소와 수소, 그리고 산소의 함유량(wt%)은 다음과 같으며, 3개의 성분의 합은 100wt%이다.

(1) **질소**(N)는 2개 포함되어 있으므로 **함유량(wt%)**＝$\dfrac{14 \times 2}{80} \times 100$＝**35wt%**

(2) **수소**(H)는 4개 포함되어 있으므로 **함유량(wt%)**＝$\dfrac{1 \times 4}{80} \times 100$＝**5wt%**

(3) 산소(O)는 3개 포함되어 있으므로 함유량(wt%)＝$\dfrac{16 \times 3}{80} \times 100$＝60wt%

≫ 정답　(1) ① $\dfrac{14 \times 2}{80} \times 100$, ② 35wt%　(2) ① $\dfrac{1 \times 4}{80} \times 100$, ② 5wt%

필답형 02   [5점]

과산화수소가 이산화망간 촉매하에서 햇빛에 의해 분해되는 반응에 대해 다음 물음에 답하시오.

(1) 과산화수소의 분해반응식을 쓰시오.
(2) 분해 시 발생하는 기체의 명칭을 쓰시오.

≫ 풀이　과산화수소(H_2O_2)는 농도가 36중량% 이상인 것이 제6류 위험물이며, 이산화망간(MnO_2)이라는 정촉매하에서 햇빛에 의해 분해되어 물(H_2O)과 **산소(O_2)를** 발생한다.

－ 분해반응식 : $2H_2O_2 \xrightarrow{MnO_2} 2H_2O + O_2$

💡 Tip

정촉매의 표시를 다음과 같이 나타내어도 됩니다.
과산화수소의 분해반응식
－ $H_2O_2 + MnO_2 \rightarrow H_2O + 0.5O_2 + MnO_2$

≫ 정답

(1) $2H_2O_2 \xrightarrow{MnO_2} 2H_2O + O_2$
(2) 산소

필답형 03　　　　　　　　　　　　　　　　　　　　　　　　　　　　　　[5점]

다음은 제4류 위험물의 지정수량을 나타낸 것이다. 옳은 것을 〈보기〉에서 골라 그 번호를 쓰시오. (단, 없으면 "없음"이라고 쓰시오.)

① 테레핀유 – 2,000L　　　② 실린더유 – 6,000L　　　③ 아닐린 – 2,000L
④ 피리딘 – 400L　　　　　⑤ 산화프로필렌 – 200L

▶▶▶ 풀이

물질명	품 명	수용성의 여부	지정수량
테레핀유	제2석유류	비수용성	1,000L
실린더유	제4석유류	비수용성	**6,000L**
아닐린	제3석유류	비수용성	**2,000L**
피리딘	제1석유류	수용성	**400L**
산화프로필렌	특수인화물	수용성	50L

▶▶▶ 정답　　②, ③, ④

필답형 04　　　　　　　　　　　　　　　　　　　　　　　　　　　　　　[5점]

아래의 도표에 대해 다음 물음에 답하시오.

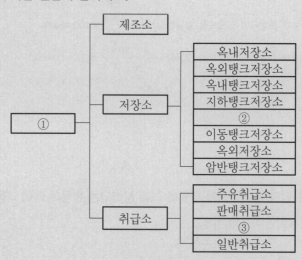

(1) 제조소, 저장소, 취급소를 포괄하는 ①의 위험물안전관리법령상 명칭을 쓰시오.
(2) ②의 명칭을 쓰시오.
(3) ③의 명칭을 쓰시오.
(4) 안전관리자를 선임할 필요 없는 저장소의 종류를 모두 쓰시오. (단, 없으면 "없음"이라 쓰시오.)
(5) 이동저장탱크에 액체위험물을 주입하는 일반취급소로서 액체위험물을 용기에 옮겨 담는 취급소를 포함하는 일반취급소의 명칭을 쓰시오.

풀이 (1) 위험물안전관리법에서는 제조소, 저장소, 취급소를 묶어 **제조소등**이라 한다.

(2) 저장소의 종류

옥내저장소	옥내에 위험물을 저장하는 장소
옥외탱크저장소	옥외에 있는 탱크에 위험물을 저장하는 장소
옥내탱크저장소	옥내에 있는 탱크에 위험물을 저장하는 장소
지하탱크저장소	지하에 매설한 탱크에 위험물을 저장하는 장소
간이탱크저장소	간이탱크에 위험물을 저장하는 장소
이동탱크저장소	차량에 고정된 탱크에 위험물을 저장하는 장소
옥외저장소	옥외에 위험물을 저장하는 장소
암반탱크저장소	암반 내의 공간을 이용한 탱크에 액체위험물을 저장하는 장소

(3) 취급소의 종류

주유취급소	고정주유설비에 의하여 자동차, 항공기 또는 선박 등에 직접 연료를 주유하기 위하여 위험물을 취급하는 장소
판매취급소	점포에서 위험물을 용기에 담아 판매하기 위하여 지정수량의 40배 이하의 위험물을 취급하는 장소(페인트점 또는 화공약품점)
이송취급소	배관 및 이에 부속된 설비에 의하여 위험물을 이송하는 장소
일반취급소	주유취급소, 판매취급소, 이송취급소 외의 위험물을 취급하는 장소

톡톡 튀는 암기법 이주일판매(이번 <u>주</u> <u>일</u>요일에 <u>판매</u>합니다.)

(4) 제조소등의 관계인은 위험물의 안전관리에 관한 직무를 수행하게 하기 위하여 제조소등마다 위험물의 취급에 관한 자격이 있는 자를 위험물안전관리자로 선임하여야 하지만 **이동탱크저장소의 경우는 제외**한다.

(5) **충전하는 일반취급소**는 이동저장탱크에 액체위험물(알킬알루미늄등, 아세트알데히드등 및 히드록실아민등을 제외)을 주입하는 일반취급소로서 액체위험물을 용기에 옮겨 담는 취급소를 포함한다.

정답 (1) 제조소등 (2) 간이탱크저장소 (3) 이송취급소 (4) 이동탱크저장소 (5) 충전하는 일반취급소

필답형 05 [5점]

다음 괄호 안에 알맞은 내용을 채우시오.

위험물안전관리법령상 알코올류는 탄소의 수가 1개부터 (①)개까지인 포화1가 알코올(변성알코올 포함)을 말한다. 다만, 다음의 하나에 해당하는 것은 제외한다.

(1) 1분자를 구성하는 탄소원자의 수가 1개 내지 3개의 포화1가 알코올의 함유량이 (②)중량% 미만인 수용액

(2) 가연성 액체량이 (③)중량% 미만이고 인화점 및 연소점이 에틸알코올 60중량%인 수용액의 인화점 및 연소점을 초과하는 것

풀이 위험물안전관리법상 알코올류는 탄소의 수가 1개부터 **3개**까지인 포화1가 알코올(변성알코올 포함)을 말한다. 다만, 다음의 하나에 해당하는 것은 제외한다.

(1) 1분자를 구성하는 탄소원자의 수가 1개 내지 3개의 포화1가 알코올의 함유량이 **60중량%** 미만인 수용액

(2) 가연성 액체량이 **60중량%** 미만이고 인화점 및 연소점이 에틸알코올 60중량%인 수용액의 인화점 및 연소점을 초과하는 것

정답 ① 3, ② 60, ③ 60

필답형 06 [5점]

다음 제2류 위험물의 정의를 쓰시오.

(1) 인화성 고체
(2) 철분

>>> 풀이
(1) **인화성 고체란 고형알코올, 그 밖의 1기압에서 인화점이 40℃ 미만인 고체**를 말한다.
(2) **철분이란 철의 분말로서 53마이크로미터의 표준체를 통과하는 것이 50중량% 미만인 것은 제외**한다.

>
> 그 밖의 제2류 위험물
> 1. 황 : 순도가 60중량% 이상인 것을 말한다. 이 경우, 순도 측정에 있어서 불순물은 활석 등 불연성 물질과 수분에 한한다.
> 2. 마그네슘 : 다음 중 하나에 해당하는 것은 제외한다.
>   – 2밀리미터의 체를 통과하지 않는 덩어리상태의 것
>   – 직경 2밀리미터 이상의 막대모양의 것
> 3. 금속분 : 알칼리금속ㆍ알칼리토금속ㆍ철 및 마그네슘 외의 금속분말을 말하고, 구리분ㆍ니켈분 및 150마이크로미터의 체를 통과하는 것이 50중량% 미만인 것은 제외한다.

>>> 정답
(1) 고형알코올, 그 밖의 1기압에서 인화점이 40℃ 미만인 고체
(2) 철의 분말로서 53마이크로미터의 표준체를 통과하는 것이 50중량% 미만인 것은 제외

필답형 07 [5점]

마그네슘에 대해 다음 물음에 답하시오.

(1) 이산화탄소와의 반응식을 쓰시오.
(2) 마그네슘의 화재는 이산화탄소소화기로 소화할 수 없는데 그 이유를 쓰시오.

>>> 풀이
마그네슘(Mg)은 이산화탄소와 반응 시 산화마그네슘(MgO)과 **탄소(C) 또는 일산화탄소(CO)를 발생**하며, **이때 발생하는 탄소는** 공기 중에서 **폭발**할 위험이 있으므로 마그네슘의 화재는 이산화탄소소화기로 소화할 수 없다.
– 마그네슘과 이산화탄소와의 반응식 : $2Mg + CO_2 \rightarrow 2MgO + C$, $Mg + CO_2 \rightarrow MgO + CO$

>
> 마그네슘의 그 밖의 반응
> 1. 물과 반응 시 수산화마그네슘[Mg(OH)$_2$]과 수소를 발생한다.
>   – 물과의 반응식 : $Mg + 2H_2O \rightarrow Mg(OH)_2 + H_2$
> 2. 연소 시 산화마그네슘(MgO)을 발생한다.
>   – 연소반응식 : $2Mg + O_2 \rightarrow 2MgO$
> 3. 황산(H$_2$SO$_4$)과 반응 시 황산마그네슘(MgSO$_4$)과 수소를 발생한다.
>   – 황산과의 반응식 : $Mg + H_2SO_4 \rightarrow MgSO_4 + H_2$

>>> 정답
(1) $2Mg + CO_2 \rightarrow 2MgO + C$, $Mg + CO_2 \rightarrow MgO + CO$
(2) 탄소가 발생하여 폭발할 위험이 있으므로

필답형 08 [5점]

다음 분말소화약제의 1차 열분해반응식을 쓰시오.

(1) 제1종 분말소화약제
(2) 제2종 분말소화약제

>>>풀이 (1) **제1종 분말소화약제**의 주성분은 탄산수소나트륨($NaHCO_3$)이며, 각 온도에 따른 분해반응식은 다음과 같다.

① **1차 분해반응식(270℃)** : $2NaHCO_3 \rightarrow Na_2CO_3 + CO_2 + H_2O$

② **2차 분해반응식(850℃)** : $2NaHCO_3 \rightarrow Na_2O + 2CO_2 + H_2O$

(2) **제2종 분말소화약제**의 주성분은 탄산수소칼륨($KHCO_3$)이며, 각 온도에 따른 분해반응식은 다음과 같다.

① **1차 분해반응식(190℃)** : $2KHCO_3 \rightarrow K_2CO_3 + CO_2 + H_2O$

② **2차 분해반응식(890℃)** : $2KHCO_3 \rightarrow K_2O + 2CO_2 + H_2O$

> Check >>>
>
> **제3종 분말소화약제의 분해반응식**
>
> 제3종 분말소화약제인 인산암모늄($NH_4H_2PO_4$)은 190℃에서 열분해하면 오르토인산(H_3PO_4)과 암모니아(NH_3)를 발생하고 여기서 생긴 오르토인산은 215℃에서 다시 열분해하여 피로인산($H_4P_2O_7$)과 물을 발생하며 피로인산 또한 300℃에서 열분해하여 메타인산(HPO_3)과 물을 발생한다. 그리고 이들 분해반응식을 정리하여 나타내면 완전 분해반응식이 된다.
>
> 1. 1차 분해반응식(190℃) : $NH_4H_2PO_4 \rightarrow H_3PO_4 + NH_3$
> 2. 2차 분해반응식(215℃) : $2H_3PO_4 \rightarrow H_4P_2O_7 + H_2O$
> 3. 3차 분해반응식(300℃) : $H_4P_2O_7 \rightarrow 2HPO_3 + H_2O$
> 4. 완전 분해반응식 : $NH_4H_2PO_4 \rightarrow HPO_3 + NH_3 + H_2O$

>>>정답 (1) $2NaHCO_3 \rightarrow Na_2CO_3 + CO_2 + H_2O$
(2) $2KHCO_3 \rightarrow K_2CO_3 + CO_2 + H_2O$

필답형 09 [5점]

제5류 위험물 중 지정수량이 200kg인 위험물의 품명 3가지를 쓰시오.

>>>풀이 제5류 위험물의 품명, 지정수량 및 위험등급

품 명	지정수량	위험등급
유기과산화물	10kg	I
질산에스테르류	10kg	I
니트로화합물	200kg	II
니트로소화합물	200kg	II
아조화합물	200kg	II
디아조화합물	200kg	II
히드라진유도체	200kg	II
히드록실아민	100kg	II
히드록실아민염류	100kg	II

>>>정답 니트로화합물, 니트로소화합물, 아조화합물, 디아조화합물, 히드라진유도체 중 3개

필답형 10 [5점]

탄화칼슘에 대해 다음 물음에 답하시오.

(1) 물과의 반응식을 쓰시오.

(2) 물과의 반응으로 발생하는 기체의 연소반응식을 쓰시오.

>>> 풀이   탄화칼슘(CaC_2)은 제3류 위험물로서 품명은 칼슘 또는 알루미늄의 탄화물이며, 지정수량은 300kg이다.

    (1) 탄화칼슘은 물과 반응 시 수산화칼슘[$Ca(OH)_2$]과 연소범위가 2.5~81%인 아세틸렌(C_2H_2)가스를 발생한다.

        – 물과의 반응식 : $CaC_2 + 2H_2O \rightarrow Ca(OH)_2 + C_2H_2$

    (2) 아세틸렌가스를 연소시키면 이산화탄소(CO_2)와 물(H_2O)이 발생한다.

        – 아세틸렌의 연소반응식 : $2C_2H_2 + 5O_2 \rightarrow 4CO_2 + 2H_2O$

> **Check >>>**
>
> **동일한 품명에 속하는 탄화알루미늄의 물과의 반응**
>
> 탄화알루미늄(Al_4C_3)은 물과 반응 시 수산화알루미늄[$Al(OH)_3$]과 메탄(CH_4)가스를 발생한다.
>
> – 물과의 반응식 : $Al_4C_3 + 12H_2O \rightarrow 4Al(OH)_3 + 3CH_4$

>>> 정답   (1) $CaC_2 + 2H_2O \rightarrow Ca(OH)_2 + C_2H_2$

       (2) $2C_2H_2 + 5O_2 \rightarrow 4CO_2 + 2H_2O$

필답형 11 [5점]

다음 원통형 종형탱크의 내용적을 구하시오.

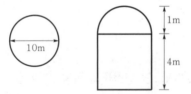

(1) 계산과정

(2) 답

>>> 풀이   원통형 종형탱크의 내용적(V)을 구하는 공식은 다음과 같다.

$$V = \pi r^2 l$$

〈문제〉의 탱크는 지름이 10m이므로 반지름(r)은 5m이고, 높이(l)는 탱크의 지붕을 제외한 높이로서 4m이므로 이 종형탱크의 내용적은 다음과 같이 구할 수 있다.

$$V = \pi \times 5^2 \times 4$$
$$= 314.1592654 \text{m}^3$$
$$= 314.16 \text{m}^3$$

> 🔑 **Tip**
>
> 〈문제〉에서 내용적의 단위를 별도로 제시하지 않았으므로 m³ 또는 L 중 어느 것으로 해도 상관없습니다.
>
> ∴ 1m³=1,000L이므로 314.16m³ 대신 314,159.27L로 써도 정답으로 인정됩니다.

>>> 정답   (1) $\pi \times 5^2 \times 4$

       (2) 314.16m³ 또는 314,159.27L 중 1개

필답형 12 [5점]

다음 위험물의 운반용기 외부에 표시해야 하는 주의사항을 쓰시오.

(1) 황린
(2) 인화성 고체
(3) 과산화나트륨

>>> 풀이
(1) **황린**(P_4)은 제3류 위험물 중 자연발화성 물질로서 운반용기 외부에 표시하는 주의사항은 **화기엄금, 공기접촉엄금**이다.
(2) **인화성 고체**는 제2류 위험물로서 운반용기 외부에 표시하는 주의사항은 **화기엄금**이다.
(3) **과산화나트륨**(Na_2O_2)은 제1류 위험물 중 알칼리금속 과산화물로서 운반용기 외부에 표시하는 주의사항은 **화기·충격주의, 가연물접촉주의, 물기엄금**이다.

유별	품명	제조소등에 설치하는 주의사항	운반용기 외부에 표시하는 주의사항
제1류 위험물	알칼리금속 과산화물	물기엄금 (청색바탕, 백색문자)	화기·충격주의, 가연물접촉주의, 물기엄금
	그 밖의 것	필요 없음	화기·충격주의, 가연물접촉주의
제2류 위험물	철분, 금속분, 마그네슘	화기주의 (적색바탕, 백색문자)	화기주의, 물기엄금
	인화성 고체	화기엄금 (적색바탕, 백색문자)	화기엄금
	그 밖의 것	화기주의 (적색바탕, 백색문자)	화기주의
제3류 위험물	금수성 물질	물기엄금 (청색바탕, 백색문자)	물기엄금
	자연발화성 물질	화기엄금 (적색바탕, 백색문자)	화기엄금, 공기접촉엄금
제4류 위험물	인화성 액체	화기엄금 (적색바탕, 백색문자)	화기엄금
제5류 위험물	자기반응성 물질	화기엄금 (적색바탕, 백색문자)	화기엄금, 충격주의
제6류 위험물	산화성 액체	필요 없음	가연물접촉주의

>>> 정답
(1) 화기엄금, 공기접촉엄금
(2) 화기엄금
(3) 화기·충격주의, 가연물접촉주의, 물기엄금

필답형 13

[5점]

다음은 제조소에 설치하는 배출설비에 관한 내용이다. 괄호 안에 들어갈 알맞은 말을 쓰시오.

(1) 국소방식은 1시간당 배출장소 용적의 (①)배 이상인 것으로 하여야 한다. 다만, 전역방식의 경우 바닥면적 1m² 당 (②)m³ 이상으로 할 수 있다.

(2) 배출구는 지상 (①)m 이상으로서 연소의 우려가 없는 장소에 설치하고, (②)가 관통하는 벽부분의 바로 가까이에 화재 시 자동으로 폐쇄되는 (③)를 설치해야 한다.

≫≫풀이
(1) 배출설비의 배출능력

국소방식은 1시간당 배출장소 용적의 **20배** 이상인 것으로 하여야 한다. 다만, 전역방식의 경우에는 바닥면적 1m² 당 **18m³** 이상으로 할 수 있다.

> Check ≫≫
>
> 배출설비는 국소방식으로 하여야 한다. 다만, 다음에 해당하는 경우에는 전역방식으로 할 수 있다.
> 1. 위험물취급설비가 배관이음 등으로만 된 경우
> 2. 건축물의 구조·작업장소의 분포 등의 조건에 의하여 전역방식이 유효한 경우

(2) 배출구의 기준

배출구는 지상 **2m** 이상으로서 연소의 우려가 없는 장소에 설치하고, **배출덕트**가 관통하는 벽부분의 바로 가까이에 화재 시 자동으로 폐쇄되는 **방화댐퍼**를 설치할 것

≫≫정답
(1) ① 20, ② 18
(2) ① 2, ② 배출덕트, ③ 방화댐퍼

필답형 14

[5점]

다음 괄호 안에 알맞은 말을 쓰시오.

지정과산화물 옥내저장소는 바닥면적 (①)m² 이내마다 격벽으로 구획해야 하며, 격벽의 두께는 철근콘크리트조 또는 철골철근콘크리트조의 경우 (②)cm 이상, 보강콘크리트블록조의 경우 (③)cm 이상으로 하고, 창고 양측의 외벽으로부터 (④)m 이상, 창고 상부의 지붕으로부터 (⑤)cm 이상 돌출시켜야 한다.

≫≫풀이
제5류 위험물 중 품명이 유기과산화물이며 지정수량이 10kg인 것을 지정과산화물이라 하며, 지정과산화물을 저장하는 옥내저장소를 지정과산화물 옥내저장소라 한다.

지정과산화물 옥내저장소에 격벽을 설치하는 기준은 다음과 같다.
(1) 바닥면적 **150m² 이내마다 격벽으로 구획**할 것
(2) 격벽의 두께
　① 철근콘크리트조 또는 철골철근콘크리트조 : **30cm 이상**
　② 보강콘크리트블록조 : **40cm 이상**
(3) 격벽의 돌출길이
　① 저장창고 양측의 외벽으로부터 : **1m 이상**
　② 저장창고 상부의 지붕으로부터 : **50cm 이상**

지정과산화물 옥내저장소의 또 다른 기준

1. 저장창고의 외벽 두께
   ① 철근콘크리트조 또는 철골철근콘크리트조 : 20cm 이상
   ② 보강콘크리트블록조 : 30cm 이상
2. 저장창고의 출입구에는 갑종방화문을 설치할 것
3. 저장창고의 창
   ① 바닥으로부터 2m 이상 높이에 설치할 것
   ② 창 한 개의 면적은 0.4m² 이내로 할 것
   ③ 하나의 벽면에 부착된 모든 창의 면적의 합은 그 벽면 면적의 80분의 1 이내로 할 것
4. 저장창고의 지붕
   ① 중도리 또는 서까래의 간격은 30cm 이하로 할 것
   ② 지붕의 아래쪽 면에는 한 변의 길이가 45cm 이하의 환강·경량형강 등으로 된 강제의 격자를 설치할 것
   ③ 두께 5cm 이상, 너비 30cm 이상의 목재로 만든 받침대를 설치할 것
5. 저장창고의 담 또는 토제
   ① 담 또는 토제와 저장창고 외벽까지의 거리는 2m 이상으로 하되 지정과산화물 옥내저장소의 보유공지 너비의 5분의 1을 초과하지 않을 것
   ② 토제의 경사도는 60° 미만으로 할 것

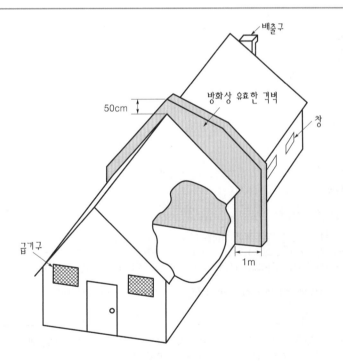

>>> 정답
① 150
② 30
③ 40
④ 1
⑤ 50

필답형 15 [5점]

다음 물음에 답하시오.

(1) 메탄올의 연소반응식을 쓰시오.

(2) 메탄올 1몰의 연소 시 발생하는 물질의 몰수를 쓰시오.

>>> 풀이

제4류 위험물 중 품명이 알코올류이고 지정수량이 400L인 메탄올(CH_3OH) 1몰을 연소시키면 이산화탄소 1몰과 물 2몰, **총 3몰의 물질이 발생**한다.

– 메탄올의 연소반응식 : $2CH_3OH + 3O_2 \longrightarrow 2CO_2 + 4H_2O$

> **Check >>>**
>
> **메탄올(메틸알코올)의 또 다른 성질**
>
> 1. 인화점 11℃, 발화점 464℃, 연소범위 6~36%, 비점 65℃로 물보다 가볍다.
> 2. 시신경 장애를 일으킬 수 있는 독성이 있으며 심하면 실명까지 가능하다.
> 3. 알코올류 중 탄소수가 가장 적으므로 수용성이 가장 크다.

>>> 정답

(1) $2CH_3OH + 3O_2 \longrightarrow 2CO_2 + 4H_2O$

(2) 3몰

필답형 16 [5점]

다음 물음에 답하시오.

• 제4류 위험물 중 제1석유류에 속한다.

• 이소프로필알코올을 산화시켜 제조한다.

• 요오드포름반응을 한다.

(1) 〈보기〉에 해당하는 위험물의 명칭을 쓰시오.

(2) 요오드포름의 화학식을 쓰시오.

(3) 요오드포름의 색상을 쓰시오.

>>> 풀이

제4류 위험물 중 제1석유류에 속하는 **아세톤**(CH_3COCH_3)은 다음 반응식에서 알 수 있듯이 이소프로필알코올[$(CH_3)_2CHOH$]이 수소(H_2)를 잃는 산화반응을 통해 생성된다. 또한 아세톤은 수산화나트륨(NaOH)과 요오드(I_2)를 반응시키면 **요오드포름(CHI_3)**이라는 **황색 물질**을 생성하는 요오드포름반응을 한다.

– 이소프로필알코올의 산화반응식 : $(CH_3)_2CHOH \xrightarrow{-H_2} CH_3COCH_3$

> **Check >>>**
>
> 제4류 위험물 중 알코올류에 속하는 에틸알코올(C_2H_5OH)도 수산화나트륨과 요오드를 반응시키면 요오드포름이라는 황색 물질을 생성하는 요오드포름반응을 한다.

>>> 정답

(1) 아세톤

(2) CHI_3

(3) 황색

필답형 17 [5점]

이황화탄소 5kg이 모두 증기로 변했을 때 1기압, 50℃에서 이 증기의 부피는 얼마인지 구하시오.

(1) 계산과정   (2) 답

>>> 풀이

이황화탄소(CS_2) 1mol의 분자량은 12(C)g + 32(S)g × 2 = 76g인데 〈문제〉는 이황화탄소 5kg, 즉 5,000g이 1기압, 50℃에서 모두 증기로 변하면 그 증기의 부피는 몇 L인지 구하는 것이므로 다음과 같이 이상기체상태방정식을 이용한다.

$$PV = \frac{w}{M}RT$$

여기서, P : 압력 = 1기압
　　　　V : 부피 = V(L)
　　　　w : 질량 = 5,000g
　　　　M : 분자량 = 76g/mol
　　　　R : 이상기체상수 = 0.082기압 · L/K · mol
　　　　T : 절대온도(273 + 실제온도) = 273 + 50K

💎 Tip

〈문제〉에서 부피의 단위를 별도로 제시하지 않았으므로 부피의 단위를 L 또는 m^3 중 어느 것으로 해도 상관없습니다.
∴ 1,000L = 1m^3이므로 1,742.5L는 1.74m^3로 써도 정답으로 인정됩니다.

$$1 \times V = \frac{5,000}{76} \times 0.082 \times (273 + 50)$$

$$V = 1,742.5L$$

>>> 정답

(1) $1 \times V = \frac{5,000}{76} \times 0.082 \times (273 + 50)$　　(2) 1,742.5L 또는 1.74m^3 중 하나

필답형 18 [5점]

다음 [표]는 자체소방대에 설치하는 화학소방자동차의 수와 자체소방대원의 수를 나타낸 것이다. 괄호 안에 들어갈 알맞은 수를 쓰시오.

지정수량의 배수	화학소방자동차의 수	자체소방대원의 수
12만배 미만	(①)대 이상	(②)명 이상
12만배 이상 24만배 미만	(③)대 이상	(④)명 이상
24만배 이상 48만배 미만	(⑤)대 이상	(⑥)명 이상
48만배 이상	(⑦)대 이상	(⑧)명 이상

>>> 풀이

자체소방대는 ㉠ 제4류 위험물을 지정수량의 3천배 이상으로 저장 · 취급하는 제조소 또는 일반취급소, ㉡ 제4류 위험물을 지정수량의 50만배 이상 저장하는 옥외탱크저장소에 설치하며, 자체소방대에 두는 화학소방자동차 및 자체소방대원의 수는 다음과 같다.

사업소의 구분	화학소방 자동차의 수	자체소방 대원의 수
지정수량의 3천배 이상 12만배 미만으로 취급하는 제조소 또는 일반취급소	1대 이상	5명 이상
지정수량의 12만배 이상 24만배 미만으로 취급하는 제조소 또는 일반취급소	2대 이상	10명 이상
지정수량의 24만배 이상 48만배 미만으로 취급하는 제조소 또는 일반취급소	3대 이상	15명 이상
지정수량의 48만배 이상으로 취급하는 제조소 또는 일반취급소	4대 이상	20명 이상
지정수량의 50만배 이상으로 저장하는 옥외탱크저장소	2대 이상	10명 이상

>>> 정답

① 1, ② 5, ③ 2, ④ 10, ⑤ 3, ⑥ 15, ⑦ 4, ⑧ 20

필답형 19 [5점]

다음 〈보기〉 중 위험물안전관리법령상 소화난이도등급 I 에 해당하는 옥외탱크저장소의 기준에 속하는 것의 번호를 쓰시오.

① 질산 60,000kg을 저장하는 옥외탱크저장소
② 과산화수소를 저장하는 액표면적이 40m² 이상인 옥외탱크저장소
③ 이황화탄소 500L를 저장하는 옥외탱크저장소
④ 휘발유 100,000L를 저장하는 해상탱크
⑤ 황 14,000kg을 저장하는 지중탱크

>>> 풀이 아래 check의 "소화난이도등급 I 에 해당하는 옥외탱크저장소의 기준"의 내용에 위의 〈보기〉의 조건을 적용하면 다음과 같다.

① 저장하는 양에 상관없이 제6류 위험물인 질산을 저장하는 옥외탱크저장소는 소화난이도등급 I 에 해당하지 않는다.

② 액표면적이 40m² 이상이지만 제6류 위험물인 과산화수소를 저장하는 옥외탱크저장소이므로 소화난이도등급 I 에 해당하지 않는다.

③ 옥외탱크저장소의 소화난이도등급 I 은 탱크 옆판의 상단까지 높이 또는 액표면적에 따라 구분되며, 제4류 위험물인 이황화탄소의 저장량만 가지고 판단할 수 있는 기준은 없다. 여기서 이황화탄소 500L를 저장하는 옥외탱크저장소는 이황화탄소의 저장량이 매우 적어 탱크 옆판의 상단까지 높이 또는 액표면적이 소화난이도등급 I 의 기준에 미치지 못하므로 소화난이도등급 I 에 해당하지 않는다는 취지로 해석할 수 있다.

④ 휘발유의 지정수량은 200L이므로 저장량 100,000L는 지정수량의 500배이고 이는 해상탱크로서 지정수량의 100배 이상의 위험물을 저장하는 옥외탱크저장소이므로 **소화난이도등급 I 에 해당**한다.

⑤ 지중탱크는 해상탱크와 함께 특수액체위험물탱크로 분류되어 제2류 위험물인 황과 같은 고체위험물은 저장할 수 없다. 다만, 황을 녹여 액체상태로 저장하는 경우라고 가정하면 황의 지정수량은 100kg이므로 저장량 14,000kg은 지정수량의 140배이고 이는 지중탱크로서 지정수량의 100배 이상의 위험물을 저장하는 옥외탱크저장소이므로 **소화난이도등급 I 에 해당**한다.

Check >>>

소화난이도등급 I 에 해당하는 옥외탱크저장소의 기준

1. 액표면적이 40m² 이상인 것(제6류 위험물을 저장하는 것 및 고인화점 위험물만을 100℃ 미만의 온도에서 저장하는 것은 제외)
2. 지반면으로부터 탱크 옆판의 상단까지의 높이가 6m 이상인 것(제6류 위험물을 저장하는 것 및 고인화점 위험물만을 100℃ 미만의 온도에서 저장하는 것은 제외)
3. 지중탱크 또는 해상탱크로서 지정수량의 100배 이상인 것(제6류 위험물을 저장하는 것 및 고인화점 위험물만을 100℃ 미만의 온도에서 저장하는 것은 제외)
4. 고체위험물을 저장하는 것으로서 지정수량의 100배 이상인 것

>>> 정답 ④, ⑤

필답형 20 　　　　　　　　　　　　　　　　　　　　　　　　　　　　[5점]

다음 괄호 안에 들어갈 알맞은 말을 쓰시오.

(1) (A)등을 취급하는 제조소의 설비의 기준
　① 누설범위를 국한하기 위한 설비와 누설된 (A)등을 안전한 장소에 설치된 저장실에 유입시킬 수 있는 설비를 갖추어야 한다.
　② 불활성기체 봉입장치를 갖추어야 한다.

(2) (B)등을 취급하는 제조소의 설비의 기준
　① 은, 수은, 구리(동), 마그네슘을 성분으로 하는 합금으로 만들지 아니한다.
　② 연소성 혼합기체의 폭발을 방지하기 위한 불활성 기체 또는 수증기 봉입장치를 갖추어야 한다.

(3) (C)등을 취급하는 제조소의 설비의 기준
　① (C)등을 취급하는 설비에는 온도 및 농도의 상승에 따른 위험한 반응을 방지하기 위한 조치를 강구한다.
　② 철, 이온 등의 혼입에 따른 위험한 반응을 방지하기 위한 조치를 강구한다.

>>> 풀이　**위험물의 성질에 따른 각종 제조소의 특례**

　(1) **알킬알루미늄등**(알킬알루미늄, 알킬리튬)을 취급하는 제조소의 설비의 기준
　　① 불활성 기체 봉입장치를 갖추어야 한다.
　　② 누설범위를 국한하기 위한 설비를 갖추어야 한다.
　　③ 누설된 **알킬알루미늄**등을 안전한 장소에 설치된 저장실에 유입시킬 수 있는 설비를 갖추어야 한다.

　(2) **아세트알데히드등**(아세트알데히드, 산화프로필렌)을 취급하는 제조소의 설비의 기준
　　① 은, 수은, 구리(동), 마그네슘을 성분으로 하는 합금으로 만들지 아니한다.
　　② 연소성 혼합기체의 폭발을 방지하기 위한 불활성 기체 또는 수증기 봉입장치를 갖추어야 한다.
　　③ 아세트알데히드등을 저장하는 탱크에는 냉각장치 또는 보냉장치 및 불활성 기체 봉입장치를 갖추어야 한다.

　(3) **히드록실아민등**(히드록실아민, 히드록실아민염류)을 취급하는 제조소의 설비의 기준
　　① **히드록실아민등**을 취급하는 설비에는 온도 및 농도의 상승에 따른 위험한 반응을 방지하기 위한 조치를 강구한다.
　　② 철, 이온 등의 혼입에 따른 위험한 반응을 방지하기 위한 조치를 강구한다.

>>> 정답　A. 알킬알루미늄
　　　　　B. 아세트알데히드
　　　　　C. 히드록실아민

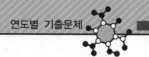

2021 제2회 위험물산업기사 실기

2021년 7월 10일 시행

※ 필답형＋작업형으로 치러지던 기존 시험에서는 각 문항별 배점이 상이하였으나, 필답형(20문제) 시험만 보는 2020년 1회부터는 각 문항 배점이 모두 5점입니다!

 필/답/형 시험

필답형 01 [5점]

다음 〈표〉는 제4류 위험물의 옥외탱크저장소의 보유공지를 나타낸 것이다. 괄호 안에 알맞은 말을 쓰시오.

지정수량의 배수	보유공지
지정수량의 500배 이하	(①)m 이상
지정수량의 500배 초과 1,000배 이하	(②)m 이상
지정수량의 1,000배 초과 2,000배 이하	(③)m 이상
지정수량의 2,000배 초과 3,000배 이하	(④)m 이상
지정수량의 3,000배 초과 4,000배 이하	(⑤)m 이상

>>> 풀이 옥외탱크저장소의 보유공지
(1) 제6류 위험물 외의 위험물을 저장하는 경우

지정수량의 배수	보유공지
지정수량의 500배 이하	3m 이상
지정수량의 500배 초과 1,000배 이하	5m 이상
지정수량의 1,000배 초과 2,000배 이하	9m 이상
지정수량의 2,000배 초과 3,000배 이하	12m 이상
지정수량의 3,000배 초과 4,000배 이하	15m 이상
지정수량의 4,000배 초과	탱크의 지름과 높이 중 큰 것 이상으로 하되 최소 15m 이상 최대 30m 이하로 한다.

(2) 제6류 위험물을 저장하는 경우 : 위 [표]의 옥외저장탱크의 보유공지 너비의 1/3 이상(최소 1.5m 이상)

동일한 방유제 안에 있는 2개 이상의 탱크 상호간 거리
1. 제6류 위험물 외의 위험물을 저장하는 경우 : 옥외탱크저장소의 보유공지 너비의 1/3 이상(최소 3m 이상)
2. 제6류 위험물을 저장하는 경우 : 제6류 위험물 옥외탱크저장소의 보유공지 너비의 1/3 이상(최소 1.5m 이상)

>>> 정답 ① 3m ② 5m ③ 9m ④ 12m ⑤ 15m

필답형 02 [5점]

다음 물질의 완전연소반응식을 쓰시오.

(1) P_2S_5 (2) Al분 (3) Mg

풀이

(1) 오황화인(P_2S_5)은 제2류 위험물로서 품명은 황화인이고, 지정수량은 100kg이며, 연소 시 오산화인(P_2O_5)과 이산화황(SO_2)을 발생한다.
  － 연소반응식 : $2P_2S_5 + 15O_2 \rightarrow 2P_2O_5 + 10SO_2$

(2) 알루미늄(Al)분은 제2류 위험물로서 품명은 금속분이고, 지정수량은 500kg이며, 연소 시 산화알루미늄(Al_2O_3)을 발생한다.
  － 연소반응식 : $4Al + 3O_2 \rightarrow 2Al_2O_3$

(3) 마그네슘(Mg)은 제2류 위험물로서 품명도 마그네슘이고, 지정수량은 500kg이며, 연소 시 산화마그네슘(MgO)을 발생한다.
  － 연소반응식 : $2Mg + O_2 \rightarrow 2MgO$

Check >>>

오황화인, 알루미늄분, 마그네슘의 물과의 반응

1. 오황화인은 물과 반응 시 황화수소(H_2S)와 인산(H_3PO_4)을 발생한다.
  － 오황화인의 물과의 반응식 : $P_2S_5 + 8H_2O \rightarrow 5H_2S + 2H_3PO_4$

2. 알루미늄분은 물과 반응 시 수산화알루미늄[$Al(OH)_3$]과 수소(H_2)를 발생한다.
  － 알루미늄분의 물과의 반응식 : $2Al + 6H_2O \rightarrow 2Al(OH)_3 + 3H_2$

3. 마그네슘은 물과 반응 시 수산화마그네슘[$Mg(OH)_2$]과 수소(H_2)를 발생한다.
  － 마그네슘의 물과의 반응식 : $Mg + 2H_2O \rightarrow Mg(OH)_2 + H_2$

정답

(1) $2P_2S_5 + 15O_2 \rightarrow 2P_2O_5 + 10SO_2$ (2) $4Al + 3O_2 \rightarrow 2Al_2O_3$ (3) $2Mg + O_2 \rightarrow 2MgO$

필답형 03 [5점]

메탄올 320g을 산화시키면 포름알데히드와 물이 발생한다. 이 반응에서 발생하는 포름알데히드의 g수를 구하시오.

(1) 풀이과정 (2) 답

풀이

메탄올(CH_3OH)을 0.5몰의 산소(O_2)로 산화시키면 다음과 같이 포름알데히드(HCHO)와 물(H_2O)이 발생한다.

－ 메탄올의 산화반응식 : $CH_3OH \xrightarrow{+0.5O_2} HCHO + H_2O$

메탄올의 분자량은 $12(C) + 1(H) \times 4 + 16(O) = 32g$이고, 포름알데히드의 분자량은 $1(H) \times 2 + 12(C) + 16(O) = 30g$이다. 아래의 반응식에서 알 수 있듯이 메탄올 32g을 산화시키면 포름알데히드는 30g이 발생하는데 〈문제〉의 조건은 메탄올 320g을 산화시키면 포름알데히드는 몇 g 발생하는지를 묻는 것이므로 다음의 비례식을 이용해 풀 수 있다.

$CH_3OH \rightarrow HCHO + H_2O$

32g ╲╱ 30g
320g ╱╲ x(g)

$32 \times x = 320 \times 30$, $x = 300g$

정답

(1) $32 \times x = 320 \times 30$ (2) 300g

필답형 04
[5점]

제조소에 설치하는 옥내소화전에 대해 다음 물음에 답하시오.

(1) 수원의 양은 옥내소화전(옥내소화전이 가장 많이 설치된 층의 소화전 개수가 5개 이상이면 5개)의 개수에 몇 m³를 곱한 양 이상으로 해야 하는지 쓰시오.

(2) 당해 층의 모든 옥내소화전(옥내소화전이 가장 많이 설치된 층의 소화전 개수가 5개 이상이면 5개)을 동시에 사용할 경우 각 노즐선단의 방수압력은 몇 kPa 이상으로 해야 하는지 쓰시오.

(3) 당해 층의 모든 옥내소화전(옥내소화전이 가장 많이 설치된 층의 소화전 개수가 5개 이상이면 5개)을 동시에 사용할 경우 각 노즐선단의 방수량은 몇 L/min 이상으로 해야 하는지 쓰시오.

(4) 당해 층의 각 부분에서 하나의 호스접속구까지의 수평거리는 몇 m 이하로 해야 하는지 쓰시오.

>>> 풀이 **옥내소화전의 설치기준**

(1) 수원의 양은 옥내소화전(옥내소화전이 가장 많이 설치된 층의 소화전 개수가 5개 이상이면 5개)의 개수에 **7.8m³**를 곱한 양 이상으로 해야 한다.

(2) 당해 층의 모든 옥내소화전(옥내소화전이 가장 많이 설치된 층의 소화전 개수가 5개 이상이면 5개)을 동시에 사용할 경우 각 노즐선단의 방수압력은 **350kPa** 이상으로 해야 한다.

(3) 당해 층의 모든 옥내소화전(옥내소화전이 가장 많이 설치된 층의 소화전 개수가 5개 이상이면 5개)을 동시에 사용할 경우 각 노즐선단의 방수량은 **260L/min** 이상으로 해야 한다.

(4) 당해 층의 각 부분에서 하나의 호스접속구까지의 수평거리는 **25m** 이하로 해야 한다.

> **Check >>>**
>
> 옥내소화전과 옥외소화전의 비교
>
> | 구 분 | 옥내소화전 | 옥외소화전 |
> |---|---|---|
> | 물(수원)의 양 | 소화전의 수(소화전의 수가 5개 이상이면 5개)에 7.8m³를 곱한 양 이상 | 소화전의 수(소화전의 수가 4개 이상이면 4개)에 13.5m³를 곱한 양 이상 |
> | 방수량 | 260L/min | 450L/min |
> | 방수압 | 350kPa 이상 | 350kPa 이상 |
> | 호스접속구까지의 수평거리 | 제조소등의 각 층의 각 부분에서 25m 이하 | 제조소등의 건축물의 각 부분에서 40m 이하 |
> | 개폐밸브 및 호스접속구의 설치높이 | 바닥으로부터 1.5m 이하 | 바닥으로부터 1.5m 이하 |
> | 비상전원 | 45분 이상 작동 | 45분 이상 작동 |

>>> 정답 (1) 7.8m³ (2) 350kPa (3) 260L/min (4) 25m

필답형 05
[5점]

질산암모늄 800g이 열분해 시 발생하는 기체의 총 부피는 1기압, 600℃에서 몇 L인지 구하시오.

(1) 계산과정

(2) 정답

>>> 풀이 질산암모늄(NH_4NO_3)의 분자량은 14(N)×2+1(H)×4+16(O)×3=80g이고, 다음 반응식에서 알 수 있듯이 질산암모늄 80g을 열분해시키면 질소(N_2) 1몰, 산소(O_2) 0.5몰, 그리고 수증기(H_2O) 2몰로서 총 3.5몰의 기체가 발생하지만 〈문제〉의 조건인 질산암모늄 800g을 분해시키면 총 35몰의 기체가 발생한다.
- 질산암모늄의 열분해반응식 : $2NH_4NO_3 \rightarrow 2N_2 + O_2 + 4H_2O$

$$80 \times x = 800 \times 3.5$$
$$x = 35몰$$

〈문제〉는 1기압, 600℃에서 35몰의 기체의 부피는 몇 L인지를 구하는 것이므로 다음과 같이 이상기체상태방정식을 이용하여 풀 수 있다.

$$PV = nRT$$

여기서, P : 압력=1기압
V : 부피=V(L)
n : 몰수=35mol
R : 이상기체상수=0.082기압·L/K·mol
T : 절대온도(273+실제온도)=273+600K

$$1 \times V = 35 \times 0.082 \times (273 + 600)$$
$$V = 2,505.51L$$

>>> 정답 (1) $1 \times V = 35 \times 0.082 \times (273 + 600)$ (2) 2,505.51L

필답형 **06**   [5점]

다음 물음에 답하시오.

(1) 다음 괄호에 들어갈 위험물의 명칭과 지정수량을 쓰시오.
(㉠)·(㉡), 그 밖에 정전기에 의한 재해발생의 우려가 있는 액체의 위험물을 이동저장탱크의 상부로 주입하는 때에는 주입관을 사용하되 당해 주입관의 선단을 이동저장탱크의 밑바닥에 밀착할 것
① ㉠의 명칭과 지정수량
② ㉡의 명칭과 지정수량
(2) (1)의 물질 중 겨울철에 응고할 수 있고 인화점이 낮아 고체상태에서도 인화할 수 있는 방향족 탄화수소에 해당하는 위험물의 구조식을 쓰시오.

>>> 풀이 (1) **휘발유·벤젠**, 그 밖에 정전기에 의한 재해발생의 우려가 있는 액체의 위험물을 이동저장탱크의 상부로 주입하는 때에는 주입관을 사용하되 당해 주입관의 선단을 이동저장탱크의 밑바닥에 밀착해야 한다. 여기서 휘발유와 벤젠은 모두 제4류 위험물로서 품명은 제1석유류 비수용성이고, **지정수량은 200L**이며, 위험등급 Ⅱ인 물질이다.

(2) **벤젠**(C_6H_6)은 융점(녹는점)이 5.5℃이므로 5.5℃ 이상의 온도에서 녹기 시작하며 5.5℃보다 낮은 기온인 겨울철에는 녹지 않아 고체상태로 존재한다. 하지만 벤젠은 인화점이 −11℃이므로 고체상태인 −11℃의 온도에서도 점화원에 의해 인화할 수 있다.

∥ 벤젠의 구조식 ∥

>>> 정답 (1) ① 휘발유, 200L, ② 벤젠, 200L
(2)

필답형 07 [5점]

다음 위험물을 지정수량 이상으로 운반 시 혼재할 수 없는 유별을 쓰시오.

(1) 제1류 위험물 (2) 제2류 위험물 (3) 제3류 위험물 (4) 제4류 위험물 (5) 제5류 위험물

》》》풀이 다음의 [표]에서 알 수 있듯이 위험물의 운반에 관한 혼재기준에 따라 위험물끼리 혼재할 수 없는 유별은 다음과 같다.

(1) 제1류 : **제2류, 제3류, 제4류, 제5류 위험물**
(2) 제2류 : **제1류, 제3류, 제6류 위험물**
(3) 제3류 : **제1류, 제2류, 제5류, 제6류 위험물**
(4) 제4류 : **제1류, 제6류 위험물**
(5) 제5류 : **제1류, 제3류, 제6류 위험물**

위험물의 구분	제1류	제2류	제3류	제4류	제5류	제6류
제1류		×	×	×	×	○
제2류	×		×	○	○	×
제3류	×	×		○	×	×
제4류	×	○	○		○	×
제5류	×	○	×	○		×
제6류	○	×	×	×	×	

※ 이 표는 지정수량의 1/10 이하의 위험물에 대하여는 적용하지 아니한다.

🐝 Tip

위험물의 운반에 관한 혼재기준 [표]를 그리는 방법은 423, 524, 61의 숫자 조합으로 다음과 같이 만듭니다.
1) 가로줄의 제4류를 기준으로 아래로 제2류와 제3류에 "○"를 표시합니다.
2) 가로줄의 제5류를 기준으로 아래로 제2류와 제4류에 "○"를 표시합니다.
3) 가로줄의 제6류를 기준으로 아래로 제1류에 "○"를 표시합니다.
4) 세로줄의 제4류를 기준으로 오른쪽으로 제2류와 제3류에 "○"를 표시합니다.
5) 세로줄의 제5류를 기준으로 오른쪽으로 제2류와 제4류에 "○"를 표시합니다.
6) 세로줄의 제6류를 기준으로 오른쪽으로 제1류에 "○"를 표시합니다.

Check 》》》

위험물의 저장에 관한 혼재기준

옥내저장소 또는 옥외저장소에서 서로 다른 유별끼리는 함께 저장할 수 없지만 다음의 위험물을 유별로 정리하여 서로 1m 이상의 간격을 두는 경우에는 함께 저장할 수 있다.
1. 제1류 위험물(알칼리금속 과산화물 제외)과 제5류 위험물
2. 제1류 위험물과 제6류 위험물
3. 제1류 위험물과 제3류 위험물 중 자연발화성 물질(황린)
4. 제2류 위험물 중 인화성 고체와 제4류 위험물
5. 제3류 위험물 중 알킬알루미늄등과 제4류 위험물(알킬알루미늄 또는 알킬리튬을 함유한 것)
6. 제4류 위험물 중 유기과산화물과 제5류 위험물 중 유기과산화물

》》》정답 (1) 제2류, 제3류, 제4류, 제5류 위험물
(2) 제1류, 제3류, 제6류 위험물
(3) 제1류, 제2류, 제5류, 제6류 위험물
(4) 제1류, 제6류 위험물
(5) 제1류, 제3류, 제6류 위험물

필답형 08 [5점]

다음은 위험물안전관리법에서 정하는 위험물의 저장 및 취급 기준이다. 괄호 안에 알맞은 말을 쓰시오.

(1) 제3류 위험물 중 자연발화성 물질에 있어서는 불티, 불꽃, 고온체와의 접근, 과열 또는 ( )와의 접촉을 피하고, 금수성 물질에 있어서는 물과의 접촉을 피해야 한다.
(2) 제( )류 위험물은 불티, 불꽃, 고온체와의 접근이나 과열, 충격 또는 마찰을 피해야 한다.
(3) 제2류 위험물은 산화제와의 접촉ㆍ혼합이나 불티, 불꽃, 고온체와의 접근 또는 과열을 피하는 한편, ( ), ( ), ( ) 및 이를 함유한 것에 있어서는 물이나 산과의 접촉을 피하고 인화성 고체에 있어서는 함부로 증기를 발생시키지 아니하여야 한다.

▶▶▶풀이   위험물의 유별 저장ㆍ취급 공통기준
① 제1류 위험물은 가연물과의 접촉ㆍ혼합이나 분해를 촉진하는 물품과의 접근 또는 과열, 충격, 마찰 등을 피하는 한편, 알칼리금속 과산화물 및 이를 함유한 것에 있어서는 물과의 접촉을 피해야 한다.
② 제2류 위험물은 산화제와의 접촉ㆍ혼합이나 불티, 불꽃, 고온체와의 접근 또는 과열을 피하는 한편, **철분, 금속분, 마그네슘** 및 이를 함유한 것에 있어서는 물이나 산과의 접촉을 피하고 인화성 고체에 있어서는 함부로 증기를 발생시키지 아니하여야 한다.
③ 제3류 위험물 중 자연발화성 물질에 있어서는 불티, 불꽃, 고온체와의 접근, 과열 또는 **공기**와의 접촉을 피하고, 금수성 물질에 있어서는 물과의 접촉을 피해야 한다.
④ 제4류 위험물은 불티, 불꽃, 고온체와의 접근 또는 과열을 피하고, 함부로 증기를 발생시키지 아니하여야 한다.
⑤ **제5류** 위험물은 불티, 불꽃, 고온체와의 접근이나 과열, 충격 또는 마찰을 피해야 한다.
⑥ 제6류 위험물은 가연물과의 접촉ㆍ혼합이나 분해를 촉진하는 물품과의 접근 또는 과열을 피해야 한다.

▶▶▶정답   (1) 공기   (2) 5   (3) 철분, 금속분, 마그네슘

필답형 09 [5점]

비중이 1.51인 98wt%의 질산 100mL를 68wt%의 질산으로 만들려면 물을 몇 g 더 첨가해야 하는지 구하시오.

▶▶▶풀이   비중 1.51을 밀도로 바꾸면 1.51g/mL이고, 98wt% 질산용액 100mL를 질량으로 바꾸면

$$100\text{mL 질산용액} \times \frac{1.51\text{g}}{1\text{mL}} = 151\text{g 질산용액이다.}$$

151g 질산용액의 농도가 98wt%이므로 질산의 양은 다음과 같다.

$$151\text{g 질산용액} \times \frac{98\text{g 질산}}{100\text{g 질산용액}} = 147.98\text{g 질산}$$

68wt% 질산용액을 만들기 위해 넣어야 할 물의 양을 x(g)으로 두고 식으로 나타내면 다음과 같다.

$$\frac{147.98\text{g}}{151\text{g} + x(\text{g})} = \frac{68\text{g}}{100\text{g}}$$

$$\therefore \ x = \textbf{66.62g}$$

▶▶▶정답   66.62g

필답형 10 [5점]

다음 물음에 답하시오.

(1) 소화방법의 종류 4가지를 쓰시오.
(2) 증발잠열을 이용하여 소화하는 소화방법을 쓰시오.
(3) 가스의 밸브를 폐쇄하여 소화하는 소화방법을 쓰시오.
(4) 불활성 가스를 방사하여 소화하는 소화방법을 쓰시오.

>>> 풀이   소화방법에는 다음과 같은 종류들이 있다.

① **제거소화**
가연물을 제거하여 연소를 중단시키는 것을 말하며, 그 방법으로는 다음과 같은 것들이 있다.
㉠ 입으로 불어서 촛불을 끄는 방법
㉡ 산불화재 시 벌목으로 불을 끄는 방법
㉢ **가스화재 시 밸브를 잠가 소화하는 방법**
㉣ 유전화재 시 폭발로 인해 가연성 가스를 날리는 방법

② **질식소화**
공기 중의 산소 또는 산소공급원의 공급을 막아 연소를 중단시키는 소화방법을 말하며, 소화약제의 종류에는 **불활성 가스**, 분말소화약제 등이 있다.

③ **냉각소화**
연소면에 물을 뿌려 발생하는 **증발잠열을 이용**해 연소물로부터 열을 빼앗아 발화점 이하로 온도를 낮추어 소화하는 방법을 말한다.

④ **억제소화(부촉매소화)**
연쇄반응의 속도를 빠르게 하는 정촉매의 역할을 억제시키는 소화방법을 말하며, 대표적인 소화약제의 종류는 할로겐화합물소화약제이다.

⑤ **희석소화**
가연물의 농도를 낮추어 소화하는 방법을 말한다.

⑥ **유화소화**
물 또는 포를 안개형태로 흩어뿌림으로써 유류 표면을 덮어 증기발생을 억제시키는 소화방법을 말한다.

>>> 정답   (1) 제거소화, 질식소화, 냉각소화, 억제소화, 희석소화, 유화소화 중 4개
(2) 냉각소화
(3) 제거소화
(4) 질식소화

필답형 11 [5점]

옥외저장탱크 또는 지하저장탱크에 다음과 같이 위험물을 저장하는 경우 저장온도는 몇 ℃ 이하로 해야 하는지 쓰시오.

(1) 압력탱크에 저장하는 디에틸에테르
(2) 압력탱크에 저장하는 아세트알데히드
(3) 압력탱크 외의 탱크에 저장하는 아세트알데히드
(4) 압력탱크 외의 탱크에 저장하는 디에틸에테르
(5) 압력탱크 외의 탱크에 저장하는 산화프로필렌

>>> **풀이** **옥외저장탱크**, 옥내저장탱크 또는 **지하저장탱크**에 저장하는 위험물의 저장온도

① **압력탱크**에 저장하는 경우
   – **아세트알데히드**, 산화프로필렌, **디에틸에테르** : 40℃ 이하
② **압력탱크 외의 탱크**에 저장하는 경우
   ㉠ **아세트알데히드** : 15℃ 이하
   ㉡ **산화프로필렌, 디에틸에테르** : 30℃ 이하

>
> 이동저장탱크에 저장하는 위험물의 저장온도
>
> 1. 보냉장치가 있는 이동저장탱크에 저장하는 경우
>   – 아세트알데히드, 산화프로필렌, 디에틸에테르 : 비점 이하
> 2. 보냉장치가 없는 이동저장탱크에 저장하는 경우
>   – 아세트알데히드, 산화프로필렌, 디에틸에테르 : 40℃ 이하

>>> **정답** (1) 40℃   (2) 40℃   (3) 15℃   (4) 30℃   (5) 30℃

필답형 12 [5점]

제2류 위험물과 동소체의 관계에 있는 자연발화성 물질인 제3류 위험물에 대해 다음 물음에 답하시오.

(1) 연소반응식
(2) 위험등급
(3) 이 위험물을 저장하는 옥내저장소의 바닥면적은 몇 m² 이하인지 쓰시오.

>>> **풀이** (1) **황린**(P_4)은 제3류 위험물 중 자연발화성 물질로서 제2류 위험물인 적린(P)과 비교했을 때 모양과 성질은 다르지만 연소 시 오산화인(P_2O_5)이라는 동일한 물질을 발생시키므로 **적린과 서로 동소체의 관계**에 있다.
   – 황린의 연소반응식 : $P_4 + 5O_2 \rightarrow 2P_2O_5$

(2) 황린은 지정수량이 20kg이며 **위험등급 I** 인 백색 또는 담황색의 고체로서 자연발화를 방지하기 위해 pH=9인 약알칼리성의 물속에 보관한다.

(3) 옥내저장소의 바닥면적에 따른 위험물의 저장기준
   ① **바닥면적 1,000m² 이하**에 저장해야 하는 물질
      ㉠ 제1류 위험물 중 아염소산염류, 염소산염류, 과염소산염류, 무기과산화물, 그 밖에 지정수량이 50kg인 위험물(위험등급 I)
      ㉡ 제3류 위험물 중 칼륨, 나트륨, 알킬알루미늄, 알킬리튬, 그 밖에 지정수량이 10kg인 위험물 및 **황린** (위험등급 I)
      ㉢ 제4류 위험물 중 특수인화물, 제1석유류 및 알코올류(위험등급 I 및 위험등급 II)
      ㉣ 제5류 위험물 중 유기과산화물, 질산에스테르류, 그 밖에 지정수량이 10kg인 위험물(위험등급 I)
      ㉤ 제6류 위험물(위험등급 I)
   ② 바닥면적 2,000m² 이하에 저장할 수 있는 물질
      – 바닥면적 1,000m² 이하에 저장할 수 있는 물질 이외의 것

>>> **정답** (1) $P_4 + 5O_2 \rightarrow 2P_2O_5$
(2) I
(3) 1,000m²

필답형 13 [5점]

제4류 위험물의 특수인화물에 속하는 물질 중 물속에 저장하는 위험물에 대해 다음 물음에 답하시오.

(1) 연소 시 발생하는 독성가스의 화학식
(2) 증기비중
(3) 이 위험물의 옥외저장탱크를 보관하는 철근콘크리트의 수조의 벽 및 바닥의 두께는 몇 m 이상 으로 해야 하는지 쓰시오.

>>> 풀이

(1) 이황화탄소(CS_2)는 제4류 위험물 중 품명은 특수인화물이며, 지정수량은 50L로서 공기 중에 노출되면 산소와 반응 즉, 연소하여 이산화탄소(CO_2)와 함께 가연성이고 **독성 가스인 이산화황(SO_2)을 발생**하므로 물속에 저장한다.
  – 이황화탄소의 연소반응식 : $CS_2 + 3O_2 \rightarrow CO_2 + 2SO_2$

>
> 이황화탄소는 물에 저장한 상태에서 150℃ 이상의 열로 가열하면 황화수소(H_2S)라는 독성 가스와 이산화탄소를 발생하므로 냉수에 보관해야 한다.
> – 물과의 반응식 : $CS_2 + 2H_2O \rightarrow 2H_2S + CO_2$

(2) 이황화탄소의 분자량은 $12(C) + 32(S) \times 2 = 76g$이고, **증기비중**은 $\dfrac{76}{29} = 2.62$로 이황화탄소의 증기는 공기보다 무겁다.

(3) 이황화탄소의 옥외저장탱크는 **벽 및 바닥의 두께가 0.2m 이상**이고 누수가 되지 아니하는 **철근콘크리트의 수조**에 넣어 보관하여야 한다. 이 경우 보유공지·통기관 및 자동계량장치는 생략할 수 있다.

>>> 정답   (1) SO_2 (2) 2.62   (3) 0.2m

필답형 14 [5점]

다음 〈보기〉의 내용은 위험물의 저장 및 취급에 관한 중요기준을 나타낸 것이다. 옳은 것을 모두 고르시오.

① 옥내저장소에서는 용기에 수납하여 저장하는 위험물의 온도가 45℃가 넘지 아니하도록 필요한 조치를 강구하여야 한다.
② 제3류 위험물 중 황린, 그 밖에 물속에 저장하는 물품과 금수성 물질은 동일한 저장소에 저장할 수 있다.
③ 컨테이너식 이동탱크저장소 외의 이동탱크저장소에 있어서는 위험물을 저장한 상태로 이동저장 탱크를 옮겨 싣지 아니하여야 한다.
④ 위험물 이동취급소에 위험물을 이송하기 위한 배관·펌프 및 이에 부속한 설비의 안전을 확인하기 위한 순찰을 행하고, 위험물을 이송하는 중에는 이송하는 위험물의 압력 및 유량을 항상 감시하여야 한다.
⑤ 제조소등에서 허가 및 신고와 관련되는 품명 외의 위험물 또는 이러한 허가 및 신고와 관련되는 수량 또는 지정수량의 배수를 초과하는 위험물을 저장 또는 취급하지 아니하여야 한다.

>>> 풀이 〈문제〉의 위험물의 저장 및 취급에 관한 중요기준 중 ①, ②, ④의 항목은 다음과 같이 수정하여야 한다.

① 옥내저장소에서는 용기에 수납하여 저장하는 **위험물의 온도가 55℃가 넘지 아니하도록** 필요한 조치를 강구하여야 한다.

② 제3류 위험물 중 황린, 그 밖에 물속에 저장하는 물품과 금수성 물질은 **동일한 저장소에서 저장하지 아니하여야** 한다.

④ 위험물 **이송취급소**에 위험물을 이송하기 위한 배관·펌프 및 이에 부속한 설비의 안전을 확인하기 위한 순찰을 행하고, 위험물을 이송하는 중에는 이송하는 위험물의 압력 및 유량을 항상 감시하여야 한다.

>>> 정답 ③, ⑤

필답형 15 [5점]

다음 물음에 답하시오.

메탄올, 아세톤, 클로로벤젠, 아닐린, 메틸에틸케톤

(1) 〈보기〉 중 인화점이 가장 낮은 것을 고르시오.
(2) (1)의 구조식을 쓰시오.
(3) 〈보기〉 중 제1석유류에 해당하는 것을 모두 고르시오.

>>> 풀이

물질명	화학식	품 명	지정수량	인화점	구조식
메탄올	CH_3OH	알코올류 (수용성)	400L	11℃	H‑C‑OH (H 위아래)
아세톤	CH_3COCH_3	**제1석유류** (수용성)	400L	**−18℃**	H‑C‑C‑C‑H
클로로벤젠	C_6H_5Cl	제2석유류 (비수용성)	1,000L	32℃	Cl 벤젠고리
아닐린	$C_6H_5NH_2$	제3석유류 (비수용성)	2,000L	75℃	NH_2 벤젠고리
메틸에틸케톤	$CH_3COC_2H_5$	**제1석유류** (비수용성)	200L	−1℃	H‑C‑C‑C‑C‑H

>>> 정답 (1) 아세톤

(2)
```
  H O H
  | ‖ |
H-C-C-C-H
  |   |
  H   H
```

(3) 아세톤, 메틸에틸케톤

필답형 16 [5점]

면적 300m²인 옥외저장소에 덩어리상태의 황을 30,000kg 저장하는 경우에 대해 다음 물음에 답하시오.

(1) 이 옥외저장소에는 덩어리상태의 황을 저장하기 위한 경계구역을 몇 개까지 설치할 수 있는지 쓰시오.
(2) 경계구역과 경계구역 사이의 간격은 몇 m 이상으로 해야 하는지 쓰시오.
(3) 이 옥외저장소에 인화점 10℃인 제4류 위험물을 함께 저장할 수 있는지의 유무를 쓰시오.

>>> 풀이

(1) 옥외저장소에서 덩어리상태의 황만을 저장하는 경계구역의 내부면적은 100m² 이하로 해야 하며, 2 이상의 경계구역의 내부면적 전체의 합은 1,000m² 이하로 해야 한다. 〈문제〉의 옥외저장소의 면적은 300m² 이고 경계구역과 경계구역 간에도 간격이 필요하므로 여기에 설치할 수 있는 **경계구역의 개수는 2개**이다.

(2) 덩어리상태의 황만을 저장하는 경계구역과 경계구역 간의 간격은 옥외저장소 보유공지의 너비의 1/2 이상으로 한다. 다만, 저장하는 위험물의 최대수량이 지정수량 200배 이상인 경우 경계구역 간의 간격은 10m 이상으로 한다. 황의 지정수량은 100kg이고 〈문제〉의 황의 저장량은 30,000kg이므로 지정수량의 배수는 300배이다. 따라서 이 양은 지정수량의 200배 이상이므로 **경계구역 간의 간격은 10m 이상으로** 해야 한다.

(3) 옥외저장소에서 서로 다른 유별을 함께 저장할 수 있는 경우에서도 알 수 있듯이 **제2류 위험물인 덩어리상태의 황과 제4류 위험물은 동일한 옥외저장소에서 함께 저장할 수 없다.**

※ 옥외저장소에서 1m 이상의 간격을 두는 경우 서로 다른 유별을 함께 저장할 수 있는 경우는 다음과 같다.
   ① 제1류 위험물(알칼리금속 과산화물 제외)과 제5류 위험물
   ② 제1류 위험물과 제6류 위험물
   ③ 제1류 위험물과 제3류 위험물 중 자연발화성 물질(황린)
   ④ 제2류 위험물 중 인화성 고체와 제4류 위험물
   ⑤ 제3류 위험물 중 알킬알루미늄등과 제4류 위험물(알킬알루미늄 또는 알킬리튬을 함유한 것)
   ⑥ 제4류 위험물 중 유기과산화물과 제5류 위험물 중 유기과산화물

>>> 정답

(1) 2개
(2) 10m
(3) 함께 저장할 수 없음

필답형 17 [5점]

지정과산화물 옥내저장소에 대해 다음 물음에 답하시오.

(1) 지정과산화물의 위험등급을 쓰시오.
(2) 옥내저장소의 바닥면적은 몇 m² 이하로 해야 하는지 쓰시오.
(3) 철근콘크리트조로 된 옥내저장소 외벽의 두께는 몇 cm 이상으로 해야 하는지 쓰시오.

>>> 풀이

(1) 지정과산화물이란 제5류 위험물 중 유기과산화물로서 지정수량은 10kg이고 **위험등급은 Ⅰ** 이다.
(2) 옥내저장소의 바닥면적에 따른 위험물의 저장기준
   ① **바닥면적 1,000m² 이하**에 저장해야 하는 물질
      ㉠ 제1류 위험물 중 아염소산염류, 염소산염류, 과염소산염류, 무기과산화물, 그 밖에 지정수량이 50kg인 위험물(위험등급Ⅰ)

ⓒ 제3류 위험물 중 칼륨, 나트륨, 알킬알루미늄, 알킬리튬, 그 밖에 지정수량이 10kg인 위험물 및 황린 (위험등급 I)

ⓒ 제4류 위험물 중 특수인화물, 제1석유류 및 알코올류(위험등급 I 및 위험등급 II)

ⓔ 제5류 위험물 중 **유기과산화물**, 질산에스테르류, 그 밖에 지정수량이 10kg인 위험물(위험등급 I)

ⓜ 제6류 위험물(위험등급 I)

② 바닥면적 2,000m² 이하에 저장할 수 있는 물질

　　– 바닥면적 1,000m² 이하에 저장할 수 있는 물질 이외의 것

(3) 지정과산화물 옥내저장소의 기준

① 옥내저장소의 격벽 기준

　ⓐ 바닥면적 150m² 이내마다 격벽으로 구획할 것

　ⓑ 격벽의 두께

　　– 철근콘크리트조 또는 철골철근콘크리트조 : 30cm 이상

　　– 보강콘크리트블록조 : 40cm 이상

　ⓒ 격벽의 돌출길이

　　– 창고 양측의 외벽으로부터 1m 이상

　　– 창고 상부의 지붕으로부터 50cm 이상

② **옥내저장소의 외벽 두께**

　ⓐ **철근콘크리트조** 또는 철골철근콘크리트조 : **20cm 이상**

　ⓑ 보강콘크리트블록조 : 30cm 이상

③ 저장창고의 출입구에는 갑종방화문을 설치할 것

④ 저장창고의 창은 바닥으로부터 2m 이상 높이로 할 것

⑤ 창 한 개의 면적 : 0.4m² 이내로 할 것

⑥ 하나의 벽면에 부착된 모든 창의 면적의 합 : 그 벽면 면적의 80분의 1 이내로 할 것

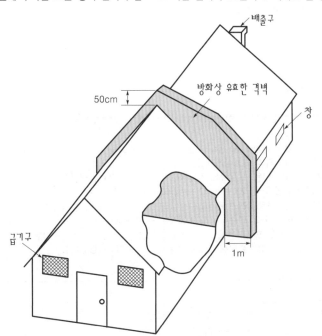

>>> 정답

(1) I

(2) 1,000m²

(3) 20cm

필답형 18   [5점]

다음 〈보기〉 중 염산과 반응시켰을 때 제6류 위험물이 발생하는 물질의 명칭을 쓰고, 그 물질과 물과의 반응식을 쓰시오.

> 과산화나트륨, 과망간산칼륨, 마그네슘

(1) 물질의 명칭   (2) 물과의 반응식

≫≫풀이   (1) **과산화나트륨**(Na_2O_2)은 제1류 위험물 중 알칼리금속 과산화물로서 염산(HCl)과 반응시키면 염화나트륨 (NaCl)과 제6류 위험물인 과산화수소(H_2O_2)가 발생한다.
  – 과산화나트륨과 염산의 반응식 : $Na_2O_2 + 2HCl \rightarrow 2NaCl + H_2O_2$
(2) 과산화나트륨은 물과 반응 시 수산화나트륨(NaOH)과 산소(O_2)가 발생한다.
  – 과산화나트륨과 물의 반응식 : $\mathbf{2Na_2O_2 + 2H_2O \rightarrow 4NaOH + O_2}$

> **Check ≫≫**
>
> **과산화나트륨의 또 다른 반응식**
> 1. 열분해 시 산화나트륨(Na_2O)과 산소가 발생한다.
>   – 열분해반응식 : $2Na_2O_2 \rightarrow 2Na_2O + O_2$
> 2. 이산화탄소와 반응 시 탄산나트륨(Na_2CO_3)과 산소가 발생한다.
>   – 이산화탄소와의 반응식 : $2Na_2O_2 + 2CO_2 \rightarrow 2Na_2CO_3 + O_2$

≫≫정답   (1) 과산화나트륨   (2) $2Na_2O_2 + 2H_2O \rightarrow 4NaOH + O_2$

필답형 19   [5점]

칼륨에 대해 다음 물음에 답하시오.

(1) 물과의 반응식   (2) 이산화탄소와의 반응식   (3) 에틸알코올과의 반응식

≫≫풀이   칼륨(K)은 제3류 위험물 중 금수성 물질로서 지정수량은 10kg이며, 물(H_2O)과 이산화탄소(CO_2), 그리고 에틸 알코올(C_2H_5OH)과의 반응식은 다음과 같다.
(1) 칼륨은 물과 반응 시 수산화칼륨(KOH)과 수소(H_2)를 발생한다.
  – 물과의 반응식 : $\mathbf{2K + 2H_2O \rightarrow 2KOH + H_2}$
(2) 칼륨은 이산화탄소와 반응 시 탄산칼륨(K_2CO_3)과 탄소(C)를 발생한다.
  – 이산화탄소와의 반응식 : $\mathbf{4K + 3CO_2 \rightarrow 2K_2CO_3 + C}$
(3) 칼륨은 에틸알코올과 반응 시 칼륨에틸레이트(C_2H_5OK)와 수소(H_2)를 발생한다.
  – 에틸알코올과의 반응식 : $\mathbf{2K + 2C_2H_5OH \rightarrow 2C_2H_5OK + H_2}$

> **Check ≫≫**
>
> **칼륨의 연소반응**
> 칼륨은 연소 시 산화칼륨(K_2O)을 발생한다.
> – 연소반응식 : $4K + O_2 \rightarrow 2K_2O$

≫≫정답   (1) $2K + 2H_2O \rightarrow 2KOH + H_2$
(2) $4K + 3CO_2 \rightarrow 2K_2CO_3 + C$
(3) $2K + 2C_2H_5OH \rightarrow 2C_2H_5OK + H_2$

필답형 20 [5점]

아세톤의 연소반응식을 쓰고, 아세톤 200g을 연소시키는 데 필요한 공기의 부피는 몇 L이며, 이때 발생하는 이산화탄소의 부피는 몇 L인지 구하시오. (단, 표준상태이며, 공기 중 산소의 부피는 21vol%이다.)

(1) 연소반응식
(2) 필요한 공기의 부피
(3) 발생하는 이산화탄소의 부피

≫≫ 풀이

(1) 제4류 위험물 중 제1석유류에 속하는 아세톤(CH_3COCH_3)을 연소시키면 이산화탄소(CO_2)와 물(H_2O)이 발생한다.
 – 아세톤의 연소반응식 : $CH_3COCH_3 + 4O_2 \rightarrow 3CO_2 + 3H_2O$

(2) 아세톤을 연소시키는 데 필요한 공기의 부피를 구하기 위해서는 아세톤을 연소시키는 데 필요한 산소의 부피를 먼저 구해야 한다. 아래의 연소반응식에서 알 수 있듯이 분자량이 12(C)×3+1(H)×6+16(O)=58g인 아세톤을 연소시키는 데 필요한 산소의 부피는 표준상태에서 4몰×22.4L=89.6L인데, 〈문제〉의 조건과 같이 아세톤을 200g 연소시키는 데 필요한 산소의 부피는 몇 L인지 다음과 같이 비례식으로 풀 수 있다.
 – 아세톤의 연소반응식 : $CH_3COCH_3 + 4O_2 \rightarrow 3CO_2 + 3H_2O$

$58 \times x_{산소} = 200 \times 89.6$

$x_{산소} = 308.966L$

〈문제〉는 아세톤 200g을 연소시키기 위해 필요한 산소의 부피가 아니라 공기의 부피를 구하는 것이다. 공기 100% 중에 산소는 21% 포함되어 있으므로 공기의 부피는 산소의 부피에 $\frac{100}{21}$을 곱한 값과 같고, 공기의 부피를 구하는 공식은 다음과 같다.

∴ 공기의 부피=산소의 부피×$\frac{100}{21}$

따라서 아세톤 200g을 연소시키는 데 필요한 공기의 부피는 $308.966L \times \frac{100}{21} = \mathbf{1,471.26L}$이다.

(3) 아래의 연소반응식에서 알 수 있듯이 분자량이 58g인 아세톤을 연소시키면 발생하는 이산화탄소의 부피는 표준상태에서 3몰×22.4L=67.2L인데, 〈문제〉의 조건과 같이 아세톤 200g을 연소시키면 발생하는 이산화탄소의 부피는 몇 L인지 다음과 같이 비례식으로 풀 수 있다.
 – 아세톤의 연소반응식 : $CH_3COCH_3 + 4O_2 \rightarrow 3CO_2 + 3H_2O$

$$\begin{array}{ccc} 58g & \diagdown & 67.2L \\ 200g & \diagup & x(L) \end{array}$$

$58 \times x = 200 \times 67.2$

$x = \mathbf{231.72L}$

≫≫ 정답

(1) $CH_3COCH_3 + 4O_2 \rightarrow 3CO_2 + 3H_2O$
(2) 1,471.26L
(3) 231.72L

2021 제4회 위험물산업기사 실기

2021년 11월 13일 시행

※ 필답형＋작업형으로 치러지던 기존 시험에서는 각 문항별 배점이 상이하였으나,
필답형(20문제) 시험만 보는 2020년 1회부터는 각 문항 배점이 모두 5점입니다!

필/답/형 시험

필답형 01
[5점]

위험물제조소에 옥외소화전을 다음과 같이 설치할 때 필요한 수원의 양은 몇 m³ 이상인지 쓰시오.

(1) 3개
(2) 6개

>>> 풀이

옥외소화전설비의 수원의 양은 옥외소화전의 수(옥외소화전의 수가 4개 이상이면 4개)에 13.5m³를 곱한 양 이상으로 한다.

(1) 옥외소화전의 개수 3개에 13.5m³를 곱해야 하며, 이 경우 수원의 양은 $3 \times 13.5m^3 = $ **40.5m³ 이상**이다.

(2) 옥외소화전의 개수가 6개는 4개 이상이므로 옥외소화전의 개수 4개에 13.5m³를 곱해야 하며, 이 경우 수원의 양은 $4 \times 13.5m^3 = $ **54m³ 이상**이다.

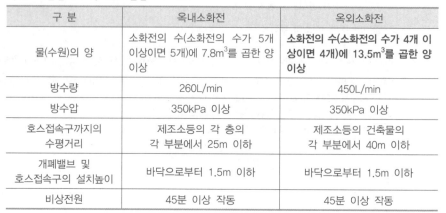

Check >>>

옥내소화전설비와 옥외소화전설비의 비교

구 분	옥내소화전	옥외소화전
물(수원)의 양	소화전의 수(소화전의 수가 5개 이상이면 5개)에 7.8m³를 곱한 양 이상	소화전의 수(소화전의 수가 4개 이상이면 4개)에 13.5m³를 곱한 양 이상
방수량	260L/min	450L/min
방수압	350kPa 이상	350kPa 이상
호스접속구까지의 수평거리	제조소등의 각 층의 각 부분에서 25m 이하	제조소등의 건축물의 각 부분에서 40m 이하
개폐밸브 및 호스접속구의 설치높이	바닥으로부터 1.5m 이하	바닥으로부터 1.5m 이하
비상전원	45분 이상 작동	45분 이상 작동

>>> 정답

(1) 40.5m³ 이상
(2) 54m³ 이상

필답형 02 [5점]

다음 분말소화약제의 화학식을 쓰시오.

(1) 제1종 분말소화약제
(2) 제2종 분말소화약제
(3) 제3종 분말소화약제

>>> 풀이

분말소화약제의 구분	주성분	화학식	적응화재	착 색
제1종 분말	탄산수소나트륨	$NaHCO_3$	B급, C급	백색
제2종 분말	탄산수소칼륨	$KHCO_3$	B급, C급	보라색 (담회색)
제3종 분말	인산암모늄	$NH_4H_2PO_4$	A급, B급, C급	담홍색
제4종 분말	탄산수소칼륨과 요소의 반응생성물	$KHCO_3 + (NH_2)_2CO$	B급, C급	회색

>>> 정답
(1) $NaHCO_3$
(2) $KHCO_3$
(3) $NH_4H_2PO_4$

필답형 03 [5점]

금속나트륨에 대해 다음 물음에 답하시오.

(1) 지정수량을 쓰시오.
(2) 보호액 1개를 쓰시오.
(3) 물과의 반응식을 쓰시오.

>>> 풀이

나트륨(Na)은 제3류 위험물로 **지정수량은 10kg**이고, 공기 또는 공기 중의 수분과 접촉을 방지하기 위해 **석유류 (등유, 경유, 유동파라핀 등)** 속에 담가 저장하며, 물과 반응 시 수산화나트륨($NaOH$)과 수소(H_2)를 발생한다.
– 물과의 반응식 : $2Na + 2H_2O \rightarrow 2NaOH + H_2$

> **Check >>>**
>
> **나트륨의 또 다른 반응식**
> 1. 에틸알코올(C_2H_5OH)과 반응 시 나트륨에틸레이트(C_2H_5ONa)와 수소(H_2)를 발생한다.
>   – 에틸알코올과의 반응식 : $2Na + 2C_2H_5OH \rightarrow 2C_2H_5ONa + H_2$
> 2. 연소 시 산화나트륨(Na_2O)을 발생한다.
>   – 연소반응식 : $4Na + O_2 \rightarrow 2Na_2O$

>>> 정답
(1) 10kg
(2) 등유, 경유, 유동파라핀 중 1개
(3) $2Na + 2H_2O \rightarrow 2NaOH + H_2$

필답형 04

[5점]

다음 〈보기〉에서 제1류 위험물에 해당하는 성질을 모두 고르시오.

| A. 인화점 0℃ 이상 | B. 인화점 0℃ 이하 | C. 산화성 |
| D. 고체 | E. 유기물 | F. 무기물 |

≫ 풀이

제1류 위험물의 성질
① 제1류 위험물은 염류(금속)를 포함하는 **무기물**로 구성되어 있다.
② 자체적으로 산소를 포함하고 있는 **산화성 고체**이며, 부식성이 강하다.
③ 비중은 모두 1보다 크다.
④ 불연성이지만 조연성이다.
⑤ 산화제로서 산화력이 있다.
⑥ 모든 제1류 위험물은 고온의 가열, 충격, 마찰 등에 의해 분해하여 가지고 있던 산소를 발생하여 가연물을 태우게 된다.

≫ 정답 C, D, F

필답형 05

[5점]

다음 〈보기〉의 위험물 중 공기 중에서 연소하는 경우 생성되는 물질이 서로 같은 위험물의 연소 반응식을 쓰시오.

삼황화인, 오황화인, 적린, 황, 철분, 마그네슘

≫ 풀이

① 삼황화인(P_4S_3)은 제2류 위험물로 품명은 황화인이고, 위험등급 Ⅱ, 지정수량은 100kg이다. 연소 시 **이산화황(SO_2)**과 **오산화인(P_2O_5)**이 발생한다.
– 연소반응식 : $P_4S_3 + 8O_2 \rightarrow 3SO_2 + 2P_2O_5$
② 오황화인(P_2S_5)은 제2류 위험물로 품명은 황화인이고, 위험등급 Ⅱ, 지정수량은 100kg이다. 연소 시 **이산화황(SO_2)**과 **오산화인(P_2O_5)**이 발생한다.
– 연소반응식 : $2P_2S_5 + 14O_2 \rightarrow 10SO_2 + 2P_2O_5$
③ 적린(P)은 제2류 위험물로 위험등급 Ⅱ, 지정수량은 100kg이다. 연소 시 오산화인(P_2O_5)이 발생한다.
– 연소반응식 : $4P + 5O_2 \rightarrow 2P_2O_5$
④ 황(S)은 제2류 위험물로 위험등급 Ⅱ, 지정수량은 100kg이다. 유황이라고도 하며, 순도가 60중량% 이상인 것을 위험물로 정한다. 연소 시 청색 불꽃을 내며 이산화황(SO_2)이 발생한다.
– 연소반응식 : $S + O_2 \rightarrow SO_2$
⑤ 철분(Fe)은 제2류 위험물로 위험등급 Ⅲ, 지정수량은 500kg이다. '철분'이라 함은 철의 분말을 말하며, $53\mu m$의 표준체를 통과하는 것이 50중량% 미만인 것은 제외한다. 공기 중에서 서서히 산화하여 산화철(Fe_2O_3)로 변한다.
– 철의 산화 : $4Fe + 3O_2 \rightarrow 2Fe_2O_3$
⑥ 마그네슘(Mg)은 제2류 위험물로 위험등급 Ⅲ, 지정수량은 500kg이다. 2mm의 체를 통과하지 아니하는 덩어리상태의 것 또는 직경 2mm 이상의 막대모양의 것에 해당하는 마그네슘은 제2류 위험물에서 제외한다. 연소 시 산화마그네슘(MgO)이 발생한다.
– 연소반응식 : $2Mg + O_2 \rightarrow 2MgO$

≫ 정답 삼황화인 연소반응식 : $P_4S_3 + 8O_2 \rightarrow 3SO_2 + 2P_2O_5$
오황화인 연소반응식 : $2P_2S_5 + 14O_2 \rightarrow 10SO_2 + 2P_2O_5$

06 [5점]

다음 물질의 물과의 반응식을 쓰시오.

(1) 탄화칼슘
(2) 탄화알루미늄

≫풀이 탄화칼슘(CaC_2)과 탄화알루미늄(Al_4C_3)은 제3류 위험물로 품명은 칼슘 또는 알루미늄의 탄화물이며, 위험등급 Ⅲ, 지정수량은 300kg이다.

(1) 탄화칼슘(CaC_2)은 물과 반응 시 수산화칼슘[$Ca(OH)_2$]과 연소범위가 2.5~81%인 아세틸렌(C_2H_2)가스를 발생한다.
   – 물과의 반응식 : $CaC_2 + 2H_2O \rightarrow Ca(OH)_2 + C_2H_2$

(2) 탄화알루미늄(Al_4C_3)은 물과 반응 시 수산화알루미늄[$Al(OH)_3$]과 연소범위가 5~15%인 메탄(CH_4)가스를 발생한다.
   – 물과의 반응식 : $Al_4C_3 + 12H_2O \rightarrow 4Al(OH)_3 + 3CH_4$

≫정답
(1) $CaC_2 + 2H_2O \rightarrow Ca(OH)_2 + C_2H_2$
(2) $Al_4C_3 + 12H_2O \rightarrow 4Al(OH)_3 + 3CH_4$

07 [5점]

트리에틸알루미늄에 대해 다음 물음에 답하시오.

(1) 물과의 반응식을 쓰시오.
(2) 이때 발생하는 가스의 명칭을 쓰시오.

≫풀이 트리에틸알루미늄[$(C_2H_5)_3Al$]은 제3류 위험물로 품명은 알킬알루미늄이고, 지정수량은 10kg이며, 위험등급 Ⅰ인 물질이다. 물(H_2O)과 반응 시 수산화알루미늄[$Al(OH)_3$]과 **에탄**(C_2H_6)가스가 발생한다.
   – 물과의 반응식 : $(C_2H_5)_3Al + 3H_2O \rightarrow Al(OH)_3 + 3C_2H_6$

> **Check ≫**
>
> 트리에틸알루미늄의 또 다른 반응
> 1. 메틸알코올과의 반응
>   메틸알코올(CH_3OH)과 반응 시 알루미늄메틸레이트[$(CH_3O)_3Al$]와 에탄(C_2H_6)가스가 발생한다.
>   – 메틸알코올과의 반응식 : $(C_2H_5)_3Al + 3CH_3OH \rightarrow (CH_3O)_3Al + 3C_2H_6$
> 2. 에틸알코올과의 반응
>   에틸알코올(C_2H_5OH)과 반응 시 알루미늄에틸레이트[$(C_2H_5O)_3Al$]와 에탄(C_2H_6)가스가 발생한다.
>   – 에틸알코올과의 반응식 : $(C_2H_5)_3Al + 3C_2H_5OH \rightarrow (C_2H_5O)_3Al + 3C_2H_6$
> 3. 연소반응
>   공기 중의 산소와의 반응 즉, 연소 반응시키면 산화알루미늄(Al_2O_3)과 이산화탄소(CO_2), 그리고 물(H_2O)을 발생한다.
>   – 연소반응식 : $2(C_2H_5)_3Al + 21O_2 \rightarrow Al_2O_3 + 12CO_2 + 15H_2O$

≫정답
(1) $(C_2H_5)_3Al + 3H_2O \rightarrow Al(OH)_3 + 3C_2H_6$
(2) 에탄

필답형 08 [5점]

다음 물음에 답하시오.

- 제3류 위험물, 지정수량이 300kg이다.
- 분자량 64, 비중 2.2이다.
- 질소와 고온에서 반응하여 석회질소가 생성된다.

(1) 〈보기〉에 해당하는 위험물의 화학식을 쓰시오.
(2) 물과의 반응식을 쓰시오.
(3) 물과의 반응으로 발생하는 기체의 연소반응식을 쓰시오.

≫≫풀이
(1) 탄화칼슘(CaC_2)은 제3류 위험물로 품명은 칼슘 또는 알루미늄의 탄화물이며, 위험등급 Ⅲ, 지정수량은 300kg이다. 비중 2.22이며, 고온에서 질소와 반응 시 석회질소($CaCN_2$)와 탄소(C)가 발생한다.
(2) 탄화칼슘은 물과의 반응 시 수산화칼슘[$Ca(OH)_2$]과 연소범위가 2.5~81%인 아세틸렌(C_2H_2)가스를 발생한다.
  − 물과의 반응식 : $CaC_2 + 2H_2O \rightarrow Ca(OH)_2 + C_2H_2$
(3) 생성된 아세틸렌(C_2H_2)은 연소 시 이산화탄소(CO_2)와 수증기(H_2O)를 발생한다.
  − 아세틸렌의 연소반응식 : $2C_2H_2 + 5O_2 \rightarrow 4CO_2 + 2H_2O$

≫≫정답
(1) CaC_2
(2) $CaC_2 + 2H_2O \rightarrow Ca(OH)_2 + C_2H_2$
(3) $2C_2H_2 + 5O_2 \rightarrow 4CO_2 + 2H_2O$

필답형 09 [5점]

다음 물음에 답하시오.

디에틸에테르, 아세톤, 메틸에틸케톤, 톨루엔, 메틸알코올

(1) 〈보기〉 중 연소범위가 가장 큰 물질의 명칭을 쓰시오.
(2) 〈보기〉 중 연소범위가 가장 큰 물질의 위험도를 구하시오.

≫≫풀이

물질명	품 명	인화점	발화점	연소범위
디에틸에테르($C_2H_5OC_2H_5$)	특수인화물	−45℃	180℃	**1.9~48%**
아세톤(CH_3COCH_3)	제1석유류	−18℃	538℃	2.6~12.8%
메틸에틸케톤($CH_3COC_2H_5$)	제1석유류	−1℃	516℃	1.8~11%
톨루엔($C_6H_5CH_3$)	제1석유류	4℃	552℃	1.4~6.7%
메틸알코올(CH_3OH)	알코올류	11℃	464℃	6~36%

(1) 디에틸에테르의 연소범위가 1.9~48%로 가장 크며, 여기서 1.9%를 연소하한, 48%를 연소상한이라 한다.
(2) 위험도(Hazard) $= \dfrac{연소상한(Upper) - 연소하한(Lower)}{연소하한(Lower)} = \dfrac{48 - 1.9}{1.9} = \textbf{24.26}$이다.

≫≫정답
(1) 디에틸에테르 (2) 24.26

필답형 10 [5점]

다음 〈보기〉의 위험물 중 위험등급 Ⅱ에 해당하는 물질의 지정수량의 배수의 합을 구하시오.

질산염류 600kg, 황 100kg, 철분 50kg, 나트륨 100kg, 등유 6,000L

>>> 풀이

품 명	유 별	성 질	위험등급	지정수량
질산염류	제1류 위험물	산화성 고체	Ⅱ	300kg
황	제2류 위험물	가연성 고체	Ⅱ	100kg
철분	제2류 위험물	가연성 고체	Ⅲ	500kg
나트륨	제3류 위험물	금수성 물질	Ⅰ	10kg
등유 – 제2석유류	제4류 위험물	인화성 액체	Ⅲ	1,000L

따라서, 위험등급 Ⅱ에 해당하는 물질인 질산염류와 황의 지정수량의 배수의 합은 다음과 같다.

$$\frac{A위험물의\ 저장수량}{A위험물의\ 지정수량} + \frac{B위험물의\ 저장수량}{B위험물의\ 지정수량} + \cdots = \frac{600kg}{300kg} + \frac{100kg}{100kg} = \textbf{3배}$$

>>> 정답   3배

필답형 11 [5점]

트리니트로톨루엔의 생성과정을 화학반응식으로 쓰시오.

>>> 풀이   TNT로도 불리는 트리니트로톨루엔[$C_6H_2CH_3(NO_2)_3$]은 톨루엔의 수소 3개를 니트로기($-NO_2$)로 치환한 물질로 제5류 위험물에 속하며, 품명은 니트로화합물이고, 지정수량은 200kg이며, 위험등급 Ⅱ인 물질이다. 톨루엔($C_6H_5CH_3$)에 질산(HNO_3)과 함께 황산(H_2SO_4)을 촉매로 반응시키면 촉매에 의한 탈수와 함께 니트로화반응을 3번 일으키면서 트리니트로톨루엔이 생성된다.

‖ TNT의 구조식 ‖

– 톨루엔의 니트로화 반응식

$$C_6H_5CH_3 + 3HNO_3 \xrightarrow[\text{촉매로서 탈수를 일으킨다.}]{c - H_2SO_4} C_6H_2CH_3(NO_2)_3 + 3H_2O$$

> **Check >>>**
>
> 어떤 물질에 질산과 황산을 가하면 그 물질은 니트로화 된다.
> 1. 벤젠(C_6H_6)을 니트로화시켜 니트로벤젠($C_6H_5NO_2$)을 생성한다.
>
> – 반응식 : $C_6H_6 + HNO_3 \xrightarrow[\text{촉매로서 탈수를 일으킨다.}]{c - H_2SO_4} C_6H_5NO_2 + H_2O$
>
> 2. 글리세린[$C_3H_5(OH)_3$]을 니트로화시켜 니트로글리세린[$C_3H_5(ONO_2)_3$]을 생성한다.
>
> – 반응식 : $C_3H_5(OH)_3 + 3HNO_3 \xrightarrow[\text{촉매로서 탈수를 일으킨다.}]{c - H_2SO_4} C_3H_5(ONO_2)_3 + 3H_2O$

>>> 정답
$$C_6H_5CH_3 + 3HNO_3 \xrightarrow[\text{촉매로서 탈수를 일으킨다.}]{c - H_2SO_4} C_6H_2CH_3(NO_2)_3 + 3H_2O$$

필답형 12　　　　　　　　　　　　　　　　　　　　　　　　　　　　[5점]

다음은 알코올의 산화 과정이다. 다음 물음에 답하시오.

• 메틸알코올은 공기 속에서 산화되면 포름알데히드가 되며 최종적으로 (①)이 된다.

• 에틸알코올은 산화되면 (②)가 되며 최종적으로 초산이 된다.

(1) ①과 ②의 물질명과 화학식을 쓰시오.
(2) 위 ①, ② 중 지정수량이 작은 물질의 연소반응식을 쓰시오.

≫≫ 풀이

(1) ① 메틸알코올(CH_3OH)은 제4류 위험물로 품명은 알코올류이고, 지정수량은 400L이며, 위험등급 Ⅱ인 물질이다. 산화되면 포름알데히드($HCHO$)를 거쳐 **포름산($HCOOH$)**이 된다.

　− 메틸알코올의 산화 : $CH_3OH \xrightarrow[\text{+H_2(환원)}]{\text{−H_2(산화)}} HCHO \xrightarrow[\text{−$0.5O_2$(환원)}]{\text{+$0.5O_2$(산화)}} HCOOH$

② 에틸알코올(C_2H_5OH)은 제4류 위험물로 품명은 알코올류이고, 지정수량은 400L이며, 위험등급 Ⅱ인 물질이다. 산화되면 **아세트알데히드(CH_3CHO)**를 거쳐 아세트산(초산, CH_3COOH)이 된다.

　− 에틸알코올의 산화 : $C_2H_5OH \xrightarrow[\text{+H_2(환원)}]{\text{−H_2(산화)}} CH_3CHO \xrightarrow[\text{−$0.5O_2$(환원)}]{\text{+$0.5O_2$(산화)}} CH_3COOH$

(2) 포름산은 제4류 위험물로 품명은 제2석유류(수용성)이고, 지정수량은 2,000L이며, 위험등급 Ⅲ인 물질이다. 연소 시 이산화탄소(CO_2)와 물(H_2O)을 발생시킨다.

　− 연소반응식 : $2HCOOH + O_2 \rightarrow 2CO_2 + 2H_2O$

아세트알데히드는 제4류 위험물로 품명은 특수인화물이고, 위험등급 Ⅰ, **지정수량은 50L**이다. 수은, 은, 구리, 마그네슘은 아세트알데히드와 중합반응을 하면서 폭발성의 금속아세틸라이드를 생성하여 위험해지기 때문에 저장용기 재질로서는 사용하면 안된다. 연소 시 이산화탄소(CO_2)와 수증기(H_2O)를 발생시킨다.

　− 연소반응식 : $2CH_3CHO + 5O_2 \rightarrow 4CO_2 + 4H_2O$

≫≫ 정답

(1) ① 포름산, $HCOOH$
　　② 아세트알데히드, CH_3CHO
(2) $2CH_3CHO + 5O_2 \rightarrow 4CO_2 + 4H_2O$

필답형 13　　　　　　　　　　　　　　　　　　　　　　　　　　　　[5점]

옥외저장소에 저장할 수 있는 위험물의 품명 5가지를 쓰시오.

≫≫ 풀이

옥외저장소에 저장할 수 있는 위험물의 유별과 품명은 다음과 같다.

① 제2류 위험물 : **황, 인화성 고체(인화점이 0℃ 이상)**
② 제4류 위험물 : **제1석유류(인화점이 0℃ 이상), 알코올류, 제2석유류, 제3석유류, 제4석유류, 동식물유류**
③ 제6류 위험물 : **과염소산, 과산화수소, 질산**
④ 시·도 조례로 정하는 제2류 또는 제4류 위험물
⑤ 국제해상위험물규칙(IMDG code)에 적합한 용기에 수납된 모든 위험물

💡 Tip

옥외저장소에는 유별의 숫자가 홀수인 제1류, 제3류, 제5류 위험물은 저장할 수 없습니다.

≫≫ 정답

황, 인화성 고체(인화점이 0℃ 이상), 제1석유류(인화점이 0℃ 이상), 알코올류, 제2석유류, 제3석유류, 제4석유류, 동식물유류, 과염소산, 과산화수소, 질산 중 5개

필답형 14 [5점]

〈보기〉에 해당하는 위험물에 대해 다음 물음에 답하시오.

- 제6류 위험물이다.
- 저장용기는 갈색병에 넣어서 보관한다.
- 단백질과 크산토프로테인 반응을 하여 황색으로 변한다.

(1) 지정수량
(2) 위험등급
(3) 위험물이 되기 위한 조건(단, 없으면 "없음"이라고 쓰시오.)
(4) 분해반응식

>>>풀이 질산(HNO_3)
① 제6류 위험물로 **지정수량**은 **300kg, 위험등급** Ⅰ 인 물질이다.
② 위험물안전관리법상 질산은 **비중 1.49 이상**인 것으로 진한 질산만을 의미한다.
③ 햇빛에 의해 분해하면 적갈색 기체인 이산화질소(NO_2)가 발생하기 때문에 이를 방지하기 위하여 착색병을 사용한다.
  – 분해반응식 : $4HNO_3 \rightarrow 2H_2O + 4NO_2 + O_2$
④ 염산과 질산을 3:1의 부피비로 혼합한 용액을 왕수라 하며 왕수는 금과 백금도 녹일 수 있다.
⑤ 철(Fe), 코발트(Co), 니켈(Ni), 크롬(Cr), 알루미늄(Al) 등의 금속들은 진한 질산에서 부동태 한다.
⑥ 단백질과의 접촉으로 노란색으로 변하는 크산토프로테인 반응을 일으킨다.

>>>정답 (1) 300kg
(2) 위험등급 Ⅰ
(3) 비중 1.49 이상
(4) $4HNO_3 \rightarrow 2H_2O + 4NO_2 + O_2$

필답형 15 [5점]

다음은 이동탱크저장소에 설치하는 주입설비에 대한 내용이다. 괄호 안에 알맞은 말을 쓰시오.

(1) 주입설비의 길이는 (   )m 이내로 하고, 그 선단에 축적되는 (   )를 유효하게 제거할 수 있는 장치를 한다.
(2) 분당 토출량은 (   )L 이하로 한다.

>>>풀이 이동탱크저장소에 주입설비(주입호스의 선단에 개폐밸브를 설치한 것을 말한다)를 설치하는 기준
① 위험물이 샐 우려가 없고 화재예방상 안전한 구조로 할 것
② 주입설비의 길이는 **50m** 이내로 하고, 그 선단에 축적되는 **정전기**를 유효하게 제거할 수 있는 장치를 할 것
③ 분당 토출량은 **200L** 이하로 할 것

>>>정답 (1) 50, 정전기
(2) 200

필답형 16 [5점]

〈보기〉에서 설명하는 위험물에 대하여 물음에 답하시오.

위험물의 저장 및 취급에 관한 기준 : 불티, 불꽃, 고온체와의 접근이나 과열, 충격 또는 마찰을 피해야 한다.

(1) 〈보기〉의 위험물과 운반 시 혼재가 가능한 위험물의 유별을 쓰시오.
(2) 운반용기 외부에 표기해야 하는 주의사항을 쓰시오.
(3) 지정수량이 가장 작은 품명 1가지를 쓰시오.

≫≫ 풀이 자체적으로 가연물과 산소공급원을 동시에 포함하고 있는 **제5류 위험물**(자기반응성 물질)의 저장 또는 취급은 불티, 불꽃, 고온체와의 접근이나 과열, 충격 또는 마찰을 피해야 한다.

(1) 유별을 달리하는 위험물의 혼재기준(운반기준)

위험물의 구분	제1류	제2류	제3류	제4류	**제5류**	제6류
제1류		×	×	×	×	○
제2류	×		×	○	○	×
제3류	×	×		○	×	×
제4류	×	○	○		○	×
제5류	×	○	×	○		×
제6류	○	×	×	×	×	

(2) 운반용기 외부에 표시해야 하는 사항
① 품명, 위험등급, 화학명 및 수용성
② 위험물의 수량
③ 위험물에 따른 주의사항

유 별	품 명	운반용기의 주의사항
제1류 위험물	알칼리금속 과산화물	화기·충격주의, 가연물접촉주의, 물기엄금
	그 밖의 것	화기·충격주의, 가연물접촉주의
제2류 위험물	철분, 금속분, 마그네슘	화기주의, 물기엄금
	인화성 고체	화기엄금
	그 밖의 것	화기주의
제3류 위험물	금수성 물질	물기엄금
	자연발화성 물질	화기엄금, 공기접촉엄금
제4류 위험물	인화성 액체	화기엄금
제5류 위험물	자기반응성 물질	**화기엄금, 충격주의**
제6류 위험물	산화성 액체	가연물접촉주의

(3) 제5류 위험물(자기반응성 물질)의 지정수량

유 별	위험등급	품 명	지정수량
제5류 위험물	I	**유기과산화물**	10kg
		질산에스테르류	10kg
	III	니트로화합물	200kg
		니트로소화합물	200kg
		아조화합물	200kg
		디아조화합물	200kg
		히드라진유도체	200kg
		히드록실아민	100kg
		히드록실아민염류	100kg
		그 밖에 행정안전부령이 정하는 것	200kg

>>> 정답
(1) 제2류 위험물, 제4류 위험물
(2) 화기엄금, 충격주의
(3) 유기과산화물, 질산에스테르류 중 1개

필답형 17 [5점]

다음의 조건을 갖는 횡으로 설치한 원통형 탱크의 용량은 몇 L인지 구하시오. (단, 여기서 $r = $ 2m, $l = 5m$, $l_1 = 1.5m$, $l_2 = 1.5m$이며, 탱크의 공간용적은 내용적의 5%이다.)

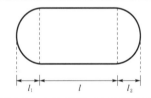

>>> 풀이 횡으로 설치한 양쪽이 볼록한 원통형 탱크의 내용적(V)을 구하는 공식은 다음과 같다.

$$V = \pi r^2 \times \left(l + \frac{l_1 + l_2}{3} \right)$$

〈문제〉에서 탱크의 공간용적이 내용적의 5%이므로 탱크의 용량은 내용적의 95%이며 다음과 같이 구할 수 있다.

탱크의 용량 $= \pi \times r^2 \times \left(l + \dfrac{l_1 + l_2}{3} \right) \times 0.95$

$= \pi \times 2^2 \times \left(5 + \dfrac{1.5 + 1.5}{3} \right) \times 0.95 = 71.62831\text{m}^3$

$71.62831\text{m}^3 \times \dfrac{1,000\text{L}}{1\text{m}^3} = $ **71,628.31L**

🧪 **Tip**
일반적으로 탱크의 내용적 또는 용량을 구하는 문제의 단위는 m³인 경우가 대부분이지만 이 문제의 경우 단위가 L이기 때문에 m³의 값에 1,000을 곱해야 한다는 점 주의하세요.

>>> 정답 71,628.31L

필답형 18 [5점]

다음 지정수량의 배수에 따른 제조소의 보유공지는 몇 m 이상으로 해야 하는지 쓰시오.

(1) 1배
(2) 5배
(3) 10배
(4) 20배
(5) 200배

>>> 풀이 제조소의 보유공지

지정수량의 배수	보유공지의 너비
10배 이하	3m 이상
10배 초과	5m 이상

제조소에 보유공지를 두지 않을 수 있는 경우

제조소의 작업공정이 다른 작업장의 작업공정과 연속되어 있는 제조소의 건축물, 그 밖의 공작물의 주위에 보유공지를 두게 되면 그 제조소의 작업에 현저한 지장이 생길 우려가 있는 경우 제조소와 다른 작업장 사이에 아래의 기준에 따라 방화상 유효한 격벽(방화벽)을 설치한 때에는 제조소와 다른 작업장 사이에 보유공지를 두지 않을 수 있다.

1. 방화벽은 내화구조로 할 것. 다만, 취급하는 위험물이 제6류 위험물인 경우에는 불연재료로 할 수 있다.
2. 방화벽에 설치하는 출입구 및 창에는 자동폐쇄식의 갑종방화문을 설치할 것
3. 방화벽의 양단 및 상단이 외벽 또는 지붕으로부터 50cm 이상 돌출할 것

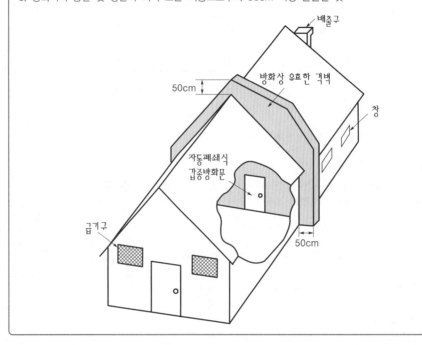

>>> 정답 (1) 3m 이상 (2) 3m 이상 (3) 3m 이상 (4) 5m 이상 (5) 5m 이상

필답형 19 [5점]

다음은 옥내탱크저장소의 탱크전용실 구조에 관한 내용이다. 괄호 안에 들어갈 알맞은 말을 쓰시오.

(1) 탱크전용실의 창 또는 출입구에 유리를 이용하는 경우에는 (   )로 할 것
(2) 액상인 위험물의 옥내저장탱크를 설치하는 탱크전용실의 바닥은 적당한 경사를 두는 한편, (   )를 설치할 것
(3) 탱크전용실 외의 장소에 옥내저장탱크의 펌프설비를 설치하는 경우
   • 상층이 없는 경우에는 지붕을 (   )로 하며, 천장을 설치하지 아니할 것
   • 펌프실에는 창을 설치하지 아니할 것. 다만, 제6류 위험물의 탱크전용실에 있어서는 (   ) 또는 (   )이 있는 창을 설치할 수 있다.
(4) 탱크전용실에 펌프설비를 설치하는 경우에는 견고한 기초 위에 고정한 다음 그 주위에는 불연재료로 된 턱을 (   )m 이상의 높이로 설치하는 등 누설된 위험물이 유출되거나 유입되지 아니하도록 하는 조치를 할 것

》》》풀이   옥내탱크저장소의 탱크전용실의 구조
   ① 창 및 출입구 : 갑종방화문 또는 을종방화문
      • 연소의 우려가 있는 외벽에 두는 출입구는 수시로 열 수 있는 자동폐쇄식의 갑종방화문
      • 창 또는 출입구에 유리를 이용하는 경우에는 **망입유리**로 할 것
   ② 액상인 위험물의 탱크전용실 바닥
      • 위험물이 침투하지 아니하는 구조로 하고, 적당히 경사지게 하여 그 최저부에 **집유설비**를 할 것
   ③ 탱크전용실 외의 장소에 옥내저장탱크의 펌프설비를 설치하는 경우
      • 펌프실은 상층이 있는 경우에는 상층의 바닥을 내화구조로, 상층이 없는 경우는 지붕을 **불연재료**로 하며, 천장을 설치하지 아니할 것
      • 창 : 설치하지 아니할 것. 다만, 제6류 위험물의 탱크전용실에 있어서는 **갑종방화문** 또는 **을종방화문**이 있는 창을 설치할 수 있다.
   ④ 탱크전용실에 펌프설비를 설치하는 경우
      • 견고한 기초 위에 고정한 다음 그 주위에는 불연재료로 된 턱을 **0.2m** 이상의 높이로 설치하는 등 누설된 위험물이 유출되거나 유입되지 않도록 할 것

》》》정답   (1) 망입유리
   (2) 집유설비
   (3) 불연재료, 갑종방화문, 을종방화문
   (4) 0.2

필답형 20 [5점]

다음은 지하탱크저장소의 설치기준에 관한 내용이다. 괄호 안에 알맞은 말을 쓰시오.

(1) 지하저장탱크의 윗부분은 지면으로부터 (   )m 이상 아래에 있어야 하며, 지하저장탱크를 2 이상 인접해 설치하는 경우 상호간에 (   )m(탱크 용량의 합계가 지정수량의 100배 이하인 경우에는 (   )m) 이상의 간격을 유지하여야 한다. 다만, 그 사이에 탱크전용실의 벽이나 두께 (   )cm 이상의 콘크리트 구조물이 있는 경우에는 그러하지 아니하다.

(2) 탱크전용실은 지하의 벽, 가스관 등의 시설물 및 대지경계선으로부터 (   )m 이상 떨어진 곳에 설치한다.

>>>풀이 지하저장탱크를 설치하는 기준
① 탱크전용실의 내부에는 입자지름 5mm 이하의 마른자갈분 또는 마른모래를 채운다.
② 지면으로부터 지하저장탱크의 윗부분까지의 거리 : **0.6m 이상**으로 한다.
③ 지하저장탱크를 2개 이상 인접하여 설치할 때 상호거리는 **1m 이상**으로 한다. 단, 지하저장탱크 용량의 합이 지정수량의 100배 이하인 경우에는 **0.5m 이상**으로 한다. 다만, 그 사이에 탱크전용실의 벽이나 두께 **20cm 이상**의 콘크리트 구조물이 있는 경우에는 그러하지 아니하다.
④ 탱크전용실로부터 안쪽과 바깥쪽으로의 거리
　• 지하의 벽, 가스관, 대지경계선으로부터 탱크전용실 바깥쪽과의 사이 : **0.1m 이상**
　• 지하저장탱크와 탱크전용실 안쪽과의 사이 : 0.1m 이상
⑤ 탱크전용실의 벽, 바닥 및 뚜껑의 두께는 0.3m 이상의 철근콘크리트로 한다.
⑥ 밸브 없는 통기관의 선단은 지면으로부터 4m 이상의 높이에 설치한다.

>>>정답 (1) 0.6, 1, 0.5, 20
　　　　　 (2) 0.1

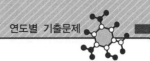

2022 제1회 위험물산업기사 실기

2022년 5월 7일 시행

※ 필답형＋작업형으로 치러지던 기존 시험에서는 각 문항별 배점이 상이하였으나,
　 필답형(20문제) 시험만 보는 2020년 1회부터는 각 문항 배점이 모두 5점입니다!

필/답/형 시험

필답형 01　　　　　　　　　　　　　　　　　　　　　　　　　　　　　[5점]

제3류 위험물 중 보라색 불꽃반응을 하는 위험물이 과산화반응을 통해 생성된 물질에 대해 다음
물음에 답하시오.

(1) 물과의 반응식
(2) 이산화탄소와의 반응식
(3) 옥내저장소에 저장할 경우 바닥면적은 몇 m^2 이하로 하여야 하는가?

 제3류 위험물 중 보라색 불꽃반응을 하는 위험물은 칼륨(K)이고, 칼륨이 과산화반응을 통해 생성된 물질은 과
　　　산화칼륨(K_2O_2)이다.
　　　과산화칼륨(K_2O_2)
　　① 제1류 위험물로서 품명은 무기과산화물이며, 지정수량은 50kg, 위험등급 Ⅰ이다.
　　② 물과의 반응으로 수산화칼륨(KOH)과 다량의 산소(O_2), 그리고 열을 발생하므로 물기엄금 해야 한다.
　　　　– 물과의 반응식 : $2K_2O_2 + 2H_2O \rightarrow 4KOH + O_2$
　　③ 이산화탄소(탄산가스)와 반응하여 탄산칼륨(K_2CO_3)과 산소(O_2)가 발생한다.
　　　　– 이산화탄소와의 반응식 : $2K_2O_2 + 2CO_2 \rightarrow 2K_2CO_3 + O_2$
　　④ 제1류 위험물 중 아염소산염류, 염소산염류, 과염소산염류, 무기과산화물, 그 밖에 지정수량이 50kg인 위험
　　　물(위험등급 Ⅰ)은 옥내저장소의 바닥면적을 **1,000m^2 이하**로 한다.
　　⑤ 소화방법 : 물로 냉각소화하면 산소와 열의 발생으로 위험하므로 마른모래, 팽창질석, 팽창진주암, 탄산수소
　　　염류 분말소화약제로 질식소화를 해야 한다.

> **Check ≫≫**　　　　　　　　　　　　　　　　　　　　　　　
>
> 1. 분해온도 490℃, 비중 2.9이다.
> 2. 열분해 시 산화칼륨(K_2O)과 산소(O_2)가 발생한다.
> 　　– 분해반응식 : $2K_2O_2 \rightarrow 2K_2O + O_2$
> 3. 초산과 반응 시 초산칼륨(CH_3COOK)과 제6류 위험물인 과산화수소(H_2O_2)가 발생한다.
> 　　– 분해반응식 : $K_2O_2 + 2CH_3COOH \rightarrow 2CH_3COOK + H_2O_2$

≫≫정답　(1) $2K_2O_2 + 2H_2O \rightarrow 4KOH + O_2$
　　　　(2) $2K_2O_2 + 2CO_2 \rightarrow 2K_2CO_3 + O_2$
　　　　(3) 1,000m^2 이하

필답형 02 [5점]

다음 반응에서 생성되는 유독가스의 명칭을 쓰시오. (단, 없으면 "없음"이라고 쓰시오.)

(1) 황린의 연소반응
(2) 황린과 수산화칼륨의 수용액 반응
(3) 아세트산의 연소반응
(4) 인화칼슘과 물의 반응
(5) 과산화바륨과 물의 반응

>>> 풀이
(1) 황린(P_4)은 공기 중에서 연소 시 **오산화인**(P_2O_5)이라는 유독성의 흰 연기가 발생한다.
  − $P_4 + 5O_2 \rightarrow 2P_2O_5$
(2) 황린은 수산화칼륨(KOH) 용액 등의 강알칼리성의 물에서는 가연성이면서 맹독성인 **포스핀**(PH_3) 가스를 발생한다.
  − $P_4 + 3KOH + 3H_2O \rightarrow PH_3 + 3KH_2PO_2$
(3) 아세트산(CH_3COOH)은 연소 시 이산화탄소(CO_2)와 수증기(H_2O)가 발생한다.
  − $CH_3COOH + 2O_2 \rightarrow 2CO_2 + 2H_2O$
(4) 인화칼슘(Ca_3P_2)은 물과 반응 시 수산화칼슘[$Ca(OH)_2$]과 함께 가연성이면서 맹독성인 **포스핀**(PH_3) 가스가 발생한다.
  − $Ca_3P_2 + 6H_2O \rightarrow 3Ca(OH)_2 + 2PH_3$
(5) 과산화바륨(BaO_2)은 물과 반응 시 수산화바륨[$Ba(OH)_2$]과 산소가(O_2) 발생한다.
  − $2BaO_2 + 2H_2O \rightarrow 2Ba(OH)_2 + O_2$

>>> 정답 (1) 오산화인 (2) 포스핀 (3) 없음 (4) 포스핀 (5) 없음

필답형 03 [5점]

제3류 위험물 중 위험등급 I에 해당하는 품명 5가지를 쓰시오.

>>> 풀이

유 별	성 질	위험등급	품 명	지정수량
제3류	자연발화성 물질 및 금수성 물질	I	1. **칼륨**	10kg
			2. **나트륨**	10kg
			3. **알킬알루미늄**	10kg
			4. **알킬리튬**	10kg
			5. **황린**	20kg
		II	6. 알칼리금속(칼륨 및 나트륨 제외) 및 알칼리토금속	50kg
			7. 유기금속화합물(알킬알루미늄 및 알킬리튬 제외)	50kg
		III	8. 금속의 수소화물	300kg
			9. 금속의 인화물	300kg
			10. 칼슘 또는 알루미늄의 탄화물	300kg
			11. 그 밖에 행정안전부령으로 정하는 것 염소화규소화합물	300kg

>>> 정답 칼륨, 나트륨, 알킬알루미늄, 알킬리튬, 황린

필답형 04 [5점]

다음 중 금수성 및 자연발화성 물질인 것을 모두 쓰시오. (단, 없으면 "해당 없음"이라고 쓰시오.)

칼륨, 황린, 트리니트로페놀, 니트로벤젠, 글리세린, 수소화나트륨

풀이 제3류 위험물 – 자연발화성 물질 및 금수성 물질

유 별	성 질	위험등급	품 명	지정수량
제3류	자연발화성 물질 및 금수성 물질	I	1. **칼륨**	10kg
			2. 나트륨	10kg
			3. 알킬알루미늄	10kg
			4. 알킬리튬	10kg
			5. **황린**	20kg
		II	6. 알칼리금속(칼륨 및 나트륨 제외) 및 알칼리토금속	50kg
			7. 유기금속화합물(알킬알루미늄 및 알킬리튬 제외)	50kg
		III	8. 금속의 수소화물	300kg
			9. 금속의 인화물	300kg
			10. 칼슘 또는 알루미늄의 탄화물	300kg
			11. 그 밖에 행정안전부령으로 정하는 것 염소화규소화합물	300kg

① 트리니트로페놀은 제5류 위험물로서 품명은 니트로화합물이며, 지정수량 제1종 10kg, 제2종 100kg인 자기반응성 물질이다.
② 니트로벤젠은 제4류 위험물로서 품명은 제3석유류이며, 비수용성, 지정수량 2,000L인 인화성 액체이다.
③ 글리세린은 제4류 위험물로서 품명은 제3석유류이며, 수용성, 지정수량 4,000L인 인화성 액체이다.
④ **수소화나트륨(NaH)은 제3류 위험물로서 품명은 금속의 수소화물**이며, 지정수량 300kg인 금수성 물질이다.

정답 칼륨, 황린, 수소화나트륨

필답형 05 [5점]

다음 위험물의 연소반응식을 쓰시오.

(1) 메틸알코올 (2) 에틸알코올

풀이 알코올의 연소
① 메틸알코올의 연소반응식 : $2CH_3OH + 3O_2 \rightarrow 2CO_2 + 4H_2O$
② 에틸알코올의 연소반응식 : $C_2H_5OH + 3O_2 \rightarrow 2CO_2 + 3H_2O$

> **Check >>>**
>
> **알코올의 산화**
>
> 1. 메틸알코올의 산화 : $CH_3OH \overset{-H_2}{\rightleftharpoons} HCHO \overset{+0.5O_2}{\rightleftharpoons} HCOOC$
> 메틸알코올   포름알데히드   포름산
> 2. 에틸알코올의 산화 : $C_2H_5OH \overset{-H_2}{\rightleftharpoons} CH_3CHO \overset{+0.5O_2}{\rightleftharpoons} CH_3COOC$
> 에틸알코올   아세트알데히드   아세트산

정답 (1) $2CH_3OH + 3O_2 \rightarrow 2CO_2 + 4H_2O$ (2) $C_2H_5OH + 3O_2 \rightarrow 2CO_2 + 3H_2O$

필답형 06 [5점]

마그네슘에 대해 다음 물음에 답하시오.

(1) 물과의 반응식을 쓰시오.

(2) 염산과의 반응식을 쓰시오.

(3) 다음의 내용에서 빈칸에 공통으로 들어갈 내용을 쓰시오.

다음 중 어느 하나에 해당하는 마그네슘은 제2류 위험물에서 제외한다.

– (   )mm의 체를 통과하지 아니하는 덩어리상태의 것

– 직경 (   )mm 이상의 막대모양의 것

(4) 위험등급을 쓰시오.

>>> 풀이   마그네슘(Mg)

① 제2류 위험물로서 지정수량은 500kg, **위험등급 Ⅲ** 이다.

② 비중 1.74, 융점 650℃, 발화점 473℃이며, 은백색 광택을 가지고 있다.

③ 물과 반응 시 수산화마그네슘[$Mg(OH)_2$]과 수소(H_2)가 발생한다.

– 물과의 반응식 : $Mg + 2H_2O \rightarrow Mg(OH)_2 + H_2$

④ 염산과의 반응 시 염화마그네슘($MgCl_2$)과 수소(H_2)가 발생한다.

– 염산과의 반응식 : $Mg + 2HCl \rightarrow MgCl_2 + H_2$

⑤ 다음 중 어느 하나에 해당하는 마그네슘은 제2류 위험물에서 제외한다.

– **2mm**의 체를 통과하지 아니하는 덩어리상태의 것

– 직경 **2mm** 이상의 막대모양의 것

⑥ 소화방법 : 냉각소화 시 수소가 발생하므로 마른모래, 탄산수소염류 등으로 질식소화를 해야 한다.

> **Check >>>**
>
> 1. 연소 시 산화마그네슘(MgO)이 발생한다.
>   – 연소반응식 : $2Mg + O_2 \rightarrow 2MgO$
> 2. 황산과 반응 시 황산마그네슘($MgSO_4$)과 수소(H_2)가 발생한다.
>   – 황산과의 반응식 : $Mg + H_2SO_4 \rightarrow MgSO_4 + H_2$
> 3. 이산화탄소와 반응 시 산화마그네슘(MgO)과 가연성 물질인 탄소(C) 또는 유독성 기체인 일산화탄소(CO)가 발생한다.
>   – 이산화탄소와의 반응식 : $2Mg + CO_2 \rightarrow 2MgO + C$ 또는 $Mg + CO_2 \rightarrow MgO + CO$

>>> 정답

(1) $Mg + 2H_2O \rightarrow Mg(OH)_2 + H_2$

(2) $Mg + 2HCl \rightarrow MgCl_2 + H_2$

(3) 2

(4) 위험등급 Ⅲ

필답형 07 [5점]

다음 각각의 위험물을 저장하는 지하저장탱크를 인접해 설치할 때 두 지하저장탱크 사이의 간격은 몇 m 이상으로 해야 하는지 쓰시오.

(1) 경유 20,000L와 휘발유 8,000L

(2) 경유 8,000L와 휘발유 20,000L

(3) 경유 20,000L와 휘발유 20,000L

>>> 풀이 지하저장탱크를 2개 이상 인접해 설치할 때 상호거리는 1m 이상으로 한다. 단, 지하저장탱크 용량의 합이 지정 수량의 100배 이하일 경우에는 0.5m 이상으로 한다. 다만, 그 사이에 탱크전용실의 벽이나 두께 20cm 이상의 콘크리트 구조물이 있는 경우에는 그러하지 아니하다.

경유는 제4류 위험물로서 품명은 제2석유류, 비수용성이며, 지정수량은 1,000L이고, 휘발유는 제4류 위험물로 서 품명은 제1석유류, 비수용성이며, 지정수량은 200L이다.

(1) 지정수량 배수의 합은 $\dfrac{20,000L}{1,000L} + \dfrac{8,000L}{200L} = 60$배이다. 지정수량의 합이 지정수량의 100배 이하에 해당 하는 양이므로 두 지하저장탱크 사이의 간격은 **0.5m 이상**으로 한다.

(2) 지정수량 배수의 합은 $\dfrac{8,000L}{1,000L} + \dfrac{20,000L}{200L} = 108$배이다. 지정수량의 합이 지정수량의 100배를 초과하므 로 두 지하저장탱크 사이의 간격은 **1m 이상**으로 한다.

(3) 지정수량 배수의 합은 $\dfrac{20,000L}{1,000L} + \dfrac{20,000L}{200L} = 120$배이다. 지정수량의 합이 지정수량의 100배를 초과하므 로 두 지하저장탱크 사이의 간격은 **1m 이상**으로 한다.

지하탱크저장소의 설치기준

1. 전용실의 내부 : 입자지름 5mm 이하의 마른자갈분 또는 마른모래를 채운다.
2. 지면으로부터 지하탱크의 윗부분까지의 거리 : 0.6m 이상
3. 탱크전용실로부터 안쪽과 바깥쪽으로의 거리
   - 지하의 벽, 가스관, 대지경계선으로부터 탱크전용실 바깥쪽과의 사이 : 0.1m 이상
   - 지하저장탱크와 탱크전용실 안쪽과의 사이 : 0.1m 이상
4. 탱크전용실의 기준 : 벽, 바닥 및 뚜껑의 두께는 0.3m 이상의 철근콘크리트로 한다.
5. 지면으로부터 통기관의 선단까지의 높이 : 4m 이상

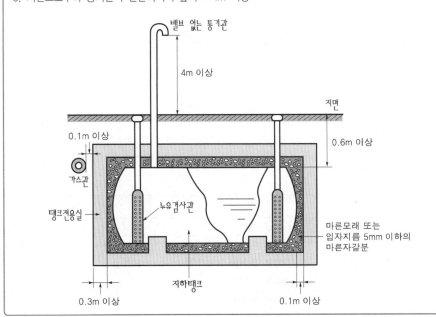

>>> 정답 (1) 0.5m 이상
(2) 1m 이상
(3) 1m 이상

필답형 08 [5점]

다음 각 위험물의 증기비중을 구하시오.

(1) 이황화탄소
(2) 아세트알데히드
(3) 벤젠

>>> 풀이

증기비중을 구하는 식은 $\dfrac{\text{기체의 분자량(g/mol)}}{\text{공기의 분자량(g/mol)}} = \dfrac{\text{분자량}}{29}$ 이다.

(1) 이황화탄소(CS_2)의 1mol의 분자량은 12g(C)+32g(S)×2=76g/mol이고, 증기비중 $= \dfrac{76}{29} = $ **2.62**이다.

(2) 아세트알데히드(CH_3CHO)의 1mol의 분자량은 12g(C)×2+1g(H)×4+16g(O)=44g/mol이고, 증기비중 $= \dfrac{44}{29} = $ **1.52**이다.

(3) 벤젠(C_6H_6)의 1mol의 분자량은 12g(C)×6+1g(H)×6=78g/mol이고, 증기비중 $= \dfrac{78}{29} = $ **2.69**이다.

>>> 정답

(1) 2.62
(2) 1.52
(3) 2.69

필답형 09 [5점]

다음 품명에 맞는 유별 및 지정수량을 빈칸에 알맞게 적으시오.

품 명	유 별	지정수량
황린	제3류 위험물	20kg
질산염류	①	⑥
칼륨	②	⑦
아조화합물	③	⑧
니트로화합물	④	⑨
질산	⑤	⑩

>>> 풀이

품 명	유 별	지정수량	위험등급
황린	제3류 위험물	20kg	I
질산염류	**제1류 위험물**	300kg	II
칼륨	**제3류 위험물**	10kg	I
아조화합물	**제5류 위험물**	200kg	II
니트로화합물	**제5류 위험물**	200kg	II
질산	**제6류 위험물**	300kg	I

>>> 정답

① 제1류 위험물, ② 제3류 위험물, ③ 제5류 위험물, ④ 제5류 위험물, ⑤ 제6류 위험물
⑥ 300kg, ⑦ 10kg, ⑧ 200kg, ⑨ 200kg, ⑩ 300kg

필답형 10 [5점]

에틸렌과 산소를 CuCl₂ 촉매 하에서 반응시키면 생성되는 물질로, 분자량 44인 특수인화물에 대해 다음 물음에 답하시오.

(1) 시성식을 쓰시오.
(2) 증기비중을 구하시오.
(3) 보냉장치가 없는 이동저장탱크에 저장하는 경우 온도는 몇 ℃ 이하로 유지하여야 하는가?

>>> 풀이 아세트알데히드(CH₃CHO)

① 제4류 위험물로서 품명은 특수인화물이며, 지정수량은 50L, 위험등급 Ⅰ이다.
② 인화점 −38℃, 발화점 185℃, 비점 21℃, 연소범위는 4.1~57%이다.
③ 아세트알데히드(CH₃CHO) 1mol의 분자량은 12g(C)×2 + 1g(H)×4 + 16g(O)=44g/mol이고, 증기비중= $\frac{44}{29}$ =1.52이다.
④ 보냉장치가 있는 이동탱크에 저장하는 경우 저장온도는 비점 이하로 유지시켜야 하며, 보냉장치가 없는 이동탱크에 저장하는 경우 저장온도는 **40℃ 이하**로 유지시켜야 한다.
⑤ 소화방법 : 이산화탄소(CO₂), 할로겐화합물, 분말소화약제를 사용하고, 포를 이용해 소화할 경우에는 일반 포는 소포성때문에 효과가 없으므로 알코올포 소화약제를 사용해야 한다.

> **Check >>>**
>
> 1. 에틸렌(C₂H₄)과 산소와의 반응 : 2C₂H₄ + O₂ $\xrightarrow{\text{CuCl}_2}$ 2CH₃CHO
> 2. 수은, 은, 구리, 마그네슘은 아세트알데히드와 중합반응을 하면서 폭발성의 금속 아세틸라이드를 생성하여 위험해지기 때문에 저장용기 재질로 사용하면 안된다.
> 3. 저장 시 용기 상부에는 질소(N₂)와 같은 불연성 가스 또는 아르곤(Ar)과 같은 불활성 기체를 봉입한다.

>>> 정답 (1) CH₃CHO (2) 1.52 (3) 40℃ 이하

필답형 11 [5점]

다음 〈보기〉의 위험물 중 제2석유류이며 수용성인 위험물을 고르시오.

메틸알코올, 포름산, 아세트산, 글리세린, 니트로벤젠

>>> 풀이

물질명	화학식	품 명	지정수량	위험등급	수용성 여부
메틸알코올	CH₃OH	알코올류	400L	Ⅱ	수용성
포름산	HCOOH	**제2석유류**	2,000L	Ⅲ	**수용성**
아세트산	CH₃COOH	**제2석유류**	2,000L	Ⅲ	**수용성**
글리세린	C₃H₅(OH)₃	제3석유류	4,000L	Ⅲ	수용성
니트로벤젠	C₆H₅NO₂	제3석유류	2,000L	Ⅲ	비수용성

>>> 정답 포름산, 아세트산

필답형 12 [5점]

다음 〈보기〉를 보고 물음에 답하시오.

• 제4류 위험물 중 제1석유류, 비수용성
• 무색투명한 방향성을 갖는 휘발성이 강한 액체
• 분자량 78, 인화점 −11℃

(1) 〈보기〉에 해당하는 위험물의 명칭을 쓰시오.
(2) 〈보기〉에 해당하는 위험물의 구조식을 쓰시오.
(3) 위험물을 취급하는 설비에 있어서 〈보기〉에 해당하는 위험물이 직접 배수구에 흘러가지 아니하 도록 집유설비에 무엇을 설치하여야 하는가? (단, 해당 없으면 "해당 없음"이라고 쓰시오.)

풀이 **벤젠**(C_6H_6)

① 제4류 위험물로서 품명은 제1석유류이며, 비수용성으로 지정수량은 200L, 위험등급 Ⅱ이다.

② 인화점 −11℃, 발화점 562℃, 연소범위 1.4~7.1%, 융점 5.5℃, 비점 80℃이다.

┃ 벤젠의 구조식 ┃

③ 연소 시 이산화탄소(CO_2)와 물(H_2O)을 발생시킨다.
　 – 연소반응식 : $2C_6H_6 + 15O_2 \rightarrow 12CO_2 + 6H_2O$

④ 저장 또는 취급하는 장소의 주위에는 배수구 및 집유설비를 설치하여야 한다. 이 경우 직접 배수구에 흘러가 지 않도록 집유설비에 **유분리장치**도 함께 설치하여야 한다.

Check >>>

인화성 고체(인화점 21℃ 미만인 것), 제1석유류, 알코올류의 옥외저장소의 특례

1. 인화성 고체(인화점 21℃ 미만인 것), 제1석유류, 알코올류를 저장 또는 취급하는 장소에는 위험물을 적당한 온도로 유지하기 위한 살수설비 등을 설치해야 한다.

2. 제1석유류 또는 알코올류를 저장 또는 취급하는 장소의 주위에는 배수구 및 집유설비를 설치하여야 한다. 이 경우 제1석유류(20℃의 물 100g에 용해되는 양이 1g 미만인 것에 한한다)를 저장 또는 취 급하는 장소에 있어서는 집유설비에 유분리장치도 함께 설치하여야 한다.

정답 (1) 벤젠 (2) (3) 유분리장치

필답형 13 [5점]

다음은 주유취급소에 설치하는 탱크의 용량 기준에 대한 것이다. 빈칸에 들어갈 알맞은 답을 쓰 시오.

(1) 고정주유설비에 직접 접속하는 전용탱크는 (　　) 이하이다.
(2) 고정급유설비에 직접 접속하는 전용탱크는 (　　) 이하이다.
(3) 보일러 등에 직접 접속하는 전용탱크는 (　　) 이하이다.
(4) 폐유·윤활유 등의 위험물을 저장하는 탱크는 (　　) 이하이다.

>>>풀이 주유취급소의 탱크 용량
① 고정주유설비(자동차에 위험물을 주입하는 설비)에 직접 접속하는 전용탱크 : **50,000L** 이하
② 고정급유설비(이동탱크 또는 용기에 위험물을 주입하는 설비)에 직접 접속하는 전용탱크 : **50,000L** 이하
③ 보일러 등에 직접 접속하는 전용탱크 : **10,000L** 이하
④ 폐유, 윤활유 등의 위험물을 저장하는 탱크 : **2,000L** 이하
⑤ 고정주유설비 또는 고정급유설비에 직접 접속하는 전용간이탱크 : 600L 이하의 탱크 3기 이하
⑥ 고속국도(고속도로)의 주유취급소에 있는 고정주유설비 및 고정급유설비에 직접 접속하는 전용탱크 : 각각 60,000L 이하

>>>정답 (1) 50,000L
(2) 50,000L
(3) 10,000L
(4) 2,000L

필답형 14 [5점]

위험물의 운반에 관한 기준에서 다음 위험물과 혼재할 수 있는 유별 위험물을 모두 쓰시오. (단, 지정수량의 1/10을 초과하는 위험물을 운반하는 경우이다.)

(1) 제2류 위험물
(2) 제4류 위험물
(3) 제6류 위험물

>>>풀이 유별을 달리하는 위험물의 혼재기준

위험물의 구분	제1류	제2류	제3류	제4류	제5류	제6류
제1류		×	×	×	×	○
제2류	×		×	○	○	×
제3류	×	×		○	×	×
제4류	×	○	○		○	×
제5류	×	○	×	○		×
제6류	○	×	×	×	×	

위 표에서 알 수 있듯이 위험물의 운반에 관한 혼재기준에 따라 위험물끼리 혼재할 수 있는 유별은 다음과 같다.
① 제1류 위험물 : 제6류 위험물
② 제2류 위험물 : **제4류 위험물, 제5류 위험물**
③ 제3류 위험물 : 제4류 위험물
④ 제4류 위험물 : **제2류 위험물, 제3류 위험물, 제5류 위험물**
⑤ 제5류 위험물 : 제2류 위험물, 제4류 위험물
⑥ 제6류 위험물 : **제1류 위험물**

>>>정답 (1) 제4류 위험물, 제5류 위험물
(2) 제2류 위험물, 제3류 위험물, 제5류 위험물
(3) 제1류 위험물

필답형 15 [5점]

다음 분말소화약제의 화학식을 쓰시오.

(1) 제1종 분말소화약제
(2) 제2종 분말소화약제
(3) 제3종 분말소화약제

≫≫ 풀이   분말소화약제의 분류

분말소화약제의 구분	주성분	화학식	적응화재	착 색
제1종 분말	탄산수소나트륨	$NaHCO_3$	B급, C급	백색
제2종 분말	탄산수소칼륨	$KHCO_3$	B급, C급	보라색(담회색)
제3종 분말	인산암모늄	$NH_4H_2PO_4$	A급, B급, C급	담홍색
제4종 분말	탄산수소칼륨과 요소의 반응생성물	$KHCO_3 + (NH_2)_2CO$	B급, C급	회색

≫≫ 정답   (1) $NaHCO_3$
(2) $KHCO_3$
(3) $NH_4H_2PO_4$

필답형 16 [5점]

옥외저장소 보유공지에 대해 다음 빈칸을 알맞게 채우시오.

저장 또는 취급하는 위험물의 최대수량	저장 또는 취급하는 위험물	공지의 너비
지정수량의 10배 이하	제1석유류	(①)m 이상
	제2석유류	(②)m 이상
지정수량의 20배 초과 50배 이하	제2석유류	(③)m 이상
	제3석유류	(④)m 이상
	제4석유류	(⑤)m 이상

≫≫ 풀이   옥외저장소 보유공지 기준은 다음과 같다.

저장 또는 취급하는 위험물의 최대수량	공지의 너비
지정수량의 10배 이하	3m 이상
지정수량의 10배 초과 20배 이하	5m 이상
지정수량의 20배 초과 50배 이하	9m 이상
지정수량의 50배 초과 200배 이하	12m 이상
지정수량의 200배 초과	15m 이상

단, 제4류 위험물 중 **제4석유류**와 제6류 위험물을 저장 또는 취급하는 보유공지는 **공지 너비의 1/3 이상**으로 **단축**할 수 있다.

≫≫ 정답   ① 3, ② 3, ③ 9, ④ 9, ⑤ 3

필답형 17 [5점]

제4류 위험물 중 동식물유류에 대해 다음 물음에 답하시오.

(1) 요오드값의 정의를 쓰시오.
(2) 동식물유류를 요오드값에 따라 분류하시오.

▶▶▶풀이
(1) 요오드값이란 **유지 100g에 흡수되는 요오드의 g수**를 의미하며, 불포화도와 이중결합수에 비례한다.
(2) 동식물유류는 제4류 위험물로서 지정수량은 10,000L이며, 요오드값의 범위에 따라 건성유, 반건성유, 불건성유로 구분한다.
   ① **건성유 : 요오드값이 130 이상인 것**
     – 동물유 : 정어리유, 기타 생선유
     – 식물유 : 동유(오동나무기름), 해바라기유, 아마인유, 들기름
   ② **반건성유 : 요오드값이 100~130인 것**
     – 동물유 : 청어유
     – 식물유 : 쌀겨기름, 목화씨기름(면실유), 채종유(유채씨기름), 옥수수기름, 참기름
   ③ **불건성유 : 요오드값이 100 이하인 것**
     – 동물유 : 소기름, 돼지기름, 고래기름
     – 식물유 : 올리브유, 동백유, 아주까리기름(피마자유), 야자유(팜유)

▶▶▶정답
(1) 유지 100g에 흡수되는 요오드의 g수
(2) 건성유 : 요오드값이 130 이상인 것, 반건성유 : 요오드값이 100~130인 것, 불건성유 : 요오드값이 100 이하인 것

필답형 18 [5점]

휘발유를 저장하는 옥외저장탱크의 방유제에 대해 다음 물음에 답하시오.

(1) 방유제의 면적은 몇 m² 이하로 하는지 쓰시오.
(2) 저장탱크의 개수에 제한을 두지 않는 경우에 대해 쓰시오.
(3) 제1석유류를 15만L 저장하는 경우, 방유제 안에 설치할 수 있는 탱크의 수를 쓰시오.

▶▶▶풀이 액체 위험물의 옥외저장탱크의 주위에는 위험물이 새었을 경우에 그 유출을 방지하기 위한 방유제를 설치하여야 한다.
(1) 방유제의 면적은 **80,000m² 이하**로 한다.
(2) 방유제 안에 설치할 수 있는 옥외저장탱크의 수
   ① 10개 이하 : 인화점 70℃ 미만의 위험물을 저장하는 옥외저장탱크
   ② 20개 이하 : 모든 옥외저장탱크의 용량의 합이 200,000L 이하이고 인화점이 70℃ 이상 200℃ 미만(제3석유류)인 경우
   ③ **개수 무제한 : 인화점이 200℃ 이상인 위험물을 저장하는 경우**
(3) 제1석유류는 아세톤, 휘발유, 그 밖의 1기압에서 인화점이 21℃ 미만인 것을 말한다. 제1석유류는 인화점이 70℃ 미만이므로 방유제 안에 설치할 수 있는 옥외저장탱크의 수는 **10개 이하**이다.

▶▶▶정답
(1) 80,000m² 이하
(2) 인화점이 200℃ 이상인 위험물을 저장하는 경우
(3) 10개 이하

필답형 19 [5점]

다음 물음에 답하시오.

(1) 운송책임자의 운전자 감독 · 지원하는 방법으로 옳은 것을 모두 고르시오.
　① 이동탱크저장소에 동승
　② 사무실에 대기하면서 감독 · 지원
　③ 부득이한 경우 GPS로 감독 · 지원
　④ 다른 차량을 이용하여 따라다니면서 감독 · 지원

(2) 위험물 운송 시 운전자가 장시간 운전할 경우 2명 이상의 운전자로 하여야 하는데, 그러하지 않아도 되는 경우를 모두 고르시오.
　① 운송책임자가 동승하는 경우
　② 제2류 위험물을 운반하는 경우
　③ 제4류 위험물 중 제1석유류를 운반하는 경우
　④ 2시간 이내마다 20분 이상씩 휴식하는 경우

(3) 위험물 운송 시 이동탱크저장소에 비치하여야 하는 것을 모두 고르시오.
　① 완공검사합격확인증
　② 정기검사확인증
　③ 설치허가확인증
　④ 위험물안전관리카드

>>> 풀이

(1) 운송책임자의 감독 또는 지원 방법
　① 운송책임자가 **이동탱크저장소에 동승**하여 감독 · 지원
　② 운송의 감독 또는 지원을 위하여 마련한 별도의 **사무실에 운송책임자가 대기**하면서 감독 · 지원

(2) 위험물 운송자의 기준
　① 운전자를 2명 이상으로 하는 경우
　　㉠ 고속국도에서 340km 이상에 걸치는 운송을 하는 경우
　　㉡ 일반도로에서 200km 이상에 걸치는 운송을 하는 경우
　② **운전자를 1명으로 할 수 있는 경우**
　　㉠ **운송책임자를 동승시킨 경우**
　　㉡ 제2류 위험물, 제3류 위험물(칼슘 또는 알루미늄의 탄화물에 한한다) 또는 제4류 위험물(특수인화물 제외)을 운송하는 경우
　　㉢ 운송 도중에 **2시간 이내마다 20분 이상씩 휴식하는 경우**

(3) ① **완공검사합격확인증** : 규정에 따라 허가를 받은 자가 제조소등의 설치를 마쳤거나 그 위치 · 구조 또는 설비의 변을 마친 때에는 당해 제조소등마다 시 · 도지사가 행하는 완공검사를 받아 규정에 따른 기술기준에 적합하다고 인정받은 후가 아니면 이를 사용하여서는 안된다.
　② **위험물안전관리카드**를 휴대해야 하는 위험물 : 제4류 위험물 중 특수인화물 및 제1석유류와 제1류, 제2류, 제3류, 제5류, 제6류 위험물 전부

>>> 정답

(1) ①, ②
(2) ①, ②, ③, ④
(3) ①, ④

필답형 20 [5점]

탱크 바닥의 반지름이 3m, 높이가 20m인 원통형 옥외탱크저장소에 대해 다음 물음에 답하시오.

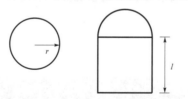

(1) 종으로 세워진 원통형 탱크의 내용적(L)을 구하시오.
(2) 기술검토를 받아야 하면 ○, 받지 않아도 되면 ✕를 쓰시오.
(3) 완공검사를 받아야 하면 ○, 받지 않아도 되면 ✕를 쓰시오.
(4) 정기검사를 받아야 하면 ○, 받지 않아도 되면 ✕를 쓰시오.

≫≫ 풀이

(1) 종으로 세워진 원통형 탱크의 내용적 $= \pi r^2 l$, $1m^3 = 1,000L$이므로,

탱크의 내용적 $= (\pi \times 3^2 \times 20)m^3 \times \dfrac{1,000L}{1m^3} = $ **565,486.68L**

(2) **기술검토의 대상**인 제조소등
  – 지정수량의 1천배 이상의 위험물을 취급하는 제조소 또는 일반취급소
  – **옥외탱크저장소(저장용량이 50만L 이상인 것만 해당한다) 또는 암반탱크저장소**

(3) 규정에 따라 허가를 받은 자가 제조소등의 설치를 마쳤거나 그 위치·구조 또는 설비의 변경을 마친 때에는 당해 제조소등마다 시·도지사가 행하는 **완공검사를 받아** 규정에 따른 기술기준에 적합하다고 인정받은 후가 아니면 이를 사용하여서는 안된다.

(4) **정기검사의 대상**인 제조소등
  – 특정·준특정 옥외탱크저장소(액체 위험물을 저장 또는 취급하는 **50만L 이상의 옥외탱크저장소**)

≫≫ 정답

(1) 565486.68L
(2) ○
(3) ○
(4) ○

2022 제2회 위험물산업기사 실기

2022년 7월 24일 시행

※ 필답형+작업형으로 치러지던 기존 시험에서는 각 문항별 배점이 상이하였으나,
필답형(20문제) 시험만 보는 2020년 1회부터는 각 문항 배점이 모두 5점입니다!

 필/답/형 시험

필답형 01
[5점]

다음 불활성 가스에 대한 구성 성분을 쓰시오. (단, 각 구성 성분에 대한 성분비를 함께 쓰시오.)

(1) IG−55
(2) IG−541

≫≫풀이 불활성 가스의 종류별 구성 성분
① IG−100 : 질소(N_2) 100%
② IG−55 : **질소(N_2) 50%, 아르곤(Ar) 50%**
③ IG−541 : **질소(N_2) 52%, 아르곤(Ar) 40%, 이산화탄소(CO_2) 8%**

≫≫정답
(1) 질소(N_2) 50%, 아르곤(Ar) 50%
(2) 질소(N_2) 52%, 아르곤(Ar) 40%, 이산화탄소(CO_2) 8%

필답형 02
[5점]

삼황화인과 오황화인이 연소 시 공통으로 발생하는 물질의 화학식을 모두 쓰시오. (단, 공통으로 발생하는 물질이 없으면 "없음"이라 쓰시오.)

≫≫풀이 제2류 위험물인 황화인은 삼황화인(P_4S_3)과 오황화인(P_2S_5), 칠황화인(P_4S_7)의 3가지 종류가 있으며, 이들 황화인은 모두 인(P)과 황(S)을 포함하고 있으므로 연소 시 공통으로 오산화인(P_2O_5)과 이산화황(SO_2)을 발생한다.
① 삼황화인의 연소반응식 : $P_4S_3 + 8O_2 \rightarrow 2P_2O_5 + 3SO_2$
② 오황화인의 연소반응식 : $2P_2S_5 + 15O_2 \rightarrow 2P_2O_5 + 10SO_2$

> **Check ≫≫**
>
> **삼황화인과 오황화인의 물과의 반응**
> 1. 삼황화인은 물과 반응하지 않는다.
> 2. 오황화인은 물과 반응 시 황화수소(H_2S)와 인산(H_3PO_4)을 발생시킨다.
>   − 물과의 반응식 : $P_2S_5 + 8H_2O \rightarrow 5H_2S + 2H_3PO_4$

≫≫정답 P_2O_5, SO_2

필답형 03 [5점]

다음은 소화설비의 능력단위에 대한 내용이다. 괄호 안에 들어갈 알맞은 내용을 쓰시오.

소화설비	용 량	능력단위
소화전용 물통	(①)L	0.3
수조(소화전용 물통 3개 포함)	80L	(④)
수조(소화전용 물통 6개 포함)	190L	(⑤)
마른모래	(②)L	0.5
팽창질석, 팽창진주암(삽 1개 포함)	(③)L	1.0

>>> 풀이

소화설비	용 량	능력단위
소화전용 물통	8L	0.3
수조(소화전용 물통 3개 포함)	80L	1.5
수조(소화전용 물통 6개 포함)	190L	2.5
마른모래	50L	0.5
팽창질석, 팽창진주암(삽 1개 포함)	160L	1.0

>>> 정답 ① 8, ② 50, ③ 160, ④ 1.5, ⑤ 2.5

필답형 04 [5점]

염소산칼륨에 대해 다음 물음에 답하시오.

(1) 열분해반응식
(2) 표준상태에서 염소산칼륨 24.5kg이 완전분해 시 발생하는 산소의 부피(m³)를 구하시오. (단, 칼륨의 분자량 39, 염소의 분자량 35.5이다.)

>>> 풀이 염소산칼륨($KClO_3$)
① 제1류 위험물로서 품명은 염소산염류이며, 지정수량은 50kg이다.
② 분해온도는 400℃, 비중은 2.32이며, 무색 결정 또는 백색 분말이다.
③ 열분해 시 염화칼륨(KCl)과 산소(O_2)가 발생한다.
  – 열분해반응식 : $2KClO_3 \rightarrow 2KCl + 3O_2$
④ 찬물과 알코올에는 녹지 않고, 온수 및 글리세린에 잘 녹는다.
⑤ 표준상태(0℃, 1기압)에서 1mol의 기체의 부피는 22.4L이고, 2mol의 염소산칼륨이 분해하면 3mol의 산소가 발생한다. 염소산칼륨 1mol의 분자량은 39g(K) + 35.5g(Cl) + 16g(O)×3 = 122.5g/mol, 1m³ = 1,000L이므로 24.5kg의 염소산칼륨이 분해 시 생성되는 산소의 부피는

$$24.5 \times 10^3 g\ KClO_3 \times \frac{1mol\ KClO_3}{122.5g\ KClO_3} \times \frac{3mol\ O_2}{2mol\ KClO_3} \times \frac{22.4L\ O_2}{1mol\ O_2} \times \frac{1m^3}{1,000L} = 6.72m^3 이다.$$

>>> 정답 (1) $2KClO_3 \rightarrow 2KCl + 3O_2$
(2) $6.72m^3$

필답형 05 [5점]

다음의 제조소등에 대한 알맞은 소요단위를 쓰시오.
(1) 내화구조 외벽을 갖춘 제조소로서 연면적 300m^2
(2) 내화구조 외벽이 아닌 제조소로서 연면적 300m^2
(3) 내화구조 외벽을 갖춘 저장소로서 연면적 300m^2

≫≫풀이 소화설비의 설치대상이 되는 건축물 또는 그 밖에 공작물의 규모나 위험물량의 기준을 1소요단위라고 정하며, 다음의 [표]와 같이 구분한다.

구 분	외벽이 내화구조	외벽이 비내화구조
위험물 제조소 및 취급소	연면적 100m^2	연면적 50m^2
위험물저장소	연면적 150m^2	연면적 75m^2
위험물	지정수량의 10배	

(1) 내화구조 외벽을 갖춘 제조소로서 연면적 300m^{2}인 제조소의 소요단위는 $\dfrac{300m^2}{100m^2}$ = **3소요단위**

(2) 내화구조 외벽이 아닌 제조소로서 연면적 300m^{2}인 제조소의 소요단위는 $\dfrac{300m^2}{50m^2}$ = **6소요단위**

(3) 내화구조 외벽을 갖춘 저장소로서 연면적 300m^{2}인 저장소의 소요단위는 $\dfrac{300m^2}{150m^2}$ = **2소요단위**

≫≫정답
(1) 3소요단위
(2) 6소요단위
(3) 2소요단위

필답형 06 [5점]

다음 용어의 정의를 쓰시오.
(1) 인화성 고체
(2) 철분
(3) 제2석유류

≫≫풀이
(1) 인화성 고체라 함은 **고형알코올, 그 밖의 1기압에서 인화점이 섭씨 40도 미만인 고체**를 말한다.
(2) 철분이라 함은 **철의 분말로서 53마이크로미터의 표준체를 통과하는 것이 50중량퍼센트 미만인 것은 제외**한다.
(3) 제2석유류라 함은 **등유, 경유, 그 밖에 1기압에서 인화점이 섭씨 21도 이상 70도 미만인 것**을 말한다. 다만, 도료류, 그 밖의 물품에 있어서 가연성 액체량이 40중량퍼센트 이하이면서 인화점이 섭씨 40도 이상 인 동시에 연소점이 섭씨 60도 이상인 것은 제외한다.

≫≫정답
(1) 고형알코올, 그 밖의 1기압에서 인화점이 섭씨 40도 미만인 고체
(2) 철의 분말로서 53마이크로미터의 표준체를 통과하는 것이 50중량퍼센트 미만인 것은 제외
(3) 등유, 경유, 그 밖에 1기압에서 인화점이 섭씨 21도 이상 70도 미만인 것

필답형 07 [5점]

제1류 위험물 중 위험등급 Ⅰ에 해당하는 품명을 3가지 쓰시오.

>>> 풀이

유 별	품 명	지정수량	위험등급
제1류	1. **아염소산염류**	50kg	Ⅰ
	2. **염소산염류**		
	3. **과염소산염류**		
	4. **무기과산화물**		
	5. 브롬산염류	300kg	Ⅱ
	6. 질산염류		
	7. 요오드산염류		
	8. 과망간산염류	1,000kg	Ⅲ
	9. 중크롬산염류		
	10. 그 밖에 행정안전부령이 정하는 것		Ⅰ, Ⅱ, Ⅲ
	① 과요오드산염류	300kg	
	② 과요오드산	300kg	
	③ 크롬, 납 또는 요오드의 산화물	300kg	
	④ 아질산염류	300kg	
	⑤ **차아염소산염류**	50kg	
	⑥ 염소화이소시아눌산	300kg	
	⑦ 퍼옥소이황산염류	300kg	
	⑧ 퍼옥소붕산염류	300kg	
	11. 1~10호의 하나 이상을 함유한 것	50kg, 300kg 또는 1,000kg	

>>> 정답 아염소산염류, 염소산염류, 과염소산염류, 무기과산화물, 차아염소산염류 중 3가지

필답형 08 [5점]

트리에틸알루미늄과 메틸알코올의 반응식과 이때 생성되는 기체의 연소반응식을 쓰시오.

(1) 메틸알코올과의 반응식
(2) 생성되는 기체의 연소반응식

>>> 풀이 트리에틸알루미늄[$(C_2H_5)_3Al$]은 제3류 위험물로서 품명은 알킬알루미늄이며, 지정수량은 10kg이다.
(1) 트리에틸알루미늄은 메틸알코올(CH_3OH)과 반응 시 알루미늄메틸레이트[$(CH_3O)_3Al$]와 에탄(C_2H_6)이 발생한다.
　　– 메틸알코올과의 반응식 : $(C_2H_5)_3Al + 3CH_3OH \rightarrow (CH_3O)_3Al + 3C_2H_6$
(2) 에틸알코올을 연소시키면 이산화탄소(CO_2)와 물(H_2O)이 발생한다.
　　– 에틸알코올의 연소반응식 : $2C_2H_6 + 7O_2 \rightarrow 4CO_2 + 6H_2O$

>>> 정답 (1) $(C_2H_5)_3Al + 3CH_3OH \rightarrow (CH_3O)_3Al + 3C_2H_6$
　　　(2) $2C_2H_6 + 7O_2 \rightarrow 4CO_2 + 6H_2O$

필답형 09 [5점]

다음 각 물질의 물과의 반응 시 발생하는 기체의 명칭을 쓰시오. (단, 발생하는 기체가 없으면 "없음"이라고 쓰시오.)

(1) 인화칼슘
(2) 질산암모늄
(3) 과산화칼륨
(4) 금속리튬
(5) 염소산칼륨

≫≫ 풀이
(1) 인화칼슘(Ca_3P_2)은 제3류 위험물로서 품명은 금속인화물이며, 물과의 반응 시 수산화칼슘[$Ca(OH)_2$]과 함께 가연성이면서 맹독성인 **포스핀(=인화수소, PH_3)** 기체가 발생한다.
　 – 물과의 반응식 : $Ca_3P_2 + 6H_2O \rightarrow 3Ca(OH)_2 + 2PH_3$
(2) 질산암모늄(NH_4NO_3)은 제1류 위험물로서 품명은 질산염류이며, 물, 알코올에 잘 녹으며 물에 녹을 때 열을 흡수한다. 질산암모늄은 물과 반응하지 않아 **발생하는 기체가 없다.**
(3) 과산화칼륨(K_2O_2)은 제1류 위험물로서 품명은 무기과산화물이며, 물과의 반응 시 수산화칼륨(KOH)과 다량의 **산소(O_2)**, 그리고 열을 발생하므로 물기엄금 해야 한다.
　 – 물과의 반응식 : $2K_2O_2 + 2H_2O \rightarrow 4KOH + O_2$
(4) 금속리튬(Li)은 제3류 위험물로서 품명은 알칼리금속(칼륨, 나트륨 제외) 및 알칼리토금속이며, 물과의 반응 시 수산화리튬($LiOH$)과 **수소(H_2)**가 발생한다.
　 – 물과의 반응식 : $2Li + 2H_2O \rightarrow 2LiOH + H_2$
(5) 염소산칼륨($KClO_3$)은 제1류 위험물로서 품명은 염소산염류이며, 찬물, 알코올에는 안 녹고 온수 및 글리세린에 잘 녹는다. 염소산칼륨은 물과 반응하지 않아 **발생하는 기체가 없다.**

≫≫ 정답
(1) 포스핀(인화수소)
(2) 없음
(3) 산소
(4) 수소
(5) 없음

필답형 10 [5점]

칼륨에 대해 다음 물음에 답하시오.

(1) 이산화탄소와의 반응식
(2) 에틸알코올과의 반응식

≫≫ 풀이 칼륨(K)은 제3류 위험물로서 품명은 칼륨이며, 지정수량은 10kg, 위험등급 I 이다.
(1) 이산화탄소(CO_2)와 반응 시 탄산칼륨(K_2CO_3)과 탄소(C)가 발생한다.
　 – 이산화탄소와의 반응식 : $4K + 3CO_2 \rightarrow 2K_2CO_3 + C$
(2) 에틸알코올(C_2H_5OH)과 반응 시 칼륨에틸레이트(C_2H_5OK)와 수소(H_2)가 발생한다.
　 – 에틸알코올과의 반응식 : $2K + 2C_2H_5OH \rightarrow 2C_2H_5OK + H_2$

≫≫ 정답
(1) $4K + 3CO_2 \rightarrow 2K_2CO_3 + C$
(2) $2K + 2C_2H_5OH \rightarrow 2C_2H_5OK + H_2$

필답형 11 [5점]

다음 괄호 안에 알맞은 말을 쓰시오.

위험물			지정수량
유 별	성 질	품 명	
제1류	산화성 고체	질산염류	300kg
		요오드산염류	(④)kg
		과망간산염류	1,000kg
		(②)	1,000kg
제2류	(①)	철분	500kg
		금속분	500kg
		마그네슘	500kg
		(③)	1,000kg
제4류	인화성 액체	제2석유류 비수용성 액체	(⑤)L
		제2석유류 수용성 액체	2,000L
		제3석유류 비수용성 액체	2,000L
		제3석유류 수용성 액체	(⑥)L

>>> 풀이

위험물			지정수량
유 별	성 질	품 명	
제1류	산화성 고체	질산염류	300kg
		요오드산염류	**300kg**
		과망간산염류	1,000kg
		중크롬산염류	1,000kg
제2류	**가연성 고체**	철분	500kg
		금속분	500kg
		마그네슘	500kg
		인화성 고체	1,000kg
제4류	인화성 액체	제2석유류 비수용성 액체	**1,000L**
		제2석유류 수용성 액체	2,000L
		제3석유류 비수용성 액체	2,000L
		제3석유류 수용성 액체	**4,000L**

>>> 정답
① 가연성 고체
② 중크롬산염류
③ 인화성 고체
④ 300
⑤ 1,000
⑥ 4,000

필답형 12 [5점]

탄화알루미늄에 대해 다음 물음에 답하시오.

(1) 물과의 반응식
(2) 염산과의 반응식

>>> 풀이

탄화알루미늄(Al_4C_3)은 제3류 위험물로서 품명은 칼슘 또는 알루미늄의 탄화물이며, 지정수량은 300kg이다. 비중은 2.36이고, 융점은 1,400℃이며, 황색 결정으로 나타난다.

(1) 탄화알루미늄은 물과 반응 시 수산화알루미늄[$Al(OH)_3$]과 메탄(CH_4)이 발생한다.
　－ 물과의 반응식 : $Al_4C_3 + 12H_2O \longrightarrow 4Al(OH)_3 + 3CH_4$

(2) 염산(HCl)과 반응 시 염화알루미늄($AlCl_3$)과 메탄(CH_4)이 발생한다.
　－ 염산과의 반응식 : $Al_4C_3 + 12HCl \longrightarrow 4AlCl_3 + 3CH_4$

>>> 정답

(1) $Al_4C_3 + 12H_2O \longrightarrow 4Al(OH)_3 + 3CH_4$
(2) $Al_4C_3 + 12HCl \longrightarrow 4AlCl_3 + 3CH_4$

필답형 13 [5점]

다음은 옥내저장소 기준에 관한 내용이다. 괄호 안에 들어갈 알맞은 말을 쓰시오.

(1) 옥내저장소에서 동일 품명의 위험물이더라도 자연발화할 우려가 있거나 재해가 현저하게 증대할 우려가 있는 위험물을 다량 저장하는 경우에는 지정수량의 (①) 이하마다 구분하여 상호간 (②) 이상의 간격을 두어 저장하여야 한다.

(2) 옥내저장소의 저장용기에 쌓는 높이의 기준
　• 기계에 의하여 하역하는 구조로 된 용기만을 겹쳐 쌓는 경우에 있어서는 (①)m 이하
　• 제4류 위험물 중 제3석유류, 제4석유류 및 동식물유류를 수납하는 용기만을 겹쳐 쌓는 경우에 있어서는 (②)m 이하
　• 그 밖의 경우에 있어서는 (③)m 이하

>>> 풀이

(1) 유별이 같은 위험물을 동일한 장소에 저장하는 경우
　① 제3류 위험물 중 황린과 같이 물속에 저장하는 물품과 금수성 물질은 동일한 저장소에서 저장하지 아니하여야 한다.
　② 동일 품명의 위험물이더라도 자연발화할 우려가 있거나 재해가 현저하게 증대할 우려가 있는 위험물을 다량 저장하는 경우에는 지정수량의 **10배** 이하마다 구분하여 상호간 **0.3m 이상**의 간격을 두어 저장하여야 한다.

(2) 옥내저장소 또는 옥외저장소의 저장용기에 쌓는 높이의 기준
　① 기계에 의하여 하역하는 구조로 된 용기 : **6m** 이하
　② 제4류 위험물 중 제3석유류, 제4석유류 및 동식물유류를 수납하는 용기 : **4m** 이하
　③ 그 밖의 경우 : **3m** 이하
　④ 용기를 선반에 저장하는 경우
　　㉠ 옥내저장소에 설치한 선반 : 높이의 제한 없음
　　㉡ 옥외저장소에 설치한 선반 : 6m 이하

>>> 정답

(1) ① 10배, ② 0.3m
(2) ① 6, ② 4, ③ 3

필답형 14 [5점]

산화프로필렌에 대해 다음 물음에 답하시오.

(1) 증기비중
(2) 위험등급
(3) 보냉장치가 없는 이동탱크저장소에 저장할 경우의 저장온도

▶▶▶풀이 산화프로필렌(CH_3CHOCH_2)＝프로필렌옥사이드

① 제4류 위험물로서 품명은 특수인화물이며, 수용성으로 지정수량은 50L, **위험등급 Ⅰ**이다.
② 인화점 −37℃, 발화점 465℃, 비점 34℃, 연소범위 2.5～38.5%이다.
③ 산화프로필렌 1mol의 분자량은 12g(C)×3＋1g(H)×6＋16g(O)＝58g/mol이므로 증기비중은 $\frac{58}{29}$＝**2**이다.
④ 구리(Cu), 마그네슘(Mg), 수은(Hg), 은(Ag)은 산화프로필렌과 중합반응을 하면서 폭발성의 금속 아세틸라이드를 생성하여 위험해지기 때문에 저장용기 재질로서는 사용하면 안된다.
⑤ 이동저장탱크에 저장할 경우 저장온도 기준
  ㉠ 보냉장치가 있는 이동저장탱크에 저장하는 경우 : 비점 이하
  ㉡ 보냉장치가 없는 이동저장탱크에 저장하는 경우 : **40℃ 이하**

▶▶▶정답
(1) 2
(2) 위험등급 Ⅰ
(3) 40℃ 이하

필답형 15 [5점]

니트로셀룰로오스에 대해 다음 물음에 답하시오.

(1) 제조방법
(2) 품명
(3) 지정수량
(4) 운반 시 운반용기 외부에 표시해야 하는 주의사항

▶▶▶풀이 니트로셀룰로오스($[C_6H_7O_2(ONO_2)_3]_n$)＝질화면

① 제5류 위험물로서 품명은 **질산에스테르류**이며, 지정수량은 **10kg**이다.
② 분해온도 130℃, 발화온도 180℃, 비점 83℃, 비중 1.23이다.
③ 물에는 안 녹고 알코올, 에테르에 녹는 고체상태의 물질이다.
④ **셀룰로오스에 질산과 황산을 반응시켜 제조**한다.
⑤ 건조하면 발화 위험이 있으므로 함수알코올(수분 또는 알코올)을 습면시켜 저장한다.
⑥ 자기반응성 물질로 운반 시 운반용기 외부에 표시해야 하는 주의사항은 **화기엄금, 충격주의**이다.

▶▶▶정답
(1) 셀룰로오스에 질산과 황산을 반응시켜 제조
(2) 질산에스테르류
(3) 10kg
(4) 화기엄금, 충격주의

필답형 **16**　　　　　　　　　　　　　　　　　　　　　　　　　　　[5점]

다음 괄호 안에 알맞은 말을 쓰시오.

지정과산화물의 옥내저장소 저장창고의 지붕은 중도리 또는 서까래의 간격은 (①)cm 이하로 하고, 지붕의 아래쪽 면에는 한 변의 길이가 (②)cm 이하의 막대기 등으로 된 강철제의 격자를 설치하여야 한다. 또한 지붕의 아래쪽 면에 (③)을 쳐서 불연재료의 도리·보 또는 서까래에 단단히 결합하여야 하고, 두께 (④)cm 이상, 너비 (⑤)cm 이상의 목재로 만든 받침대를 설치하여야 한다.

≫≫ 풀이　제5류 위험물 중 유기과산화물 또는 이를 함유한 것으로 지정수량이 10kg인 것을 지정과산화물이라 하며, 지정과산화물을 저장하는 옥내저장소를 지정과산화물 옥내저장소라 한다.
옥내저장소 저장창고 지붕의 기준은 다음과 같다.
① 중도리 또는 서까래의 간격은 **30cm** 이하로 할 것
② 지붕의 아래쪽 면에는 한 변의 길이가 **45cm** 이하인 막대기 등으로 된 강철제의 격자를 설치할 것
③ 지붕의 아래쪽 면에 **철망**을 쳐서 불연재료의 도리·보 또는 서까래에 단단히 결합할 것
④ 두께 **5cm** 이상, 너비 **30cm** 이상의 목재로 만든 받침대를 설치할 것

> **Check ≫≫**
>
> **지정과산화물 옥내저장소 격벽의 기준**
> 1. 바닥면적 150m² 이내마다 격벽으로 구획할 것
> 2. 격벽의 두께
>   ① 철근콘크리트조 또는 철골철근콘크리트조 : 30cm 이상
>   ② 보강콘크리트조블록조 : 40cm 이상
> 3. 격벽의 돌출길이
>   ① 창고 양측의 외벽으로부터 : 1m 이상
>   ② 창고 상부의 지붕으로부터 : 50cm 이상

≫≫ 정답　① 30, ② 45, ③ 철망, ④ 5, ⑤ 30

필답형 **17**　　　　　　　　　　　　　　　　　　　　　　　　　　　[5점]

다음 〈보기〉에 해당하는 위험물에 대해 다음 물음에 답하시오. (단, 해당 없으면 "해당 없음"이라고 쓰시오.)

- 무색무취의 유동하기 쉬운 액체이다.
- 흡습성이 강하고, 매우 불안정한 강산이다.
- 분자량은 100.5g/mol, 비중은 1.76으로 염소산 중 가장 강한 산이다.

(1) 화학식
(2) 위험물의 유별
(3) 이 물질을 취급하는 제조소와 병원과의 안전거리
(4) 이 물질 5,000kg을 취급하는 제조소의 보유공지 너비

▶▶▶풀이
(1) 과염소산($HClO_4$)
  ① **제6류** 위험물이며, 지정수량은 300kg이다.
  ② 융점 −112℃, 비점 19℃, 비중 1.7이다.
  ③ 무색투명한 액체상태이다.
  ④ 산화력이 강하며, 염소산 중에서 가장 강한 산이다.
(2) **제조소의 안전거리를 제외**할 수 있는 조건
  ① 제6류 위험물을 취급하는 제조소, 취급소 또는 저장소
  ② 주유취급소
  ③ 판매취급소
  ④ 지하탱크저장소
  ⑤ 옥내탱크저장소
  ⑥ 이동탱크저장소
  ⑦ 간이탱크저장소
  ⑧ 암반탱크저장소
(3) 과염소산 5,000kg를 취급하는 제조소는 지정수량의 $\dfrac{5,000kg}{300kg}$ =16.67배로 10배 초과이므로 제조소 보유 공지의 기준에 따라 제조소의 보유공지 너비는 **5m 이상**이다.

지정수량의 배수	공지의 너비
지정수량의 10배 이하	3m 이상
지정수량의 10배 초과	5m 이상

Check ▶▶▶

제조소의 안전거리 기준
제조소로부터 다음 건축물 또는 공작물의 외벽(외측) 사이에는 다음과 같이 안전거리를 두어야 한다.
1. 주거용 건축물(제조소의 동일부지 외에 있는 것) : 10m 이상
2. 학교, 병원, 극장(300명 이상), 다수인 수용시설 : 30m 이상
3. 유형문화재, 지정문화재 : 50m 이상
4. 고압가스, 액화석유가스 등의 저장·취급 시설 : 20m 이상
5. 사용전압이 7,000V 초과 35,000V 이하의 특고압가공전선 : 3m 이상
6. 사용전압이 35,000V 초과하는 특고압가공전선 : 5m 이상

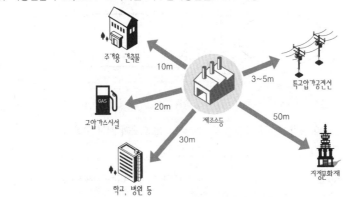

▶▶▶정답
(1) $HClO_4$
(2) 제6류
(3) 해당 없음
(4) 5m 이상

필답형 18 [5점]

위험물제조소 옥외에 있는 하나의 방유제 안에 용량이 50만리터인 위험물취급탱크 1기를 설치하고, 또 다른 방유제 안에 100만리터인 위험물취급탱크 1기, 50만리터인 위험물취급탱크 1기, 10만리터인 위험물취급탱크 3기를 설치한다면 방유제 전체의 용량은 몇 리터 이상으로 해야 하는지 쓰시오.

▶▶풀이 위험물제조소의 옥외에 설치하는 위험물취급탱크의 방유제 용량
① 하나의 위험물취급탱크의 방유제 용량 : 탱크 용량의 50% 이상
② 2개 이상의 위험물취급탱크의 방유제 용량 : 탱크 중 용량이 최대인 것의 50%에 나머지 탱크 용량 합계의 10%를 가산한 양 이상

〈문제〉는 방유제 전체의 용량은 두 방유제의 용량을 합하여 구한다. 위험물제조소의 옥외에 1개의 위험물취급탱크를 하나의 방유제 안에 설치하는 경우에는 방유제의 용량은 탱크 용량의 50% 이상으로 하고, 위험물제조소의 옥외에 총 5개의 위험물취급탱크를 또 다른 방유제 안에 설치하는 경우에는 방유제의 용량은 탱크 중 용량이 최대인 100만리터의 50%에 나머지 탱크 용량인 50만리터의 10%, 10만리터 3기의 10% 가산한 양 이상으로 한다.

50만리터×0.5=25만리터 이상

(100만리터×0.5)+(50만리터×0.1)+(10만리터×0.1×3)=58만리터 이상

∴ 25만리터+58만리터=**83만리터 이상**

▶▶정답 83만리터 이상

필답형 19 [5점]

다음의 조건을 갖는 횡으로 설치한 타원형 탱크에 위험물을 저장하는 경우 ① 최대용량과 ② 최소용량을 구하시오. (단, 여기서 $a=2m$, $b=1.5m$, $l=3m$, $l_1=0.3m$, $l_2=0.3m$이다.)

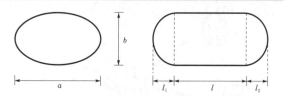

▶▶풀이 횡으로 설치한 양쪽이 볼록한 타원형 탱크의 내용적(V)은 다음과 같이 구할 수 있다.

$$V=\frac{\pi ab}{4}\times\left(l+\frac{l_1+l_2}{3}\right)=\frac{\pi\times2\times1.5}{4}\times\left(3+\frac{0.3+0.3}{3}\right)=7.54\text{m}^3$$

탱크의 공간용적 : 탱크 내용적의 100분의 5 이상 100분의 10 이하의 용적으로 한다.

7.54의 5%는 0.377m³, 7.54의 10%는 0.754m³

탱크의 용량=탱크 내용적−탱크의 공간용적이므로 공간용적이 0.377m³일 때 탱크의 용량은 최대용량인 **7.16m³**이고, 공간용적이 0.754m³일 때 탱크의 용량은 최소용량인 **6.79m³**이다.

▶▶정답 ① 7.16m³
② 6.79m³

필답형 20 [5점]

아세트알데히드가 산화되면 생성되는 제4류 위험물에 대해 다음 물음에 답하시오.

(1) 화학식
(2) 연소반응식
(3) 옥내저장소에 저장할 경우 저장소의 바닥면적

▶▶ 풀이   아세트산(CH_3COOH) = 초산

① 제4류 위험물로서 품명은 제2석유류이며, 수용성으로 지정수량은 2,000L, 위험등급 Ⅲ이다.
② 인화점 40℃, 발화점 427℃, 융점 16.6℃, 비중 1.05이다.
③ 에틸알코올이 산화되면 아세트알데히드가 되고, 아세트알데히드가 산화되면 아세트산이 된다.
④ 연소 시 이산화탄소(CO_2)와 물(H_2O)이 발생한다.
  – 연소반응식 : $CH_3COOH + 2O_2 \rightarrow 2CO_2 + 2H_2O$
⑤ 아세트산은 옥내저장소의 바닥면적 1,000m² 이하에 저장할 수 있는 물질 이외의 것에 해당되므로 옥내저장소에 저장할 경우 바닥면적은 **2,000m² 이하**에 저장할 수 있다.

Check ▶▶

옥내저장소의 바닥면적과 저장기준

1. 바닥면적 1,000m² 이하에 저장할 수 있는 물질
   ① 제1류 위험물 중 아염소산염류, 염소산염류, 과염소산염류, 무기과산화물, 그 밖에 지정수량이 50kg인 위험물(위험등급 Ⅰ)
   ② 제3류 위험물 중 칼륨, 나트륨, 알킬알루미늄, 알킬리튬, 그 밖에 지정수량이 10kg인 위험물 및 황린(위험등급 Ⅰ)
   ③ 제4류 위험물 중 특수인화물, 제1석유류 및 알코올류(위험등급 Ⅰ 및 위험등급 Ⅱ)
   ④ 제5류 위험물 중 유기과산화물, 질산에스테르류, 그 밖에 지정수량이 10kg인 위험물(위험등급 Ⅰ)
   ⑤ 제6류 위험물 중 과염소산, 과산화수소, 질산(위험등급 Ⅰ)
2. 바닥면적 2,000m² 이하에 저장할 수 있는 물질 : 바닥면적 1,000m² 이하에 저장할 수 있는 물질 이외의 것
3. 바닥면적 1,000m² 이하에 저장하는 물질과 바닥면적 2,000m² 이하에 저장하는 물질을 같은 저장창고에 저장하는 때에는 바닥면적을 1,000m² 이하로 한다.

▶▶ 정답
(1) CH_3COOH
(2) $CH_3COOH + 2O_2 \rightarrow 2CO_2 + 2H_2O$
(3) 2,000m² 이하

2022 제4회 위험물산업기사 실기

2022년 11월 19일 시행

※ 필답형+작업형으로 치러지던 기존 시험에서는 각 문항별 배점이 상이하였으나,
필답형(20문제) 시험만 보는 2020년 1회부터는 각 문항 배점이 모두 5점입니다!

 필/답/형 시험

필답형 01 [5점]

다음은 안전교육의 교육과정과 교육대상자, 교육시간에 대한 내용이다. 빈칸을 알맞게 채우시오.

교육과정	교육대상자	교육시간
강습교육	(①)가 되려는 사람	24시간
	(②)가 되려는 사람	8시간
	(③)가 되려는 사람	16시간
실무교육	(①)	8시간 이내
	(②)	4시간
	(③)	8시간 이내
	(④)의 기술인력	8시간 이내

▶▶▶풀이 안전교육의 과정, 대상자 및 시간

교육과정	교육대상자	교육시간	교육시기	교육기관
강습교육	**안전관리자가** 되려는 사람	24시간	최초 선임되기 전	한국소방 안전원
	위험물운반자가 되려는 사람	8시간	최초 종사하기 전	
	위험물운송자가 되려는 사람	16시간	최초 종사하기 전	
실무교육	**안전관리자**	8시간 이내	1. 제조소등의 안전관리자로 선임된 날부터 6개월 이내 2. 신규교육을 받은 후 2년마다 1회	
	위험물운반자	4시간	1. 위험물운반자로 종사한 날부터 6개월 이내 2. 신규교육을 받은 후 3년마다 1회	
	위험물운송자	8시간 이내	1. 위험물운송자로 종사한 날부터 6개월 이내 2. 신규교육을 받은 후 3년마다 1회	
	탱크시험자의 기술인력	8시간 이내	1. 탱크시험자의 기술인력으로 등록한 날부터 6개월 이내 2. 신규교육을 받은 후 2년마다 1회	한국 소방산업 기술원

▶▶▶정답 ① 안전관리자, ② 위험물운반자, ③ 위험물운송자, ④ 탱크시험자

필답형 02 [5점]

다음의 제조소등에 대한 알맞은 소요단위를 쓰시오.

(1) 디에틸에테르 2,000L
(2) 내화구조 외벽이 아닌 연면적 1,500m²인 저장소
(3) 내화구조 외벽을 갖춘 연면적 1,500m²인 제조소

풀이 소화설비의 설치대상이 되는 건축물 또는 그 밖에 공작물의 규모나 위험물량의 기준을 1소요단위라고 정하며, 다음의 [표]와 같이 구분한다.

구 분	외벽이 내화구조	외벽이 비내화구조
위험물 제조소 및 취급소	연면적 100m²	연면적 50m²
위험물저장소	연면적 150m²	연면적 75m²
위험물	지정수량의 10배	

(1) 디에틸에테르는 제4류 위험물 중 특수인화물로서 지정수량이 50L이므로

디에틸에테르 2,000L의 소요단위는 $\dfrac{2,000L}{500L}$ = **4소요단위**

(2) 내화구조 외벽이 아닌 저장소로서 연면적 1,500m²인 저장소의 소요단위는 $\dfrac{1,500m^2}{75m^2}$ = **20소요단위**

(3) 내화구조 외벽을 갖춘 제조소로서 연면적 1,500m²인 제조소의 소요단위는 $\dfrac{1,500m^2}{100m^2}$ = **15소요단위**

정답 (1) 4소요단위
(2) 20소요단위
(3) 15소요단위

필답형 03 [5점]

분자량이 227g이며, 폭약의 원료이고, 담황색의 주상 결정이며, 물에 녹지 않고 아세톤과 벤젠에는 녹는 물질에 대해 다음 물음에 답하시오.

(1) 품명
(2) 시성식
(3) 제조방법을 사용원료를 중심으로 설명하시오.

풀이 TNT로도 불리는 트리니트로톨루엔[$C_6H_2CH_3(NO_2)_3$]은 1mol의 분자량이 12(C)g×7+1(H)g×5+(14(N)g+16(O)g×2)×3=227g이며, 폭약의 원료로 사용되고, **톨루엔($C_6H_5CH_3$)에 질산(HNO_3)을 황산(H_2SO_4) 촉매 하에 반응시켜** 톨루엔의 수소(H) 3개를 니트로기($-NO_2$)로 치환한 물질로서 제5류 위험물에 속하며, 품명은 **니트로화합물**이고, 지정수량은 제1종 10kg, 제2종 100kg이다.

– 톨루엔의 니트로화 반응식 : $C_6H_5CH_3 + 3HNO_3 \xrightarrow{c-H_2SO_4(탈수반응)} C_6H_2CH_3(NO_2)_3 + 3H_2O$

정답 (1) 니트로화합물
(2) $C_6H_2CH_3(NO_2)_3$
(3) 톨루엔에 질산을 황산 촉매하에 반응시켜 생성

필답형 04 [5점]

열분해하면 N_2와 H_2O, 그리고 O_2가 발생하는 질산암모늄의 열분해반응식을 쓰고, 1몰의 질산 암모늄이 0.9기압, 300℃에서 분해할 때 발생하는 H_2O의 부피는 몇 L인지 구하시오.

(1) 열분해반응식

(2) 발생하는 H_2O의 부피(L)

≫≫풀이 질산암모늄(NH_4NO_3)은 제1류 위험물로서 열분해 시 질소(N_2), 산소(O_2), 그리고 수증기(H_2O)의 기체가 발생한다. 여기서, 질산암모늄 1mol의 분자량은 14(N)g×2+1(H)g×4+16(O)g×3=80g이고, 아래의 열분해반응식에서 알 수 있듯이 질산암모늄 80g, 즉 1몰이 분해하면 2몰의 H_2O가 발생하는 것을 알 수 있다.

- 열분해반응식 : $2NH_4NO_3 \rightarrow 2N_2 + O_2 + 4H_2O$

〈문제〉는 0.9기압, 300℃에서 발생한 2몰의 H_2O의 부피가 몇 L인지를 묻는 것이므로 다음의 이상기체상태방정식을 이용하여 구할 수 있다.

$PV = nRT$

여기서, P : 압력=0.9atm

V : 부피=V(L)

n : 몰수=2mol

R : 이상기체상수=0.082기압·L/K·mol

T : 절대온도(K)=섭씨온도(℃)+273=573K

$0.9 \times V = 2 \times 0.082 \times 573$

∴ $V = $**104.41L**

≫≫정답
(1) $2NH_4NO_3 \rightarrow 2N_2 + O_2 + 4H_2O$
(2) 104.41L

필답형 05 [5점]

금속칼륨에 대해 다음 물음에 답하시오. (단, 해당사항 없으면 "해당 없음"이라고 쓰시오.)

(1) 물과의 반응식을 쓰시오.

(2) 경유와의 반응식을 쓰시오.

(3) 이산화탄소와의 반응식을 쓰시오.

≫≫풀이 칼륨(K)은 제3류 위험물로서 품명은 칼륨이며, 지정수량은 10kg이다.

(1) 물과 반응 시 수산화칼륨(KOH)과 수소(H_2)가 발생한다.
- 물과의 반응식 : $2K + 2H_2O \rightarrow 2KOH + H_2$

(2) 물보다 가볍고 물에 녹지 않으며, 공기 중에 노출되면 화재의 위험성이 있으므로 보호액인 석유(등유, 경유 등)에 완전히 담가 저장한다. 즉, 경유는 칼륨과 반응하지 않고 보호액으로 사용되므로 "**해당 없음**"

(3) 이산화탄소(CO_2)와 반응 시 탄산칼륨(K_2CO_3)과 가연성 물질인 탄소(C)가 발생하여 폭발할 위험이 있다.
- 이산화탄소와의 반응식 : $4K + 3CO_2 \rightarrow 2K_2CO_3 + C$

≫≫정답
(1) $2K + 2H_2O \rightarrow 2KOH + H_2$
(2) 해당 없음
(3) $4K + 3CO_2 \rightarrow 2K_2CO_3 + C$

필답형 **06** [5점]

트리에틸알루미늄과 물과의 반응식을 쓰고, 트리에틸알루미늄 228g이 표준상태에서 물과 반응 시 발생하는 가연성 기체의 부피는 몇 L인지 구하시오.

(1) 물과의 반응식
(2) 발생하는 가연성 기체의 부피

≫≫풀이 트리에틸알루미늄$[(C_2H_5)_3Al]$은 제3류 위험물로서 품명은 알킬알루미늄이고, 지정수량은 10kg이다. 물과 반응 시 수산화알루미늄$[Al(OH)_3]$과 가연성 기체인 에탄(C_2H_6)이 발생한다. 트리에틸알루미늄 1mol의 분자량은 $12(C)g \times 6 + 1(H)g \times 15 + 27(Al)g = 114g$이고, 트리에틸알루미늄 228g 즉, 2mol이 물과 반응하면 6몰의 에 탄이 발생하는 것을 알 수 있다.

– 물과의 반응식 : $(C_2H_5)_3Al + 3H_2O \longrightarrow Al(OH)_3 + 3C_2H_6$

〈문제〉는 표준상태에서 발생한 6몰의 C_2H_6의 부피가 몇 L인지를 묻는 것이므로 표준상태에서 기체 1mol의 부피가 22.4L임을 이용하여 구할 수 있다.

$$6mol \times \frac{22.4L}{1mol} = 134.4L$$

$$\therefore V = \mathbf{134.4L}$$

≫≫정답 (1) $(C_2H_5)_3Al + 3H_2O \longrightarrow Al(OH)_3 + 3C_2H_6$
(2) 134.4L

필답형 **07** [5점]

크실렌의 이성질체 3가지의 명칭과 구조식을 쓰시오.

≫≫풀이 자일렌이라고도 불리는 크실렌$[C_6H_4(CH_3)_2]$은 제2석유류 비수용성으로 지정수량은 1,000L이며, o-크실렌, m-크실렌, p-크실렌의 3가지 이성질체를 가진다.

① o-크실렌   ② m-크실렌   ③ p-크실렌

▌o-크실렌의 구조식▐   ▌m-크실렌의 구조식▐   ▌p-크실렌의 구조식▐

Check ≫≫

이성질체란 분자식은 같지만 성질 및 구조가 다른 물질을 말한다.

≫≫정답 o-크실렌, m-크실렌, p-크실렌

필답형 08   [5점]

다음 각 물질의 완전연소반응식을 쓰시오. (단, 해당사항 없으면 "해당 없음"이라고 쓰시오.)

(1) 질산나트륨
(2) 염소산암모늄
(3) 알루미늄분
(4) 메틸에틸케톤
(5) 과산화수소

≫ 풀이

(1) 질산나트륨($NaNO_3$)은 제1류 위험물로서 품명은 질산염류이고, 지정수량은 300kg이다. 불연성 물질이므로 연소반응하지 않는다. 따라서 **"해당 없음"**
(2) 염소산암모늄(NH_4ClO_3)은 제1류 위험물로서 품명은 염소산염류이고, 지정수량은 50kg이다. 불연성 물질이므로 연소반응하지 않는다. 따라서 **"해당 없음"**
(3) 알루미늄분(Al)은 제2류 위험물로서 품명은 금속분이고, 지정수량은 500kg이다. 연소 시 산화알루미늄(Al_2O_3)이 발생한다.
　　– 연소반응식 : $4Al + 3O_2 \longrightarrow 2Al_2O_3$
(4) 메틸에틸케톤($CH_3COC_2H_5$)은 제4류 위험물로서 품명은 제1석유류로 비수용, 지정수량은 200L이다. 연소 시 이산화탄소(CO_2)와 물(H_2O)이 발생한다.
　　– 연소반응식 : $2CH_3COC_2H_5 + 11O_2 \longrightarrow 8CO_2 + 8H_2O$
(5) 과산화수소(H_2O_2)는 제6류 위험물로서 품명은 과산화수소이고, 지정수량은 300kg이다. 불연성 물질이므로 연소반응하지 않는다. 따라서 **"해당 없음"**

≫ 정답

(1) 해당 없음
(2) 해당 없음
(3) $4Al + 3O_2 \longrightarrow 2Al_2O_3$
(4) $2CH_3COC_2H_5 + 11O_2 \longrightarrow 8CO_2 + 8H_2O$
(5) 해당 없음

필답형 09   [5점]

금속나트륨과 에탄올과의 반응식을 쓰고, 이때 생성되는 가연성 기체의 위험도를 구하시오.

(1) 에탄올과의 반응식
(2) 생성되는 가연성 기체의 위험도

≫ 풀이

(1) 나트륨(Na)은 제3류 위험물로서 품명은 나트륨이며, 지정수량은 10kg이다. 은백색 광택의 무른 경금속으로 에탄올(C_2H_5OH)과 반응 시 나트륨에틸레이트(C_2H_5ONa)와 가연성 기체인 수소(H_2)가 발생한다.
　　– 에탄올과의 반응식 : $2Na + 2C_2H_5OH \longrightarrow 2C_2H_5ONa + H_2$
(2) 수소의 연소범위는 4~75%이며, 위험도(H) $= \dfrac{\text{연소상한}(U) - \text{연소하한}(L)}{\text{연소하한}(L)}$ 으로 구할 수 있다.

　　　수소의 위험도 $= \dfrac{75 - 4}{4} = $ **17.75**이다.

≫ 정답

(1) $2Na + 2C_2H_5OH \longrightarrow 2C_2H_5ONa + H_2$
(2) 17.75

필답형 10 [5점]

다음의 위험물을 인화점이 낮은 것부터 높은 것의 순서대로 쓰시오.

초산에틸, 이황화탄소, 클로로벤젠, 글리세린

>>> 풀이

물질명	인화점	품 명	지정수량
초산에틸($CH_3COOC_2H_5$)	−4℃	제1석유류(비수용성)	200L
이황화탄소(CS_2)	−30℃	특수인화물(비수용성)	50L
클로로벤젠(C_6H_5Cl)	32℃	제2석유류(비수용성)	1,000L
글리세린[$C_3H_5(OH)_3$]	160℃	제3석유류(수용성)	4,000L

위 [표]에서 알 수 있듯이 인화점이 가장 낮은 것은 이황화탄소이고, 초산에틸, 클로로벤젠, 그리고 글리세린의 순으로 높다.

🎓 똑똑한 풀이비법

제4류 위험물 중 인화점이 가장 낮은 품명은 특수인화물이며, 그 다음으로 제1석유류 및 알코올류, 제2석유류, 제3석유류, 제4석유류, 동식물유류의 순으로 높기 때문에 <문제>의 각 물질의 인화점을 몰라도 특수인화물이 가장 인화점이 낮고 그 다음 제1석유류, 제2석유류, 제3석유류의 순서로 높다는 것을 알 수 있다.

>>> 정답 이황화탄소, 초산에틸, 클로로벤젠, 글리세린

필답형 11 [5점]

다음 물질의 시성식을 쓰시오.

(1) 아세톤
(2) 초산에틸
(3) 포름산
(4) 아닐린
(5) 트리니트로페놀

>>> 풀이

물질명	시성식	유 별	품 명	지정수량
아세톤	CH_3COCH_3	제4류	제1석유류(수용성)	400L
초산에틸	$CH_3COOC_2H_5$	제4류	제1석유류(비수용성)	200L
포름산	$HCOOH$	제4류	제2석유류(수용성)	2,000L
아닐린	$C_6H_5NH_2$	제4류	제3석유류(비수용성)	2,000L
트리니트로페놀	$C_6H_2OH(NO_2)_3$	제5류	니트로화합물	200kg

>>> 정답
(1) CH_3COCH_3
(2) $CH_3COOC_2H_5$
(3) $HCOOH$
(4) $C_6H_5NH_2$
(5) $C_6H_2OH(NO_2)_3$

필답형 12 [5점]

다음은 위험물안전관리법에서 정하는 위험물의 유별 저장·취급 공통기준이다. 괄호 안에 들어갈 알맞은 내용을 쓰시오.

(1) 제( )류 위험물은 불티·불꽃·고온체와의 접근 또는 과열을 피하고, 함부로 증기를 발생시키지 않아야 한다.

(2) 제( )류 위험물은 불티·불꽃·고온체와의 접근이나 과열·충격 또는 마찰을 피해야 한다.

(3) 제( )류 위험물은 가연물과의 접촉·혼합이나 분해를 촉진하는 물품과의 접근 또는 과열을 피해야 한다.

(4) 유별을 달리하는 위험물은 동일한 저장소에 저장하지 아니하여야 한다. 다만, 옥내저장소 또는 옥외저장소에 있어서 다음의 규정에 의한 위험물을 저장하는 경우로서 위험물을 유별로 정리하여 저장하는 한편, 서로 1m 이상의 간격을 두는 경우에는 그러하지 아니하다.
   ① 제1류 위험물과 제( )류 위험물을 저장하는 경우
   ② 제2류 위험물 중 인화성 고체와 제( )류 위험물을 저장하는 경우

》》풀이 (1) 위험물의 유별 저장·취급 공통기준
   ① 제1류 위험물은 가연물과의 접촉·혼합이나 분해를 촉진하는 물품과의 접근 또는 과열, 충격, 마찰 등을 피하는 한편, 알칼리금속 과산화물 및 이를 함유한 것에 있어서는 물과의 접촉을 피해야 한다.
   ② 제2류 위험물은 산화제와의 접촉·혼합이나 불티·불꽃·고온체와의 접근 또는 과열을 피하는 한편, 철분, 금속분, 마그네슘 및 이를 함유한 것에 있어서는 물이나 산과의 접촉을 피하고 인화성 고체에 있어서는 함부로 증기를 발생시키지 않아야 한다.
   ③ 제3류 위험물 중 자연발화성 물질에 있어서는 불티·불꽃·고온체와의 접근·과열 또는 공기와의 접촉을 피하고, 금수성 물질에 있어서는 물과의 접촉을 피해야 한다.
   ④ **제4류 위험물**은 불티·불꽃·고온체와의 접근 또는 과열을 피하고, 함부로 증기를 발생시키지 않아야 한다.
   ⑤ **제5류 위험물**은 불티·불꽃·고온체와의 접근이나 과열·충격 또는 마찰을 피해야 한다.
   ⑥ **제6류 위험물**은 가연물과의 접촉·혼합이나 분해를 촉진하는 물품과의 접근 또는 과열을 피해야 한다.

(2) 유별이 서로 다른 위험물을 동일한 저장소에 저장하는 경우
   옥내저장소 또는 옥외저장소에서는 서로 다른 유별끼리 함께 저장할 수 없다. 단, 다음의 조건을 만족하면서 유별로 정리하여 서로 1m 이상의 간격을 두는 경우에는 저장할 수 있다.
   ① 제1류 위험물(알칼리금속 과산화물 제외)과 제5류 위험물
   ② 제1류 위험물과 **제6류 위험물**
   ③ 제1류 위험물과 제3류 위험물 중 자연발화성 물질(황린)
   ④ 제2류 위험물 중 인화성 고체와 **제4류 위험물**
   ⑤ 제3류 위험물 중 알킬알루미늄등과 제4류 위험물(알킬알루미늄 또는 알킬리튬을 함유한 것)
   ⑥ 제4류 위험물 중 유기과산화물과 제5류 위험물 중 유기과산화물

》》정답 (1) 4
   (2) 5
   (3) 6
   (4) ① 6, ② 4

필답형 13 [5점]

다음 물음에 답하시오.

- 분자량 78, 인화점 −11℃
- 무색투명한 방향성을 갖는 휘발성이 강한 액체
- 수소첨가반응으로 시클로헥산을 생성하는 제4류 위험물

(1) 〈보기〉에 해당하는 위험물의 화학식을 쓰시오.

(2) 〈보기〉에 해당하는 위험물의 위험등급을 쓰시오.

(3) 〈보기〉에 해당하는 위험물을 운송 시 위험물안전카드 휴대여부를 쓰시오. (단, 해당사항 없으면 "해당 없음"이라고 쓰시오.)

(4) 위험물운송자는 장거리에 걸치는 운송을 하는 때에는 2명 이상의 운전자로 해야 한다. 〈보기〉에 해당하는 위험물이 이에 해당하는지의 여부를 쓰시오. (단, 해당사항 없으면 "해당 없음"이라고 쓰시오.)

>>> 풀이

1. 벤젠(C_6H_6)
   ① 제4류 위험물로서 품명은 제1석유류이며, 비수용성으로 지정수량은 200L, **위험등급 Ⅱ**이다.
   ② 인화점 −11℃, 발화점 562℃, 연소범위 1.4~7.1%, 융점 5.5℃, 비점 80℃이다.
2. 위험물 운송의 기준
   ① 이동탱크저장소에 의하여 위험물을 운송하는 자 : 위험물을 취급할 수 있는 국가기술자격자 또는 안전교육을 받은 자
   ② 위험물안전카드를 휴대해야 하는 위험물
      ㉠ 제4류 위험물 중 특수인화물 및 제1석유류
      ㉡ 제1류 · 제2류 · 제3류 · 제5류 · 제6류 위험물의 전부
3. 위험물운송자의 기준
   ① 운전자를 2명 이상으로 하는 경우
      ㉠ 고속국도에서 340km 이상에 걸치는 운송을 하는 경우
      ㉡ 일반도로에서 200km 이상에 걸치는 운송을 하는 경우
   ② 운전자를 1명으로 할 수 있는 경우
      ㉠ 운송책임자를 동승시킨 경우
      ㉡ 제2류 위험물, 제3류 위험물(칼슘 또는 알루미늄의 탄화물에 한한다) 또는 제4류 위험물(특수인화물 제외)을 운송하는 경우
      ㉢ 운송 도중에 2시간 이내마다 20분 이상씩 휴식하는 경우
   ∴ 벤젠(C_6H_6)은 위험등급 Ⅱ이고, 제4류 위험물 중 제1석유류이므로 **위험물안전카드를 휴대해야 하며**, 운전자를 1명으로 할 수 있는 경우에 해당된다. 즉, 운전자를 **2명 이상으로 하는 경우**에는 해당사항 없다.

>>> 정답

(1) C_6H_6
(2) 위험등급 Ⅱ
(3) 위험물안전카드를 휴대해야 한다.
(4) 해당 없음

필답형 14 [5점]

분자량이 34이고, 표백작용과 살균작용을 하며, 운반용기 외부에 표시하여야 하는 주의사항은 "가연물접촉주의"로 농도가 36중량% 이상인 것이 위험물이 되는 이 물질에 대해 다음 물음에 답하시오.

(1) 명칭
(2) 시성식
(3) 분해반응식
(4) 제조소의 표지판에 설치해야 하는 주의사항(단, 해당사항 없으면 "해당 없음"이라고 쓰시오.)

≫≫ 풀이

1. 농도가 36중량% 이상인 것이 제6류 위험물이 되는 물질인 **과산화수소(H_2O_2)**는 지정수량이 300kg이고, 위험등급 Ⅰ인 물질이다. 햇빛에 의해 분해 시 물과 산소를 발생하며, 분해반응식은 다음과 같다.
   – 분해반응식 : $2H_2O_2 \longrightarrow 2H_2O + O_2$
2. 제6류 위험물과 제1류 위험물(알칼리금속 과산화물 제외)은 **제조소의 주의사항 게시판을 설치할 필요 없다.**

Check ≫≫

제조소의 주의사항 게시판의 기준

① 위치 : 제조소 주변의 보기 쉬운 곳에 설치하는 것 외에 특별한 규정은 없다.
② 크기 : 한 변 0.3m 이상, 다른 한 변 0.6m 이상인 직사각형
③ 위험물에 따른 주의사항 내용 및 색상

위험물의 종류	주의사항 내용	색 상	게시판 형태
• 제2류 위험물 중 인화성 고체 • 제3류 위험물 중 자연발화성 물질 • 제4류 위험물 • 제5류 위험물	화기엄금	적색바탕, 백색문자	0.6m 이상 **화기엄금** 0.3m 이상
• 제2류 위험물(인화성 고체 제외)	화기주의	적색바탕, 백색문자	0.6m 이상 **화기주의** 0.3m 이상
• 제1류 위험물 중 알칼리 금속 과산화물 • 제3류 위험물 중 금수성 물질	물기엄금	청색바탕, 백색문자	0.6m 이상 **물기엄금** 0.3m 이상
• 제1류 위험물(알칼리금속 과산화물 제외) • 제6류 위험물	게시판을 설치할 필요 없음		

≫≫ 정답

(1) 과산화수소
(2) H_2O_2
(3) $2H_2O_2 \longrightarrow 2H_2O + O_2$
(4) 해당 없음

필답형 15 [5점]

다음의 조건을 갖는 횡으로 설치한 원통형 탱크의 용량(m^3)을 구하시오. (단, 여기서 $r=2m$, $l=5m$, $l_1=1.5m$, $l_2=1.5m$이며, 탱크의 공간용적은 내용적의 5%이다.)

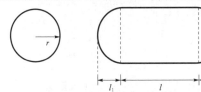

>>>풀이 횡으로 설치한 양쪽이 볼록한 원형 탱크의 내용적(V)은 다음과 같이 구할 수 있다.

$$탱크의\ 내용적(V)=\pi r^2 \times \left(l+\frac{l_1+l_2}{3}\right)=\pi \times 2^2 \times \left(5+\frac{1.5+1.5}{3}\right)=75.398m^3$$

탱크의 공간용적이 5%이므로 탱크의 용량은 내용적의 95%이며, 다음과 같이 구할 수 있다.
탱크의 용량=75.398×0.95=**71.63m³**

>>>정답 71.63m³

필답형 16 [5점]

다음 〈보기〉 중 제2석유류의 조건에 해당하는 것을 모두 골라 그 기호를 쓰시오.

A. 등유와 경유가 속하는 품명이다.
B. 1기압에서 인화점이 70℃ 이상 200℃ 미만이다.
C. 1기압에서 인화점이 200℃ 이상 250℃ 미만이다.
D. 중유, 크레오소트유가 속하는 품명이다.
E. 도료류, 그 밖의 물품의 경우 가연성 액체량이 40중량% 이하이면서 인화점이 40℃ 이상인 동시에 연소점이 60℃ 이상인 것은 제외한다.

>>>풀이 제2석유류는 등유, 경유, 그 밖에 1기압에서 인화점이 21℃ 이상 70℃ 미만인 것을 말한다. 단, 도료류, 그 밖의 물품에 있어서 가연성 액체량이 40중량% 이하이면서 인화점이 40℃ 이상인 동시에 연소점이 60℃ 이상인 것은 제외한다.
위의 〈보기〉의 조건에 해당하는 품명은 다음과 같다.
A. **등유, 경유가 속하는 품명 : 제2석유류**
B. 인화점이 70℃ 이상 200℃ 미만인 것 : 제3석유류
C. 인화점이 200℃ 이상 250℃ 미만인 것 : 제4석유류
D. 중유, 크레오소트유가 속하는 품명 : 제3석유류
E. **도료류, 그 밖의 물품의 경우 가연성 액체량이 40중량% 이하이면서 인화점이 40℃ 이상인 동시에 연소점이 60℃ 이상인 것을 제외하는 것 : 제2석유류**

>>>정답 A, E

필답형 17 [5점]

다음 [표]는 위험물안전관리법령상 소화설비의 적응성을 나타낸 것이다. 위험물에 대해 소화설비가 적응성이 있는 경우 빈칸에 "O"로 표시하시오.

소화설비의 구분	대상물의 구분 → 건축물·그 밖의 공작물	전기설비	제1류 위험물 알칼리금속 과산화물등	그 밖의 것	제2류 위험물 철분·금속분·마그네슘 등	인화성 고체	그 밖의 것	제3류 위험물 금수성 물품	그 밖의 것	제4류 위험물	제5류 위험물	제6류 위험물
옥내소화전설비												
옥외소화전설비												
물분무등소화설비 — 물분무소화설비												
물분무등소화설비 — 불활성가스소화설비												
물분무등소화설비 — 할로겐화합물소화설비												

▶▶ 풀이 위험물의 종류에 따른 소화설비의 적응성

소화설비의 구분	대상물의 구분 → 건축물·그 밖의 공작물	전기설비	제1류 위험물 알칼리금속 과산화물등	그 밖의 것	제2류 위험물 철분·금속분·마그네슘 등	인화성 고체	그 밖의 것	제3류 위험물 금수성 물품	그 밖의 것	제4류 위험물	제5류 위험물	제6류 위험물
옥내소화전 또는 옥외소화전 설비	O			O		O	O		O		O	O
스프링클러설비	O			O		O	O		O	△	O	O
물분무등소화설비 — **물분무소화설비**	O	O		O		O	O		O	O	O	O
물분무등소화설비 — 포소화설비	O			O		O	O		O	O	O	O
물분무등소화설비 — **불활성가스소화설비**		O				O				O		
물분무등소화설비 — **할로겐화합물소화설비**		O				O				O		
분말소화설비 — 인산염류등	O	O	O			O	O			O		O
분말소화설비 — 탄산수소염류등		O	O		O	O		O		O		
분말소화설비 — 그 밖의 것			O		O			O				

		건축물·그 밖의 공작물	전기설비	제1류 위험물		제2류 위험물			제3류 위험물		제4류 위험물	제5류 위험물	제6류 위험물
				알칼리금속 과산화물등	그 밖의 것	철분·금속분·마그네슘 등	인화성 고체	그 밖의 것	금수성 물품	그 밖의 것			
대형·소형 수동식 소화기	봉상수(棒狀水)소화기	○			○		○	○		○		○	○
	무상수(霧狀水)소화기	○	○		○		○	○		○		○	○
	봉상강화액소화기	○			○		○	○		○		○	○
	무상강화액소화기	○	○		○		○	○		○	○	○	○
	포소화기	○			○		○	○		○	○	○	○
	이산화탄소소화기		○				○				○		△
	할로겐화합물소화기		○				○				○		
	분말 소화기 — 인산염류소화기	○	○		○		○	○			○		○
	분말 소화기 — 탄산수소염류소화기		○	○		○	○		○		○		
	분말 소화기 — 그 밖의 것			○		○			○				
기타	물통 또는 수조	○			○		○	○		○		○	○
	건조사			○	○	○	○	○	○	○	○	○	○
	팽창질석 또는 팽창진주암			○	○	○	○	○	○	○	○	○	○

≫ 정답

대상물의 구분 \ 소화설비의 구분		건축물·그 밖의 공작물	전기설비	제1류 위험물		제2류 위험물			제3류 위험물		제4류 위험물	제5류 위험물	제6류 위험물
				알칼리금속 과산화물등	그 밖의 것	철분·금속분·마그네슘 등	인화성 고체	그 밖의 것	금수성 물품	그 밖의 것			
	옥내소화전설비	○			○		○	○		○		○	○
	옥외소화전설비	○			○		○	○		○		○	○
물분무등 소화설비	물분무소화설비	○	○		○		○	○		○	○	○	○
	불활성가스소화설비		○				○				○		
	할로겐화합물소화설비		○				○				○		

필답형 18 [5점]

운반 시 방수성 덮개와 차광성 덮개를 모두 해야 하는 위험물의 품명을 다음 〈보기〉에서 골라 모두 쓰시오.

알칼리금속 과산화물, 금속분, 인화성 고체, 특수인화물, 제5류 위험물, 제6류 위험물

≫ 풀이

위험물의 성질에 따른 운반 시 피복 기준
① 차광성 덮개로 가려야 하는 위험물
 ㉠ **제1류 위험물**
 ㉡ 제3류 위험물 중 자연발화성 물질
 ㉢ 제4류 위험물 중 특수인화물

㉣ 제5류 위험물
     ㉤ 제6류 위험물
   ② 방수성 덮개로 가려야 하는 위험물
     ㉠ 제1류 위험물 중 알칼리금속 과산화물
     ㉡ 제2류 위험물 중 철분, 금속분, 마그네슘
     ㉢ 제3류 위험물 중 금수성 물질

위 기준에 의하면 제1류 위험물은 운반 시 모두 차광성 덮개를 해야 하고, 제1류 위험물 중 알칼리금속 과산화물은 방수성 덮개를 해야 한다. 따라서 〈보기〉 중 알칼리금속 과산화물은 차광성 덮개와 방수성 덮개를 모두 해야 하는 품명이다.

> **Check ≫≫**
>
> 제3류 위험물 중 칼륨, 나트륨, 알킬알루미늄, 알킬리튬, 금속수소화물도 자연발화성이면서 동시에 금수성이므로 차광성 덮개와 방수성 덮개를 모두 해야 하는 위험물에 속한다.

≫≫정답 알칼리금속 과산화물

필답형 19   **[5점]**

다음 주어진 조건을 보고 위험물제조소의 방화상 유효한 담의 높이(h)는 몇 m 이상으로 해야 하는지 구하시오.

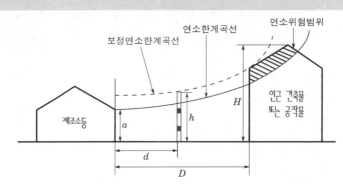

여기서, D : 제조소등과 인근 건축물 또는 공작물과의 거리(10m)
    H : 인근 건축물 또는 공작물의 높이(40m)
    a : 제조소등의 외벽의 높이(30m)
    d : 제조소등과 방화상 유효한 담과의 거리(5m)
    h : 방화상 유효한 담의 높이(m)
    p : 상수 0.15

≫≫풀이 방화상 유효한 담의 높이(h)
- $H \leq pD^2 + a$인 경우 : $h = 2$
- $H > pD^2 + a$인 경우 : $h = H - p(D^2 - d^2)$

$40 \leq 0.15 \times 10^2 + 30$이므로 방화상 유효한 담의 높이($h$)=**2m 이상**이다.

≫≫정답 2m 이상

필답형 20 [5점]

다음 그림은 제조소의 안전거리를 나타낸 것이다. 제조소등으로부터 (1)~(5)의 각 인근 건축물까지의 안전거리를 쓰시오.

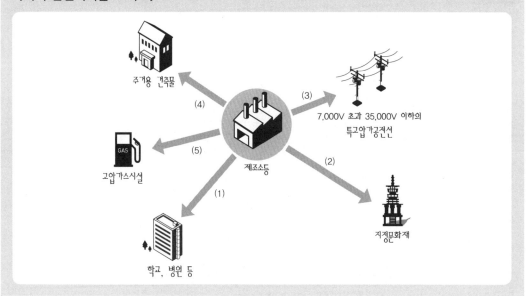

>>> 풀이 제조소의 안전거리(단, 제6류 위험물을 저장 또는 취급하는 제조소는 제외한다.)

(1) 학교 · 병원 · 극장(300명 이상), 다수인 수용시설 : **30m 이상**
(2) 유형문화재와 기념물 중 지정문화재 : **50m 이상**
(3) 사용전압이 7,000V 초과 35,000V 이하의 특고압가공전선 : **3m 이상**
　 ※ 사용전압이 35,000V를 초과하는 특고압가공전선 : **5m 이상**
(4) 주거용 건축물(제조소등의 동일부지 외에 있는 것) : **10m 이상**
(5) 고압가스, 액화석유가스 등의 저장 · 취급 시설 : **20m 이상**

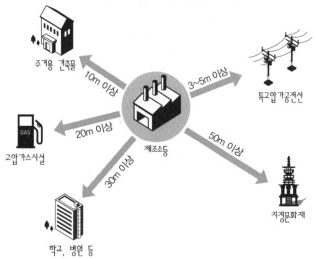

>>> 정답 (1) 30m 이상 　 (2) 50m 이상 　 (3) 3m 이상 　 (4) 10m 이상 　 (5) 20m 이상

성공하려면

당신이 무슨 일을 하고 있는지를 알아야 하며,

하고 있는 그 일을 좋아해야 하며,

하는 그 일을 믿어야 한다.

-윌 로저스(Will Rogers)-

☆

때론 지치고 힘들지만 언제나 가슴에 큰 꿈을 안고 삽시다.

노력은 배반하지 않습니다.^^

2023 제1회 위험물산업기사 실기

2023년 4월 22일 시행

※ 필답형＋작업형으로 치러지던 기존 시험에서는 각 문항별 배점이 상이하였으나,
필답형(20문제) 시험만 보는 2020년 1회부터는 각 문항 배점이 모두 5점입니다!

 필/답/형 시험

필답형 01
[5점]

다음 괄호 안에 들어갈 알맞은 말을 쓰시오.

(1) (A)등을 취급하는 제조소의 설비의 기준
　① 누설범위를 국한하기 위한 설비와 누설된 (A)등을 안전한 장소에 설치된 저장실에 유입시킬 수 있는 설비를 갖추어야 한다.
　② 불활성 기체 봉입장치를 갖추어야 한다.
(2) (B)등을 취급하는 제조소의 설비의 기준
　① 은, 수은, 구리(동), 마그네슘을 성분으로 하는 합금으로 만들지 아니한다.
　② 연소성 혼합기체의 폭발을 방지하기 위한 불활성 기체 또는 수증기 봉입장치를 갖추어야 한다.
(3) (C)등을 취급하는 제조소의 안전거리의 기준
　(C) 제조소의 안전거리는 특고압가공전선을 제외하고는 다음의 공식에 의해서 결정된다.
$$D = 51.1 \times \sqrt[3]{N}$$
　여기서, D : 안전거리(m)
　　　　N : 취급하는 (C)등의 지정수량의 배수

>>> 풀이　**위험물의 성질에 따른 각종 제조소의 특례**
　(1) **알킬알루미늄**등(알킬알루미늄, 알킬리튬)을 취급하는 제조소의 설비의 기준
　　① 불활성 기체 봉입장치를 갖추어야 한다.
　　② 누설범위를 국한하기 위한 설비를 갖추어야 한다.
　　③ 누설된 **알킬알루미늄**등을 안전한 장소에 설치된 저장실에 유입시킬 수 있는 설비를 갖추어야 한다.
　(2) **아세트알데하이드**등(아세트알데하이드, 산화프로필렌)을 취급하는 제조소의 설비의 기준
　　① 은, 수은, 구리(동), 마그네슘을 성분으로 하는 합금으로 만들지 아니한다.
　　② 연소성 혼합기체의 폭발을 방지하기 위한 불활성 기체 또는 수증기 봉입장치를 갖추어야 한다.
　　③ 아세트알데하이드등을 저장하는 탱크에는 냉각장치 또는 보냉장치 및 불활성 기체 봉입장치를 갖추어야 한다.
　(3) **히드록실아민**등(히드록실아민, 히드록실아민염류)을 취급하는 제조소의 안전거리의 기준
　　히드록실아민 제조소의 안전거리는 특고압가공전선을 제외하고는 다음의 공식에 의해서 결정된다.
$$D = 51.1 \times \sqrt[3]{N}$$
　　여기서, D : 안전거리(m)
　　　　　N : 취급하는 히드록실아민등의 지정수량(100kg)의 배수

>>> 정답　A. 알킬알루미늄, B. 아세트알데하이드, C. 히드록실아민

필답형 02 [5점]

다음 물음에 답하시오.

(1) 다음 분말소화약제의 주성분을 화학식으로 쓰시오.
  ① 제2종 분말소화약제
  ② 제3종 분말소화약제
(2) 다음 불활성 가스에 대한 구성 성분과 성분비를 쓰시오.
  ① IG-100   ② IG-55   ③ IG-541

≫≫풀이 (1) 분말소화약제

구 분	주성분	화학식	적응화재	착 색
제1종 분말소화약제	탄산수소나트륨	$NaHCO_3$	B급, C급	백색
제2종 분말소화약제	**탄산수소칼륨**	**$KHCO_3$**	B급, C급	보라색
제3종 분말소화약제	**인산암모늄**	**$NH_4H_2PO_4$**	A급, B급, C급	담홍색
제4종 분말소화약제	탄산수소칼륨과 요소의 반응생성물	$KHCO_3 + (NH_2)_2CO$	B급, C급	회색

(2) 불활성 가스의 종류별 구성 성분과 성분비
  ① **IG-100 : 질소(N_2) 100%**
  ② **IG-55 : 질소(N_2) 50%와 아르곤(Ar) 50%**
  ③ **IG-541 : 질소(N_2) 52%와 아르곤(Ar) 40%와 이산화탄소(CO_2) 8%**

≫≫정답 (1) ① $KHCO_3$, ② $NH_4H_2PO_4$
  (2) ① 질소(N_2) 100%
    ② 질소(N_2) 50%와 아르곤(Ar) 50%
    ③ 질소(N_2) 52%와 아르곤(Ar) 40%와 이산화탄소(CO_2) 8%

필답형 03 [5점]

옥외저장소에 위험물이 저장된 용기들을 겹쳐 쌓을 경우 다음 물음에 답하시오.

(1) 옥외저장소에서 위험물을 수납한 용기를 선반에 저장하는 경우 저장높이(m)
(2) 기계에 의하여 하역하는 구조로 된 용기만을 겹쳐 쌓는 경우 저장높이(m)
(3) 중유만을 저장할 경우 저장높이(m)

≫≫풀이 옥내저장소 또는 옥외저장소의 저장용기를 쌓는 높이의 기준
  ① **기계에 의하여 하역하는 구조로 된 용기 : 6m 이하**
  ② **제4류 위험물 중 제3석유류, 제4석유류 및 동식물유류의 용기 : 4m 이하**
    ※ **중유**는 제4류 위험물로서 품명은 제3석유류이다.
  ③ 그 밖의 경우 : 3m 이하
  ④ 용기를 선반에 저장하는 경우
    ㉠ 옥내저장소에 설치한 선반 : 높이의 제한 없음
    ㉡ **옥외저장소에 설치한 선반 : 6m 이하**

≫≫정답 (1) 6m 이하   (2) 6m 이하   (3) 4m 이하

필답형 04 [5점]

다음 물음에 답하시오.

(1) 트리니트로톨루엔의 구조식을 쓰시오.
(2) 트리니트로톨루엔의 생성과정을 사용원료를 중심으로 설명하시오.

>>> 풀이

TNT로도 불리는 **트리니트로톨루엔[$C_6H_2CH_3(NO_2)_3$]은 톨루엔($C_6H_5CH_3$)에 질산(HNO_3)과 황산(H_2SO_4)을 반응**시켜 톨루엔의 수소(H) 3개를 니트로기(–NO_2)로 치환한 물질로서 제5류 위험물에 속하며, 품명은 니트로화합물이고 지정수량은 200kg이다.

– 톨루엔의 니트로화 반응식

: $C_6H_5CH_3 + 3HNO_3 \xrightarrow{H_2SO_4(탈수반응)} C_6H_2CH_3(NO_2)_3 + 3H_2O$

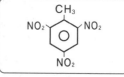

▌ **트리니트로톨루엔의 구조식** ▌

어떤 물질에 질산과 황산을 가하면 그 물질은 니트로화된다.

1. 벤젠(C_6H_6)을 니트로화시켜 니트로벤젠($C_6H_5NO_2$)을 생성한다.

– 반응식 : $C_6H_6 + HNO_3 \xrightarrow{H_2SO_4} C_6H_5NO_2 + H_2O$

2. 글리세린[$C_3H_5(OH)_3$]을 니트로화시켜 니트로글리세린[$C_3H_5(ONO_2)_3$]을 생성한다.

– 반응식 : $C_3H_5(OH)_3 + 3HNO_3 \xrightarrow{H_2SO_4} C_3H_5(ONO_2)_3 + 3H_2O$

>>> 정답

(1)

CH_3
NO_2 ⬡ NO_2
NO_2

(2) 톨루엔에 질산과 황산을 반응시켜 생성

필답형 05 [5점]

표준상태에서 인화알루미늄 580g의 물과의 반응식을 쓰고, 반응 시 발생하는 독성가스의 부피는 몇 L인지 구하시오.

(1) 물과의 반응식
(2) 발생하는 독성가스의 부피

>>> 풀이

인화알루미늄(AlP)은 제3류 위험물로서 품명은 금속의 인화물이며, 지정수량은 300kg이다. 물과 반응 시 수산화알루미늄[$Al(OH)_3$]과 함께 가연성이면서 맹독성인 포스핀(PH_3) 가스를 발생한다.

– **물과의 반응식** : $AlP + 3H_2O \rightarrow Al(OH)_3 + PH_3$

여기서, 인화알루미늄의 분자량은 27(Al)＋31(P)＝58g이며, 위의 반응식에서 알 수 있듯이 인화알루미늄 58g을 물과 반응시키면 표준상태에서 독성인 포스핀 가스는 1몰 즉, 22.4L가 발생하는데 〈문제〉의 조건과 같이 **인화알루미늄 58g의 10배의 양인 580g을 물과 반응시키면 포스핀 가스 또한 22.4L의 10배인 224L가 발생**한다.

>>> 정답

(1) $AlP + 3H_2O \rightarrow Al(OH)_3 + PH_3$

(2) 224L

필답형 06 [5점]

다음 〈보기〉는 주유취급소에 관한 특례기준이다. 다음 물음에 대한 답을 〈보기〉에서 모두 골라 기호를 쓰시오. (단, 해당사항이 없으면 "해당 없음"이라고 쓰시오.)

① 주유공지를 확보하지 않아도 된다.
② 지하저장탱크에서 직접 주유하는 경우 탱크 용량에 제한을 두지 않아도 된다.
③ 고정주유설비 또는 고정급유설비의 주유관의 길이에 제한을 두지 않아도 된다.
④ 담 또는 벽을 설치하지 않아도 된다.
⑤ 캐노피를 설치하지 않아도 된다.

(1) 항공기 주유취급소 특례에 해당하는 것을 쓰시오.
(2) 자가용 주유취급소 특례에 해당하는 것을 쓰시오.
(3) 선박 주유취급소 특례에 해당하는 것을 쓰시오.

》》》 풀이
(1) 항공기 주유취급소 특례
   ① 주유공지와 급유공지에 대한 규정을 적용하지 않는다.
   ② 표지 및 게시판에 대한 규정을 적용하지 않는다.
   ③ 위험물을 저장 또는 취급하는 탱크 설치에 대한 규정을 적용하지 않는다.
   ④ 고정주유설비 또는 고정급유설비의 주유관의 길이에 대한 규정을 적용하지 않는다.
   ⑤ 담 또는 벽에 대한 규정을 적용하지 않는다.
   ⑥ 캐노피에 대한 규정을 적용하지 않는다.
(2) 자가용 주유취급소 특례
   – 주유공지와 급유공지에 대한 규정을 적용하지 않는다.
(3) 선박 주유취급소 특례
   ① 주유공지와 급유공지에 대한 규정을 적용하지 않는다.
   ② 위험물을 저장 또는 취급하는 탱크 설치에 대한 규정을 적용하지 않는다.
   ③ 고정주유설비 또는 고정급유설비의 주유관의 길이에 대한 규정을 적용하지 않는다.
   ④ 담 또는 벽에 대한 규정을 적용하지 않는다.

》》》 정답
(1) ①, ②, ③, ④, ⑤
(2) ①
(3) ①, ②, ③, ④

필답형 07 [5점]

다음 물음에 답하시오.

에틸알코올, 칼륨, 질산메틸, 톨루엔, 과산화나트륨

(1) 〈보기〉 중 제조소등의 게시판에 표시하여야 할 주의사항이 "화기엄금" 및 "물기엄금"에 해당하는 물질을 쓰시오.
(2) 〈보기〉 중 제4류 위험물로 지정수량이 400L인 물질을 쓰시오.
(3) (1)의 물질과 (2)의 물질과의 반응식을 쓰시오.

풀이

물질명	유 별	품 명	지정수량	위험등급
에틸알코올(C_2H_5OH)	**제4류 위험물**	알코올류	**400L**	II
칼륨(K)	제3류 위험물	칼륨	10kg	I
질산메틸(CH_3ONO_2)	제5류 위험물	질산에스테르류	10kg	I
톨루엔($C_6H_5CH_3$)	제4류 위험물	제1석유류	200L	II
과산화나트륨(Na_2O_2)	제1류 위험물	무기과산화물	50kg	I

(1) 제3류 위험물 중 자연발화성 물질의 게시판 주의사항은 "화기엄금"이고, 제3류 위험물 중 금수성 물질의 게시판 주의사항은 "물기엄금"이므로 **제3류 위험물 중 자연발화성 및 금수성 물질인 칼륨의 게시판 주의사항은 "화기엄금"과 "물기엄금"이다.**

(2) 〈보기〉에 제시된 위험물 중 제4류 위험물인 에틸알코올, 톨루엔 중에서 지정수량이 400L인 위험물은 에틸알코올이다.

(3) **칼륨은 에틸알코올과 반응** 시 칼륨에틸레이트(C_2H_5OK)와 수소(H_2)가 발생한다.
  – 반응식 : $2K + 2C_2H_5OH \rightarrow 2C_2H_5OK + H_2$

Check ▶▶▶

위험물에 따른 주의사항 내용 및 색상

위험물의 종류	주의사항 내용	색 상	게시판 형태
• 제2류 위험물 중 인화성 고체 • 제3류 위험물 중 자연발화성 물질 • 제4류 위험물 • 제5류 위험물	화기엄금	적색바탕, 백색문자	**화기엄금** (0.6m 이상 / 0.3m 이상)
• 제2류 위험물 (인화성 고체 제외)	화기주의	적색바탕, 백색문자	**화기주의** (0.6m 이상 / 0.3m 이상)
• 제1류 위험물 중 알칼리금속 과산화물 • 제3류 위험물 중 금수성 물질	물기엄금	청색바탕, 백색문자	**물기엄금** (0.6m 이상 / 0.3m 이상)
• 제1류 위험물 (알칼리금속 과산화물 제외) • 제6류 위험물	게시판을 설치할 필요 없음		

정답

(1) 칼륨
(2) 에틸알코올
(3) $2K + 2C_2H_5OH \rightarrow 2C_2H_5OK + H_2$

필답형 08 [5점]

제1류 위험물인 KMnO₄에 대해 다음 각 물음에 답을 쓰시오.

(1) 지정수량
(2) 위험등급
(3) 열분해 시와 묽은 황산과 반응 시에 공통으로 발생하는 물질

>>> 풀이 **과망간산칼륨(KMnO₄)**

① 제1류 위험물로서 품명은 과망간산염류이며, **지정수량 1,000kg, 위험등급 Ⅲ**이다.

② **열분해 시** 망간산칼륨(K_2MnO_4), 이산화망간(MnO_2), 그리고 **산소(O_2)가 발생**한다.

 – 열분해반응식(240℃) : $2KMnO_4 \rightarrow K_2MnO_4 + MnO_2 + O_2$

③ **묽은 황산(H_2SO_4)과 반응 시** 황산칼륨(K_2SO_4), 황산망간($MnSO_4$), 물(H_2O), 그리고 **산소(O_2)가 발생**한다.

 – 묽은 황산과의 반응식 : $4KMnO_4 + 6H_2SO_4 \rightarrow 2K_2SO_4 + 4MnSO_4 + 6H_2O + 5O_2$

>>> 정답 (1) 1,000kg (2) 위험등급 Ⅲ (3) 산소(O_2)

필답형 09 [5점]

다음 물음에 답하시오.

(1) 외벽이 내화구조이고 연면적이 150m²인 옥내저장소의 소요단위는 몇 단위인지 쓰시오.
(2) 에틸알코올 1,000L, 등유 1,500L, 동식물유류 20,000L, 특수인화물 500L를 함께 저장하는 경우 소요단위는 몇 단위인지 쓰시오.

>>> 풀이 (1) **외벽이 내화구조인 옥내저장소는 연면적 150m²를 1소요단위**로 정한다.

(2) 〈문제〉의 각 위험물의 지정수량은 다음과 같다.

 ① 에틸알코올(알코올류) : 400L

 ② 등유(제2석유류 비수용성) : 1,000L

 ③ 동식물유류 : 10,000L

 ④ 특수인화물 : 50L

이들 위험물의 지정수량의 배수의 합은 $\dfrac{1{,}000L}{400L} + \dfrac{1{,}500L}{1{,}000L} + \dfrac{20{,}000L}{10{,}000L} + \dfrac{500L}{50L} = 16$배이고, 위험물의

1소요단위는 지정수량의 10배이므로 지정수량의 16배의 소요단위는 $\dfrac{16배}{10배/소요단위} = $ **1.6단위**이다.

> **Check >>>**
>
> 소요단위는 소화설비의 설치대상이 되는 건축물 또는 그 밖의 공작물의 규모나 위험물 양의 기준단위로서 다음 [표]와 같이 구분한다.
>
> | 구 분 | 내화구조의 외벽 | 비내화구조의 외벽 |
> |---|---|---|
> | 위험물 제조소 및 취급소 | 연면적 100m² | 연면적 50m² |
> | 위험물저장소 | **연면적 150m²** | 연면적 75m² |
> | **위험물** | 지정수량의 10배 | |

>>> 정답 (1) 1 (2) 1.6

필답형 10 [5점]

리튬과 물과의 반응식을 쓰고, 리튬 2몰이 1기압, 25℃에서 물과 반응 시 발생하는 가연성 기체의 부피는 몇 L인지 구하시오.

(1) 물과의 반응식
(2) 발생하는 가연성 기체의 부피

>>> 풀이 **리튬(Li)**은 제3류 위험물로서 품명은 알칼리금속 및 알칼리토금속이며, 지정수량은 50kg이다.

(1) 물과 반응 시 수산화리튬(LiOH)과 수소(H_2)가 발생한다.
- **물과의 반응식 : $2Li + 2H_2O \rightarrow 2LiOH + H_2$**

(2) 1기압, 25℃에서 2mol의 리튬이 반응하여 발생한 1mol의 수소 부피를 묻는 것이므로 다음의 이상기체상태방정식을 이용하여 구할 수 있다.

$PV = nRT$

여기서, P : 압력＝1atm
V : 부피＝V(L)
n : 몰수＝1mol
R : 이상기체상수＝0.082atm · L/K · mol
T : 절대온도(273＋℃온도)＝273＋25＝298K

$1 \times V = 1 \times 0.082 \times 298$

$\therefore V = $ **24.44L**

>>> 정답
(1) $2Li + 2H_2O \rightarrow 2LiOH + H_2$
(2) 24.44L

필답형 11 [5점]

탄화칼슘에 대해 다음 물음에 답하시오.

(1) 물과의 반응식
(2) (1)의 반응에서 생성된 물질과 구리와의 반응식
(3) (1)의 반응에서 생성된 물질이 구리와 반응하면 위험한 이유

>>> 풀이 **탄화칼슘(CaC_2)**은 제3류 위험물로서 품명은 칼슘 또는 알루미늄의 탄화물이며, 지정수량 300kg, 위험등급 Ⅲ이다.

(1) 물과 반응 시 수산화칼슘($Ca(OH)_2$)과 아세틸렌(C_2H_2) 기체가 발생한다.
- **물과의 반응식 : $CaC_2 + H_2O \rightarrow Ca(OH)_2 + C_2H_2$**

(2) 아세틸렌과 구리(Cu)와의 반응 시 수소(H_2) 기체와 구리아세틸라이드(Cu_2C_2)가 발생한다.
- **아세틸렌과 구리의 반응식 : $C_2H_2 + 2Cu \rightarrow H_2 + Cu_2C_2$**

(3) **아세틸렌, 산화프로필렌 등은 수은, 은, 구리, 마그네슘 등의 금속과 반응하여 가연성 기체인 수소와 폭발성인 금속아세틸라이드를 만들기 때문에** 이들 금속과 접촉시키지 않아야 한다.

>>> 정답
(1) $CaC_2 + H_2O \rightarrow Ca(OH)_2 + C_2H_2$
(2) $C_2H_2 + 2Cu \rightarrow H_2 + Cu_2C_2$
(3) 아세틸렌과 구리가 반응하여 가연성 기체인 수소와 폭발성인 구리아세틸라이드를 만들기 때문에 아세틸렌은 구리와 접촉시키지 않아야 한다.

필답형 12 [5점]

제4류 위험물 중 동식물유류에 대한 다음 물음에 답하시오.

(1) 요오드값의 정의를 쓰시오.
(2) 동식물유를 요오드값에 따라 3가지로 분류하고, 각각의 요오드값의 범위를 쓰시오.

>>> 풀이

(1) 요오드값이란 **유지 100g에 흡수되는 요오드의 g수**를 의미하며, 불포화도와 이중결합수에 비례한다.
(2) 동식물유류는 제4류 위험물로서 지정수량은 10,000L이며, 요오드값의 범위에 따라 건성유, 반건성유, 불건성유로 구분한다.
  ① **건성유 : 요오드값이 130 이상인 것**
    – 동물유 : 정어리유, 기타 생선유
    – 식물유 : 동유(오동나무기름), 해바라기유, 아마인유, 들기름
  ② **반건성유 : 요오드값이 100~130인 것**
    – 동물유 : 청어유
    – 식물유 : 쌀겨기름, 목화씨기름(면실유), 채종유(유채씨기름), 옥수수기름, 참기름
  ③ **불건성유 : 요오드값이 100 이하인 것**
    – 동물유 : 소기름, 돼지기름, 고래기름
    – 식물유 : 올리브유, 동백유, 아주까리기름(피마자유), 야자유(팜유)

>>> 정답

(1) 유지 100g에 흡수되는 요오드의 g수
(2) ① 건성유 : 요오드값이 130 이상인 것
   ② 반건성유 : 요오드값이 100~130인 것
   ③ 불건성유 : 요오드값이 100 이하인 것

필답형 13 [5점]

다음 위험물의 연소반응식을 쓰시오.

(1) 아세트산
(2) 메틸알코올
(3) 메틸에틸케톤

>>> 풀이

(1) **아세트산**(CH_3COOH)은 제4류 위험물로서 품명은 제2석유류이며, 지정수량 2,000L, 위험등급 Ⅲ이다. 연소 시 이산화탄소(CO_2)와 물(수증기, H_2O)을 생성한다.
  – **연소반응식** : $CH_3COOH + 2O_2 \rightarrow 2CO_2 + 2H_2O$
(2) **메틸알코올**(CH_3OH)은 제4류 위험물로서 품명은 알코올류이며, 지정수량 400L, 위험등급 Ⅱ이다. 연소 시 이산화탄소(CO_2)와 물(수증기, H_2O)을 생성한다.
  – **연소반응식** : $2CH_3OH + 3O_2 \rightarrow 2CO_2 + 4H_2O$
(3) **메틸에틸케톤**($CH_3COC_2H_5$)은 제4류 위험물로서 품명은 제1석유류이며, 지정수량 200L, 위험등급 Ⅱ이다. 연소 시 이산화탄소(CO_2)와 물(수증기, H_2O)을 생성한다.
  – **연소반응식** : $2CH_3COC_2H_5 + 11O_2 \rightarrow 8CO_2 + 8H_2O$

>>> 정답

(1) $CH_3COOH + 2O_2 \rightarrow 2CO_2 + 2H_2O$
(2) $2CH_3OH + 3O_2 \rightarrow 2CO_2 + 4H_2O$
(3) $2CH_3COC_2H_5 + 11O_2 \rightarrow 8CO_2 + 8H_2O$

필답형 14   [5점]

저장탱크의 벽 및 바닥의 두께가 0.2m 이상이고 누수가 되지 않는 철근콘크리트의 수조에 넣어 보관해야 하는 위험물에 대하여 다음 물음에 답하시오.

(1) ① 품명을 쓰시오.
    ② 연소반응식을 쓰시오.
(2) 이 위험물과 혼재가 가능한 위험물을 다음 〈보기〉에서 모두 고르시오. (단, 없으면 "없음"이라 적으시오.)

과염소산, 과산화나트륨, 과망가니즈산칼륨, 삼불화브로민

≫≫ 풀이

(1) **이황화탄소(CS₂)**

① 제4류 위험물로서 품명은 **특수인화물**이며, 지정수량 50L, 위험등급 Ⅰ 이다.
② 인화점 −30℃, 발화점 100℃, 연소범위 1∼50%이다.
③ 비중은 1.26으로 물보다 무겁고 물에 녹지 않아 물과 혼합하면 층 분리가 발생하여 물보다 무거운 이황화탄소는 하층, 물은 상층에 존재한다.
④ 독성을 가지고 있으며, 연소 시 이산화탄소(CO_2)와 가연성 가스인 이산화황(SO_2)을 발생시킨다.
   - **연소반응식 : $CS_2 + 3O_2 \rightarrow CO_2 + 2SO_2$**
⑤ 공기 중의 산소와의 반응으로 가연성 가스가 발생할 수 있기 때문에 가연성 가스의 발생 방지를 위해 물속에 넣어 보관한다. 물에 저장한 상태에서 150℃ 이상의 열로 가열하면 황화수소(H_2S)가 발생하므로 냉수에 보관해야 한다.
   - 물과의 반응식 : $CS_2 + 2H_2O \rightarrow 2H_2S + CO_2$
⑥ 이황화탄소의 저장탱크는 벽 및 바닥의 두께가 0.2m 이상이고, 누수가 되지 않는 철근콘크리트의 수소에 넣어 보관하므로 보유공지, 통기관 및 자동계량장치는 필요 없다.

(2) 유별을 달리하는 위험물의 혼재기준

위험물의 구분	제1류	제2류	제3류	제4류	제5류	제6류
제1류		×	×	×	×	○
제2류	×		×	○	○	×
제3류	×	×		○	×	×
제4류	×	○	○		○	×
제5류	×	○	×	○		×
제6류	○	×	×	×	×	

※ 이 표는 지정수량의 1/10 이하의 위험물에 대하여는 적용하지 아니한다.

① **과염소산($HClO_4$)**은 제6류 위험물로서 품명은 과염소산이며, 지정수량 300kg, 위험등급 Ⅰ 이다.
② **과산화나트륨(Na_2O_2)**은 제1류 위험물로서 품명은 무기과산화물이며, 지정수량 50kg, 위험등급 Ⅰ 이다.
③ **과망가니즈산칼륨($KMnO_4$)**은 제1류 위험물로서 품명은 과망간산염류이며, 지정수량 1,000kg, 위험등급 Ⅲ 이다.
④ **삼불화브로민(BrF_3)**은 제6류 위험물로서 품명은 할로겐화합물이며, 지정수량 300kg, 위험등급 Ⅰ 이다. 할로겐화합물은 행정안전부령이 정하는 제6류 위험물로서 할로겐원소끼리의 화합물을 의미하며, 무색 액체로서 부식성이 있다.

따라서, **제4류 위험물인 이황화탄소는 제1류 위험물과 제6류 위험물과 혼재 불가능**하다.

≫≫ 정답

(1) ① 특수인화물
    ② $CS_2 + 3O_2 \rightarrow CO_2 + 2SO_2$

(2) 없음

필답형 15 [5점]

다음은 탱크에 저장할 경우 위험물의 저장온도 기준에 대한 내용이다. 괄호 안에 알맞은 내용을 쓰시오.

저장탱크의 종류		위험물	저장온도 기준
옥외저장탱크, 옥내저장탱크, 지하저장탱크	압력탱크 외의 탱크	아세트알데하이드등	(①)℃ 이하
		산화프로필렌등, 디에틸에테르등	(②)℃ 이하
	압력탱크	아세트알데하이드등, 디에틸에테르등	(③)℃ 이하
이동저장탱크	보냉장치가 있는 이동저장탱크	아세트알데하이드등, 디에틸에테르등	(④)℃ 이하
	보냉장치가 없는 이동저장탱크	아세트알데하이드등, 디에틸에테르등	(⑤)℃ 이하

≫≫풀이 (1) 옥외저장탱크, 옥내저장탱크 또는 지하저장탱크
　　　① 이들 탱크 중 **압력탱크 외의 탱크**에 저장하는 경우
　　　　㉠ **아세트알데하이드등 : 15℃ 이하**　㉡ **산화프로필렌등과 디에틸에테르등 : 30℃ 이하**
　　　② 이들 탱크 중 **압력탱크**에 저장하는 경우
　　　　㉠ **아세트알데하이드등 : 40℃ 이하**　㉡ **디에틸에테르등 : 40℃ 이하**
　　(2) 이동저장탱크
　　　① **보냉장치가 있는 이동저장탱크**에 저장하는 경우
　　　　㉠ **아세트알데하이드등 : 비점 이하**　㉡ **디에틸에테르등 : 비점 이하**
　　　② **보냉장치가 없는 이동저장탱크**에 저장하는 경우
　　　　㉠ **아세트알데하이드등 : 40℃ 이하**　㉡ **디에틸에테르등 : 40℃ 이하**

≫≫정답 ① 15, ② 30, ③ 40, ④ 비점, ⑤ 40

필답형 16 [5점]

적린에 대해 다음 물음에 답하시오.
(1) 연소 시 발생하는 기체의 화학식
(2) 연소 시 발생하는 기체의 색상

≫≫풀이 **적린(P)**
　　① 제2류 위험물로서 품명은 적린이며, 지정수량 100kg, 위험등급 Ⅱ이다.
　　② 발화점 2,260℃, 비중 2.2, 승화온도 400℃이다.
　　③ 암적색 분말로 공기 중에서 안정하며, 독성이 없다.
　　④ 황린(P_4)과 동소체이다.
　　⑤ **연소 시 흰색 기체인 오산화인(P_2O_5)이 발생**한다.
　　　－ 연소반응식 : $4P + 5O_2 \rightarrow 2P_2O_5$

≫≫정답 (1) P_2O_5
　　　(2) 흰색

필답형 17 [5점]

다음 〈보기〉는 위험물안전관리법상 알코올류에 대한 설명이다. 설명 중 틀린 내용을 모두 찾아 기호를 쓰고, 틀린 내용은 바르게 고쳐 쓰시오. (단, 틀린 내용이 없다면 "없음"이라고 쓰시오.)

① "알코올류"라 함은 1분자를 구성하는 탄소원자의 수가 1개부터 3개까지인 포화 1가 알코올(변성알코올을 포함)을 말한다.
② 1분자를 구성하는 탄소원자의 수가 1개 내지 3개의 포화 1가 알코올의 함유량이 60vol% 미만인 수용액은 제외한다.
③ 알코올류의 지정수량은 400L이다.
④ 위험등급은 Ⅰ등급에 해당한다.
⑤ 옥내저장소에서 저장창고의 바닥면적은 1,000m² 이하이다.

풀이

유 별	성 질	위험등급	품 명		지정수량
제4류	인화성 액체	Ⅰ	1. 특수인화물		50L
		Ⅱ	2. 제1석유류	비수용성 액체	200L
				수용성 액체	400L
			3. 알코올류		400L
		Ⅲ	4. 제2석유류	비수용성 액체	1,000L
				수용성 액체	2,000L
			5. 제3석유류	비수용성 액체	2,000L
				수용성 액체	4,000L
			6. 제4석유류		6,000L
			7. 동식물유류		10,000L

(1) 알코올류의 정의
위험물안전관리법상 알코올류는 탄소의 수가 1~3개까지의 포화(단일결합만 존재) 1가 알코올(변성알코올 포함)을 의미한다. 단, 다음의 경우는 제외한다.
① 알코올의 농도(함량)가 **60중량%** 미만인 수용액
② 가연성 액체량이 60중량% 미만이고 인화점 및 연소점이 에틸알코올 60중량%인 수용액의 인화점 및 연소점을 초과하는 것

(2) 옥내저장소에서 저장창고의 바닥면적과 저장기준
① 바닥면적 1,000m² 이하에 저장할 수 있는 물질
ㄱ 제1류 위험물 중 아염소산염류, 염소산염류, 과염소산염류, 무기과산화물, 그 밖에 지정수량이 50kg인 위험물(위험등급Ⅰ)
ㄴ 제3류 위험물 중 칼륨, 나트륨, 알킬알루미늄, 알킬리튬, 그 밖에 지정수량이 10kg인 위험물 및 황린(위험등급Ⅰ)
ㄷ 제4류 위험물 중 특수인화물(위험등급Ⅰ), 제1석유류 및 알코올류(위험등급 Ⅱ)
ㄹ 제5류 위험물 중 유기과산화물, 질산에스테르류, 그 밖에 지정수량이 10kg인 위험물(위험등급Ⅰ)
ㅁ 제6류 위험물 중 과염소산, 과산화수소, 질산(위험등급Ⅰ)
② 바닥면적 2,000m² 이하에 저장할 수 있는 물질 : 바닥면적 1,000m² 이하에 저장할 수 있는 물질 이외의 것

정답
② 60vol% → 60wt% 또는 60중량%
④ Ⅰ등급 → Ⅱ등급

필답형 18 [5점]

위험물제조소등에 설치하는 배출설비에 대해 다음 물음에 답하시오.

(1) 배출장소의 용적이 $300m^3$인 경우 국소방출방식의 배출설비 1시간당 배출능력을 구하시오.

(2) 바닥면적이 $100m^2$인 경우 전역방출방식의 배출설비 $1m^2$당 배출능력을 구하시오.

>>> 풀이   제조소의 배출설비

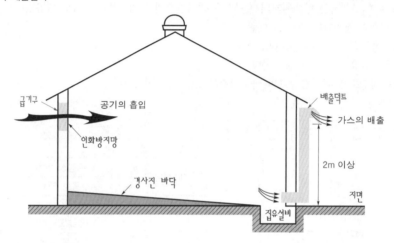

① 설치장소 : 가연성의 증기(미분)가 체류할 우려가 있는 건축물
② 배출방식 : 강제배기방식(배풍기, 배출덕트, 후드 등을 이용하여 강제적으로 배출하는 방식)
③ 급기구의 기준
　　㉠ 급기구의 설치위치 : 높은 곳에 설치
　　㉡ 급기구의 개수 및 면적 : 환기설비와 동일
　　㉢ 급기구의 설치장치 : 환기설비와 동일
④ 배출구의 기준
　　- 배출구의 설치위치 : 지상 2m 이상의 높이에 설치
⑤ 배출설비의 능력
　　기본적으로 국소방식으로 하지만 위험물취급설비가 배관이음 등으로만 된 경우에는 전역방식으로 할 수 있다.
　　㉠ 국소방식의 배출능력 : 1시간당 배출장소용적의 20배 이상
　　㉡ 전역방식의 배출능력 : 1시간당 바닥면적 $1m^2$마다 $18m^3$ 이상
(1) 국소방식 배출설비의 배출능력은 $300m^3 \times 20$배＝**6,000m³ 이상**
(2) 전역방식 배출설비의 배출능력은 $100m^2 \times 18m^3/m^2＝$**1,800m³ 이상**

>>> 정답   (1) $6,000m^3$ 이상
　　　　　(2) $1,800m^3$ 이상

필답형 19 [5점]

삼황화인, 오황화인, 칠황화인에 대해 다음 물음에 답하시오.

(1) 삼화황인, 오황화인, 칠황화인의 화학식
(2) 연소 시 공통으로 생성되는 기체의 화학식
(3) 황화인 1몰당 산소 7.5몰을 필요로 하는 황화인의 1몰당 연소반응식
(4) 황화인을 수납하는 경우 운반용기 외부에 표시하여야 하는 주의사항

풀이 황화인은 제2류 위험물로서 품명은 황화인이며, 지정수량 100kg, 위험등급 Ⅱ이다.

(1) 황화인은 **삼황화인(P_4S_3), 오황화인(P_2S_5), 칠황화인(P_4S_7)**의 3가지 종류가 있다.
(2) 황화인은 연소 시 이산화황(SO_2)과 오산화인(P_2O_5)이 발생한다.
  – 삼황화인의 연소반응식 : $P_4S_3 + 8O_2 \rightarrow 3SO_2 + 2P_2O_5$
  – 오황화인의 연소반응식 : $2P_2S_5 + 15O_2 \rightarrow 10SO_2 + 2P_2O_5$
  – 칠황화인의 연소반응식 : $P_4S_7 + 12O_2 \rightarrow 7SO_2 + 2P_2O_5$
(3) **오황화인은 1몰당 7.5몰의 산소를 필요**로 한다.
  – 오황화인 1몰당 연소반응식 : $P_2S_5 + 7.5O_2 \rightarrow 5SO_2 + P_2O_5$
(4) 운반용기 외부에 표시해야 하는 주의사항

유 별	품 명	주의사항
제1류 위험물	알칼리금속 과산화물	화기·충격주의, 가연물접촉주의, 물기엄금
	그 밖의 것	화기·충격주의, 가연물접촉주의
제2류 위험물	철분, 금속분, 마그네슘	화기주의, 물기엄금
	인화성 고체	화기엄금
	그 밖의 것	**화기주의**
제3류 위험물	금수성 물질	물기엄금
	자연발화성 물질	화기엄금, 공기접촉엄금
제4류 위험물	인화성 액체	화기엄금
제5류 위험물	자기반응성 물질	화기엄금, 충격주의
제6류 위험물	산화성 액체	가연물접촉주의

정답
(1) P_4S_3, P_2S_5, P_4S_7
(2) SO_2, P_2O_5
(3) $P_2S_5 + 7.5O_2 \rightarrow 5SO_2 + P_2O_5$
(4) 화기주의

필답형 20 [5점]

분자량이 34이고, 표백작용과 살균작용을 하며, 운반용기 외부에 표시하여야 하는 주의사항은 "가연물접촉주의"로 농도가 36중량% 이상인 것이 위험물이 되는 이 물질에 대해 다음 물음에 답하시오.

(1) 분해반응식
(2) 저장 및 취급 시 분해를 방지하기 위한 안정제 2가지
(3) 옥외저장소에 저장이 가능한지 쓰시오. (단, 가능하면 "가능"으로 쓰고, 가능하지 않으면 "가능하지 않음"으로 쓰시오.)

>>> 풀이 **과산화수소(H_2O_2)는 제6류 위험물**로서 지정수량 300kg, 위험등급 I 이며, 위험물안전관리법상 농도가 36중량% 이상인 것을 말한다.

(1) 열, 햇빛에 의하여 분해하므로 착색된 내산성 용기에 담아 냉암소에 보관한다. 분해 시 물과 산소를 발생한다.
　　– **분해반응식 : $2H_2O_2 \rightarrow 2H_2O + O_2$**
(2) 수용액에는 **분해방지안정제**로 **인산(H_3PO_4), 요산($C_5H_4N_4O_3$), 아세트아닐리드(C_8H_9NO)**를 첨가한다.
(3) **옥외저장소에 저장 가능한 위험물**
　　① 제2류 위험물 : 황 또는 인화성 고체(인화점이 섭씨 0도 이상인 것에 한한다)
　　② 제4류 위험물
　　　㉠ 제1석유류(인화점이 섭씨 0도 이상인 것에 한한다)
　　　㉡ 알코올류
　　　㉢ 제2석유류
　　　㉣ 제3석유류
　　　㉤ 제4석유류
　　　㉥ 동식물유류
　　③ **제6류 위험물**
　　④ 시·도 조례로 정하는 제2류 또는 제4류 위험물
　　⑤ 국제해상위험물규칙(IMDG Code)에 적합한 용기에 수납된 위험물

>>> 정답 (1) $2H_2O_2 \rightarrow 2H_2O + O_2$
(2) 인산(H_3PO_4), 요산($C_5H_4N_4O_3$), 아세트아닐리드(C_8H_9NO) 중 2개
(3) 가능

2023 제2회 위험물산업기사 실기

2023년 7월 22일 시행

※ 필답형＋작업형으로 치러지던 기존 시험에서는 각 문항별 배점이 상이하였으나, 필답형(20문제) 시험만 보는 2020년 1회부터는 각 문항 배점이 모두 5점입니다!

필/답/형 시험

필답형 01
[5점]

10℃의 물 2kg을 100℃의 수증기로 만드는 데 필요한 열량(kcal)을 구하시오.

≫≫풀이
(1) 현열(Q_1) : 10℃부터 100℃까지의 온도변화가 존재하는 구간의 열량

$Q_1 = cm\Delta t$

여기서, c : 비열(물질 1kg의 온도를 1℃ 올리는 데 필요한 열량)
※ 물의 비열 : 1kcal/kg·℃
m : 질량(g)＝2kg
Δt : 온도차＝100℃ － 10℃ ＝90℃

$Q_1 = 1 \times 2 \times 90 = 180$kcal

(2) 증발잠열(Q_2) : 온도변화가 없는 수증기 상태의 열량

$Q_2 = m\gamma$

여기서, m : 질량(g)＝2kg
γ : 잠열상수값＝539kcal/kg

$Q_2 = 2 \times 539 = 1,078$kacl

∴ $Q = Q_1 + Q_2 = 180$kcal ＋ 1,078kcal ＝1,258kcal

≫≫정답
1,258kcal

필답형 02
[5점]

흑색화약을 만드는 원료 중에 위험물에 해당하는 2가지를 쓰고, 각각의 화학식과 품명, 지정수량을 쓰시오.

≫≫풀이
흑색화약의 원료 3가지는 질산칼륨(KNO_3)과 황(S), 그리고 숯이다. 여기서 질산칼륨은 제1류 위험물(산화성고체)로서 품명은 **질산염류**이고 지정수량은 **300kg**이며 산소공급원의 역할을 하고, 황은 제2류 위험물(가연성고체)로서 품명은 **황**이고 지정수량은 **100kg**이며 가연물의 역할을 한다.

≫≫정답
① 질산칼륨 : KNO_3, 질산염류, 300kg
② 황 : S, 황, 100kg

필답형 03   [5점]

다음 소화약제의 화학식 또는 구성 성분을 쓰시오.

(1) 할론 1301
(2) IG-100
(3) 제2종 분말소화약제

≫ 풀이 (1) 할론 1301은 할로겐화합물소화약제로서 화학식은 **CF_3Br**이다.
(2) IG-100은 불활성가스소화약제의 한 종류로서 N_2 100%로 구성되어 있다.
(3) 제2종 분말소화약제의 주성분은 탄산수소칼륨이며, 화학식은 **$KHCO_3$**이다.

> **Check ≫**
>
> 1. 그 밖에 할로겐화합물소화약제의 종류에는 할론 1211(CF_2ClBr)과 할론 2402($C_2F_4Br_2$) 등이 있다.
> 2. 또 다른 불활성가스소화약제의 종류에는 IG-55(N_2 50%, Ar 50%)와 IG-541(N_2 52%, Ar 40%, CO_2 8%)이 있다.
> 3. 그 밖에 분말소화약제의 종류에는 제1종 분말소화약제인 탄산수소나트륨($NaHCO_3$), 제3종 분말소화약제인 인산암모늄($NH_4H_2PO_4$), 제4종 분말소화약제인 제2종 분말소화약제와 요소와의 반응생성물 [$KHCO_3 + (NH_2)_2CO$] 등이 있다.

≫ 정답 (1) CF_3Br
(2) N_2
(3) $KHCO_3$

필답형 04   [5점]

염소산칼륨에 대해 다음 물음에 답하시오.

(1) 열분해반응식을 쓰시오.
(2) 표준상태에서 염소산칼륨 1,000g이 완전분해 할 때 발생하는 산소의 부피(m^3)를 구하시오.

≫ 풀이 염소산칼륨($KClO_3$)
① 제1류 위험물로서 품명은 염소산염류이며, 지정수량은 50kg이다.
② 분해온도는 400℃, 비중은 2.32이며, 무색 결정 또는 백색 분말이다.
③ 열분해 시 염화칼륨(KCl)과 산소(O_2)가 발생한다.
  - 열분해반응식 : $2KClO_3 \rightarrow 2KCl + 3O_2$
④ 찬물과 알코올에는 녹지 않고, 온수 및 글리세린에 잘 녹는다.
⑤ 표준상태(0℃, 1기압)에서 1mol의 기체의 부피는 22.4L이고, 2mol의 염소산칼륨이 분해하면 3mol의 산소가 발생한다. 염소산칼륨 1mol의 분자량은 39g(K)+35.5g(Cl)+16g(O)×3=122.5g/mol, $1m^3$=1,000L이므로 1,000g의 염소산 칼륨이 분해 시 발생하는 산소의 부피는
$$1,000g\ KClO_3 \times \frac{1mol\ KClO_3}{122.5g\ KClO_3} \times \frac{3mol\ O_2}{2mol\ KClO_3} \times \frac{22.4L\ O_2}{1mol\ O_2} \times \frac{1m^3}{1,000L} = 0.27m^3 이다.$$

≫ 정답 (1) $2KClO_3 \rightarrow 2KCl + 3O_2$
(2) $0.27m^3$

필답형 05 [5점]

다음 위험물의 운반용기 외부에 표시해야 하는 주의사항을 쓰시오.

(1) 과산화나트륨   (2) 인화성 고체   (3) 마그네슘
(4) 기어유   (5) 과산화벤조일

>>> 풀이

(1) 과산화나트륨(Na_2O_2)은 제1류 위험물 중 알칼리금속 과산화물로서 운반용기 외부에 표시하는 주의사항은 **화기·충격주의, 가연물접촉주의, 물기엄금**이다.

(2) 인화성 고체는 제2류 위험물로서 운반용기 외부에 표시하는 주의사항은 **화기엄금**이다.

(3) 마그네슘(Mg)은 제2류 위험물로서 운반용기 외부에 표시하는 주의사항은 **화기주의, 물기엄금**이다.

(4) 기어유는 제4류 위험물로서 운반용기 외부에 표시하는 주의사항은 **화기엄금**이다.

(5) 과산화벤조일[$(C_6H_5CO)_2O_2$]은 제5류 위험물로서 운반용기 외부에 표시하는 주의사항은 **화기엄금, 충격주의**이다.

Check >>>

유별	품명	제조소등에 설치하는 주의사항	운반용기 외부에 표시하는 주의사항
제1류 위험물	**알칼리금속 과산화물**	물기엄금 (청색바탕, 백색문자)	**화기·충격주의, 가연물접촉주의, 물기엄금**
	그 밖의 것	필요 없음	화기·충격주의, 가연물접촉주의
제2류 위험물	철분, 금속분, **마그네슘**	화기주의 (적색바탕, 백색문자)	**화기주의, 물기엄금**
	인화성 고체	화기엄금 (적색바탕, 백색문자)	**화기엄금**
	그 밖의 것	화기주의 (적색바탕, 백색문자)	화기주의
제3류 위험물	금수성 물질	물기엄금 (청색바탕, 백색문자)	물기엄금
	자연발화성 물질	화기엄금 (적색바탕, 백색문자)	화기엄금, 공기접촉엄금
제4류 위험물	**인화성 액체**	화기엄금 (적색바탕, 백색문자)	**화기엄금**
제5류 위험물	**자기반응성 물질**	화기엄금 (적색바탕, 백색문자)	**화기엄금, 충격주의**
제6류 위험물	산화성 액체	필요 없음	가연물접촉주의

>>> 정답

(1) 화기·충격주의, 가연물접촉주의, 물기엄금
(2) 화기엄금
(3) 화기주의, 물기엄금
(4) 화기엄금
(5) 화기엄금, 충격주의

필답형 06

[5점]

탄산수소나트륨 분말소화약제에 대해 다음 물음에 답하시오.

(1) 270℃에서 열분해반응식을 쓰시오.

(2) (1)식을 참고하여, 탄산수소나트륨 10kg이 열분해할 때 생성되는 이산화탄소의 부피는 표준상태에서 몇 m³인지 구하시오.

▶▶▶ 풀이　(1) 제1종 분말소화약제의 분해반응식

제1종 분말소화약제인 탄산수소나트륨($NaHCO_3$)은 270℃에서 열분해하면 탄산나트륨(Na_2CO_3)과 이산화탄소(CO_2), 그리고 물(H_2O)을 발생하며, 850℃에서 열분해하면 산화나트륨(Na_2O)과 이산화탄소, 그리고 물을 발생한다.

– 1차 분해반응식(270℃) : $2NaHCO_3 \rightarrow Na_2CO_3 + CO_2 + H_2O$

– 2차 분해반응식(850℃) : $2NaHCO_3 \rightarrow Na_2O + 2CO_2 + H_2O$

(2) 표준상태에서 1mol의 기체의 부피는 22.4L이고, 2mol의 탄산수소나트륨이 분해하면 1mol의 이산화탄소가 발생한다. 탄산수소나트륨의 몰질량은 $23g(Na) + 1g(H) + 12g(C) + [16g(O) \times 3] = 84g/mol$, $1m^3 = 1,000L$이므로 10kg의 탄산수소나트륨이 열분해할 때 생성되는 이산화탄소의 부피는

$$10 \times 10^3 g\ NaHCO_3 \times \frac{1mol\ NaHCO_3}{84g\ NaHCO_3} \times \frac{1mol\ CO_2}{2mol\ NaHCO_3} \times \frac{22.4L\ CO_2}{1mol\ CO_2} \times \frac{1m^3}{1,000L} = \textbf{1.33m}^3 이다.$$

> **Check ▶▶▶**
>
> **제2종 분말소화약제와 제3종 분말소화약제의 분해반응식**
>
> 1. 제2종 분말소화약제인 탄산수소칼륨($KHCO_3$)은 190℃에서 열분해하면 탄산칼륨(K_2CO_3)과 이산화탄소, 그리고 물을 발생하며, 890℃에서 열분해하면 산화칼륨(K_2O)과 이산화탄소, 그리고 물을 발생한다.
>   ① 1차 분해반응식(190℃) : $2KHCO_3 \rightarrow K_2CO_3 + CO_2 + H_2O$
>   ② 2차 분해반응식(890℃) : $2KHCO_3 \rightarrow K_2O + 2CO_2 + H_2O$
> 2. 제3종 분말소화약제인 인산암모늄($NH_4H_2PO_4$)은 190℃에서 열분해하면 오르토인산(H_3PO_4)과 암모니아(NH_3)를 발생하고, 여기서 생긴 오르토인산은 215℃에서 다시 열분해하여 피로인산($H_4P_2O_7$)과 물을 발생하며, 피로인산 또한 300℃에서 열분해하여 메타인산(HPO_3)과 물을 발생한다. 그리고 이들 분해반응식을 정리하여 나타내면 완전분해반응식이 된다.
>   ① 1차 분해반응식(190℃) : $NH_4H_2PO_4 \rightarrow H_3PO_4 + NH_3$
>   ② 2차 분해반응식(215℃) : $2H_3PO_4 \rightarrow H_4P_2O_7 + H_2O$
>   ③ 3차 분해반응식(300℃) : $H_4P_2O_7 \rightarrow 2HPO_3 + H_2O$
>   ④ 완전분해반응식 : $NH_4H_2PO_4 \rightarrow HPO_3 + NH_3 + H_2O$

▶▶▶ 정답　(1) $2NaHCO_3 \rightarrow Na_2CO_3 + CO_2 + H_2O$

(2) 1.33m³

필답형 07

[5점]

트리에틸알루미늄에 대해 다음 물음에 답하시오.

(1) 물과의 반응식을 쓰시오.

(2) 표준상태에서 1몰의 트리에틸알루미늄이 물과 반응 시 발생하는 가연성 기체의 부피(L)를 구하시오.

(3) 트리에틸알루미늄을 저장하는 옥내저장소의 바닥면적은 몇 m² 이하로 해야 하는지 쓰시오.

◆ 소방 분야

강좌명	수강료	학습일	강사
소방기술사 1차 대비반	620,000원	365일	유창범
[쌍기사 평생연장반] 소방설비기사 전기 x 기계 동시 대비	549,000원	합격할 때까지	공하성
소방설비기사 필기+실기+기출문제풀이	370,000원	170일	공하성
소방설비기사 필기	180,000원	100일	공하성
소방설비기사 실기 이론+기출문제풀이	280,000원	180일	공하성
소방설비산업기사 필기+실기	280,000원	130일	공하성
소방설비산업기사 필기	130,000원	100일	공하성
소방설비산업기사 실기+기출문제풀이	200,000원	100일	공하성
소방시설관리사 1차+2차 대비 평생연장반	850,000원	합격할 때까지	공하성
소방공무원 소방관계법규 문제풀이	89,000원	60일	공하성
화재감식평가기사·산업기사	240,000원	120일	김인범

◆ 위험물 · 화학 분야

강좌명	수강료	학습일	강사
위험물기능장 필기+실기	280,000원	180일	현성호,박병호
위험물산업기사 필기+실기	245,000원	150일	박수경
위험물산업기사 필기+실기[대학생 패스]	270,000원	최대4년	현성호
위험물산업기사 필기+실기+과년도	350,000원	180일	현성호
위험물기능사 필기+실기[프리패스]	270,000원	365일	현성호
화학분석기사 실기(필답형+작업형)	200,000원	60일	박수경
화학분석기능사 실기(필답형+작업형)	80,000원	60일	박수경

>>> 풀이

(1) 트리에틸알루미늄[$(C_2H_5)_3Al$]은 물과 반응 시 수산화알루미늄[$Al(OH)_3$]과 가연성 기체인 에탄(C_2H_6)이 발생한다.
  - 물과의 반응식 : $(C_2H_5)_3Al + 3H_2O \longrightarrow Al(OH)_3 + 3C_2H_6$

(2) 〈문제〉는 표준상태에서 발생하는 3mol의 에탄의 부피가 몇 L인지를 묻는 것으로 표준상태에서 기체 1mol의 부피가 22.4L임을 이용하여 구할 수 있다.

$$3mol \times \frac{22.4L}{1mol} = 67.20L$$

∴ $V = \mathbf{67.20L}$

(3) 트리에틸알루미늄[$(C_2H_5)_3Al$]은 제3류 위험물로서 품명은 알킬알루미늄이고, 지정수량은 10kg, 위험등급 Ⅰ이므로 다음과 같이 **옥내저장소의 바닥면적은 1,000m^2 이하**로 해야 한다.

① 바닥면적 1,000m^2 이하에 저장할 수 있는 물질
  ⊙ 제1류 위험물 중 아염소산염류, 염소산염류, 과염소산염류, 무기과산화물, 그 밖에 지정수량이 50kg인 위험물(위험등급 Ⅰ)
  ⓒ 제3류 위험물 중 칼륨, 나트륨, 알킬알루미늄, 알킬리튬, 그 밖에 지정수량이 10kg인 위험물 및 황린(위험등급 Ⅰ)
  ⓒ 제4류 위험물 중 특수인화물, 제1석유류 및 알코올류(위험등급 Ⅰ 및 위험등급 Ⅱ)
  @ 제5류 위험물 중 유기과산화물, 질산에스테르류, 그 밖에 지정수량이 10kg인 위험물(위험등급 Ⅰ)
  ⓜ 제6류 위험물 중 과염소산, 과산화수소, 질산(위험등급 Ⅰ)

② 바닥면적 2,000m^2 이하에 저장할 수 있는 물질 : 바닥면적 1,000m^2 이하에 저장할 수 있는 물질 이외의 것

③ 바닥면적 1,000m^2 이하에 저장하는 물질과 바닥면적 2,000m^2 이하에 저장하는 물질을 같은 저장창고에 저장하는 때에는 바닥면적을 1,000m^2 이하로 한다.

④ 바닥면적 1,000m^2 이하에 저장할 수 있는 위험물과 바닥면적 2,000m^2 이하에 저장할 수 있는 위험물을 내화구조의 격벽으로 완전히 구획된 실에 각각 저장하는 창고의 전체 면적은 1,500m^2 이하로 할 수 있다(단, 바닥면적 1,000m^2 이하에 저장할 수 있는 위험물을 저장하는 실의 면적은 500m^{2}를 초과할 수 없다).

>>> 정답

(1) $(C_2H_5)_3Al + 3H_2O \longrightarrow Al(OH)_3 + 3C_2H_6$
(2) 67.20L
(3) 1,000m^2

필답형 08

[5점]

탄화칼슘에 대해 다음 물음에 답하시오.

(1) 물과의 반응식을 쓰시오.
(2) 질소와 고온에서 반응하는 경우 생성하는 물질의 명칭을 쓰시오.

>>> 풀이

탄화칼슘(CaC_2)은 제3류 위험물로서 품명은 칼슘 또는 알루미늄의 탄화물이며, 지정수량은 300kg이다. 탄화칼슘은 물과 반응 시 수산화칼슘[$Ca(OH)_2$]과 아세틸렌(C_2H_2) 가스를 생성하고, 연소 시 산화칼슘(CaO)과 이산화탄소(CO_2)를 생성하며, 고온에서 질소(N_2)와 반응 시 **석회질소(칼슘시안아미드, $CaCN_2$)와 탄소(C)**를 생성한다.
  - 물과의 반응식 : $CaC_2 + 2H_2O \longrightarrow Ca(OH)_2 + C_2H_2$
  - 연소반응식 : $2CaC_2 + 5O_2 \longrightarrow 2CaO + 4CO_2$
  - 질소와의 반응식 : $CaC_2 + N_2 \longrightarrow CaCN_2 + C$

>>> 정답

(1) $CaC_2 + 2H_2O \longrightarrow Ca(OH)_2 + C_2H_2$
(2) 석회질소(칼슘시안아미드), 탄소

필답형 09 [5점]

환원력이 강하고 은거울반응과 펠링반응을 하며, 물, 에테르, 알코올에 잘 녹고 산화하여 아세트산이 되는 위험물에 대해 다음 물음에 답하시오.

(1) 명칭
(2) 화학식
(3) 지정수량
(4) 위험등급

>>> 풀이 아세트알데히드(CH_3CHO)
① 제4류 위험물로서 품명은 특수인화물이며, **위험등급 I**, 수용성이고, 지정수량은 **50L**이다.
② 인화점 −38℃, 발화점 185℃, 비점 21℃, 연소범위 4.0~57%이다.
③ 비중은 0.78로 물보다 가벼운 무색 액체로 물에 잘 녹으며, 자극적인 냄새가 난다.
④ 연소 시 이산화탄소와 물이 발생한다.
  – 연소반응식 : $2CH_3CHO + 5O_2 \rightarrow 4CO_2 + 4H_2O$
⑤ 산화되면 아세트산(CH_3COOH)이 되며, 환원되면 에틸알코올(C_2H_5OH)이 된다.
⑥ 환원력이 강하여 은거울반응과 펠링반응을 한다.
⑦ 수은, 은, 구리, 마그네슘은 아세트알데히드와 중합반응을 하면서 폭발성의 물질을 생성하기 때문에 저장용기 재질로 사용하면 안 된다.

>>> 정답 (1) 아세트알데히드
(2) CH_3CHO
(3) 50L
(4) I

필답형 10 [5점]

과산화칼륨과 초산의 반응을 통해 생성되는 위험물에 대해 다음 물음에 답하시오.

(1) 분해반응식을 쓰시오.
(2) 운반용기 외부에 표시해야 할 주의사항을 쓰시오.
(3) 이 물질을 저장하는 장소와 학교와의 안전거리를 쓰시오. (단, 해당 없으면 "해당 없음"이라고 쓰시오.)

>>> 풀이 과산화칼륨(K_2O_2)은 제1류 위험물로서 품명은 무기과산화물이며, 지정수량은 50kg이다. 초산(CH_3COOH)과 반응 시 초산칼륨(CH_3COOK)과 제6류 위험물인 과산화수소(H_2O_2)가 발생한다.
 – 초산과의 반응식 : $K_2O_2 + 2CH_3COOH \rightarrow 2CH_3COOK + H_2O_2$
(1) 과산화수소(H_2O_2)는 제6류 위험물로서 위험물안전관리법상 농도가 36중량% 이상인 것을 의미하며, 지정수량은 300kg이다. 열, 햇빛에 의해 분해되므로 착색된 내산성 용기에 담아 냉암소에 보관하며, 분해 시 발생하는 산소의 압력으로 용기를 파손시킬 수 있어 이를 방지하기 위해 용기는 구멍이 뚫린 마개로 막는다.
 – 분해반응식 : $2H_2O_2 \rightarrow 2H_2O + O_2$
(2) 운반용기 외부에 표시해야 하는 사항
 ① 품명, 위험등급, 화학명 및 수용성
 ② 위험물의 수량
 ③ 위험물에 따른 주의사항

유별	품명	운반용기의 주의사항
제1류	알칼리금속 과산화물	화기·충격주의, 가연물접촉주의, 물기엄금
	그 밖의 것	화기·충격주의, 가연물접촉주의
제2류	철분, 금속분, 마그네슘	화기주의, 물기엄금
	인화성 고체	화기엄금
	그 밖의 것	화기주의
제3류	금수성 물질	물기엄금
	자연발화성 물질	화기엄금, 공기접촉엄금
제4류	인화성 액체	화기엄금
제5류	자기반응성 물질	화기엄금, 충격주의
제6류	산화성 액체	**가연물접촉주의**

(3) 제조소의 안전거리 기준

제조소로부터 다음 건축물 또는 공작물의 외벽(외측) 사이에는 다음과 같이 안전거리를 두어야 한다.

① 주거용 건축물(제조소등의 동일부지 외에 있는 것) : 10m 이상

② 학교·병원·극장(300명 이상), 다수인 수용시설 : 30m 이상

③ 유형문화재와 기념물 중 지정문화재 : 50m 이상

④ 고압가스, 액화석유가스 등의 저장·취급 시설 : 20m 이상

⑤ 사용전압 7,000V 초과 35,000V 이하의 특고압가공전선 : 3m 이상

⑥ 사용전압 35,000V를 초과하는 특고압가공전선 : 5m 이상

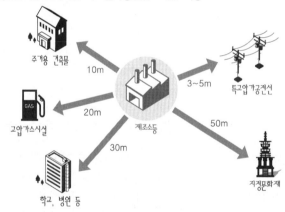

| 제조소등의 안전거리 |

제조소등의 안전거리를 제외할 수 있는 조건

① **제6류 위험물을 취급하는** 제조소, 취급소 또는 **저장소**

② 주유취급소

③ 판매취급소

④ 지하탱크저장소

⑤ 옥내탱크저장소

⑥ 이동탱크저장소

⑦ 간이탱크저장소

⑧ 암반탱크저장소

⫸ 정답

(1) $2H_2O_2 \rightarrow 2H_2O + O_2$

(2) 가연물접촉주의

(3) 해당 없음

필답형 11 [5점]

규조토에 흡수시켜 다이너마이트를 만드는 물질에 대해 다음 물음에 답하시오.

(1) 구조식을 쓰시오.
(2) 품명과 지정수량을 쓰시오.
(3) 분해반응식을 쓰시오.

>>> 풀이
니트로글리세린[$C_3H_5(ONO_2)_3$]은 제5류 위험물로서 품명은 **질산에스테르류**이며, 지정수량은 **10kg**이다. 상온에서 액체상태로 존재하고, 충격에 매우 민감한 성질을 가지고 있으며, 규조토에 흡수시킨 것을 다이너마이트라고 한다. 니트로글리세린 4mol을 분해시키면 이산화탄소(CO_2), 수증기(H_2O), 질소(N_2), 산소(O_2)의 4가지 기체가 총 29mol 발생한다.

– 분해반응식 : $4C_3H_5(ONO_2)_3 \rightarrow 12CO_2 + 10H_2O + 6N_2 + O_2$

```
        H
        |
    H-C-O-NO2
        |
    H-C-O-NO2
        |
    H-C-O-NO2
        |
        H
```
┃ 니트로글리세린의 구조식 ┃

>>> 정답
(1)
```
        H
        |
    H-C-O-NO2
        |
    H-C-O-NO2
        |
    H-C-O-NO2
        |
        H
```

(2) 질산에스테르류, 10kg
(3) $4C_3H_5(ONO_2)_3 \rightarrow 12CO_2 + 10H_2O + 6N_2 + O_2$

필답형 12 [5점]

다음 〈보기〉의 내용은 위험물의 소화 방법에 대한 설명이다. 옳은 것을 모두 고르시오.

① 제1류 위험물은 주수소화가 가능한 물질과 그렇지 않은 물질이 있다.
② 마그네슘 화재 시 물분무소화가 적응성이 없어 이산화탄소소화기로 소화가 가능하다.
③ 에탄올은 물보다 비중이 높아 물로 소화 시 화재면이 확대되어 주수소화가 불가능하다.
④ 제6류 위험물을 저장 또는 취급하는 장소로서 폭발의 위험이 없는 장소에 한하여 이산화탄소소화기는 적응성이 있다.
⑤ 건조사는 모든 유별 위험물에 소화적응성이 있다.

>>> 풀이
① 제1류 위험물 중 알칼리금속 과산화물등은 금수성 물질로서 주수소화를 금지하고, 마른모래나 탄산수소염류 분말소화약제로 질식소화를 해야 한다.
② **마그네슘**은 이산화탄소와 반응 시 가연성 물질 또는 유독성 기체를 발생하고 냉각소화 시 수소가 발생하므로, **마른모래나 탄산수소염류 분말소화약제로 질식소화**를 해야 한다.
③ 제4류 위험물의 대부분은 비중이 물보다 작고, 제4류 위험물 중 비수용성 물질은 화재 시 물을 이용하게 되면 연소면을 확대할 위험이 있으므로 사용할 수 없으며, 이산화탄소, 할로겐화합물, 분말 포소화약제를 이용한 질식소화가 효과적이다. 또한 제4류 위험물 중 수용성 물질의 화재 시에는 일반 포소화약제는 소포성 때문에 효과가 없으므로 알코올포 소화약제를 사용해야 한다. **에탄올의 비중은 0.789로 물보다 가볍고, 수용성**이다.

④ 제6류 위험물은 다량의 물로 냉각소화하며, 이산화탄소소화기는 폭발의 위험이 없는 장소에 한하여 제6류 위험물에 적응성이 있다.

⑤ 건조사, 팽창질석, 팽창진주암은 모든 유별 위험물에 소화적응성이 있다.

소화설비의 적응성

소화설비의 구분	건축물·그 밖의 공작물	전기설비	제1류 위험물 알칼리금속 과산화물 등	제1류 위험물 그 밖의 것	제2류 위험물 철분·금속분·마그네슘 등	제2류 위험물 인화성 고체	제2류 위험물 그 밖의 것	제3류 위험물 금수성 물품	제3류 위험물 그 밖의 것	제4류 위험물	제5류 위험물	제6류 위험물
옥내소화전 또는 옥외소화전 설비	O			O		O	O		O		O	O
스프링클러설비	O			O		O	O		O	△	O	O
물분무등소화설비 - 물분무소화설비	O	O		O		O	O		O	O	O	O
물분무등소화설비 - 포소화설비	O			O		O	O		O	O		O
물분무등소화설비 - 불활성가스소화설비		O				O				O		
물분무등소화설비 - 할로겐화합물소화설비		O				O				O		
물분무등소화설비 - 분말소화설비 - 인산염류등	O	O		O		O	O			O		O
물분무등소화설비 - 분말소화설비 - 탄산수소염류등		O	O		O	O		O		O		
물분무등소화설비 - 분말소화설비 - 그 밖의 것			O		O			O				
대형·소형수동식소화기 - 봉상수(棒狀水)소화기	O			O		O	O		O		O	O
대형·소형수동식소화기 - 무상수(霧狀水)소화기	O	O		O		O	O		O		O	O
대형·소형수동식소화기 - 봉상강화액소화기	O			O		O	O		O		O	O
대형·소형수동식소화기 - 무상강화액소화기	O	O		O		O	O		O		O	O
대형·소형수동식소화기 - 포소화기	O			O		O	O		O	O		O
대형·소형수동식소화기 - 이산화탄소소화기		O				O				O		△
대형·소형수동식소화기 - 할로겐화합물소화기		O				O				O		
대형·소형수동식소화기 - 분말소화기 - 인산염류소화기	O	O		O		O	O			O		O
대형·소형수동식소화기 - 분말소화기 - 탄산수소염류소화기		O	O		O	O		O		O		
대형·소형수동식소화기 - 분말소화기 - 그 밖의 것			O		O			O				
기타 - 물통 또는 수조	O			O		O	O		O		O	O
기타 - 건조사			O	O	O	O	O	O	O	O	O	O
기타 - 팽창질석 또는 팽창진주암			O	O	O	O	O	O	O	O	O	O

※ "O"는 소화설비의 적응성이 있다는 의미이다.

▶▶▶정답 ①, ④, ⑤

필답형 13 [5점]

옥외탱크저장소의 방유제 안에 30만L 3기와 20만L 9기에 인화점이 50℃인 인화성 액체가 저장되어 있다. 다음 물음에 답하시오.

(1) 설치해야 하는 방유제의 최소 개수를 쓰시오.

(2) 하나의 방유제가 옥외저장탱크 30만L 2기와 20만L 2기를 포함하는 경우 방유제의 용량을 쓰시오.

(3) 인화성 액체 대신 제6류 위험물인 질산을 저장하는 경우 설치해야 하는 방유제의 최소 개수를 쓰시오.

> **풀이** 옥외저장탱크의 방유제 기준
> ① 방유제 용량
>   ㉠ 인화성이 있는 위험물 옥외저장탱크의 방유제
>   ⓐ 옥외저장탱크를 1개만 포함하는 경우 : 탱크 용량의 110% 이상
>   ⓑ 옥외저장탱크를 2개 이상 포함하는 경우 : 탱크 중 용량이 최대인 것의 110% 이상
>   ㉡ 인화성이 없는 위험물 옥외저장탱크의 방유제
>   ⓐ 옥외저장탱크를 1개만 포함하는 경우 : 탱크 용량의 100% 이상
>   ⓑ 옥외저장탱크를 2개 이상 포함하는 경우 : 탱크 중 용량이 최대인 것의 100% 이상
> ② 방유제의 높이 : 0.5m 이상 3m 이하
> ③ 방유제의 두께 : 0.2m 이상
> ④ 방유제의 지하매설깊이 : 1m 이상
> ⑤ 하나의 방유제의 면적 : 8만m^2 이하
> ⑥ 방유제의 재질 : 철근콘크리트
> ⑦ 하나의 방유제 안에 설치할 수 있는 옥외저장탱크의 수
>   ㉠ 10개 이하 : 인화성이 없는 위험물, 인화점 70℃ 미만의 위험물을 저장하는 옥외저장탱크
>   ㉡ 20개 이하 : 모든 옥외저장탱크의 용량의 합이 20만L 이하이고 인화점이 70℃ 이상 200℃ 미만(제3석유류)인 경우
>   ㉢ 개수 무제한 : 인화점이 200℃ 이상인 위험물을 저장하는 경우

옥외탱크저장소 주위에 설치하는 방유제

> (1) 인화점이 50℃인 위험물을 저장하는 옥외저장탱크 총 12기이므로 하나의 방유제에 최대 10개를 설치할 수 있으므로 방유제는 **최소 2개**가 필요하다.
> (2) 방유제의 용량은 탱크 용량 중 최대 용량인 30만L의 110%인 **33만L**이다.
> (3) 인화성 물질이 아닌 질산을 저장하는 경우는 하나의 방유제 안에 최대 20개의 옥외저장탱크를 설치할 수 있으므로 방유제는 **최소 2개**가 필요하다.

> **정답** (1) 2개
> (2) 33만L
> (3) 2개

필답형 14 [5점]

클로로벤젠에 대해 다음 물음에 답하시오.

(1) 품명

(2) 지정수량

(3) 구조식

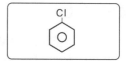
>>> 풀이   클로로벤젠(C_6H_5Cl)은 제4류 위험물로서 품명은 **제2석유류**이며, 비수용성, 지 정수량은 **1,000L**이다. 인화점은 32℃, 발화점 593℃, 비점 132℃이고 비중 은 1.11로 물보다 무겁다.

┃ 클로로벤젠의 구조식 ┃

>>> 정답
(1) 제2석유류
(2) 1,000L
(3)   Cl

필답형 15   [5점]

다음 물음에 답하시오.

(1) 대통령령이 정하는 위험물 탱크가 있는 제조소등이 탱크의 변경공사를 하는 때에는 완공검사를 받기 전에 무엇을 받아야 하는지 쓰시오.

(2) 이동탱크저장소의 완공검사 신청시기를 쓰시오.

(3) 지하탱크가 있는 제조소등의 완공검사 신청시기를 쓰시오.

(4) 제조소등의 완공검사를 실시한 결과 기술기준에 적합하다고 인정되는 경우 시 · 도지사는 무엇을 교부해야 하는지 쓰시오.

>>> 풀이
(1) 탱크안전성능검사의 실시

대통령령이 정하는 위험물 탱크가 있는 제조소등의 허가를 받은 자가 위험물 탱크의 설치 또는 변경 공사를 하는 때에는 완공검사를 받기 전에 시 · 도지사가 실시하는 **탱크안전성능검사**를 받아야 한다.

(2) 이동탱크저장소는 **이동저장탱크를 완공하고 상치장소를 확보한 후**에 완공검사를 신청해야 한다.

(3) 지하탱크가 있는 제조소등은 당해 **지하탱크를 매설하기 전**에 완공검사를 신청해야 한다.

(4) 시 · 도지사는 제조소등에 대하여 완공검사를 실시하고, 완공검사를 실시한 결과 당해 제조소등이 기술기준에 적합하다고 인정하는 때에는 **완공검사합격확인증**을 교부하여야 한다.

>
> **제조소등의 완공검사 신청시기**
>
> 1. 지하탱크가 있는 제조소등의 경우 : 당해 지하탱크를 매설하기 전
> 2. 이동탱크저장소의 경우 : 이동저장탱크를 완공하고 상치장소를 확보한 후
> 3. 이송취급소의 경우 : 이송배관 공사의 전체 또는 일부를 완료한 후. 다만, 지하 · 하천 등에 매설하는 이송배관의 공사의 경우에는 이송배관을 매설하기 전
> 4. 전체 공사가 완료된 후에는 완공검사를 실시하기 곤란한 경우 : 다음에서 정하는 시기
>   ① 위험물설비 또는 배관의 설치가 완료되어 기밀시험 또는 내압시험을 실시하는 시기
>   ② 배관을 지하에 설치하는 경우에는 시 · 도지사, 소방서장 또는 기술원이 지정하는 부분을 매몰하기 직전
>   ③ 기술원이 지정하는 부분의 비파괴시험을 실시하는 시기

>>> 정답
(1) 탱크안전성능검사
(2) 이동저장탱크를 완공하고 상치장소를 확보한 후
(3) 당해 지하탱크를 매설하기 전
(4) 완공검사합격확인증

필답형 16 [5점]

톨루엔 1,000L, 스티렌 2,000L, 아닐린 4,000L, 실린더유 6,000L, 올리브유 20,000L의 지정수량 배수의 합을 구하시오.

풀이 〈문제〉에서 제시된 위험물은 모두 제4류 위험물로서 각 위험물의 품명과 지정수량은 다음과 같다.
① 톨루엔 : 제1석유류, 비수용성, 200L
② 스티렌 : 제2석유류, 비수용성, 1,000L
③ 아닐린 : 제3석유류, 비수용성, 2,000L
④ 실린더유 : 제4석유류, 6,000L
⑤ 올리브유 : 동식물유류, 10,000L
따라서, 이 위험물들의 지정수량 배수의 합은

$$\frac{1,000L}{200L} + \frac{2,000L}{1,000L} + \frac{4,000L}{2,000L} + \frac{6,000L}{6,000L} + \frac{20,000L}{10,000L} = \textbf{12배}이다.$$

정답 12배

필답형 17 [5점]

다음은 지하탱크저장소에 대한 기준이다. 괄호 안에 알맞은 내용을 쓰시오.
(1) 지하저장탱크의 윗부분은 지면으로부터 (①)m 이상 아래에 있어야 한다.
(2) 지하저장탱크를 2개 이상 인접하여 설치하는 경우에는 그 상호간에 (②)m 이상의 간격을 유지해야 한다.
(3) 지하저장탱크는 용량에 따라 기준에 적합하게 강철판 또는 동등 이상의 성능이 있는 금속재질로 (③) 또는 (④)으로 틈이 없도록 만드는 동시에, 압력탱크 외의 탱크에 있어서는 70kPa의 압력으로, 압력탱크에 있어서는 최대상용압력의 (⑤)의 압력으로 각각 (⑥)간 수압시험을 실시하여 새거나 변형되지 아니하여야 한다.

풀이 지하저장탱크 설치기준
① 지면으로부터 지하저장탱크의 윗부분까지의 깊이는 **0.6m** 이상으로 할 것
② 밸브 없는 통기관의 선단은 지면으로부터 4m 이상의 높이에 설치할 것
③ 탱크전용실의 벽, 바닥 및 뚜껑의 두께는 0.3m 이상의 철근콘크리트로 할 것
④ 탱크전용실의 내부에는 마른 모래 또는 입자지름 5mm 이하의 마른 자갈분을 채울 것
⑤ 지하저장탱크를 2개 이상 인접하여 설치할 때 상호거리는 **1m** 이상으로 한다. 다만, 지하저장탱크 용량의 합이 지정수량의 100배 이하일 경우에는 0.5m 이상으로 할 것
⑥ 탱크전용실로부터 안쪽과 바깥쪽으로의 거리는 다음과 같이 할 것
   ㉠ 지하의 벽, 가스관, 대지경계선으로부터 탱크전용실 바깥쪽과의 사이 : 0.1m 이상
   ㉡ 지하저장탱크와 탱크전용실 안쪽과의 사이 : 0.1m 이상
⑦ 지하저장탱크는 용량에 따라 기준에 적합하게 강철판 또는 동등 이상의 성능이 있는 금속재질로 **완전용입용접** 또는 **양면겹침이음용접**으로 틈이 없도록 만드는 동시에, 압력탱크 외의 탱크에 있어서는 70kPa의 압력으로, 압력탱크에 있어서는 최대상용압력의 **1.5배**의 압력으로 각각 **10분**간 수압시험을 실시하여 새거나 변형되지 않아야 할 것

정답 ① 0.6, ② 1, ③ 완전용입용접, ④ 양면겹침이음용접, ⑤ 1.5배, ⑥ 10분

필답형 18 [5점]

위험물 운반에 관한 기준에서 다음 위험물과 혼재할 수 없는 유별을 모두 쓰시오. (단, 지정수량의 1/10을 초과하는 위험물을 운반하는 경우이다.)

(1) 제1류
(2) 제2류
(3) 제3류
(4) 제4류
(5) 제5류

>>> 풀이 다음의 [표]에서 알 수 있듯이 위험물의 운반에 관한 혼재기준에 따라 위험물끼리 혼재할 수 없는 유별은 다음과 같다.

① 제1류 : 제2류, 제3류, 제4류, 제5류
② 제2류 : 제1류, 제3류, 제6류
③ 제3류 : 제1류, 제2류, 제5류, 제6류
④ 제4류 : 제1류, 제6류
⑤ 제5류 : 제1류, 제3류, 제6류
⑥ 제6류 : 제2류, 제3류, 제4류, 제5류

위험물의 구분	제1류	제2류	제3류	제4류	제5류	제6류
제1류		×	×	×	×	○
제2류	×		×	○	○	×
제3류	×	×		○	×	×
제4류	×	○	○		○	×
제5류	×	○	×	○		×
제6류	○	×	×	×	×	

※ 이 표는 지정수량의 1/10 이하의 위험물에 대하여는 적용하지 아니한다.

💡 Tip

위험물의 운반에 관한 혼재기준 [표]를 그리는 방법은 423, 524, 61의 숫자 조합으로 다음과 같이 만듭니다.
1) 가로줄의 제4류를 기준으로 아래로 제2류와 제3류에 "○"를 표시합니다.
2) 가로줄의 제5류를 기준으로 아래로 제2류와 제4류에 "○"를 표시합니다.
3) 가로줄의 제6류를 기준으로 아래로 제1류에 "○"를 표시합니다.
4) 세로줄의 제4류를 기준으로 오른쪽으로 제2류와 제3류에 "○"를 표시합니다.
5) 세로줄의 제5류를 기준으로 오른쪽으로 제2류와 제4류에 "○"를 표시합니다.
6) 세로줄의 제6류를 기준으로 오른쪽으로 제1류에 "○"를 표시합니다.

>>> 정답 (1) 제2류, 제3류, 제4류, 제5류
(2) 제1류, 제3류, 제6류
(3) 제1류, 제2류, 제5류, 제6류
(4) 제1류, 제6류
(5) 제1류, 제3류, 제6류

필답형 19 [5점]

리튬에 대해 다음 물음에 답하시오.

(1) 물과의 반응식을 쓰시오.
(2) 위험등급을 쓰시오.
(3) 리튬 1,000kg을 제조소에서 취급하는 경우 보유공지는 몇 m 이상으로 해야 하는지 쓰시오.

풀이 리튬(Li)은 제3류 위험물로서 품명은 알칼리금속 및 알칼리토금속이며, **위험등급 Ⅱ**, 지정수량은 50kg이다. 물과 반응 시 수산화리튬(LiOH)과 수소(H_2)가 발생한다.
– 물과의 반응식 : $2Li + 2H_2O \rightarrow 2LiOH + H_2$
제조소 보유공지의 기준

지정수량의 배수	공지의 너비
지정수량의 10배 이하	3m 이상
지정수량의 10배 초과	**5m 이상**

〈문제〉의 **리튬 1,000kg은 지정수량(50kg)의 20배**이므로 보유공지의 너비는 5m 이상으로 해야 한다.

정답 (1) $2Li + 2H_2O \rightarrow 2LiOH + H_2$
(2) Ⅱ
(3) 5m

필답형 20 [5점]

인화성 액체의 인화점 측정 시험방법 3가지를 쓰시오.

풀이 인화성 액체의 인화점 측정 시험방법은 다음과 같다.
(1) **태그밀폐식 인화점측정기**
① 측정결과가 0℃ 미만인 경우 : 그 측정결과를 인화점으로 한다.
② 측정결과가 0℃ 이상 80℃ 이하인 경우 : 동점도 측정을 하여 동점도가 $10mm^2/s$ 미만인 경우에는 그 측정결과를 인화점으로 하고, 동점도가 $10mm^2/s$ 이상인 경우에는 신속평형법 인화점측정기로 다시 측정한다.
(2) **신속평형법 인화점측정기**
① 측정결과가 0℃ 이상 80℃ 이하인 경우 : 동점도 측정을 하여 동점도가 $10mm^2/s$ 이상인 경우에는 그 측정결과를 인화점으로 한다.
② 측정결과가 80℃를 초과하는 경우 : 클리브랜드개방컵 인화점측정기로 다시 측정한다.
(3) **클리브랜드개방컵 인화점측정기**
– 측정결과가 80℃를 초과하는 경우 : 그 측정결과를 인화점으로 한다.

정답 ① 태그밀폐식 인화점측정기에 의한 인화점 측정 시험
② 신속평형법 인화점측정기에 의한 인화점 측정 시험
③ 클리브랜드개방컵 인화점측정기에 의한 인화점 측정 시험

2023 제4회 위험물산업기사 실기

2023년 11월 4일 시행

※ 필답형＋작업형으로 치러지던 기존 시험에서는 각 문항별 배점이 상이하였으나,
필답형(20문제) 시험만 보는 2020년 1회부터는 각 문항 배점이 모두 5점입니다!

 필/답/형 시험

필답형 01 [5점]

각 물질의 연소형태를 쓰시오.

(1) 나트륨, 금속분
(2) 에탄올, 디에틸에테르
(3) TNT, 피크린산

≫≫ 풀이

(1) 나트륨과 금속분은 고체로서 연소형태는 **표면연소**이다.
(2) 에탄올은 제4류 위험물 중 알코올류에 속하고, 디에틸에테르는 특수인화물에 속하며, 이들은 둘 다 액체로서 연소형태는 **증발연소**이다.
(3) TNT와 피크린산은 고체로서 제5류 위험물에 속하고, 연소형태는 **자기연소**이다.

> **Check ≫≫**
>
> 1. 액체의 연소형태
>   ① 증발연소 : 액체의 가장 일반적인 연소형태로 액체의 직접적인 연소라기보다는 액체에서 발생하는 가연성 가스가 공기와 혼합된 상태에서 연소하는 형태를 의미한다.
>   예 제4류 위험물 중 **특수인화물**, 제1석유류, **알코올류**, 제2석유류
>   ② 분해연소 : 비휘발성이고 점성이 큰 액체상태의 물질이 연소하는 형태로 열분해로 인해 생성된 가연성 가스와 공기가 혼합상태에서 연소하는 것을 의미한다.
>   예 제4류 위험물 중 제3석유류, 제4석유류, 동식물유류
> 2. 고체의 연소형태
>   ① 표면연소 : 가스의 발생 없이 연소물의 표면에서 산소와 접촉하여 연소하는 반응이다.
>   예 코크스(탄소), 목탄(숯), **금속분 등**
>   ② 분해연소 : 고체 가연물에서 열분해반응이 일어날 때 발생된 가연성 증기가 공기와 혼합되면서 발생된 혼합기체가 연소하는 형태를 의미한다.
>   예 목재, 종이, 석탄, 플라스틱, 합성수지 등
>   ③ 자기연소 : 자체적으로 산소공급원을 가지고 있는 고체 가연물이 외부로부터 공기 또는 산소공급원의 유입 없이도 연소할 수 있는 형태로서 연소속도가 폭발적인 연소형태이다.
>   예 **제5류 위험물 등**
>   ④ 증발연소 : 고체 가연물이 액체형태로 상태변화를 일으키면서 가연성 증기를 증발시키고 이 가연성 증기가 공기와 혼합하여 연소하는 형태를 의미한다.
>   예 황(S), 나프탈렌($C_{10}H_8$), 양초(파라핀) 등

≫≫ 정답 (1) 표면연소 (2) 증발연소 (3) 자기연소

필답형 02 [5점]

다음 소화약제의 화학식 또는 구성 성분을 쓰시오.

(1) 할론 1211
(2) IG – 541
(3) HFC – 23

▶▶풀이

(1) 할론 1211은 할로겐화합물소화약제로 화학식은 **CF₂ClBr**이다.
(2) IG – 541은 불활성가스소화약제의 한 종류로서 **N₂ 52%, Ar 40%, CO₂ 8%**로 구성되어 있다.
(3) HCF – 23은 할로겐화합물소화약제로서 화학식은 **CHF₃**이다.

> **Check ▶▶▶**
>
> 1. 그 밖에 할로겐화합물소화약제의 종류에는 할론 1301(CF₃Br)과 할론 2402(C₂F₄Br₂) 등이 있다.
> 2. 또 다른 불활성가스소화약제의 종류에는 IG-100(N₂ 100%)와 IG-55(N₂ 50%, Ar 50%)가 있다.
> 3. HCF-23의 화학식을 구하는 방법은 다음과 같다.
>   23+90= 1 1 3
>   C H F의 수를 나타냄

▶▶정답

(1) CF₂ClBr
(2) N₂ 52%, Ar 40%, CO₂ 8%
(3) CHF₃

필답형 03 [5점]

다음 위험물의 열분해반응식을 각각 쓰시오.

(1) 과염소산나트륨
(2) 염소산나트륨
(3) 아염소산나트륨

▶▶풀이

〈문제〉의 제1류 위험물들은 모두 열분해하여 염화나트륨(NaCl)과 산소(O₂)를 발생하며, 각 물질의 열분해반응식은 다음과 같다.

(1) 과염소산나트륨(NaClO₄)의 열분해반응식 : **NaClO₄ → NaCl + 2O₂**
(2) 염소산나트륨(NaClO₃)의 열분해반응식 : **2NaClO₃ → 2NaCl + 3O₂**
(3) 아염소산나트륨(NaClO₂)의 열분해반응식 : **NaClO₂ → NaCl + O₂**

▶▶정답

(1) NaClO₄ → NaCl + 2O₂
(2) 2NaClO₃ → 2NaCl + 3O₂
(3) NaClO₂ → NaCl + O₂

필답형 04 [5점]

금속나트륨으로 인한 화재 시 소화방법을 쓰시오.

>>> 풀이 나트륨(Na)

① 제3류 위험물로서 품명은 나트륨이며, 지정수량은 10kg이다.

② 물과 반응하여 가연성 가스를 발생할 뿐 아니라 공기 중에서 발화할 수 있는 자연발화성도 가지고 있다.

③ 공기 중에 노출되면 화재의 위험성이 있으므로 보호액인 석유(경유, 등유 등)에 완전히 담가 저장하여야 한다.

④ 제3류 위험물 중 금수성 물질의 화재 시 소화방법은 물뿐만 아니라 이산화탄소(CO_2)를 사용하면 가연성 물질인 탄소(C)가 발생하여 폭발할 수 있으므로 절대 사용할 수 없고 **건조사, 팽창질석 또는 팽창진주암, 탄산수소염류 분말소화약제를 사용해야 한다.**

소화설비의 적응성

대상물의 구분 / 소화설비의 구분	건축물·그 밖의 공작물	전기설비	알칼리금속과산화물등 (제1류)	그 밖의 것 (제1류)	철분·금속분·마그네슘 등 (제2류)	인화성 고체 (제2류)	그 밖의 것 (제2류)	금수성 물품 (제3류)	그 밖의 것 (제3류)	제4류 위험물	제5류 위험물	제6류 위험물
옥내소화전 또는 옥외소화전 설비	○			○		○	○		○		○	○
스프링클러설비	○			○		○	○		○	△	○	○
물분무등소화설비 — 물분무소화설비	○	○		○		○	○		○	○	○	○
물분무등소화설비 — 포소화설비	○			○		○	○		○	○	○	○
물분무등소화설비 — 불활성가스소화설비		○				○				○		
물분무등소화설비 — 할로겐화합물소화설비		○				○				○		
물분무등소화설비 — 분말소화설비 — 인산염류등	○	○		○		○	○			○		○
물분무등소화설비 — 분말소화설비 — **탄산수소염류등**		○	○		○	○		○		○		
물분무등소화설비 — 분말소화설비 — 그 밖의 것			○		○			○				
대형·소형수동식소화기 — 봉상수(棒狀水)소화기	○			○		○	○		○		○	○
대형·소형수동식소화기 — 무상수(霧狀水)소화기	○	○		○		○	○		○		○	○
대형·소형수동식소화기 — 봉상강화액소화기	○			○		○	○		○		○	○
대형·소형수동식소화기 — 무상강화액소화기	○	○		○		○	○		○	○	○	○
대형·소형수동식소화기 — 포소화기	○			○		○	○		○	○	○	○
대형·소형수동식소화기 — 이산화탄소소화기		○				○				○		△
대형·소형수동식소화기 — 할로겐화합물소화기		○				○				○		
대형·소형수동식소화기 — 분말소화기 — 인산염류소화기	○	○		○		○	○			○		○
대형·소형수동식소화기 — 분말소화기 — **탄산수소염류소화기**		○	○		○	○		○		○		
대형·소형수동식소화기 — 분말소화기 — **그 밖의 것**			○		○			○				
기타 — 물통 또는 수조	○			○		○	○		○		○	○
기타 — **건조사**			○	○	○	○	○	○	○	○	○	○
기타 — **팽창질석 또는 팽창진주암**			○	○	○	○	○	○	○	○	○	○

>>> 정답 건조사, 팽창질석 또는 팽창진주암, 탄산수소염류 분말소화약제를 사용하여 소화한다.

필답형 05 [5점]

탄화칼슘 32g이 물과 반응 시 발생하는 기체를 완전연소시키기 위해 필요한 산소의 부피는 표준상태에서 몇 L인지 구하시오.

(1) 계산과정
(2) 답

》》》 풀이

탄화칼슘(CaC_2)은 제3류 위험물로서 물과 반응 시 수산화칼슘[$Ca(OH)_2$]과 아세틸렌(C_2H_2) 기체를 발생한다. 아래의 물과의 반응식에서 알 수 있듯이 분자량이 40(Ca)+12(C)×2=64인 탄화칼슘을 물과 반응시키면 아세틸렌은 1몰이 발생하므로 〈문제〉의 조건과 같이 탄화칼슘을 32g 반응시키면 아세틸렌은 0.5몰 발생한다.

– 물과의 반응식 : $CaC_2 + 2H_2O \rightarrow Ca(OH)_2 + C_2H_2$

$$32g\ CaC_2 \times \frac{1mol\ CaC_2}{64g\ CaC_2} \times \frac{1mol\ C_2H_2}{1mol\ CaC_2} = 0.5mol\ C_2H_2$$

〈문제〉는 탄화칼슘 32g이 물과 반응하여 발생하는 기체, 즉 0.5mol의 아세틸렌을 연소시키기 위해 필요한 산소의 부피를 구하는 것이다. 아세틸렌은 연소 시 이산화탄소(CO_2)와 물(H_2O)을 발생한다.

– 아세틸렌의 연소반응식 : $2C_2H_2 + 5O_2 \rightarrow 4CO_2 + 2H_2O$

아세틸렌의 연소반응식에서 알 수 있듯이 아세틸렌 2mol을 연소시키기 위해 필요한 산소는 5mol이고 표준상태에서 기체 1mol의 부피는 22.4L이므로, 〈문제〉의 조건인 아세틸렌 0.5mol을 연소시키기 위해서 필요한 산소의 부피는 다음과 같다.

$$0.5mol\ C_2H_2 \times \frac{5mol\ O_2}{2mol\ C_2H_2} \times \frac{22.4L}{1mol\ O_2} = 28L$$

》》》 정답

(1) $32g\ CaC_2 \times \dfrac{1mol\ CaC_2}{64g\ CaC_2} \times \dfrac{1mol\ C_2H_2}{1mol\ CaC_2} \times \dfrac{5mol\ O_2}{2mol\ C_2H_2} \times \dfrac{22.4L}{1mol\ O_2}$

(2) 28L

필답형 06 [5점]

아세톤에 대해 다음 물음에 답하시오.

(1) 시성식
(2) 품명
(3) 지정수량
(4) 증기비중

》》》 풀이

아세톤(CH_3COCH_3)은 제4류 위험물로서 품명은 **제1석유류**이고, 수용성이며, 지정수량은 **400L**이다. 증기비중을 구하는 공식은 $\dfrac{물질의\ 분자량}{공기의\ 분자량}$이며, 아세톤의 분자량은 12(C)×3+1(H)×6+16(O)=58이고 공기의 분자량은 29이므로 아세톤의 증기비중은 $\dfrac{58}{29}$=**2**이다.

》》》 정답

(1) CH_3COCH_3
(2) 제1석유류
(3) 400L
(4) 2

필답형 07 [5점]

다음 〈보기〉의 물질들을 건성유, 반건성유, 불건성유로 구분하여 쓰시오.

> 동유, 면실유, 아마인유, 야자유, 올리브유, 피마자유

(1) 건성유
(2) 반건성유
(3) 불건성유

》》 풀이

제4류 위험물로서 지정수량이 10,000L인 동식물유는 요오드값의 범위에 따라 다음과 같이 건성유, 반건성유, 그리고 불건성유로 구분하며, 여기서 요오드값이란 유지 100g에 흡수되는 요오드의 g수를 말한다.
(1) **건성유** : 요오드값 130 이상
  ① 동물유 : 정어리유, 기타 생선유
  ② 식물유 : **동유**(오동나무기름), 해바라기유, **아마인유**(아마씨기름), 들기름
(2) **반건성유** : 요오드값 100~130
  ① 동물유 : 청어유
  ② 식물유 : 쌀겨기름, 목화씨기름(**면실유**), 채종유(유채씨기름), 옥수수기름, 참기름
(3) **불건성유** : 요오드값 100 이하
  ① 동물유 : 소기름, 돼지기름, 고래기름
  ② 식물유 : 땅콩기름, **올리브유**, 동백유, 아주까리기름(**피마자유**), **야자유**(팜유)

💡 Tip

반건성유의 요오드값을 쓰는 문제가 출제되는 경우 100~130이라 쓰는 대신 100 초과 130 미만이라 써도 됩니다.

》》 정답

(1) 동유, 아마인유
(2) 면실유
(3) 야자유, 올리브유, 피마자유

필답형 08 [5점]

제4류 위험물 중 분자량이 32이고 로켓의 원료로 사용되는 물질과 과산화수소가 반응하면 격렬히 반응하고 폭발한다. 이 물질에 대해 다음 물음에 답하시오.

(1) 품명을 쓰시오.
(2) 화학식을 쓰시오.
(3) 이 물질과 과산화수소와의 반응식을 쓰시오.

》》 풀이

히드라진(N_2H_4)은 제4류 위험물로서 품명은 **제2석유류**이고, 수용성이며, 지정수량은 2,000L이다. 제6류 위험물인 과산화수소(H_2O_2)와 반응하면 질소(N_2)와 물(H_2O)이 발생한다.
  – 과산화수소와의 반응식 : $N_2H_4 + 2H_2O_2 \rightarrow N_2 + 4H_2O$

》》 정답

(1) 제2석유류
(2) N_2H_4
(3) $N_2H_4 + 2H_2O_2 \rightarrow N_2 + 4H_2O$

필답형 09 [5점]

다음의 위험물을 인화점이 낮은 것부터 높은 것의 순서대로 쓰시오.

니트로벤젠, 메틸알코올, 에틸렌글리콜, 초산에틸

≫≫ 풀이

물질명	인화점	품 명	지정수량
니트로벤젠($C_6H_5NO_2$)	88℃	제3석유류(비수용성)	2,000L
메틸알코올(CH_3OH)	11℃	알코올류(수용성)	400L
에틸렌글리콜[$C_2H_4(OH)_2$]	111℃	제3석유류(수용성)	4,000L
초산에틸($CH_3COOC_2H_5$)	-4℃	제1석유류(비수용성)	200L

위 [표]에서 알 수 있듯이 인화점이 가장 낮은 것은 초산에틸이고, 메틸알코올, 니트로벤젠, 그리고 에틸렌글리콜의 순으로 높다.

🎓 똑똑한 풀이비법

제4류 위험물 중 인화점이 가장 낮은 품명은 특수인화물이며 그 다음으로 제1석유류 및 알코올류, 제2석유류, 제3석유류, 제4석유류, 동식물유류의 순으로 높기 때문에 <문제>의 각 물질의 인화점을 몰라도 특수인화물이 가장 인화점이 낮고 그 다음 제1석유류, 알코올류, 제3석유류의 순서로 높다는 것을 알 수 있다.

≫≫ 정답 초산에틸, 메틸알코올, 니트로벤젠, 에틸렌글리콜

필답형 10 [5점]

아래의 내용은 알코올의 산화과정이다. 다음 물음에 답하시오.

(①)이 산화되면 아세트알데히드가 되며 최종적으로 (②)이 된다.

(1) ①과 ②의 물질명을 쓰시오.
(2) ①과 ②의 연소반응식을 쓰시오.

≫≫ 풀이 (1) **에틸알코올**(C_2H_5OH)은 제4류 위험물로서 품명은 알코올류이고, 지정수량은 400L이며, 위험등급 Ⅱ이다. 산화되면 아세트알데히드(CH_3CHO)를 거쳐 **아세트산**(초산, CH_3COOH)이 된다.

- 에틸알코올의 산화 : $C_2H_5OH \underset{+H_2(환원)}{\overset{-H_2(산화)}{\rightleftarrows}} CH_3CHO \underset{-0.5O_2(환원)}{\overset{+0.5O_2(산화)}{\rightleftarrows}} CH_3COOH$

(2) ① 연소 시 이산화탄소(CO_2)와 물(H_2O)을 발생한다.
- 에틸알코올의 연소반응식 : $C_2H_5OH + 3O_2 \rightarrow 2CO_2 + 3H_2O$

② 아세트산(초산, CH_3COOH)은 제4류 위험물로서 품명은 제2석유류이고, 수용성이며, 지정수량은 2,000L이고, 위험등급 Ⅲ이다. 연소 시 이산화탄소(CO_2)와 물(H_2O)를 발생한다.
- 아세트산의 연소반응식 : $CH_3COOH + 2O_2 \rightarrow 2CO_2 + 2H_2O$

≫≫ 정답 (1) ① 에틸알코올, ② 아세트산(초산)
(2) ① $C_2H_5OH + 3O_2 \rightarrow 2CO_2 + 3H_2O$, ② $CH_3COOH + 2O_2 \rightarrow 2CO_2 + 2H_2O$

필답형 11 [5점]

다음 물질의 연소생성물을 화학식으로 쓰시오. (단, 생성물이 없는 경우 "해당 없음"이라 쓰시오.)

(1) 과염소산
(2) 염소산나트륨
(3) 마그네슘
(4) 황
(5) 적린

≫풀이

(1) **과염소산**($HClO_4$)은 제6류 위험물로서 품명은 과염소산이고, 지정수량은 300kg이며, **불연성 물질이므로 산소와 반응하지 않고** 분해 시 산소를 발생하여 가연물의 연소를 도와준다.

(2) **염소산나트륨**($NaClO_3$)은 제1류 위험물로서 품명은 염소산염류이고, 지정수량은 50kg이며, **불연성 물질이므로 산소와 반응하지 않고** 분해 시 산소를 발생하여 가연물의 연소를 도와준다.

(3) **마그네슘**(Mg)은 제2류 위험물로서 품명은 마그네슘이고, 지정수량은 500kg이며, **연소 시 산화마그네슘(MgO)이 발생**한다.
   - 연소반응식 : $2Mg + O_2 \rightarrow 2MgO$

(4) **황**(S)은 제2류 위험물로서 품명은 황이고, 지정수량은 500kg이며, **연소 시 이산화황(SO_2)이 발생**한다.
   - 연소반응식 : $S + O_2 \rightarrow SO_2$

(5) **적린**(P)은 제2류 위험물로서 품명은 적린이고, 지정수량은 100kg이며, **연소 시 오산화인(P_2O_5)이 발생**한다.
   - 연소반응식 : $4P + 5O_2 \rightarrow 2P_2O_5$

≫정답 (1) 해당 없음 (2) 해당 없음 (3) MgO (4) SO_2 (5) P_2O_5

필답형 12 [5점]

다음 〈보기〉는 주유취급소에 있는 전기자동차용 충전설비의 전력공급설비 기준에 대한 내용이다. 옳은 내용을 모두 고르시오.

① 전기사업법에 따른 전기설비의 기술기준에 적합할 것
② 전력량계, 누전차단기 및 배선용 차단기는 분전반 외부에 설치할 것
③ 분전반은 방폭성능을 갖출 것
④ 분전반을 폭발위험장소 외의 장소에 설치하는 경우에는 방폭성능을 갖출 것

≫풀이

전기자동차용 충전설비의 전력공급설비는 전기자동차에 전원을 공급하기 위한 전기설비로서 전력량계, 인입구 배선, 분전반 및 배선용 차단기 등을 말하며, 설치기준은 다음과 같다.

① 전기사업법에 따른 전기설비의 기술기준에 적합할 것
② **전력량계, 누전차단기 및 배선용 차단기는 분전반 내에 설치**할 것
③ 분전반은 방폭성능을 갖출 것. 다만, **분전반을 폭발위험장소 외의 장소에 설치하는 경우에는 방폭성능을 갖추지 않을 수 있다.**
④ 인입구 배선은 지하에 설치할 것

≫정답 ①, ③

필답형 13 [5점]

제6류 위험물 중 분자량이 34이고, 표백작용과 살균작용을 하며, 농도가 36중량% 이상인 것이 위험물이 되는 이 물질에 대해 다음 물음에 답하시오.

(1) 위험등급
(2) 열분해반응식
(3) 운반용기 외부에 표시해야 하는 주의사항

≫≫ 풀이 (1) 과산화수소(H_2O_2)는 제6류 위험물로서 품명은 과산화수소이며, **위험등급 Ⅰ이고**, 지정수량은 300kg이다. 농도가 36중량% 이상인 것이 위험물에 해당되고, 상온에서 불안정한 물질이라 분해하여 산소를 발생시키며 이때 발생한 산소의 압력으로 용기를 파손시킬 수 있어 이를 방지하기 위해 용기는 구멍이 뚫린 마개로 막는다. 수용액에는 인산, 요산 등의 분해방지 안정제를 첨가한다.

(2) 열분해반응식 : $2H_2O_2 \rightarrow 2H_2O + O_2$
(3) 운반용기 외부에 표시해야 하는 사항
  ① 품명, 위험등급, 화학명 및 수용성
  ② 위험물의 수량
  ③ 위험물에 따른 주의사항

유 별	품 명	운반용기의 주의사항
제1류	알칼리금속 과산화물	화기·충격주의, 가연물접촉주의, 물기엄금
	그 밖의 것	화기·충격주의, 가연물접촉주의
제2류	철분, 금속분, 마그네슘	화기주의, 물기엄금
	인화성 고체	화기엄금
	그 밖의 것	화기주의
제3류	금수성 물질	물기엄금
	자연발화성 물질	화기엄금, 공기접촉엄금
제4류	인화성 액체	화기엄금
제5류	자기반응성 물질	화기엄금, 충격주의
제6류	산화성 액체	**가연물접촉주의**

≫≫ 정답 (1) Ⅰ
(2) $2H_2O_2 \rightarrow 2H_2O + O_2$
(3) 가연물접촉주의

필답형 14 [5점]

히드록실아민을 취급하는 제조소에 대해 다음 물음에 답하시오.

(1) 취급량이 1,000kg일 때 안전거리를 구하시오.
(2) 토제의 경사면의 경사도를 쓰시오.
(3) 위험물제조소 표지판 주의사항의 문자색과 바탕색을 쓰시오.

≫≫풀이

(1) 히드록실아민등(히드록실아민, 히드록실아민염류) 제조소의 안전거리 기준

히드록실아민 제조소의 안전거리는 특고압가공전선을 제외하고는 다음의 공식에 의해서 결정된다.

$D = 51.1 \times \sqrt[3]{N}$

여기서, D : 안전거리(m)

N : 취급하는 히드록실아민등의 지정수량(100kg)의 배수

히드록실아민의 취급량이 1,000kg이므로 지정수량의 배수 N=10이고, **안전거리** D=51.1×$\sqrt[3]{10}$=**110.09m** 이다.

(2) 히드록실아민등(히드록실아민과 히드록실아민염류) 제조소 주위의 담 또는 토제 설치기준

① 담 또는 토제는 제조소의 외벽 또는 이에 상당하는 공작물의 외측으로부터 2m 이상 떨어진 장소에 설치할 것

② 담 또는 토제의 높이는 제조소에 있어서 히드록실아민등을 취급하는 부분의 높이 이상으로 할 것

③ 담은 두께 15cm 이상의 철근콘크리트조 · 철골철근콘크리트조 또는 두께 20cm 이상의 보강콘크리트블록조로 할 것

④ 토제의 경사면의 경사도는 **60도 미만**으로 할 것

(3) 제조소의 주의사항 게시판의 기준

① 위치 : 제조소 주변의 보기 쉬운 곳에 설치하는 것 외에 특별한 규정은 없다.

② 크기 : 한 변 0.3m 이상, 다른 한 변 0.6m 이상인 직사각형

③ 위험물에 따른 주의사항 내용 및 색상

위험물의 종류	주의사항 내용	색 상	게시판 형태
• 제2류 위험물 중 인화성 고체 • 제3류 위험물 중 자연발화성 물질 • 제4류 위험물 • **제5류 위험물**	화기엄금	**적색바탕, 백색문자**	
• 제2류 위험물 (인화성 고체 제외)	화기주의	적색바탕, 백색문자	
• 제1류 위험물 중 알칼리금속 과산화물 • 제3류 위험물 중 금수성 물질	물기엄금	청색바탕, 백색문자	
• 제1류 위험물 (알칼리금속 과산화물 제외) • 제6류 위험물	게시판을 설치할 필요 없음		

※ 히드록실아민은 제5류 위험물이다.

≫≫정답

(1) 110.09m

(2) 60도 미만

(3) 적색바탕, 백색문자

필답형 15 [5점]

다음 [표]는 위험물안전관리법령상 소화설비의 적응성을 나타낸 것이다. 위험물에 대해 소화설비가 적응성이 있는 경우 빈칸에 "○"로 표시하시오.

소화설비의 구분	대상물 구분									
	제1류 위험물		제2류 위험물			제3류 위험물		제4류 위험물	제5류 위험물	제6류 위험물
	알칼리금속 과산화물	그 밖의 것	철분·금속분·마그네슘	인화성 고체	그 밖의 것	금수성 물품	그 밖의 것			
옥내소화전 · 옥외소화전 설비										
물분무소화설비										
포소화설비										
불활성가스소화설비										
할로겐화합물소화설비										

>>> 풀이 위험물의 종류에 따른 소화설비의 적응성
① 제1류 위험물
  ㉠ 알칼리금속 과산화물 : 탄산수소염류 분말소화설비로 질식소화한다.
  ㉡ 그 밖의 것 : **옥내소화전 · 옥외소화전 설비**, 스프링클러설비, **물분무소화설비, 포소화설비**로 냉각소화한다.
② 제2류 위험물
  ㉠ 철분 · 금속분 · 마그네슘 : 탄산수소염류 분말소화설비로 질식소화한다.
  ㉡ 인화성 고체 : **옥내소화전 · 옥외소화전 설비**, 스프링클러설비, **물분무소화설비, 포소화설비, 불활성가스소화설비, 할로겐화합물소화설비**, 분말소화설비로 냉각소화 또는 질식소화한다.
    ※ 인화성 고체에는 모든 소화설비가 적응성이 있다.
  ㉢ 그 밖의 것 : **옥내소화전 · 옥외소화전 설비**, 스프링클러설비, **물분무소화설비, 포소화설비**로 냉각소화한다.
③ 제3류 위험물
  ㉠ 금수성 물질 : 탄산수소염류 분말소화설비로 질식소화한다.
  ㉡ 그 밖의 것(황린) : **옥내소화전 · 옥외소화전 설비**, 스프링클러설비, **물분무소화설비, 포소화설비**로 냉각소화한다.
④ 제4류 위험물 : **물분무소화설비, 포소화설비, 불활성가스소화설비, 할로겐화합물소화설비**, 분말소화설비로 질식소화한다.
⑤ 제5류 위험물 : **옥내소화전 · 옥외소화전 설비**, 스프링클러설비, **물분무소화설비, 포소화설비**로 냉각소화한다.
⑥ 제6류 위험물 : **옥내소화전 · 옥외소화전 설비**, 스프링클러설비, **물분무소화설비, 포소화설비**로 냉각소화한다.

>>> 정답

소화설비의 구분	대상물 구분									
	제1류 위험물		제2류 위험물			제3류 위험물		제4류 위험물	제5류 위험물	제6류 위험물
	알칼리금속 과산화물	그 밖의 것	철분·금속분·마그네슘	인화성 고체	그 밖의 것	금수성 물품	그 밖의 것			
옥내소화전 · 옥외소화전 설비		○		○	○		○		○	○
물분무소화설비		○		○	○		○	○	○	○
포소화설비		○		○	○		○	○	○	○
불활성가스소화설비				○				○		
할로겐화합물소화설비				○				○		

필답형 16 [5점]

위험물 운반에 관한 기준에서 다음 위험물과 혼재할 수 없는 유별을 모두 쓰시오. (단, 지정수량의 1/10을 초과하는 위험물을 운반하는 경우이다.)

(1) 제1류
(2) 제2류
(3) 제3류
(4) 제4류
(5) 제5류

≫ 풀이 다음의 [표]에서 알 수 있듯이 위험물의 운반에 관한 혼재기준에 따라 위험물끼리 혼재할 수 없는 유별은 다음과 같다.

① 제1류 : 제2류, 제3류, 제4류, 제5류
② 제2류 : 제1류, 제3류, 제6류
③ 제3류 : 제1류, 제2류, 제5류, 제6류
④ 제4류 : 제1류, 제6류
⑤ 제5류 : 제1류, 제3류, 제6류
⑥ 제6류 : 제2류, 제3류, 제4류, 제5류

위험물의 구분	제1류	제2류	제3류	제4류	제5류	제6류
제1류		×	×	×	×	○
제2류	×		×	○	○	×
제3류	×	×		○	×	×
제4류	×	○	○		○	×
제5류	×	○	×	○		×
제6류	○	×	×	×	×	

※ 이 표는 지정수량의 1/10 이하의 위험물에 대하여는 적용하지 아니한다.

💡 Tip
위험물의 운반에 관한 혼재기준 [표]를 그리는 방법은 423, 524, 61의 숫자 조합으로 다음과 같이 만듭니다.
1) 가로줄의 제4류를 기준으로 아래로 제2류와 제3류에 "○"를 표시합니다.
2) 가로줄의 제5류를 기준으로 아래로 제2류와 제4류에 "○"를 표시합니다.
3) 가로줄의 제6류를 기준으로 아래로 제1류에 "○"를 표시합니다.
4) 세로줄의 제4류를 기준으로 오른쪽으로 제2류와 제3류에 "○"를 표시합니다.
5) 세로줄의 제5류를 기준으로 오른쪽으로 제2류와 제4류에 "○"를 표시합니다.
6) 세로줄의 제6류를 기준으로 오른쪽으로 제1류에 "○"를 표시합니다.

≫ 정답 (1) 제2류, 제3류, 제4류, 제5류
(2) 제1류, 제3류, 제6류
(3) 제1류, 제2류, 제5류, 제6류
(4) 제1류, 제6류
(5) 제1류, 제3류, 제6류

필답형 17 [5점]

제조소의 건축물에 다음과 같이 설치된 옥내소화전의 수원의 수량은 몇 m^3인지 다음의 물음에 답하시오.

(1) 1층에 1개, 2층에 3개로 총 4개의 옥내소화전이 설치된 경우
(2) 1층에 2개, 2층에 5개로 총 7개의 옥내소화전이 설치된 경우

≫≫ 풀이 옥내소화전의 수원의 양은 옥내소화전이 가장 많이 설치된 층의 소화전의 수(옥내소화전의 수가 5개 이상이면 5개)에 $7.8m^3$를 곱한 양 이상으로 한다.

(1) 옥내소화전이 가장 많이 설치된 층은 2층이므로 2층의 옥내소화전 3개에 $7.8m^3$를 곱해야 하며, 이 경우 수원의 양은 $3 \times 7.8m^3 = $**23.4$m^3$**이상이다.

(2) 옥내소화전이 가장 많이 설치된 층은 2층이므로 2층의 옥내소화전 5개에 $7.8m^3$를 곱해야 하며, 이 경우 수원의 양은 $5 \times 7.8m^3 = $**39$m^3$ 이상**이다.

> **Tip**
> 옥내소화전의 수원의 양은 옥내소화전이 가장 많이 설치된 층의 소화전 수를 기준으로 하므로 1층에 설치된 옥내소화전의 수는 포함시키지 않아야 합니다.

Check ≫≫

옥내소화전설비와 옥외소화전설비의 비교

구 분	옥내소화전	옥외소화전
물(수원)의 양	**소화전의 수(소화전의 수가 5개 이상이면 5개)에 $7.8m^3$를 곱한 양 이상**	소화전의 수(소화전의 수가 4개 이상이면 4개)에 $13.5m^3$를 곱한 양 이상
방수량	260L/min	450L/min
방수압력	350kPa 이상	350kPa 이상
호스접속구까지의 수평거리	제조소등의 각 층의 각 부분에서 25m 이하	제조소등의 건축물의 각 부분에서 40m 이하
개폐밸브 및 호스접속구의 설치높이	바닥으로부터 1.5m 이하	바닥으로부터 1.5m 이하
비상전원	45분 이상 작동	45분 이상 작동

≫≫ 정답
(1) 23.4m^3 이상
(2) 39m^3 이상

필답형 18 [5점]

다음 중 옥내저장소의 동일한 실에 함께 저장할 수 있는 유별끼리 연결한 것을 모두 고르시오. (단, 유별끼리 저장하여 1m 이상의 거리를 둔 경우이다.)

A. 무기과산화물 – 유기과산화물
B. 질산염류 – 과염소산
C. 황린 – 질산염류
D. 인화성 고체 – 제1석유류
E. 황 – 톨루엔

>>>풀이
A. 제1류 위험물 중 알칼리금속 과산화물은 제5류 위험물과 함께 저장할 수 없지만, 알칼리금속 과산화물 외의 무기과산화물은 제5류 위험물과 함께 저장할 수 있다. 여기서 유기과산화물은 제5류 위험물에 속하기 때문에 **무기과산화물**과 **유기과산화물**은 **함께 저장할 수 있다.**

B. 제1류 위험물인 **질산염류**는 제6류 위험물인 **과염소산**과 함께 저장할 수 있다.

C. 제3류 위험물 중 자연발화성 물질인 **황린**은 제1류 위험물인 **질산염류**와 함께 저장할 수 있다.

D. 제2류 위험물 중 **인화성 고체**와 제4류 위험물인 **제1석유류**는 함께 저장할 수 있다.

E. 제2류 위험물인 황과 제4류 위험물인 톨루엔은 함께 저장할 수 없다.

옥내저장소의 동일한 실에는 서로 다른 유별끼리 함께 저장할 수 없다. 단, 다음의 조건을 만족하면서 유별로 정리하여 서로 1m 이상의 간격을 두는 경우에는 저장할 수 있다.

1. 제1류 위험물(알칼리금속 과산화물 제외)과 제5류 위험물
2. 제1류 위험물과 제6류 위험물
3. 제1류 위험물과 제3류 위험물 중 자연발화성 물질(황린)
4. 제2류 위험물 중 인화성 고체와 제4류 위험물
5. 제3류 위험물 중 알킬알루미늄등과 제4류 위험물(알킬알루미늄 또는 알킬리튬을 함유한 것)
6. 제4류 위험물 중 유기과산화물과 제5류 위험물 중 유기과산화물

>>>정답
A, B, C, D

필답형 **19** [5점]

50만L 이상인 옥외탱크저장소의 설치허가를 받고자 한다. 다음 물음에 답하시오.

(1) 기술검토 부서를 쓰시오.

(2) 기술검토 내용을 쓰시오.

>>>풀이
위험물 제조소등 시설의 허가 및 신고

(1) 시 · 도지사에게 허가를 받아야 하는 경우

① 제조소등을 설치하고자 할 때

② 제조소등의 위치·구조 및 설비를 변경하고자 할 때

※ **제조소등의 설치허가** 또는 제조소등의 위치·구조 및 설비의 변경허가에 있어서 **한국소방산업기술원**의 기술검토를 받아야 하는 사항

1. 지정수량의 1천배 이상의 위험물을 취급하는 제조소 또는 일반취급소의 구조·설비에 관한 사항

2. **50만L 이상인 옥외탱크저장소** 또는 암반탱크저장소의 **위험물탱크의 기초·지반, 탱크 본체 및 소화설비에 관한 사항**

(2) 시·도지사에게 신고해야 하는 경우

① 제조소등의 위치 · 구조 또는 설비의 변경 없이 위험물의 품명·수량 또는 지정수량의 배수를 변경하고자 하는 자 : 변경하고자 하는 날의 1일 전까지 신고

② 제조소등의 설치자의 지위를 승계한 자 : 승계한 날부터 30일 이내에 신고

③ 제조소등의 용도를 폐지할 때 : 제조소등의 용도를 폐지한 날부터 14일 이내에 신고

>>>정답
(1) 한국소방산업기술원

(2) 위험물탱크의 기초 · 지반, 탱크 본체 및 소화설비에 관한 사항

필답형 **20**

[5점]

제4류 위험물로서 특수인화물에 속하는 물질 중 물속에 저장하는 위험물에 대해 다음 물음에 답하시오.

(1) 화학식을 쓰시오.

(2) 연소반응식을 쓰시오.

(3) 다음 ( ) 안에 들어갈 알맞은 내용을 쓰시오.

　이 위험물의 저장탱크는 벽 및 바닥의 두께가 (①)m 이상이고 누수가 되지 않는 철근콘크리트의 수조에 넣어 보관해야 한다. 이 경우 보유공지, 통기관 및 자동계량장치는 (②).

>>> 풀이　이황화탄소(CS_2)

　① 제4류 위험물 중 품명은 특수인화물이며, 지정수량은 50L이다.

　② 인화점 $-30℃$, 발화점 $100℃$, 연소범위 $1\sim50\%$이다.

　③ 비중은 1.26으로 물보다 무겁고 물에 녹지 않아 물과 혼합하면 층 분리가 발생하여 물보다 무거운 이황화탄소(CS_2)는 하층, 물은 상층에 존재한다.

　④ 연소 시 이산화탄소(CO_2)와 이산화황(SO_2)을 발생하므로 가연성 가스인 이산화황의 발생을 방지하기 위해 물속에 보관한다.

　　－ 연소반응식 : $CS_2 + 3O_2 \rightarrow CO_2 + 2SO_2$

　⑤ 황(S)을 포함하고 있으므로 연소 시 청색 불꽃을 낸다.

　⑥ 이황화탄소의 저장탱크는 벽 및 바닥의 두께가 **0.2m** 이상이고 누수가 되지 않는 철근콘크리트의 수조에 넣어 보관하므로 보유공지, 통기관 및 자동계량장치는 **필요 없다.**

>>> 정답　(1) CS_2

　(2) $CS_2 + 3O_2 \rightarrow CO_2 + 2SO_2$

　(3) ① 0.2, ② 필요 없다.(생략할 수 있다.)

부록

위험물산업기사 신유형 문제

2020~2023년 새롭게 출제된 신유형 문제 분석 수록

Industrial Engineer Hazardous material

2020~2023

신유형 문제 분석

2020~2023년 시행 기출

위험물산업기사 실기시험은 2019년까지는 필답형(55점) + 작업형(45점)으로 치러졌으나,
2020년 1회 시험부터는 작업형 시험 없이 필답형(100점)으로만 시행되고 있습니다.
시험방식이 달라지면서 기존에 출제된 적 없는 신유형 문제들이 다소 출제되었는데,
이에 저자는 신출문제를 선별해 꼼꼼히 분석 후 자세한 설명을 덧붙여 수록함으로써
수험생들이 시험출제경향을 쉽게 파악하여 시험대비에 만전을 기할 수 있도록 하였습니다.

 01 두 개의 금속이 포함된 금속의 수소화물의 물과의 반응식 [2020년 제1회 필답형 2번]

다음 물질의 물과의 반응식을 쓰시오.

- (1) 수소화알루미늄리튬
- (2) 수소화칼륨
- (3) 수소화칼슘

풀이 다음 물질은 제3류 위험물로서 품명은 금속의 수소화물이며, 물과의 반응식은 다음과 같다.

(1) 수소화알루미늄리튬($LiAlH_4$)은 물과 반응 시 수산화리튬($LiOH$)과 수산화알루미늄[$Al(OH)_3$], 그리고 수소(H_2)를 발생한다.

　－ 수소화알루미늄리튬의 물과의 반응식 : $LiAlH_4 + 4H_2O \longrightarrow LiOH + Al(OH)_3 + 4H_2$

☑ **출제 형식**

수소화알루미늄리튬과 같이 두 개의 금속을 가지고 있는 금속의 수소화물의 물과의 반응식을 물은 것으로
처음 출제된 신출문제입니다.

☑ **이런 유형의 문제 대비를 위해 미리 학습해야 할 내용**

또 다른 금속의 수소화물의 물과의 반응식

1. 수소화마그네슘(MgH_2)은 물과 반응 시 수산화마그네슘[$Mg(OH)_2$]과 수소를 발생한다.

　－ 수소화마그네슘의 물과의 반응식 : $MgH_2 + 2H_2O \longrightarrow Mg(OH)_2 + 2H_2$

2. 수소화알루미늄(AlH_3)은 물과 반응 시 수산화알루미늄[$Al(OH)_3$]과 수소를 발생한다.

　－ 수소화알루미늄의 물과의 반응식 : $AlH_3 + 3H_2O \longrightarrow Al(OH)_3 + 3H_2$

신유형 02 탱크안전성능검사와 완공검사 [2020년 제1회 필답형 17번]

다음 물음에 답하시오.

(1) 대통령령이 정하는 위험물 탱크가 있는 제조소등이 탱크의 변경공사를 하는 때에는 완공검사를 받기 전에 무엇을 받아야 하는지 쓰시오.

(2) 이동탱크저장소의 완공검사 신청시기를 쓰시오.

(3) 지하탱크가 있는 제조소등의 완공검사 신청시기를 쓰시오.

(4) 제조소등의 완공검사를 실시한 결과 기술기준에 적합하다고 인정되는 경우 시·도지사는 무엇을 교부해야 하는지 쓰시오.

▶▶▶ 풀이

(1) 탱크안전성능검사의 실시

대통령령이 정하는 위험물 탱크가 있는 제조소등의 허가를 받은 자가 위험물 탱크의 설치 또는 변경 공사를 하는 때에는 **완공검사를 받기 전에 시·도지사가 실시하는 탱크안전성능검사를** 받아야 한다.

(2) 이동탱크저장소는 **이동저장탱크를 완공하고 상치장소를 확보한 후에** 완공검사를 신청해야 한다.

(3) 지하탱크가 있는 제조소등은 당해 **지하탱크를 매설하기 전에** 완공검사를 신청해야 한다.

(4) 시·도지사는 제조소등에 대하여 완공검사를 실시하고, 완공검사를 실시한 결과 당해 제조소등이 기술기준에 적합하다고 인정하는 때에는 **완공검사합격확인증을** 교부하여야 한다.

☑ **출제 형식**

탱크안전성능검사와 완공검사에 대한 내용을 물은 것으로 처음 출제된 신출문제입니다.

☑ **이런 유형의 문제 대비를 위해 미리 학습해야 할 내용**

제조소등의 완공검사 신청시기

1. 지하탱크가 있는 제조소등의 경우 : 당해 지하탱크를 매설하기 전
2. 이동탱크저장소의 경우 : 이동저장탱크를 완공하고 상치장소를 확보한 후
3. 이송취급소의 경우 : 이송배관공사의 전체 또는 일부를 완료한 후. 다만, 지하·하천 등에 매설하는 이송배관공사의 경우에는 이송배관을 매설하기 전
4. 전체 공사가 완료된 후에는 완공검사를 실시하기 곤란한 경우 : 다음에서 정하는 시기
   ① 위험물설비 또는 배관의 설치가 완료되어 기밀시험 또는 내압시험을 실시하는 시기
   ② 배관을 지하에 설치하는 경우에는 시·도지사, 소방서장 또는 기술원이 지정하는 부분을 매몰하기 직전
   ③ 기술원이 지정하는 부분의 비파괴시험을 실시하는 시기

신유형 03 위험물 저장·취급의 공통기준 [2020년 제1회 필답형 18번]

위험물 저장·취급의 공통기준에 대해 괄호 안에 알맞은 말을 쓰시오.

(1) 위험물을 저장 또는 취급하는 건축물, 그 밖의 공작물 또는 설비는 당해 위험물의 성질에 따라 차광 또는 (①)를 실시하여야 한다.
(2) 위험물은 온도계, 습도계, (②)계, 그 밖의 계기를 감시하여 당해 위험물의 성질에 맞는 적정한 온도, 습도 또는 (②)을 유지하도록 저장 또는 취급하여야 한다.
(3) 위험물을 용기에 수납하여 저장 또는 취급할 때에는 그 용기는 당해 위험물의 성질에 적응하고 파손·(③)·균열 등이 없는 것으로 하여야 한다.
(4) (④)의 액체·증기 또는 가스가 새거나 체류할 우려가 있는 장소 또는 (④)의 미분이 현저하게 부유할 우려가 있는 장소에서는 전선과 전기기구를 완전히 접속하고 불꽃을 발하는 기계·기구·공구·신발 등을 사용하지 아니하여야 한다.
(5) 위험물을 (⑤) 중에 보존하는 경우에는 당해 위험물이 (⑤)으로부터 노출되지 아니하도록 하여야 한다.

>>> **풀이** 위험물 저장·취급의 공통기준
① 위험물을 저장 또는 취급하는 건축물, 그 밖의 공작물 또는 설비는 당해 위험물의 성질에 따라 차광 또는 **환기**를 실시하여야 한다.
② 위험물은 온도계, 습도계, **압력**계, 그 밖의 계기를 감시하여 당해 위험물의 성질에 맞는 적정한 온도, 습도 또는 **압력**을 유지하도록 저장 또는 취급하여야 한다.
③ 위험물을 저장 또는 취급하는 경우에는 위험물의 변질, 이물의 혼입 등에 의하여 당해 위험물의 위험성이 증대되지 아니하도록 필요한 조치를 강구하여야 한다.
④ 위험물이 남아 있거나 남아 있을 우려가 있는 설비, 기계·기구, 용기 등을 수리하는 경우에는 안전한 장소에서 위험물을 완전하게 제거한 후에 실시하여야 한다.
⑤ 위험물을 용기에 수납하여 저장 또는 취급할 때에는 그 용기는 당해 위험물의 성질에 적응하고 파손·**부식**·균열 등이 없는 것으로 하여야 한다.
⑥ **가연성**의 액체·증기 또는 가스가 새거나 체류할 우려가 있는 장소 또는 **가연성**의 미분이 현저하게 부유할 우려가 있는 장소에서는 전선과 전기기구를 완전히 접속하고 불꽃을 발하는 기계·기구·공구·신발 등을 사용하지 아니하여야 한다.
⑦ 위험물을 **보호액** 중에 보존하는 경우에는 당해 위험물이 **보호액**으로부터 노출되지 아니하도록 하여야 한다.

☑ **출제 형식**
위험물안전관리법에 있는 위험물 저장·취급의 공통기준 5개를 모두 물은 것으로 처음 출제된 신출문제입니다.

☑ **이런 유형의 문제 대비를 위해 미리 학습해야 할 내용**
괄호 안에 들어갈 위험물 저장·취급의 공통기준의 내용을 다음과 같이 바꿔 출제할 수 있습니다.
(2) 위험물은 ( ), ( ), 압력계, 그 밖의 계기를 감시하여 당해 위험물의 성질에 맞는 적정한, ( ), ( ), 또는 압력을 유지하도록 저장 또는 취급하여야 한다.

신유형 04 옥내소화전에 필요한 수원의 양 [2020년 제1회 필답형 19번]

제조소의 건축물에 다음과 같이 설치된 옥내소화전의 수원의 수량은 몇 m^3인지 다음의 각 물음에 답하시오.

(1) 1층에 1개, 2층에 3개로 총 4개의 옥내소화전이 설치된 경우
(2) 1층에 2개, 2층에 5개로 총 7개의 옥내소화전이 설치된 경우

≫≫풀이 옥내소화전의 수원의 양은 옥내소화전이 가장 많이 설치된 층의 소화전의 수(옥내소화전의 수가 5개 이상이면 5개)에 $7.8m^3$를 곱한 양 이상으로 한다.

(1) 옥내소화전이 가장 많이 설치된 층은 2층이므로 2층의 옥내소화전 3개에 $7.8m^3$를 곱해야 하며, 이 경우 수원의 양은 $3 \times 7.8m^3 =$ **$23.4m^3$ 이상**이다.
(2) 옥내소화전이 가장 많이 설치된 층은 2층이므로 2층의 옥내소화전 5개에 $7.8m^3$를 곱해야 하며, 이 경우 수원의 양은 $5 \times 7.8m^3 =$ **$39m^3$ 이상**이다.

☑ 출제 형식
옥내소화전의 수원의 양은 옥내소화전이 가장 많이 설치된 층의 소화전 수를 기준으로 하므로 1층에 설치된 옥내소화전의 수는 포함시키지 않아야 한다는 점을 강조한 신출문제입니다.

☑ 이런 유형의 문제 대비를 위해 미리 학습해야 할 내용

옥내소화전설비와 옥외소화전설비의 비교

구 분	옥내소화전	옥외소화전
물(수원)의 양	**소화전의 수(소화전의 수가 5개 이상이면 5개)에 $7.8m^3$를 곱한 양 이상**	소화전의 수(소화전의 수가 4개 이상이면 4개)에 $13.5m^3$를 곱한 양 이상
방수량	260L/min	450L/min
방수압력	350kPa 이상	350kPa 이상
호스접속구까지의 수평거리	제조소등의 각 층의 각 부분에서 25m 이하	제조소등의 건축물의 각 부분에서 40m 이하
개폐밸브 및 호스접속구의 설치높이	바닥으로부터 1.5m 이하	바닥으로부터 1.5m 이하
비상전원	45분 이상 작동	45분 이상 작동

신유형 **05** 안전관리자와 대리자의 기준   [2020년 제1회 필답형 20번]

안전관리자에 대해 다음 물음에 답하시오.

(1) 제조소등마다 안전관리자를 선임하여야 하는 주체는 어느 것인지 다음 〈보기〉에서 고르시오.

> 제조소등의 관계인, 제조소등의 설치자, 소방서장, 소방청장, 시 · 도지사

(2) 안전관리자를 해임한 경우 며칠 이내에 다시 안전관리자를 선임해야 하는지 쓰시오.

(3) 안전관리자가 퇴직한 경우 며칠 이내에 다시 안전관리자를 선임해야 하는지 쓰시오.

(4) 안전관리자를 선임한 경우에는 선임한 날부터 며칠 이내에 신고해야 하는지 쓰시오.

(5) 안전관리자가 여행 · 질병, 그 밖의 사유로 인하여 일시적으로 직무를 수행할 수 없는 경우 대리자가 안전관리자의 직무를 대행할 수 있는 기간은 며칠을 초과할 수 없는지 쓰시오.

≫≫ 풀이   위험물안전관리자의 자격

① **제조소등의 관계인**은 제조소등마다 대통령령이 정하는 위험물의 취급에 관한 자격이 있는 자를 **위험물안전관리자로 선임**하여야 한다.

② 제조소등의 관계인은 그 안전관리자를 해임하거나 안전관리자가 퇴직한 때에는 **해임하거나 퇴직한 날부터 30일 이내**에 다시 안전관리자를 선임하여야 한다.

③ 제조소등의 관계인은 **안전관리자를 선임한 경우에는 선임한 날부터 14일 이내**에 소방본부장 또는 소방서장에게 신고하여야 한다.

④ 제조소등의 관계인이 안전관리자를 해임하거나 안전관리자가 퇴직한 경우 그 관계인 또는 안전관리자는 소방본부장이나 소방서장에게 그 사실을 알려 해임되거나 퇴직한 사실을 확인받을 수 있다.

⑤ 제조소등의 관계인은 안전관리자가 여행 · 질병, 그 밖의 사유로 인하여 일시적으로 직무를 수행할 수 없거나 안전관리자의 해임 또는 퇴직과 동시에 다른 안전관리자를 선임하지 못하는 경우에는 위험물의 취급에 관한 자격취득자 또는 안전관리자의 대리자를 지정하여 그 직무를 대행하게 하여야 한다. 이 경우 대리자가 안전관리자의 **직무를 대행하는 기간은 30일을 초과할 수 없다.**

☑ **출제 형식**

안전관리자와 대리자의 기준은 필기시험에서 자주 출제되던 내용으로 실기시험에는 출제되지 않았으나 이번에 새롭게 출제된 신출문제입니다.

☑ 이런 유형의 문제 대비를 위해 **미리** 학습해야 할 내용

안전관리자 대리자의 자격

1. 위험물 안전관리자 교육을 받은 자
2. 위험물 안전관리업무에 있어서 안전관리자를 지휘 · 감독하는 직위에 있는 자

신유형 06 인화점측정기의 종류와 측정 시험방법 [2020년 제1·2회 통합 필답형 1번]

다음은 인화점측정기의 종류와 시험방법에 대한 설명이다. 괄호 안에 알맞은 내용을 쓰시오.

(1) (　　　) 인화점측정기
　① 시험장소는 1기압, 무풍의 장소로 할 것
　② 인화점측정기의 시료컵에 시험물품 50cm³를 넣고 시험물품 표면의 기포를 제거한 후 뚜껑을 덮을 것
　③ 시험불꽃을 점화하고 화염의 크기를 직경이 4mm가 되도록 조정할 것

(2) (　　　) 인화점측정기
　① 시험장소는 1기압, 무풍의 장소로 할 것
　② 인화점측정기의 시료컵을 설정온도까지 가열 또는 냉각하여 시험물품(설정온도가 상온보다 낮은 온도인 경우에는 설정온도까지 냉각한 것) 2mL를 시료컵에 넣고 즉시 뚜껑 및 개폐기를 닫을 것
　③ 시험불꽃을 점화하고 화염의 크기를 직경 4mm가 되도록 조정할 것

(3) (　　　) 인화점측정기
　① 시험장소는 1기압, 무풍의 장소로 할 것
　② 인화점측정기의 시료컵의 표선(標線)까지 시험물품을 채우고 시험물품 표면의 기포를 제거할 것
　③ 시험불꽃을 점화하고 화염의 크기를 직경 4mm가 되도록 조정할 것

▶▶ 풀이 인화점측정기의 종류와 측정 시험방법

(1) **태그밀폐식** 인화점측정기에 의한 인화점 측정 시험방법
　① 시험장소는 1기압, 무풍의 장소로 할 것
　② 인화점측정기의 시료컵에 시험물품 50cm³를 넣고 시험물품 표면의 기포를 제거한 후 뚜껑을 덮을 것
　③ 시험불꽃을 점화하고 화염의 크기를 직경이 4mm가 되도록 조정할 것

(2) **신속평형법** 인화점측정기에 의한 인화점 측정 시험방법
　① 시험장소는 1기압, 무풍의 장소로 할 것
　② 인화점측정기의 시료컵을 설정온도까지 가열 또는 냉각하여 시험물품(설정온도가 상온보다 낮은 온도인 경우에는 설정온도까지 냉각한 것) 2mL를 시료컵에 넣고 즉시 뚜껑 및 개폐기를 닫을 것
　③ 시험불꽃을 점화하고 화염의 크기를 직경 4mm가 되도록 조정할 것

(3) **클리브랜드개방컵** 인화점측정기에 의한 인화점 측정 시험방법
　① 시험장소는 1기압, 무풍의 장소로 할 것
　② 인화점측정기의 시료컵의 표선(標線)까지 시험물품을 채우고 시험물품 표면의 기포를 제거할 것
　③ 시험불꽃을 점화하고 화염의 크기를 직경 4mm가 되도록 조정할 것

☑ 출제 형식

과거에 동영상으로 인화점을 측정하는 장면을 보여주면서 출제하던 작업형 문제를 필답형으로 변환시켜 출제한 신출문제입니다.

☑ 이런 유형의 문제 대비를 위해 미리 학습해야 할 내용

괄호 안에 들어갈 인화점측정기의 종류 및 시험방법의 내용을 다음과 같이 바꿔 출제할 수 있습니다.

(3) 클리브랜드개방컵 인화점측정기에 의한 인화점 측정 시험방법
　① 시험장소는 (　　)기압, 무풍의 장소로 할 것
　② 인화점측정기의 시료컵의 (　　)까지 시험물품을 채우고 시험물품 표면의 기포를 제거할 것
　③ 시험불꽃을 점화하고 화염이 크기를 직경 (　　)가 되도록 조정할 것

신유형 **07** 자체소방대를 설치하여야 하는 제조소등 [2020년 제1·2회 통합 필답형 2번]

다음 물음에 답하시오.

(1) 〈보기〉 중 자체소방대를 설치하여야 하는 제조소등에 해당하는 것의 기호를 모두 쓰시오.

> A. 염소산칼륨 250ton을 취급하고 있는 제조소
> B. 염소산칼륨 250ton을 취급하고 있는 일반취급소
> C. 특수인화물 250kL를 취급하고 있는 제조소
> D. 특수인화물 250kL를 취급하고 있는 충전하는 일반취급소

(2) 자체소방대를 설치하는 경우 화학소방자동차 1대당 필요한 소방대원의 수는 몇 명 이상으로 해야 하는지 쓰시오.

(3) 〈보기〉의 내용 중 틀린 것을 모두 찾아 그 기호를 쓰시오. (단, 없으면 "없음"이라 쓰시오.)

> A. 2개 이상의 사업소가 상호응원에 관한 협정을 체결하고 있는 경우에는 당해 모든 사업소를 하나의 사업소로 본다.
> B. 포수용액 방사차의 대수는 화학소방자동차 전체 대수의 3분의 2 이상으로 한다.
> C. 포수용액 방사차의 방사능력은 매분 3,000L 이상으로 한다.
> D. 포수용액 방사차에는 10만L 이상의 포수용액을 방사할 수 있는 양의 소화약제를 비치해야 한다.

(4) 자체소방대를 두지 아니한 관계인으로서 허가를 받은 자에 대한 벌칙의 종류를 쓰시오.

≫≫풀이 (1) 자체소방대는 제4류 위험물을 지정수량의 3천배 이상으로 저장·취급하는 제조소 또는 일반취급소에 설치해야 한다.

〈보기〉 A, B의 염소산칼륨은 제1류 위험물로서 지정수량이 50kg이므로 취급하는 양 250ton 즉, 250,000kg은 지정수량의 배수가 $\frac{250,000kg}{50kg/배} = 5,000$배이다. 이 양은 지정수량의 3,000배 이상에 속하지만 염소산칼륨은 제1류 위험물이므로 이를 저장·취급하는 제조소 또는 일반취급소에는 자체소방대를 설치하지 않아도 된다.

〈보기〉 C, D의 특수인화물은 제4류 위험물로서 지정수량이 50L이므로 취급하는 양 250kL 즉, 250,000L는 지정수량의 배수가 $\frac{250,000kg}{50L/배} = 5,000$배이다. 이 양은 **지정수량의 3,000배 이상**에 속하며 특수인화물은 **제4류 위험물**이므로 이를 저장·취급하는 **제조소 또는 일반취급소**에는 자체소방대를 설치하여야 한다. 하지만 D의 **충전하는 일반취급소는 자체소방대의 설치 제외대상에 속하는 일반취급소**이므로 자체소방대를 설치하지 않아도 된다.

☑ **출제 형식**

과거에 동영상으로 소방차와 사다리차 등을 보여주면서 출제하던 작업형 문제를 필답형으로 변환시켜 출제한 신출문제입니다.

☑ **이런 유형의 문제 대비를 위해 미리 학습해야 할 내용**

자체소방대의 설치 제외대상에 속하는 일반취급소
1. 보일러, 버너, 그 밖에 이와 유사한 장치로 위험물을 소비하는 일반취급소(보일러등으로 위험물을 소비하는 일반취급소)
2. 이동저장탱크, 그 밖에 이와 유사한 것에 위험물을 주입하는 일반취급소(충전하는 일반취급소)
3. 용기에 위험물을 옮겨 담는 일반취급소(옮겨 담는 일반취급소)
4. 유압장치, 윤활유순환장치, 그 밖에 이와 유사한 장치로 위험물을 취급하는 일반취급소(유압장치등을 설치하는 일반취급소)
5. 광산안전법의 적용을 받는 일반취급소

신유형 08 소화설비의 적응성

[2020년 제1·2회 통합 필답형 7번]

다음 [표]는 위험물안전관리법령상 소화설비의 적응성을 나타낸 것이다. 위험물에 대해 소화설비가 적응성이 있는 경우 빈칸에 "O"로 표시하시오.

소화설비의 구분	대상물 구분										
	제1류 위험물		제2류 위험물			제3류 위험물		제4류 위험물	제5류 위험물	제6류 위험물	
	알칼리금속 과산화물	그 밖의 것	철분·금속분·마그네슘	인화성 고체	그 밖의 것	금수성 물품	그 밖의 것				
옥내소화전·옥외소화전 설비											
물분무소화설비											
포소화설비											
불활성가스소화설비											
할로겐화합물소화설비											

▶▶풀이 위험물의 종류에 따른 소화설비의 적응성

① 제1류 위험물
  ㉠ 알칼리금속 과산화물 : 탄산수소염류 분말소화설비로 질식소화한다.
  ㉡ 그 밖의 것 : **옥내소화전·옥외소화전설비**, 스프링클러설비, **물분무소화설비**, **포소화설비**로 냉각소화한다.

② 제2류 위험물
  ㉠ 철분·금속분·마그네슘 : 탄산수소염류 분말소화설비로 질식소화한다.
  ㉡ 인화성 고체 : **옥내소화전·옥외소화전설비**, 스프링클러설비, **물분무소화설비**, **포소화설비**, **불활성가스소화설비**, **할로겐화합물소화설비**, 분말소화설비로 냉각소화 또는 질식소화한다.
    ※ 인화성 고체에는 모든 소화설비가 적응성이 있다.
  ㉢ 그 밖의 것 : **옥내소화전·옥외소화전 설비**, 스프링클러설비, **물분무소화설비**, **포소화설비**로 냉각소화한다.

③ 제3류 위험물
  ㉠ 금수성 물질 : 탄산수소염류 분말소화설비로 질식소화한다.
  ㉡ 그 밖의 것(황린) : **옥내소화전·옥외소화전 설비**, 스프링클러설비, **물분무소화설비**, **포소화설비**로 냉각소화한다.

④ 제4류 위험물 : **물분무소화설비**, **포소화설비**, **불활성가스소화설비**, **할로겐화합물소화설비**, 분말소화설비로 질식소화한다.

⑤ 제5류 위험물 : **옥내소화전·옥외소화전설비**, 스프링클러설비, **물분무소화설비**, **포소화설비**로 냉각소화한다.

⑥ 제6류 위험물 : **옥내소화전·옥외소화전설비**, 스프링클러설비, **물분무소화설비**, **포소화설비**로 냉각소화한다.

☑ 출제 형식

각 위험물에 적응성이 있는 소화설비를 찾아 [표]의 빈칸에 "O"를 표시해야 하는 신출문제입니다.

☑ 이런 유형의 문제 대비를 위해 미리 학습해야 할 내용

다음과 같이 대상물의 적응성에 맞는 소화설비의 명칭을 [표]에 직접 쓰는 형태로 출제될 수 있습니다.

다음 빈칸에 들어갈 소화설비의 종류를 쓰시오.

소화설비의 구분		건축물· 그 밖의 공작물	전기설비	제1류 위험물		제2류 위험물			제3류 위험물		제4류 위험물	제5류 위험물	제6류 위험물
				알칼리금속 과산화물등	그 밖의 것	철분·금속분· 마그네슘 등	인화성 고체	그 밖의 것	금수성 물품	그 밖의 것			
(①) 또는 (②)		O			O		O	O		O		O	O
스프링클러설비		O			O		O	O		O	△	O	O
물분무등소화설비	(③)	O	O		O		O	O		O	O	O	O
	(④)	O			O		O	O		O	O	O	O
	불활성가스소화설비		O				O				O		
	할로겐화합물소화설비		O				O				O		
	(⑤) 인산염류등	O	O		O		O	O			O		O
	탄산수소염류등		O	O		O	O		O		O		
	그 밖의 것			O		O			O				

09 옥외저장탱크의 방유제 용량　　　**[2020년 제1·2회 통합 필답형 8번]**

내용적이 5천만L인 옥외저장탱크에는 3천만L의 휘발유가 저장되어 있고 내용적이 1억2천만L 인 옥외저장탱크에는 8천만L의 경유가 저장되어 있으며, 두 개의 옥외저장탱크를 하나의 방 유제 안에 설치하였다. 다음 물음에 답하시오.

- (1) 두 탱크 중 내용적이 더 적은 탱크의 최대용량은 몇 L 이상인지 쓰시오.
- (2) 두 개의 옥외저장탱크를 둘러싸고 있는 방유제의 용량은 몇 L 이상인지 쓰시오. (단, 두 개의 옥외저장탱크의 공간용적은 모두 10%이다.)
- (3) 두 옥외저장탱크 사이를 구획하는 설비의 명칭을 쓰시오.

≫≫풀이　(1) 탱크의 용량이란 탱크의 내용적에서 공간용적을 뺀 값을 말하며, 탱크의 공간용적은 내용적의 100분의 5 이상 100분의 10 이하의 양이다. 여기서 탱크의 최대용량은 탱크의 공간용적을 최소로 했을 때의 양이므로 공간용적 이 5%인 경우이며 이때 탱크의 최대용량은 내용적의 95%가 된다.

> 💡 **Tip**
> 〈문제〉에서 제시된 3천만L의 휘발유 와 8천만L의 경유는 실제로 탱크에 저 장된 양이므로 내용적의 95%를 적용 하여 계산하는 탱크의 최대용량과는 상관없는 양입니다.

　　① 내용적이 5천만L인 탱크의 최대용량
　　　: 50,000,000L×0.95=47,500,000L
　　② 내용적이 1억2천만L인 탱크의 최대용량
　　　: 120,000,000L×0.95=114,000,000L
　　따라서 두 탱크 중 내용적이 더 적은 탱크는 5천만L인 탱크이며 이 탱크의 **최대용량은 47,500,000L**이다.

　(2) 인화성이 있는 위험물의 옥외저장탱크의 방유제의 용량은 다음과 같다.
　　① 하나의 옥외저장탱크의 방유제 용량 : 탱크 용량의 110% 이상
　　② **2개 이상의 옥외저장탱크의 방유제 용량 : 탱크 중 용량이 최대인 탱크 용량의 110% 이상**
　　〈문제〉에서는 두 탱크 모두 공간용적이 10%라고 하였으므로 내용적이 5천만L인 탱크의 용량은 50,000,000L× 0.9=45,000,000L이고, 내용적이 1억2천만L인 탱크의 용량은 120,000,000L×0.9=108,000,000L이다.
　　따라서 두 탱크 중 용량이 최대인 탱크의 용량은 108,000,000L이므로 두 개의 옥외저장탱크를 둘러싸고 있는 방유제의 용량은 108,000,000L의 110%, 즉 108,000,000L×1.1=**118,800,000L** 이상이 된다.

☑ **출제 형식**
　인화성이 있는 위험물의 옥외저장탱크의 방유제 용량은 탱크의 내용적이 아닌 탱크의 용량에 110%를 곱해야 하는 점을 강조한 신출문제입니다.

☑ **이런 유형의 문제 대비를 위해 미리 학습해야 할 내용**
　인화성이 없는 위험물의 옥외저장탱크의 방유제 용량
　1. 하나의 옥외저장탱크의 방유제 용량 : 탱크 용량의 100% 이상
　2. 2개 이상의 옥외저장탱크의 방유제 용량 : 탱크 중 용량이 최대인 탱크 용량의 100% 이상

신유형 **10** 옥내탱크저장소의 설치기준과 용량 [2020년 제4회 필답형 19번]

다음 그림은 에틸알코올의 옥내저장탱크 2기를 탱크전용실에 설치한 상태이다. 다음 물음에 답하시오.

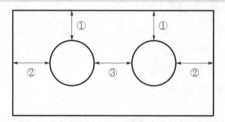

(1) ①의 거리는 몇 m 이상으로 하는지 쓰시오.
(2) ②의 거리는 몇 m 이상으로 하는지 쓰시오.
(3) ③의 거리는 몇 m 이상으로 하는지 쓰시오.
(4) 탱크전용실 내에 설치하는 옥내저장탱크의 용량은 몇 L 이하로 하는지 쓰시오.

≫ 풀이 (1) 옥내저장탱크의 간격
    ① **옥내저장탱크와 탱크전용실 벽과의 사이 간격 : 0.5m 이상**
    ② **옥내저장탱크의 상호간의 간격 : 0.5m 이상**
  (2) 단층건물에 탱크전용실을 설치한 옥내저장탱크에 저장 가능한 위험물과 탱크의 용량
    ① 저장할 수 있는 위험물 : 모든 유별
    ② 탱크의 용량 : **지정수량의 40배 이하.** 다만, 특수인화물, 제1석유류, 알코올류, 제2석유류, 제3석유류의 양이 20,000L를 초과하는 경우에는 20,000L 이하로 한다. 〈문제〉는 품명이 알코올류이고 지정수량이 400L인 에틸알코올을 저장하는 옥내저장탱크이므로 이 옥내저장탱크의 용량은 **400L×40배＝16,000L**가 된다.

☑ **출제 형식**

옥내탱크저장소의 설치기준을 그림으로 나타내고 알코올을 저장하는 옥내저장탱크의 용량을 물은 것으로 처음 출제된 신출문제입니다.

☑ **이런 유형의 문제 대비를 위해 미리 학습해야 할 내용**

탱크전용실을 단층건물 외의 건축물에 설치한 옥내저장탱크의 기준
1. 저장할 수 있는 위험물의 종류
  ① 건축물의 1층 또는 지하층
    ㉠ 제2류 위험물 중 황화인, 적린 및 덩어리황
    ㉡ 제3류 위험물 중 황린
    ㉢ 제6류 위험물 중 질산
  ② 건축물의 모든 층
    – 제4류 위험물 중 인화점이 38℃ 이상인 위험물
2. 저장할 수 있는 위험물의 양
  ① 건축물의 1층 또는 지하층 : 지정수량의 40배 이하(단, 제4석유류 및 동식물유류 외의 제4류 위험물은 20,000L 초과 시 20,000L 이하)
  ② 2층 이상의 층 : 지정수량의 10배 이하(단, 제4석유류 및 동식물유류 외의 제4류 위험물은 5,000L 초과 시 5,000L 이하)

신유형 **11** 제조소, 저장소, 취급소의 구분   [2021년 제1회 필답형 4번]

아래의 도표에 대해 다음 물음에 답하시오.

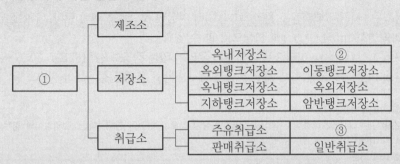

(1) 제조소, 저장소, 취급소를 포괄하는 ①의 위험물안전관리법령상 명칭을 쓰시오.
(2) ②의 명칭을 쓰시오.
(3) ③의 명칭을 쓰시오.

>>> 풀이   (1) 위험물안전관리법에서는 제조소, 저장소, 취급소를 묶어 **제조소등**이라 한다.
     (2) 저장소의 종류 : 옥내저장소, 옥외탱크저장소, 옥내탱크저장소, 지하탱크저장소, **간이탱크저장소**, 이동탱크저장소, 옥외저장소, 암반탱크저장소
     (3) 취급소의 종류 : 주유취급소, 판매취급소, **이송취급소**, 일반취급소

☑ **출제 형식**
   저장소 및 취급소의 종류와 정의를 이해하고 있는지를 묻는 신출문제입니다.

☑ **이런 유형의 문제 대비를 위해 미리 학습해야 할 내용**
   괄호 안에 들어갈 저장소 및 취급소의 내용을 다음과 같이 바꿔 출제할 수 있습니다.

1. 저장소의 종류

옥내저장소	옥내에 위험물을 저장하는 장소
옥외탱크저장소	옥외에 있는 탱크에 위험물을 저장하는 장소
옥내탱크저장소	옥내에 있는 탱크에 위험물을 저장하는 장소
지하탱크저장소	지하에 매설한 탱크에 위험물을 저장하는 장소
간이탱크저장소	간이탱크에 위험물을 저장하는 장소
(　　　)	차량에 고정된 탱크에 위험물을 저장하는 장소
옥외저장소	옥외에 위험물을 저장하는 장소
암반탱크저장소	암반 내의 공간을 이용한 탱크에 액체위험물을 저장하는 장소

2. 취급소의 종류

주유취급소	고정주유설비에 의하여 자동차, 항공기 또는 선박 등에 직접 연료를 주유하기 위하여 위험물을 취급하는 장소
판매취급소	점포에서 위험물을 용기에 담아 판매하기 위하여 지정수량의 (　　)배 이하의 위험물을 취급하는 장소(페인트점 또는 화공약품점)
이송취급소	배관 및 이에 부속된 설비에 의하여 위험물을 이송하는 장소
일반취급소	주유취급소, 판매취급소, 이송취급소 외의 위험물을 취급하는 장소

신유형 ⑫ 제조소의 배출설비 기준　　　　[2021년 제1회 필답형 13번]

다음은 제조소에 설치하는 배출설비에 관한 내용이다. 괄호 안에 들어갈 알맞은 말을 쓰시오.

(1) 국소방식은 1시간당 배출장소 용적의 (①)배 이상인 것으로 하여야 한다. 다만, 전역방식의
경우 바닥면적 1m²당 (②)m³ 이상으로 할 수 있다.

(2) 배출구는 지상 (①)m 이상으로서 연소의 우려가 없는 장소에 설치하고, (②)가 관통하는
벽부분의 바로 가까이에 화재 시 자동으로 폐쇄되는 (③)를 설치해야 한다.

▶▶ 풀이　(1) 배출설비의 배출능력

국소방식은 1시간당 배출장소 용적의 **20배** 이상인 것으로 하여야 한다. 다만, 전역방식의 경우에는 바닥면적
1m²당 **18m³** 이상으로 할 수 있다.

(2) 배출구의 기준

배출구는 지상 **2m** 이상으로서 연소의 우려가 없는 장소에 설치하고, **배출덕트**가 관통하는 벽부분의 바로 가까
이에 화재 시 자동으로 폐쇄되는 **방화댐퍼**를 설치할 것

☑ **출제 형식**

제조소에 설치하는 배출설비의 배출능력과 배출구의 기준을 묻는 문제로서 신출 변형문제입니다.

☑ **이런 유형의 문제 대비를 위해 미리 학습해야 할 내용**

괄호 안에 들어갈 제조소의 배출설비 기준의 내용을 다음과 같이 바꿔 출제할 수 있습니다.

1. (　　　　)방식은 1시간당 배출장소 용적의 20배 이상인 것으로 하여야 한다. 다만, (　　　　)방식의 경우 바닥면적
1m²당 18m³ 이상으로 할 수 있다.

2. 배출구는 지상 (　　　)m 이상으로서 연소의 우려가 없는 장소에 설치하고, 배출구가 관통하는 (　　　　　　)에
화재 시 자동으로 폐쇄되는 방화댐퍼를 설치해야 한다.

신유형 **13** 소화난이도등급 Ⅰ에 해당하는 옥외탱크저장소의 기준 [2021년 제1회 필답형 19번]

다음 〈보기〉 중 위험물안전관리법령상 소화난이도등급 Ⅰ에 해당하는 옥외탱크저장소의 기준에 속하는 것의 번호를 쓰시오.

① 질산 60,000kg을 저장하는 옥외탱크저장소
② 과산화수소를 저장하는 액표면적이 40m² 이상인 옥외탱크저장소
③ 이황화탄소 500L를 저장하는 옥외탱크저장소
④ 휘발유 100,000L를 저장하는 해상탱크
⑤ 황 14,000kg을 저장하는 지중탱크

》》풀이 "소화난이도등급 Ⅰ에 해당하는 옥외탱크저장소의 기준"의 내용에 위의 〈보기〉의 조건을 적용하면 다음과 같다.

① 저장하는 양에 상관없이 제6류 위험물인 질산을 저장하는 옥외탱크저장소는 소화난이도등급 Ⅰ에 해당하지 않는다.
② 액표면적이 40m² 이상이지만 제6류 위험물인 과산화수소를 저장하는 옥외탱크저장소이므로 소화난이도등급 Ⅰ에 해당하지 않는다.
③ 옥외탱크저장소의 소화난이도등급 Ⅰ은 탱크 옆판의 상단까지 높이 또는 액표면적에 따라 구분되며, 제4류 위험물인 이황화탄소의 저장량만 가지고 판단할 수 있는 기준은 없다. 여기서 이황화탄소 500L를 저장하는 옥외탱크저장소는 이황화탄소의 저장량이 매우 적어 탱크 옆판의 상단까지 높이 또는 액표면적이 소화난이도등급 Ⅰ의 기준에 미치지 못하므로 소화난이도등급 Ⅰ에 해당하지 않는다는 취지로 해석할 수 있다.
④ 휘발유의 지정수량은 200L이므로 저장량 100,000L는 지정수량의 500배이고 이는 해상탱크로서 지정수량의 100배 이상의 위험물을 저장하는 옥외탱크저장소이므로 **소화난이도등급 Ⅰ에 해당**한다.
⑤ 지중탱크는 해상탱크와 함께 특수액체위험물탱크로 분류되어 제2류 위험물인 황과 같은 고체위험물은 저장할 수 없다. 다만, 황을 녹여 액체상태로 저장하는 경우라고 가정하면 황의 지정수량은 100kg이므로 저장량 14,000kg은 지정수량의 140배이고 이는 지중탱크로서 지정수량의 100배 이상의 위험물을 저장하는 옥외탱크저장소이므로 **소화난이도등급 Ⅰ에 해당**한다.

☑ **출제 형식**
소화난이도등급 Ⅰ에 해당하는 옥외탱크저장소의 기준을 묻는 신출 변형문제입니다.

☑ **이런 유형의 문제 대비를 위해 미리 학습해야 할 내용**
소화난이도등급 Ⅰ에 해당하는 옥내탱크저장소 및 암반탱크저장소의 기준

제조소등의 구분	제조소등의 규모, 저장 또는 취급하는 위험물의 품명 및 최대수량 등
옥내탱크 저장소	액표면적이 40m² 이상인 것(제6류 위험물을 저장하는 것 및 고인화점 위험물만을 100℃ 미만의 온도에서 저장하는 것은 제외)
	바닥면으로부터 탱크 옆판의 상단까지 높이가 6m 이상인 것(제6류 위험물을 저장하는 것 및 고인화점 위험물만을 100℃ 미만의 온도에서 저장하는 것은 제외)
	탱크전용실이 단층 건물 외의 건축물에 있는 것으로서 인화점 38℃ 이상 70℃ 미만의 위험물을 지정수량의 5배 이상 저장하는 것(내화구조로 개구부 없이 구획된 것은 제외한다)
암반탱크 저장소	액표면적이 40m² 이상인 것(제6류 위험물을 저장하는 것 및 고인화점 위험물만을 100℃ 미만의 온도에서 저장하는 것은 제외)
	고체 위험물만을 저장하는 것으로서 지정수량의 100배 이상인 것

신유형 14 이동탱크저장소의 위험물 취급기준

[2021년 제2회 필답형 6번]

다음 물음에 답하시오.

- (1) 다음 괄호에 들어갈 위험물의 명칭과 지정수량을 쓰시오.

  (㉠) · (㉡), 그 밖에 정전기에 의한 재해발생의 우려가 있는 액체의 위험물을 이동저장탱크의 상부로 주입하는 때에는 주입관을 사용하되 당해 주입관의 선단을 이동저장탱크의 밑바닥에 밀착할 것

  ① ㉠의 명칭과 지정수량
  ② ㉡의 명칭과 지정수량

- (2) (1)의 물질 중 겨울철에 응고할 수 있고 인화점이 낮아 고체상태에서도 인화할 수 있는 방향족 탄화수소에 해당하는 위험물의 구조식을 쓰시오.

▶▶ 풀이 **휘발유 · 벤젠**, 그 밖에 정전기에 의한 재해발생의 우려가 있는 액체의 위험물을 이동저장탱크의 상부로 주입하는 때에는 주입관을 사용하되 당해 주입관의 선단을 이동저장탱크의 밑바닥에 밀착해야 한다. 여기서 휘발유와 벤젠은 모두 제4류 위험물로서 품명은 제1석유류 비수용성이고, **지정수량은 200L**이며, 위험등급 Ⅱ인 물질이다.

☑ **출제 형식**

이동탱크저장소의 위험물 취급기준을 알려주고 위험물의 종류와 지정수량을 묻는 것으로 처음으로 출제된 신출문제입니다.

☑ **이런 유형의 문제 대비를 위해 미리 학습해야 할 내용**

정전기에 의한 재해 발생의 우려가 있는 액체위험물(휘발유, 벤젠 등)을 이동탱크저장소에 주입하는 경우의 취급기준

1. 주입관의 선단을 이동저장탱크 안의 밑바닥에 밀착시킬 것
2. 정전기 등으로 인한 재해발생 방지 조치사항
   ① 탱크의 위쪽 주입관에 의해 위험물을 주입하는 경우 : 주입속도 1m/s 이하
   ② 탱크의 밑바닥에 설치된 고정주입배관에 의해 위험물을 주입하는 경우 : 주입속도 1m/s 이하
   ③ 기타의 방법으로 위험물을 주입하는 경우 : 위험물을 주입하기 전에 탱크에 가연성 증기가 없도록 조치하고 안전한 상태를 확인한 후 주입할 것
3. 이동저장탱크는 완전히 빈 탱크 상태로 차고에 주차할 것

신유형 **15** 묽은 용액의 제조   [2021년 제2회 필답형 9번]

비중이 1.51인 98wt%의 질산 100mL를 68wt%의 질산으로 만들려면 물을 몇 g 더 첨가해야 하는지 구하시오.

>>> 풀이 비중 1.51을 밀도로 바꾸면 1.51g/mL이고, 98wt% 질산용액 100mL를 질량으로 바꾸면

$$100mL \text{ 질산용액} \times \frac{1.51g}{1mL} = 151g \text{ 질산용액이다.}$$

151g 질산용액의 농도가 98wt%이므로 질산의 양은 다음과 같다.

$$151g \text{ 질산용액} \times \frac{98g \text{ 질산}}{100g \text{ 질산용액}} = 147.98g \text{ 질산}$$

68wt% 질산용액을 만들기 위해 넣어야 할 물의 양을 x(g)으로 두고 식으로 나타내면 다음과 같다.

$$\frac{147.98g}{151g + x(g)} = \frac{68g}{100g}$$

$$\therefore \ x = 66.62g$$

☑ **출제 형식**

진한 용액으로 묽은 용액을 제조하는 방법은 필기시험에는 출제되던 내용으로 실기시험에는 출제되지 않았으나 이번에 새롭게 출제된 신출 변형문제입니다.

☑ **이런 유형의 문제 대비를 위해** 미리 **학습해야 할 내용**

묽은 용액을 농축시켜 진한 용액 제조

비중이 1.41인 68wt% 질산 100mL를 98wt% 질산으로 만들려면 물을 몇 g 증발시켜야 하는지 구하시오.
농축과정에서도 용질의 양은 변하지 않는다. 비중을 밀도의 단위로 1.41g/mL로 두고 질산용액 100mL의 질량을 구하면 다음과 같다.

$$100mL \text{ 질산용액} \times \frac{1.41g}{1mL} = 141g$$

68wt% 농도를 이용하면 141g 질산용액 중의 질산의 양은 다음과 같다.

$$141g \text{ 질산용액} \times \frac{68g \text{ 질산}}{100g \text{ 질산용액}} = 95.88g \text{ 질산}$$

물의 양은 141g−95.88g=45.12g이다. 증발시켜야 하는 물의 양을 x(g)으로 두면

$$\frac{95.88g \text{ 질산}}{141g - x(g) \text{ 질산용액}} \times 100 = 98wt\%$$

$x = 43.16g$이다.
45.12g의 물에서 43.16g을 증발시키면 98wt% 질산용액을 만들 수 있다.

신유형 **16** 소화방법　　　　　　　　　　　　　　　　[2021년 제2회 필답형 10번]

다음 물음에 답하시오.

(1) 소화방법의 종류 4가지를 쓰시오.
(2) 증발잠열을 이용하여 소화하는 소화방법을 쓰시오.
(3) 가스의 밸브를 폐쇄하여 소화하는 소화방법을 쓰시오.
(4) 불활성 가스를 방사하여 소화하는 소화방법을 쓰시오.

>>> **풀이**　소화방법에는 다음과 같은 종류들이 있다.

　① **제거소화**

　　가연물을 제거하여 연소를 중단시키는 것을 말하며, 그 방법으로는 다음과 같은 것들이 있다.

　　㉠ 입으로 불어서 촛불을 끄는 방법
　　㉡ 산불화재 시 벌목으로 불을 끄는 방법
　　㉢ 가스화재 시 밸브를 잠가 소화하는 방법
　　㉣ 유전화재 시 폭발로 인해 가연성 가스를 날리는 방법

　② **질식소화**

　　공기 중의 산소 또는 산소공급원의 공급을 막아 연소를 중단시키는 소화방법을 말하며, 소화약제의 종류에는 **불활성 가스**, 분말소화약제 등이 있다.

　③ **냉각소화**

　　연소면에 물을 뿌려 발생하는 **증발잠열을 이용**해 연소물로부터 열을 빼앗아 발화점 이하로 온도를 낮추어 소화하는 방법을 말한다.

　④ **억제소화(부촉매소화)**

　　연쇄반응의 속도를 빠르게 하는 정촉매의 역할을 억제시키는 소화방법을 말하며, 대표적인 소화약제의 종류는 할로겐화합물소화약제이다.

　⑤ **희석소화**

　　가연물의 농도를 낮추어 소화하는 방법을 말한다.

　⑥ **유화소화**

　　물 또는 포를 안개형태로 흩어뿌림으로써 유류 표면을 덮어 증기발생을 억제시키는 소화방법을 말한다.

☑ **출제 형식**

소화방법은 필기시험에서 자주 출제되던 내용으로 실기시험에는 출제되지 않았으나 이번에 새롭게 출제된 신출 변형문제입니다.

☑ **이런 유형의 문제 대비를 위해 미리 학습해야 할 내용**

소화방법에 관한 내용을 다음과 같이 바꿔 출제할 수 있습니다.

다음의 소화방법은 연소의 3요소 중에서 어떤 것을 제거 또는 통제하여 소화하는 것인지 연소의 3요소 중 해당되는 것을 1가지씩 쓰시오.

1. 제거소화
2. 질식소화

신유형 17 위험물의 저장 및 취급 기준 [2021년 제2회 필답형 14번]

다음 〈보기〉의 내용은 위험물의 저장 및 취급에 관한 중요기준을 나타낸 것이다. 옳은 것을 모두 고르시오.

① 옥내저장소에서 용기에 수납하여 저장하는 위험물의 온도가 45℃가 넘지 아니하도록 필요한 조치를 강구하여야 한다.
② 제3류 위험물 중 황린, 그 밖에 물속에 저장하는 물품과 금수성 물질은 동일한 저장소에 저장할 수 있다.
③ 컨테이너식 이동탱크저장소 외의 이동탱크저장소에 있어서는 위험물을 저장한 상태로 이동저장탱크를 옮겨 싣지 아니하여야 한다.
④ 위험물 이동취급소에 위험물을 이송하기 위한 배관·펌프 및 이에 부속한 설비의 안전을 확인하기 위한 순찰을 행하고, 위험물을 이송하는 중에는 이송하는 위험물의 압력 및 유량을 항상 감시하여야 한다.
⑤ 제조소등에서 허가 및 신고와 관련되는 품명 외의 위험물 또는 이러한 허가 및 신고와 관련되는 수량 또는 지정수량의 배수를 초과하는 위험물을 저장 또는 취급하지 아니하여야 한다.

>>> 풀이 〈문제〉의 위험물의 저장 및 취급에 관한 중요기준 중 ①, ②, ④의 항목은 다음과 같이 수정하여야 한다.
① 옥내저장소에서는 용기에 수납하여 저장하는 **위험물의 온도가 55℃가 넘지 아니하도록** 필요한 조치를 강구하여야 한다.
② 제3류 위험물 중 황린, 그 밖에 물속에 저장하는 물품과 금수성 물질은 **동일한 저장소에서 저장하지 아니하여야 한다.**
④ 위험물 **이송취급소**에 위험물을 이송하기 위한 배관·펌프 및 이에 부속한 설비의 안전을 확인하기 위한 순찰을 행하고, 위험물을 이송하는 중에는 이송하는 위험물의 압력 및 유량을 항상 감시하여야 한다.

☑ **출제 형식**
위험물안전관리법에 있는 위험물 저장 및 취급에 관한 공통기준이 아닌 일반 중요기준을 묻는 처음 출제된 신출문제입니다.

☑ **이런 유형의 문제 대비를 위해 미리 학습해야 할 내용**
위험물의 유별 저장 및 취급의 공통기준
1. 제1류 위험물은 가연물과의 접촉·혼합이나 분해를 촉진하는 물품과의 접근 또는 과열, 충격, 마찰 등을 피하는 한편, 알칼리금속 과산화물 및 이를 함유한 것에 있어서는 물과의 접촉을 피해야 한다.
2. 제2류 위험물은 산화제와의 접촉·혼합이나 불티, 불꽃, 고온체와의 접근 또는 과열을 피하는 한편, 철분, 금속분, 마그네슘 및 이를 함유한 것에 있어서는 물이나 산과의 접촉을 피하고 인화성 고체에 있어서는 함부로 증기를 발생시키지 않아야 한다.
3. 제3류 위험물 중 자연발화성 물질에 있어서는 불티, 불꽃, 고온체와의 접근, 과열 또는 공기와의 접촉을 피하고, 금수성 물질에 있어서는 물과의 접촉을 피해야 한다.
4. 제4류 위험물은 불티, 불꽃, 고온체와의 접근 또는 과열을 피하고, 함부로 증기를 발생시키지 않아야 한다.
5. 제5류 위험물은 불티, 불꽃, 고온체와의 접근이나 과열, 충격 또는 마찰을 피해야 한다.
6. 제6류 위험물은 가연물과의 접촉·혼합이나 분해를 촉진하는 물품과의 접근 또는 과열을 피해야 한다.

신유형 18 위험물의 연소반응식

[2021년 제4회 필답형 5번]

다음 〈보기〉의 위험물 중에서 공기 중에서 연소하는 경우, 생성되는 물질이 서로 같은 위험물의 연소반응식을 쓰시오.

삼황화인, 오황화인, 적린, 황, 철분, 마그네슘

▶▶▶풀이

① 삼황화인(P_4S_3)은 제2류 위험물로 품명은 황화인이고, 위험등급 Ⅱ, 지정수량은 100kg이다. 연소 시 **이산화황(SO_2)**과 오산화인(P_2O_5)이 발생한다.
　– 연소반응식 : $P_4S_3 + 8O_2 \rightarrow 3SO_2 + 2P_2O_5$

② 오황화인(P_2S_5)은 제2류 위험물로 품명은 황화인이고, 위험등급 Ⅱ, 지정수량은 100kg이다. 연소 시 **이산화황(SO_2)**과 **오산화인(P_2O_5)**이 발생한다.
　– 연소반응식 : $2P_2S_5 + 14O_2 \rightarrow 10SO_2 + 2P_2O_5$

③ 적린(P)은 제2류 위험물로 위험등급 Ⅱ, 지정수량은 100kg이다. 연소 시 오산화인(P_2O_5)이 발생한다.
　– 연소반응식 : $4P + 5O_2 \rightarrow 2P_2O_5$

④ 황(S)은 제2류 위험물로 위험등급 Ⅱ, 지정수량은 100kg이다. 유황이라고도 하며, 순도가 60중량% 이상인 것을 위험물로 정한다. 연소 시 청색 불꽃을 내며 이산화황(SO_2)이 발생한다.
　– 연소반응식 : $S + O_2 \rightarrow SO_2$

⑤ 철분(Fe)은 제2류 위험물로 위험등급 Ⅲ, 지정수량은 500kg이다. '철분'이라 함은 철의 분말을 말하며, 53μm의 표준체를 통과하는 것이 50중량% 미만인 것은 제외한다. 공기 중에서 서서히 산화하여 산화철(Fe_2O_3)로 변한다.
　– 철의 산화 : $4Fe + 3O_2 \rightarrow 2Fe_2O_3$

⑥ 마그네슘(Mg)은 제2류 위험물로 위험등급 Ⅲ, 지정수량은 500kg이다. 2mm의 체를 통과하지 아니하는 덩어리상태의 것 또는 직경 2mm 이상의 막대모양의 것에 해당하는 마그네슘은 제2류 위험물에서 제외한다. 연소 시 산화마그네슘(MgO)이 발생한다.
　– 연소반응식 : $2Mg + O_2 \rightarrow 2MgO$

☑ 출제 형식

　각 위험물의 연소반응식을 모두 알아야 답할 수 있는 연소생성물이 같은 위험물의 연소반응식을 묻는 신출 변형문제입니다.

☑ 이런 유형의 문제 대비를 위해 **미리** 학습해야 할 내용

　연소반응의 내용을 다음과 같이 바꿔 출제할 수 있습니다.
　삼황화인과 오황화인이 연소 시 공통으로 발생하는 물질을 쓰시오.

신유형 (19) 알코올의 산화 [2021년 제4회 필답형 12번]

다음은 알코올의 산화 과정이다. 다음 물음에 답하시오.

- 메틸알코올은 공기 속에서 산화되면 포름알데히드가 되며, 최종적으로 (①)이 된다.
- 에틸알코올은 산화되면 (②)가 되며, 최종적으로 초산이 된다.

(1) ①과 ②의 물질명과 화학식을 쓰시오.
(2) 위 ①, ② 중 지정수량이 작은 물질의 연소반응식을 쓰시오.

>>> 풀이

(1) ① 메틸알코올(CH_3OH)은 제4류 위험물로 품명은 알코올류이고, 지정수량은 400L이며, 위험등급 Ⅱ인 물질이다. 산화되면 포름알데히드($HCHO$)를 거쳐 **포름산($HCOOH$)**이 된다.

– 메틸알코올의 산화 : $CH_3OH \xrightarrow[+H_2(환원)]{-H_2(산화)} HCHO \xrightarrow[-0.5O_2(환원)]{+0.5O_2(산화)} HCOOH$

② 에틸알코올(C_2H_5OH)은 제4류 위험물로 품명은 알코올류이고, 지정수량은 400L이며, 위험등급 Ⅱ인 물질이다. 산화되면 **아세트알데히드(CH_3CHO)**를 거쳐 아세트산(초산, CH_3COOH)이 된다.

– 에틸알코올의 산화 : $C_2H_5OH \xrightarrow[+H_2(환원)]{-H_2(산화)} CH_3CHO \xrightarrow[-0.5O_2(환원)]{+0.5O_2(산화)} CH_3COOH$

(2) 포름산은 제4류 위험물로 품명은 제2석유류(수용성)이고, 지정수량은 2,000L이며, 위험등급 Ⅲ인 물질이다. 연소 시 이산화탄소(CO_2)와 물(H_2O)을 발생시킨다.

– 연소반응식 : $2HCOOH + O_2 \rightarrow 2CO_2 + 2H_2O$

아세트알데히드는 제4류 위험물로 품명은 특수인화물이고, 위험등급 Ⅰ, **지정수량은 50L**이다. 수은, 은, 구리, 마그네슘은 아세트알데히드와 중합반응을 하면서 폭발성의 금속아세틸라이드를 생성하여 위험해지기 때문에 저장용기 재질로서는 사용하면 안된다. 연소 시 이산화탄소(CO_2)와 수증기(H_2O)를 발생시킨다.

– 연소반응식 : $2CH_3CHO + 5O_2 \rightarrow 4CO_2 + 4H_2O$

☑ **출제 형식**

알코올의 산화 과정과 생성물의 화학식을 묻는 신출 변형문제입니다.

☑ **이런 유형의 문제 대비를 위해 미리 학습해야 할 내용**

1. 알코올의 연소
   ① 메틸알코올의 연소반응식 : $2CH_3CHO + 3O_2 \rightarrow 2CO_2 + 4H_2O$
   ② 에틸알코올의 연소반응식 : $C_2H_5OH + 3O_2 \rightarrow 2CO_2 + 3H_2O$
2. 에틸알코올에 진한 황산을 넣고 가열하면 온도에 따라 다른 물질이 생성된다.
   ① 140℃ 가열 : $2C_2H_5OH \xrightarrow[촉매로서 탈수를 일으킨다.]{c-H_2SO_4} C_2H_5OC_2H_5 + H_2O$
   ② 160℃ 가열 : $C_2H_5OH \xrightarrow[촉매로서 탈수를 일으킨다.]{c-H_2SO_4} C_2H_4 + H_2O$

신유형 20 옥내탱크저장소의 탱크전용실의 구조 [2021년 제4회 필답형 19번]

다음은 옥내탱크저장소의 탱크전용실의 구조에 관한 내용이다. 괄호 안에 들어갈 알맞은 말을 쓰시오.

(1) 탱크전용실의 창 또는 출입구에 유리를 이용하는 경우에는 (   )로 할 것
(2) 액상인 위험물의 옥내저장탱크를 설치하는 탱크전용실의 바닥은 적당한 경사를 두는 한편, (   )를 설치할 것
(3) 탱크전용실 외의 장소에 옥내저장탱크의 펌프설비를 설치하는 경우
 • 상층이 없는 경우에는 지붕을 (   )로 하며, 천장을 설치하지 아니할 것
 • 펌프실에는 창을 설치하지 아니할 것. 다만, 제6류 위험물의 탱크전용실에 있어서는 (   ) 또는 (   )이 있는 창을 설치할 수 있다.
(4) 탱크전용실에 펌프설비를 설치하는 경우에는 견고한 기초 위에 고정한 다음 그 주위에는 불연재료로 된 턱을 (   )m 이상의 높이로 설치하는 등 누설된 위험물이 유출되거나 유입되지 아니하도록 하는 조치를 할 것

>>> 풀이   옥내탱크저장소의 탱크전용실의 구조
 ① 창 및 출입구 : 갑종방화문 또는 을종방화문
  • 연소의 우려가 있는 외벽에 두는 출입구는 수시로 열 수 있는 자동폐쇄식의 갑종방화문
  • 창 또는 출입구에 유리를 이용하는 경우에는 **망입유리**로 할 것
 ② 액상인 위험물의 탱크전용실 바닥
  • 위험물이 침투하지 아니하는 구조로 하고, 적당히 경사지게 하여 그 최저부에 **집유설비**를 할 것
 ③ 탱크전용실 외의 장소에 옥내저장탱크의 펌프설비를 설치하는 경우
  • 펌프실은 상층이 있는 경우에는 상층의 바닥을 내화구조로, 상층이 없는 경우는 지붕을 **불연재료**로 하며, 천장을 설치하지 아니할 것
  • 창 : 설치하지 아니할 것. 다만, 제6류 위험물의 탱크전용실에 있어서는 **갑종방화문** 또는 **을종방화문**이 있는 창을 설치할 수 있다.
 ④ 탱크전용실에 펌프설비를 설치하는 경우
  • 견고한 기초 위에 고정한 다음 그 주위에는 불연재료로 된 턱을 0.2m 이상의 높이로 설치하는 등 누설된 위험물이 유출되거나 유입되지 않도록 할 것

☑ **출제 형식**

옥외탱크저장소의 탱크전용실의 구조를 묻는 처음으로 출제된 신출문제입니다.

☑ **이런 유형의 문제 대비를 위해 미리 학습해야 할 내용**

1. 옥내탱크저장소의 탱크전용실의 구조
  ① 벽·기둥 및 바닥 : 내화구조(연소의 우려가 있는 외벽은 출입구 외의 개구부가 없도록 할 것)
  ② 보 : 불연재료(다만, 인화점이 70℃ 이상인 제4류 위험물만의 옥내저장탱크를 설치하는 탱크전용실에 있어서는 연소의 우려가 없는 외벽·기둥 및 바닥을 불연재료로 할 수 있다.)
  ③ 지붕 : 불연재료, 천장 : 설치하지 아니할 것
2. 탱크전용실 외의 장소에 옥내저장탱크의 펌프설비를 설치하는 경우
  ① 벽·기둥·바닥 및 보 : 내화구조
  ② 출입구 : 갑종방화문. 단, 제6류 위험물의 탱크전용실에 있어서는 을종방화문을 설치할 수 있다.
  ③ 환기 및 배출 : 방화상 유효한 댐퍼 등을 설치할 것

신유형 ②① 옥외저장소 보유공지 [2022년 제1회 필답형 16번]

옥외저장소 보유공지에 대해 다음 빈칸을 알맞게 채우시오.

저장 또는 취급하는 위험물의 최대수량	저장 또는 취급하는 위험물	공지의 너비
지정수량의 10배 이하	제1석유류	(①)m 이상
	제2석유류	(②)m 이상
지정수량의 20배 초과 50배 이하	제2석유류	(③)m 이상
	제3석유류	(④)m 이상
	제4석유류	(⑤)m 이상

>>> 풀이 옥외저장소 보유공지 기준은 다음과 같다.

저장 또는 취급하는 위험물의 최대수량	공지의 너비
지정수량의 10배 이하	**3m 이상**
지정수량의 10배 초과 20배 이하	5m 이상
지정수량의 20배 초과 50배 이하	**9m 이상**
지정수량의 50배 초과 200배 이하	12m 이상
지정수량의 200배 초과	15m 이상

단, 제4류 위험물 중 **제4석유류**와 제6류 위험물을 저장 또는 취급하는 보유공지는 **공지 너비의 1/3 이상으로 단축**할 수 있다.

☑ **출제 형식**

옥외저장소 보유공지에서 제4류 위험물 중 제4석유류를 저장 또는 취급하는 보유공지는 공지너비의 1/3 이상으로 단축할 수 있다는 점을 강조한 신출 변형문제입니다.

☑ **이런 유형의 문제 대비를 위해 미리 학습해야 할 내용**

보유공지를 공지너비의 1/3 이상으로 단축할 수 있는 위험물의 종류

1. 제4류 위험물 중 제4석유류
2. 제6류 위험물

※ 옥외저장소의 보유공지는 1/3로 단축하더라도 옥외탱크저장소의 기준인 최소 3m 이상 또는 1.5m 이상으로 하는 규정은 적용하지 않습니다. 즉, 옥외저장소의 보유공지는 최소 기준이 없습니다.

신유형 **22** 위험물 운송책임자 및 위험물의 운송 기준 [2022년 제1회 필답형 19번]

다음 물음에 답하시오.

(1) 운송책임자의 운전자 감독 · 지원하는 방법으로 옳은 것을 모두 고르시오.

① 이동탱크저장소에 동승　　　　　② 사무실에 대기하면서 감독 · 지원

③ 부득이한 경우 GPS로 감독 · 지원　④ 다른 차량을 이용하여 따라다니면서 감독 · 지원

(2) 위험물 운송 시 운전자가 장시간 운전할 경우 2명 이상의 운전자로 하여야 하는데, 그러하지 않아도 되는 경우를 모두 고르시오.

① 운송책임자가 동승하는 경우　　　　② 제2류 위험물을 운반하는 경우

③ 제4류 위험물 중 제1석유류를 운반하는 경우　④ 2시간 이내마다 20분 이상씩 휴식하는 경우

(3) 위험물 운송 시 이동탱크저장소에 비치하여야 하는 것을 모두 고르시오.

① 완공검사합격확인증　　　　　　　② 정기검사확인증

③ 설치허가확인증　　　　　　　　　④ 위험물안전관리카드

≫≫ 풀이　(1) 운송책임자의 감독 또는 지원 방법

　　① 운송책임자가 **이동탱크저장소에 동승하여 감독 · 지원**

　　② 운송의 감독 또는 지원을 위하여 마련한 별도의 **사무실에 운송책임자가 대기하면서 감독 · 지원**

　(2) 위험물 운송자의 기준

　　① 운전자를 2명 이상으로 하는 경우

　　　㉠ 고속국도에서 340km 이상에 걸치는 운송을 하는 경우

　　　㉡ 일반도로에서 200km 이상에 걸치는 운송을 하는 경우

　　② **운전자를 1명으로 할 수 있는 경우**

　　　㉠ **운송책임자를 동승시킨 경우**

　　　㉡ **제2류 위험물, 제3류 위험물(칼슘 또는 알루미늄의 탄화물에 한한다) 또는 제4류 위험물(특수인화물 제외)을 운송하는 경우**

　　　㉢ **운송 도중에 2시간 이내마다 20분 이상씩 휴식하는 경우**

　(3) ① **완공검사합격확인증** : 규정에 따라 허가를 받은 자가 제조소등의 설치를 마쳤거나 그 위치 · 구조 또는 설비의 변을 마친 때에는 당해 제조소등마다 시 · 도지사가 행하는 완공검사를 받아 규정에 따른 기술기준에 적합하다고 인정받은 후가 아니면 이를 사용하여서는 안된다.

　　② **위험물안전카드**를 휴대해야 하는 위험물 : 제4류 위험물 중 특수인화물 및 제1석유류와 제1류, 제2류, 제3류, 제5류, 제6류 위험물 전부 물이 유출되거나 유입되지 않도록 할 것

☑ **출제 형식**

위험물 운송책임자의 운전자 감독 · 지원하는 방법과 위험물 운송 기준을 함께 묻는 것으로 처음으로 출제된 신출 변형문제입니다.

☑ **이런 유형의 문제 대비를 위해 미리 학습해야 할 내용**

운송책임자의 기준

1. 운송책임자의 자격요건

　① 위험물 국가기술자격을 취득하고 관련 업무에 1년 이상 종사한 경력이 있는 자

　② 위험물 운송에 관한 안전교육을 수료하고 관련 업무에 2년 이상 종사한 경력이 있는 자

2. 운송 시 운송책임자의 감독 · 지원을 받아야 하는 위험물

　① 알킬알루미늄

　② 알킬리튬

신유형 ㉓ 탱크의 내용적과 완공검사 및 정기검사   [2022년 제1회 필답형 20번]

탱크 바닥의 반지름이 3m, 높이가 20m인 원통형 옥외탱크저장소에 대해 다음 물음에 답하시오.

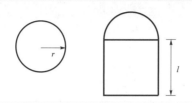

(1) 종으로 세워진 원통형 탱크의 내용적(L)을 구하시오.
(2) 기술검토를 받아야 하면 ○, 받지 않아도 되면 ×를 쓰시오.
(3) 완공검사를 받아야 하면 ○, 받지 않아도 되면 ×를 쓰시오.
(4) 정기검사를 받아야 하면 ○, 받지 않아도 되면 ×를 쓰시오.

≫≫풀이

(1) 종으로 세워진 원통형 탱크의 내용적 = $\pi r^2 l$, 1m³ = 1,000L이므로,

탱크의 내용적 = $(\pi \times 3^2 \times 20)\text{m}^3 \times \dfrac{1{,}000\text{L}}{1\text{m}^3}$ = **565,486.68L**

(2) 기술검토의 대상인 제조소등
  - 지정수량의 1천배 이상의 위험물을 취급하는 제조소 또는 일반취급소
  - **옥외탱크저장소(저장용량이 50만L 이상**인 것만 해당한다) 또는 암반탱크저장소

(3) 규정에 따라 허가를 받은 자가 제조소등의 설치를 마쳤거나 그 위치·구조 또는 설비의 변을 마친 때에는 당해 제조소등마다 시·도지사가 행하는 **완공검사를 받아** 규정에 따른 기술기준에 적합하다고 인정받은 후가 아니면 이를 사용하여서는 안된다.

(4) **정기검사**의 대상인 제조소등
  - 특정·준특정 옥외탱크저장소(위험물을 저장 또는 취급하는 **50만L 이상의 옥외탱크저장소**)

☑ **출제 형식**

자주 출제되는 탱크 내용적을 묻는 문제와 기술검토 및 완공검사, 정기검사에 대한 질문을 함께 묻는 것으로 신출 변형문제입니다.

☑ **이런 유형의 문제 대비를 위해 미리 학습해야 할 내용**

1. 탱크 안전성능검사의 위탁업무에 해당하는 탱크
   ① 100만L 이상인 액체 위험물 저장탱크
   ② 암반탱크
   ③ 지하저장탱크 중 이중벽의 위험물탱크
2. 완공검사의 위탁업무에 해당하는 제조소등
   ① 지정수량 3천배 이상의 위험물을 취급하는 제조소 또는 일반취급소
   ② 50만L 이상의 옥외탱크저장소
   ③ 암반탱크저장소

신유형 **24** 안전교육의 대상자와 교육시간   [2022년 제4회 필답형 1번]

다음은 안전교육의 교육과정과 교육대상자, 교육시간에 대한 내용이다. 빈칸을 알맞게 채우시오.

교육과정	교육대상자	교육시간
강습교육	(①)가 되려는 사람	24시간
	(②)가 되려는 사람	8시간
	(③)가 되려는 사람	16시간
실무교육	(①)	8시간 이내
	(②)	4시간
	(③)	8시간 이내
	(④)의 기술인력	8시간 이내

>> 풀이   안전교육의 과정, 대상자 및 시간

교육과정	교육대상자	교육시간	교육시기	교육기관
강습교육	**안전관리자**가 되려는 사람	24시간	최초 선임되기 전	한국소방안전원
	위험물운반자가 되려는 사람	8시간	최초 종사하기 전	
	위험물운송자가 되려는 사람	16시간	최초 종사하기 전	
실무교육	**안전관리자**	8시간 이내	1. 제조소등의 안전관리자로 선임된 날부터 6개월 이내 2. 신규교육을 받은 후 2년마다 1회	
	위험물운반자	4시간	1. 위험물운반자로 종사한 날부터 6개월 이내 2. 신규교육을 받은 후 3년마다 1회	
	위험물운송자	8시간 이내	1. 위험물운송자로 종사한 날부터 6개월 이내 2. 신규교육을 받은 후 3년마다 1회	
	탱크시험자의 기술인력	8시간 이내	1. 탱크시험자의 기술인력으로 등록한 날부터 6개월 이내 2. 신규교육을 받은 후 2년마다 1회	한국소방산업기술원

☑ **출제 형식**

안전교육의 대상자와 교육시간을 묻는 처음으로 출제된 신출문제입니다.

☑ **이런 유형의 문제 대비를 위해 미리 학습해야 할 내용**

1. 위험물운반자
 ① 운반용기에 수납된 위험물을 지정수량 이상으로 차량에 적재하여 운반하는 차량의 운전자
 ② 위험물 분야의 자격 취득 후 안전교육을 수료할 것
2. 위험물운송자
 ① 이동탱크저장소에 의하여 위험물을 운송하는 자로 운송책임자 및 이동탱크저장소 운전자
 ② 위험물 분야의 자격 취득 후 안전교육을 수료할 것

신유형 **25** 위험물제조소등의 방화상 유효한 담의 높이 [2022년 제4회 필답형 19번]

다음 주어진 조건을 보고 위험물제조소의 방화상 유효한 담의 높이(h)는 몇 m 이상으로 해야 하는지 구하시오.

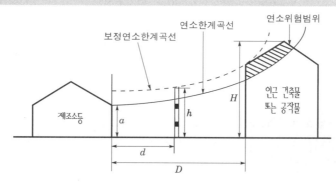

여기서, D : 제조소등과 인근 건축물 또는 공작물과의 거리(10m)
H : 인근 건축물 또는 공작물의 높이(40m)
a : 제조소등의 외벽의 높이(30m)
d : 제조소등과 방화상 유효한 담과의 거리(5m)
h : 방화상 유효한 담의 높이(m)
p : 상수 0.15

>>> 풀이 방화상 유효한 담의 높이(h)
- $H \leq pD^2 + a$인 경우 : $h = 2$
- $H > pD^2 + a$인 경우 : $h = H - p(D^2 - d^2)$

$40 \leq 0.15 \times 10^2 + 30$이므로 방화상 유효한 담의 높이($h$)=**2m 이상**이다.

☑ **출제 형식**

위험물제조소등의 방화상 유효한 담의 높이를 구하는 문제는 필기시험에서 출제되던 내용으로 실기시험에는 출제되지 않았으나 이번에 새롭게 출제된 신출문제입니다.

☑ **이런 유형의 문제 대비를 위해 미리 학습해야 할 내용**

식에서 D, H, a, d가 의미하는 것이 무엇인지를 물어보는 내용으로 다음과 같이 출제할 수 있습니다.

제조소의 안전거리를 단축기준과 관련하여 $H \leq pD^2 + a$인 경우 방화상 유효한 담의 높이(h)는 2m 이상으로 한다. 이때 a가 의미하는 것은 무엇인가?

신유형 26 주유취급소에 관한 특례기준

다음 〈보기〉는 주유취급소에 관한 특례기준이다. 다음 물음에 대한 답을 〈보기〉에서 모두 골라 기호를 쓰시오. (단, 해당사항이 없으면 "해당 없음"이라고 쓰시오.)

> ① 주유공지를 확보하지 않아도 된다.
> ② 지하저장탱크에서 직접 주유하는 경우 탱크 용량에 제한을 두지 않아도 된다.
> ③ 고정주유설비 또는 고정급유설비의 주유관의 길이에 제한을 두지 않아도 된다.
> ④ 담 또는 벽을 설치하지 않아도 된다.
> ⑤ 캐노피를 설치하지 않아도 된다.

(1) 항공기 주유취급소 특례에 해당하는 것을 쓰시오.
(2) 자가용 주유취급소 특례에 해당하는 것을 쓰시오.
(3) 선박 주유취급소 특례에 해당하는 것을 쓰시오.

>>> 풀이

(1) 항공기 주유취급소 특례
    ① 주유공지와 급유공지에 대한 규정을 적용하지 않는다.
    ② 표지 및 게시판에 대한 규정을 적용하지 않는다.
    ③ 위험물을 저장 또는 취급하는 탱크 설치에 대한 규정을 적용하지 않는다.
    ④ 고정주유설비 또는 고정급유설비의 주유관의 길이에 대한 규정을 적용하지 않는다.
    ⑤ 담 또는 벽에 대한 규정을 적용하지 않는다.
    ⑥ 캐노피에 대한 규정을 적용하지 않는다.
(2) 자가용 주유취급소 특례
    – 주유공지와 급유공지에 대한 규정을 적용하지 않는다.
(3) 선박 주유취급소 특례
    ① 주유공지와 급유공지에 대한 규정을 적용하지 않는다.
    ② 위험물을 저장 또는 취급하는 탱크 설치에 대한 규정을 적용하지 않는다.
    ③ 고정주유설비 또는 고정급유설비의 주유관의 길이에 대한 규정을 적용하지 않는다.
    ④ 담 또는 벽에 대한 규정을 적용하지 않는다.

☑ 출제 형식

주유취급소의 위치·구조 및 설비의 기준 중 항공기/자가용/선박 주유취급소의 특례기준을 묻는 신출문제입니다.

☑ 이런 유형의 문제 대비를 위해 미리 학습해야 할 내용

주유취급소의 셀프용 고정주유설비 및 고정급유설비의 기준
1. 셀프용 고정주유설비
    ① 1회 연속주유량의 상한 : 휘발유는 100L 이하, 경유는 200L 이하
    ② 1회 연속주유시간의 상한 : 4분 이하
2. 셀프용 고정급유설비
    ① 1회 연속급유량의 상한 : 100L 이하
    ② 1회 연속급유시간의 상한 : 6분 이하

27 위험물의 소화 방법

다음 〈보기〉의 내용은 위험물의 소화 방법에 대한 설명이다. 옳은 것을 모두 고르시오.

① 제1류 위험물은 주수소화가 가능한 물질과 그렇지 않은 물질이 있다.
② 마그네슘 화재 시 물분무소화가 적응성이 없어 이산화탄소소화기로 소화가 가능하다.
③ 에탄올은 물보다 비중이 높아 물로 소화 시 화재면이 확대되어 주수소화가 불가능하다.
④ 제6류 위험물을 저장 또는 취급하는 장소로서 폭발의 위험이 없는 장소에 한하여 이산화탄소소화기는 적응성이 있다.
⑤ 건조사는 모든 유별 위험물에 소화적응성이 있다.

▶▶ 풀이   ④ 제6류 위험물은 다량의 물로 냉각소화하며, 이산화탄소소화기는 폭발의 위험이 없는 장소에 한하여 제6류 위험물에 적응성이 있다.
　　　 ⑤ 건조사, 팽창질석, 팽창진주암은 모든 유별 위험물에 소화적응성이 있다.

☑ 출제 형식

각 위험물에 적응성이 있는 소화설비를 묻는 문제로 소화설비 적응성에서 △로 표시되는 제6류 위험물의 이산화탄소소화기의 적응성과 모든 위험물에 소화적응성이 있는 건조사를 포함한 신출 변형문제입니다.

☑ 이런 유형의 문제 대비를 위해 미리 학습해야 할 내용

소화설비의 적응성

소화설비의 구분			그 밖의 건축물 · 공작물	전기설비	제1류 위험물		제2류 위험물			제3류 위험물		제4류 위험물	제5류 위험물	제6류 위험물
					과산화알칼리금속등	그 밖의 것	철분 · 금속분 · 마그네슘등	인화성고체	그 밖의 것	금수성물품	그 밖의 것			
옥내소화전 또는 옥외소화전 설비			○			○		○	○		○		○	○
스프링클러설비			○			○		○	○		○	△	○	○
물분무등소화설비		물분무소화설비	○	○		○		○	○		○	○	○	○
		포소화설비	○			○		○	○		○	○	○	○
		불활성가스소화설비		○				○				○		
		할로겐화합물소화설비		○				○				○		
	분말소화설비	인산염류등	○	○		○		○	○			○		○
		탄산수소염류등		○	○		○	○		○		○		
		그 밖의 것			○		○			○				
대형 · 소형 수동식 소화기		봉상수(棒狀水)소화기	○			○		○	○		○		○	○
		무상수(霧狀水)소화기	○	○		○		○	○		○		○	○
		봉상강화액소화기	○			○		○	○		○		○	○
		무상강화액소화기	○	○		○		○	○		○	○	○	○
		포소화기	○			○		○	○		○	○	○	○
		이산화탄소소화기		○				○				○		△
		할로겐화합물소화기		○				○				○		
	분말소화기	인산염류소화기	○	○		○		○	○			○		○
		탄산수소염류소화기		○	○		○	○		○		○		
		그 밖의 것			○		○			○				
기타		물통 또는 수조	○			○		○	○		○		○	○
		건조사			○	○	○	○	○	○	○	○	○	○
		팽창질석 또는 팽창진주암			○	○	○	○	○	○	○	○	○	○

※ "○"는 소화설비의 적응성이 있다는 의미이고, "△"의 의미는 다음과 같다.
1. 스프링클러설비 : 제4류 위험물 화재에는 사용할 수 없지만 취급장소의 살수기준면적에 따라 스프링클러설비의 살수밀도가 기준 이상이면 제4류 위험물 화재에 사용할 수 있다.
2. 이산화탄소소화기 : 폭발의 위험이 없는 장소에 한하여 이산화탄소소화기가 제6류 위험물에 적응성이 있음을 의미한다.

신유형 28 주유취급소의 전기자동차용 충전설비의 전력공급설비 기준 [2023년 제4회 필답형 12번]

다음 〈보기〉는 주유취급소에 있는 전기자동차용 충전설비의 전력공급설비 기준에 대한 내용이다. 옳은 내용을 모두 고르시오.

① 전기사업법에 따른 전기설비의 기술기준에 적합할 것
② 전력량계, 누전차단기 및 배선용 차단기는 분전반 외부에 설치할 것
③ 분전반은 방폭성능을 갖출 것
④ 분전반을 폭발위험장소 외의 장소에 설치하는 경우에는 방폭성능을 갖출 것

>>> 풀이 전기자동차용 충전설비의 전력공급설비는 전기자동차에 전원을 공급하기 위한 전기설비로서 전력량계, 인입구 배선, 분전반 및 배선용 차단기 등을 말하며, 설치기준은 다음과 같다.
① 전기사업법에 따른 전기설비의 기술기준에 적합할 것
② **전력량계, 누전차단기 및 배선용 차단기는 분전반 내에 설치**할 것
③ 분전반은 방폭성능을 갖출 것. 다만, **분전반을 폭발위험장소 외의 장소에 설치하는 경우에는 방폭성능을 갖추지 않을 수 있다.**
④ 인입구 배선은 지하에 설치할 것

☑ **출제 형식**

주유취급소의 위치·구조 및 설비의 기준 중 전기자동차용 충전설비의 전력공급설비 기준을 묻는 신출문제입니다.

☑ **이런 유형의 문제 대비를 위해 미리 학습해야 할 내용**

주유취급소의 전기자동차용 충전설비의 기준

1. 충전기기의 주위에 전기자동차 충전을 위한 전용 공지를 확보하고, 충전공지 주위를 페인트 등으로 표시하여 그 범위를 알아보기 쉽게 할 것
2. 전기자동차용 충전설비를 건축물 밖에 설치하는 경우 충전공지는 폭발위험 장소 외의 장소에 둘 것
3. 전기자동차용 충전설비를 건축물 안에 설치하는 경우에는 다음의 기준에 적합할 것
   ① 해당 건축물의 1층에 설치할 것
   ② 해당 건축물에 가연성 증기가 남아 있을 우려가 없도록 환기설비 또는 배출설비를 설치할 것
4. 충전기기와 인터페이스는 다음의 기준에 적합할 것
   ① 충전기기는 방폭성능을 갖출 것
   ② 인터페이스의 구성 부품은 「전기용품 및 생활용품 안전관리법」에 따른 기준에 적합할 것
5. 충전작업에 필요한 주차장을 설치하는 경우에는 다음의 기준에 적합할 것
   ① 주유공지, 급유공지 및 충전공지 외의 장소로서 주유를 위한 자동차 등의 진입·출입에 지장을 주지 않는 장소에 설치할 것
   ② 주차장의 주위를 페인트 등으로 표시하여 그 범위를 알아보기 쉽게 할 것
   ③ 지면에 직접 주차하는 구조로 할 것

신유형 **29** 주위험물 제조소등 시설의 허가 및 신고 　[**2023년 제4회 필답형 19번**]

50만L 이상인 옥외탱크저장소의 설치허가를 받고자 한다. 다음 물음에 답하시오.

(1) 기술검토 부서를 쓰시오.

(2) 기술검토 내용을 쓰시오.

>>> 풀이 위험물 제조소등 시설의 허가 및 신고
(1) 시 · 도지사에게 허가를 받아야 하는 경우
　① 제조소등을 설치하고자 할 때
　② 제조소등의 위치·구조 및 설비를 변경하고자 할 때
　　※ **제조소등의 설치허가** 또는 제조소등의 위치·구조 및 설비의 변경허가에 있어서 **한국소방산업기술원**의 기술검토를 받아야 하는 사항
　　1. 지정수량의 1천배 이상의 위험물을 취급하는 제조소 또는 일반취급소의 구조·설비에 관한 사항
　　2. **50만L 이상인 옥외탱크저장소** 또는 암반탱크저장소의 **위험물탱크의 기초·지반, 탱크 본체 및 소화 설비에 관한 사항**
(2) 시 · 도지사에게 신고해야 하는 경우
　① 제조소등의 위치 · 구조 또는 설비의 변경 없이 위험물의 품명·수량 또는 지정수량의 배수를 변경하고자 하는 자 : 변경하고자 하는 날의 1일 전까지 신고
　② 제조소등의 설치자의 지위를 승계한 자 : 승계한 날부터 30일 이내에 신고
　③ 제조소등의 용도를 폐지한 때 : 제조소등의 용도를 폐지한 날부터 14일 이내에 신고

☑ **출제 형식**

위험물제조소등 시설의 허가 및 신고는 필기시험에서 자주 출제되었던 내용으로 실기시험에는 출제되지 않았으나 이번에 새롭게 변형 출제된 신출문제입니다.

☑ **이런 유형의 문제 대비를 위해 미리 학습해야 할 내용**

위험물제조소등 시설의 허가 및 신고

1. 허가나 신고 없이 제조소등을 설치하거나 위치 · 구조 또는 설비를 변경할 수 있고 위험물의 품명 · 수량 또는 지정수량의 배수를 변경할 수 있는 경우
　① 주택의 난방시설(공동주택의 중앙난방시설을 제외)을 위한 저장소 또는 취급소
　② 농예용·축산용 또는 수산용으로 필요한 난방시설 또는 건조시설을 위한 지정수량 20배 이하의 저장소
2. 제조소등이 아닌 장소에서 지정수량 이상의 위험물을 취급할 수 있는 경우
　① 관할소방서장의 승인을 받아 지정수량 이상의 위험물을 90일 이내의 기간 동안 임시로 저장 또는 취급하는 경우
　② 군부대가 지정수량 이상의 위험물을 군사목적으로 임시로 저장 또는 취급하는 경우

인생에서 가장 멋진 일은
사람들이 당신이 해내지 못할 것이라 장담한 일을
해내는 것이다.
-월터 배젓(Walter Bagehot)-

☆

항상 긍정적인 생각으로 도전하고 노력한다면,
언젠가는 멋진 성공을 이끌어 낼 수 있다는 것을 잊지 마세요. ^^

위험물산업기사 [실기]

2020. 4. 28. 초 판 1쇄 발행
2024. 1. 10. 개정 5판 1쇄(통산 8쇄) 발행

지은이 | 여승훈, 박수경
펴낸이 | 이종춘
펴낸곳 | BM (주)도서출판 **성안당**
주소 | 04032 서울시 마포구 양화로 127 첨단빌딩 3층(출판기획 R&D 센터)
10881 경기도 파주시 문발로 112 파주 출판 문화도시(제작 및 물류)
전화 | 02) 3142-0036
031) 950-6300
팩스 | 031) 955-0510
등록 | 1973. 2. 1. 제406-2005-000046호
출판사 홈페이지 | **www.cyber.co.kr**
ISBN | 978-89-315-2928-9 (13570)
정가 | 29,000원

이 책을 만든 사람들
책임 | 최옥현
진행 | 이용화
전산편집 | 이다은
표지 디자인 | 임흥순
홍보 | 김계향, 유미나, 정단비, 김주승
국제부 | 이선민, 조혜란
마케팅 | 구본철, 차정욱, 오영일, 나진호, 강호묵
마케팅 지원 | 장상범
제작 | 김유석

한번에 합격하기

위험물
산업기사
실기

주제별 필수이론
핵심 써머리

여승훈, 박수경 지음

BM (주)도서출판 성안당

■ 도서 A/S 안내

성안당에서 발행하는 모든 도서는 저자와 출판사, 그리고 독자가 함께 만들어 나갑니다.

좋은 책을 펴내기 위해 많은 노력을 기울이고 있습니다. 혹시라도 내용상의 오류나 오탈자 등이 발견되면 **"좋은 책은 나라의 보배"**로서 우리 모두가 함께 만들어 간다는 마음으로 연락주시기 바랍니다. 수정 보완하여 더 나은 책이 되도록 최선을 다하겠습니다.

성안당은 늘 독자 여러분들의 소중한 의견을 기다리고 있습니다. 좋은 의견을 보내주시는 분께는 성안당 쇼핑몰의 포인트(3,000포인트)를 적립해 드립니다.

잘못 만들어진 책이나 부록 등이 파손된 경우에는 교환해 드립니다.

저자 문의 e-mail : antidanger@kakao.com(박수경)

본서 기획자 e-mail : coh@cyber.co.kr(최옥현)

홈페이지 : http://www.cyber.co.kr 전화 : 031) 950-6300

핵심 써머리

실기시험 대비 주제별 필수이론

1. 위험물의 유별에 따른 필수 암기사항
2. 위험물의 종류와 지정수량
3. 위험물의 유별에 따른 대표적 성질
4. 위험물과 소화약제의 중요 반응식
5. 시험에 자주 나오는 소화이론
6. 시험에 자주 나오는 위험물안전관리법 내용

핵심 써머리

1. 위험물의 유별에 따른 필수 암기사항

유 별 (성질)	위험 등급	품 명		지정 수량	소화방법	주의사항 (운반용기 외부)	주의사항 (제조소등)
제1류 위험물 (산화성 고체)	Ⅰ	아염소산염류 염소산염류 과염소산염류		50kg	냉각소화	화기·충격주의, 가연물접촉주의	게시판 필요 없음
		무기 과산화물	알칼리금속 무기과산화물		질식소화	화기·충격주의, 가연물접촉주의, 물기엄금	물기엄금
			그 밖의 것		냉각소화	화기·충격주의, 가연물접촉주의	게시판 필요 없음
	Ⅱ	브롬산염류 질산염류 요오드산염류		300kg	냉각소화	화기·충격주의, 가연물접촉주의	게시판 필요 없음
	Ⅲ	과망간산염류 중크롬산염류		1,000kg			
제2류 위험물 (가연성 고체)	Ⅱ	황화인 적린 황(유황)		100kg	냉각소화	화기주의	화기주의
	Ⅲ	철분 마그네슘 금속분		500kg	질식소화	화기주의, 물기엄금	
		인화성 고체		1,000kg	냉각소화	화기엄금	화기엄금
제3류 위험물 (자연 발화성 및 금수성 물질)	Ⅰ	칼륨 나트륨 알킬리튬 알킬알루미늄		10kg	질식소화	물기엄금	물기엄금
		황린		20kg	냉각소화	화기엄금, 공기접촉엄금	화기엄금
	Ⅱ	알칼리금속 및 알칼리토금속 (칼륨, 나트륨 제외) 유기금속화합물 (알킬리튬, 알킬알루미늄 제외)		50kg	질식소화	물기엄금	물기엄금
	Ⅲ	금속의 수소화물 금속의 인화물 칼슘 또는 알루미늄의 탄화물		300kg			

유 별 (성질)	위험 등급	품 명	지정 수량	소화방법	주의사항 (운반용기 외부)	주의사항 (제조소등)
제4류 위험물 (인화성 액체)	I	특수인화물	50L	질식소화	화기엄금	화기엄금
	II	제1석유류(비수용성)	200L			
		제1석유류(수용성) 알코올류	400L			
	III	제2석유류(비수용성)	1,000L			
		제2석유류(수용성)	2,000L			
		제3석유류(비수용성)	2,000L			
		제3석유류(수용성)	4,000L			
		제4석유류	6,000L			
		동식물유류	10,000L			
제5류 위험물 (자기 반응성 물질)	I	유기과산화물 질산에스테르류	10kg	냉각소화	화기엄금, 충격주의	화기엄금
	II	니트로화합물 니트로소화합물 아조화합물 디아조화합물 히드라진유도체	200kg			
		히드록실아민 히드록실아민염류	100kg			
제6류 위험물 (산화성 액체)	I	과염소산 과산화수소 질산	300kg	냉각소화	가연물접촉주의	게시판 필요 없음

※ 주의사항(제조소등) 게시판 – 물기엄금(청색바탕, 백색문자) / 화기주의, 화기엄금(적색바탕, 백색문자)

✒️ 행정안전부령이 정하는 위험물

유 별	품 명	지정수량
제1류 위험물	과요오드산염류, 과요오드산, 크롬·납 또는 요오드의 산화물, 아질산염류, 염소화이소시아눌산, 퍼옥소이황산염류, 퍼옥소 붕산염류	300kg
	차아염소산염류	50kg
제3류 위험물	염소화규소화합물	300kg
제5류 위험물	금속의 아지화합물, 질산구아니딘	200kg
제6류 위험물	할로겐간화합물	300kg

2. 위험물의 종류와 지정수량

☑️ 제1류 위험물의 종류와 지정수량

품 명	물질명	지정수량
아염소산염류	아염소산나트륨	50kg
염소산염류	염소산칼륨 염소산나트륨 염소산암모늄	50kg
과염소산염류	과염소산칼륨 과염소산나트륨 과염소산암모늄	50kg
무기과산화물	과산화칼륨 과산화나트륨 과산화리튬	50kg
브롬산염류	브롬산칼륨 브롬산나트륨	300kg
질산염류	질산칼륨 질산나트륨 질산암모늄	300kg
요오드산염류	요오드산칼륨	300kg
과망간산염류	과망간산칼륨	1,000kg
중크롬산염류	중크롬산칼륨 중크롬산암모늄	1,000kg

☑️ 제2류 위험물의 종류와 지정수량

품 명	물질명	지정수량
황화인	삼황화인 오황화인 칠황화인	100kg
적린	적린	100kg
황	황	100kg
철분	철분	500kg
마그네슘	마그네슘	500kg
금속분	알루미늄분 아연분	500kg
인화성 고체	고형알코올	1,000kg

☑ 제3류 위험물의 종류와 지정수량

품 명	물질명	상 태	지정수량
칼륨	칼륨	고체	10kg
나트륨	나트륨	고체	10kg
알킬알루미늄	트리메틸알루미늄 트리에틸알루미늄	액체	10kg
알킬리튬	메틸리튬 에틸리튬	액체	10kg
황린	황린	고체	20kg
알칼리금속 (칼륨 및 나트륨 제외) 및 알칼리토금속	리튬 칼슘	고체	50kg
유기금속화합물 (알킬알루미늄 및 알킬리튬 제외)	디메틸마그네슘 에틸나트륨	고체 또는 액체	50kg
금속의 수소화물	수소화칼륨 수소화나트륨 수소화리튬 수소화알루미늄	고체	300kg
금속의 인화물	인화칼슘 인화알루미늄	고체	300kg
칼슘 또는 알루미늄의 탄화물	탄화칼슘 탄화알루미늄	고체	300kg

☑ 제4류 위험물의 수용성과 지정수량의 구분

구 분	물질명	수용성 여부	지정수량
특수인화물	디에틸에테르	비수용성	50L
	이황화탄소	비수용성	50L
	아세트알데히드	수용성	50L
	산화프로필렌	수용성	50L
	이소프로필아민	수용성	50L
제1석유류	가솔린	비수용성	200L
	벤젠	비수용성	200L
	톨루엔	비수용성	200L
	시클로헥산	비수용성	200L
	에틸벤젠	비수용성	200L
	메틸에틸케톤	비수용성	200L

구 분	물질명	수용성 여부	지정수량
	아세톤	수용성	400L
	피리딘	수용성	400L
	시안화수소	수용성	400L
	초산메틸	비수용성	200L
	초산에틸	비수용성	200L
	의산메틸	수용성	400L
	의산에틸	비수용성	200L
	염화아세틸	비수용성	200L
알코올류	메틸알코올	수용성	400L
	에틸알코올	수용성	400L
	프로필알코올	수용성	400L
제2석유류	등유	비수용성	1,000L
	경유	비수용성	1,000L
	송정유	비수용성	1,000L
	송근유	비수용성	1,000L
	크실렌	비수용성	1,000L
	클로로벤젠	비수용성	1,000L
	스티렌	비수용성	1,000L
	부틸알코올	비수용성	1,000L
	포름산	수용성	2,000L
	아세트산	수용성	2,000L
	히드라진	수용성	2,000L
	아크릴산	수용성	2,000L
제3석유류	중유	비수용성	2,000L
	크레오소트유	비수용성	2,000L
	아닐린	비수용성	2,000L
	니트로벤젠	비수용성	2,000L
	메타크레졸	비수용성	2,000L
	글리세린	수용성	4,000L
	에틸렌글리콜	수용성	4,000L
제4석유류	기어유(윤활유)	비수용성	6,000L
	실린더유	비수용성	6,000L
동식물유류	건성유		10,000L
	반건성유	–	10,000L
	불건성유		10,000L

☑ 제5류 위험물의 종류와 지정수량

품 명	물질명	상 태	지정수량
유기과산화물	과산화벤조일 과산화메틸에틸케톤 아세틸퍼옥사이드	고체 액체 고체	10kg
질산에스테르류	질산메틸 질산에틸 니트로글리콜 니트로글리세린 니트로셀룰로오스 셀룰로이드	액체 액체 액체 액체 고체 고체	10kg
니트로화합물	트리니트로페놀(피크린산) 트리니트로톨루엔(TNT) 테트릴	고체 고체 고체	200kg
니트로소화합물	파라디니트로소벤젠 디니트로소레조르신	고체 고체	200kg
아조화합물	아조디카본아미드 아조비스이소부티로니트릴	고체 고체	200kg
디아조화합물	디아조아세토니트릴 디아조디니트로페놀	액체 고체	200kg
히드라진유도체	염산히드라진 황산히드라진	고체 고체	200kg
히드록실아민	히드록실아민	액체	100kg
히드록실아민염류	황산히드록실아민 나트륨히드록실아민	고체 고체	100kg

※ 위의 표에서 '니트로소화합물' 이후의 품명들은 지금까지의 시험에 자주 출제되지는 않았음을 알려드립니다.

☑ 제6류 위험물의 종류와 지정수량

품 명	물질명	지정수량
과염소산	과염소산	300kg
과산화수소	과산화수소	300kg
질산	질산	300kg

3. 위험물의 유별에 따른 대표적 성질

(1) 제1류 위험물

① 성질
- ㉠ 모두 물보다 무거움
- ㉡ 가열하면 열분해하여 산소 발생
- ㉢ 알칼리금속 과산화물은 초산 또는 염산 등의 산과 반응 시 제6류 위험물인 과산화수소 발생

② 색상
- ㉠ 과망간산염류 : 흑자색(흑색과 보라색의 혼합)
- ㉡ 중크롬산염류 : 등적색(오렌지색)
- ㉢ 그 밖의 것 : 무색 또는 백색

③ 소화방법
- ㉠ 알칼리금속 과산화물(과산화칼륨, 과산화나트륨, 과산화리튬) : 탄산수소염류 분말소화약제, 마른모래, 팽창질석 또는 팽창진주암으로 질식소화
- ㉡ 그 밖의 것 : 냉각소화

(2) 제2류 위험물

① 위험물의 조건
- ㉠ 황 : 순도 60중량% 이상
- ㉡ 철분 : 철의 분말로서 53마이크로미터의 표준체를 통과하는 것이 50중량% 이상인 것
- ㉢ 마그네슘 : 직경이 2mm 이상이거나 2mm의 체를 통과하지 못하는 덩어리상태를 제외
- ㉣ 금속분 : 금속의 분말로서 150마이크로미터의 체를 통과하는 것이 50중량% 이상인 것으로서 니켈(Ni)분 및 구리(Cu)분은 제외
- ㉤ 인화성 고체 : 고형알코올, 그 밖에 1기압에서 인화점이 40℃ 미만인 고체

② 성질
- ㉠ 모두 물보다 무거움
- ㉡ 오황화인(P_2S_5) : 연소 시 이산화황을 발생하고 물과 반응 시 황화수소 발생
- ㉢ 적린(P) : 연소 시 오산화인(P_2O_5)이라는 백색 기체 발생
- ㉣ 황(S) : 사방황, 단사황, 고무상황 3가지의 동소체가 존재하며, 연소 시 이산화황 발생
- ㉤ 철분, 마그네슘, 금속분 : 물과 반응 시 수소 발생

③ 소화방법
    ㉠ 철분, 금속분, 마그네슘 : 탄산수소염류 분말소화약제, 마른모래, 팽창질석 또는
      팽창진주암으로 질식소화
    ㉡ 그 밖의 것 : 냉각소화

(3) 제3류 위험물

① 위험물의 구분
    ㉠ 자연발화성 물질 : 황린(P_4)
    ㉡ 금수성 물질 : 그 밖의 것

② 보호액
    ㉠ 칼륨(K) 및 나트륨(Na) : 석유(등유, 경유, 유동파라핀)
    ㉡ 황린(P_4) : pH=9인 약알칼리성의 물

③ 성질
    ㉠ 비중 : 칼륨, 나트륨, 리튬, 알킬리튬, 알킬알루미늄, 금속의 수소화물은 물보다 가볍
      고, 그 외의 물질은 물보다 무거움
    ㉡ 불꽃 반응색 : 칼륨은 보라색, 나트륨은 황색, 리튬은 적색
    ㉢ 트리에틸알루미늄[$(C_2H_5)_3Al$] : 물과 반응 시 에탄(C_2H_6)가스 발생
    ㉣ 황린 : 연소 시 오산화인(P_2O_5)이라는 백색 기체 발생

④ 물과 반응 시 발생 기체
    ㉠ 칼륨 및 나트륨 : 수소(H_2)
    ㉡ 수소화칼륨(KH) 및 수소화나트륨(NaH) : 수소(H_2)
    ㉢ 인화칼슘(Ca_3P_2) : 포스핀(PH_3)
    ㉣ 탄화칼슘(CaC_2) : 아세틸렌(C_2H_2)
    ㉤ 탄화알루미늄(Al_4C_3) : 메탄(CH_4)

⑤ 소화방법
    ㉠ 황린 : 냉각소화
    ㉡ 그 밖의 것 : 탄산수소염류 분말소화약제, 마른모래, 팽창질석 또는 팽창진주암
      으로 질식소화

(4) 제4류 위험물

① 품명의 구분
    ㉠ 특수인화물 : 이황화탄소, 디에틸에테르, 그 밖에 발화점 100℃ 이하이거나 인화점
      −20℃ 이하이고 비점 40℃ 이하인 것
    ㉡ 제1석유류 : 아세톤, 휘발유, 그 밖에 인화점 21℃ 미만인 것
    ㉢ 제2석유류 : 등유, 경유, 그 밖에 인화점 21℃ 이상 70℃ 미만인 것
    ㉣ 제3석유류 : 중유, 크레오소트유, 그 밖에 인화점 70℃ 이상 200℃ 미만인 것

　　　　ⓜ 제4석유류 : 기어유, 실린더유, 그 밖에 인화점 200℃ 이상 250℃ 미만인 것

　　　　ⓗ 동식물유류 : 인화점 250℃ 미만인 것

　② 성질

　　ㄱ 대부분 물보다 가볍고, 발생하는 증기는 공기보다 무거움

　　ㄴ 디에틸에테르 : 요오드화칼륨 10% 용액을 첨가하여 과산화물 검출

　　ㄷ 이황화탄소 : 물보다 무겁고 비수용성으로 물속에 보관

　　ㄹ 벤젠 : 비수용성으로 독성이 강함

　　ㅁ 알코올 : 대부분 수용성

　　ㅂ 동식물유류 : 요오드값의 범위에 따라 건성유, 반건성유, 불건성유로 구분

　③ 중요 인화점

　　ㄱ 특수인화물

　　　　ⓐ 디에틸에테르($C_2H_5OC_2H_5$) : -45℃

　　　　ⓑ 이황화탄소(CS_2) : -30℃

　　ㄴ 제1석유류

　　　　ⓐ 아세톤(CH_3COCH_3) : -18℃

　　　　ⓑ 휘발유(C_8H_{18}) : -43~-38℃

　　　　ⓒ 벤젠(C_6H_6) : -11℃

　　　　ⓓ 톨루엔($C_6H_5CH_3$) : 4℃

　　ㄷ 알코올류

　　　　ⓐ 메틸알코올(CH_3OH) : 11℃

　　　　ⓑ 에틸알코올(C_2H_5OH) : 13℃

　　ㄹ 제3석유류

　　　　ⓐ 아닐린($C_6H_5NH_2$) : 75℃

　　　　ⓑ 에틸렌글리콜[$C_2H_4(OH)_2$] : 111℃

　④ 소화방법

　　이산화탄소, 할로겐화합물, 분말, 포소화약제를 이용하여 질식소화

(5) 제5류 위험물

　① 액체와 고체의 구분

　　ㄱ 액체

　　　　ⓐ 질산메틸(CH_3ONO_2) : 품명은 질산에스테르류이며, 분자량은 77

　　　　ⓑ 질산에틸($C_2H_5ONO_2$) : 품명은 질산에스테르류이며, 분자량은 91

　　　　ⓒ 니트로글리세린[$C_3H_5(ONO_2)_3$] : 품명은 질산에스테르류이며, 규조토에 흡수시켜 다이너마이트 제조

ⓛ 고체

    ⓐ 과산화벤조일[$(C_6H_5CO)_2O_2$] : 품명은 유기과산화물이며, 수분함유 시 폭발성 감소

    ⓑ 니트로셀룰로오스 : 품명은 질산에스테르류이며, 함수알코올에 습면시켜 취급

    ⓒ 피크린산[$C_6H_2OH(NO_2)_3$] : 트리니트로페놀이라고 불리는 물질로서 품명은 니트로화합물이며, 단독으로는 마찰, 충격 등에 안정하지만 금속과 반응하면 위험

    ⓓ TNT[$C_6H_2CH_3(NO_2)_3$] : 트리니트로톨루엔이라고 불리는 물질로서 품명은 니트로화합물이며, 폭발력의 표준으로 사용

② 성질

    ㉠ 모두 물보다 무겁고 물에 녹지 않음

    ㉡ 고체들은 저장 시 물에 습면시키면 안정함

    ㉢ '니트로'를 포함하는 물질의 명칭이 많음

③ 소화방법

    냉각소화

(6) 제6류 위험물

① 위험물의 조건

    ㉠ 과산화수소 : 농도 36중량% 이상

    ㉡ 질산 : 비중 1.49 이상

② 성질

    ㉠ 물보다 무겁고 물에 잘 녹으며, 가열하면 분해하여 산소 발생

    ㉡ 불연성과 부식성이 있으며, 물과 반응 시 열을 발생

    ㉢ 과염소산 : 열분해 시 독성가스인 염화수소(HCl) 발생

    ㉣ 과산화수소

        ⓐ 저장용기에 미세한 구멍이 뚫린 마개를 사용하며, 인산, 요산 등의 분해방지 안정제 첨가

        ⓑ 물, 에테르, 알코올에는 녹지만, 벤젠과 석유에는 녹지 않음

    ㉤ 질산

        ⓐ 열분해 시 이산화질소(NO_2)라는 적갈색 기체와 산소(O_2) 발생

        ⓑ 염산 3, 질산 1의 부피비로 혼합하면 왕수(금과 백금도 녹임) 생성

        ⓒ 철(Fe), 코발트(Co), 니켈(Ni), 크롬(Cr), 알루미늄(Al)에서 부동태함

        ⓓ 피부에 접촉 시 단백질과 반응하여 노란색으로 변하는 크산토프로테인반응을 일으킴

③ 소화방법

    냉각소화

4. 위험물과 소화약제의 중요 반응식

제1류 위험물

물질명 (지정수량)	반응의 종류	반응식
염소산칼륨 [KClO₃] (50kg)	열분해반응식	$2KClO_3 \rightarrow 2KCl + 3O_2$ 염소산칼륨 염화칼륨 산소
과산화칼륨 [K₂O₂] (50kg)	열분해반응식	$2K_2O_2 \rightarrow 2K_2O + O_2$ 과산화칼륨 산화칼륨 산소
	물과의 반응식	$2K_2O_2 + 2H_2O \rightarrow 4KOH + O_2$ 과산화칼륨 물 수산화칼륨 산소
	탄산가스(이산화탄소)와의 반응식	$2K_2O_2 + 2CO_2 \rightarrow 2K_2CO_3 + O_2$ 과산화칼륨 이산화탄소 탄산칼륨 산소
	초산과의 반응식	$K_2O_2 + 2CH_3COOH \rightarrow 2CH_3COOK + H_2O_2$ 과산화칼륨 초산 초산칼륨 과산화수소
질산칼륨 [KNO₃] (300kg)	열분해반응식	$2KNO_3 \rightarrow 2KNO_2 + O_2$ 질산칼륨 아질산칼륨 산소
질산암모늄 [NH₄NO₃] (300kg)	열분해반응식	$2NH_4NO_3 \rightarrow 2N_2 + 4H_2O + O_2$ 질산암모늄 질소 물 산소
과망간산칼륨 [KMnO₄] (1,000kg)	열분해반응식 (240℃)	$2KMnO_4 \rightarrow K_2MnO_4 + MnO_2 + O_2$ 과망간산칼륨 망간산칼륨 이산화망간 산소
중크롬산칼륨 [K₂Cr₂O₇] (1,000kg)	열분해반응식 (500℃)	$4K_2Cr_2O_7 \rightarrow 4K_2CrO_4 + 2Cr_2O_3 + 3O_2$ 중크롬산칼륨 크롬산칼륨 삼산화제이크롬 산소

제2류 위험물

물질명 (지정수량)	반응의 종류	반응식
삼황화인 **[P$_4$S$_3$]** (100kg)	연소반응식	$P_4S_3 + 8O_2 \rightarrow 3SO_2 + 2P_2O_5$ 삼황화인　　산소　　이산화황　　오산화인
오황화인 **[P$_2$S$_5$]** (100kg)	연소반응식	$2P_2S_5 + 15O_2 \rightarrow 10SO_2 + 2P_2O_5$ 오황화인　　산소　　이산화황　　오산화인
	물과의 반응식	$P_2S_5 + 8H_2O \rightarrow 5H_2S + 2H_3PO_4$ 오황화인　　물　　황화수소　　인산
적린 **[P]** (100kg)	연소반응식	$4P + 5O_2 \rightarrow 2P_2O_5$ 적린　　산소　　오산화인
황 **[S]** (100kg)	연소반응식	$S + O_2 \rightarrow SO_2$ 황　　산소　　이산화황
철 **[Fe]** (500kg)	물과의 반응식	$Fe + 2H_2O \rightarrow Fe(OH)_2 + H_2$ 철　　물　　수산화철　　수소
	염산과의 반응식	$Fe + 2HCl \rightarrow FeCl_2 + H_2$ 철　　염산　　염화철　　수소
마그네슘 **[Mg]** (500kg)	물과의 반응식	$Mg + 2H_2O \rightarrow Mg(OH)_2 + H_2$ 마그네슘　　물　　수산화마그네슘　　수소
	염산과의 반응식	$Mg + 2HCl \rightarrow MgCl_2 + H_2$ 마그네슘　　염산　　염화마그네슘　　수소
알루미늄 **[Al]** (500kg)	물과의 반응식	$2Al + 6H_2O \rightarrow 2Al(OH)_3 + 3H_2$ 알루미늄　　물　　수산화알루미늄　　수소
	염산과의 반응식	$4Al + 6HCl \rightarrow 2AlCl_3 + 3H_2$ 알루미늄　　염산　　염화알루미늄　　수소

📑 제3류 위험물

물질명 (지정수량)	반응의 종류	반응식
칼륨[K] (10kg)	물과의 반응식	$2K + 2H_2O \rightarrow 2KOH + H_2$ 칼륨　　　　물　　　수산화칼륨　　수소
	연소반응식	$4K + O_2 \rightarrow 2K_2O$ 칼륨　　산소　　산화칼륨
	에틸알코올과의 반응식	$2K + 2C_2H_5OH \rightarrow 2C_2H_5OK + H_2$ 칼륨　　에틸알코올　　칼륨에틸레이트　　수소
	탄산가스와의 반응식	$4K + 3CO_2 \rightarrow 2K_2CO_3 + C$ 칼륨　이산화탄소　　탄산칼륨　　　탄소
나트륨[Na] (10kg)	물과의 반응식	$2Na + 2H_2O \rightarrow 2NaOH + H_2$ 나트륨　　　물　　　　수산화나트륨　　수소
트리에틸알루미늄 **[(C₂H₅)₃Al]** (10kg)	물과의 반응식	$(C_2H_5)_3Al + 3H_2O \rightarrow Al(OH)_3 + 3C_2H_6$ 트리에틸알루미늄　　　물　　　수산화알루미늄　　에탄
	연소반응식	$2(C_2H_5)_3Al + 21O_2 \rightarrow 12CO_2 + Al_2O_3 + 15H_2O$ 트리에틸알루미늄　　　산소　　이산화탄소　산화알루미늄　　물
	에틸알코올과의 반응식	$(C_2H_5)_3Al + 3C_2H_5OH \rightarrow (C_2H_5O)_3Al + 3C_2H_6$ 트리에틸알루미늄　　에틸알코올　　알루미늄에틸레이트　　에탄
황린[P₄] (20kg)	연소반응식	$P_4 + 5O_2 \rightarrow 2P_2O_5$ 황린　　산소　　오산화인
칼슘[Ca] (50kg)	물과의 반응식	$Ca + 2H_2O \rightarrow Ca(OH)_2 + H_2$ 칼슘　　　물　　　수산화칼슘　　수소
수소화칼륨[KH] (300kg)	물과의 반응식	$KH + H_2O \rightarrow KOH + H_2$ 수소화칼륨　물　수산화칼륨　수소
인화칼슘[Ca₃P₂] (300kg)	물과의 반응식	$Ca_3P_2 + 6H_2O \rightarrow 3Ca(OH)_2 + 2PH_3$ 인화칼슘　　물　　　수산화칼슘　　　포스핀
탄화칼슘[CaC₂] (300kg)	물과의 반응식	$CaC_2 + 2H_2O \rightarrow Ca(OH)_2 + C_2H_2$ 탄화칼슘　　물　　　수산화칼슘　　아세틸렌
	아세틸렌가스와 구리의 반응식	$C_2H_2 + Cu \rightarrow CuC_2 + H_2$ 아세틸렌　구리　　구리아세틸라이트　수소
탄화알루미늄[Al₄C₃] (300kg)	물과의 반응식	$Al_4C_3 + 12H_2O \rightarrow 4Al(OH)_3 + 3CH_4$ 탄화알루미늄　　물　　　수산화알루미늄　　메탄

📋 제4류 위험물

물질명 (지정수량)	반응의 종류	반응식
디에틸에테르[$C_2H_5OC_2H_5$] (50L)	제조법	$2C_2H_5OH \xrightarrow[\text{탈수}]{H_2SO_4} C_2H_5OC_2H_5 + H_2O$ 에틸알코올　　　　　　　　디에틸에테르　　물
이황화탄소[CS_2] (50L)	연소반응식	$CS_2 + 3O_2 \rightarrow CO_2 + 2SO_2$ 이황화탄소　산소　이산화탄소　이산화황
	물과의 반응식 (150℃ 가열 시)	$CS_2 + 2H_2O \rightarrow CO_2 + 2H_2S$ 이황화탄소　물　이산화탄소　황화수소
아세트알데히드[CH_3CHO] (50L)	산화를 이용한 제조법	$C_2H_4 \xrightarrow{+O} CH_3CHO$ 에틸렌　　　아세트알데히드
벤젠[C_6H_6] (200L)	연소반응식	$2C_6H_6 + 15O_2 \rightarrow 12CO_2 + 6H_2O$ 벤젠　　　산소　　이산화탄소　　물
톨루엔[$C_6H_5CH_3$] (200L)	연소반응식	$C_6H_5CH_3 + 9O_2 \rightarrow 7CO_2 + 4H_2O$ 톨루엔　　　산소　　이산화탄소　　물
초산메틸[CH_3COOCH_3] (200L)	제조법	$CH_3COOH + CH_3OH \rightarrow CH_3COOCH_3 + H_2O$ 초산　　　메틸알코올　　　초산메틸　　물
의산메틸[$HCOOCH_3$] (400L)	제조법	$HCOOH + CH_3OH \rightarrow HCOOCH_3 + H_2O$ 의산　　　메틸알코올　　　의산메틸　　물
메틸알코올[CH_3OH] (400L)	산화반응식	$CH_3OH \xrightarrow{-H_2} HCHO \xrightarrow{+O} HCOOH$ 메틸알코올　　　포름알데히드　　　포름산
에틸알코올[C_2H_5OH] (400L)	산화반응식	$C_2H_5OH \xrightarrow{-H_2} CH_3CHO \xrightarrow{+O} CH_3COOH$ 에틸알코올　　　아세트알데히드　　　아세트산

📋 제5류 위험물

물질명 (지정수량)	반응의 종류	반응식
질산메틸 [CH_3ONO_2] (10kg)	제조법	$HNO_3 + CH_3OH \rightarrow CH_3ONO_2 + H_2O$ 질산　　메틸알코올　　질산메틸　　물
트리니트로톨루엔 [$C_6H_2CH_3(NO_2)_3$] (200kg)	제조법	$C_6H_5CH_3 + 3HNO_3 \xrightarrow[\text{탈수}]{H_2SO_4} C_6H_2CH_3(NO_2)_3 + 3H_2O$ 톨루엔　　　질산　　　　　트리니트로톨루엔　　물

제6류 위험물

물질명 (지정수량)	반응의 종류	반응식
과염소산 [$HClO_4$] (300kg)	열분해반응식	$HClO_4 \rightarrow HCl + 2O_2$ 과염소산　염화수소　산소
과산화수소 [H_2O_2] (300kg)	열분해반응식	$2H_2O_2 \rightarrow 2H_2O + O_2$ 과산화수소　물　산소
질산 [HNO_3] (300kg)	열분해반응식	$4HNO_3 \rightarrow 2H_2O + 4NO_2 + O_2$ 질산　물　이산화질소 산소

소화약제의 반응식

소화기 및 소화약제	반응의 종류	반응식
화학포소화기	화학포소화기의 반응식	$6NaHCO_3 + Al_2(SO_4)_3 \cdot 18H_2O$ 탄산수소나트륨　황산알루미늄 물(결정수) $\rightarrow 3Na_2SO_4 + 2Al(OH)_3 + 6CO_2 + 18H_2O$ 황산나트륨　수산화알루미늄 이산화탄소　물
분말소화기	제1종 분말 열분해반응식	$2NaHCO_3 \rightarrow Na_2CO_3 + CO_2 + H_2O$ 탄산수소나트륨　탄산나트륨　이산화탄소　물
	제2종 분말 열분해반응식	$2KHCO_3 \rightarrow K_2CO_3 + CO_2 + H_2O$ 탄산수소칼륨　탄산칼륨　이산화탄소　물
	제3종 분말 열분해반응식	$NH_4H_2PO_4 \rightarrow HPO_3 + NH_3 + H_2O$ 인산암모늄　메타인산　암모니아　물
산·알칼리소화기	산·알칼리소화기의 반응식	$2NaHCO_3 + H_2SO_4 \rightarrow Na_2SO_4 + 2CO_2 + 2H_2O$ 탄산수소나트륨　황산　황산나트륨 이산화탄소　물
할로겐화합물소화기	연소반응식	$2CCl_4 + O_2 \rightarrow 2COCl_2 + 2Cl_2$ 사염화탄소　산소　포스겐　염소
	물과의 반응식	$CCl_4 + H_2O \rightarrow COCl_2 + 2HCl$ 사염화탄소　물　포스겐　염화수소

5. 시험에 자주 나오는 소화이론

(1) 가연물이 될 수 있는 조건
　① 발열량이 클 것
　② 열전도율이 작을 것
　③ 필요한 활성화에너지가 작을 것
　④ 산소와 친화력이 좋고 표면적이 넓을 것

(2) 정전기 방지법
　① 접지할 것
　② 공기 중 상대습도를 70% 이상으로 할 것
　③ 공기를 이온화할 것

(3) 고체의 연소형태
　① 분해연소 : 석탄, 종이, 목재, 플라스틱
　② 표면연소 : 목탄(숯), 코크스, 금속분
　③ 증발연소 : 황, 나프탈렌, 양초(파라핀)
　④ 자기연소 : 피크린산, TNT 등의 제5류 위험물

(4) 자연발화의 방지법
　① 습도가 높은 곳을 피할 것
　② 저장실의 온도를 낮출 것
　③ 통풍을 잘 시킬 것
　④ 퇴적 및 수납할 때 열이 쌓이지 않게 할 것

(5) 분진폭발
　① 분진폭발을 일으키는 물질 : 밀가루, 담뱃가루, 커피가루, 석탄분, 금속분
　② 분진폭발을 일으키지 않는 물질 : 대리석분말, 시멘트분말

✅ 소요단위 및 능력단위

(1) 소요단위

구 분	외벽이 내화구조	외벽이 비내화구조
제조소 또는 취급소	연면적 $100m^2$	연면적 $50m^2$
저장소	연면적 $150m^2$	연면적 $75m^2$
위험물	지정수량의 10배	

(2) 소화설비의 능력단위

소화설비	용량	능력단위
소화전용 물통	8L	0.3
수조(소화전용 물통 3개 포함)	80L	1.5
수조(소화전용 물통 6개 포함)	190L	2.5
마른모래(삽 1개 포함)	50L	0.5
팽창질석 또는 팽창진주암(삽 1개 포함)	160L	1.0

📋 방호대상물로부터 수동식 소화기까지의 보행거리

① 수동식 소형소화기 : 20m 이하
② 수동식 대형소화기 : 30m 이하

📋 소화설비의 기준

구 분	옥내소화전설비	옥외소화전설비
수원의 양	옥내소화전이 가장 많이 설치되어 있는 층의 소화전의 수(소화전의 수가 5개 이상이면 최대 5개의 옥내소화전 수)×7.8m^3	옥외소화전의 수(소화전의 수가 4개 이상이면 최대 4개의 옥외소화전 수)×13.5m^3
방수량	260L/min 이상	450L/min 이상
방수압	350kPa 이상	350kPa 이상
호스 접속구까지의 수평거리	25m 이하	40m 이하
비상전원	45분 이상	45분 이상
방사능력 범위	–	건축물의 1층 및 2층
옥외소화전과 소화전함의 거리	–	5m 이내

📋 분말소화약제

분 류	약제의 주성분	색 상	화학식	적응화재
제1종 분말	탄산수소나트륨	백색	$NaHCO_3$	BC
제2종 분말	탄산수소칼륨	보라색	$KHCO_3$	BC
제3종 분말	인산암모늄	담홍색	$NH_4H_2PO_4$	ABC
제4종 분말	탄산수소칼륨+요소의 부산물	회색	$KHCO_3+(NH_2)_2CO$	BC

✅ 할로겐화합물소화약제의 화학식

① Halon 1301 : CF_3Br

② Halon 2402 : $C_2F_4Br_2$

③ Halon 1211 : CF_2ClBr

✅ 소화설비의 소화약제 방사시간

① 분말소화약제 및 할로겐화합물소화약제

　㉠ 전역방출방식 : 30초 이내

　㉡ 국소방출방식 : 30초 이내

② 이산화탄소소화약제

　㉠ 전역방출방식 : 60초 이내

　㉡ 국소방출방식 : 30초 이내

✅ 불활성가스소화약제

① 불활성가스소화약제의 종류

　㉠ IG-100(질소 100%)

　㉡ IG-55(질소 50%, 아르곤 50%)

　㉢ IG-541(질소 52%, 아르곤 40%, 이산화탄소 8%)

② 불활성가스소화약제 저장용기의 설치기준

　㉠ 방호구역 외의 장소에 설치할 것

　㉡ 온도가 40℃ 이하이고 온도 변화가 적은 장소에 설치할 것

　㉢ 직사일광 및 빗물이 침투할 우려가 적은 장소에 설치할 것

　㉣ 저장용기에는 안전장치를 설치할 것

　㉤ 저장용기의 외면에 소화약제의 종류와 양, 제조년도 및 제조자를 표시할 것

✅ 이산화탄소소화설비

① 이산화탄소소화설비의 분사헤드의 방사압력

　㉠ 고압식(20℃로 저장) : 2.1MPa 이상

　㉡ 저압식(-18℃ 이하로 저장) : 1.05MPa 이상

② 이산화탄소소화약제의 저장용기의 충전비
  ㉠ 고압식 : 1.5 이상 1.9 이하
  ㉡ 저압식 : 1.1 이상 1.4 이하
③ 이산화탄소소화약제의 저압식 저장용기의 기준
  ㉠ 액면계 및 압력계를 설치
  ㉡ 2.3MPa 이상의 압력 및 1.9MPa 이하의 압력에서 작동하는 압력경보장치를 설치
  ㉢ 용기 내부의 온도를 영하 20℃ 이상 영하 18℃ 이하로 유지할 수 있는 자동냉동기를 설치
  ㉣ 파괴판을 설치
  ㉤ 방출밸브를 설치

포소화약제의 혼합장치

① **펌프프로포셔너 방식** : 펌프의 토출관과 흡입관 사이의 배관 도중에 설치한 흡입기에 펌프에서 토출된 물의 일부를 보내고 농도조절밸브에서 조정된 포소화약제의 필요량을 포소화약제 탱크에서 펌프 흡입측으로 보내어 이를 혼합하는 방식
② **프레셔프로포셔너 방식** : 펌프와 발포기의 중간에 설치된 벤투리관의 벤투리작용과 펌프가압수의 포소화약제 저장탱크에 대한 압력에 의하여 포소화약제를 흡입 및 혼합하는 방식
③ **라인프로포셔너 방식** : 펌프와 발포기의 중간에 설치된 벤투리관의 벤투리작용에 의하여 포소화약제를 흡입 및 혼합하는 방식
④ **프레셔사이드프로포셔너 방식** : 펌프의 토출관에 압입기를 설치하여 포소화약제 압입용 펌프로 포소화약제를 압입시켜 혼합하는 방식

6. 시험에 자주 나오는 위험물안전관리법 내용

위험물제조소등의 시설·설비의 신고

(1) 시·도지사에게 신고해야 하는 경우
  ① 제조소등의 위치·구조 또는 설비의 변경 없이 위험물의 품명·수량 또는 지정수량의 배수를 변경하고자 하는 자 : 변경하고자 하는 날의 1일 전까지 신고
  ② 제조소등의 설치자의 지위를 승계한 자 : 승계한 날부터 30일 이내에 신고
  ③ 제조소등의 용도를 폐지한 때 : 제조소등의 용도를 폐지한 날부터 14일 이내에 신고

(2) 허가나 신고 없이 제조소등을 설치하거나 위치·구조 또는 설비를 변경할 수 있고
위험물의 품명·수량 또는 지정수량의 배수를 변경할 수 있는 경우
① 주택의 난방시설(공동주택의 중앙난방시설을 제외한다)을 위한 저장소 또는 취급소
② 농예용·축산용 또는 수산용으로 필요한 난방시설 또는 건조시설을 위한 지정수량
20배 이하의 저장소

안전관리자 대리자의 자격

① 안전교육을 받은 자
② 제조소등의 위험물안전관리 업무에 있어서 안전관리자를 지휘·감독하는 직위에
있는 자

자체소방대의 기준

(1) 자체소방대의 설치기준

제4류 위험물을 지정수량의 3천배 이상 취급하는 제조소 및 일반취급소와 50만배 이
상 저장하는 옥외탱크저장소에 설치

(2) 자체소방대에 두는 화학소방자동차의 기준

사업소의 구분	화학소방 자동차의 수	자체소방 대원의 수
지정수량의 3천배 이상 12만배 미만으로 취급하는 제조소 또는 일반취급소	1대	5인
지정수량의 12만배 이상 24만배 미만으로 취급하는 제조소 또는 일반취급소	2대	10인
지정수량의 24만배 이상 48만배 미만으로 취급하는 제조소 또는 일반취급소	3대	15인
지정수량의 48만배 이상으로 취급하는 제조소 또는 일반취급소	4대	20인
지정수량의 50만배 이상으로 저장하는 옥외탱크저장소	2대	10인

(3) 화학소방자동차(소방차)에 갖추어야 하는 소화능력 및 설비의 기준

소방차의 구분	소화능력 및 설비의 기준
포수용액방사차	포수용액의 방사능력이 매분 2,000L 이상일 것
	소화약액탱크 및 소화약액혼합장치를 비치할 것
	10만L 이상의 포수용액을 방사할 수 있는 양의 소화약제를 비치할 것
분말방사차	분말의 방사능력이 매초 35kg 이상일 것
	분말탱크 및 가압용 가스설비를 비치할 것
	1,400kg 이상의 분말을 비치할 것

소방차의 구분	소화능력 및 설비의 기준
할로겐화합물방사차	할로겐화합물의 방사능력이 매초 40kg 이상일 것
	할로겐화합물탱크 및 가압용 가스설비를 비치할 것
	1,000kg 이상의 할로겐화합물을 비치할 것
이산화탄소방사차	이산화탄소의 방사능력이 매초 40kg 이상일 것
	이산화탄소 저장용기를 비치할 것
	3,000kg 이상의 이산화탄소를 비치할 것
제독차	가성소다 및 규조토를 각각 50kg 이상 비치할 것

※ 포수용액을 방사하는 화학소방자동차의 대수는 화학소방자동차 대수의 3분의 2 이상으로 하여야 한다.

☑ 탱크의 종류별 공간용적 구분

① **일반탱크** : 탱크의 내용적의 100분의 5 이상 100분의 10 이하
② **소화약제 방출구를 탱크 안의 윗부분에 설치한 탱크** : 소화약제 방출구 아래의 0.3m 이상 1m 미만 사이의 면으로부터 윗부분의 용적
③ **암반탱크** : 탱크 안에 용출하는 7일간의 지하수의 양에 상당하는 용적과 그 탱크 내용적의 100분의 1의 용적 중에서 보다 큰 용적

☑ 예방규정 작성대상

① 지정수량의 10배 이상의 위험물을 취급하는 제조소
② 지정수량의 100배 이상의 위험물을 저장하는 옥외저장소
③ 지정수량의 150배 이상의 위험물을 저장하는 옥내저장소
④ 지정수량의 200배 이상의 위험물을 저장하는 옥외탱크저장소
⑤ 암반탱크저장소
⑥ 이송취급소
⑦ 지정수량의 10배 이상의 위험물을 취급하는 일반취급소

☑ 보유공지

(1) 제조소의 보유공지

위험물의 지정수량의 배수	보유공지의 너비
지정수량의 10배 이하	3m 이상
지정수량의 10배 초과	5m 이상

(2) 옥내저장소의 보유공지

위험물의 지정수량의 배수	보유공지의 너비	
	벽·기둥·바닥이 내화구조인 건축물	그 밖의 건축물
지정수량의 5배 이하	–	0.5m 이상
지정수량의 5배 초과 10배 이하	1m 이상	1.5m 이상
지정수량의 10배 초과 20배 이하	2m 이상	3m 이상
지정수량의 20배 초과 50배 이하	3m 이상	5m 이상
지정수량의 50배 초과 200배 이하	5m 이상	10m 이상
지정수량의 200배 초과	10m 이상	15m 이상

(3) 옥외탱크저장소의 보유공지

위험물의 지정수량의 배수	보유공지의 너비
지정수량의 500배 이하	3m 이상
지정수량의 500배 초과 1,000배 이하	5m 이상
지정수량의 1,000배 초과 2,000배 이하	9m 이상
지정수량의 2,000배 초과 3,000배 이하	12m 이상
지정수량의 3,000배 초과 4,000배 이하	15m 이상

(4) 옥외저장소의 보유공지

위험물의 지정수량의 배수	보유공지의 너비
지정수량의 10배 이하	3m 이상
지정수량의 10배 초과 20배 이하	5m 이상
지정수량의 20배 초과 50배 이하	9m 이상
지정수량의 50배 초과 200배 이하	12m 이상
지정수량의 200배 초과	15m 이상

☑ 안전거리

건축물의 구분	안전거리
주거용 건축물	10m 이상
학교·병원·극장	30m 이상
지정문화재	50m 이상
고압가스·액화석유가스 취급시설	20m 이상
7,000V 초과 35,000V 이하의 특고압가공전선	3m 이상
35,000V 초과하는 특고압가공전선	5m 이상

※ 안전거리를 제외할 수 있는 조건
　① 제6류 위험물을 취급하는 제조소, 취급소 또는 저장소
　② 주유취급소
　③ 판매취급소
　④ 지하탱크저장소
　⑤ 옥내탱크저장소
　⑥ 이동탱크저장소
　⑦ 간이탱크저장소
　⑧ 암반탱크저장소

☑ 건축물의 구조

구 분	제조소	옥내저장소
내화구조로 해야 하는 것	연소의 우려가 있는 외벽	벽, 기둥, 바닥
불연재료로 할 수 있는 것	벽, 기둥, 바닥, 보, 서까래, 계단	보, 서까래, 계단

☑ 환기설비 및 배출설비

제조소와 옥내저장소에 동일한 기준으로 설치한다.

구 분	환기설비	배출설비
환기·배출 방식	자연배기방식	강제배기방식
급기구의 수 및 면적	바닥면적 150m^{2}마다 급기구는 면적 800cm^2 이상의 것 1개 이상 설치	환기설비와 동일
급기구의 위치/장치	낮은 곳에 설치/인화방지망 설치	높은 곳에 설치/인화방지망 설치
환기구 및 배출구 높이	지상 2m 이상 높이에 설치	환기설비와 동일

☑ 위험물의 종류에 따른 옥내저장소의 바닥면적

바닥면적 1,000m^2 이하에 저장 가능한 위험물	
제1류 위험물	아염소산염류, 염소산염류, 과염소산염류, 무기과산화물
제3류 위험물	칼륨, 나트륨, 알킬알루미늄, 알킬리튬, 황린
제4류 위험물	특수인화물, 제1석유류, 알코올류
제5류 위험물	유기과산화물, 질산에스테르류
제6류 위험물	모든 제6류 위험물
바닥면적 2,000m^2 이하에 저장 가능한 위험물	
바닥면적 1,000m^2 이하에 저장 가능한 위험물 이외의 것	

☑ 옥내저장탱크의 기준

(1) 옥내저장탱크의 구조

① 탱크의 두께 : 3.2mm 이상의 강철판
② 옥내저장탱크와 전용실과의 간격 및 옥내저장탱크 상호간의 간격 : 0.5m 이상

(2) 옥내저장탱크의 용량

① 단층 건물에 탱크전용실을 설치하는 경우 : 지정수량의 40배 이하
  (단, 제4석유류 및 동식물유류 외의 제4류 위험물의 저장탱크는 20,000L 이하)
② 단층 건물 외의 건축물에 탱크전용실을 설치하는 경우
  ㉠ 1층 이하의 층에 탱크전용실을 설치하는 경우 : 지정수량의 40배 이하
    (단, 제4석유류 및 동식물유류 외의 제4류 위험물의 저장탱크는 20,000L 이하)
  ㉡ 2층 이상의 층에 탱크전용실을 설치하는 경우 : 지정수량의 10배 이하
    (단, 제4석유류 및 동식물유류 외의 제4류 위험물의 저장탱크는 5,000L 이하)

☑ 옥외저장소의 저장기준

(1) 덩어리상태의 황만을 경계표시의 안쪽에 저장하는 기준

경계표시의 구분	적용기준
하나의 경계표시의 내부면적	$100m^2$ 이하
2 이상의 경계표시 내부면적의 합	$1,000m^2$ 이하
인접하는 경계표시와 경계표시와의 간격	보유공지 너비의 1/2 이상
경계표시의 높이	1.5m 이하

(2) 옥외저장소에 저장 가능한 위험물

① 제2류 위험물 : 유황 또는 인화성 고체(인화점이 섭씨 0도 이상인 것에 한함)
② 제4류 위험물
  ㉠ 제1석유류(인화점이 섭씨 0도 이상인 것에 한함)
  ㉡ 알코올류
  ㉢ 제2석유류
  ㉣ 제3석유류
  ㉤ 제4석유류
  ㉥ 동식물유류
③ 제6류 위험물
④ 시·도 조례로 정하는 제2류 또는 제4류 위험물
⑤ 국제해상위험물규칙(IMDG Code)에 적합한 용기에 수납된 위험물

✔ 옥외저장탱크 통기관의 기준

(1) 밸브 없는 통기관

① 직경은 30mm 이상으로 할 것

② 선단은 수평면보다 45도 이상 구부려 빗물등의 침투를 막을 것

③ 인화점이 38℃ 미만인 위험물만을 저장, 취급하는 탱크의 통기관에는 화염방지장치를 설치하고, 인화점이 38℃ 이상 70℃ 미만인 위험물을 저장, 취급하는 탱크의 통기관에는 40mesh 이상의 구리망으로 된 인화방지장치를 설치할 것(인화점 70℃ 이상의 위험물만을 해당 위험물의 인화점 미만의 온도로 저장 또는 취급하는 탱크의 통기관에는 인화방지장치를 설치하지 않아도 됨)

(2) 대기밸브부착 통기관

5kPa 이하의 압력 차이로 작동할 수 있을 것

✔ 제조소의 위험물취급탱크의 방유제 기준

(1) 위험물제조소의 옥외에 설치하는 위험물취급탱크의 방유제 용량

① 하나의 취급탱크의 방유제 용량 : 탱크 용량의 50% 이상

② 2개 이상의 취급탱크의 방유제 용량 : 탱크 중 용량이 최대인 것의 50%에 나머지 탱크 용량 합계의 10%를 가산한 양 이상

(2) 위험물제조소의 옥내에 설치하는 위험물취급탱크의 방유턱 용량

① 하나의 취급탱크의 방유턱 용량 : 탱크에 수납하는 위험물의 양의 전부

② 2개 이상의 취급탱크의 방유턱 용량 : 탱크 중 실제로 수납하는 위험물의 양이 최대인 탱크의 양의 전부

✔ 옥외저장탱크 방유제의 기준

(1) 옥외탱크저장소의 방유제

방유제의 용량	인화성 액체 위험물 저장탱크	하나의 탱크	탱크 용량의 110% 이상
		2개 이상의 탱크	탱크 중 용량이 최대인 것의 110% 이상
	비인화성 액체 위험물 저장탱크	하나의 탱크	탱크 용량의 100% 이상
		2개 이상의 탱크	탱크 중 용량이 최대인 것의 100% 이상
방유제의 높이			0.5m 이상 3m 이하
방유제의 면적			8만m^2 이하
방유제의 두께			0.2m 이상
방유제의 지하매설깊이			1m 이상

(2) 하나의 방유제 내에 설치하는 옥외저장탱크의 수

10개 이하	인화점 70℃ 미만의 위험물을 저장하는 경우
20개 이하	인화점 70℃ 이상 200℃ 미만인 위험물을 전체 용량의 합이 20만L 이하가 되도록 저장하는 경우
개수 무제한	인화점 200℃ 이상인 위험물을 저장하는 경우

(3) 소방차 및 자동차의 통행을 위한 도로 설치기준

방유제 외면의 2분의 1 이상은 3m 이상의 폭을 확보한 도로를 설치해야 함

(4) 방유제로부터 옥외저장탱크의 옆판까지의 거리

탱크의 지름	방유제로부터 옥외저장탱크의 옆판까지의 거리
15m 미만	탱크 높이의 3분의 1 이상
15m 이상	탱크 높이의 2분의 1 이상

(5) 간막이둑의 기준

용량이 1,000만L 이상인 옥외저장탱크에는 간막이둑을 설치
① 간막이둑의 높이 : 0.3m 이상(방유제 높이보다 0.2m 이상 낮게)
② 간막이둑의 용량 : 탱크 용량의 10% 이상

(6) 계단 또는 경사로의 기준

높이가 1m를 넘는 방유제의 안팎에는 약 50m마다 계단을 설치

📋 지하탱크저장소

① 전용실의 내부에는 입자지름 5mm 이하의 마른자갈분 또는 마른모래를 채움
② 지면으로부터 지하탱크의 윗부분까지의 거리 : 0.6m 이상
③ 지하탱크를 2개 이상 인접해 설치할 때 상호거리 : 1m 이상
  (탱크 용량의 합계가 지정수량의 100배 이하일 경우 : 0.5m 이상)
④ 지하탱크와 탱크전용실과의 간격
  ㉠ 지하의 벽, 가스관, 대지경계선으로부터 탱크전용실 바깥쪽과의 간격 : 0.1m 이상
  ㉡ 지하저장탱크와 탱크전용실 안쪽과의 간격 : 0.1m 이상
⑤ 탱크전용실의 기준 : 벽, 바닥 및 뚜껑은 두께 0.3m 이상의 철근콘크리트로 할 것

📑 간이탱크저장소의 기준

① 하나의 간이탱크저장소에 설치할 수 있는 간이탱크의 수 : 3개 이하
② 하나의 간이탱크 용량 : 600L 이하
③ 간이탱크의 밸브 없는 통기관의 지름 : 25mm 이상

📑 이동탱크저장소의 기준

(1) 이동탱크의 두께 및 수압시험압력

① 압력탱크 : 최대상용압력의 1.5배의 압력으로 10분간 실시
② 압력탱크 외의 탱크 : 70kPa의 압력으로 10분간 실시
③ 맨홀 및 이동탱크의 두께 : 3.2mm 이상의 강철판

(2) 칸막이/방파판/방호틀의 기준

구 분	칸막이	방파판	방호틀
두께	3.2mm 이상의 강철판	1.6mm 이상의 강철판	2.3mm 이상의 강철판
기타 기준	하나의 구획된 칸막이 용량은 4,000L 이하	하나의 구획부분에 2개 이상의 방파판 설치	정상부분은 부속장치보다 50mm 이상 높게 유지

(3) 표지 및 게시판의 기준

구 분	위 치	규격 및 색상	내 용	실제 모양
표지	이동탱크저장소의 전면 상단 및 후면 상단	60cm 이상×30cm 이상의 횡형 사각형으로 흑색 바탕에 황색 문자	위험물	위험물
UN번호	이동탱크저장소의 후면 및 양 측면	30cm 이상×12cm 이상의 횡형 사각형으로 흑색 테두리선(굵기 1cm)과 오렌지색 바탕에 흑색 문자	UN번호의 숫자 (글자 높이 6.5cm 이상)	1223
그림문자	이동탱크저장소의 후면 및 양 측면	25cm 이상×25cm 이상의 마름모꼴로 분류기호에 따라 바탕과 문자의 색을 다르게 할 것	심벌 및 분류·구분의 번호 (글자 높이 2.5cm 이상)	

☑ 주유취급소의 기준

(1) 주유공지
너비 15m 이상, 길이 6m 이상

(2) 주유취급소의 탱크 용량
① 고정주유설비 및 고정급유설비에 직접 접속하는 전용탱크 : 각각 50,000L 이하
② 보일러등에 직접 접속하는 전용탱크 : 10,000L 이하
③ 폐유 · 윤활유 등의 위험물을 저장하는 탱크 : 2,000L 이하
④ 고정주유설비 또는 고정급유설비용 간이탱크 : 600L 이하의 탱크 3기 이하
⑤ 고속도로의 주유취급소 탱크 : 60,000L 이하

(3) 주유관의 길이
① 고정식 주유관 : 5m 이내
② 현수식 주유관 : 지면 위 0.5m의 수평면에 수직으로 내려 만나는 점을 중심으로 반경 3m 이내

(4) 고정주유설비의 설치기준
① 주유설비의 중심선으로부터 도로경계선까지의 거리 : 4m 이상
② 주유설비의 중심선으로부터 부지경계선, 담 및 벽까지의 거리 : 2m 이상
③ 주유설비의 중심선으로부터 개구부가 없는 벽까지의 거리 : 1m 이상

(5) 게시판
① 내용 : 주유 중 엔진정지
② 색상 : 황색바탕, 흑색문자
③ 규격 : 한 변의 길이 0.3m 이상, 다른 한 변의 길이 0.6m 이상

☑ 판매취급소
제1종 판매취급소와 제2종 판매취급소를 구분하는 기준은 지정수량의 배수이다.

구 분	제1종 판매취급소	제2종 판매취급소
저장 · 취급하는 위험물의 수량	지정수량의 20배 이하	지정수량의 40배 이하

※ **제1종 판매취급소의 기준**

① 설치위치 : 건축물의 1층에 설치할 것

② 위험물 배합실의 기준

    ㉠ 바닥면적 : 6m² 이상 15m² 이하

    ㉡ 내화구조 또는 불연재료로 된 벽으로 구획

    ㉢ 바닥은 적당한 경사를 두고 집유설비를 할 것

    ㉣ 출입구에는 자동폐쇄식 갑종방화문을 설치할 것

    ㉤ 출입구 문턱의 높이는 바닥면으로부터 0.1m 이상으로 할 것

    ㉥ 가연성의 증기 또는 미분을 지붕 위로 방출하는 설비를 할 것

☑ 소화난이도등급

구 분	소화난이도등급 Ⅰ의 제조소등	소화난이도등급 Ⅱ의 제조소등
제조소 및 일반취급소	• 연면적 1,000m² 이상인 것 • 지정수량의 100배 이상 취급하는 것 • 지반면으로부터 6m 이상의 높이에 위험물 취급설비가 있는 것	• 연면적 600m² 이상인 것 • 지정수량의 10배 이상 취급하는 것
옥내저장소	• 연면적 150m²를 초과하는 것 • 지정수량의 150배 이상 취급하는 것 • 처마높이 6m 이상인 단층건물의 것	지정수량의 10배 이상 취급하는 것
옥외탱크저장소 및 옥내탱크저장소 (제6류 위험물을 저장하는 것 제외)	• 액표면적이 40m² 이상인 것 • 지반면으로부터 탱크 옆판의 상단까지의 높이가 6m 이상인 것	소화난이도등급 Ⅰ 이외의 것
옥외저장소	덩어리상태의 황을 저장하는 것으로서 경계표시 내부의 면적이 100m² 이상인 것(2개 이상의 경계표시 포함)	덩어리상태의 유황을 저장하는 것으로서 경계표시 내부의 면적이 5m² 이상 100m² 미만인 것
암반탱크저장소 (제6류 위험물을 저장하는 것 제외)	액표면적이 40m² 이상인 것	–
주유취급소	직원 외의 자가 출입하는 부분의 면적의 합이 500m²를 초과하는 것	옥내주유취급소
이송취급소	모든 대상	–
판매취급소	–	제2종 판매취급소

☑ 제조소등의 경보설비

(1) 경보설비의 종류

① 자동화재탐지설비
② 자동화재속보설비
③ 비상경보설비
④ 확성장치
⑤ 비상방송설비

(2) 경보설비의 설치기준

① 자동화재탐지설비만을 설치하는 경우

제조소 및 일반취급소	옥내저장소	옥내탱크저장소	주유취급소
• 연면적이 500m² 이상인 것 • 지정수량의 100배 이상을 취급하는 것	• 지정수량의 100배 이상을 저장하는 것 • 연면적이 150m²를 초과하는 것 • 처마높이가 6m 이상인 단층건물의 것	단층 건물 외의 건축물에 있는 옥내탱크저장소로서 소화난이도등급 I 에 해당하는 것	옥내주유취급소

② 자동화재탐지설비 및 자동화재속보설비를 설치해야 하는 경우
특수인화물, 제1석유류 및 알코올류를 저장 또는 취급하는 탱크의 용량이 1,000만L 이상인 옥외탱크저장소
③ 경보설비(자동화재속보설비 제외) 중 1개 이상을 설치할 수 있는 경우
지정수량의 10배 이상을 취급하는 제조소등

☑ 자동화재탐지설비의 설치기준

① 건축물의 2 이상의 층에 걸치지 아니하도록 함(단, 하나의 경계구역이 500m² 이하하는 제외)
② 하나의 경계구역의 면적은 600m² 이하로 함(단, 건축물의 주요한 출입구에서 그 내부 전체를 볼 수 있는 경우는 면적 1,000m² 이하)
③ 경계구역의 한 변의 길이는 50m(광전식분리형 감지기를 설치한 경우에는 100m) 이하로 함
④ 자동화재탐지설비의 감지기는 지붕 또는 벽의 옥내에 면한 부분에 유효하게 화재의 발생을 감지할 수 있도록 설치
⑤ 자동화재탐지설비에는 비상전원을 설치

✅ 소화설비의 적응성

소화설비의 구분 \ 대상물의 구분	건축물·그 밖의 공작물	전기설비	제1류 위험물 알칼리금속 과산화물등	제1류 위험물 그 밖의 것	제2류 위험물 철분·금속분·마그네슘 등	제2류 위험물 인화성 고체	제2류 위험물 그 밖의 것	제3류 위험물 금수성 물품	제3류 위험물 그 밖의 것	제4류 위험물	제5류 위험물	제6류 위험물
옥내소화전 또는 옥외소화전 설비	○			○		○	○		○		○	○
스프링클러설비	○			○		○	○		○	△	○	○
물분무등소화설비 — 물분무소화설비	○	○		○		○	○		○	○	○	○
물분무등소화설비 — 포소화설비	○			○		○	○		○	○	○	○
물분무등소화설비 — 불활성가스소화설비		○				○				○		
물분무등소화설비 — 할로겐화합물소화설비		○				○				○		
물분무등소화설비 — 분말소화설비 인산염류등	○	○		○		○	○			○		○
물분무등소화설비 — 분말소화설비 탄산수소염류등		○	○		○	○		○		○		
물분무등소화설비 — 분말소화설비 그 밖의 것			○		○			○				
대형·소형수동식소화기 — 봉상수(棒狀水)소화기	○			○		○	○		○		○	○
대형·소형수동식소화기 — 무상수(霧狀水)소화기	○	○		○		○	○		○		○	○
대형·소형수동식소화기 — 봉상강화액소화기	○			○		○	○		○		○	○
대형·소형수동식소화기 — 무상강화액소화기	○	○		○		○	○		○	○	○	○
대형·소형수동식소화기 — 포소화기	○			○		○	○		○	○	○	○
대형·소형수동식소화기 — 이산화탄소소화기		○				○				○		△
대형·소형수동식소화기 — 할로겐화합물소화기		○				○				○		
대형·소형수동식소화기 — 분말소화기 인산염류소화기	○	○		○		○	○			○		○
대형·소형수동식소화기 — 분말소화기 탄산수소염류소화기		○	○		○	○		○		○		
대형·소형수동식소화기 — 분말소화기 그 밖의 것			○		○			○				
기타 — 물통 또는 수조	○			○		○	○		○		○	○
기타 — 건조사			○	○	○	○	○	○	○	○	○	○
기타 — 팽창질석 또는 팽창진주암			○	○	○	○	○	○	○	○	○	○

※ "○"는 소화설비의 적응성이 있다는 의미이고, "△"는 경우에 따라 적응성이 있다는 의미이다.

☑ 유별을 달리하는 위험물의 저장기준

(1) 유별이 다른 위험물끼리 동일한 저장소에 저장할 수 있는 경우

옥내저장소 또는 옥외저장소에서는 서로 다른 유별끼리 함께 저장할 수 없지만 다음의 조건을 만족하면서 유별로 정리하여 서로 1m 이상의 간격을 두는 경우에는 저장할 수 있음

① 제1류 위험물(알칼리금속 과산화물 제외)과 제5류 위험물
② 제1류 위험물과 제6류 위험물
③ 제1류 위험물과 제3류 위험물 중 자연발화성 물질(황린)
④ 제2류 위험물 중 인화성 고체와 제4류 위험물
⑤ 제3류 위험물 중 알킬알루미늄등과 제4류 위험물(알킬알루미늄 또는 알킬리튬을 함유한 것)
⑥ 제4류 위험물 중 유기과산화물과 제5류 위험물 중 유기과산화물

(2) 유별이 같은 위험물이라도 동일한 저장소에 저장할 수 없는 경우

제3류 위험물 중 황린과 금수성 물질

☑ 옥내저장소 또는 옥외저장소의 저장용기를 쌓는 높이의 기준

① 기계에 의하여 하역하는 구조로 된 용기 : 6m 이하
② 제4류 위험물 중 제3석유류, 제4석유류 및 동식물유류의 용기 : 4m 이하
③ 그 밖의 경우 : 3m 이하
④ 옥외저장소에서 용기를 선반에 저장하는 경우 : 6m 이하

☑ 탱크에 저장할 때 위험물의 저장온도

구 분	옥외저장탱크, 옥내저장탱크, 지하저장탱크		이동저장탱크	
	압력탱크에 저장하는 경우	압력탱크 외의 탱크에 저장하는 경우	보냉장치가 있는 이동저장탱크에 저장하는 경우	보냉장치가 없는 이동저장탱크에 저장하는 경우
아세트알데히드등	40℃ 이하	15℃ 이하	비점 이하	40℃ 이하
디에틸에테르등	40℃ 이하	(산화프로필렌 포함) 30℃ 이하	비점 이하	40℃ 이하

☑ 운반용기의 수납률

① **고체 위험물** : 운반용기 내용적의 95% 이하
② **액체 위험물** : 운반용기 내용적의 98% 이하(55℃에서 누설되지 않도록 공간용적 유지)
③ **알킬알루미늄등** : 운반용기 내용적의 90% 이하(50℃에서 5% 이상의 공간용적 유지)

☑ 운반 시 피복기준

차광성 피복	방수성 피복
① 제1류 위험물 ② 제3류 위험물 중 자연발화성 물질 ③ 제4류 위험물 중 특수인화물 ④ 제5류 위험물 ⑤ 제6류 위험물	① 제1류 위험물 중 알칼리금속 과산화물 ② 제2류 위험물 중 철분, 금속분, 마그네슘 ③ 제3류 위험물 중 금수성 물질

☑ 유별을 달리하는 위험물의 혼재기준(운반기준)

위험물의 구분	제1류	제2류	제3류	제4류	제5류	제6류
제1류		×	×	×	×	○
제2류	×		×	○	○	×
제3류	×	×		○	×	×
제4류	×	○	○		○	×
제5류	×	○	×	○		×
제6류	○	×	×	×	×	

※ 이 [표]는 지정수량의 1/10 이하의 위험물에 대하여는 적용하지 않는다.

현실이라는 땅에 두 발을 딛고
이상인 하늘의 별을 향해 두 손을 뻗어
착실히 올라가야 한다.

- 반기문 -

꿈꾸는 사람은 행복합니다.

그러나 꿈만 좇다 보면 자칫 불행해집니다. 가시밭에 넘어지고 웅덩이에 빠져 허우적거릴 뿐, 꿈을 현실화할 수 없기 때문이죠.

꿈을 이루기 위해서는, 냉엄한 현실을 바탕으로 한 치밀한 전략, 그리고 뜨거운 열정이라는 두 발이 필요합니다. 그러지 못하면 넘어지기 십상이지요.

우선 그 두 발로 현실을 딛고, 하늘의 별을 따기 위해 한 계단 한 계단 올라가 보십시오. 그러면 어느 순간 여러분도 모르게 하늘의 별이 여러분의 손에 쥐어 져 있을 것입니다.

Industrial Engineer Hazardous material

| 위험물산업기사 실기 |

www.cyber.co.kr

표준 주기율표
(Periodic Table of The Elements)

1	2	3	4	5	6	7	8	9	10	11	12	13	14	15	16	17	18
1 H 수소 hydrogen 1.008 [1.0078, 1.0082]																	**2 He** 헬륨 helium 4.0026
3 Li 리튬 lithium 6.94 [6.938, 6.997]	**4 Be** 베릴륨 beryllium 9.0122											**5 B** 붕소 boron 10.81 [10.806, 10.821]	**6 C** 탄소 carbon 12.011 [12.009, 12.012]	**7 N** 질소 nitrogen 14.007 [14.006, 14.008]	**8 O** 산소 oxygen 15.999 [15.999, 16.000]	**9 F** 플루오린 fluorine 18.998	**10 Ne** 네온 neon 20.180
11 Na 소듐 sodium 22.990	**12 Mg** 마그네슘 magnesium 24.305 [24.304, 24.307]											**13 Al** 알루미늄 aluminium 26.982	**14 Si** 규소 silicon 28.085 [28.084, 28.086]	**15 P** 인 phosphorus 30.974	**16 S** 황 sulfur 32.06 [32.059, 32.076]	**17 Cl** 염소 chlorine 35.45 [35.446, 35.457]	**18 Ar** 아르곤 argon 39.95 [39.792, 39.963]
19 K 포타슘 potassium 39.098	**20 Ca** 칼슘 calcium 40.078(4)	**21 Sc** 스칸듐 scandium 44.956	**22 Ti** 타이타늄 titanium 47.867	**23 V** 바나듐 vanadium 50.942	**24 Cr** 크로뮴 chromium 51.996	**25 Mn** 망가니즈 manganese 54.938	**26 Fe** 철 iron 55.845(2)	**27 Co** 코발트 cobalt 58.933	**28 Ni** 니켈 nickel 58.693	**29 Cu** 구리 copper 63.546(3)	**30 Zn** 아연 zinc 65.38(2)	**31 Ga** 갈륨 gallium 69.723	**32 Ge** 저마늄 germanium 72.630(8)	**33 As** 비소 arsenic 74.922	**34 Se** 셀레늄 selenium 78.971(8)	**35 Br** 브로민 bromine 79.904 [79.901, 79.907]	**36 Kr** 크립톤 krypton 83.798(2)
37 Rb 루비듐 rubidium 85.468	**38 Sr** 스트론튬 strontium 87.62	**39 Y** 이트륨 yttrium 88.906	**40 Zr** 지르코늄 zirconium 91.224(2)	**41 Nb** 나이오븀 niobium 92.906	**42 Mo** 몰리브데넘 molybdenum 95.95	**43 Tc** 테크네튬 technetium	**44 Ru** 루테늄 ruthenium 101.07(2)	**45 Rh** 로듐 rhodium 102.91	**46 Pd** 팔라듐 palladium 106.42	**47 Ag** 은 silver 107.87	**48 Cd** 카드뮴 cadmium 112.41	**49 In** 인듐 indium 114.82	**50 Sn** 주석 tin 118.71	**51 Sb** 안티모니 antimony 121.76	**52 Te** 텔루륨 tellurium 127.60(3)	**53 I** 아이오딘 iodine 126.90	**54 Xe** 제논 xenon 131.29
55 Cs 세슘 caesium 132.91	**56 Ba** 바륨 barium 137.33	**57-71** 란타넘족 lanthanoids	**72 Hf** 하프늄 hafnium 178.49(2)	**73 Ta** 탄탈럼 tantalum 180.95	**74 W** 텅스텐 tungsten 183.84	**75 Re** 레늄 rhenium 186.21	**76 Os** 오스뮴 osmium 190.23(3)	**77 Ir** 이리듐 iridium 192.22	**78 Pt** 백금 platinum 195.08	**79 Au** 금 gold 196.97	**80 Hg** 수은 mercury 200.59	**81 Tl** 탈륨 thallium 204.38 [204.38, 204.39]	**82 Pb** 납 lead 207.2	**83 Bi** 비스무트 bismuth 208.98	**84 Po** 폴로늄 polonium	**85 At** 아스타틴 astatine	**86 Rn** 라돈 radon
87 Fr 프랑슘 francium	**88 Ra** 라듐 radium	**89-103** 악티늄족 actinoids	**104 Rf** 러더포듐 rutherfordium	**105 Db** 더브늄 dubnium	**106 Sg** 시보귬 seaborgium	**107 Bh** 보륨 bohrium	**108 Hs** 하슘 hassium	**109 Mt** 마이트너륨 meitnerium	**110 Ds** 다름슈타튬 darmstadtium	**111 Rg** 뢴트게늄 roentgenium	**112 Cn** 코페르니슘 copernicium	**113 Nh** 니호늄 nihonium	**114 Fl** 플레로븀 flerovium	**115 Mc** 모스코븀 moscovium	**116 Lv** 리버모륨 livermorium	**117 Ts** 테네신 tennessine	**118 Og** 오가네손 oganesson

란타넘족 (Lanthanoids)

57	58	59	60	61	62	63	64	65	66	67	68	69	70	71
La 란타넘 lanthanum 138.91	**Ce** 세륨 cerium 140.12	**Pr** 프라세오디뮴 praseodymium 140.91	**Nd** 네오디뮴 neodymium 144.24	**Pm** 프로메튬 promethium	**Sm** 사마륨 samarium 150.36(2)	**Eu** 유로퓸 europium 151.96	**Gd** 가돌리늄 gadolinium 157.25(3)	**Tb** 터븀 terbium 158.93	**Dy** 디스프로슘 dysprosium 162.50	**Ho** 홀뮴 holmium 164.93	**Er** 어븀 erbium 167.26	**Tm** 툴륨 thulium 168.93	**Yb** 이터븀 ytterbium 173.05	**Lu** 루테튬 lutetium 174.97

악티늄족 (Actinoids)

89	90	91	92	93	94	95	96	97	98	99	100	101	102	103
Ac 악티늄 actinium	**Th** 토륨 thorium 232.04	**Pa** 프로트악티늄 protactinium 231.04	**U** 우라늄 uranium 238.03	**Np** 넵투늄 neptunium	**Pu** 플루토늄 plutonium	**Am** 아메리슘 americium	**Cm** 퀴륨 curium	**Bk** 버클륨 berkelium	**Cf** 캘리포늄 californium	**Es** 아인슈타이늄 einsteinium	**Fm** 페르뮴 fermium	**Md** 멘델레븀 mendelevium	**No** 노벨륨 nobelium	**Lr** 로렌슘 lawrencium

위험물산업기사 실기

핵심 써머리

성안당은
여러분의 합격을
응원합니다!

더 쉽게 더 빠르게 산업기사되기

한번에
합격하기

 Book Multimedia Group

성안당은 선진화된 출판 및 영상교육 시스템을 구축하고
항상 연구하는 자세로 독자 앞에 다가갑니다.

비매품